ZHONGDIYAPEIDIAN
SHEJIYUSHIJIAN

中低压配电
设计与实践

汤继东　朱冬宏　编著

中国电力出版社
CHINA ELECTRIC POWER PRESS

内 容 提 要

本书是中低压电气设计、加工及事故处理方面的经验总结，指出了在电气设计上常出现的问题和开关柜的结构比较及正确选型问题，在太阳能发电及电能质量上也有论及。

本书主要介绍了低压配电常见问题分析、低压系统的接地及等电位联结、低压系统无功功率的电容器补偿、电能质量治理、配电线路材质的正确选择、并网运行光伏发电站系统集成、中低压开关柜结构及柜型的选择、中压系统典型主接线、中压柜内所装断路器的选择、中压电磁式电流互感器的选用、中压电磁式电压互感器的选用及铁磁谐振的应对、中压避雷器或过电压保护器的正确选择、中压大容量快速限流开断装置、中压用户配电设计及常见故障的应对。还介绍了有代表性的 KYN28A-12 及 KYN61-40.5 开关柜的元件选型，如电流互感器、电压互感器、断路器、避雷器等的正确选择，事故发生的原因及预防措施，以及在中压领域中推广不久的大容量快速开断装置。

本书可供中低压电气设计人员、电气成套厂的技术人员及电气运行维护人员使用，也可作为中、高等院校师生的参考用书。

图书在版编目（CIP）数据

中低压配电设计与实践 / 汤继东，朱冬宏编著. —北京：中国电力出版社，2015.3（2022.8 重印）

ISBN 978-7-5123-7380-8

Ⅰ. ①中… Ⅱ. ①汤… ②朱… Ⅲ. ①中压电力系统－配电系统－设计②低压－电力系统－配电系统－设计 Ⅳ. ①TM72

中国版本图书馆 CIP 数据核字（2015）第 050823 号

中国电力出版社出版、发行

（北京市东城区北京站西街 19 号　100005　http：//www.cepp.sgcc.com.cn）

北京雁林吉兆印刷有限公司印刷

各地新华书店经售

*

2015 年 3 月第一版　　2022 年 8 月北京第六次印刷

787 毫米×1092 毫米　16 开本　22 印张　537 千字

印数 4501—5000 册　定价 **59.00** 元

前 言

中低压领域是人们最常接触的电气领域。在电气设计方面，几乎所有的设计院所都有中低压电气设计方面的工作，在电气材料、电气设备的生产加工方面，中低压电气产品也占有相当大的比重，目前设计院所的电气设计人员对电气设备的生产、加工以及运行维护方面了解不够，因此对有关中低压电气设计及电气主要元件的正确选型等方面的书籍需求极大。

在电气设计方面，设计人员往往不再提供二次原理图及二次安装图，只给出一次系统图，如何使设计的一次系统图更加合理、如何进行系统图中的元件型号与规格的正确选择，这是不可忽视的问题。另外，选择元件不但要考虑它是否满足技术要求，还要考虑它的价位、寿命及性能，即其性价比是否合适，元件的安装维护是否方便。

作者从事多年电气设计工作，在电气设备设计和生产加工方面也有丰富的经验，多次参与电气设备事故分析并提出整改意见，也曾参与有关电气规范的修订与审查，汇总多年的经验编著此书，力求通俗易懂、实用、简洁。本书可供中低压电气设计人员、电气成套厂的技术人员及电气运行维护人员使用，也可作为中、高等院校师生的参考用书。

由于时间短暂，加之水平有限，不足之处在所难免，恳请读者提出批评指正。

作 者
2015 年 2 月

目　录

第一章

低压配电常见问题分析

第一节 电压等级的划分

1. 电力系统的标称电压

中国按照 GB/T 156—2007《标准电压》的规定进行电压等级的划分，只有低压与高压两大部分。如果按平时的习惯称呼，采取细化分类，将交流系统电压等级分为超低压、低压、中压、高压、超高压与特高压六种。

1kV 及以下为低压，在 120V 以下，以前只有 110V，目前又增加 100、60V 的等级。

在 1kV 以上等级中，按照 IEC 62271-1—2007《高压开关设备和控制器》的规定，额定电压 245kV 及以下为电压范围 I，电压范围 I 又分为系列 I 与系列 II：系列 I 中有 3.6、7.2、12、17.5、24、36、52、72.5、100、123、145、170、245kV；系列 II 主要对北美洲而言，电压为 4.76、8.25、15、25.8、38、48.3、72.5kV。245kV 以上为电压范围 II，范围 II 为 300、362、420、550、800kV。

美国电气与电子工程师协会（IEEE）规定，2.4～69kV 为中压，115～230kV 为高压，345～765kV 为超高压。我国实际情况，与 IEC 标准规定不完全相同。GB/T 11022—2011《高压开关设备和控制设备的共用技术要求》规定，在我国，电压范围 I 为 3.6、7.2、12、24、31.5、40.5、63、72.5、126、252kV。范围 II 为 363、550、800、1100kV。上述电压是指设备的额定工作电压，而非系统的额定标称电压。

根据我国的习惯称呼，按系统的标称电压（非设备的额定工作电压）来划分，中压为 3、6、10、20、35、66kV；高压为 110、220kV；超高压为 330、500、750kV；特高压为 1000kV（直流电压 800kV）。

注 1：最近国际电工委员会宣布，交流电压 1000kV 及以上，直流电压 800kV 及以上的中国国家标准作为 IEC 标准。

注 2：上述数据摘自 GB/T 11022—2011《高压开关设备和控制设备标准的共用技术要求》。

高低压的界限为 1kV，1kV 及以下为低压，1kV 以上为高压，这在我国的法律条文中已有明确说明，GB/T 156—2007《标准电压》中也有明确规定。中压、超高压、特高压是平时的习惯叫法，标准中并没有规定。另外还要注意的是，电压系列 I 和电压系列 II 都是指电气设备的额定工作电压，而非电力系统的标称电压。

在低压系统内，有安全特低压系统、保护特低压系统和功能性特低压系统。采用安全特低压系统或保护特低压系统供电，电压在正常环境中不得超过交流有效值 50V，以保证人身安全。此外还有很多附加条件，如在安全特低压系统中，电源的输入与输出要隔离（化学电源例外），隔离变压器输出侧绝对要成为独立系统，严禁与其他系统、外露导体、大地有联系，绝不能采用自耦变压器，要采用加强绝缘或双绝缘隔离变压器等；保护特低压系统及功能特低压系统也有多项附加条件，这里不再赘述。

由于我国10kV电动机制造非常成熟，3kV、6kV作为配电电压趋于淘汰，只有在发电厂作为厂用电时，6kV电压等级尚且存在。

2. 电压组合及其他有关问题

在我国，不同地区有不同的电压组合，例如，西北地区多为750/330（220）/110/10（35）/0.4kV，东北地区多为330/220/66/10/0.4kV，天津及山东地区多为500/220/35/10/0.4kV，华南地区多为500/220/110/10/0.4kV，上海多为500/220/110（35）/10/0.4kV。有人把6kV、10kV称为配电回路，把35kV、66kV称为输电回路，笔者对此不予认可，如果10kV发电机直配，10kV也是输电回路，如110/35kV变电站，其35kV配电室的馈线就是配电回路，而对35kV用户侧，此线路又是供电线路，或称输电线路了。又例如，一台380/220的配电箱，它的总进线为供电回路，此总线对它上级配电室而言，它又是配电回路了。

有的地方，城市负荷密度大，为了减少110kV变电站的数量，从而减少占地面积，采用220/35（10）kV变电站，这样既减少变电层次，又减少变电站的数量（如果用户侧又设立35/10kV变电站，这样总的变电层次还是没有减少）。至于电压等级如何组合才算合理，各地对此问题也在探讨中。

国内低压系统的标称电压为0.22/0.38kV，而国外有的采用0.24/0.415kV作为低压电网的标称电压。而国际电工委员会的标准为0.23/0.4kV，这是个折中标准，不论是中国还是其他国家的低压系统，只要改变一下变压器的分接头，即可满足国际电工委员会标准的要求了。

如果把低压电网进行升级，电网的电压等级为0.38/0.66kV，属于低压的范畴；但低压再升级为0.66/1.14kV，线电压超过1kV，就已经超出低压范畴了。这在一些特殊应用场合下，把1.14kV也纳入低压范畴，这样0.66/1.14kV的系统，也作为低压系统了。GB/T156—2007《标准电压》中，把1.14kV局限于某些行业系统内，不过在国内，0.66/1.14kV系统基本没有使用，它的划归并没有意义。

3. 电气装置的额定电压

以上电压等级只是交流系统的标称电压，与电气装置的额定电压不同，通常电气装置承受的最高电压作为额定电压，有时称为工作电压。所谓最高电压，是指在正常运行条件下，系统内不论何时、何处出现的最高电压，但不包括瞬变电压或闪变电压。高低压成套开关设备与控制设备的额定电压一般比所在系统标称电压高10%~20%，系统标准电压与其相应设备的额定电压见表1-1。

表1-1	系统标准电压与其相应设备的额定电压												
系统标准电压（kV）	0.38	0.66	3	6	10	20	35	66	110	220	330	500	750	1000
设备最高电压（额定电压）（kV）	0.4	0.69	3.6	7.2	12	24	40.5	72.5	126	252	363	550	800	1100

例如，在 220/380V 系统中，开关柜额定电压为 400V；在 10kV 系统中，开关柜的额定电压为 12kV；在 35kV 系统中，开关柜额定电压为 40.5kV；在 110kV 系统中，电气装置的额定电压为 126（123）kV……对于电气装置，它有额定工作电压、额定绝缘电压及额定冲击耐受电压，而它的额定工作电压为系统出现的最高电压。

发电机的额定电压既不同于系统额定电压，也不同于其他电气设备的额定电压，具有独立的电压系列，例如，发电机额定电压有 3.15、6.3、10.5、13.8、15.75、18、20、22、24、26kV。

4. 其他特殊电气设备的额定电压

发电机的额定电压既不同于系统标称电压，也不同于其他电气装置的额定电压，不受电网额定电压的限制，而是与发电机容量有关，容量越大，发电机额定电压越高，反之亦然。

电力变压器的额定一次电压是由电源条件决定的，而二次电压是根据需要决定的。例如，与发电机相连接的升压变压器，一次侧应与发电机电压一致，二次侧应高出所接系统标称电压的 5%～10%；与输电线路连接的变压器，其一次电压为系统标称电压，由于向远处输电，线路损失 5%～10%，因此，二次侧与 10kV 的系统相连的电力变压器额定电压为 11kV。对于降压变压器，一次电压为系统标称电压，二次电压按距离负荷的远近不同而不同，一般高出系统标称电压 5%。变压器有一次及二次额定电压，它的电压等级按高电压侧电压确定，而额定电压一次与二次都要标出。

5. 强电与弱电

在工作中，经常听到有强电与弱电的称呼。强电是对电力系统而言，指的是传输功率大、电压高的系统或设备。而弱电的对象是信息系统、测量系统、信号系统等，用于信息传递，如电话、电视、计算机网络，其电压一般不超过 48V。有的控制及信号电压为 110、220V 或 380V，但其不是用于功率的传递，此时不称其为强电回路或弱电回路，而是习惯称为二次回路。

第二节　短路电流计算

1. 短路电流有效值计算及有关问题

在电气设计中，短路电流的计算是必不可少的，它是选择开关元件的电气参数，保护元件的整定及电气元件与导体的动、热稳定校验等设计工作的前提。

对于短路计算，一般只计算三相短路电流值，其他短路电流值可从三相短路电流值直接推导出来。例如，两相短路电流是三相短路电流的 0.87（$\sqrt{3}/2$）倍，当保护线的截面与相线相等时，单相短路电流为三相短路电流的一半（当 N 线或 PE 线阻抗与相线阻抗相等时）。但要注意，当电网容量小，而且短路又发生在靠近变压器处时，单相短路电流接近三相短路电流或超过三相短路电流，这属于个别特殊情况，一般不予考虑。

短路电流的计算结果很难做到与实际短路电流一致，因为发生短路时，短路具体条件很难预料，纯金属性短路很少发生，通常伴随着电弧的出现，电弧的阻抗很大，低压母线及接头也有电阻，不能忽略其阻抗，这样，实际短路电流值比计算值偏小。另外，在多级配电的情况下，由于开关的级联效应，产生限流作用，更减少了短路电流值。中压及高压系统短路电流计算还要考虑系统的最大及最小运行方式问题，低压系统的短路电流计算则不需要考虑系统的运行方式。

由此可见，采用纯金属短路电流来校验断路器及熔断器的开断能力，尽管可靠，但比较保守。同样，按动、热稳定要求选择的电器及导体也偏于保守。但采用纯金属短路电流校验保护装置的灵敏度，短路电流计算值可能比实际情况偏大，为保证发生短路时保护电器瞬时动作的可靠性，应对计算值打折扣，保护瞬时动作整定值不能过大，否则，发生短路故障时，保护开关有可能拒动。由于电弧性短路电流很难计算，校验保护元件的开断能力和动、热稳定性还是采用纯金属性短路电流进行校验。

2. 短路电流有效值与峰值的关系

开关元件接通与开断能力的验证、保护整定值的确定以及热稳定的校验要采用短路电流的有效值，而动稳定校验则要用短路电流的峰值。由于存在非周期分量，短路电流峰值与短路稳态电流有效值不是 $\sqrt{2}$ 倍的关系，它与低压系统不一样，在中压系统中，由于回路阻抗中的电抗成分大，时间常数大，直流分量大，而且短路电流迟迟不过零，因此短路电流峰值的有效值倍数也比低压系统大，峰值为有效值的 2.5 倍。对发电机出口处，发电机绕组的阻抗基本上是电抗，短路电流更难过零，直流分量更大，短路电流的峰值约为有效值的 2.7 倍。在低压系统中，有效值与峰值的关系，不但与功率因数有关（与回路阻抗成分有关），而且还与短路电流的有效值有关，其关系见表1-2。

表1-2　　　　低压系统短路电流峰值与短路稳态电流有效值之比K值

短路电流有效值（kA）	功率因数$\cos\varphi$	K
$I \leqslant 5$	0.7	1.5
$5 < I \leqslant 10$	0.5	1.7
$10 < I \leqslant 20$	0.3	2
$20 < I \leqslant 50$	0.25	2.1
$I > 50$	0.2	2.2

注　1. 有人认为本表不易使用，理由是不易确定短路点的功率因数。但只要参考短路电流的稳态有效值，就可以查出峰值电流与有效值的比值了，因为短路电流越大，说明短路点越靠近变压器，回路的电抗成分越大，功率因数越小，表中的功率因数与短路电流的大小成因果关系，由此可见，只要确定短路电流的有效值，就可以查出峰值电流为有效值的倍数了。
　　2. 本表取自GB7251.1—2005《低压成套开关设备和控制设备　第1部分：型式试验和部分型式试验成套设备》第7.5.4.2条。

3. 短路电流的计算方法

计算低压侧短路电流，要考虑整个电力系统的参数，涉及高压及中压系统的参数及有关计算。下面介绍有关中压侧短路电流计算问题。

（1）实名制计算法。实名制计算法是先求得回路的阻抗值，再根据短路点处的电压，求出短路电流的方法。回路阻抗由电阻与电抗组成，根据回路导体的材质及截面可求得电阻值，但电抗值不易求得，电抗分内电抗与外电抗，外电抗远大于内电抗，外电抗值主要由相间的几何尺寸决定，而相间几何尺寸在系统回路中是变化的，不易确定，从而造成回路电抗计算的困难。另外，还要把不同电压下的阻抗值折算至同一电压下，这又增加了工作量。

实名制三相短路电流计算公式为

$$I_{k3} = U_L/\sqrt{3}\ (Z_c + Z_t + Z_L) \tag{1-1}$$

式中　I_{k3}——三相短路电流稳态有效值；

　　　U_L——短路处线间电压；

　　　Z_c——电源侧电网阻抗；

　　　Z_t——变压器的阻抗；

　　　Z_L——相导体的阻抗。

由于实名制计算法计算短路电流比较麻烦，准确度也不是很高，因此很少采用。

（2）短路容量法。短路容量法是先求系统某点处的短路容量，再由短路容量求得短路电流的方法。由于没考虑功率因数的影响，得到的短路电流是近似值，但也能满足使用要求。由某点的短路容量$\sum S_k$求得该点的短路电流为I_k为

$$I_k = \sum S_k / \sqrt{3} U_N \tag{1-2}$$

式中　U_N——该点处的额定电压。

由此可见，计算某点的短路容量是关键，为此要考虑电网所有有关设备在此点的短路容量，不但包括增加短路电流的设备，如发电机、电动机（反馈电流）及电源系统，也包括限制短路电流的设备，如变压器及线路。

串联元件的短路容量等于各单个设备短路容量倒数之和的倒数，即

$$S_{串} = 1 / \sum（1/S_i） \tag{1-3}$$

并联元件的短路容量等于各设备短路容量之和，即

$$S_{并} = \sum S_i \tag{1-4}$$

式中　S_i——电网中各设备在该点的短路容量。

现就各设备在短路点提供的短路容量计算如下：

1）系统提供的短路容量S_{kc}。如果系统短路点的短路电流为I_k，则短路容量为

$$S_{kc} = \sqrt{3} U_N I_k \tag{1-5}$$

有人会有疑问，既然已知道系统短路电流，何必求短路容量呢？这主要考虑求短路点所有设备在该点的短路容量之和用，求短路容量之和，必须单位统一才行。

如果无法获取系统短路容量，对于 10kV 系统可按 400MVA 计算，20kV 系统按 500kVA 计算，35kV 系统按 750kVA 考虑。

2）发电机提供的短路容量S_{kG}。

$$S_{kG} = S_{NG} / (10 X_d) \tag{1-6}$$

式中　S_{NG}——发电机额定容量，kVA；

　　　S_{kG}——发电机提供的短路容量，MVA；

　　　X_d——发电机次暂态电抗百分数，通常为 10% ~ 25% 。

发电机有同步电抗、暂态电抗及次暂态电抗，其选择取决于短路时刻，短路最严酷的情况下取次暂态电抗。

3）三相异步电动机的短路容量S_{kM}。

$$S_{kM} = K P_{NM} / \eta \cos\varphi \times 10^{-3} \tag{1-7}$$

式中　S_{kM}——三相异步电动机短路容量，MVA；

　　　K——电动机起动电流倍数，一般为 5.5 ~ 7，5.5 适用大容量电动机，7 适用小容量电动机；

P_{NM}——电动机的额定容量，kW；

η——电动机的效率；

$\cos\varphi$——电动机的功率因数。

为简化计算，可不考虑电动机效率的影响，电动机起动电流倍数不考虑起动装置的影响。

4）变压器的短路容量 S_{kT}。

$$S_{kT} = S_{NT}/(10U_k) \tag{1-8}$$

式中　S_{kT}——变压器短路容量，MVA；

U_k——变压器短路阻抗百分数；

S_{NT}——变压器的额定容量，kVA。

5）电缆短路容量 S_{kl}

$$S_{kl} = U_N^2/Z_1 \times 10^{-3} \tag{1-9}$$

式中　S_{kl}——电缆线路的短路容量，MVA；

Z_1——电缆阻抗，Ω；

U_N——短路处的额定电压，kV。

铜芯电缆的短路容量也可从表1-3中直接查出，表中给出每米铜芯电缆的短路容量，如果实际长度为 L，则短路容量乘以系数 K，$K=1/L$，如果又 N 根同截面电缆并联，则短路容量乘以 N。

这样，短路点的总短路容量 $\sum S_k = S_{kc} + S_{kG} + S_{kM} + S_{kT} + S_{kl}$。短路点处的短路电流 $I_k = \sum S_k/\sqrt{3}U$。

表1-3　　　　　　　　额定电压400V的三相铜芯电缆每米三相短路容量

电缆截面（mm²）	短路容量（MVA）	电缆截面（mm²）	短路容量（MVA）
2.5	22	70	576
4	35.2	95	772
6	52.9	120	942
10	88	150	1 092
16	140	185	1 285
25	219	240	1 484
35	302	300	1 640
50	406		

注　1. 表中数据参考编译的ABB公司《低压配电电气设计安装手册》。

2. 不论发电机次暂态阻抗或变压器的短路阻抗百分数，利用式（1-6）及式（1-8）计算短路容量的兆伏安数，不要带%参与计算，如变压器短路阻抗为8%，直接用8代入式（1-6）计算，发电机次暂态阻抗为25%，直接用25代入式（1-8）计算。

3. 变压器低压电缆线路某故障点的短路容量是：系统的短路容量与变压器短路容量串联后再与变压器低压母线电动机短路容量并联，然后再与低压电缆线路短路容量串联。短路容量法之所以简单，不存在电压变换的问题。

4. 如果线路为导线穿管敷设，可看作电缆线路，如果为架空线路，因架空线路阻抗大于同截面电缆线路，如果按电缆线路计算，计算结果大于实际短路电流，按此电缆选断路器的开断能力，偏于保守，为使瞬动保护可靠动作，整定值应适当降低。

（3）短路容量法计算举例。

【例1-1】 一台容量 S_{NT} 为 1600kVA，短路电压 $U_k = 6\%$，额定电压为 10/0.4kV 的配电变压器，低压母线上接有两台 200kW 的电动机，电动机的功率因数为 0.89，电动机效率 η 为 0.95，电动机起动电流倍数 K 为 6.5，低压母线一馈线回路采用 150mm^2 的铜芯三相电缆，求该电缆离母线 20m 处，电压为 0.38kV 处的三相短路电流值。

计算步骤如下：

1）10kV 系统的短路容量，按 400MVA 估计（短路容量最好向当地供电部门索取）。

2）变压器的短路容量为

$$S_{kT} = S_{NT}/(10 \times U_k) = 1600/(10 \times 6) = 1600/60 = 26.67 \text{（MVA）}$$

3）200kW 电动机的短路容量为

$$S_{kM} = KP_{NM}/(\eta\cos\varphi) \times 10^{-3} = 6.5 \times 200/(0.89 \times 0.95) \times 10^{-3} = 1.54 \text{（MVA）}$$

两台电动并联短路容量为

$$2 \times 1.54 = 3.08 \text{（MVA）}$$

4）电缆的短路容量。查表 1-3，可求得 150mm^2 的铜芯电缆每米短路容量为 1092MVA，20m 处的短路容量为

$$1092/20 = 54.6 \text{（MVA）}$$

如果忽略低压母线的阻抗，短路点的短路容量为系统短路容量与变压器短路容量串联后，再与电动机短路容量并联，并联后的短路容量最后再与电缆短路容量串联，即得到电缆短路的总容量。此处不论并联与串联，计算方法与阻抗的串并联计算方法恰恰相反。

5）系统与变压器串联，合成短路容量为

$$S_{k1} = (400 \times 26.67)/(400 + 26.67) = 25 \text{（MVA）}$$

［如果不考虑电动机反馈电流及低压母线阻抗，母线电流短路为 $I_k = 25./\sqrt{3} \times 0.4 = 36.09$（kA）］

6）再与电动机短路容量并联，并联后的容量为

$$25 + 3.08 = 28.08 \text{（MVA）}$$

7）最后再与电缆短路容量串联，其总容量为

$$\sum S_k = (28.08 \times 54.6)/(54.6 + 28.08) = 18.54 \text{（MVA）}$$

由此可求得电缆的短路电流为

$$I_k = 18.54/(\sqrt{3} \times 0.4) = 26.76 \text{（kA）}$$

注：变压器电压母线电压为 0.4kV，馈线短路点处离母线近，电压按 0.4kV 计算。

（4）标幺值法计算短路电流。标幺值计算短路电流法，是先求得短路点处短路阻抗标幺值，对应短路处电压的基准电流除以阻抗标幺值，即为该处的短路电流，如果电阻小于电抗的 30% 时，可忽略电阻，只采用电抗计算即可，其计算公式为

$$I_k = I_{jz}/\sum X^* \tag{1-10}$$

式中　I_k——短路电流；

　　　I_{jz}——相应的基准电流；

　　　$\sum X^*$——短路点各设备短路阻抗标幺值之和。

电网的平均电压与相应的基准电流见表 1-4，基准电流是以基准容量为 100MVA 为

7

准的。

表1-4 电网的平均电压与相应的基准电流

平均电压（kV）	115	37	10.5	6.3	0.4
基准电流（kA）	0.5	1.56	5.5	9.16	144.3

1）电力系统短路电抗的标幺值为

$$X_c^* = 100/S_{kc} \tag{1-11}$$

式中　S_{kc}——系统的短路容量，MVA。

2）双绕组变压器的短路电抗标幺值为

$$X_T^* = U_d/S_{NT} \tag{1-12}$$

式中　S_{NT}——系统变压器的额定容量，MVA；

U_d——变压器短路电压百分数，有的称短路阻抗百分数。

例如，1000kVA 的变压器，容量为 1MVA，当短路电压为 6% 时，变压器的电抗标幺值为

$$X_t^* = U_d/S_{NT} = 6/1 = 6$$

【例1-2】　与上述情况相同，变压器额定电压为 10/0.4kV，短路阻抗 U_d 为 6%，容量为 1600kVA 的变压器（即 1.6MVA），10kV 侧短路容量为 400MVA，求变电站低压母线三相短路电流值。

10kV 系统短路电抗标幺值为

$$X_c^* = 100/S_{kc} = 100/400 = 0.25$$

变压器短路电抗标幺值为

$$X_t^* = U_d/S_{NT} = 6/1.6 = 3.75$$

当忽略低压母线的阻抗时，母线短路电流为

$$I_k = I_{jz}/\sum X^* = 144.3/(0.25 + 3.75) = 36.08 \ (kA)$$

与上述短路容量法计算的母线短路电流 36.09kA 基本一致。

如果把系统容量当成无穷大，那么只考虑变压器的阻抗了，这样低压 0.4kV 母线三相短路电流还有更简化的计算方法，即为变压器容量的千伏安数乘以 1.443，然后再除以短路阻抗百分数的 10 倍即可，例如在【例1-2】中，变压器容量为 1600kVA，低压母线短路电流为

$$I_k = 1.443 S_{NT}/(10 \times 6)$$
$$= 1.443 \times 1600/60 = 38.48 \ (kA)$$

如果对上述计算方法再进一步简化，当考虑系统阻抗、变压器低压母线阻抗及母线接头电阻时，短路电流的千安数，等于变压器额定容量千伏安数的 1.4 倍除以变压器短路阻抗百分数的 10 倍即可。如在上述情况下，短路电流为

$$I_k = 1.4 \times 1600/60 = 37.33 \ (kA)$$

这个计算结果之所以比前次计算偏小，是考虑系统阻抗及母线阻抗的影响所致。如果既考虑系统阻抗又考虑低压母线阻抗，及短路点接触电阻或电弧电阻，与纯金属性短路比较，应小于 20%，即短路电流应为

$$38.48 \times 0.8 = 30.78 \quad (kA)$$

注：0.8的系数是作者的经验数据，由于短路条件比较复杂，不够准确，在校验保护的灵敏度时可供参考，但选择断路器开断能力时，应按照纯金属性短路考虑。

选择断路器的开断能力，可只考虑变压器的短路阻抗，而且是三相纯金属性短路阻抗，这样选择的断路器开断能力比较保守。如果从最坏情况考虑，同时为了计算方便，断路器的开断能力可以采用此值，由于此值大于实际短路电流，选择断路器的开断能力可以采取它的极限开断能力，如果要校验保护的灵敏度及确定瞬动保护的整定值，就应选取短路电流的较小值。

如果计算变电站馈线电缆的短路电流，可先用此法求出变电站低压母线的短路容量，再与表1-3所示电缆的短路容量串联，求出短路点的合成短路容量，即可求得短路电流。

在以往的电气设计中，设计人员往往按最大短路电流来整定断路器的瞬时动作整定值，结果发生短路故障后，由于实际短路电流比计算短路电流小得多，造成断路器拒动的情况屡屡发生。甚至有的出现变电站低压馈线短路时，馈线保护开关及变压器低压总开关不动作，而高压保护开关动作的案例。这是由于馈电线路阻抗复杂，但设计人员往往把馈线短路看做母线短路，把系统看做无穷大，且忽略母线阻抗，结果低压总开关及馈线开关的瞬动保护整定值过大，线路发生短路后，线路馈线开关自然不会动作了，高压侧保护由供电部分整定，瞬动保护整定值小，越级跳闸也不足为惧了。

3) 三绕组变压器的短路阻抗标幺值。三绕组变压器的高、中、低压绕组的短路阻抗标幺值分别为 X_{t1}^*、X_{t2}^* 及 X_{t3}^*，

$$\left.\begin{array}{l} X_{t1}^* = U_{d1}/S_{Nt} \\ X_{t2}^* = U_{d2}/S_{Nt} \\ X_{t3}^* = U_{d3}/S_{Nt} \end{array}\right\} \quad (1\text{-}13)$$

式中 U_{d1}、U_{d2}、U_{d3}——高、中、低压三绕组变压器的短路阻抗百分数，它们分别为

$$\left.\begin{array}{l} U_{d1} = \left\{ U_{d(1-2)} + U_{d(1-3)} - U_{d(2-3)} \right\}/2 \\ U_{d2} = \left\{ U_{d(1-2)} + U_{d(2-3)} - U_{d(1-3)} \right\}/2 \\ U_{d3} = \left\{ U_{d(1-3)} + U_{d(2-3)} - U_{d(1-2)} \right\}/2 \end{array}\right\} \quad (1\text{-}14)$$

$U_{d(1-2)}$、$U_{d(1-3)}$、$U_{d(2-3)}$ 分别为三绕组变压器的高—中压绕组、高—低压绕组绕组及中—低压绕组的短路阻抗，此数据由产品说明书中取得。

4) 线路阻抗标幺值计算。线路阻抗短路阻抗标幺值为

电缆线路
$$\left.\begin{array}{l} X^* = 8L/U^2 \quad (6\sim10kV) \\ 或 \quad X^* = 12L/U^2 \quad (35kV) \end{array}\right\} \quad (1\text{-}15)$$

对于架空线路

$$X^* = 40L/U^2 \quad (6\sim35kV)$$

式中 L——长度，km；

U——线路标称电压，kV。

5) 限流电抗器短路阻抗标幺值计算。限流电抗器短路阻抗标幺值

$$S_k^* = K \times U_N/I_N \times I_j/U_j \quad (1\text{-}16)$$

式中　K——限流电抗器电抗率；

　　　　U_N——电抗器额定电压，kV；

　　　　I_N——电抗器额定电流，kA；

　　　　I_j——所在系统基准电流，kA；

　　　　U_j——基准电压，kV。

【例 1-3】　某化工厂所用电抗率为 8%，额定电压为 6kV，额定电流为 3kA 的限流电抗器的短路阻抗标幺值计算如下：

基准电压 6.3kV，基准电流为 $100/(\sqrt{3} \times 6.3) = 9.16$（kA）

电抗器短路阻抗标幺值 $S_k^* = (8/100) \times 6/3 \times (9.16/6.3) = 0.233$

（5）标幺值计算法计算举例。三绕组变压器短路电流计算举例。

【例 1-4】　某公司有一台额定电压为 110/38.5/6.3kV 三绕组变压器，容量为 63MVA，系统容量为无穷大，求 6.3kV 母线短路电流，短路阻抗（计算时不加百分数）分别为 $U_{d(1-2)} = 10.5$，$U_{d(1-3)} = 17.5$，$U_{d(2-3)} = 6.5$。计算如下：

高压绕组短路阻抗标幺值：$U_{d1} = [U_{d(1-2)} + U_{d(1-3)} - U_{d(2-3)}]/2$

$$= (10.5 + 17.5 - 6.5)/2 = 10.75$$

低压绕组短路阻抗标幺值：$U_{d3} = \{U_{d(1-3)} + U_{d(2-3)} - U_{d(1-2)}\}/2$

$$= (17.5 + 6.5 - 10.5)/2 = 6.75$$

中压绕组短路阻抗标幺值：$U_{d2} = \{U_{d(1-2)} + U_{d(2-3)} - U_{d(1-3)}\}/2$

$$= (10.5 + 6.5 - 17.5)/2 = -0.25$$

6.3kV 母线基准电流为 9.16kA，则高、低压绕组的短路阻抗标幺值为

$$X_{t1}^* = U_{d1}/S_{Nt} = 10.75/63 = 0.171$$

$$X_{t3}^* = U_{d3}/S_{Nt} = 6.75/63 = 0.107$$

6.3kV 母线短路电流为 $I_k = I_{jz}/\sum X^* = I_{jz}/(X_{t1}^* + X_{t3}^*) = 9.164/(0.171 + 0.107) = 32.99$（kA）

注： 本例虽然为中压短路电流计算，但当采用短路容量法计算低压短路电流时，也是需要进行的计算步骤。

（6）断路器的级联效应对短路电流的影响。在低压短路电流各种计算方法中，还要考虑断路器的级联作用产生的影响，否则会造成计算的短路电流大于实际短路电流。

所谓断路器的级联，是利用上级断路器的限流作用，在下级可安装断流能力低于所在位置计算短路电流值的断路器，从而可减少购买断路器的投资。例如某型号的微型断路器，极限开断能力为 6kA，其安装位置短路电流高达 15kA，表面上开断能力不能满足要求，但它的上级断路器为某型号的塑壳断路器，它与上级断路器形成级联效应，可以分断 36kA 的预期短路电流，这样采用微型断路器也能满足开断要求，而不必采用开断能力大于 15kA 的塑壳断路器，从而节约了投资。

限流作用并不是限流断路器的独有功能，任何断路器在切除短路故障时都有限流作用。其原理是，在短路的瞬间，短路回路中的上级断路器，在短路电流的作用下也开始起动，造成触头间阻抗瞬时增大，从而使回路中的短路电流远远小于预期。这样下级断路器先于上级断路器快速切除故障，这也意味着下级断路器开断能力的增强。断路器级联作用的限流程度，不能通过计算求得，而是通过试验取得，一般生产断路器的中小企

业很难做到，这不但要花费大量的人力物力，而且要求断路器的生产厂家能够生产出全套系列的断路器。

目前很多断路器的产品缺少级联能力的具体数据，只能按理想情况计算短路电流，选择的断路器开断能力不小于其计算电流，这样不但增加了投资，而且造成瞬动保护值整定偏大，一旦发生短路故障，由于灵敏度太低，断路器有可能会拒动。

第三节　低压系统主接线

一般说来，低压系统主接线种类并不多，都是常规接线方式，下面介绍一些特殊接线方式及相关低压系统主接线设计需注意的问题。

1. 放射式与树干式

（1）放射式配电。离变电站近的大容量设备，宜采用放射式接线，直接由变电站低压开关柜配电，这种配电方式称为首端放射式配电，此种配电方式主要用于电气设备容量大，而且距离变电站很近的场所。

如果用放射式向电动机配电，变电站开关柜中安装电动机起动保护设备，此种开关柜称为 MCC 柜。

（2）末端放射式配电。对于电动机比较集中的地方，如变电站并不适合采用电动机控制柜（MCC 柜），否则会使用较多的低压开关柜，使占地面积过大，线路电缆用量过大，投资增加。另外，在首端采用放射式，每台电动机在现场还要安装就地控制箱，此控制箱要有现场解除电动机远方起动功能，造成接线麻烦，而且降低了可靠性。应在现场设立动力配电箱，直接以放射式向各电动机配电与控制，只要电动机在操作人员的可视距离内，电动机处可不再设立控制箱。

在比较分散的居民小区，尽管变电站位于负荷中心，但从变电站向各用户供电，采用放射式供电的确要消耗大量低压电缆，如果在小区适当位置安装落地电缆分支箱，然后再以放射式向各用户供电，这样可节约大量电缆，其供电可靠性也能满足要求。

上述供电方式是首端共用干线，末端为放射式供电，此种接线方式可称为末端放射式。

（3）树干式配电。采用插接式母线槽向各楼层或其他各个负荷供电，这是典型的树干式供电方式，不过要注意选择母线槽的极数。如果是钢壳母线槽，在 TN 系统中，钢壳作为 PE 线阻抗太大，一般很难满足要求；如果采用四线式母线槽，其中一根为 PEN 线，那么所用插接相应为三插孔的，PEN 线不能够通过插接箱的插接头引出，这样 PEN 线引出比较困难，很难与外壳绝缘，通过外壳有杂散电流形成，不符合安全要求，因此应采用五线式母线槽，但 N 线要通过插孔引出，如果 N 线插头接触不良，会造成"断零事故"。不过插接箱引出的分支回路，插接箱的断零，对本回路只可能造成设备的安全事故，不会影响整个低压系统。如果母线槽外壳为铝合金材料，外壳作为 PE 线截面足够，采用四线式母线槽 N 线还是要通过插接头引出，不过 PE 线的引出比较方便。

采用预制式分支电缆供电也是典型的树干式供电方式，在高层建筑中得到应用，供电电缆干线在每一层都有预制的电缆分支，由分支电缆接入楼层配电箱，分支电缆干线采用单芯电缆。如果树干式供电采用多芯电缆，应在每一层设立电缆分支箱，由电缆分支箱"T"接出电缆分支，向每层楼层配电箱供电，也可采用电缆分支箱与楼层配电箱合并方案，电缆的

"T" 接在楼层配电箱内完成。

2. 母线联络线的设置

如果只有两台配电变压器，母线间设立母线联络开关是合理的，如果有多台配电变压器，宜在两台相邻的变压器间设母线联络开关，但不宜过多的配置联络线。因为过多的联络线，会造成低压线路比较凌乱，不但接线复杂，而且相互连锁困难，增加维护的难度及误操作的可能，也增加了投资。多台变压器同时出现故障的可能性很少，因此只要相互靠近的两台配电变压器进行母线联络即可，而且这两台变压器又由不同的高压母线段供电。

如果两台变压器容量相同，两台变压器的低压开关柜同处一室，可采用与变压器低压总开关一致的母线联络开关，这样，它可作为两台变压器低压总开关的备用开关，平时母线联络开关使用的机会并不多，但低压总开关出现故障的情况却常发生，此时母线联络开关即可发挥作用。如果母线联络开关与变压器低压总开关不一致，尤其是抽出式空气断路器，母线联络开关作为低压总开关的备用开关难度就大了。如果两台变压器相距较远，它们的低压开关柜又分居两室，如果实现母线联络，每台变压器的低压开关柜都应设母联开关，以利维护的安全及保护的可靠。

在电厂的厂用电设计中，经常看到有一台专用备用变压器，此变压器与其他运行的变压器皆有联络线，而在其他的配电设计中，一般不采用专用备用变压器的方案。

由于断路器的开断能力越来越大，变电站安装靠近的两台变压器可通过母联开关实现并联运行，这样可以直接起动大容量电动机，不必采用降压起动方式，从而节约投资。不过两台变压器的参数，如容量及短路阻抗应尽量一致，相序应绝对相同。早年变压器并联运行比较普遍，随着断路器制造技术的提高及继电保护的完善，并联运行已不常见。

3. 两个电源的末端切换接线

（1）两个市电电源。末端切换有它合理的一面，有关规范也强调一定要采用末端切换，当两条线路中任何一条出现故障时，通过末端切换，能够保证重要负荷的继续供电，如果只在首端切换，一旦配电线路故障，也会产生供电中断的现象。

正常运行时，如果两个市电都带电，互为备用，一旦一条回路供电中断，可自动切换到另一条回路，则称为热备用。末端切换的缺点是线路增加一倍，增加了投资，而且配电环节增加，降低了供电的可靠性。即便投资增加，带来的收益也不尽如人意，但末端切换与首端切换相比，主要解决了供电线路任意一回路发生故障后，在末端配电箱也能够实现自动切换，维持供电的问题。不过供电线路发生故障的可能性微乎其微，如果两回路是钢带铠装防火电缆，又敷设在电缆竖井内，发生故障概率更小。如果因机械故障造成线路损坏，两路沿同一路径敷设的电缆会同时故障，规范并未规定末端切换箱的两路电源不应当沿同一路径敷设。末端双电源切换箱故障率高是不争的事实，如有的切换用接触器触头烧毁，有的切换用接触器长期不用线圈受潮，通电后烧毁，还有的切换装置发生卡涩现象，这样末端切换使供电的可靠性不升反降。

（2）一个是市电，一个是应急电源。此种情况下，应当首先在首端切换，然后按照规范要求再进行末端切换。有人不进行首端切换，只在柴油发电机电源与市电末端切换，这种方案是不合理的。道理很简单，一个工程，末端切换箱繁多，任意一台切换箱市电中断，柴油发电机不会起动。柴油发电机的起动条件是变压器母线失电或高压供电电源失电，而发生因双电源切换箱线路故障或切换元件故障造成末端配电箱失电，自备发电机不会起动。这样应急电源不带电,末端配电箱即使进行切换,也于事无补,自备应急发电机不会因末端一台双电源切换箱的失电而起动。

如果既有首端切换,又有末端切换,即所谓双切换,这样就会避免上述弊端,因为首端应急母线是始终带电的,由市电或自备发电机供电,这样,末端切换箱平时两路电源均处于带电的热备用状态。如果有了首端切换,直接以放射式向设备供电,比单纯的末端切换供电可靠性高,实践证明,末端切换箱可靠性差,故障率高,去掉末端切换箱这一环节,只保留首端切换,供电可靠性反而提高了。不过目前国家规范,只要牵涉到重要供电设备,毫无例外的强调其配电箱一定末端切换,这形成一条铁的规定。

(3)自备柴油发电机应急电源与 EPS 电源比较。自备柴油发电机应急电源单台容量不受限制,运行非常可靠,但它的不足之处也比较突出,如柴油机房占地面积较大,自备柴油发电机组重量及体积大,要考虑其运输通道、震动、噪声及烟尘问题。建筑物要考虑隔震结构,隔音、除尘设备,投资非常庞大,要有专用储油间,要考虑油品输送通道,投入时间比较长,大概要 15s 才能送电。

EPS 应急电源单台容量较小,布置灵活,不必考虑专用场地,可与配电柜、配电箱并列布置,它供电起动快,可以达到毫秒级投入供电,清洁卫生。从目前了解到的 EPS 应急电源运行情况来看,其可靠性比较差,经常发生蓄电池故障、充电器故障或电子元件故障,当采用 EPS 电源数量大而且布置分散时,对它的维护就会变成一项庞大的工程,这与应急电源的功能相悖的,因此 EPS 电源有很大的完善空间。另外它应对冲击负荷的能力不够,例如对于电动机直接起动,EPS 电源必须要有相对大的容量,这样又增加了投资。

(4)电源切换装置的选择。电源切换装置有静态切换装置与机械切换装置。静态切换装置(static transfer switch,STS),即采用晶闸管切换,切换时间不大于 0.8ms,常用于 IT 设备的供电,采用 UPS 装置与市电或自备电源进行切换。

机械切换装置(automatic transfer switching equipment,ATSE)分为 CC 级、PC 级与 CB 级。

CC 级为双接触器装置,此种装置基本不用。因为长期通电的接触器,线圈耗电大,易烧坏;而长期不通电的接触器,线圈容易受潮,导致绝缘下降,一旦通电,同样容易烧坏线圈。接触器的触点也容易烧蚀,但对于小容量的切换装置,又可显出其优越性,如价格低,机械寿命及电气寿命长等。

PC 切换装置可带负荷切换,能够切断负荷电流,但不能切断短路电流,切换时间不大于 0.3s,常用于一级负荷或比较重要的负荷供电(有的一级负荷,如消防负荷或应急照明负荷采用 EPS 装置)。

CB 级装置是双断路器切换,大容量用空气断路器,小容量用塑壳断路器,它有过载及短路保护功能,但切换时间长、机构复杂、故障点多、价格高。

在电气设计中,有的人热衷选择 CB 型切换装置,认为它保护全面,但是它不但价格高,而且有不少弊端,例如,它有过载及短路保护,如果因过载跳闸,它的进线端还是带电的,因此不会进行切换,造成供电的中断。

而在为消防设备配电时,禁止因线路过载而跳闸,不需要切换断路器的过载保护功能。如果发生短路故障,而切换装置中的断路器又与上级短路保护配合,造成切换装置的断路器在短路跳闸时,上级断路器并不跳闸,这样,切换装置的两路电源均带电,切换装置不会进行切换,这又造成供电的中断,况且断路器操动机构有时出现滑扣与再扣,更降低了它的可靠程度。

切换装置基本功能是双电源的相互切换，保护功能由其他元件负责。双电源在接入切换装置前，已经安装了保护及隔离开关，目前常见的断路器基本都具备了隔离功能，如果双切换电源首端已经安装了此类断路器，双电源切换开关则不需要带有保护功能的断路器了，功能越复杂，切换的可靠性就越低。总之，切换装置不需要添加其他的功能了。由此可见，选用 PC 型切换装置合适。

4. 双电源切换开关动作的时间配合问题

如果双电源切换开关无保护功能，那就谈不上与上下级保护开关动作的时间配合问题，这里所谓的时间配合，是指与上级各断电自投开关的配合。众所周知，双电源自动切换开关是在一路电源供电消失的情况下才自动切换至另一路电源，但消失供电的电源有可能通过上级的联络开关的自动投入而恢复供电。如果高压联络开关瞬时投入，则低压母联开关要延时一段时间再投入，如果延时 0.5s，那么双电源切换开关再延时 0.5s 进行切换，这样一来，双电源切换开关要延时 1s 以上才能进行切换。双电源切换开关延时动作优点是切换开关动作次数可能大大减少，延长了使用寿命；缺点是延时投入，不利于应急负荷的供电，而且双电源切换开关要有延时功能，不但增加了造价，故障率也相应增加。建议双电源切换开关不要延时功能，只要工作电源失电，应马上自动切换，即使通过各联络开关的投入，失电回路恢复供电，双电源切换开关可采用自投自复功能，恢复常用回路的供电。

第四节　低压电气元件的合理选择

电气设计中，电气元件的合理选择是一项很重要的工作，这不但会影响投资的多少，而且还会影响其是否满足设计规范及设计意图。现就电气设备选择问题介绍如下。

1. 电动机起动器控制设备的选择

（1）电动机起动时对所在母线电压波动的要求。电动机起动时由于起动冲击电流的影响，造成母线电压瞬时降低，因起动转矩与电动机端子上电压的平方成正比，为保证电动机顺利起动，必须保证其端子上一定的电压，也就是起动瞬间，本回路压降不能过大。另外，电动机起动时也不能影响其他设备的正常工作，因此规范要求，如果电动机所在母线上（不一定是变电站低压母线上）有对电压波动比较敏感的如照明负荷，电动机经常起动时，所在母线电压不低于额定电压的 90%，不经常起动时，不低于 85%。如果母线上接有对低压波动不敏感的负荷，母线电压不低于 80%，如果母线上无其他负荷，对母线电压波动无要求，只要电动机能顺利起动即可。由此可见，确定电动机是直接起动，还是降压起动，并不是考虑电动机容量的大小问题，而是要校验电压波动问题，但在电气设计中，有的设计人员省略了这一程序，只看电动机容量大小，认为多少千瓦以上不能够直接起动，多少千瓦以下可以直接起动，这是设计的一个误区。

为了校验电压波动，既要求得起动电流，又要求得回路阻抗。回路阻抗有三部分组成：①系统阻抗；②变压器阻抗；③电动机供电线路阻抗。如果校验电压波动对其他设备的影响，只要校验所在母线电压波动即可；如果校验电动机能否起动，则要校验起动时电动机端子电压而不是母线电压。例如母线槽生产厂家与用户的一起纠纷：变压器为 1250kVA，阻抗电压百分数为 6%，向一台额定电流 1200A、额定电压 380V 的交流异步电动机供电，变压器低压母线电压为410V，电动机馈线母线槽额定电流为1500A，变电站至电动机母线槽长度为20m，电动机直接起动时，电动机端子电压为310V，电动机起动不起来，用户认为母线槽的问题造成的，母线槽生产厂家请笔者帮助分析原因。笔者认为，如果电动机直接起动电流按6倍电动机额定电流考虑，起动电流为 $1200 \times 6 = 7200A$，为变压器额定电流1803A的4倍，即使系统阻抗及母线槽阻抗不计，变压器压降达 $6\% \times 4 = 24\%$，当变压器低压出口空载电压410V时，在电动机起动冲击电流作用下，电压母线电压只剩下 $410 \times (1 - 24\%) = 311.6$（V），这样低的电压，起动转矩大约为额定转矩的67%，电动机很难直接起动，在这种情况下，即使母线槽的阻抗为零，也于事无补了。采取的补救方法是采用降压起动，或采取扩大变压器容量及减少馈线阻抗相结合的方法。

异步电动机起动方式常有六种，即直接起动、自耦变压器降压起动、星三角降压起动、变频器起动、软起动器起动（变频起动应属于软起动方式之一），绕线式异步电动机转子串阻抗起动。星三角起动只有电动机定子绕组为三角形接法且有六只外引接线端子才行，转子串阻抗只有绕线式电动机才有可能。

当电动机馈线回路很长，回路阻抗大，直接起动时由于起动电流大，回路压降相应大，加在电动机端子上的电压有可能低于采用自耦变压器降压起动时的端子电压，这样，采用自耦变压器起动反而容易起动，因此有人称自耦变压器起动器为补偿器。

（2）电动机直接起动。只要满足直接起动条件要求，应首选直接起动，它既经济，又方便，而且造价低廉，回路简单，故障率也低，一般起动转矩大，为星三角起动的3倍，不过起动时，机械受到的冲击力大。

直接起动常用磁力起动器，它是一个接触器与一个过载保护器组成，过载保护器通常采用热继电器，起动器必须与短路保护相配合。对于容量小、不经常起动而且不重要的电动机，如容量不超过2.8kW，也可以采用开关直接起动。目前磁力起动器基本上不使用在电气设备中，因为不论开关柜或动力配电箱，电动机馈线回路都有过载保护及短路保护装置，不用采用专用磁力起动器了。

（3）电动机电子式软起动器选用。目前在电气设计中，滥用软起动器的现象比较普遍，有的20kW左右，甚至10kW左右的电动机也用软起动器，至于40kW以上者软起动器必用无疑了。如果滥用软起动器，不但造成投资的浪费，而且降低了运行的可靠性。软起动器由电力电子元件组成，可靠性远比机械式电气元件差，而且它还是谐波产生的源头之一。由此可见，软起动器要慎用，设计时要进行压降及电压波动计算，决定是否采用降压起动，然后对各种降压起动元件进行筛选比较。

1）软起动器的正确选择。所谓软起动器，是指所加电动机端子电压是随时间逐步变化的，而不是突变的，软起动器有电磁式与电子式，电磁式软起动器是改变串入电抗器铁芯的磁饱和程度，使其阻抗逐步变化，加在电动机端子的电压也逐步变化，从而达到降压起动的目的。由于电子式软起动器使用的广泛，平时提到的软起动器，只要不加说明，一律指电子式软起动器。

为了正确选择软起动器，首先要分析负载性质及深入了解软起动器性能特点。负载有轻载、中载及重载之分。重载起动设备有长距离皮带运输机、破碎机、搅拌机及研磨机等，这些设备有一个共同特点，即在设备重新起动时，设备里存有余料，起动转矩很大。有很多人常把风机及水泵当成轻载起动设备，实际不然，这些设备因流量与转速成正比，风压和扬程也与转速成正比，造成所需功率与转速的立方成正比，因此，随着起动转速的增加，起动阻力矩随转速迅速加大，从而延长了起动时间，经常在起动过程中过载保护动作，由此可见，风机及水泵应属于中载起动设备比较合适。对于重载起动设备，要选择与之配套的适应的软起动器，也就是瞬时输出大转矩的软起动器，如果采用适合轻载的软起动器，建议容量加大一级。

目前软起动器日益智能化、模块化，除满足起动功能外，尚有过载保护、欠电压保护、相不平衡保护（含断相保护）、反相（含负序）保护、电机绕组过热保护、起动器晶闸管过热保护等，有的面板上有逻辑菜单、显示屏、触摸屏、通信模块，具有故障显示报警功能、现场总线通信功能等，这些由各种功能模块组成，在设计及订货时，应择其所需，选择适合的功能模块，以免浪费。

2）电动机软起动器回路中其他元件的正确选择。软起动器回路要不要安装热继电器保护电动机过载呢？有人认为，软起动器本身有过载保护，不必重复加入过载保护器了，其实，这要具体问题具体分析，如果软起动器容量大于电动机容量，而且软起动器过载保护值又不可调，在这种情况下，要另加电动机过载保护器。

软起动器回路短路保护常用塑壳断路器及熔断器作线路、电动机及软起动器的短路保护，如果软起动器本身带有短路保护，这一方案是可行的，如果软起动器本身无短路保护，塑壳断路器是无法对软起动器内的电子元件作短路保护的，所以建议回路的短路保护可采用刀熔开关，所用熔断器为电子元件保护用的快速熔断器，即使软起动器含有电子元件的短路保护装置，回路中的快速熔断器也可以作为软起动器短路保护的后备保护。

软起动器是否要加旁路接触器？如果不加旁路接触器，软起动器长期接入电网，会造成电网谐波污染，另外，长期接入也缩短了软起动器的使用寿命。如果加入旁路接触器，尽管在起动瞬间有谐波产生，由于时间短，此污染可忽略不计。有人认为，旁路接触器还有一种作用，即一旦软起动器损坏，可用旁路接触器直接起动，但既然可直接起动，当初何必采用软起动器呢？

那么旁路接触器如何正确选择呢？众所周知，电动机起动完毕后再投入旁路接触器，通过旁路接触器的电流是电动机的稳态电流，相当于接触器工作在 AC-1 状态下，同一个接触器，它比工作在 AC-3 状态下，允许通过的电流要大得多。例如，一台 75kW 的三相异步电动机，额定电流 142A，旁路接触器可选择工作制为 AC-3、额定电流为 110A 的接触器，有人不理解，怎么能小于电动机的额定电流呢？但这不奇怪，因为接触器如果工作在 AC-1 状态下，可允许通过 160A 的电流，用于旁路，容量还绰绰有余。

如果软起动器接入电动机三角形绕组内部，电动机绕组的相电流为 $142/\sqrt{3}=82$（A），选择旁路接触器 AC-3 工作制的额定电流为 50A 即可，因此接触器工作在 AC-1 状态时，允许通过电流为 100A，如果放宽裕些，选用 65A 的，它在 AC-1 工作状态下，允许通过 115A（上述接触器的参数，是参照 ABB 公司生产的 A 系列接触器）。上述接触器的选择是对接触器单独进行的，目前软起动器生产厂家的软起动器与旁路接触器是拼装成一个整体的，设计人员在选择软起动器时，如果有特殊要求，应注明旁路接触器的参数要求。

3）软起动器与旁路接触器采用电动机绕组内接法分析。三相笼型异步电动机一般容量在 3kW 以上时，外接端子常有 6 个接头端子，以便用户可选择采用三角形接法或星形接法。额定电压为 380V 时，常用三角形接法，如果电网标称电压为 660V，采用星形接法，此接法使电动机额定电压与电网电压一致，且容量又保持不变。采用三角形接法，为软起动器及旁路接触器采用内接法提供了条件。采用内接法的优点是，软起动器的容量及旁路接触器的额定电流只为外接法的 $1/\sqrt{3}$，这样软起动器的投资可节省，但因电动机绕组接在起动回路三角形内部，从软起动器至电动机需要双回路，虽然回路电流只是外接法的 $1/\sqrt{3}$，管线截面积都减少，但如果线路很长时，线路的投资还是高了，这时要对软起动器与线路的投资进行综合比较，然后选择最佳方案。特别需要提醒的一点，采用星三角接法时，从软起动器至电动机要两回路，而施工单位往往只埋设单回路保护管，一旦发现遗漏，进行补救也要花费大的代价，因此，采用内接法时，预埋导线保护管一定按双回路考虑。热继电器也可内接，也可外接，注意不同接法时热继电器整定电流的选择。

4）一台软起动器起动多台电动机。一台软起动器可起动多台电动机，也就是多台电动机共用一台软起动器，每台电动机回路除各自有单独的过载保护器、短路保护器及控制接触器外，还要为每台电动机配备一台专用软起动器投入接触器，其投入接触器不能共用，接线图见《低压配电常见问题分析》一书。

尽管多台电动机可以共用一台软起动器，但在工程实践中，基本没有采用此方案，一旦软起动器出现故障，造成多台电动机无法起动的局面，给生产带来更大损失。如果每台电动机有各自的软起动器，一旦软起动器故障，其他的电动机可以正常运行，而且电动机之间又常具有互为备用功能。

（4）电动机星三角起动。星三角起动器造价低、接线简单、维修方便、运行可靠，无电力电子元件，不产生谐波污染，特别适合轻载起动的设备。有人认为采用此法降压起动已落后，不如电子式软起动器先进，这实在是设计及使用中的误区。不久前问世的先进中央空调机组，它的压缩机起动柜，采用的起动装置就是星三角起动器。星三角起动器的不足之处有：

1）起动转矩小，因为电动机的起动转矩是与所加电压的平方成正比，起动时，电动机绕组接线为星形，所加电压只为电动机额定电压的 $1/\sqrt{3}$，因此起动时转矩是直接起动转矩的 $1/3$，由于起动转矩小，造成起动时间长，只适合空载或轻载起动，当拖动重载时，可能起动不起来，或起动时间过长，有时会使过载保护器动作，这又被用户误认为起动电流过大或是由切换过程二次冲击电流造成的。

2）在起动过程星三角转换瞬间，处理不当，有可能发生弧光短路。

3）另外，在星三角转换的瞬间，会有二次冲击电流，此冲击电流也有可能使瞬动保护动作。

如何克服转换过程中的二次冲击及弧光短路呢？现就此问题作以下分析。

在起动过程中，电动机绕组由星形接线转换为三角形接线时，绕组先断电，再以三角形接法投入运行。不可避免地会受到二次冲击电流，间隔时间越长，二次冲击电流越大，反之，二次冲击电流越小，当星形接法起动转速达到额定转速的 80% 时，切换到三角形接线，一般二次冲击电流约为直接起动电流的 70%，如果直接起动电流为额定电流的 7 倍，那么切换时二次冲击电流为额定电流的 $7 \times 70\% = 4.9$ 倍，之所以二次切换冲击电流要小于直接起动电流，是因为电动机在惯性作用下继续转动，有一定的反电动势。但二次冲击电流又大于星三角起动电流，因为星三角起动电流为直接起动电流的 $1/3$，而不是 70%。尽管二次冲

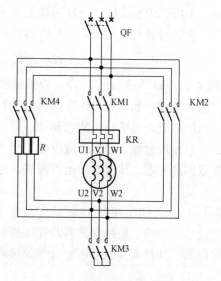

图1-1　星三角串电阻不断电
切换起动器一次接线

击电流只为直接起动电流的70%左右，如果电动机短路瞬时保护整定值偏小，有可能瞬动脱扣器动作。另外，由于二次冲击电流大，加之起动时间过长，往往电动机过载保护首先动作。能否在切换过程中，不产生二次冲击呢？那就是在起动过程中，电动机始终不断电，进行带电切换，为此可采用图1-1的接线方案，此方案有具体应用实例，某大厦中央空调压缩机组，采用美国产品，压缩机电动机700kW，额定电压380V，不采用软起动，也不采用变频起动，而是采用图1-1接线的星三角降压起动，完全满足使用要求。

在转换过程中电动机绕组不断电的一次及二次图分别如图1-1及图1-2所示。在图1-1中，起动时，接触器KM1及KM3首先接通，电动机绕组为星形接线，降压起动，经过延时后，接通KM4后，电动机绕组与电阻R并联，然后断开KM3，绕组转换为串入电阻R的三角形接法，一旦KM2闭合，电阻R被KM2短接，电动机进入绕组为三角形接法的正常运行。此方法原理简单，关键是如何选择合适的电阻R，这涉及电阻的容量、构造及规格，这是推广此种起动方式的关键，建议星三角起动器生产厂家把限流电阻R作为起动器的部件之一，一并供货。目前国内生产的星三角起动器尚无回路串过渡电阻方案，采用的三只接触器已给用户配套，形成一个组合元件，设计人员及用户不必自行分别选择接触器了。

星三角降压起动如果不采用串电阻的方法，即无限流过渡回路的情况下（无KM4及电阻R），在断开KM3时，KM3的电弧尚未熄灭，而KM2却已闭合，从而造成相间弧光短路。在KM3电弧完全熄灭的情况下合KM2能够避免弧光短路，为此可采取以下措施：

1）KM3的容量适当加大，容量大一些有利于灭弧，不至于产生弧光短路。或KM3在回路中的星形接法改为三角形接法，这样通过KM3的电流只为原来的$1/\sqrt{3}$。

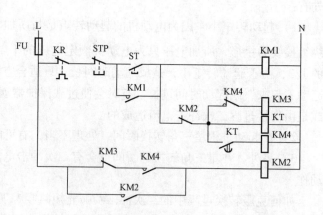

图1-2　星三角串电阻不断电切换起动器二次接线

2）避免起动转换过程产生弧光短路，最简单的方法是延长投入KM2的时间，但这会造成很大的二次冲击电流。

3）采用串入过渡电阻，起动过程不中断供电的方法，如图1-1所示。

4）在无过渡电阻的情况下，KM3与KM2加机械连锁，保证只有完全打开KM3，才能闭合 KM2。

有人认为，KM3 切除的电流只是电动机三角形接法线电流的 $1/\sqrt{3}$，如果 KM3 的三极采用三角形接法，通过它的电流更小，只有电动机三角形接法线电流的 1/3，因此容量可以选择小容量的。但因为不同容量的接触器不易加机械连锁，况且 KM3 容量大，对灭弧有利，所用接触器一样大容量为好。实际情况也是如此配备，星三角起动器生产厂家配备的三只接触器型号规格是一样的。

在起动过程中，有的按延时切换，有的根据起动电流的大小进行切换，采用延时切换比较简单容易，根据电流大小切换比较合理，但不易掌握，误差可能较大。

有的设计人员对控制回路采用 PLC 模块控制，或采用电动机综合保护器来完成，但不论软起动器控制回路还是星三角起动器控制回路，用的继电器较少，控制回路简单，采用继电器比较合适，即使采用 PLC 模块控制，也要与中间继电器配合，只有控制回路复杂、动作逻辑复杂而且具有通信功能要求的情况下，才考虑用 PLC 模块（可编程序控制器）控制。

2. 电动机短路保护配合及短路保护器的选择

（1）短路保护的配合。低压电动机过电流保护器主要有断路器、熔断器，有的大容量电动机采用微机综合保护来动作于断路器，如中压系统中的继电保护，此方法用得很少。电动机回路必须有隔离电器、短路保护电器、过载保护电器及控制器。比较容易忽略的方面是电动机保护配合问题，此种配合是指短路保护器与回路负载侧的控制器及过载保护器的配合，也就是说，短路保护器在切除电动机或线路的短路故障的同时，还要考虑到对本回路中的过载保护器及控制器（通常是指热继电器与接触器）的影响情况。此处的短路保护配合，不要误认为是保护电器的级间配合，级间配合是指上下级保护器的动作选择性。

估计短路保护器在切除短路故障时对热继电器及接触器的影响，分为一类配合与二类配合。当为一类配合时，短路时接触器、热继电器可能损坏，短路切除后，热继电器、接触器要更换或修理后才能使用。二类配合是短路时接触器或起动器触头允许烧蚀，但不经维护可以继续使用。不论一类或二类配合，都不能危及人身安全，也不能损坏其他元件。

由此可见，对不允许长时间停电的重要设备，要选择二类保护配合。一类与二类保护配合，不是由计算得出的，它是经过试验得出的，对于同时供应断路器或熔断器、接触器及热继电器的生产厂家可完成此项工作。但在实际设计工作中，电动机回路中各元器件是不同厂家的产品，如果在采用不同厂家元件、不知何种配合的情况下，又想能达到二级保护配合时，可选择短路保护电器动作时间短的，接触器放大 1~2 级，热继电器额定容量加大（保护整定值不得改变），或采用熔断器作为短路保护器，因为它有限流作用。

因为保护配合是由试验得出的，如果保证二类配合，要对回路进行三种故障电流试验，以便校验在通过故障电流情况下开关及控制保护设备能否还能继续正常工作。试验要求的三种电流分别为 I_c、I_r 及 I_q。对于过载，要求通过电流 I_c 进行试验，要求 I_c 不大于 $10I_N$，（I_c 的具体大小由各制造厂自行规定，I_N 为电动机额定电流）。当回路通过 $0.75I_c$ 时，只有过载保护器动作，当回路通过 $1.25I_c$ 时，短路保护应动作。这种试验可确定过载与短路这两种保护的时间电流曲线的交点，确定保护的连续性。有人担心，过载试验通过最大电流竟接近额定电流的近 7.5 倍，电动机能承受得了吗？不必担心，过载脱扣器会在短时间动作，有的动作时间只在几秒之内。电动机回路用的 AC3 使用类别的接触器，允许短时通过的电流也为接触器额定电流的 8 倍以上。I_r 是阻性短路试验，是验证因绝缘老化引起的短路故障，短路保护器应确保切除此种故障，且试验后，接触器、过载保护器性能保持不变。I_q 是预期最大短路电流试验，只是在纯金属性短路情况下才会出现，此项试验后，回路元件皆能正常工作，若满足 2 型配合的要求，一般情况下，$I_q > 50I_N$。在实际运行中，纯金属性短路的可能性几乎为零。

（2）短路保护器的选择。电动机短路保护主要有熔断器及断路器，熔断器的熔体有通用型 gG 型及电动机专用型 aM 型。如果采用 gG 型，熔体额定电流应为电动机额定电流的 2~2.5 倍。如果采用 aM 型熔体，其熔体额定电流为电动机额定的 1.1 倍即可，但 aM 型熔断器目前国内产品质量过关的较少。不论何种熔断器，保护电动机过载难度大，电动机过载要另加热继电器，动作于接触器，如果电动机容量过小，或无过载的可能时，不必加过载保护，由刀熔开关直接起动电动机。

电动机如果是固定安装的设备，接地故障保护切除时间不得大于 5s，接地故障电流为 g 型熔体额定电流的 4.5~7 倍是可以满足这一要求的，接地故障电流 I_d 与熔断器额定熔体电流 I_r 之比不小于表 1-5 所示值时，切除时间不大于 5s。

表1-5   接地故障电流 I_d 与熔体额定电流 I_r 之最小比

熔体额定电流 I_r（A）	4~10	16~32	40~63	80~200	250~500
短路故障电流 I_d 与 I_r 之比	4.5	5	5	6	7

如果电气设备为移动设备或手持式设备，要在 0.4s 内切除接地故障，接地故障电流为 g 型熔体额定电流 8~11 倍，具体倍数见表 1-6。

表1-6   接地故障电流 I_d 与熔体额定电流 I_r 最小比

熔体额定电流（A）	4~10	12~32	40~63	80~200
短路故障电流 I_d 与 I_r 之比	8	9	10	11

固定式电气设备切除故障时间不大于 5s，由于熔体额定电流为电动机额定电流的 2~2.5 倍，这样接地故障短路电流大约为电动机额定电流的 15 倍，一般在 10 倍以上。

如果采用断路器作为电动机回路短路保护器，一般不采用带有热磁脱扣器的断路器，即带复式脱扣器的断路器。电磁脱扣器能够保护电动机回路的短路故障，而热脱扣器不易保护电动机的过载，因为热脱扣器整定值不是连续可调的，如果整定值偏小，则电动机不能发挥全部功率，如果整定值偏大，又不能保护电动机过载。因此，断路器应选择只带磁脱扣器的，只用来保护短路，过载保护另加热继电器，热继电器可以无级调整整定值，能够很好地保护电动机的过载。用于保护短路的带电磁脱扣器的断路器，为防止起动时误动，可带有短延时功能，但这要由电子脱扣器才能实现这一功能。

采用带有电子脱扣器的断路器，能够对电动机进线短路及过载保护，它与热磁脱扣器的断路器不同，它不但能保护短路，也能保护过载。因电子脱扣器的过载整定值多，总能找到一个合适的整定值与之匹配，不过带电子脱扣器的断路器价格比普通断路器贵得多。电子脱扣器中，又分普通型与智能型，智能型带有微处理器，价格更高，常用于大容量空气断路器中。

以上介绍的是电动机回路接地故障保护采用熔断器时，熔体额定电流如何能满足切除时间要求，如果采用断路器，当要求切除时间不大于 5s 或 0.4s（用于手握式或移动式设备）时，也就是采用过电流保护兼作接地故障保护，只要接地故障电流大于断路器瞬时脱扣整定电流或短延时整定电流的 1.3 倍即可，断路器切断短路故障时间一般不大于 20ms，要求0.4s（即 400ms）切除接地故障，是大大满足要求的。

如果断路器保护线路的短路，而不是接地故障短路，没有 5s 或 0.4s 要求这一说法，只是要求在 0.1～5s 之间可靠切除短路故障，回路导体截面应满足热稳定要求及式（1-17）

$$S \geqslant I_\mathrm{d} \sqrt{t}/K \qquad (1\text{-}17)$$

式中　K——计算系数，它由导体的材质及所用绝缘材料决定，具体数值见 GB 50054—2011
　　　　　《低压配电设计规范》中附录 D。

　　　　S——导体截面，mm^2；

　　　　I_d——预期短路电流有效值，A；

　　　　t——短路持续时间，s。

式（1-17）之所以适合 0.1～5s 之间，因其未考虑散热影响，只考虑了短路电流的有效值。一旦大于 5s，应计其散热影响；小于 0.1s，应考虑短路非周期分量的影响。

对于短路保护，不论是接地故障还是其他短路，短路电流一定不得小于 1.3 倍的瞬动或短延时整定电流。

3. 电动机瞬动保护整定值的问题

对保护电流的整定，采用断路器作为短路瞬时保护电器时，电动机瞬时动作电流整定值按 2～2.5 倍的起动电流。此处所讲的起动电流到底是何种电流呢？是起动电流周期分量的有效值，还是起动冲击电流峰值，或者起动全电流呢？这个问题必须分清。设计规范的条文解释是，整定电流应躲过电动机起动电流第一半波的有效值，该电流通常不超过起动周期分量的 2 倍，最大不超过 2.3 倍。考虑到可靠系数，为了保证电动机瞬动保护整定值可靠地躲过起动电流第一半波的有效值，整定值为 2～2.5 倍起动周期分量有效值。对此条文，有以下问题值得讨论：

（1）在什么情况取 2 倍，什么情况取 2.5 倍呢？没有交代清楚，设计人员不易掌握。建议取 2 倍，不再考虑 2.5 倍。因为 2.5 倍太大了，电动机回路出现纯金属性短路的概率几乎为零，单相或两相短路居多，尤其单相接地短路最多，短路时考虑电弧的影响，短路电流更小，瞬动保护整定值过大，发生上述短路故障时，保护装置无法动作。如果起动开始时，起动电流周期分量有效值为电动机额定电流的 7 倍，如果按 2.5 倍起动电流整定，瞬动保护整定值为额定电流的 17.5 倍，不但短路时因整定值过大而不跳闸，而且很多专为电动机短路保护的断路器，磁脱扣最大整定值达不到上述要求（有的只为脱扣器过载整定值的 12 倍）。之所以采用 2.5 倍的整定值，规范的起草人可能有调查资料，小于 2.5 倍时，电动机直接起动时有瞬动保护误动作的事例，但要分析，起动跳闸不一定是起动电流过大造成的，有可能起动时间过长，过载保护器热脱扣器动作造成的。对于交流电动机瞬动保护，应分清上述规定是指三相笼型异步电机，不是交流绕线式电机，不能笼统的对一切交流电动机而言，否则，整定值有点大得离谱了，短路保护如同虚设。

（2）在起动过程中，起动电流是逐步衰减的，采用哪一时间段的起动电流有效值呢？考虑到条文的准确表达，建议条文改为"电动机短路保护瞬动过电流脱扣器整定值应为电动机堵转电流的 2 倍"比较合适，堵转电流是个恒定的周期电流有效值，电动机发生堵转后，电动机无反电动势，只靠自身的阻抗来限流，这一电流是恒定的，电动机开始起动时，它处于静止状态，也无反电势，第一半波的周期分量有效值应与堵转电流一致。

由于电动机阻抗中的电抗成分大，造成起动电流波形迟迟不过零，也就是直流分量大，在第一半波内，可能接近起动第一半波周期分量的 2 倍，第一半波内它的周期分量也最大，随着起动时间的推移，起动电流（含周期电流）也逐步减少，起动完成后，电动机的电流等于正常工作电流了。由此可见，为了条文的严密性，应改为电动机瞬动保护的整定值为起动第一半波有效值的 2 倍，或干脆为堵转电流的 2 倍比较合适。目前一般都认为，电动机起动电流周期分量就是指起动过程中它的最大周期分量，但对国家规范来说，这是不够严密的。

4. 过载脱扣器的等级

过载脱扣器是过载保护电器关键元件，用于具有过载保护功能的断路器中，有的用于热继电器中，过载脱扣器常用的等级有 10、10A、20、30 级。在以往的电气设计中，最常忽略的莫过于过载脱扣器等级的确定了，认为只要满足过载保护的整定值即可，对过载保护器的脱扣器级别无从谈起。不同的脱扣器级别，从冷态状态下，回路通过相同的三相对称电流时，动作时间是不同的。在电动机起动过程中，一旦过载脱扣器动作，设计人员及用户往往认为是过载脱扣器整定电流过小所致，采取的措施是调大脱扣器的整定值，这种做法是不正确的，应从正确选择脱扣器的级别入手。正确的做法是分析电动机所拖负载性质，根据负载是轻载、中载还是重载，然后选择相应的过载脱扣器的级别。例如 10 级及 10A 级脱扣器用于轻载起动电动机，20 级用于中载起动，而 30 级则用于重载起动。过载脱扣器动作时间见表 1-7。

表1-7 　　　　　　　　　　　　　　　过载脱扣器动作时间

级别	$1.05I_N$（h）	$1.2I_N$（h）	$1.5I_N$（min）	$7.2I_N$（s）
10A	>2	<2	<2	2~10
10	>2	<2	<4	4~10
20	>2	<2	<8	6~20
30	>2	<2	<12	9~30

5. 电动机综合保护器的合理选择

随着电力电子工业的发展及智能化电力监控与保护的推广，具有通信功能的电力电子元件在电力系统中得到了推广与普及，如电动机综合保护器、电气火灾监控器、数字显示表、微机综合保护器、各种变送器、智能电能表、智能操控装置、电容器晶闸管投切器、开关柜主回路动态综合监控装置、温湿度控制报警装置、直流柜高频整流充电装置、有源滤波装置、电力质量监视仪、动态无功补偿装置、变频器、电子式软起动器等。对于从事多年电气设计的人员来说，必须与时俱进，采用先进的电力电子装置，但也不能采用价格昂贵的却并不需要的装置，造成性价比降低，实际上不能算是一个好的设计。

在电动机综合保护器的选用上，必须慎重，因为它比热继电器贵得多，要经过比较后才能决定。电动机综合保护器有剩余电流保护功能，但电动机为固定设备，不是手握式，也不是移动式时，采用金属外壳接保护线能够满足设计要求，不必采用剩余电流保护。电动机综合保护器有负序保护功能，可以保护两相运行，但热继电器也有此项功能。电动机综合保护器保护电动机过载，此项功能正是热继电器的基本功能。电动机综合保护器有通信接口，可以与后台计算机组网，可以用计算机远程监控，但监视电动机的运行可以通过电动机回路的断路器的通信接口解决。更有甚者，选择带有保护功能的电动机综合保护器，实际上相当于中压系统的微机综合保护器，这更没必要了，低压断路器保护功能全面，没有必要采用电动机综合保护器实现短路保护功能，因为它要有电流互感器输入电流信号，通有无源输出接点动作于断路器的分离脱扣器，这样不但接线麻烦，而且价格昂贵。对于不重要的场合，电动机综合保护器无采用的必要，例如农村一台磨面机，电动机综合保护器的价格基本与被保护的电动机持平，有的还高于电动机的价格，这有点不合理了，没有人会用贵重的东西保护比它便宜的东西。在其他场合，有的电气设计人员对几千瓦或更小容量的电动机也采用高等的电动机综合保护器，热继电器弃之不用，造成投资的大量浪费。另外，电动机综合保护器保护电动机不受过载损坏，但电动机因其他原因损坏它也无能为力。

在生产厂家给出的电动机综合保护器有关参数，没有过载保护器的级别，如果轻载起动选择30级的过载脱扣器，造成脱扣时间过长，满足不了要求。另外，电动机综合保护器与断路器是如何配合的呢？是一类配合还是二类配合？要得到这些参数，要经过大量的试验，这是很多电动机综合保护器的生产厂家无法胜任的工作。

设计人员在选择热继电器时，不但注明型号规格、热元件号码、脱扣器的级别，还要注意它的整定电流调节范围，电动机的额定电流不但要在它的调节范围内，而且要有一定的裕度；热继电器有的带有断相保护功能，根据需要决定（对于三角形接线的电动机，热继电器接入线电流选择带断相保护的，接入相电流，可不用带断相保护的）。热继电器尚有1型与2型之分，所谓1型是指当通过整定电流时，脱扣器并不动作，必须超过一定数值后才能动作，2型是通过整定值时会动作，为了正常工作，整定值必须大于电动机额定电流，不过建议，根据起动性质选择合适的脱扣器类别。

保护电动机过载的热继电器，必须在电动机正常起动与运行中不能脱扣，但也应尽可能发挥电动机的过载能力，为此，过载保护器动作特性曲线正好在电动机允许发热曲线的下方，但在实际设计中，因工作量太大，很少有人完成此项工作，只有对大容量的重要电动机，才有这种可能。

电动机的堵转保护及缺相、不平衡保护等完全可用具有电子脱扣器的断路器完成，并不一定要采用电动机综合保护器。

目前有的厂家生产的电动机综合保护器不但具有微机综合保护功能，而且有逻辑编程功能，这样，星三角起动控制、自耦变压器起动控制也可以由电动机综合保护器完成。工艺过程中的各台电动机之间的程序起动及它们之间的电气连锁，也能够由电动机综合保护器完成，只要把电动机用的接触器的辅助触点、起动停止按钮的触点等输入电动机综合保护器，通过后台计算机控制即可。

6. 电动机的堵转与保护

（1）电动机的堵转。当负载转矩超过其起动转矩及额定转矩时，就发生电动机堵转，堵转可能在起动时发生，也有可能在运行时发生，例如，拖动粉碎机的电动机，被粉碎物体卡住运动部件，电动机堵转就发生了。

电动机堵转堵转电流大小是由回路阻抗决定的，当电动机停转后，回路阻抗是由回路电阻与电动机漏磁电抗决定。堵转电流是与起动电流有区别的，对交流电机来说，堵转电流是个恒定电流，是电流的有效值，而电动机起动电流是变化的，逐步衰减的，含有直流分量及高次谐波，如果把起动电流看做起动的瞬间电流的基波电流有效值，那么堵转电流就是起动电流了。异步电机堵转电流为额定电流的 4～7 倍。

由于电动机瞬时保护要躲开起动冲击电流，因此不能够保护电动机的堵转故障，而热继电器有其热惯性，有其在开始起动时发生堵转故障，电流达到热继电器动作要有一定时间延续，电动机的耐热性能可能无法满足，造成电动机烧毁。保护电动机堵转故障可采用以下方法：

1）来用具有短延时功能的断路器，延时时间要求躲过电动机起动冲击电流。

2）电动机起动瞬间屏蔽瞬动保护，待起动完成后再投入。

3）采用转速传感器及电流传感器，把二者信号输入到控制器，控制断路器或接触器断开。

4）采用具有堵转保护功能的电动机综合保护器。

一般电动机可不设堵转保护，例如，水泵电动机不存在堵转可能，小容量电动机也可不必考虑堵转保护。

（2）电动机的保护。有的电动机综合保护器具有 14 种保护功能，看起来使人眼花缭乱，不知如何选取，但在实际中，电动机保护主要有几种保护功能即可，GB 50055《通用用电设备配电设计规范》中规定，交流电动机应装设短路保护与接地故障保护，并应根据具体情况，分别装设过载保护、断相保护和低电压保护。根据规范要求，短路保护通常采用断路器、熔断器，大容量电动机采用过电流继电器。采用熔断器做短路保护时，应装设断相保护，当为断路器时，宜装断相保护，断路器兼做操作控制电器时，也不必装断相保护。断相保护可采用具有断相保护的热继电器，兼有过载及断相保护了，容量过小，或无过载可能时，就不必安装过载保护，对于间断工作或短时工作的电机，也不必安装过载保护。电动机金属外壳与 PE 线相连，短路保护可兼作接地故障保护，当切断故障时间符合要求时，又兼有防间接触电保护。当电动机不允许自起动时，应装设低电压保护，但采用接触器为控制电器时，断电后接触器自动释放，也就完成低电压保护功能。

由上述分析可知，电动机安装短路保护、具有断相保护功能的热继电器、金属外壳与保护线相连，采用接触器作为控制元件，基本满足电动机保护需要了。

7. 低压断路器的合理选择

低压断路器，过去称为自动开关，有的称为空气开关。断路器是一种不但能承载、接通及分断正常工作电流，而且也能分断过载电流，也能接通、短时承载及分断短路电流的电器元件。

（1）概述。低压断路器按结构分，有空气断路器与塑壳断路器。空气断路器的绝缘及灭弧介质是空气，常用字母 ACB（air circuit breaker）标注；我国命名为万能式断路器，型号开头的字母为 DW；而电气成套厂称之为框架断路器。实际上这些名词都不够确切，称万能，其实只比塑壳断路器多了一种短延时功能而已，而塑壳断路器早已具备此种功能；称为空气断路器，是指不仅回路以空气间隙作绝缘，灭弧介质也是空气，其实塑壳断路器灭弧介质也是空气，回路的绝缘以塑料为主，不过壳体也是塑料罢了。塑壳断路器的前身壳体是胶木，如果将来有更新的材料制作断路器的壳体，再称此种断路器为塑壳断路器就不恰当了。

塑壳断路器常标以 MCCB（moulded case circuit breaker）。与上述两种断路器并立的是微型断路器，它的壳体是塑料的，不过体积及电流都非常小，此断路器常标以 MCB（miniature circuit breaker）。

断路器按极数分，有单极、二极、三极及四极；按安装方式分，有固定式、抽出式及插拔式；按分断能力分有经济型、标准型、高分断型及限流型；按接线方式分板前接线及板后接线；按有无延时功能分，有长延时及短延时（无短延时型也称无选择型，简称 A 型，短延时功能型也称选择型，简称 B 型）；按保护种类分有一段保护、二段保护、三段保护及四段保护。一段保护只有短路或过载保护；二段保护为短路与过载保护，三段保护在二段的基础上增加了短路短延时保护，四段保护为接地故障保护或剩余电流保护；如果以剩余电流来动作脱扣器的，又称为剩余电流保护型。断路器按用途分，有配电型、电动机型；按通过电流的种类分，有交流断路器及直流断路器；按操动机构分，有手动操作、电动机弹簧储能操作及电动操作。上述各种功能不是所有的断路器全具备的，要根据需要选择合适的断路器。

对于低压断路器，需要指出的是，其灭弧介质为空气，与中压断路器不同，中压断路器灭弧介质还有绝缘油、SF_6 气体及真空。

断路器除能分断接通短路电流外，大多还具有隔离功能。目前对隔离功能有新的诠释，不要求有肉眼能够看得见的断开点，要求有一定的空气间隙，能够承受要求的冲击电压，正常工作时泄漏电流不得超过一定值，触头的分合是由与之相联系的机械装置指示，而不是信号灯来指示。DZ20 型断路器不具备隔离功能，由于采用具有隔离功能的断路器，给设计与安装及配套带来很大方便，配电箱进线不必采用专用隔离开关，只要采用带有隔离功能的断路器即可，用来兼作隔离的开关，目前不论在配电屏或配电箱基本不用隔离开关，而是采用具有隔离功能的断路器，因它不但具有隔离功能，而且又有保护功能。

断路器有使用分断能力与极限分断能力，使用时要合理选择，对此下文还要详谈。

低压断路器有许多附件，设计及订货时稍有疏忽，会造成很大麻烦，主要问题是把附件当成配件。常见的附件有接头端子、插入及抽出用转换套件、摇把、端子隔板及相间隔板、辅助电源配套件、分离脱扣器、欠电压脱扣器、延时欠电压脱扣器、剩余电流脱扣器及剩余电流继电器、事故报警触头、外部信号辅助接头、辅助位置接头、预先动作辅助接头（为欠电压脱扣器预先供电）、遥控用电磁操动机构及储能电动机操动机构、旋转操作手柄、面板、机械连锁装置、信号单元、外加中性线电流互感器、接地线电流互感器等。特别要提醒的是，过电流脱扣器及过载脱扣器是断路器固有元件，分离脱扣器、欠电压脱扣器、剩余电流脱扣器等不是固有配件，而是断路器的附件，如果需要，在订货时应注明。

（2）断路器的主要参数。断路器的主要固有电流参数如下：I_e——壳架额定电流；I_n——脱扣器额定电流；I_{cu}——极限分断电流；I_{cs}——使用分断电流；I_{cw}——短时耐受电流；I_{cm}——额定短路闭合电流。

断路器现场可整定的为：I_r——长延时动作电流；I_i——瞬时动作电流；I_{sd}——短延时动作电流。

除上述可整定值外，尚有剩余电流保护值整定，电动机用电子脱扣器的堵转整定及缺相、不平衡整定等。

国产断路器有的脱扣器的额定电流现场不能整定，它的脱扣器额定电流就是整定电流，例如 DZ20 系列断路器即为如此，在这种情况下，脱扣器的额定电流也称为断路器的额定电流。目前生产的断路器大都是现场可整定的，有的电子脱扣器是一个独立模块，它可以与不同的断路器配套。断路器的动作电流尽管现场可以整定或调整，但最大值一般不能超过脱扣器的额定电流。断路器的额定电流最大又不能超过其额定壳架电流。断路器瞬动整定值有的以它的脱扣器额定电流作基准，有的以长延时整定值作基准。

断路器给出的短时耐受电流常为 1s 内的耐受电流，如果短延时动作时间不是 1s，验证耐热能力时，应进行换算。

（3）正确确定断路器的壳架电流、额定电流与整定电流。

断路器的主要参数有额定电压 U_N（有的称额定工作电压）、额定冲击耐受电压 U_{imp}、额定绝缘电压 U_i 及上述各种电流参数。现场可调的断路器参数有长延时动作电流 I_r、短延时动作电流 I_{sd} 及瞬动电流 I_i，这些调整后的电流值称为整定电流。

断路器的壳架电流不等于额定电流，而额定电流也不等于整定电流。断路器的额定电流一般是指脱扣器的额定电流。一般说来，脱扣器额定电流不得大于壳架电流，最大可达壳架电流，整定电流当然也不会大于脱扣器的额定电流，在电气设计中，只注明断路器的额定电流还不够，还应当注明壳架电流及脱扣器的整定电流值，整定电流可在现场安装调试时进行。

壳架电流与脱扣器的额定电流并不一一对应，一个壳架额定电流，可对应多个脱扣器额定电流，而脱扣器每个额定电流，又有多个整定电流，反之，一个脱扣器额定电流，有可能对应两个壳架额定电流，某断路器壳架电流为 2000A，脱扣器额定电流为 1600A，脱扣器整定电流可以为 630、800、1000、1250A 及 1600A。某塑壳断路器的脱扣器额定电流为 125A，但能满足此要求的壳架电流有 160A、225A。某低压空气断路器，脱扣器额定电流是 1600A，对应的壳架电流有 2000A 或 2500A，之所以有这种情况，主要尽量减少壳架的种类，以便减少生产壳架所需的工装模具，以利于批量生产。在此情况下，应标明壳架电流，断路器脱扣器的额定电流更是必须明确的，因为断路器内部主回路导体是与脱扣器的额定电流对应的，而不是与壳架电流对应的。

设计人员经常给出断路器的额定电流或脱扣器的额定电流，对于整定电流不做交代，或者只注明大容量空气断路器的整定电流，而对塑壳断路器整定电流不做任何说明，这样在实际工程中常产生很多问题。下面介绍一个因无整定电流说明造成事故的案例：某矿医院变配电所开关柜所有低压断路器脱扣器没注明整定值，有一路母线槽馈线发生短路故障，低压断路器总开关及分开关均未动作，直接造成高压侧断路器越级跳闸，经事故分析，发现低压断路器瞬动脱扣器均处于最大位置，之所以出现此种情况，是因为设计人员没标断路器整定值，投资方在产品采购中，只是按图订货，而断路器生产厂家按照惯例，出厂时把断路器瞬动整定值拨在最大位置，而安装单位，只是把开关柜就位即可，供电部门只管高压侧的继电保护，整定值偏小，而且不考虑与低压侧保护配合问题，造成低压断路器的整定设计单位不管、投资单位不管、生产厂家不管、安装单位不管、供电部门不管的"五不管"的局面。另外还有一个案例：某单位电动机无法起动，只要一按起动按钮，电动机尚未起动起来就跳闸，后分析发现，动力配电箱电动机保护塑壳断路器指在 6 倍电动机额定电流位置。由此可见，设计人员在电气施工图中，应对每台断路器的各种整定值标明，否则一旦投入运行，就可能出现短路故障而断路器拒动的事件。

（4）断路器分断能力的选择。断路器的分断能力分为使用分断能力与极限分断能力，使用分断用 I_{cs} 表示，极限分断用 I_{cu} 表示，这两种开断能力是在不同的试验条件下取得的，使用开断试验条件要比极限开断的试验条件严酷得多，极限分断试验程序为：开断一间隔3min—接通—断开，而使用分断试验除上述程序外，多了一次再闭合再开断，因此使用开断能力不可能大于极限开断能力。对塑壳断路器来说，使用开断能力通常为极限开断能力的25%、50%、75%及100%，对万能型断路器来说，使用分断通常为极限分断的50%、75%及100%。一般说来，断路器开断极限分断电流 I_{cu} 后，要进行检查维护，开断能力有可能下降，开断使用分断电流 I_{cs} 后，可继续使用，当然，如果使用开断能力与极限开断能力一样，开断极限电流后也可以继续使用。在平常的电气设计中，选择断路器几乎均以使用开断能力 I_{cs} 为准，也就是使用开断能力要大于计算的预期短路电流才放心，不敢用极限开断能力来校验，这样做有时会造成投资的浪费。如果使用开断能力与极限开断能力一样，就不存在选用何种开断能力校验的问题，如果使用开断能力只为极限开断能力的25%或50%，预期短路电流采用极限开断能力校验，可节省断路器的造价。有人担心，如果用极限开断能力校验，万一实际短路电流比计算的大，或者断路器开断能力达不到所标开断能力，岂不是无法切断短路电流了吗？其实这样的担心是多余的，在短路计算中，往往忽略了高压系统的阻抗、低压母线的阻抗、短路电弧的压降、电气元件接头电阻和有的元件的限流因素，把短路看成只有变压器阻抗的三相金属性短路，造成实际短路电流比计算的预期短路电流小得多，应该担心的不是开断能力不够，而是短路电流过小或瞬动电流整定过大使断路器拒动的问题，实际情况中尚未遇到因断路器开断能力不够而炸掉的问题。由此可见，设计时可大胆采用极限开断能力校验，即使短路电流达到断路器的极限开断能力，也能够切断短路故障，只是要对断路器维修或更换而已。但对于极重要的负荷，断路器的维修或更换造成生产的停产，带来巨大损失时，可采用保守的做法，采用断路器的使用开断能力校验也未尝不可。

断路器还有一个参数是额定短时耐受电流 I_{cw}，它是校验断路器热稳定能力的参数，厂家给出的是以短路时间为1s的短路电流，如果短路时间大于1s，要对短时耐受能力进行换算，不过在低压系统中，短延时大于1s的情况很少出现，末端线路用的断路器均为瞬时动作，不必进行热稳定校验。如果采用断路器的延时来保证上下级间的动作选择性，要进行断路器热稳定校验。

在现实设计中，有的设计人员选择断路器不进行详细的短路计算就选择开断能力大的断路器，这种设计会造成大的浪费，断路器随着开断能力的增大，其价格也直线上升。如果不进行详细地计算，即使估算一下短路电流，所选断路器的开断能力也不会与实际相差太远。例如，1000kVA 容量的干式变压器，低压 0.4kV 侧额定电流为 1443A，短路阻抗为 6%（630kVA 以上的干式变压器短路阻抗大都为此数值），母线短路电流最大为额定电流的安培数除以短路阻抗百分数的 10 倍，即 1443A 除以 60，所得数值即为三相纯金属短路电流的千安数，即 24kA。此短路电流是忽略了高压侧的阻抗，也就是把高压系统容量看作无穷大，把低压侧的阻抗看作零，实际情况是高压侧与低压侧，阻抗都不为零，短路电弧阻抗也很大，发生单相短路的概率比三相纯金属短路概率大得多。在上述情况下，选择断路器分断能力为 30kA 即够了，但有的设计人员却选择开断 50kA 以上的断路器，实在太浪费了。有的设计人员辩称，断路器开断能力的放大是为了应付将来增容时，变压器容量加大后，短路电流增加但断路器不必更换。这种理由貌似合理，却并不切合实际，如果因变压器增大容量，而开关柜不变，开关柜内主回路导体截面要增大，断路器额定电流及整定电流要改变，有的仪表也要更换，此种工作量太大了，因此应付增容这种方案不采用，而是增加变压器及开关柜的方案。

更不可思议的是，某设计院电气设计人员把短路冲击电流 i_p 作为选择断路器极限分断能力的数据，把稳态短路电流有效值作为验证断路器使用分断的数据，即极限分断不小于冲击电流，使用分断不小于稳态短路电流。而不论极限分断还是使用分断，都是采用稳态短路电流有效值的，只不过断路器如果极限分断与使用分断能力不同时，通过极限电流时能够分断，但分断后要进行检查维护后再用，一般断路器可以经受两次极限分断。当断路器流过使用分断电流时，可以不经过维护继续使用。

由于上述设计人员的错误认识，认为容量1250kVA、短路阻抗为6%的变压器低压侧采用使用分断及极限分断皆为65kA的断路器不满足要求，理由是满足不了切断短路冲击电流的要求。不难计算，忽略高压侧系统阻抗、低压侧母线阻抗和接头电阻，短路电流不过30kA，现采用开断能力为65kA的断路器，设计人员还认为切断能力不足，这叫人匪夷所思了。

(5) 断路器电压参数的确定。断路器的电压参数有额定电压 U_N、额定绝缘电压 U_i 及额定耐冲击电压 U_{imp}。额定电压又称额定工作电压，其含义是在额定电源电压下，可能产生在设备的任何绝缘两端的最高交流电压有效值或直流电压。这个最高交流电压并不是电网中出现的闪变电压，而是可能出现的最高电压波动。由此可见，在交流标称电压为380V的系统中，所用的断路器额定电压不是380V，而是400V或以上电压等级的电压。绝缘电压 U_i 不得小于额定电压 U_N，它是衡量断路器工频耐压水平的。额定耐冲击电压 U_{imp} 是校验电气间隙的，其参数的大小是按断路器安装类别或耐冲击过电压类别来选择的。在变电站中，低压总开关应为四类安装类别，在380/660V系统中，冲击耐受电压应为8000V；馈线开关为三类安装类别，耐冲击电压为6000V；二级动力配电箱为二类安装类别，耐冲击电压为4000V；末端配电箱为一类安装类别，耐冲击电压为2500V。由此可见，微型断路器接入变电站低压母线上，不但开断能力很难满足要求，也与安装类别（耐冲击过电压类别）不符。

(6) 断路器极数的选择。在平常的电气设计中，有的对断路器的极数选择比较随意，尤其是对三相断路器，采用三极还是采用四极随意性很大。在其他章节中对变电站采用断路器作低压总开关及母联开关时，是采用三极还是采用四极的问题已做过详细分析，此处不再赘述。现就其他情况下介绍断路器极数的确定原则：

1) 用户末端配电箱单相进线开关应采用两极。

2) 具有剩余电流保护功能的三相断路器应采用四极。

3) 市电与自备电源相互转换时，三相断路器应采用四极。

4) 设备检修时需要断开的具有隔离功能的断路器，单相应为两极，三相应为四极。

5) 单电源供电，配电设备所用断路器，在TN低压系统中，三相回路应采用三极开关，因为采用四极开关，不但增加成本，而且万一中性点接触不良，会造成"断零事故"的出现，发生因电压不平衡烧坏电气设备的现象。

6) TT系统中，电源进线断路器应为四极。

7) IT中，如果配出中性线，应采用单相两极及三相四极。

(7) 低压断路器类别及容量的选择。在抽出式低压开关柜中，当容量为630A及以上时，应采用抽出式空气断路器，即抽出式框架断路器不要采用塑壳断路器，因为塑壳断路器要安装于抽屉内，由于断路器容量大，相应的抽屉也大，抽屉的推进与抽出非常困难，普通的旋转操作手柄很难操作，需要换杠杆把手才行。由于容量大，进出断路器的导体要用铜排，这样在抽屉内安装铜排非常困难。在抽屉内安装，按环境温度55℃考虑，加之导体与断路器直接连接的影响，导体的能力要为原来的0.7，为满足630A的载流能力，连接导体应为60mm×8mm，规格的铜排，该铜排与该断路器连接并不容易。如果采用抽出式空气断路器，即框架式断路器，它本身自带抽出及推进框架，在开关柜内安装不需要另加抽屉，而且它自带储能装置、操作摇把、一二次插头插座等，安装非常方便。

安装于固定式开关柜中，塑壳断路器的容量最好不大于1000A，因为塑壳断路器的一次导体安装困难。在固定式开关柜中，也可安装抽出式空气断路器，目前固定式开关柜中，大于630A的断路器，基本上采用抽出框架式（万能式）断路器，此种断路器作为低压总进线开关或母联开关，这样对变电站低压柜的维修比较有利，当整个低压开关柜需要停电时，把总开关抽出即可。

两台变压器的低压母线联络断路器应与低压总开关型号、规格一致，这样，母联断路器可作为两进线总开关的备用开关，一旦某一进线总开关出现问题，可把问题开关抽出，把母联断路器当作备用开关投入，因平时母联断路器很少使用，作为两台变压器低压总开关的备用开关非常合适。

对于微型断路器，断流能力很少能超过10kA，用于变电站低压开关柜中，由于离配电变压器很近，短路电流大，很难满足开断能力的要求，为此在它的电源侧串入开断能力大的熔断器，例如RT14、RT16等熔断器，其开断能力均在50kA之上，此时微型断路器只是起负荷开关的作用，单独的熔断器不宜在开关柜抽屉中使用，因为熔断器无操作把柄与抽屉连锁，尽管微型熔断器有把柄，但不具有断路器把柄功能，它只用于熔芯的取出与装入。

（8）微型断路器的选择。微型断路器主要用于末端配电箱，用来保护末端线路。目前末端线路大多为最小截面为2.5mm²的铜绝缘线，其载流能力达20A以上，为保护线路，微型断路器的额定电流可选择为16A或20A，但在实际施工图中，有的选择10A及以下电流的微型断路器，理由是所带负荷很小，其实这种理由不成的，配电箱内微型断路器是保护回路，而不是保护设备的过载，既然回路有20A的载流能力，回路中所装的微型断路器不要限制这一载流能力，如果回路以后有增加负荷，线路与微型断路器不必更换。如果微型断路器额定电流过小或过大，如不足6A，或50A以上，价格反而高了，比较便宜的是额定电流为16～25A的，因为这种规格的用量大，可批量生产，造成成本较低。

微型断路器开断能力一般为6kA，这基本上能满足要求，电力末端线路的短路电流很难超过6kA，况且微型断路器的电源侧尚有多级开关参与级联效应，开断能力更无问题。离配电变压器近的微型断路器，为弥补开断能力的不足，可与熔断器组合，或采用塑壳断路器。

（9）计算电流与长延时脱扣器整定电流相差太大。例如，某工程变电站低压有一回路计算电流1507A，设计人员把断路器的长延时脱扣器整定电流高达2000A，这有点离谱了，回路过载保护要满足

$$I_B \leqslant I_N \leqslant I_Z \tag{1-18}$$

$$I_2 \leqslant 1.45 I_Z \tag{1-19}$$

式中　I_B——线路计算电流；

　　　　I_N——断路器额定电流或整定电流；

　　　　I_Z——导体允许持续载流量；

　　　　I_2——保证断路器可靠动作电流，即约定时间内的约定动作电流。

容易误解的是参数 I_N，规范应明确它就是断路器长延时整定电流，如果把它当成脱扣器的额定电流，会出现严重错误。在低压断路器的初始阶段，低压断路器脱扣器不能够整定，它的脱扣器额定电流就是脱扣器的整定电流，如 DZ20、DZ10 等，现在低压断路器大部分都可现场整定，如某万能型断路器，脱扣器额定电流 2000A，它长延时可整定为 630、800、1000、1250、1600、2000A，设计时必须选择合适的整定电流来满足式（1-18）规定。在实例中，计算电流 1507A，设计断路器长延时脱扣器整定电流为 2000A，那么回路的载流能力要不小于 2000A，如果采用母线槽，标准母线槽的额定电流应为 2000A 或 2500A 了，带来惊人的浪费。正确的做法是脱扣器整定 1600A，母线槽选择额定电流 1600A 的即可满足要求。

顺便提醒一下，只要是合格的断路器，式（1-19）不必考虑了，当电流为断路器脱扣器整定电流 120% 时在 2h 内必定动作，回路的载流能力不小于断路器脱扣器整定电流，在 1.45 倍的回路载流能力的电流通过，断路器动作。

（10）隔离变压器保护开关的选择。低压隔离变压器的合闸涌流并不是平时所说的为额定电流的 5~8 倍，而是几乎等于短路电流，彻底颠覆了变压器合闸涌流为额定电流的 5~8 倍这一概念了。这样选择隔离变压器的短路保护断路器的瞬动脱扣器时，要躲过合闸冲击电流。某铝厂，隔离变压器额定容量 40kVA，电压 380V，额定电流 57.7A，采用西门子额定电流 100A 低压塑壳断路器，瞬动脱扣电流为额定电流的 10 倍，即 1000A，一旦合闸，开关一定跳闸，按一般常理，即使合闸涌流为变压器额定电流 8 倍，也不过 461.8A，瞬动脱扣器不应当动作才对，但实测合闸涌流超过 1000A，为此采用短延时的电子脱扣器塑壳断路器，延时 0.2s，采用延时来屏蔽变压器的合闸涌流，不过这也带来不利因素，一方面加大了投资，另外上级断路器也要采用短延时电子脱扣器，延时时间要大于一级。

8. 低压熔断器的选择

熔断器是广泛使用的低压元件，必须采用符合国家规范要求的产品，配电系统中使用的熔断器应符合 GB 13539.1《低压熔断器　第 1 部分：基本要求》及 GB/T 13539.2《低压熔断器　第 2 部分：专职人员使用的熔断器补充要求》。

熔断器大都由熔体、熔体管及熔体管座三部分组成。熔体管座，不代表熔断器的安秒特征，也就是不能够代表熔断时的电流—时间特性，如果要体现保护特性，还要另外注明熔体的特性标志型号，这在设计中最容易被忽略，对此在下文中还要详谈。

熔断器的主要优点为：

（1）价格低廉、开断能力大、体积小，与热继电器及接触器配合时，容易达到二类配合。

（2）熔断时因有电弧，从而产生大的限流能力，使实际短路电流比预期短路电流大大减少。

（3）运行时无噪声，无需检修维护。

（4）熔断器具有隔离功能，可作为隔离插头使用。

（5）熔断器上下级间的配合容易。

熔断器也有其不足之处，例如，熔断后一般要更换熔体，过载保护不能调节，不能独立地安装于抽出式低压开关柜的抽屉里，小容量熔断器保护线路过载难度大，熔断后熔体管要整体更换，因此要有备用熔体及熔体管，不能像断路器那样，故障排除后，合上断路器即可。

（1）熔断器的分类，使用类别及使用范围。

熔断器按结构分，有填料式，用 T 表示，如 RT 系列；有封闭管式，用 M 表示，如 RM 系列；有螺旋式，用 L 表示，如 RL 系列；有瓷插式，用 C 表示，如 RC 系列。

在用石英砂作填料的熔断器中，熔体管有的是圆柱形，如 RT14、RT19、RT18 型；有的熔体管为方形，如 RT0、RT16、RT17（NT、NH）型等。不论圆形还是方形熔体管，其端头引出导体有的是刀形，有的是帽形。NT 系列及 NH 系列这一型号是沿用国外型号，NT 系列是引进德国 AEG 公司的技术、NH 系列是引进德国西门子公司技术生产的，根据电流大小不同，转化成国内型号分别为 RT16 型及 RT17 型。RT14 型与 RT18 型熔断体是可以通用的，只是熔断体座的安装尺寸不同而已。有的熔断器不需底座，例如 RT10、RT11 型，与负荷开关配套使用。

熔断器的使用范围及类别用两个字母表示，第一个字母用小写，"g"表示全范围分断能力的熔断器，"a"表示局部范围分断能力的熔断器。第二个字母用大写，表示使用类别，"G"表示普通使用的，用于线路过载及短路保护，有时还用于电容器组的保护；"M"表示电动机短路保护使用。"gG"表示熔断器的熔体熔断特性为全范围一般使用的，"aM"表示熔体是局部范围分断，用于电动机短路保护用。"gL"型与"gG"型是同样的，只不过它是德国的标号，还有半导体保护用快速切除短路故障的"aR"型与"gR"型。

在电气设计中，在注明熔断器的型号同时，不要忘记把熔体的安秒特性也要注明，例如，当选择 RT18 型熔断器时，开列的全部参数应为 RT18—gG—32A，500V，开断电流则不必注明，每种熔断器有其固有的开断能力，不是用户决定的。不同型号的熔断器，其底座不同，但有的可使用不同的熔体，有的既可以使用"gG"型熔体，也可以使用"aM"型熔体。

熔体管与底座的连接，有的采用圆帽插入式，例如 RT14、RT18、RT19 等型号；有的采用刀形插入式，例如 RT0、RT16、RT17（NT0、NTH）等型号；有的采用螺旋式，如 RL 型系列。比较起来，刀形插入式可靠性高，尤其是大容量的熔体更是如此。底座的出线端子，有的是采用自备插接式端子，如 RT14、RT18 等系列，有的采用带有螺栓孔的裸铜排，如 RT0、RT16、RT17（NT、NH）等，导线经过外接端子，采用螺栓与底座连接。建议电流达到 32A 及以上者，要用 RT0、RT16 等系列，此种熔断器，不但熔体管与底座经刀形触头插接，接触紧密，熔断座的引出端子与导线接触也好，而且没有壳体，散热效果非常好。反观 RT14、RT18、RT19 等系列，熔体管与熔断座接触不够好，而且熔断座与导线的连接采用插接式端子，这样固然接线方便，但受热胀冷缩的影响，接触不良，发热严重。发热严重，使接触更不良，这样形成恶性循环，接头处烧蚀严重，而且熔体管封闭于壳体内，不易散热。有人认为，有外壳保护，人体不易触电，比较安全。但这对于裸露安装在配电板上而言，若安装于开关柜或配电箱内，其防触电是由带门锁的柜子或箱子的壳体来保证的，在工程实际中，熔断器的裸露安装非常少见。

（2）过载保护用熔断器的正确选择。

1）全范围保护。当采用熔断器作线路过载保护时，应选择全范围一般用途的熔体，即 gG 型或 gL 型。不能认为全范围的含义是从熔断器熔体的额定电流到开断能力电流之间的任何电流都能可靠熔断。一般来说，在通过熔断器的电流不大于 1.25 倍的额定电流之前，熔断器的熔体是不会熔断的，而约定熔断电流达 1.6 倍（或 1.9 倍，见表 1-8）的额定电流时必须要熔断。对小容量的熔断器，约定熔断电流有的达 1.9 倍额定电流或更高。全范围的概念是，熔断器的熔体不但在大的短路电流作用下能瞬时分断，而且在通过一定倍数熔体额定电流时，熔体便开始融化，按通过电流函数的弧前曲线或 I^2t 熔断曲线分断故障电路。保护线路的全范围保护的普通型熔断器，有点类似具有热磁脱扣器的断路器，而保护电动机的aM 型熔断器，又有点类似只有磁脱扣器的断路器。为了合理选择线路保护用熔断器，首先要熟悉 gG 型及熔体的约定时间与约定电流的关系，见表1-8。

表1-8　　　　　　　　　　gG型熔丝约定时间与约定电流关系

额定电流I_N（A）	约定时间（h）	约定电流	
		约定不熔断电流I_{nf}	约定熔断电流I_f
$4<I_N\leqslant16$		$1.5I_N$	$1.9I_N$
$16<I_N\leqslant63$	1	$1.25I_N$	$1.6I_N$
$63<I_N\leqslant160$	2	$1.25I_N$	$1.6I_N$
$160<I_N\leqslant400$	3	$1.25I_N$	$1.6I_N$
$400<I_{nf}$	4	$1.25I_N$	$1.6I_N$

2）熔断器对线路的过载保护。线路熔断器过载保护应满足两个条件，即

$$I_b\leqslant I_N\leqslant I_z \tag{1-20}$$
$$I_2\leqslant1.45I_z \tag{1-21}$$

式中　I_z——线路的载流能力；

　　　I_b——计算电流；

　　　I_2——在约定时间内的约定熔断电流；

　　　I_N——熔断器熔断体管的熔体额定电流。

由表1-8可知，当电流大于16A时，约定熔断电流应为1.6倍的额定电流，这个电流已经大于1.45倍的线路载流能力，也就是通过线路1.45倍的载流量，熔体并不熔断，它要达到1.6倍的载流能力才开始熔断，熔断器对线路的过载保护不起作用。为了能够保护线路的过载，必须满足

$$1.6I_N\leqslant1.45I_z \tag{1-22}$$

即　　　　　　　　　　$(1.6/1.45)I_N=1.1I_N\leqslant I_z$

线路的载流能力要不小于熔断器熔体的额定电流的1.1倍，同样可求得，当熔断器熔体的电流不大于16A时，线路的载流能力不小于熔体额定电流的1.9/1.45=1.31倍。

线路的过载保护如果采用断路器保护，断路器的长延时脱扣器的整定电流可以与计算电流及线路的载流能力相等，采用熔断器保护，线路的载流能力要大1.1倍或1.31倍，如果线路为小电流的电缆线路，而且线路又很长，采用熔断器保护要比采用微型断路器保护载流能力增大1.31倍，虽然熔断器的价格比断路器便宜，但总投资反而高了，由此可见，采用全范围保护特性的熔断器保护线路过载，不是不能保护，而是要求线路载流能力大一些，也就是导体截面积要大一些，这有可能造成投资的增加，这就是用熔断器保护线路过载的难度所在。

有资料论证，式（1-21）是在试验时采用热容量大的熔断器得出的，实际约定熔断电流要小些，应乘以0.9的系数，1.1倍乘以0.9后，熔断器的熔体电流基本上与线路额定载流能力一样，因此，在大于16A时采用gG型熔断器保护线路的过载，熔断器的熔体额定电流

可以与线路额定载流量相等，这样为电气设计创造了很大的便利条件，如果按1.1倍熔体额定电流决定线路载流能力，虽比较保守，但偏于安全，但这一规定或结论尚未在正式文件或资料中查到。

上述对熔体额定电流及线路载流能力的要求，是基于符合国家标准的熔断器来说的，不符合国家规定标准的熔断器不在此列。

线路的额定载流能力受到各种因素影响，如环境温度、敷设方式、同一路径回路数等，综合考虑这些因素，才能正确得出线路的额定载流能力。

由式（1-20）可以看出，当电流小于16A时，且线路较长时，采用微型断路器保护比熔断器有利。

对采用断路器保护的线路，线路过载保护比较简单，满足过载保护条件的公式，只要满足式（1-18）即可，道理很简单，对断路器来说，规定时间的规定动作电流不需要1.6倍或1.9倍的脱扣器的长延时过载保护整定电流 I_N，只要 $1.05I_N$ 以上就可动作，1.2倍时肯定动作，即使按国家标准 GB 14048.2—2008《低压开关设备和控制设备 第2部分：断路器》规定，约定时间的约定动作电流为1.3倍长延时整定电流，而不是对熔断器要求的那样，要1.6倍及1.9倍的熔体额定电流，这样一来，$1.45I_N$ 超过国家规定的 $1.3I_N$ 要求，肯定会在约定时间内动作，而且 I_N 又不可能大于 I_z，那么约定时间约定动作电流 I_2 必定在 $1.45I_z$ 必定动作无疑了，因此，对于满足国家产品质量要求的低压断路器保护线路过载，式（1-19）如同虚设，就不必考虑了。

9. 短路保护器之间的保护选择性配合

短路保护选择性保护配合的作用是只切除故障回路的短路，而上级回路保持继续供电，这样使停电范围尽量缩小于故障回路内，不影响其他回路供电。

（1）保护电器上下级的准确含义。为了达到保护电器的级间的合理配合，应对配电线路级别进行正确划分，有人错误地按配电设备的安装位置划分，把变电站低压配电柜划分为一级配电，由变电站配电柜直接供电的下级配电箱为二级配电……以此类推，由配电箱供电的末级配电箱为三级或四级配电。上述的配电级别的划分是不正确的，在同一配电室并列的开关柜，柜内安装的有总开关及分开关，总开关与分开关虽同处一个配电室，甚至处于同一台开关柜中，但它们不是同一级别，而是上下级的关系，它们之间存在短路保护选择性的配合问题。在同一回路上，只要之间无"T"接分支回路，首端开关电器与末端开关电器，虽安装在不同场所，如首端断路器安装在变电站低压配电室里的馈线开关柜内，而同一回路的末端断路器，安装于远离变电站的配电箱内，但它们是同一配电级别，不是上下级的关系，谈不上保护的配合。不过也有特例，如首端保护电器远离值班人员，或安装在值班人员不易去的场所内，首端与末端保护电器如果有短路保护的选择性，末端保护电器动作切除故障而首端不动，在故障排除后，值班人员可不用到远处或不易进入场所合首端保护电器，这是同一回路两端保护电器动作的选择性带来的好处。

同一回路上下级保护开关不要求短路保护选择性配合，因此，电源侧开关要有短路保护功能，但末端不要保护电器，只要为了检修方便安装隔离开关即可，例如变电站低压配电柜有某回路的馈线断路器，该回路专向某配电箱放射式供电，该配电箱的总开关可以不设保护，只要有隔离功能即可，如采用不带脱扣器的具有隔离功能的负荷开关。但在工程实际中，同一回路首尾均安装开关的情况很常见。

短路保护电器常用的是断路器与熔断器，它们之间的短路保护配合问题有以下几种情况，即上下级均为断路器，上级为断路器而下级为熔断器，上级为熔断器而下级为断路器，上下级均为熔断器。下面就几种组合方式，谈谈级间短路保护的选择性配合问题。

（2）上下级间短路保护选择性配合的意义。低压网络中，上下级间保护选择性配合的重要性与高压电力系统相比，要小得多，尤其对低压 2 ~ 3 级负荷而言，有点无足轻重了，高压系统发生越级跳闸影响面大，尤其是电网发生越级跳闸，严重时会造成电网崩溃，造成的国民经济的巨大损失，对广大群众生活带来严重影响，必须经过详细的计算，采用多种措施保证上下级保护的选择性。要想做到低压线路保护的选择性，就要进行短路电流计算，就要查断路器安秒特性曲线，一个工程中，低压电气回路太多，尤其是末端线路太多，如果每一低压回路都进行短路计算，每一低压开关都要查安秒特性曲线，设计人员很难完成这样大的工作量，另外，短路电流计算又常与实际短路电流相差甚远，多会根据经验数据选择，从而影响准确性。如果把这一工作推给断路器生产厂家，有生产厂家经过试验得出，不够现实，因为它与安装处的条件及线路的规格及长度等诸多因素有关。有些情况下，上下级短路保护器的选择性并非要一定具有，如果负荷不重要，或越级跳闸造成的损失不大，而且为保证选择性要花费大的代价，而收效不大，保护的选择性不考虑也可以。

（3）断路器与断路器上下级间的短路保护选择性配合。为了减轻设计工作量，又要尽可能做到保护配合，可以选择上下级保护选择性配合的方法：

1）首端路器要有短路短延时功能，而下级断路器是短路瞬时动作，如果首末两端断路器均有短延时，首端断路器短延时时间大于末端 0.2ms 以上，即可达到短路保护的选择性。当上下级断路器相距很近时，上级断路器应带有短延时脱扣器，用时间间隔保证选择性。但这一方法的缺点是，当上下级断路器相距很近时，如安装在同一配电箱内的总开关与分开关，一旦发生短路故障，短路电流大到一定程度，两断路器保护特性不易配合，往往上下级断路器的瞬时脱扣器同时跳闸，短延时脱扣器不发挥作用。针对上述情况，建议上级断路器取消瞬时脱扣器，只保留短延时及过载脱扣器。有人认为，保证选择性的方法是上级断路器瞬动脱扣器整定电流不小于下级断路器瞬动脱扣器整定电流的 1.4 倍，而笔者认为可靠的方法是取消上级断路器的瞬时脱扣器，只保留短路短延时脱扣器。如果一定保留上级断路器的瞬时电流脱扣器，应尽量加大整定值，而且下级断路器采用限流型断路器，虽然一般断路器也有限流作用，不过限流型断路器的限流效果更大。如果保留上级断路器只有过载及短延时保护，所保护的回路应能够承受短时跳闸热稳定。

微型断路器无短延时功能，脱扣器也不可调，脱扣器的额定电流是长延时整定电流，也是断路器的额定电流，上下级间的短路保护的选择性只能采用额定电流的大小不同和固有动作时间不同来达到。为保证上下级间的短路选择性配合，微型断路器上下级额定电流配合见表 1-9。

表1-9   微型断路器上下级额定电流配合

上级断路器最小额定电流（A）	25	32	40	50	63
下级断路器最大额定电流（A）	10	16	20	25	32

2）采用带有通信功能的电子脱扣器的断路器，断路器之间有通信功能，当短路发生在断路器的负载侧时，下级断路器向上级断路器传递信息，通知上级断路器不动，即暂时屏蔽上级断路器的瞬动保护功能。不过这种方式造价高，接线复杂，目前只停留在理论层面上。

3）上级断路器瞬时脱扣器的整定电流大于下级断路器处的预期短路电流，下级断路器负载侧发生短路，短路电流达不到上级断路器瞬动脱扣器的整定值，更达不到短路电流是瞬动脱扣器整定值所要求的 1.3 倍，这样短路保护的选择性固然能够做到，但缺点是，上级短路保护不能保护全程，存在保护死区，这样做虽然做到保护的选择性，但缩小了保护范围，这是不允许的。

变压器低压出线总开关若采用断路器，它与变电站低压开关柜中的馈线断路器之间的短路保护的配合，可参考本书第二章中的论述，在此不再重复。

（4）上下级熔断器短路保护的选择性配合。熔断器之间短路保护选择性配合比较容易，熔断器在熔断时有电弧产生，电弧阻抗很大，使之限流能力很大。凡满足国家标准的 g 型熔断器，且熔体额定电流在 16A 及以上时，作为线路短路保护的电器，上级熔体额定电流为下级熔体额定电流的 1.6 倍及以上时，具有短路保护的选择性。上下级熔断器熔体额定电流的配合见表 1-10。

表1-10　　　　　　　　　　　上下级熔断器熔体额定电流的配合

下级熔断器熔体额定电流（A）	16	25	40	63	100	160	250
上级熔断器熔体额定电流（A）	25	40	63	100	160	250	400

（5）上级为断路器，下级为熔断器。为了能达到短路保护的选择性，最好上级断路器短路保护只采用短延时脱扣器，短延时脱扣器整定电流要为下级熔断器熔体额定电流的 11 倍以上，延时在 0.4s 以上。道理很简单，符合规范要求的 g 型熔断器，只要短路电流在熔体额定电流的 11 倍以上，切除时间均不大于 0.4s，如果熔断器熔体的额定电流不大于 63A，短延时脱扣器整定电流可不大于 8～10 倍即可。

（6）上级为熔断器，下级为断路器。这种情况下，过载保护配合容易，下级断路器长延时脱扣器整定电流不大于该回路的额定载流能力即可，因为上级回路导体的载流能力肯定不会小于下级回路的载流能力，熔断器熔体的额定电流不会小于下级长延时脱扣器的整定电流，上下级过载保护的配合是可靠的。至于短路保护的配合，下级断路器短路保护采用瞬时脱扣器，短路保护配合比较容易，因熔断器熔断时，还有一定的燃弧时间，保护配合容易实现，只要熔断器熔体的额定电流为下级长延时断路器额定电流的 3 倍及以上时，可以达到上下级短路保护的选择性配合。

上述选择性配合主要是短路保护的配合，对于过载保护的配合的确定比较困难，断路器在约定时间约定动作电流为脱扣器长延时整定电流的 1.3 倍，而对于熔断器来说，要为熔体额定电流的 1.6 倍，断路器的长延时整定值不能随意减少，否则不能充分发挥线路的载流能力，这样尽可能采用小熔体电流，校验时，熔断器的熔断特性曲线要在断路器长延时脱扣器动作特性曲线的下方。

第五节　　配电变压器的正确选择

变压器有高电压大容量的电力变压器和较低电压较小容量用户使用的配电变压器，本书因只谈中低压有关问题，因此有关变压器的问题只提到配电变压器了，不过配电变压器也属于电力变压器的范畴。由于配电变压器的输入端为中压，因此配电变压器不能划归为低压电器范围，但在低压配电设计中，配电变压器是主要电气设备，因此把配电变压器的选择也划归到本章来叙述。

配电变压器的正确选择是设计工作的重要部分，因为这对电力系统的节能以及安全运行起到举足轻重的作用。有人曾粗略地统计，变压器电能损耗占整个电力系统总损耗的10%以上，因此，选择变压器要考虑其能耗问题。

配电变压器主要有油浸式与干式，干式又分环氧树脂浇铸及绝缘材料干封式，在什么条件下选择何种结构的变压器也值得考量。目前干式配电变压器的应用向多领域发展，民用建筑几乎全部采用干式变压器，组装式变电站干式变压器已作为主选，城市地铁及轻轨也采用干式变压器，目前干式变压器向油浸变压器传统应用领域工矿企业扩张，例如，发电厂的厂用电变压器及发电机励磁变压器，目前大多被干式变压器替代了。过去干式配电变压器多为高压侧电压10kV、容量2500kVA以下，现在生产高压侧额定电压为35kV、容量达20000kVA也无困难，由此可见，干式变压器在中低压领域获得广泛应用，因此在谈到低压配电设计，对配电变压器的正确选择是不可回避的。

在电力系统中，变压器的用量很大，据统计，在电力系统中，发电量每增加1kW，变压器的容量相应增加11kVA，而配电变压器又占变压器总容量的50%以上，由此可见，配电变压器的正确选择意义比较大。

（1）配电变压器的类别。按变压器的绝缘材料有矿物油、硅油、SF_6气体、绝缘干封、环氧树脂等。过去使用比较多的是油浸变压器，它主要优点是价廉，噪声低，环境适应性好，它可以安装在露天中，可耐雨雪侵蚀，目前干式变压器尚未达到这种耐气候能力。油浸变压器的绝缘油经处理后可重复利用，过载能力强也是油浸变压器的一大优点。油浸变压器不足之处是防火性能差，在高层建筑中，要配以气体灭火设备。另外油浸变压器还有一个不足是维护复杂，绝缘油要定期过滤，室内布置时，还需要专用变压器室，此变压器室防火要求严，通风要求高，漏油的储存要求高，选址较困难，增加设计工作量，这点是设计人员所不喜欢的。由于价格低，在工矿企业中，还是占主导地位。

干式变压器主要有环氧树脂绝缘浇注，及绕组为纸绝浸胶干封空气冷却两大类，但均符合GB 1094.11—2007《电力变压器　第11部分：干式变压器》对干式变压器的要求。

（2）干式配电变压器应用场合及优点。干式变压器是相对油浸变压器而言，它不要矿物油浸渍或冷却，采用SF_6气体冷却与绝缘的变压器也不能称为干式变压器，而是称为气体绝缘变压器。控制变压器、局部照明变压器或安全变压器皆为干式变压器，但不在本文讨论的配电变压器范围内。

以往配电变压器多为油浸变压器，目前干式配电变压器应用的越来越多，容量越来越多，电压等级越来越高，可以生产额定电压35kV，额定容量达20MVA的干式变压器了。我国开始生产的干式变压器是敞开式变压器，绕组无环氧树脂包封，而是绝缘绕组经过浸漆处理，型号一般为SG型，这种变压器防潮性能差，有功与无功损耗大，噪声也大，不过目前生产的SG型干式变压器，采用杜邦NOMEX绝缘纸，采用杜邦漆浸渍，绝缘耐温水平达到H级（杜邦漆），局部达到C级（NOMEX纸），性能得到很大提高。

20世纪80年代后期，开始生产厚绝缘环氧树脂浇铸铝芯变压器，以后从国外引进先进技术，生产铜芯环氧树脂包封变压器，这种变压器生产技术已经非常成熟，基本上原生产油浸变压器的厂家也生产此种干式变压器。环氧树脂包封式变压器在我国干式变压器产量中，所占比例最大，作为我国干式变压器的主打产品。

干式配电变压器防火能力强，因为它不含油，也就不会出现火灾及爆炸危险问题，也不要求置于单独变压器室内，在高层建筑中，几乎是配电变压器不二的选择。干式变压器由于制造工艺的成熟及产品性能的稳定，价格又相应降低，在防火要求比较严的场所，配电干式变压器用得越来越广，如电厂中的发电机励磁变压器、厂用变压器、输煤变压器、城市轨道交通整流牵引变压器等也采用干式变压器供电。

干式变压器有以下优点：

1）重量轻，体积小，占地面积小；

2）由于不要储油池，因此不需要专用变压器器室，可以与开关柜并列敷设，或与开关柜同处于同一室内，安装成本低；

3）可以深入负荷中心，节约电能损耗，减少输电线路有色金属消耗量；

4）维护工作量少，油浸变压器要定期对油过滤，而干式变压器可免维护；

5）无冷却用油，变压器组成部分无可燃物，所用绝缘材料是阻燃物，高温也不分解有毒物，因此，防火要求高的场所，应采用干式变压器；

6）机械强度高，抗短路能力强及雷电冲击能力强，耐温能力强。

干式变压器的缺点是：高电压大容量的变压器来说，干式变压器无能为力，还是要靠油浸变压器来解决；另外，它的价格比较贵，增加了投资；有的环氧树脂浇铸变压器，回收利用比较困难；防护能力也成问题，杆上或露天不采用干式变压器，当然箱式变电站可以采用，但它不属于露天安装，不过在室外因不必考虑防火要求，因此也无必要开发价格昂贵的所谓室外安装的干式变压器。

（3）干式配电变压器的铁芯材料。铁磁材料有软铁磁材料与硬铁磁材料，所谓软铁磁材料，是指当励磁电流消失，磁性也基本随之消失，剩磁及矫顽磁力小，硅钢片、坡莫合金等属于软磁性材料；硬磁材料是励磁电流消失后，而磁性还保持下来，如永久磁铁就是硬磁材料，变压器靠变化磁场传递电能，它的铁芯当然是软磁性材料。

变压器铁芯要求磁导率要高，而电阻率要大。干式变压器所用铁芯材料与油浸变压器一样，采用晶粒取向硅钢片（以前称矽钢片，非硒钢片），所谓晶粒取向硅钢片，是硅钢经过特种扎制变形后，内部晶粒点阵取向发生转动，沿扎制方向形成晶粒定向排列，晶粒平面与扎制平面平行，即磁化方向与扎制面相同，这种晶粒取向硅钢片具有磁导率高、铁损小的特点，也有低噪声、低局放的优点。钢片厚度一般为 0.3～0.5mm，0.35mm 厚度是常用厚度，最薄的有的为 0.23mm，无晶粒取向硅钢片一般厚度为 0.5mm。硅钢片之间采用绝缘漆绝缘，硅钢片越薄，电阻越大，涡流损耗越小，但硅钢片越薄，加工越麻烦，单位重量价格越高。

目前有一种磁导特性好，电阻大的变压器铁芯用的材料，那就是非晶合金材料。20 世纪 80 年代，美国 GE 公司等联合研制成非晶合金变压器，1986 年批量商业化生产，现能够生产 35kV，2.5MVA 非晶合金干式变压器，据统计，非晶合金铁芯变压器占干式变压器 10% 左右。有人统计，变压器损耗占整个电力系统损耗的 10%，如果变压器损耗降低 1%，每年节约上百亿度电。铁基非晶合金采用铁、镍、钴作为合金基，加入少量硼、硅，制造工艺是先炼制合金，然后经过多道扎制工序，目前先进的工序是熔炼的合金液体快速冷却成 0.029mm 厚的合金带。非晶合金带不存在晶体结构，它磁化功率小，电阻率高，硬度高，耐腐蚀，所以涡流损耗小，非晶合金每千克铁耗 0.18W，而冷轧硅钢片为 1.2W，非晶合金电阻率 μ 为 140Ωcm，而硅钢片电阻率为 50Ω·cm，由此种材料做成的变压器铁芯，空载电流也相应小，据有资料给出，它的空载损耗为普通硅钢片铁芯35%，采用非晶合金片，它的厚度有 0.15mm、0.1mm，有的达到 0.08mm 或 0.05mm，众所周知，涡流损耗与铁芯钢片的厚度的平方成正比，减少厚度有减少涡流损耗。变压器的非晶合金铁芯要比晶粒取向硅钢片贵得多，不过有人进行粗略计算，三年节约的电费可以回收铁芯增加的成本。

目前凡采用非晶合金铁芯的变压器，在型号字母中都加一个"H"字母，例如干式变压器 SC(B)H15 型、SG(B)H15 型及 SCRH15 型等。"H"的含义是"合金"汉语拼音第一个字母。

变压器铁芯由芯柱与铁轭组成，芯柱与铁轭组成闭合磁路，绕组套在芯柱上，铁芯有叠片式与卷铁芯式，卷铁芯式磁阻低，但线圈要后来绕制在铁芯上，要求专用铁芯套裁设备及绕线设备。SCB13 型干式变压器具有卷铁芯，此种铁芯可制成立体卷铁芯结构，三相磁路对称，铁损减少。

（4）干式配电变压器的绝缘。干式变压器的绝缘材料的耐热性能决定变压器温升极限的大小，绝缘耐温的等级不能代表它的介电能力的强弱。耐温等级越高，也就是允许高温升，但高温升意味着可以允许通过大电流密度，也意味着导体截面可以小些，由于绕组的有功损耗与通过的电流平方成正比，因此可能出现大的有功损耗。

绝缘材料的耐温等级分为 Y、A、E、B、F、H、C 级，它们允许最高工作温度分别为90、105、120、130、155、180、220℃。

变压器绕组分高压绕组与低压绕组，绕组的绝缘分匝绝缘、匝间绝缘、层间绝缘及高低压绕组之间的绝缘。相邻两绕组的匝间绝缘等于它们的匝绝缘及它们之间绝缘浸渍物的绝缘，层与层之间浸渍绝缘漆浸渍附加绝缘层，高低压绕组之间也要有绝缘材料相隔。

早期的 SG 型干式变压器，它的匝绝缘材料采用酚醛玻璃纤维，在常温下采用 F 级绝缘漆浸渍，并进行中温干燥。SG 型干式变压器绝缘耐温等级取决于绕组所用绝缘材料及浸渍漆绝缘耐温等级，有的 SG 型干式变压器绕组绝缘采用芳香族聚酰胺纤维纸，高压绕组为漆包线，采用绝缘浸渍漆充填绝缘间隙及微孔，把浸漆烘干后，绕组形成坚固整体，耐温等级达 H 级。目前有的 SG 型干式变压器的匝间与层间绝缘采用杜邦公司的 NOMEX 绝缘纸，高低压之间的绝缘筒也用上述材料做成，最后采用压力真空无溶剂绝缘漆浸渍，高温干燥，绝缘耐温等级达 H 级，局部可达 C 级，SG 型干式变压器主纵通道为空气绝缘介质。

干式变压器常用的绝缘材料当属环氧树脂了，它一般不用来做匝绝缘，而是用于变压器绕组的绝缘包封，凡由环氧树脂绝缘的变压器，其型号中带有字母"C"，它的含义是绕组为成型固体浇铸式，"C"是汉语"成型"拼音首字母。

绕组的匝绝缘一般采用玻璃纤维包绕、漆包线、漆粘玻璃丝等，层间绝缘有的采用杜邦NOMEX 纸、黄蜡布等。

在完成匝绝缘、高低压绕组在环氧树脂绝缘筒上（分段）层式绕制，高压常采用圆筒式多层分段式，而低压为层式或箔式。层间绝缘及高低压绕组之间绝缘后，若用环氧树脂固体绝缘材料包封绕组，称为环氧树脂浇铸干式变压器。

干式变压器所用的环氧树脂浇铸材料有以下几种：

1) 带添加剂混合料的厚绝缘。它是由环氧树脂、石英粉、固化剂、增塑剂、促进剂及色浆等，环氧树脂品种多样，但用于干式变压器的要求含氯成分少，采用上述环氧树脂浇铸的是属于厚绝缘，由于采用石英粉作填料，它的膨胀系数与铜差别大，与铝差别小，20世纪80年代的多采用此种材料，造成只有铝芯的环氧树脂浇铸干式变压器的局面。此种环氧树脂变压器环氧树脂浇铸厚度大，一般厚为 6～12mm，也称厚绝缘环氧树脂干式变压器，它的绝缘耐温等级达 F 级，耐热温升不超过 115K，此种绝缘也容易开裂，目前已经淘汰。有的把添加石英粉的环氧树脂称为有填料环氧树脂绝缘材料，不过笔者不与认同，这与添加玻璃纤维增强环氧树脂绝缘材料易混淆，因此，采用环氧树脂混合料较妥，而采用玻璃纤维增强的环氧树脂称为有填料环氧树脂较好。

2) 玻璃纤维增强的纯环氧树脂浇铸薄绝缘。采用玻璃纤维增强后的环氧树脂，称为有填料环氧树脂，环氧树脂浇铸包封层厚度可以减到 2～3mm，包封层既薄又韧，不易开裂，体积也随之变小。采用压力真空浇铸，使环氧树脂不但具有包封性，环氧树脂也能够浸渍到绕组的层间及匝间，加大了匝间与层间绝缘强度及机械强度。膨胀系数也与铜大致相同，因此可以生产铜芯环氧树脂干式变压器。

绕组内外壁用玻璃纤维网格板作为增强材料（玻璃网格布不是绝缘用），它与浇铸线圈的环氧树脂牢固地结合一起，这样一来，犹如建筑物的钢筋混凝土结构，强度大，厚度薄，不开裂。

不论厚绝缘还是薄绝缘，环氧树脂包封干式变压器的制作流程大致是，采用绝缘材料绕制导体—制成变压器绕组—再用环氧树脂在真空加压罐模具中浇铸—加热固化—拆模—切割与打磨—与铁芯一起总装。

3) 玻璃丝浸渍环氧树脂液体缠绕。把浸渍环氧树脂的玻璃丝直接对绕组进行缠绕，这种工艺要求高，要有专门设备才行，缠绕时，不能够发生环氧树脂滴漏现象，而且缠绕要求均匀，缠绕完成后进行固化，不用真空浇铸设备及有关模具，如同导体镶嵌在玻璃钢内。高压绕组可采用漆包线，绕组层间可用 NOMEX 绝缘纸，此种绕组称为绕包式，这种环氧树脂变压器有人称为第三代环氧树脂干式变压器（第一代为厚绝缘，第二代为薄绝缘，第三代为缠绕式了）。在绕制时，玻璃丝所浸渍的环氧树脂液体也浸润到绕组匝间，烘干后形成一个整体。此种环氧树脂干式变压器强度大，不开裂，抗短路能力更强，过载能力大，具有防潮、防尘、防盐雾功能，环氧树脂干式变压器防龟裂、防汽包、局部放电小是重要的关键点。

SCRBH15 型缠绕式环氧树脂干式变压器，它采用 H 级绝缘材料卷绕于高强度聚酯亚胺筒上，而层间材料为 NOMEX 绝缘纸，绝缘耐热等级为 C 级，长期运行可过载20%，加强迫通风后，长期过载能力更大，可以短时过载50%，用于应急过负荷短时运行，这样非常适合短时过负荷或负荷波动大的场所，这样可以大大减少变压器的安装容量。SCR 系列干式变压器体积比 SC 系列小20%，重量轻20%，这种变压器型号中带有"R"字母，它是"绕制"汉语拼音的第一个字母，如 SCR11 型干式变压器。

由此可见，干式变压器的绝缘共有四种绝缘方式，SG 型变压器采用缠绕绝缘绕组后再浸渍绝缘漆，而环氧树脂包封干式变压器又分上述三种绝缘方式，目前最常用的是环氧树脂干式变压器是玻璃纤维增强薄绝缘低压箔绕组干式变压器。

（5）干式配电变压器结构及选择。

1）包封式与非包封式（敞开式）。所谓"包封"，不是指干式变压器是否带防护外壳，而是值变压器绕组是否由环氧树脂包封，环氧树脂包封干式变压器常见型号有 SC(B)9、SC(B)10、SC(B)11、SC(B)13、SC(B)H15，SCR(B)10、SCR(B)H15。一般来说，最后的序号越大，变压器的损耗越小，也就是越先进，例如，SCB13 型比 SCB11 型空载损耗减少20%，局放不大于 5pc，噪声比现行行业标准低 10～15dB，不过价格也会越高。型号含义是：S——代表三相变压器（单相变压器字母为 D）；C——树脂绝缘成型；B——低压箔绕组，如无"B"，说明绕组为线绕组；H——代表变压器铁芯为非晶合金；R——表示玻璃丝浸环氧树脂缠绕式。

如果型号字母中含有"Z"，代表是有载调压变压器，例如 SCZB9 型变压器，说明是三相环氧树脂包封有载调压干式变压器，低压为铜箔绕组，设计序号为 9。如果是铝芯变压器，在型号中加 L 字母，铜芯变压器不另加字母，如铝芯环氧树脂干式变压器SCLB10 型，高低压绕组为铝导体（低压绕组为铝箔）。如果采用强迫风冷，型号中加字母 F，空气自冷不再添加字母。

2）敞开式。敞开式式指变压器绕组裸露在外，无环氧树脂包裹，尽管有浸漆的绝缘膜，那不能算是包封，变压器的防护外壳更不是包封。敞开式的型号为 SG 型，含义是三相干式变压器。敞开式干式变压器的代表型号有 SG(B)9、SG(B)10、SG(B)11、SG(B)13、SG(B)H15 等，为了使变压器绕组不受外力损伤，变压器应另加保护外壳，各种干式变压器的比较见表 1-11，各种干式变压器性能参数见表 1-12。

表1-11　　　　　　　　　　　　各种干式变压器比较

名称	环氧树脂浇铸变压器	箔绕环氧树脂变压器	敞开式干式变压器	缠绕式环氧树脂变压器	环氧树脂铝芯变压器	缠绕式环氧树脂非晶合金变压器
型号	SC-	SCB-	SG-	SCR-	SCLB-	SCRH-
特点	高低压绕组为绝缘铜线绕制，环氧树脂包封	高压绕组为铜绝缘线，低压绕组为铜箔，环氧树脂包封	高低压绕组为铜绝缘线，经过绝缘漆浸渍	绕组经过浸渍环氧树脂的玻璃纤维缠绕，高低压绕组为绝缘铜线	结构同SCB，高压绕组为铝绝缘线，低压绕组为绝缘铝箔	高低压绕组为铜绝缘线，绕组再经过浸渍环氧树脂玻璃纤维缠绕，铁芯为非晶合金
优点	成本低，耐潮	抗雷电冲击能力好，铜耗较低，耐潮，散热好	成本低，绕组可回收利用	强度大、不龟裂、耐热好、局放小、可回收利用	成本低	铁损最低，励磁电流小，绕组可回收利用，强度大，不龟裂，有三防功能
缺点	抗雷电及短路冲击能力较低，难回收利用	成本较高，难回收利用	抗雷电冲击较差，抗潮性能较差，损耗大	工艺要求高、要求专用缠绕设备，价较高	过负荷能力低，耐雷电及短路冲击能力差	价格较高

各种干式变压器性能参数

表1-12

容量 (kVA)	SG10系列				SCB10系列				SCB11系列				SCB13			
	P_o (W)	P_k (W)	I_o (%)	U_k (%)	P_o (W)	P_k (W)	I_o (%)	U_k (%)	P_o (W)	P_k (W)	I_o (%)	U_k (%)	P_o (W)	P_k (W)	I_o (%)	U_k (W)
315	880	5610	1.8	4	890	3300	1.5	4	800	3290	1.4	4	750	3470	0.9	—
400	1040	6630	1.8	4	990	3800	1.5	4	890	3420	1.4	4	785	3990	0.8	—
500	1200	7950	1.8	4	1170	4660	1.5	4	1055	4195	1.4	4	930	4880	0.8	—
630	1400	9265	1.6	4	1360	5590	1.3	4	1225	5030	1.2	4	1070	5880	0.7	—
630	1345	9775	1.6	6	1310	5670	1.3	6	1180	5100	1.2	6	1040	5960	0.7	—
800	1695	11 560	1.6	6	1540	6620	1.3	6	1390	5960	1.2	6	1215	6960	0.7	—
1000	1985	13 345	1.4	6	1790	7740	1.2	6	1610	6970	1.1	6	1415	8130	0.6	—
1250	2385	15 640	1.4	6	2115	9230	1.2	6	1910	8310	1.1	6	1670	9690	0.6	—
1600	2735	18 105	1.4	6	2457	11 180	1.2	6	2230	10 060	1.1	6	1960	11 730	0.6	—
2000	3320	21 250	1.2	6	3360	13 770	1.0	6	3020	12 400	0.9	6	2400	14 450	0.5	—
2500	4000	24 735	1.2	6	4050	16 360	1.0	6	3645	14 724	0.9	6	2880	17 170	0.5	—

注 1. 表中有功损耗为绕组温度120° C的值。
　 2. 同一型号不同生产厂家的产品，技术参数是有出入的，上述参数只是作为大体上比较。
　 3. 短路阻抗有4%与6%，630kVA及下容量的为4%，630kVA及以上的为6%，也有4%的，630kVA的既有4%，也有6%的。当系统容量大，为限制短路电流可选择短路阻抗大的变
　　　 压器，但在短击电流作用下，低压母线电压波动也大。
　 4. SCB13型三芯柱有空间立体布置的，这种布置高低压接线端子外接不够方便，订货时要说明要求的是平面布置式还是空间布置式。
　 5. SCRBH15型非晶合金变压器，空载损耗只是SCB13型的40%，而负载损耗与高低压接线端子排列SCRBH15型相同，此表不再罗列SCRBH15型的参数了。

（6）干式配电变压器的冷却与防护。干式变压器的冷却有自然冷却与强迫通风冷却两种，变压器绕组有专用通风道。检测变压器的温度主要是检测低压绕组的上部的温度，这部位是变压器发热最严重部位，采用铂电阻传感器插入绕组内，取得温度信号，经过处理，在控制箱循环显示各相温度。控制箱可以设定各个温度值，如自动启停风机值，温度过高报警信号或温度过高跳闸信号，控制箱有通信接口，可在控制室进行监控。目前有的采用光纤测量变压器不同部位温度，不过还不够普及，很少有生产厂家采用此种方法。

干式变压器如果安装在专用变压器室内，裸变压器周围要另外安装围栏，如果变压器与开关柜并列安装或与其他电气设备同处一室，变压器要加防护外壳，室内防护外壳的防护等级一般为IP20，过高的防护等级不利通风散热。防护外壳一般用不锈钢板或铝合金板制作。防护外壳的门要与变压器高压侧开关连锁，外壳要双开门，以便变压器推入与推出，只要打开变压器的防护外壳的门，变压器高压侧开关及低压总开关要立即跳闸，以便保证人员的安全。

（7）辨别半铜半铝变压器。铜芯变压器与铝芯变压器比较容易区分，因为它们重量相差悬殊，根据重量大小，很容易区分铜芯与铝芯变压器。目前比较难以区分的是半铜半铝变压器，因为它们之间重量相差不大，外接线端头又皆为铜质，而型号又无区别，环氧树脂包封变压器又不能剥开环氧树脂层来鉴别，这样就给一些不法生产厂家带来可乘之机，采用半铜半铝变压器代替铜芯变压器，进行偷工减料，不按规则生产现象不时发生。所谓半铜半铝变压器，是指高压为铜绕组，低压为铝绕组，或高压为铝绕组，低压为铜绕组，它的生产成本要远低压铜芯变压器，这样可带来更多利润，或在投标中带来竞争优势，因为在容量相同的情况下，铝芯要比铜芯便宜得多。为了防止上述不良现象出现，应给半铜半铝变压器专用型号，给予各种型号变压器重量标准，给予高低压绕组直流电阻标准，以便用户或质检部门检查辨别之用，发现以半铜半铝变压器充当铜芯变压器的情况，进行处罚。不过采用上述措施也很难避免作假，如可以加大铁芯夹紧件的重量，使之总重量与铜芯变压器持平，加大铝绕组截面，使之电阻与铜绕组一样。

（8）干式变压器安装注意事项。变压器低压接线端子与母线槽相连时，母线槽末端要做过渡段，也就是要用软铜辫与变压器端子相连，因为若采用母线槽的硬铜排与变压器端子硬性相连，运行时变压器会有振动，有可损伤变压器低压出口的绝缘套管，或母线槽受热胀冷缩的影响会造成伸缩，也会拉伤变压器的绝缘套管。

设计人员经常只作对变压器的选择工作，往往对变压器的一个重要附件不管不问，那就是变压器温控箱，此温控箱是按规范JB/T 7631《变压器用电子温控器》生产，它的主要元件为单片计算机，具有通信功能，面板上有温度设定，具有报警、跳闸、开停风机功能。温控箱要靠近变压器，一般挂墙安装，也可安装在值班室。

（9）配电变压器的节能与最高运行效率。配电变压器随着制造技术的提高及新材料的采用，变压器的能耗也逐步减少，新型号不断推出，老型号不断淘汰。以铜芯变压器为例，1964年颁布的标准中油浸变压器有SJ、SJ1、SJ4等；到1973年，相应的产品有S、S1、S2、S5等系列；1986年推出的标准有S7、S8等系列；到1995年、1999年，对变压器的损耗又有新规定；目前有S9、S10、S11等。环氧树脂配电变压器有SC（B）10、SC（B）11系列。截止到目前为止，最节能的配电变压器莫过于铁芯由非晶合金硅钢片组成的节能变压器了，如

SH15、SH16 系列。

变压器通过采用新的导磁材料及改进加工工艺来达到节能目的，例如普通硅钢片改为晶粒取向硅钢片，现在采用先进的非晶合金，有资料显示，它比普通硅钢片的空载损耗减少 70%，铁芯导磁材料每片厚度由普通的 0.23～0.3mm，向 0.05～0.18mm 发展，采用阶梯铁芯接缝等技术，低压绕组采用箔形绕组（箔形绕组变压器在型号中加 B 字母，一般 500kW 及以上为箔绕组）。由此可见，配电变压器设计序号越大，变压器越先进，如 S11 型优于 S10 型，S11 型又优于 S9 型及 S10 型，而 S1、S2、S5、S7 型已经不用。按目前情况看，油浸变压器最好选择 S11 型，环氧树脂变压器最好选择 SCB11 型，SH15、SH16 系列虽然节能最好，但价格贵，用户有的很难接受。随着技术的进步，不久的将来，会有更先进、更节能的变压器诞生。

对于变压器的节能问题，普遍有这样一种误区，认为只要变压器运行在最高效率点，就是节能。众所周知，变压器的效率是输出功率与输入功率之比的百分数，而输入功率为输出功率加变压器的有功损耗与无功损耗。无功损耗常称为空载损耗或铁耗，主要是由励磁电流在铁芯中形成的磁滞损耗与涡流损耗，它是空载损耗的主要成分。有功损耗主要是负载电流（含励磁电流）在变压器绕组导体内流动，因导体电阻而产生的损耗，它与绕组电阻的大小成正比，与通过电流的平方成正比，有功损耗也称为铜耗。

利用数学上求极值的算法，算出变压器效率的极大值时变压器负载率为

$$\alpha = \sqrt{(P_0/P_k)} \times 100\% \tag{1-23}$$

式中　P_0——变压器的空载损耗；

　　　P_k——变压器的负载损耗。

现把环氧树脂干式变压器 SC(B)11-10 型与绝缘干封干式变压器 SG10-10 型最高效率时的负载率见表 1-13。

表1-13　　　　　　　　　　干式变压器最高效率时的负载率

额定容量 (kVA)	空载损耗（kW）		负载损耗（kW）		负载率（%）	
	SC（B）11	SG10	SC（B）11	SG10	SC（B）11	SG10
500	1055	1200	4195	7950	50.1	38.85
630	1220	1400	5030	9265	49.25	38.87
800	1390	1695	5960	11 560	48.29	38.29
1000	1610	1985	6970	13 345	48.06	38.57
1250	1910	2385	8310	15 640	47.94	39.05
1600	2230	2735	10 060	18 105	47.08	38.87
2000	3020	3320	12 400	21 250	49.35	39.53
2500	3645	4000	14 724	24 735	48.51	40.21

由表 1-13 可以看出，变压器最高效率是在变压器负荷率为 39%～50%，但高效率不等于最高经济效率，经济效率还要考虑是否收取变压器增容费、增容费每千伏安多少钱、电费的收取是按实际用电数还是按最大需量、变压器日及年运行曲线如何等因素。目前多按两部电价收取费用，即实际用电数电费加变压器安装容量的基本电费。如果一味追求最高效率造

成变压器安装容量过大，采购变压器成本增加，基本电价也随之加大，这对用户来说是不划算的。

另外，变压器最高效率时的负载率是一个即时概念，变压器在每天、每时的负荷经常变动，而变压器的容量又是固定的，造成某一时间处于最高效率运行，其他时间可能又远离最高效率点。例如在夜间，变压器几乎处于空载运行，其效率非常低。有的电气设计人员本来计算负荷偏高，与实际运行负荷相差甚远，如果再按所谓变压器效率最高来选择变压器容量，即按计算负荷的39%～50%选择变压器的容量，一旦投入运行，变压器实际运行在轻载的状态下，这并不是一个合理的设计。按照曾经的设计实践，变压器的容量按计算负荷的90%左右选择，由于计算需用系数偏大，造成计算负荷普遍偏大，因此选择的变压器容量也偏大，待实际运行后，变压器在大部分时间内，负荷率保持在70%～80%额定容量是比较理想的。对某城市已投入使用的高层建筑进行变压器负载率的调查，发现在正常情况下变压器负载率在50%左右，到夜间基本处于空载状态，物业管理公司只得停掉部分变压器，或把多余的变压器调为他用。出现上述情况，一方面与设计人员计算准确度有关，另一方面是与设计责任追查方式有关，一般变压器容量选择得再大也无设计人员责任，而变压器容量一旦偏紧，就是设计人员的直接责任了，因此造成设计人员选择变压器容量时，出现宁大勿小的现象。

变压器容量选择是以计算负荷为依据，所谓计算负荷，是全年最大负荷班内半小时内最大平均负荷，它不表示在8h内负荷维持在这一水平，更不能代表24h内的平均负荷。由此可见，按照变压器最高效率选择变压器容量是不正确的，不过在一些特殊的情况下，通过经济核算，有可能按变压器最高效率选择容量，例如有的工厂三班制，每天24h的负荷基本稳定，这种情况下变压器是否处于节能运行，是否节省费用，还要看其他的因素了。

从式（1-23）来看，变压器无功功率损耗越小，达到最大效率时负载率越低，假如变压器由于新材料的采用及制造工艺的改进，无功功率损耗趋近与零，为了获得最高效率，变压器只能接近空载运行了，这是十分荒唐的。另外，由式（1-23）可以看出，变压器有功功率损耗越大，达到最高效率点的负载率越小，绝缘干封干式变压器，由于绕组不能做成箔形绕组，从而造成有功功率损耗增加，达到最高效率点时负载率要低，这对充分发挥其容量是不利的。

目前有一种低空载损耗干式变压器，型号为SCRBH15，它的铁芯采用非晶合金材料，所谓非晶合金，就是合金中的原子排列如同玻璃，是杂乱无规则的，此种合金加工成合金属箔片，厚度只有普通硅钢片的1/10，比普通硅钢片剩磁少、电阻率高，它的空载损耗很低，例如，1000kVA、0.4kV的变压器，空载损耗只有540W，负载损耗为7650W，如果按照变压器最高效率选择变压器容量，那负载率只有26.6%，几乎处于空载运行了，这是非常不合理的。非晶合金SCRBH15型干式变压器最高效率时的负载率见表1-14。

变压器从1964年标准的老式变压器到现行标准之一的S11型变压器，总损耗逐步降低，降低的幅值是比较显著的，但变压器的有功功率损耗几乎不变，只是无功功率损耗明显降低，这很正常，绕组必须保持一定的匝数，在通过一定的电流情况下，绕组导体必须保持一定的截面积，绕组的电阻基本上保持一定数值，这样有功功率损耗很难再降低了，除非采用超导体绕组，这样有功功率损耗可降至接近为零的情况。

表1-14 非晶合金SCRBH15型干式变压器最高效率时的负载率

额定容量 （kVA）	空载损耗 （W）	负载损耗 （W）	短路阻抗 U_d （%）	最高效率时的负载率 （%）
315	270	3270	4	28.7
400	300	3750	4	28.3
500	350	4590	4	27.0
630	410	5530	4	27.2
630	400	5610	6	26.7
800	470	6550	6	26.8
1000	540	7650	6	26.6
1250	640	9100	6	26.5
1600	750	11 050	6	26.1
2000	980	13 600	6	26.8
2500	1200	16 150	6	27.3

注 表中的负载损耗是在铁芯温度为100℃的情况下测得的数据。

（10）选择配电变压器其他注意问题。

1）注意干式变压器的耐气候、耐环境、耐火的性能。按照 GB1094.11—2007 的要求，选择干式变压器时应注意其他方面的有关要求，这点容易被设计人员及用户忽视。

按照耐环境方面，干式变压器的环境等级有 E0、E1、E2 三级，E0 级用于无凝露、不计污染的场所；E1 级用于偶尔有凝露、可能有污秽的场所；E2 级用于经常有凝露及严重污染的场所。

按照耐气候等级，干式变压器有 C1 级及 C2 级，C1 级不低于 −5℃环境下运行，C2 级在不低于 −25℃环境下运行，在我国北方严寒地区使用的箱式变电站内的干式变压器，要采用 C2 级的。按照干式变压器耐燃烧性能，分 F0 级及 F1 级，F0 级为不需特别考虑火灾危险，火灾时逸出的不透明烟雾及有毒物质降至最低，F1 级为易遭火灾危险，要求限制其可燃性，火灾时有毒及不透明物质也降至最低。

对于高原处安装的干式变压器，以 1000m 高度为基点，每升高 500m，变压器的温度限值，自冷式降 2.5%，风冷式降 5%，每增加 100m，耐受电压增加 1%。根据 GB 1094.11—2007《电力变压器 第 8 部分：干式变压器》要求干式变压器采用 B 级绝缘材料时，最高温升不大于 80K；当采用下级绝缘材料时，绕组温升不大于 100K；绝缘温度为 h 级，绕组温升不大于 125K。目前生产的干式变压器，环氧树脂浇铸的为 F 级，而绝缘干封的多为 H 级。绕组的温度检测报警温度的设置，应按绝缘材料的级别确定。

2）不轻易对干式变压器进行强迫风冷。进行强迫风冷，的确能加大变压器的过载能力，短时内过载最高可达50%，这对负荷有强烈波动的地方或有消防负荷的地方特别有利，变压器既能应对短时高峰负荷，又不增大变压器容量，两者兼得。但平时正常运行时采用强迫风冷，说明变压器在满载或过载下运行，这样增大了变压器的有功损耗，铜能耗是与电流的平方成正比，使变压器的能耗大大增加，过载运行，变压器的无功损耗也大大增加，因为变压器的过载与励磁电流的增大是分不开的，励磁电流加大又使铁芯过饱和，铁芯的损耗加大，损耗增大又使温升加大，有损绝缘及变压器的寿命。另外，变压器过载运行还有一个不足之处，变压器的过载保护的整定不易配合，例如过载50%，变压器的过载长延时又如何整定呢？如果按过载50%整定，一旦变压器长期运行在过载110%状态，过载保护已不起作用，变压器的寿命大大降低并损坏。变压器强迫风冷的噪声很大，另外还伴随着风机的电能损耗。在实际工程中，即使有消防负荷，不必增大变压器的容量，因为一旦发生火灾，消防设备起动，但同时还要停用一般负荷，停用的负荷一般不小于消防负荷，这样，即使带上消防负荷，也不会增大变压器的负载的。

（11）变压器的连接组别的选择。配电变压器的连接组别常见的有Dyn11与Yyn0两种，过去沿用苏联的规格，一律采用后者的连接。

Yyn0接法的优点是，变压器的每相绕组承受的电压只为线电压的$1/\sqrt{3}$，这样变压器的绝缘问题很容易解决，用于变压器绝缘投资是比较少的，在高压系统中的电力变压器，其绕组都接成Y形也是同一道理。由于每相绕组只承受相电压，绕组的绝缘要求相应降低，变压器的制造成本比Dyn11接法降低5%左右。但此种连接的缺点也是显著的，主要有以下几点：

1）应付不平衡负载能力差，一般中性线的电流不宜超过变压器额定电流的10%，最大不超过25%（不要理解为变压器中性线的电流不超过25%属于正常运行）。

2）负载侧设备产生的谐波流入电网，对电网产生污染。如果一次侧采用三角形接法，零序谐波电流可以在此绕组中环流，不进入电网，从而具有隔离零序谐波的作用。

3）铁磁损耗大。低压侧的零序电流在铁芯中产生的零序磁通，高压侧无零序电流去磁，此零序磁通在三柱铁芯无通路，只能借助铁芯与壳体的空隙、壳体、铁芯的夹紧铁件形成回路，造成大的涡流损耗。因此，大容量变压器及负荷严重不对称是不用此种连接的。而Dyn11连接则完全避免了Yyn0连接的缺点，一次侧零序电流可以在三角形绕组内自由流通，对二次侧零序电流产生的零序磁通进行去磁，因此，二次侧中性线的电流基本可达到变压器的额定电流，这特别适用于负载严重对称的用户。

由于变压器制造技术日益成熟，以及绝缘材料的性能提高，干式变压器承受35kV额定电压早已不是难题，因此一次侧采用三角形接法已完全可行。

4）零序阻抗大。铁芯的零序磁通没被去磁，零序阻抗大，零序电流产生的零序电压也成比例增大。在曾对油浸配电变压器的零序阻抗进行的实际测量中发现，Yyn0连接的变压器的零序阻抗为正序阻抗的8~10倍，而Dyn11连接绕组的变压器零序阻抗等于变压器的正序阻抗，大的零序阻抗产生大的零序电压，大的零序电压造成变压器中性点产生大的偏移，从而影响了三相电源的对称性（注：此种偏移是电源中性点对理想中性点的偏移，与N线或PEN线断裂负载中性点的偏移不是一回事，N线或PEN线断裂，当三相负载不对称时，负载中性点偏移，但三相电源的中性点没受影响。当低压一相接地，接地电流在变压器中性点接地电阻上产生压降，这时变压器电源中性点对大地的零点产生偏移，偏移的大小就是变压器中性点接地电阻压降的大小）。

采用Dyn11连接方式，由于一次侧有零序电流的去磁作用，铁芯中合成磁通小，零序阻抗小，发生单相短路时，短路电流大，因此短路保护的灵敏度高。另外，此种绕组联结因零序阻抗小，变压器低压母线侧一旦发生单相短路，单相短路对高压侧的穿越电流就会变大，当高压侧的过电流保护兼作低压出口单相接地保护时，其灵敏度比 Yyn0 连接大得多。

第六节　系统标称电压 660V 时电气设备的选择

随着大型设备的增加及单台设备容量的增加，以及供电距离的加长，采用 380/660V 系统变得合理。有时可以直接采用 380V 的电动机，只要把原有的三角形接法改为星形接法即可。

低压系统采用 660V 输电电压，为 380V 输电电压的 $\sqrt{3}$ 倍，在输送相同的功率的情况下，回路压降与电压的平方成反比，采用 660V 输电回路压降仅为 380V 回路的 1/3，在输送相同功率与系统回路压降及相同输电材质的情况下，输电距离增加 3 倍，输送同样的功率，660V 系统回路电流只是 380V 回路电流的 $1/\sqrt{3}$，线路损耗只是 380V 回路的 1/3。据资料介绍，采用 660V 系统取代 380V 后，可减少电网损失 4%，节省有色金属 42.2%，电网输电能力提高 3 倍，可采用更大容量的配电变压器，如采用 4000kVA 容量的变压器，电动机容量也可以提高至 700kW。

采用此电压等级的电机取代高压电机后，不但减少投资，而且提高了运行的可靠性。这与国家提倡的节约能源的政策相符合的，这种电网是否可称之为绿色低压电网呢。

我国已在 20 世纪 80 年代完成煤矿企业电压的升级改造，由 380V 系统升级至 660V 系统。在 GB 50070—2009《矿山电力设计规范》中规定，井下低压配电电压为 380V/660V 系统，综采工作面应为 660V/1140V，相应地，可在其他有条件的地方推广，例如在水泥企业、抽水泵站、石油化工、电厂的厂用电动机及其他大型厂矿企业也可采用 380V/660V 系统。为降低系统及设备的绝缘水平，建议采用低压中性点直接接地系统，即 TN 系统或 TT 系统。

由 220/380V 系统改造为 380/660V 系统困难程度要从以下几方面分析。

1. 电动机及变压器

电动机 3kW 及以上容量，大都有 6 只接线端子，以便用户可以接成三角形或星形（在 380V 系统接成三角形，在 660V 系统接成星形），电动机绕组承受的电压一样，均为 380V，电动机功率不变。

对于配电变压器，生产低压侧电压为 400V/690V 或 690V/1200V 的变压器毫不困难，与 380V/660V 系统对应的其他电压电气设备也能满足要求，例如低压断路器额定电压为 690V 的已经很普遍，断路器的开断能力更无问题，在开断同样的短路容量下，回路电压越高，所要开断的电流就越小，因此，回路电压提高后，开关电器的开断容量不受影响。由于变压器二次侧电压提高后，变压器的短路阻抗比较高，在变压器容量相同的情况下，低压侧短路容量反而较小，这更利于开关电器断开回路电流的能力。

由于电压提高，电力输送的距离加大，单台变压器的容量可以提高，采用 4000kVA 或更高容量变压器成为可能，在总容量不变的情况下，变压器的台数减少，这样变压器的总投资也就减少。

2. 低压开关柜壳体及其电气元件

在低压开关柜中，适合 660V 系统的开关柜的壳体及其所安装的各种电气元件。

（1）开关柜壳体。额定电压为 400V 的开关柜壳体，用于 660V 的系统也无问题。众所周知，开关柜工频耐压与冲击电压的水平，不但取决所加电压，还与海拔高度、环境条件等因素有关，根据 GB 14048.3—2008《低压开关设备和控制设备 第 3 部分：开关、隔离器、隔离开关以及熔断器组合电器》及 GB/T 16935.1—2008《低压系统内设备的绝缘配合 第 1 部分：原理、要求和试验》的有关要求例如，额定电压 400V 的 Ⅳ 类安装类别的开关柜，耐冲击电压为 6000V，而额定电压为 690V 的开关柜，在同样条件下，冲击电压达到 8000V。在 3 级环境污染条件下，海拔不超过 2000m，非均匀电场的情况下，当冲击电压为 6000V 时，电气间隙要求不小于 5.5mm；如果开关柜额定电压为 690V，在上述条件下，满足冲击电压为 8000V 的要求，空气间隙则要求为 8mm，而目前生产的开关柜，空气间隙都超过 8mm。在工频耐压方面，开关柜额定电压为 400V，绝缘耐压水平为 2500V，而额定电压达 690V 时，绝缘耐压水平要求为 3000V。国内生产的开关柜，常用型号不论 MNS3.0 及 GCS、GCK 等均能满足工频耐压 3000V 的要求，由此可见，额定电压为 400V 的开关柜壳体，用在 660V 低压系统中，不必做任何改变，不过要经过型式试验合格，并取得"3C"认证。

（2）电气元件。

1）生产 660V 补偿电容器也无困难，只要把原有的 400V 电容器采用星形接法即可，如果生产单只内部三角形接法的三相电容器，把原来单层绝缘膜换成双层即可。

2）对于电缆来说，原来用于 380V 系统的电缆，额定电压为 0.6/1kV，现用于 660V 系统，不必提高绝缘能力也能满足要求。即使目前用于 380V 系统的绝缘线的电压有的是 750V/450V，用于 660V 系统也是没有问题的。由于提高了电压，输送同容量的电力，电流不到原来的 0.58 倍，导体截面可大幅减少。

3）对于接触器及热继电器，目前有用于 660V 系统的产品。对于变频器，在 200kW 以下者，380V 的价格低于 660V 的，但功率在 400kW 以上时，660V 的变频器要比 380V 的便宜得多，400~1000kW 的变频器采用 660V 的要比 6kV 的更加划算。

4）万能型断路器及塑壳断路器的额定电压为 690V 的已成常规产品，目前微型断路器尚无此种电压的产品，但开关柜内一般不安装微型断路器，照明配电箱需要微型断路器，但照明回路电压为 220V/380V，由专用照明变压器供电，而不是 380V/660V，实际工程中，不存在微型断路器满足不了 690V 电压这一问题。

5）至于其他电器，如熔断器、刀熔开关等，也有 660V 系统中使用的元件，只要在设计及订货时加以注明即可。

采用 660V 系统需要注意的是，目前照明光源的额定电压多为 220V，因此，为了照明的需要，在 660V 系统内，要另加（380/220）/660V 的专用照明变压器，这看起来麻烦，但更能保证照明质量，不受其他设备的影响，可靠性更高，对于动力与照明需要分别计费的用户也特别有利。

推广 660V 系统的困难在于人的惯性思维，设计单位及用户对 220/380V 系统已经轻车熟路，不愿在推广 660V 系统多费精力。推广 660V 系统对国民经济有益，节约电力有益，但对于推广的人缺乏奖励措施，设计人员尽管奔走呼号，而供电公司无动于衷也是白费力气。况且 GB 50054《低压配电设计规范》及 GB 50052《供配电系统设计规范》虽然提到规范内容适合 1kV 及以下电压等级，但对 660V 系统无具体内容，如对接地故障断开时间的要求等无从查找，在这种情况下，要想推行 380/660V 系统，不但要有相应规范还要顶层制定相应政策，变为国家战略层面的问题才行。

第七节 低压开关柜智能化配电监控系统

电力系统管理操控目前向着数字化、智能化、网络化发展，低压开关柜是否需要智能化配电监控系统，也就是通常所说的计算机监控系统呢？这要经过经济技术分析才能决定。对于小企业来说，变压器总容量不大于1000kVA，变压器高压侧为负荷开关加熔断器作为保护操作电器，而且用电负荷等级低，通常是二级或三级负荷，低压配电柜总共不超过10台，选用元器件可靠且有余量，正常情况下不会发生故障，因此常无人值班，只有在发生停电时，才由维护电工处理。由于变电站开关柜少，容量小，重要性低，操作开关简单，一旦保护参数整定后，基本不变，不存在用电量的考核，功率因数补偿电容器的容量也绰绰有余，对回路电流、电压、功率、电能、频率及谐波等参数基本不用考虑，在这种情况下，可不必考虑低压配电智能化监控系统。

如果总变压器容量达几兆伏安，低压开关柜几十台，变电站高压侧为带有微机综合保护的开关柜，负荷多为一级和二级负荷，平时变电站控制室要求有人长住值班，为了加强管理，减轻值班人员的劳动强度，减少事故的发生，即使发生事故，也能得到快速处理，缩短停电时间，这样，高压与低压可合用计算机监控系统。

1. 低压智能化配电监控系统的"四遥"功能

（1）遥测功能，测量主要回路电流、功率（有功及无功功率）、电能，因在同一母线上电压是同样的，频率在系统中是一样的，因此电压与频率不必再在每个回路进行测量。电流的大小基本意味着功率的大小，如果不考核用电量的多少，只测电流大小即可，电流不仅能够知道回路负荷情况，而且也能够判断回路过载情况。

（2）遥信功能，遥信开关的状态，如在隔离断开还是闭合位置，遥信高压开关柜的手车或低压配电屏抽屉的位置信号及故障信号，如保护动作信号、事故跳闸信号、预告信号及变压器的温度、压力信号等。

（3）遥控功能，如对计算机控制开关的分合、双电源自动切换（但开关必须具有电动操作机构）进行遥控。

（4）遥调功能，如通过计算机设置保护参数（但开关应具有智能脱扣器），通过微机综合保护器及通信接口，调节或更改保护参数。也可通过计算机对电容器功率补偿控制器的设置调整，对按电压、功率或功率因数投入与切除回路电容器阈值进行调整。

除上述功能外，最好把火灾报警功能也纳入其中。有的把预设功能也纳入其中，变成"五遥"功能。

2. 系统的组网方案

组网方案可以由电气设计人员确定，也可以由专业网络公司或测控公司完成，在开关柜电气元件的选用上，必须为组网创造条件。不言而喻，元件必须具有通信功能。设备配置符合系统设计要求的，标准的现场开放总线通信接口及通信协议。具体设备元件为：

（1）具有通信接口的智能电子脱扣器的断路器或其他开关电器。

（2）带通信接口的多功能数显表，即智能网络仪表。

（3）带通信接口的电动机综合保护器。

（4）带通信接口的软起动器、变频器等。

（5）双电源自动切换开关，带有通信功能的控制器。

（6）具有通信接口的无功补偿电容器柜的控制器或智能型电容补偿单元。

低压空气断路器电子智能脱扣器，除保护功能外，还有对电流、电压、功率、电能、谐波等测量功能，这样不必再用具有通信功能的多功率数显表了，不过由于液晶显示屏太小，为了观察方便，有时另加机电式电流表、电压表。

要充分考虑现场总线通信接口规范，例如物理接口、协议、传输速率及数据量等，通信接口常为 RS-485，具有 modbus 通信协议，开关柜内元件为现场间隔层，元件采用 modbus 总线连接，根据输入的点数多少，选择合适的网络控制器，通过以太网接入后台计算机。

在组网方案上，可根据系统具体要求，进线灵活调整，对于比较集中的小系统，可通过串口直接连接的方法，将计算机与现场设备直接用双绞线连接起来。对于分散的大系统，可将现场的 modbus 协议设备接入以太网关构筑监控网络。

3. 后台计算机功能及软件界面

后台计算机具有四遥功能，可以进行具体数据信息逻辑计算与处理、设备参数远程更改、实时数据采集及显示、曲线报表管理设置，电参量参数趋势曲线、自动报表的生成、自动生成电能计量的日、月、年报表。后台数据库管理，储存指定年限的数据信息。

软件界面应有主界面显示（主接线系统图），数据实时采集显示，系统运行状况图，月抄表数据的查询显示及打印输出。电压、电流波形及计数值显示界面与棒形图。运行记录查询及打印输出。一般电气设计人员要选择好智能元件，符合要求的通信接口、通信协议及监控要求，在开关柜上要留有备用端子，组网的工作由单独的网络公司来完成。

4. 系统结构

智能化计算机配电监控系统由以下三个层面构成：

（1）第一为组态软件，通过计算机软件实现系统监控管理功能，不要认为元件都带有通信接口，用网线与计算机相连就可以。其实若无相应的软件输入，仍于事无补，有的单位在预算中，常漏掉软件费用。只有通过计算机软件才能实现系统管理、系统状组态、数据存储、报警提示、故障记录、用户界面。软件是智能配电管理的核心。

（2）第二为通信网络，提供智能元件与计算机的连接，进行数据传输，包括通信协议的转换，可通过现场总线，工业以太网等多种解决方案，实现底层设备与计算机间的无缝连接。

（3）第三为智能化元件，通过此种元件采集现场信息，才能实现现场智能监控。智能元件几乎都带有通信接口，常见的为 RS-485 接口。如果选择计算机监控，相应的元件应为带通信接口的智能元件，否则就选择普通元件，以免造成浪费。

第八节　电源电涌保护器的选用

电涌电压是指持续时间极短的暂态过电压，也是具有陡峭上升前沿脉冲瞬态过电压，它形成的原因分外界因素及内在因素，外界因素是雷电造成的，而雷电因素又分为直接雷击与雷电感应，雷电感应又分为电磁感应与静电感应。内在因素主要是操作过电压及系统内其他原因造成的电压闪变。避雷器或避雷装置可预防雷电过电压，一般与外线路直接相连，主要用于雷电侵袭的第一级保护设备。而电涌保护器一般不会直接与架空线路相连，它是在避雷器消除雷电波的直接入侵后，尚未对雷电波降低到安全程度后的补充措施。

1. 电涌保护器与避雷器的作用与区别

电涌保护器（surge protective device，SPD），也称为浪涌保护器、浪涌抑制器等。避雷器和电涌保护器都有两大功能：①有钳压作用，能够将窜入电力线路或信号传输线路的瞬时过电压限制在设备能够承受的范围内，保护设备或线路不受过电压危害；②能够泄漏冲击电流，最大限度地分流冲击电流，使冲击电流不至于大部分流经电气设备，从而使电气设备不受冲击电流的危害，不过其电压的限制功能是借助它们能够瞬时泄漏浪涌电流的功能来完成的。

避雷器与电涌保护器的不同点：

（1）避雷器参数精度较差。一般来说，避雷器参数精度较差，体积大，而且残压较高，因此不适合低压末端设备、信号传输线路及 IT 设备，在此情况下，可用电涌保护器。

（2）避雷器限制过电压的陡度效果不理想。避雷器通过释放冲击电流来限制过电压的幅值，但降低过电压的陡度效果较差，带有匝间绝缘的电气设备，如电机等，对过电压陡度比较敏感，虽有较低的过电压，但陡度很大，有可能击穿匝间绝缘，因此发电机的过电压保护常用阻容吸收装置而不采用避雷器。

（3）避雷器过电压保护门槛高。避雷器与平时常用的过电压保护器也不同，操作过电压有可能对设备绝缘薄弱环节造成危害，因避雷器过电压保护门槛比较高，对操作过电压无能为力，为此要采用金属氧化物过电压保护器，它的过电压放电门槛较低，而且残压也低，因此在中压领域常用来保护电机、电容器等设备因操作过电压造成的损坏。

（4）接线方式不同。在接线方式上，避雷器与 SPD 也不同，避雷器采用共模接线方式，即每只避雷器皆接于相线与地之间，而 SPD 与过电压保护器可以共模接线，也可差模接线，有的共模与差模混合接线方式，即全模接线方式，此种接线方式为，有的接于相地之间，有的接于相与相之间及中性线与地（保护线）之间。

（5）电压保护范围不同。避雷器的额定电压范围广，由 0.23 ~ 750kV 及以上等级，而 SPD 额定电压不超过 1kV。避雷器保护雷电过电压，而电涌保护器保护一切电涌过电压，不论是雷电造成的还是系统内部原因造成的电涌过电压。

SPD 是限制瞬时过电压及泄放电涌电流的装置，根据用途不同，它的类型与结构也不同，它至少包含一个非线性限压元件，用于电涌保护的基本元器件有压敏电阻（常用的有氧化锌）、放电间隙、充气放电管、雪崩二极管等，它们之间又分开关型与限压型。按接线方式分，有并联型与串联型。按用途分，有交流电源电涌保护器、直流电源电涌保护器、开关电源电涌保护器与信号数据电涌保护器。信号与数据保护器用于数据传输线路，保护 IT 设备（信息产业设备）之用，将根据建筑物的条件、IT 设备的重要程度、进行雷击危害评估，将信息系统雷击防护分为 A、B、C、D 四级，分别采取相应的防护措施，本文只涉及低压系统电源用 SPD 的有关问题。

只有熟悉 SPD 各参数的含义及试验分类的特点，才能正确选择 SPD。SPD 主要参数大约为 7 个，电气设计中常用的有以下几个参数。

2. SPD 的主要参数、类型及分类试验级别

（1）主要技术参数。

1）U_c——最大持续运行电压。它为交流有效值或直流电压，也就是持续加于 SPD 后不被激活或特性发生变化的最高电压值。

根据 GB 50057—2010《建筑物防雷设计规范》及 GB 18802.1—2011《低压配电系统的电涌保护器（SPD） 第1部分：低压配电系统的电涌保护器性能要求和试验方法》中都有规定，最大持续运行电压最小值见表1-15。

表1-15   电涌保护器最大持续运行电压U_c最小值

电涌保护器连接位置	接 地 系 统				
	T-T系统	TN-C系统	TN-S系统	IT系统（有中性线引出）	IT系统（无中性线引出）
相与N线之间	$1.15U_o$	不适用	$1.15U_o$	$1.15U_o$	不适用
相与PE线之间	$1.15U_o$	不适用	$1.15U_o$	$\sqrt{3}U_o$	U_L
中性线与PE线之间	U_o	不适用	U_o	U_o	不适用
相与PEN线之间	不适用	$1.15U_o$	不适用	不适用	不适用

注 1. U_o为系统相电压，U_L为线电压。
    2. 此表数据是按GB 18802.1—2011的要求做过相应试验的产品。

在 TT 系统中，曾有资料介绍 SPD 的持续最小电压不得小于 $1.55U_o$，理由是一旦一相接地，其他两相对地电压可能升高，超过相电压，接于其上的 SPD 承受过高的电压，因此，它的持续耐受电压的水平比 TN 系统中的 SPD 相应提高，现在的规定与 TN 系统 SPD 耐受电压水平一致，不必担心它是否能够承受的问题，因为 SPD 按规定，要能够承受严格的暂态过电压试验，另外，在 TT 系统，一旦设备发生接地故障，只要设备出现对人身危险的电压，应在规定时间内切除故障回路，而一相落地故障又比较罕见，因此只要比相电压高 15% 即可。在 TN 系统，相与 N 线或 PE 线之间的电压始终为相电压 U_o，不过当 N 线或 PEN 线断裂，即所谓"断零事故"，如果三相负载不平衡，相与 N 线之间的电压也不平衡，电压可能超过253V，有时会接近线电压，不过 SPD 也能够承受这样的短时过电压，这样，接于相与 N 线之间的 SPD 持续耐受电压比 U_o 高 15%，为 $1.15U_o$ 即可，因此在 TN 系统及 TT 系统，接于相线与 N 线、PE 线或 PEN 线之间的 SPD，持续耐受电压不低于 $1.15U_o$ 即253V 即可。在 IT 系统中，一相接地，另外两相对地电压升高 $\sqrt{3}$ 倍，考虑到这是在故障最坏的情况下出现，其概率极低，SPD 持续运行电压在线电压的基础上不再考虑 15% 的余量。

2）I_n——标称放电电流。通过波形为 $8/20\mu s$ 电流波的峰值，而且通过规定的次数而不损坏，这一指标反映在 SPD 分类试验的分级上。

3）I_{max}——最大放电电流，或称通流能力，应能够通过波形为 $8/20\mu s$ 电涌的峰值一次，属于破坏性试验，它为标称放电电流的 2 倍。

4）I_{imp}——冲击放电电流，能够通过波形为 $10/350\mu s$ 的最大峰值电流试验，它反映耐直击雷的能力（包括幅值 I_{peak} 和电荷 Q 及单位能量），$10/350\mu s$ 电流波比 $8/20\mu s$ 电流波所含能量大得多（采用电涌波形对时间的积分可以求得通过的电荷量），I_{imp} 属于Ⅰ级分类试验项目之一，而 I_{max} 为Ⅱ级分类试验项目之一。

5）U_p——电压保护器水平，表征 SPD 限制接线端子间电压性能的参数，有能力把端子间的电压限制在不超过 U_p 的范围内。

SPD 的电压保护水平是，实际限制电压不应大于此规定的保护水平，它是对某种型号的

SPD 规定的一个技术参数，它与 SPD 的残压、钳制电压意义接近，但也不完全一样，在 IEC 61643-1 文件中是有区分的，残压是 SPD 通过任何放电电流时，测得它两端相应电压的峰值，钳制电压是最大的残压，因正反向残压可能不同，取它最大者作为钳制电压。总之，电压保护水平是规定的技术参数，残压与箝制电压是实际测得值，但电压保护水平的规定又是以残压、钳制电压作依据的。

注：8/20μs 电流波：涌流从开始到峰值时间为 8μs，从开始到降至峰值一半的时间为 20μs，模拟标准雷电流波形。

10/350μs 电流波：波头时间为 10μs，涌流从开始到峰值时间为 10μs，从开始到降至峰值一半值时间为 350μs，模拟雷电测试电流。

1.2/50μs 冲击电压：波头时间为 1.2μs，半值时间为 50μs，在 1.2μs 达到峰值，由此看出波头非常陡峭，模拟雷电压波形。

（2）SPD 的主要类型。

1）电压开关型 SPD。电压开关型 SPD 无电涌时为高阻抗，当电涌电压达到某一数值后，突然变为低阻抗，也就是在电涌电压作用下，阻抗发生突变，通常有放电间隙、充气放电管、晶闸管整流器等，具有不连续的电压电流特性。

2）限压型 SPD。无电涌出现时，呈现高阻抗，随着电涌电压和电涌电流的增加，阻抗连续变小，具有连续的电压电流特性，通常有氧化锌压敏电阻作为限压型电涌保护器组件，也称为钳压型 SPD。

3）组合型 SPD。由开关型与限压型元件组合而成的 SPD，其特性随所加电压特性不同而不同，可表现为开关型、限压型或开关型与限压型皆有。四星形接线常见这种类型，即三只接于相线与 N 线间的 SPD 为限压型，接于 N 线与 PE 线间的为开关型。

（3）分类试验。SPD 的分类试验分为 I 级分类试验、II 级分类试验与 III 级分类试验。

I 级分类试验也称为 T1，是 SPD 最严厉试验，它要通过标称放电电流 I_n 试验、1.2/50μs 冲击电压及冲击电流 I_{imp} 试验，对应于开关型 SPD。

II 级分类试验也称为 T2，是要用标称放电电流 I_n、1.2/50μs 冲击电压及最大放电电流 I_{max} 试验，它与 I 级试验最大不同是采用最大放电电流，而非冲击电流，对应于限压型 SPD。

III 级分类试验也称为 T3，采用组合波做试验，组合波是由组合波发生器产生 1.2/50μs 开路电压和 8/20μs 短路电流，对应于组合型 SPD。

电涌保护器进行分级试验，主要用来划分它们的耐电涌的能力，冲击电流采用 10/350μs 波形，其通流容量比波形为 8/20μs 的标称放电电流大得多，因此 I 级试验要比其他级别试验严酷得多，考验其防直击雷的能力。

（4）SPD 的分级与分类试验的区别。SPD 的分级是针对 SPD 安装所在位置而言，是指安装而不是指产品。当大的电涌袭来时，只靠一级泄漏冲击电流与限制冲击电压往往力不从心，不能保护整个系统的安全，常用 SPD 分级布置，各级 SPD 合理分配来袭的冲击电流与合力限制冲击电压，使整个系统都得到保护。它类似河流的分洪口，当洪峰来袭时，光靠第一级分洪不能保证下游免除洪灾，要靠多级分洪，逐步降低洪水的流量及洪峰的高度，电气设备防电涌也是如此，它沿电涌侵入方向分一级、二级、三级进行分流与限压。SPD 安装级次是按照电涌来袭方向，也就是按照电涌强度的大小，而不是按照电力系统的供电方向或电力传输的方向逐次分级的，而分类试验是针对考验 SPD 产品本身性能而言，主要指标是耐冲击电压的性能及通过冲击电流的能力。

3. 设备耐冲击电压类别及 SPD 有效电压保护水平

SPD 的有效电压保护水平不得大于被保护设备的耐冲击电压水平，否则设备得不到有效保护，电压有效保护水平等于 SPD 的电压保护水平加上冲击电流在连接线上的压降，因此，为了使设备在受到电涌侵袭时被 SPD 保护，必须搞清楚设备的耐冲击电压的水平及安装SPD 后的有效电压保护水平。

（1）低压电网供电的设备额定耐冲击电压类别。由设备的额定耐冲击电压值来划分设备的过电压类别。设备的过电压类别，也称为设备安装类别，体现出设备的绝缘耐冲击电压的能力，为选 SPD 的电压保护水平提供依据。低压系统设备额定耐冲击电压类别见表1-16。

表1-16　　　　　　　　　　低压系统设备额定耐冲击电压类别

设 备 位 置		电源处的设备	线路处的设备	用电设备	特殊需要保护的设备
耐冲击电压类别		Ⅳ类	Ⅲ类	Ⅱ类	Ⅰ类
耐冲击电压额定值（kV）	380/220V 系统	6	4	2.5	1.5
	660/380V 系统	8	6	4	2.5

注　1. Ⅰ类：含有电子线路的设备。
　　2. Ⅱ类：由配电装置供电的用电设备，如家用电器、移动式、手握式设备或类似负荷。
　　3. Ⅲ类：配电装置中的设备，如配电箱、配电柜、断路器、开关、插座、线路及固定敷设的电动机等。
　　4. Ⅳ类：配电装置电源端的设备，包含电能表及前级过电流保护设备。

设备的介电能力要与瞬态过电压配合，系统出现的瞬态过电压不能超过设备的额定耐冲击电压值，对瞬态过电压的控制，主要采用两种方式，一是内在固有控制，要求供电系统的过电压限制在规定水平；二是保护控制，要求采取特定的过电压衰减措施。

按照与被保护设备的连接方式，SPD 有串联型与并联型，保护低压电气设备不会采用串联型，它要通过大的回路传输能量，SPD 是无法满足的，串联只能用于信号回路。

（2）SPD 的有效电压保护水平。SPD 的有效保护水平应符合以下规定：

1）对于限压型 SPD，有效电压保护水平为

$$U_{pf} = U_p + \Delta U \tag{1-24}$$

2）对于开关型 SPD，有效电压保护水平为

$$U_{pf} = U_p \text{ 或 } \Delta U（选择其中最大者作为有效保护水平） \tag{1-25}$$

式中　U_{pf}——SPD 的有效电压保护水平；

　　　ΔU——SPD 的两端连线的感应电压降，其值为 $L(di/dt)$，由户外线进入建筑物附近时，可按 kV/m 计算，其他 ΔU 按 $0.2U_p$ 考虑。

（3）SPD 的电压有效保护水平与设备的耐冲击电压水平的配合。当雷电由户外架空线路引入时，设备如果得到 SPD 的有效保护，其耐冲击电压的类型与 SPD 的有效保护应协调配合，根据 GB 50057—2010《建筑物防雷设计规范》中的规定，应满足以下要求：

1）被保护设备距离 SPD 沿线路长度不超过 5m，或线路有屏蔽，且两端等电位连接，沿线路长度不超过 10m，应满足：

$$U_{pf} \leqslant U_w \tag{1-26}$$

2）设备与 SPD 沿线路长度超过 10m，应满足：

$$U_{pf} \leqslant (U_w - U_i) / 2 \tag{1-27}$$

3）当建筑物有空间屏蔽及线路有屏蔽或仅线路有屏蔽且两端等电位连接，可按下式校验：

$$U_{pf} \leqslant U_w / 2 \tag{1-28}$$

式（1-26）～式（1-28）中　U_w——被保护设备绝缘耐冲击电压额定值，kV；

U_i——雷击建筑物附近，电涌保护器与被保护设备之间电路环路的感应电压，大小按照 GB 50057—2010 中的 6.3.2 条及附录 G 计算；

U_{pf}——电涌保护器的有效电压保护水平，kV。

4. 电涌保护器的典型接线方式

（1）共模、差模与全模接线。

SPD 共模接线，是各只 SPD 均接于电源线与 PE 线之间。差模接线是 SPD 接于电源线之间，由于电源线包含三根相线及一根 N 线（N 线也属于电源线），因此，差模接线是 SPD 接于相线与相线之间，相线与 N 线之间。另外，还有全模接线，也就是既有共模又有差模接线。在 TN-C 系统，常采用三只 SPD 接于相线与 PEN 线之间，这也应为差模接线。

（2）在 TN-S 系统，常采用共模接线方式，即采用四只 SPD，三只接于相与 PE 线之间，一只接于中性线与 PE 线之间，如图 1-3 所示，此种接线有的称为 4 + 0 接线。

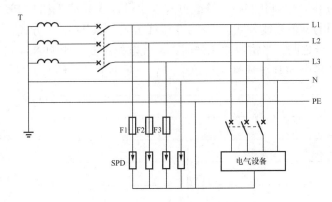

图 1-3　TN-S 系统中 SPD 的共模接线

也可采用 3 + 1 接线方式，如图 1-4 所示，3 只 SPD 接于相线与 N 线之间，属于差模接线，一只接于 N 线与 PE 线之间属于共模接线，但它不属于全模接线，因为相与相之间没有接入 SPD，各相也没有直接接于相与 PE 线之间，暂且称为 3 + 1 接线或不彻底的全模接线，如果实现完全的全模接线，应为 10 只 SPD 才行，即再增加相与相之间 3 只，相与 PE 线（地）之间 3 只，不过相与相之间基本不接入 SPD，如果图 1-4 中，再增加 3 只 SPD 接于相与 PE 线之间，这样总共 7 只 SPD 也算实现全模接线。

（3）TT 系统中 SPD 的接线方式。在 TT 系统中，SPD 也采用 3 + 1

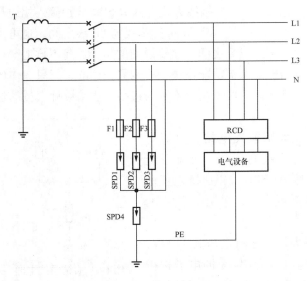

图 1-4　TT 系统中 SPD 的 3 + 1 接线

接线方式，即采用3只SPD皆接于相与地（PE线）之间，一只接于中性线与地之间，如图1-4所示。如果电涌保护器用来保护设备，SPD与PE线的连接处尽量靠近设备与PE线的连接处，PE线应距离接地点最近。

如果配电变压器的高压侧为中性点有效接地系统，一旦高压侧通过配电变压器的壳体发生接地故障，强大的接地电流会在配电变压器共用接地极上产生高的电压，此电压会沿变压器低压侧的中性线传播，接于中性线与地之间的SPD承受该电压，能否在故障规定时间切除之前，承受住该电压呢？这不必担心，只要满足GB 18802.1规定要求与试验方法，做200ms或更长时间耐压1200V暂态过电压试验的产品即可（按国家标准规定，接地极上呈现的故障电压不超过1200V），另外要注意的一点是，所用的SPD电压保护水平U_p不得大于2.53kV。

在IT系统，如果无中性线引出，可用3只SPD接于相线与地（PE）之间的共模接线方式。如果有中性线引出，可采用4只电涌保护器，3只接于相与N线线之间，1只接于N线与PE线之间的3+1接线方式。也可以3只接于相与PE线之间，1只接于N线与PE线之间的共模接线方式，即4+0接线方式。采用3+1方式，其不足之处是，3只SPD接于相与N线之间，当雷电波来袭时，N线电位抬高，影响N线与PE线之间的SPD导通特性，也就是各个SPD导通性能与单个产品说明书上的介绍有差异。

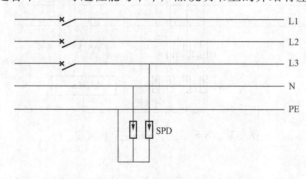

图1-5　末端线路SPD不必安装保护元件

（4）单相线路接线方式。在低压TN系统中，很少采用相与相之间安装SPD的方案。在末端线路，对单相三线回路来说，如果安装SPD，相线与PE间及N线与PE线之间要加SPD，但SPD不必安装保护元件，如图1-5所示，而在TT系统或IT系统，SPD的另一端直接接地。

在单相线路中，SPD可采用共模接线方式，两只SPD分别接入相线与PE线间及N线与PE线之间，也可采用一只接于相线与N线之间，另一只接于N线与PE之间。需要说明的是，目前不再生产单只电涌保护器，而是由若干单只组合而成的电涌保护功能模块，有两只一体的，三只一体的及四只一体，它是一个整体，它内部接线已连好，便于用户安装与接线，也给设计人员的选用带来方便。

（5）直流系统SPD的接线。目前在太阳能发电站，直流汇流箱与汇流柜内直流电涌保护器是不可或缺的元件。直流系统中，SPD常用的共模接线方式，即采用两只SPD，分别接入正极与地及负极与地之间。也可以采用2+1接线方式，采用三只SPD，接线方式如图1-6所示。

当直流电压为1000V时，可选择最大持续运行电压为1120V，电压保护水平为2.5～3.6kV，标称放电电流为20kA的电涌保护器。在太阳能电站，汇流箱及直流柜内均安装SPD，它是汇流箱及

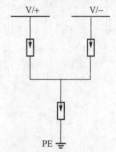

图1-6　直流系统电涌保护器的2+1接线

直流柜不可或缺的元件，由于短路电流与正常负载电流相差不大，汇流箱内 SPD 不必另设保护元件。

在太阳能发电站所用的汇流箱，直流电压达近 1000V，由于安装在野外，受到直击雷雷电感应的威胁，如果汇流箱安装在太阳能电池板下，把太阳能电池板支架当防直击雷的避雷带，汇流箱应处于 LPZOB 区或 LP ZOB 区与 LP Z1 界面处，应当选择 I 级试验的 SPD 装置，但在汇流箱技术规范征求意见稿中，建议 SPD 最大工作电压大于回路开路电压的 1.3 倍，最大泄漏电流 I_{max} 大于或等于 15kA，电压保护水平 U_p 小于 1.1kV，没提及 SPD 的试验分类等级，实际为 II 级分类试验等级，这有点相互矛盾了。

太阳能电站用汇流箱安装的 SPD 的电压保护水平，技术规范要求 1.1kV，是值得商榷的，在 IEC 的有关规定中，400/690V 低压电网中，电气设备耐冲击电压水平分别是：I 类过电压设备为 2.5kV，II 类为 4kV，III 类为 6kV，IV 类为 8kV。直流系统设备无过电压类别划分，但应该参考交流系统，如果汇流箱额定直流电压为 1000V，应相当于交流 400/690V 系统，即使按最小过电压类别，即 I 类过电压类别，耐冲击电压也达 2.5kV，由此可见，要求汇流箱安装的 SPD 一律按照 1.1kV 的保护水平是不尽合适的。如果汇流箱带有检测板，检测板有电子芯片和通信接口，规范要求其电压保护水平不大于 1.1kV 是正确的。

5. 低压配电系统中 SPD 的选择及安装

（1）SPD 的试验级别与电源配电级别无必然联系。在电气设计中，经常有这样的错误做法，那就是把 SPD 在系统中的试验分类级别与配电的级别相对应，如在一级配电处，安装通过 I 级分类试验等级的电涌保护器，二级配电处，安装通过 II 级分类试验等级的电涌保护器，三级配电处，或在末端配电箱内，安装通过 III 级分类试验等级的电涌保护器。在低压系统中，出现的电涌主要是雷电造成的，其他方面造成的电涌可以忽略不计，电涌保护器分类试验级别正确的选择，应按雷电电涌的侵入方向，由上游向下游，雷电电涌的破坏力度逐步减弱的顺序，也就是它的能量逐步衰减顺序，选择 SPD 的试验级别，与配电系统的配电级别没有必然的联系。有人把配电级别与 SPD 的分类试验级别对应，理由是在配电的首端，电气设备受到雷电损坏的范围及损失要比末端电气设备大得多。上述解释是不成立的，并不是说，首端配电设备一定要采用抗直击雷且通流能力强的 I 级分类试验的电涌保护器，而是要根据所在位置的电涌强度，选择与之适配的电涌保护器。由此可见，选择 SPD 的分类试验级别，应按照雷电流侵入方向，由上游向下游方向，SPD 试验分类级别由高级别向低级别过渡，不过还要校验 SPD 的有效电压保护水平与被保护设备的耐冲击电压水平相配合的问题，否则，SPD 虽然能够承受雷电流的冲击，但有效电压保护水平大于设备的耐冲击电压的水平，也起不到保护设备免受电涌侵害的作用。

如果室内的电源由室外架空线引入（此种情况在农村经常见到），在室内总开关柜或配电板处雷电电涌最为严重，安装通过 I 级分类试验的 SPD 是对的。如果建筑物无架空进出线，配电变压器安装在室内地下室，变压器高压侧是金属铠装电缆穿金属管引入，该电缆在室外全程敷设在有屏蔽的电缆沟内（电缆沟的钢筋混凝土盖板可看作有屏蔽作用），金属屏蔽层及金属铠装层两端及金属保护管均接地，而且变压器高压侧已经安装了避雷器，低压线路不向室外引出，在上述情况下，低压总开关处，或低压配电屏处，雷电电涌的强度不一定比最末端室外配电箱处大。再举一个极端的例子，如果高层建筑地下室内有自备柴油发电机组，由它供电的末端配电箱为天面的消防用排烟风机、航空障碍灯及亮化用节日彩灯等设备，这些设备处在 LPZ0A 区或 LPZ0B 区与 LPZ1 区交界面，配电箱应安装Ⅰ级（或Ⅱ级）分类试验的 SPD 装置，而自备柴油发电机组的配电柜，虽处于电源侧，但它深居地下，可不必考虑雷电电涌的危害，这样，雷击强度恰恰与电力输送方向相反，至于要选择多大的冲击电流，要经过雷电流分流计算，当无法进行计算时，可采用冲击电流不小于 12.5kA。

总之，配电的第一级，不一定是安装Ⅰ级分类试验等级的 SPD，而二级或三级配电处，不一定安装Ⅱ级或Ⅲ级分类试验等级的 SPD。

（2）SPD 的安装级别也与配电级别无必然联系。SPD 的安装级别与配电级别无必然联系，第一级配电处，不一定是 SPD 安装的第一级，而是要按照雷电侵入的方向来划分安装级别，例如安装在室外的末级配电箱，受雷电灾害最严重，箱内的 SPD 按照安装顺序应是第一级，而它的上级配电箱内的 SPD 应属于二级。

（3）SPD 的分类试验级别与电压保护水平无必然联系。SPD 的有效电压保护水平还要与被保护设备的耐冲击电压水平相符合，否则，SPD 虽然能够承受雷电流的冲击，但有效电压保护水平大于设备的绝缘耐冲击电压的水平，也起不到保护设备的作用。有人认为，Ⅰ级分类试验的 SPD，电压保护水平应很高，应保护Ⅳ类耐冲击电压的设备，也就是在 220/380V 低压系统中，额定耐冲击电压 6kV 的设备一定要采用Ⅰ级分类试验的 SPD。这也是不正确的，SPD 等级的分类试验，都是在标准雷电冲击波型的情况下，以标称放电电流、最大放电电流或冲击电流来考核的，而不是以电压保护水平来划分的。对于限压型 SPD，安装越靠近末级，要求放电电流越小，相应的 SPD 分类试验级别多为Ⅱ级或Ⅲ级，电压保护水平也越低，这容易给人造成错觉，认为Ⅰ级分类试验的电压保护水平肯定最高，对架空进线电源开关柜要求Ⅰ级分类试验等级的 SPD 应当不大于 6kV 或 8kV 才对（实际电压保护水平不大于 2.5kV），这才能与开关柜的Ⅳ类耐冲击电压水平相匹配，这种认识是不对的。

架空电源进线柜耐冲击电压的类别，也称电气设备的安装类别。同一台总开关柜按照耐冲击电压大小应分两类，也就是同一台开关柜内元件有不同的耐冲击电压类别，总开关前的部分，如电压表、电流表、电能表、继电保护仪表、滤波器及总开关等是Ⅳ类。在 380/220V 系统中，耐冲击电压额定值为 6kV，而开关柜总开关后的负载侧，包含各配电分柜，也就是配电线路部分应为Ⅲ类，耐冲击电压额定值应为 4kV，同一台柜有不同的耐冲击电压的等级是因为雷电波沿电源侧侵入时，如果总开关处于断开状态，雷电的行波与在总开关反射波叠加后，峰值可达入射波的 2 倍，因此，在总开关电源侧的设备耐冲击电压的强度要高。由此看来，SPD 应安装在总开关电源侧。

要达到Ⅳ类耐冲击电压水平，按照 GB 50057—2010《建筑物防雷设计规范》第 6.4.7 条规定，架空进线当沿雷击电涌的方向，电涌保护器有效电压保护水平应符合以下规定，即当被保护设备距电涌保护器的距离沿线路长度大于 10m 时，应满足式（1-27）要求。

如果电涌保护器安装在总开关柜中，成排布置的开关柜长度可能有几米以上，从变电站低压配电室开关柜至下级配电设备至少有几米，这样，电涌保护器保护的距离可能远大于 10m，即使不考虑雷电在线路上的感应压降，电涌保护器的有效保护电压也应当小于设备额定耐冲击电压的一半，当电涌保护器安装于总开关电源侧，总开关柜按照总开关的电源侧耐冲击电压考虑，即按照Ⅳ类 6kV 考虑，电涌保护器的有效保护电压水平不能大于 6kV 的一半，即 3kV，考虑电涌保护器要留有 20% 的余量，因此 GB 50057—2010 第 6.4.4 条要求电源进线柜SPD的电压保护水平不大于2.5kV，而不是总开关柜为Ⅳ类耐冲击电压设备的额定耐冲击电压6kV。

在第一级，要考虑大的放电能力，当采用充气放电管时，残压很低，如果用在Ⅳ类安装类别上，设备更能够得到保护，安装级别与SPD的电压保护水平无联系，只要求它与被保护对象的绝缘能力配合即可，不要求一级试验分类等级的SPD电压保护水平一定大于二级试验分类的电压保护水平。

（4）N线或PEN线上是否要安装电涌保护器。如果不必安装SPD，而实际却安装了，这无疑增加了投资，因此，对此问题的讨论是必要的。在低压系统中，N线也是电源线之一，它是对地绝缘的，绝缘等级可以看作与相线相同，因此，N线应安装SPD，如图1-3~图1-5所示。在TN-C系统，PEN线也应装SPD。

在TN-C-S系统，在PE线与N线的分界处，只要有重复接地，N线不必安装SPD。距离分界点较远距离，按照TN-S系统处理。

（5）SPD装置与RCD装置的相对位置。如果SPD安装在RCD装置负载侧，任一SPD失效，都会造成RCD动作，影响设备的正常运行，如果把SPD安装在RCD装置的电源侧，就不会出现上述问题。不过当RCD装置保护的设备不多或不重要时，由于安装在RCD负载侧的电涌保护器损坏，而造成RCD装置动作不一定是坏事，它能够把有故障的SPD从电网中切除，而且又能够及时发现SPD的故障。

SPD安装于RCD的电源侧优点之一是，能够对RCD提供电涌保护，此种接线另一个优点是，SPD故障不影响RCD动作的灵敏度，如果安装于负载侧，当电气设备发生单相接地故障时，N线与PE线之间的SPD又发生击穿故障，单相接地故障电流只有一部分直接通过大地流回电源的中性点，而另一部分通过共用的PE线经击穿的SPD及N线流回电源的中性点，也就是通过故障SPD对接地电流进行分流，从而降低了RCD装置保护的灵敏度。不过上述情况出现的概率很少，即使发生，其危害性也不算大，所以SPD安装于电源侧还是负载侧各有利弊。对于电气成套设备来说，SPD安装在母线上比较方便，安装于母线上的SPD装置，对于所有馈线回路，不论是否带有剩余电流保护装置，SPD均处于电源侧。

（6）防雷分区划分及对应的SPD分类试验级别。建筑物中有不同的防雷分区，一般分为LPZ0A区、LPZ0B区、LPZ1区、LPZ2区，它们的含义为：

LPZ0A区：本区为直击雷非防护区，本区内的物体可能遭到直接雷击，并导走全部雷电流，在本区，雷电的电磁场强度没有衰减。

LPZ0B区：如果民用建筑天面有防直击雷，在直击雷保护范围内可为LPZ0B区，而不在直击雷保护范围外的区域为LPZ0A区，在屏蔽的建筑物内部为LPZ1区。

LPZ1区：本区为雷电第一防护区，本区内的物体不可能遭受直接雷击，流经导体的雷电流比LPZ0B区更小，本区内的雷电的电磁场强度，根据屏蔽情况，可能减低。

LPZ2区：本区属于后续防雷区，对流入的雷电流及雷电电磁场强度进一步减低。

建筑物为全钢筋混凝土可视为有屏蔽的结构，在有屏蔽结构建筑物内，如果再有带屏蔽的房间，此房间内应按LPZ2区防雷等级看待，如地下室内的配电室、高层建筑的电缆竖井、楼层配电间、计算机房、通信机房、消防控制室、保安中心、中央控制室等属于LPZ2区，在民用建筑中，大部分线路是由LPZ1区穿越至LPZ2区，在电源界面处应安装Ⅱ级或Ⅲ级分类试验的SPD，不过其标称放电电流不应小于5kA，电压保护水平不应大于2.5kV。

在 LPZ0A 区或 LPZ0B 区与 LPZ1 区的交界面处穿越的电源线路上，应安装 I 级或 II 级分类试验的 SPD，如前文所讲的高层建筑天面上，不在直击雷保护范围内的电气设备及架空进线总开关柜处即属于此种情况。

6. 其他 SPD 常见问题

（1）SPD 的保护元件的选择。SPD 的电源侧的保护元件，有人称为 SPD 的后备保护，这一称呼并不确切，如果 SPD 本身无保护装置，为它设置的保护应为主保护而非后备保护。SPD 电源侧的保护元件能够保护 SPD 击穿后的短路，以及保护元件与 SPD 之间的连接线的短路。在变电站低压配电室低压总开关柜内，SPD 安装在总开关电源侧，设计人员考虑到一旦 SPD 击穿，或老化损坏，工频续流接近母线短路电流的水平，选择 SPD 保护元件能够断开母线短路电流的断路器，这样出现了一台开断能力与总断路器一样，体积庞大的塑壳断路器保护一套微小的 SPD 的奇特现象。按照建筑物防雷规范，接入的导体截面为 $1.5 \sim 6mm^2$，而且还要校核它与总开关保护的选择性。笔者认为 SPD 一旦击穿，如果不是纯金属性短路，有一定的阻抗。如果击穿的 SPD 阻抗为零，这样小的与电源的连接线可能瞬时化为金属蒸气，由此可见，SPD 保护器开断电流不必以母线短路电流为准，有些控制回路的电源由母线取得，其保护元件开断能力也不以母线短路电流为准。如果是末端配电箱，SPD 装置不用保护装置，配电箱的总保护与它合用。

如果一定按能够断开母线短路电流的要求选择 SPD 的保护装置，应采用体积小的保护元件，可以采用 RT14-20 或 RT14-25 的熔断器，它的开断能力可以达 50kA，此种熔断器可配备专用熔芯插拔手柄，又可兼作隔离开关使用，不过当最大冲击电流通过 SPD 时，应能够保证熔芯不能熔断，为此，要进行这样的验算比较复杂了，不过实践经验证明这是可行的。

保护元件要能够切除连接线的短路及 SPD 击穿后的工频续流，但它不是为保护 SPD 而设，而是维持电力系统能够正常继续工作，因为一旦 SPD 击穿，损坏不可逆转，必须更新。

目前国内生产一种 SPD 后备保护器，用于 T1 试验类别时，通过 25kA 冲击涌流而不动作，用于 T2 试验类别的 SPD 保护器，可通过 80kA 标准波形的冲击电流不动作，用于 T2 或 T3 试验类别的保护器，可通过 60kA 标准波形冲击电流不动作，而当工频续流 3A 时皆动作，这样保护器既能够承受电涌电流的冲击，又能够切除工频续流，还能够与上级保护配合。

在中压及高压系统，对避雷器或过电压保护器，从来不设保护元件，因为它的性价比极低，中压或高压保护元件，不论是断路器还是熔断器，价格过高，而且占空间太大，因此，不会用来保护避雷器。避雷器或过电压保护器一旦失效，工频续流会对它造成损坏，不一定会造成相间短路，即使造成相间短路，由它上级保护元件切断，而且要对它定期检测，及时对它进行更换，防患于未然。低压系统的 SPD 加保护器的代价不大，因此大都安装保护元件，只有末端配电箱或不重要的设备的 SPD 才考虑不安装保护元件。

（2）接入线的选择。建筑物防雷设计规范规定，接入 SPD 的铜绝缘线，对于 I 级试验、II 级试验及 III 级试验的 SPD，截面积分别为铜质 6、2.5、$1.5mm^2$，平时经常看到设计图所示大大高于上述截面积，之所以出现这种情况，主要担心 SPD 击穿出现强大的工频短路电流，这种担心是不必要的，导线的截面是与它的保护电器相适应的，只要保护器能够切断上述连线的短路电流即可。由于雷电冲击电流或其他电涌电流，时间是微秒级，连接的导线不会受到损坏。另外，加大连线截面对降低冲击电流的压降效果不大，因为连线的阻抗是对冲击电流的感应压降，即与 L（di/dt）的大小影响大，与导线截面关系不大。有的电气设计人员采用的连接线截面过大，多在 $16mm^2$ 以上，有的甚至采用 $70mm^2$ 的截面的导线，其原因是，按照 SPD 装置的保护器的容量选择连线截面，而保护器的容量往往又与开断能力有关，保护器的断流能力又是根据 SPD 装置连接母线处的短路电流选择，如果母线是属于一级配电，短路电流非常大，为了能够切断强大的短路电流，SPD 保护开关的容量相应增大，这样连接 SPD 装置的导体截面也很大了，此种连线用量不大，虽然造成的浪费不大，但给接线带来不便。

但国家规范规定的 SPD 连线有点偏小，根据规范要求，有机械保护的铜质 PE 线，最小截面为 $2.5mm^2$，采用 $1.5mm^2$ 作为 SPD 的连线机械强度显然偏小。

有的设计人员选择 SPD 连线时，电源端与接地端截面不一致，电源端截面小，接地端截面大，理由是组合式 SPD 由多只单相组成，例如在 TN-S 系统中的共模接线，分别接于三相线与 N 线，冲击电流由四线进入，而接地线是一根线，接地线是一对四的关系，不过这种考虑无此必要，因为冲击电流延续时间极端，是微秒级，而且电阻不是起主要作用。

规范要求 SPD 连线总长不超过 0.8m，这是不现实的，低压开关柜标准高度 2.2m，柜顶母线距离底部 2m，而 PE 干线又在柜底，加之与电源连线及接地连线不可能直来直去，总要通过线槽敷设（线槽不应为钢质的，以免增加感抗），一般连线总长将近 2m，如果要接入总等电位端子箱，连线要几米长，由于连线过长，冲击压降过大，与柜体有可能产生反击问题。建议，SPD 的接地线可以就近接于开关柜金属框架上，因为开关柜的金属框架与接地系统相连，形成一个连续的整体，而且柜体导电能力大，不存在反击问题，不过与柜体的连接应通过接线端子，以便检修。变电站也无安装总接地箱的必要，干式变压器与开关柜同处一室，有完备的接地系统，排列的开关柜底部有贯通的 PE 干线，变电站有的沿墙四周敷设接地干线，室内又不允许无关的管道通过，SPD 不一定要接入总等电位端子箱。

（3）各级 SPD 装置动作顺序问题。一般第一级 SPD 通流能力大，通流能力大的是开关型 SPD 装置，但它比下级安装的限压型 SPD 装置动作灵敏度低，也就是动作时间滞后，如开关型动作时间 100ns，而下级 SPD 为限压型，动作时间为 50ns，再下一级为 25ns。SPD 通过时间根据冲击电压大小、波形陡度、隔离阻抗大小及性质，如果是电阻，下级 SPD 先导通，由于第一级为开关型，残压低，尽管开通时间可能晚于二级，不过它一旦开通，由于过低的残压，造成二级 SPD 马上截止，大量的涌流还是通过第一级，一般冲击电流从开始到降到一半值，持续时间 $20 \sim 350\mu s$，而开通时间只是几十纳秒，相差上千倍，因此，各级 SPD 动作时间相差几十纳秒无关系。不过还是希望开通顺序能够按照 SPD 的安装顺序进行，如果两只 SPD 相距太近，不能够按照安装顺序依次开通，可以在之间加装去耦合器，但目前国内很少采用这种措施，只是停留在理论层面而已。

（4）冲击电流波形与标准冲击波形的换算问题。这也涉及防雷区 LPZ0A 或 LPZ0B 与 LPZ1 界面上安装几类试验级别的 SPD 问题，在 GB 50343—2012《建筑物电子信息系统防雷技术规范》中第 5.4.3 条规定，要安装 Ⅰ 级或 Ⅱ 级分类试验级别的 SPD 装置。在 GB 50057—2010《建筑物防雷设计规范》中，规定高层建筑中节日彩灯、航空障碍灯的防雷措施，若无金属外壳，应在接闪器保护范围内，线路穿钢管且两端接地；所用的配电箱安装 Ⅱ 级分类试验的 SPD 等，这样使设计人员有点无所适从。如果采用 Ⅰ 级分类试验级别的 SPD 装置，它的冲击电流波形为 $10/350\mu s$，而且在冲击电流无法计算的情况下按照 12.5kA 考虑，如果安装Ⅱ级分类试验级别的 SPD 装置，以通过 8/20μs 电流波形验证的，波形为 10/350μs 的冲击电流 12.5kA，如果换算成 8/20μs 电流波形，它的额定冲击放电电流是多少目前尚无定论。

在 LPZOA 区或 LPZOB 区与 LPZ1 区交界处，是采用开关型Ⅰ级分类试验的 SPD，还是采用限压型Ⅱ级分类试验的 SPD，有不同意见的，因此，有的规定为可安装Ⅰ级分类试验的 SPD 或Ⅱ级分类试验的 SPD。

(5) 低压 SPD 通流能力比中高压避雷器大得多的原因。众所周知，10～35kV 避雷器在标准雷电波 8/20μs 下，通流能力不过 5～10kA，而 SPD 的通流能力，对 8/20μs 冲击电流波形，通流能力一般在 20kA 以上，有的达到 60～100kA。高压架空线受直击雷的概率及强度比低压线路强得多，为何中压避雷器的通流容量这样小，能否满足雷电流的泄放要求呢？因为中高压雷电流应比低压强得多，但要考虑中高压避雷器非线性元件的承受工频耐压能力，阀片的厚度要大得多，还要考虑截断工频续流能力及通过谐振电流的能力，因此中高压避雷器的非线性元件截面要大得多，考虑到避雷器的体积限制，不能够制造得太大。中压避雷器 5～10kA 的冲击电流的通流能力，不足以把雷电流全部泄漏地下，其余的会沿线路及设备逐步衰减，但中高压线路及设备绝缘强度高，能够承受经过避雷器削减后的雷电波冲击电压及冲击电流的危害，而低压线路及设备绝缘强度低，介电能力脆弱，不能承受避雷器或 SPD 的大的残压及冲击电流，只能通过泄漏大量冲击电流及对冲击电压大量限制才能够得以保全。另外，低压浪涌保护器通过雷电流的能量要比高压避雷器小得多。SPD 额定电压及持续耐压水平低，切断工频续流也很容易，可以制造得体积小而通流能力大的元件了。

(6) 民用建筑中不要滥用 SPD。在多层或高层单元住宅中，如果无架空进出线，楼层配电箱或家庭配电箱可安装Ⅱ级或Ⅲ级分类试验级别 SPD，对家用电器进行保护，但一般很少有在家庭配电箱内安装 SPD，这会增加成本，而且上级已有完善的防雷装置。但对于山区多雷地区，如果采用架空进线，除有防直击雷措施外，进线处还应安装Ⅰ级分类试验级别的 SPD 装置。

目前对 SPD 达到滥用的程度，在高层建筑中，地下室属于 LPZ2 区，地下室内的变电站，高压供电电缆为铠装埋地电缆，高压电源进线有避雷器，母线也安装避雷器，向变压器供电的回路安装过电涌保护器，变压器低压母线也有避雷器（电容器补偿屏有避雷器），并采用四点（高压侧避雷器、低压侧避雷器、变压器外壳及中性点）同接地与等电位均压措施，天面有完善的防直击雷装置，二级配电箱皆安装在电缆竖井内。开关柜与各级配电箱是否有必要安装 SPD 呢？在电涌保护器诞生之前，曾有多座高层建筑的变压器，目前运行几十年，从未补装电涌保护器，也未发生电涌破坏电气设备的事故，包括家用电器也没发生因雷电造成的破坏。笔者调查另一居民小区，安装一台 800kVA 的配电变压器，高压侧 10kV 为架空进线，架空进线长度 50m，低压系统经配电屏向 11 栋砖木结构多层建筑 480 户居民供电，低压线路有的沿山墙架空明设，有的电缆直埋，居民家中有电脑、电话、电视等 IT 设备，低压系统无任何 SPD 装置，但 30 年来，尚未发生任何电涌损坏。架空线与野外建筑物遭受雷击造成人员伤亡与设备损坏的事件时有所闻，但在有防直击雷或侧击雷的条件下，人在高层建筑内被感应雷击伤的事件几乎没有，由此可以推想，在高层建筑中，或周围有高层建筑物的多层建筑物，不必安装电涌保护器。

在 GB 50057—2010 中的第 6.4.3 条规定，LPZ1 区内和两个 LPZ2 区之间的电气线路或信号线路，在有屏蔽的情况下，而且无线路引出 LPZ2 区，线路两端可不安装 SPD。按照此条要求，对照高层建筑的实际情况，建筑物内应属于 LPZ1 区，而建筑物内部变电站应为 LPZ2 区，电缆井、控制室、水泵房、空调机房也应当属于 LPZ2 区，它们之间的线路，有的为金属铠装电缆，有的是金属外壳母线槽，电缆敷设在金属桥架或金属线槽内，这些应当符合屏蔽要求，因此，低压配电屏与二级配电箱之间线路两端，及二级配电箱至三级配电箱之间的线路两端不必安装 SPD。

低压配电线路内的过电压除雷电过电压外，尚有操作过电压，此电压很小，在前文中已提到，可以忽略不计，另外，如果三相不平衡，发生"断零事故"，单相电压有的高达 270V 以上，而配电箱所安装的 SPD 持续耐压水平不过 253V，如果长期不排除故障，SPD 会被击穿损坏，它不能够起到此种过电压保护，反而对线路是一种拖累，因为 SPD 只是对冲击电压与冲击电流起到保护作用，对由于断零造成的单相电压的持续过电压不动作，由于它被击穿后，通过的是大的工频电流，如果它的保护器不能及时切断工频电流，造成越级跳闸，会发生大面积停电事故，由此可见，有时不但不起作用，花巨资投入 SPD 后，反而招来祸端。当然对电子数字装置要区别对待，它们本身要有完备的过电压保护，但不是要由低压线路负责，因为它们对过电压大小等各有特殊要求。另外，电子式仪表一般是与主回路隔离的，不是由主回路直接供电，系统高低压对它的危害情况要搞清楚，不能认为有电子仪表，就盲目地在各级配电线路上安装 SPD。

（7）IV 类耐冲击电压的设备确定问题。设备额定耐冲击电压类别划分见表 1-16。IEC 标准解释为，IV 类耐冲击过电压设备为配电装置电源端的设备，也就是总开关前的设备，如电气仪表和前级过电流保护设备，这些设备基本上属于控制与辅助设备，它们的回路为辅助电路。这些辅助回路有的属于主回路供电，有的不属于主回路供电。主回路供电的辅助回路，耐工频电压与冲击电压的能力应与主回路一致。从条文中可以看出，IV 类耐冲击电压的设备没有包括总开关，但提到电源侧一次线的过电流保护设备是 IV 类耐冲击电压设备，至于过电流保护装置，可能是断路器或熔断器，也可能是过电流继电器动作于断路器的脱扣装置。众所周知，过电压类别越高，耐冲击电压能力越大，IV 类过电压设备耐冲击电压能力最强，总开关在断开位置时，如果有雷电波来袭，入射波与反射波叠加，峰值为来袭波的 2 倍，总开关受冲击电压危害最严重，可能在断口发生跳击，受害程度不会小于总开关前的设备，若把电源侧辅助回路划归 IV 类耐冲击电压设备而总开关不包括在内有点说不通。

第二章

低压系统的接地及等电位联结

第一节　概　　述

凡属于发电、变电、输电且又属于电力部门管理的电气装置为 A 类电气装置，而工业与民用的电气装置，由用户管理与使用的建筑物内外的电气装置为 B 类电气装置，俗称建筑物电气装置，本章讨论由用户管理使用的建筑物电气装置，即 B 类电气装置低压系统的接地及等电位连接问题。

低压系统的接地及等电位连接，是关系到低压系统的正常运行及设备与人身安全问题，也牵涉到保护方式的确定，这些表面上看是很通俗的问题，实际上对一些电气设计人员及用户尚不完全了解，尤其对安装调试及运行管理人员，对上述问题更是比较模糊。由此可见，对低压系统的接地、中性点的偏移、等电位连接诸多问题，有进行系统分析讨论的必要。

谈到低压系统的接地，首先要搞清低压接地系统，低压接地系统的接地方式分为电源侧的接地和负载侧的接地，接地方式用两个字母表示。电源的中性点直接接地，用 T 表示，负载侧的电气设备外露可导电部分通过 PE 线或 PEN 线与电源接地中性点相连，用 N 表示，则此低压系统为 TN 系统。如果电源中性点直接接地，电气设备外露可导电部分也直接接地，且这两种接地各自独立，没有金属性连接，电气设备的接地用 T 表示，此种低压接地系统称为 TT 系统。如果电源中性点不直接接地，用 I 表示，而系统内的电气设备直接接地，用 T 表示，则此系统称为 IT 系统。而 TN 接地系统中，根据电气设备接地线的不同情况，又派生出三种接地系统，即 TN-C 系统、TN-C-S 系统及 TN-S 系统。每种接地系统各有其优点，不存在谁取代谁的问题，不同的场合应用不同的接地系统，不同的接地系统又必须与相应的保护方式相配合，也就是对保护有相应的要求，同时也要相应的安装及施工要求。

有人要问，中性点不接地，设备的金属外壳能否采用 PE 线或 PEN 线与电源中性点相连，形成 IN 系统，一旦设备外壳带电，形成相间短路，保护装置的过电流保护动作，瞬时切除故障呢？答案是否定的，因为既然与设备的金属外壳相连，外壳很难与大地绝缘，这等于中性点还是接地了，另外，一旦发生一相在某处与大地相连，只要人触及设备外壳，形成接地的相线、大地、人体、设备外壳、PE 线或 PEN 线至电源中性点的单相回路，回路电流通过人体，使人产生触电危险，而设备的过流保护开关却无能为力，由此可见，所谓的 IN 系统是不存在的。

上述接地系统的划分是对低压交流系统而言，对直流系统也适应，直流系统也有 TN、TT、IT 系统，TN 系统也分 TN-C、TN-S 及 TN-C-S 系统，不过对中高压系统就不适应了，中高压系统不存在 TN、TT 或 IT 系统之说。

第二节 TN 接地系统

1. TN-C 系统

（1）低压系统中，很难有纯 TN-C 系统存在。所谓 TN-C 系统，它是 TN 系统的一个分支，TN 接地系统中，如果保护线与中性线一直合用，此系统为 TN-C 系统，中性线与保护线合用后简称 PEN 线或 PEN 导体。但单纯 TN-C 系统很难找到的理由之一是，小容量设备不可能与 PEN 线相连。对于干线或分支干线而言，保护线与中性线可以一直合为一根 PEN 线，但对于末端线路，尤其对于小容量的电气设备的接入线，应当别论。

GB 50054—2011《低压配电设计规范》的要求，PEN 线的最小截面，铜不小于 10mm^2，铝不小于 16mm^2。如果电气设备容量较小，例如不过千瓦左右，PE 线只要不是电缆的一根芯线，或与相线不在同一保护物内，PE 线若为铜线，有机械保护时最小截面为 2.5mm^2，无机械保护时为 4mm^2。PE 线如果是电缆的一根芯线，截面不受上述最小截面限制，这样，PE 线接入小容量电气设备保护端子很容易。如果一味追求所谓的纯 TN-C 系统，PEN 线应当直接与小容量电气设备的保护及中性端子相连，其连接线的最小截面为规范要求的 10mm^2 的铜线或 16mm^2 的铝线，这是不可能的，也是不可想象的，一台不足千瓦，或只有几十瓦的小容量电气设备不可能为接入上述截面的 PEN 线而留有大的接线端子，而 PEN 线又不宜采用软线，这又增加了 PEN 线直接与小容量电气设备直接相连的难度，由于此设备接入 PEN 线，因此设备也不可能采用剩余电流保护器。而对于插座的接入线，一般为 2.5mm^2 或 4mm^2，因此，PEN 线很难接入插座。有鉴于此，在 TN-C 系统中当接入电气设备的相线为 16mm^2 及以下截面时，要用 PE 线连接电气设备的接地端子至 PEN 干线或 PEN 分支干线，这样自然变成了 TN-C-S 系统了。单相电气设备，带有相线端子、N 线端子及 PE 线端子，没有 PEN 线端子，由此可见，在低压接地系统中，很难找到所谓的纯 TN-C 系统。向一台配电箱采用三相四根线供电，即三根相线，一根 PEN 线，配电箱内分为 PE 端子排与 N 线端子排，由配电箱向各电气设备供电，N 线与 PE 线分开，这也是典型的 TN-C-S 系统（对配电箱金属壳体而言，可看成 TN-C 系统）。因此严格区分低压电网是 TN-C 系统还是 TN-C-S 系统就无实质意义了，有的设备只能与 PE 线相连，不可能与 PEN 线相连，例如，单相电动机的保护接地只能与 PE 线相连，而不可能接 PEN 线，否则，电机外壳带电由此可见，低压系统很难单纯存在 TN-C 系统，一般与 TN-C-S 系统共生共存。

（2）从插接式四线制母线槽不能引出 TN-C 系统的配电线路。四线制母线槽如果用于 TN-C 系统，其中一根线必然是 PEN 线，四线式母线槽单纯作为传输线路可以不带插接口，但对于插接式母线槽是不可以的。原因很简单，PEN 线是不能被开断或隔离的，PEN 线必须要绝缘，对于插接式母线槽，PEN 分支线的引出要靠插接头，这样等于 PEN 分支线被隔离或接入开关的极了。如果插接式母线槽用四线式，PEN 分支线用插接箱的插接头引出后进入楼层配电箱，在楼层配电箱处分为 PE 线及 N 线，这种做法是不可行的。四线式母线槽如果包含三根相线一根中性线，而 PE 线采用母线槽的金属壳体或另配一条与母线槽平行的单独的 PE 干线，倒可以采用四插接头的母线槽了，它的第四根线是 N 线，是可以用插接头引出的，不过此系统不是 TN-C 系统，而是 TN-S 系统了。

（3）TN-C 系统其他注意问题及 PEN 线截面的选择。

在 GB 50054—2011《低压配电设计规范》中一再强调，在 TN-C 系统中，PEN 线不能被隔离，严禁接入开关设备，不能穿过剩余电流保护器的磁回路。这些要求对于 TN-C-S 系统内的 PEN 线也适用。因此，上述要求不必强调 TN-C 系统了，只要强调对 PEN 线的强制要求即可。TN-C-S 系统不应划归为 TN-C 系统，它们同属 TN 系统的两并立子系统。

PEN 导体的最小截面既应满足对 N 线的要求，又要满足对 PE 线的要求，PEN 线最小截面为铜 10mm^2，铝为 16mm^2，虽比较合乎实际，但为施工方便考虑，还要加上一条要求，即"不宜采用软线"。有的规范（如 GB 7251《低压成套开关设备和控制设备》）要求，当通过 PEN 线的电流不超过相线电流的 30% 时，PEN 线截面选取同 PE 线，尽管此规定没有过硬的理论支持，但也为选择 PEN 线时提供了方便，即可查 PE 线的选择表来决定 PEN 线的截面了（低压配电设计规范提供的是保护导体的最小截面，即 PE 线的最小截面，而不是 PEN 线最小截面的选择）。

（4）TN-C 系统的接地故障保护。TN-C 系统是工厂大型车间常见的接地方式，由车间变电站低压总开关引出总干线，采用裸铝排跨屋架或沿屋架明设（不过目前多采用母线槽取代裸铝排），由于车间大，供电距离远，当回路末端发生接地故障短路时，短路电流往往不能使低压总开关短路保护跳闸，为此常采用零序保护，PEN 线中的电流为零序电流。检测零序电流的方法可在 PEN 线上安装电流互感器，由此电流互感器动作于电流继电器，经电流继电器及中间继电器动作于断路器的分励脱扣器；也可采用零序电流互感器，使三个相线同时穿过零序电流互感器的磁回路求得零序电流；也可以由断路器自带的三相电流互感器，取其二次侧三相电流的矢量和，即为零序电流，用它动作于断路器跳闸。第一种方法较麻烦，占用较多设备及安装空间，目前很少采用；第二种方法很难有这样大的电流互感器，同时能容纳三相大截面导体穿过其磁回路；第三种方法简单易行，但要选择具有此功能的断路器相配合，不过此种方法灵敏度较低。

2. TN-C-S 系统

在 TN 系统中，如果从电源中性点起，PE 线与 N 线合为 PEN 线一段后，然后再分为 N 线与 PE 线（一旦分开，在任何处不能再相连），此系统为 TN-C-S 系统。

由于 PE 与 N 线合用一段，这样在实际应用中会产生争论，也就是 TN-S 系统与 TN-C-S 系统的分类问题，PE 与 N 线在何处分开才能为 TN-S 系统呢？有的人认为，只有在变压器的出线端子上分别引出 PE 线与 N 线，也就是 PE 线与 N 线必须在变压器端子上分开才算纯 TN-S 系统，如果在变压器附近的低压配电屏上分出 PE 与 N 线，只能算是 TN-C-S 系统。但即使在变压器端子上分开 PE 线与 N 线，而电源的中性点是在变压器内部，从端子至变压器内部电源中性点还是共享了一段线路，此段线路是否可称为 PEN 线呢？如果是，岂不是 TN-C-S 系统了吗？如果一味追求所谓的纯 TN-S 系统，那么变压器二次侧应有五只接线端子，即三根相线端子、一根 N 线端子、一根 PE 线端子，目前此种变压器尚未生产，也没有必要为追求所谓的纯 TN-S 系统而生产低压五出线端头的变压器。变压器低压侧四只出线端子中，0 线端子最小，如果在此处分为 PE 干线与 N 干线，该端子接线太多，因为既有 N 线，又有 PE 线，还有变压器中性点的接地线，造成接线及施工的困难。因此可在低压总配电屏总开关前分出 PE 干线与 N 干线，如图 2-1 所示。因 PEN 干线截面大、长度短、不存在断裂问题，这段阻抗很小，因此不平衡电流在此段压降很小，一般不超过 1V，此电压可忽略不计，这样可把变电站低压配电屏中的 PEN 干线与变压器中性点认为成是等电位的，也可称为 TN-S 系统。

如果把 PEN 线延伸到低压配电屏的馈线电缆室，如图 2-2 所示，不但节约有色金属，而且大大方便施工及维修，馈线电缆采用五芯电缆，电缆的 N 线与 PE 线同时接至低压配电柜电缆室的 PEN 排上，这是典型的 TN-C-S 系统，但本质上与 TN-S 系统没有太大的区别，图 2-2 的接线与图 2-1 相比，对施工、维护较为方便。

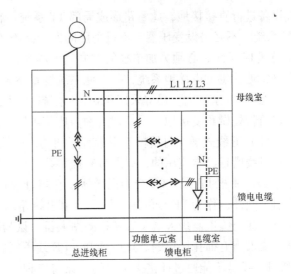

图 2-1 TN-S（TN-C-S）系统

若采用图 2-1 接线，且配电屏为侧面出线，当配电屏宽度为标准宽度 800mm，功能单元室宽度为 600mm，这是不可改变的，出线电缆室的宽度只剩有 800 − 600 = 200mm 了，这在宽度只有 200mm 电缆室内，要安装一次馈线电缆线与二次线，以及相应的引出插接头，还要安装 PE 分支干线及 N 分支干线，有时还要安装抽出式断路器馈线回路的电流互感器，这样电缆室非常拥挤，安装调试困难。如果在电缆室内 N 线与 PE 线合为一根不必与柜体绝缘的 PEN 线（按国家有关规范要求，在开关柜内，PEN 线不必与柜体绝缘），电缆室的安装空间就大了，给施工安装带来方便，而且还节约有色金属。不过要注意的是，对于变电站有两台配电变压器，该两台变压器低压母线联络开关

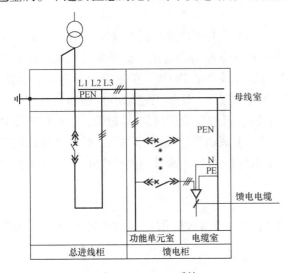

图 2-2 TN-C-S 系统

为四极时，由于 N 线要进入母线联络开关的一极，因此 PEN 干线要在总配电屏总开关的电源侧，分出 PE 干线与 N 干线。如果变压器低压总开关及母联开关均为三极开关，图 2-2 所示的主接线是可取的。可能有人担心，PEN 线中的电流通过柜体及接地极分流，会造成开关柜上的仪表受分流电流产生的杂散磁场干扰，不能正常工作，理论分析是对的，实际并非如此。开关柜内的三相分支干线在开关柜一侧，而中性线在开关柜另一侧，这种电磁场要比杂散磁场大得多，开关柜上的仪表照常工作，那 PEN 的电流在开关柜形成的杂散磁场更不用担心了。

3. TN-S 系统

（1）TN 系统内可局部存在 TT 系统、TN-C-S 系统及 IT 系统。如果从电源的中性点分别引出中性线与保护线，中性线与保护线不再相连，此系统为 TN-S 系统。在变电站为 TN-S 接线中，某些回路可采用 TN-C-S 系统，只要该回路引出 PEN 线即可，从变电站某配电回路向远处某建筑物供电时，常用此种接地系统。如果引出的回路既无 PE 线，又无 PEN 线，在电

气设备进行直接接地，此回路形成局部 TT 系统。在 TN-S 系统内实现局部的 TN-C-S 系统或 TT 系统，不必另设变压器，不过采用的保护措施要与接地系统相适应。在 TN 系统内，要实现局部 IT 系统，必须另加单独的配电变压器才行，这是医院内的手术室、重症监护室的供配电常见的供配电接地系统，一般此系统容量不超过 10kVA。

在 TN-S 系统内，局部采用 TN-C-S 系统时，该 TN-C-S 系统常在另外建筑物内，且在进入建筑物处做重复接地。同一建筑物内比较难以实现。

（2）五线式插接母线槽不得带有五插孔，插接箱不能带有五插头。在 TN-S 系统中，五线式母线槽是经常应用的，如果带有插孔，应为四插孔。五线式母线槽，有三根相线、一根 N 线、一根 PE 线，PE 线为裸导体，它与母线槽金属外壳紧密接触，通过固定的金属螺栓引出壳外，作为 PE 线的接线端子，引出线路的 PE 线与此螺栓连接。但有的用户或设计人员，甚至施工监理人员及质量检测站人员，认为插接式五线母线槽只有四个插孔不符合要求，要求为五插孔接口。众所周知，PE 线不得接入开关的极，不得隔离或断开，这就是说，PE 线是不能通过插接头引出的，只有三根相线及一根中性线可以通过插接头引出，这样一来，五线式母线槽，如果带有插接口，四只插接口是正确的。手持式或移动式电气设备的 PE 线采用插头与插座接入是指用来完成末端电气设备本身接地，而不是馈电线路。如果母线槽的插接箱本身接地，可以通过插接头连接，如同低压抽屉柜的抽屉，它的接地也可通过插接头与接地干线连接完成接地一样，只是某一设备本身接地之需，而绝不能通过插接头用于 PE 线路的引出，PE 回路不能接入开关的极，也不能经插接头连接。电气设备本身通过插接头接地，也是有要求的，即只有相线先断开，PE 插头才能断开，接通时，只有 PE 插头先接通，相线插头才能接通。千万不能够把某台电气设备本身的接地要求移植到电力线路上。

插接式四线母线槽可用于 TN-S 系统，但 PE 线可采用母线槽的铝金属外壳，也可在母线槽外平行敷设一裸金属排作为 PE 线，但要满足导电能力的要求，而且要采用螺栓进行固定连接来引出 PE 线。有的设计人员采用钢板外壳作线路的 PE 线，但要进行导电能力验算。虽然 N 线经过插接头引出是可以的，但也不是最佳方案，N 线因接触不良而断开，如果三相负荷不平衡，造成三个相电压不对称，有的相电压过高，有的相电压过低，过高的容易烧毁电气设备，过低的使电气设备不能正常工作，出现所谓"断零事故"。不过对母线槽而言，不通过插接头引出 N 线，目前尚未有其他更好的办法，通过插接头引出 N 线是不得已而为之。

4. TN 系统接地故障保护

（1）接地故障保护的要求。采用在规定时间内切断故障回路的方法实现接地故障的保护。

接地故障保护应满足

$$Z_S \times I_A \leqslant U_0 \tag{2-1}$$

式中　Z_S——接地回路的阻抗；

　　　I_A——保证保护电器在规定时间内自动切断故障回路的电流；

　　　U_0——相导体对地标称电压。

当相对地标称电压为 220V 时，对于配电线路或仅向固定式电气设备供电的末端线路切断故障时间不超过 5s，对于供电给手持式和移动式电气设备的末端线路或插座回路，不大于 0.4s。

如果过电流保护能满足切断故障回路时间要求，应首选过电流保护作接地故障保护，而不是采用剩余电流保护电器。对于塑壳断路器，很容易达到保护切断的时间要求，只要接地短路电流超过瞬动整定值的 1.3 倍以上（要考虑断路器可能有 20% 的允许误差），切断时间不会大于 5s，但切断时间是否不大于 0.4s，只要查一下断路器脱扣时间与电流关系的特性曲线便知，通常不会超过 0.4s。对于微型断路器，满足这一切断时间要求是没问题的（为能够在 0.4s 切除接地故障引起，末端线路用断路器不得使用短延时保护，上级断路器短延时不得超过要求的 0.4s 或 5s）。对于 g 型熔断器保护，如果切断时间不大于 5s，接地故障电流一般应为熔体额定电流的 4.5～7 倍，如果切断时间不大于 0.4s，则应为 8～11 倍（由于热容量的关系，熔体额定电流越大，同样的切除时间，短路电流倍数越大）。满足切断时间不大于 5s 及 0.4s，短路电流为熔体额定电流的最小倍数见 GB 50054—2011《低压配电设计规范》。

GB 50054—2011 的有关条文规定，当配电箱或配电回路直接或间接给固定式、手持式、移动式电气设备供电，应采取的措施包括配电箱至总等电位的 PE 线阻抗要足够小，使在发生接地故障时，外壳对地低电压不大于 50V，或者采用辅助等电位连接或通过接地端子箱作局部等电位连接。两种方法各有利弊，前者计算非常麻烦，因为验算故障点至总等电位连接点的压降不超过 50V，必须求得接地回路阻抗，为此要知道距总等电位连接点的距离及沿途材料参数与敷设方式，由于回路电抗取决于导体之间的距离，从而求得电抗非常困难，工作量非常大，况且建筑物内的配电箱基本上是固定式与移动式、手握式共享的，每个配电箱皆按此要求校验，工作量是不可想象的。在工厂车间，动力配电箱侧板上经常安装插座，也就是给手持式、移动式电气设备供电，按规范要求，此动力配电箱至总等电位连接点的压降在发生接地故障时不超过 50V，前文已经说明，这是很难验证的，只有在特殊情况下凭经验估算才行。如果采用局部等电位与辅助等电位的方法，要耗费大量人力物力。

总之，所有的这些要求道理简单浅显，但有的计算麻烦，有的消耗大量人力物力，目前尚难以实现。

有人建议，配电箱既向固定式又向移动式与手持式设备供电，采用动作时间一律为 0.4s，即切断时间按最短时间要求。但又有人认为，此法不合规范要求，间接接触保护，不能只靠自动切除故障回路的方法，因电器产品因维护问题、可靠问题、老化问题等因素，不能保证可靠动作，为万无一失，还要辅以等电位连接。对此笔者并不苟同，在 GB50054—2011 的有关条文中，明确在各种情况下切断接地故障时间要求，并没有一定要附加辅助等电位或局部等电位的要求，在移动、手持式设备与固定式设备共存的情况下，切除时间按最严格条件执行应能满足安全要求。

对于固定式设备，切除时间不大于 5s，理由一是固定式设备一般人不易触及，二是即使触及也容易摆脱。细分析起来，理由不够充分，如有人操作安装各种电气设备的机床，如一台机床安装多部固定敷设的电机，任一台电机发生接地故障都是整台机床故障，如果操作人员正好紧握机床操作手柄，与手握式电动工具道理一样。另外，触电伤亡与通过人体的电流大小、通过部位及通过时间有关，与带电设备是固定设备、手握设备还是移动设备无关，如果触及带电的固定设备可坚持 5s，其他设备又只能坚持 0.4s，有点说不通。

（2）一根相线落地带来的问题。TN 系统中，如果一相落地（非电气设备的接地故障），或一相与没有与 PE 线相连的外界物体接触，而此外界物又是接地的（如相线落金属建筑物构件上），接地电流通过大地、接地处的接地电阻及变压器的接地电阻，流回电源的中性点，在变压器接地电阻上产生压降，此压降通过 PE 线或 PEN 线传至与此相连的电气设备金属外壳，使人产生触电危险。要使此电压不超过 50V，按照 GB 50054—2011 的要求，应满足：

$$R_B/R_E \leqslant 50/(U_0 - 50) \tag{2-2}$$

式中　　R_B——变压器中性点接地电阻（考虑与其并联的其他电阻的影响），Ω；

　　　　R_E——相线的落地电阻，Ω；

　　　　U_0——相导体对地标称电压，V。

如果通过 PE 线传播的电压越小，人身越安全，为此，变压器中性点接地电阻 R_B 越小，相线接地处的电阻越大越安全。如果对地标称电压为 220V，R_E 为 10Ω（最小值按此数值），因压降与接地电阻成正比，不难算出变压器的接地电阻为 $10 \times 50/(220 - 50) = 2.94$（$\Omega$）。

但应注意几个问题：一是相线落地电阻无法预测；二是变压器接地电阻越小，其上电压降越低，通过 PE 线传递至设备外壳上的电压越低，因为 220V 电压是按电阻的大小成比例分配的，所以落地处的电压就会越高；影响相线落地处的人身安全。不过与系统的 PE 线相连的设备多，影响面大，落地处只是单个点的问题，变压器中性点电位抬高是面的问题，这样变压器中性点的综合接地电阻应是不大于 2.94Ω，而不是 4Ω 或 10Ω。由此可见，式（2-2）表面无任何问题，实际上却作用不大。如果预计到某回路有相线落地的危险，那么可把该回路当成 TT 系统，即在 TN 系统内作局部 TT 系统，该回路采用剩余电流保护器保护，或者采取必要的措施，如架空线绕过水塘或金属屋面，加大架空线截面，加固线路杆塔等措施，使之不可能在危险场所落地。

在此顺便提一下变压器低压侧中性点接地电阻大小的问题，当高低压合用接地电阻，高压侧为不直接接地系统，10kV 系统接地电流最大不应超过 30A，而有关规范规定，变压器接地电阻不超过 4Ω，这样高压侧发生接地故障时，在接地极上的压降为 120V，此电压沿 PE 线传至与此相连的电气设备的金属外壳，这会对人造成触电危险。由于目前中压系统架空线路比较少，高压侧接地电流应限制在 10A 以内，而不是 30A，因为超过 10A 后，电缆的接地电弧电流不易自动熄灭，而且电缆的接地又多为永久性接地，因此有人建议变压器高压侧如果为中性点非直接接地系统时，单相接地电流不应超过 10A，这样，在变压器中性点接地电阻不超过 4Ω 的情况下，高压侧的接地电流在变压器共用接地极上的压降不超过 40V 了，满足不超过 50V 的安全要求。

如果高压接地电流允许 30A，那么变压器的合用接地电阻应不大于 1.67Ω，而不是 4Ω；如果允许接地电阻为 4Ω，那么高压侧的接地电流不应大于 12.5A。如果限制高压侧接地电流不超过 10A，共用接地极压降不超过 40V，通过 PE 线传播的电压不超过 40V，是在对人安全范围内。GB/T 50065—2011《交流电气装置的接地设计规范》规定 B 类电气装置采用接地故障保护时，建筑物内的电气装置应采用总等电位连接，GB 50054—2011《低压配电设计规范》也有相关规定，但即使做了等电位连接，仍要求接地极上的压降不超过 50V，因为等电位连接虽可降低人的触电危险，但降低的程度尚无量化指标，它只是起到辅助作用而已。

　　（3）配电变压器中性点接地电阻的选取。变压器中性点的接地是工作接地，也是保护接地，当一相接地后，另两相对地电压偏移不大，相电压比较稳定。此种接地有保护接地功能，例如，只有变压器中性点接地，才能够实现 TT 系统和相应的接地故障保护功能。前文已谈到，一相落地，为了变压器接地极上压降不超过 50V，变压器接地极接地电阻不应不大于 2.94Ω，如果变压器高压侧（中性点不接地系统）发生接地故障，接地故障电流不大于 30A 时，在变压器共用接地极压降不超过 50V，变压器中性点接地电阻不大于 1.67Ω，为此有设计人员呼吁，要求接地电阻不大于 1Ω，而不是国家规范要求为 4Ω（容量为 100kVA 及以下为 10Ω）。变压器容量小接地电阻就可以放宽，原因是容量小，低压电网范围小，影响面小，而且容量小，投资少，不必为接地系统投资占用过大比例。在具体工程实践中，有的根本达不到 4Ω 的要求，如有的供电部门安装的容量超过 100kVA 的杆上变电站，2m 一根的接地极很少多于 4 根，按土壤电阻率为 100Ωm 计算，接地电阻很难小于 10Ω，更谈不上不大于 4Ω 了，如果坚持要求不大于 1Ω 的话，接地极的造价之高将无法承受。

　　4Ω 的要求是延续苏联的规定，其原理是，一旦某相线落地，其他两相对地电压不超过 250V（当时认为对地电压不超过 250V 才算低压），采用三角函数很容易求得，相应的变压器中性点对地电压偏移不超过 51.86V，这样，如果相线落地电阻为 15Ω，不难推算，变压器中性点接地电阻不应大于 4.62Ω，实际落地电阻大多大于此值，采用 4Ω 也顺理成章了（当然也有另一种解释，如果变压器高低压侧合用保护接地极，按规定 10kV 系统接地电流不超过 30A，当变压器高压侧发生接地故障时，接地极的电位不大于 120V，在当时也是视为安全的）。自从引入 50V 安全电压的概念后，变压器中性点接地电阻 4Ω 的正确性才受到质疑，采用 4Ω 这一规定实践中没有大的问题，没有改小的必要，否则接地系统造成过大的投资。

　　在建筑物内，各接地系统很难各自独立，尤其是在高层建筑中，采用建筑物的基础作接地极，各接地系统更难独立，只得合用同一接地系统，此时一些技术资料规定，或人为指定，建筑物内如果电源中性点接地与电子设备、防雷接地合用接地极时，接地电阻不得大于 1Ω。在高层建筑中，引下线采用多根柱子中的主筋，每层楼板的钢筋又与柱子钢筋相连，按照防雷规范要求，当建筑物有不少于 10 根立柱主筋作为引下线时，可不考虑建筑物内的接触电压与跨步电压的危害。水平钢筋与垂直钢筋相互连通，自然形成防雷均压环，不会发生反击危害。由上述分析可见，防雷接地电阻过小时无此必要，另外，有的超高层达到 100m 以上，沿引下线的冲击感性阻抗要比接地电阻大得多，建筑物越高，引下线越长，雷电引下线冲击阻抗越大，接地电阻的大小越无足轻重，如果建筑物高度达 500m 以上，几乎不会有大的雷电流通过接地极进入大地，此时再追求过小的接地电阻就毫无意义了。至于电子设备的接地，有的与接地电阻的大小无关，接地系统为电子设备提供参考电位点而已，例如在飞机上，设备的接地采用金属机身，谈不上接地电阻的大小。电子设备要求在接地系统上各接地点的电位力求一样，各设备接地点间如果有电流流动，为达到电位一致，接地点尽量靠近，或尽量做到一点接地，或接地点之间接地连线阻抗尽量小。总之，要求接地电阻不大于 1Ω 并无理论根据。

　　如果有的电子设备要求具备独立接地的接地系统，而接地电阻又要求一定数值，那只得采用绝缘电缆连接至比较远处的独立接地极，不过在建筑物密布的环境中，接地系统要想独立也很难。

如何准确测量建筑物的基础接地电阻值也是值得探讨的问题，有的建筑物的基础占地面积几千至上万平方米，采用传统的接地电阻测量方法是不准确的，不是相隔20m打两个辅助接地极就可以测量的，如何准确测量大面积接地系统的接地电阻值，目前还是学者探讨的学术问题。

（4）应首选过电流保护作接地故障保护。国家规范规定，当过电流保护满足要求时，宜采用过电流保护作接地故障保护，意思是要首选过电流保护。尤其末端线路，配电箱内的回路保护开关多为微型断路器，保护的灵敏度更好，固有动作时间更短，其额定电流最大不过几十安，单相碰壳短路电流经常达到上千安，微型断路器瞬时切断，完全可满足接地故障保护要求。在剩余电流保护器问世前，接地故障保护就是采用过电流保护，一旦剩余电流投入使用，反而出现滥用的现象。

（5）PEN线、N线及变压器中性点接地线断裂带来的危险。PEN线是具有保护功能及中性线功能的导体，PEN线一旦断裂，造成很大的危害：①若单相负载严重不平衡，负载中性点严重偏移，有的造成电压过低，电气设备不能正常工作，有的因电压过高而烧坏；②若PEN线断裂，接PE线的单相电气设备会在正常情况下也会发生人身触电伤亡事故，电流的流通路径为相线—电气设备—电气设备的N线—电气设备的PE线—与外壳接触的人体—大地—经接地电阻流回变压器中性点。即使设备采用剩余电流动保护器，由于进出保护器的磁回路电流矢量和为零，剩余电流动作保护器是不会动作的，其原理如图2-3所示。

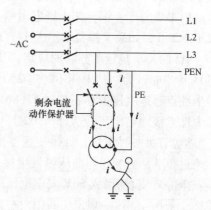

图2-3　PEN线断裂带来的危险原理图

PEN线断裂造成设备与人身事故可以说是屡见不鲜，如某城市一吊车把横跨马路的架空线路的PEN线划断，使之所供电的建筑物中，有的电气设备瞬时烧坏，有的白炽灯发红不亮；有一小区变电站，电工在整理变电站时，感到接线凌乱，误把PEN干线剪断，造成小区住户大量家用电器烧坏；另一城市某小区因住宅楼宇的配电箱中PEN线接头松脱，此楼的住户很多电气设备烧坏；报纸上曾有过这样的报道，某省有人在使用电热水器洗澡时，发生触电死亡事件，经专家鉴定，电热水器完好，排除事故因热水器引起，最后发现是楼层配电箱的PEN干线接头松动，造成PEN线断裂所致；某居民楼总配电柜中的PEN线被盗贼偷走，部分居民家中的电脑、照明光源等电器瞬时烧坏等，因PEN线断裂造成的危害不胜枚举。

为防止PEN线断裂，国家规范要求截面不小于$10mm^2$（铜）或$16mm^2$（铝）。中性线断裂危害性固然没有PEN线断裂造成的危害性大，但在三相四线系统中，如果三单相负载不平衡，负载中性点偏移，负载大的相，阻抗小，所承受的电压小，使之不能正常工作，负载小的相，阻抗大，所承受的电压大，有可能设备因过电压而损坏。因此，对中性线的最小截面也有要求，在国家规范中规定，在三相四线线路中，当相线截面不大于$16mm^2$（铜）或$25mm^2$（铝）时，N导体的截面应与相导体截面相等，当相线截面大于上述值时，中性线的截面也不应小于上述值。加大N线截面，不但增强机械强度，使之不易断裂，而且也因阻抗小，不平衡电流及谐波电流在其产生的压降小，发热小，负载中性点的偏移就小，负载的相电压更加稳定，当然，过大的 N 线截面，会造成投资的增加。

不论 PEN 或 N 线断裂造成的危害，它的危害范围只是它所在的回路，如果断裂处是系统的总回路，那么整个系统都受影响，如果支路的 PEN 线与 N 线断裂，受影响的只是局限在本支路内，如果一个家庭的三相进线，发生 N 线断裂（户用进线一般 N 线与 PE 线分开），本家庭的单相设备可能因负载分配不平衡，使得有的电压低，不能正常工作，有的电压高而被烧坏，但不会对邻居造成危害。

造成 PEN 线或 N 线断裂的原因多种多样，截面小、接头接触不良、变压器内部 PEN 线断裂、室外线路被外物撞断 PEN 或 N 线，或 N 线因截面小、电流大而且无单独的保护而烧坏。

在 TT 系统中，变压器中性点接地线断裂会使保护丧失，而 TN 系统变压器中性点接地线的断裂后果非常严重，万一有一相落地，人接触接 PE 线的电气设备外壳，触电电流的路径为：落地相线—落地处接地电阻—人体—设备外壳—设备的 PE 线—流回电源的中性点。所有电气设备外露导体均与 PE 线相连，这样有触电危险的人群非常庞大，这就是前文所分析的 IN 接地系统是不可能存在的理由。

为了使电气设备不至于因 N 线或 PEN 线断裂引起电压异常而损坏电气设备，一种叫做断零保护器的产品应运而生，对此种产品在下文中还要详谈。

（6）断零保护器。断零保护器是在零线断裂后出现异常情况时起到保护作用的元件，不过对零线的称呼不够妥当，零线的历史渊源来自苏联，认为电源的中性点接地后就称为零点，从零点引出的线称零线，这样中性点接地系统的 N 线、PEN 线或 PE 线就都会叫做零线，从而造成对各种导线的本质认识产生混乱。

PEN 或 N 线断裂后，三相负荷严重不平衡时，使断裂后的系统相电压出现过高或过低现象，为此，安装一种过电压或欠电压保护器，保护电气设备不是电压异常的危害，因此，称其为断零保护器。此装置是一个独立模块，它本身就带有断开主回路触头，不必动作于断路器跳闸，当电压恢复正常后，触头能够自动复位。

由于 PEN 或 N 线断裂可能引起相电压异常，为此，在民用建筑有关规范中规定用户配电箱中要安装此种保护装置。对用户配电箱一定要安装断零保护器的问题，首先要搞清楚断零引起相电压异常的机理。当回路的 PEN 或 N 线断裂时，如果此回路所带负荷不平衡，负荷的中性点就发生偏移，造成负荷小的相（阻抗大）承受的电压高，设备可能受到损害，负荷大的相（阻抗小）电压低，使电气设备不能够正常工作。这种情况可理解为，如果一相电气设备不投入，切断所有负荷，也就是此回路断开，另两相运行，若一相负荷很小，等于阻抗很大，另一相负荷很大，等于阻抗很小，如果该回路 N 线或 PEN 线断裂，这样就等于两相负荷串联后接于线电压，每相承受的电压按照阻抗大小成比例分配，负荷小的相因阻抗大，分担的电压高，而负荷大的相因阻抗小而分担的电压低，两相负荷相差越悬殊，承受的电压也越悬殊，严重的情况相电压超过 300V 或接近线电压。

线路的 PEN 线或 N 线断裂，在断裂处的电源侧，线电压及相电压均没发生变化，而断零保护器异常电压动作信号取自电源侧，因此在断零保护器负载侧因 PEN 线或 N 线断裂引起本回路相电压异常时，本回路的断零保护器不会动作。有的断零保护器的动作信号取自 N 线或 PEN 线与地之间的电压或电流信号，N 线或 PEN 线如果没断裂，电压信号很小，断零保护器的电源侧一旦 N 线或 PEN 线断裂，该处的 N 线或 PEN 线对地电压增大，使断零保护器动作，切断该回路，使该回路电气设备得到保护，但它也只是保护电源侧 N 线或 PEN 线断裂造成的电压异常事故。对于家用配电箱，一般采用单相供电，不存在对本回路 N 线断裂进线保护问题，因为，一旦 N 线断裂，电气设备就停止运行，不会发生设备过电压损坏问题。退一步讲，即使用户采用三相供电，本回路发生 N 线断裂，而且三相负荷严重不平衡，但断零保护器也不会动作，因为电源电压也是正常的。通过以上分析，不难看出，产生过电压的条件不但是 PEN 线或 N 线断裂，而且它所接的单相负载严重不对称，而断零保护器又只能保护电源侧 N 线或 PEN 线断裂事故，当断零保护器的负载侧发生 N 线或 PEN 线断裂，断零保护器不起保护作用。

当 PEN 或 N 线断裂后，发生电压异常，相电压高的相中对电压敏感的设备一旦烧毁，该回路负载减少，阻抗增加，又使该相电压更高，这样又有更多设备烧毁，形成恶性循环，造成事故越来越严重。

系统电压异常不仅是由 N 线或 PEN 线断裂造成的，也有其他原因形成的，如一相线在负载末端发生对 PE 线短路，其他两相的单相负荷瞬时承受线电压，如果不能够及时切除短路故障，单相电气设备也会大量烧毁。再例如，如果单相用户把另一根相线当成 N 线接入，后果更加严重，220V 单相设备承受 380V 电压，如果无保护措施，设备也会瞬时损坏，供电部门在维修后把 N 线调换，也会造成上述后果。目前有一种智能型保护器，它能够避免以下各种故障：①电压过低与过高；②过载及短路；③N 线或 PEN 线断裂，或将相线当 N 线接入；④缺相。

同时智能型保护器又具有多种功能，如停电时自动断开、合闸前故障检测、自动重合闸、故障指示等，此种装置不应称为断零保护器了。

目前国内有的规范要求每家每户都要求安装过电压及欠电压自断自复保护装置，有人认为，这样做害大于利，由于 PEN 线或 N 干线所在的系统可能向众多用户供电，每户都安装此种装置，总投资很大，只要保证 PEN 线或 N 线不断裂，就不会发生此类事故，保证系统不出现 N 线或 PEN 线断裂事故，比每户皆安装断零保护器要划算得多，因此性价比很低。另一方面，住户对断零保护器无此维修水平，断零保护器本身发生故障，也耽误用电，只要在设计与施工中防止 N 线或 PEN 线断裂危险，并加强管理及巡视，此类事故是完全可以避免的。为防止 N 线或 PEN 线断裂，除满足载流能力要求外，还要保证机械强度要求，满足规范对最小截面的要求，也就是保证机械强度要求；敷设时要和相线一起，这样可起到相互增加机械强度的作用；在接头上要特别注意，一定要接触良好。另外，采用三极断路器能满足要求的绝不采用四极断路器，N 线尽量不接入开关的一极（单相供电的家用配电箱总开关例外），因为这不但增加投资，还有增加中性线断裂的可能。为减轻 PEN 线或 N 线断裂所造成的危害，采用 PEN 线重复接地是一个有效方法，重复接地电阻越小，减轻危害程度越显著。

目前只有两极单相断零保护器，三相四极保护器也即将问世。

（7）PE 线的导线截面的选取。PE 线是为了防止电击，应与以下导体连接：①电气设备外露导电部分；②外部可导电部分；③主接地端子；④接地极；⑤电源中性线的接地点。

PE 线的截面可用公式计算，也可直接查表得到，二者不矛盾。查表方便，虽比较保守，但查表得到的数值肯定能满足要求。不论公式计算还是直接查表，都要满足机械强度要求。机械强度要求是，PE 线若不是电缆的芯线，或与相线不在同一保护物内，有机械保护时，最小截面铜为 2.5mm²，铝为 16mm²；无机械保护时，铜为 4mm²，铝为 16mm²。PE 线最小截面见表 2-1。

表2-1 PE线最小截面（与相线材质一致）

相线截面S（mm^2）	PE线截面（mm^2）
$S \leqslant 16$	S
$16 < S \leqslant 35$	16
$S > 35$	$S/2$

旧规范对 PE 线的选择是照抄 IEC 的相关条文，PE 线最小截面有机械保护为 $2.5mm^2$，无机械保护为 $4mm^2$，对材质无要求，这点是不合理的。新规范对不同材质有不同要求，如果用铝质导体，最小截面为 $16mm^2$，看起来合理，但不实用，采用 $2.5mm^2$ 的铜线可解决问题，不必采用 $16mm^2$ 的铝导体。

由上述一些实例来看，国家规范的制定，应参考 IEC 有关条文，不必照抄。另外，像中国这样一个科技力量并不弱的大国，在国际电工委员会没有话语权，在有关电工条文规定及解释上，为外国专家马首是瞻，也是很遗憾的事情。当然照搬 IEC 规定也有好处，那就是涉外工程项目电气要求多以 IEC 条文为准。

在 GB 7251.1《低压成套开关设备和控制设备》中，PE 线的最小截面规定却让人耳目一新，没有给 IEC 条文背书，此规范规定 PE 线最小截面见表 2-2，按此表选择 PE 截面更经济合理。如果 PE 线截面的按表 2-1 选择，对变电站的 PE 干线，表中数据过于保守，变电站中 PE 干线设计人员往往不经计算，采用相线截面的一半，此值偏大了，若按热稳定计算，PE 干线往往不到相线截面的1/3也能满足热稳定要求。

表2-2 PE线的最小截面

相线截面S（mm^2）	PE 线截面（mm^2）
$S \leqslant 16$	S
$16 < S \leqslant 35$	16
$35 < S \leqslant 400$	$S/2$
$400 < S \leqslant 800$	200
$S > 800$	$S/4$

虽然此规定是指开关柜内的 PE 线，但开关柜内的线路也是整条回路的一部分，不过表2-2 更接近实际，电流越大，越靠近电源端，PE 线的截面根本不必采用相线截面的一半，而变电站开关柜是靠近电源侧的。

采用公式计算，主要考虑短路时保护导体的短时耐受电流是否符合要求（旧的提法是热稳定），短时耐受电流的校验，按照 GB 50054—2011 的规定，其计算式为

$$S \geqslant I \frac{\sqrt{t}}{K} \tag{2-3}$$

式中　S——截面，mm^2；

　　　I——通过 PE 的稳态短路电流，A；

　　　t——保护电器动作时间，s；

　　　K——由 PE 线的材质、绝缘及初始温度决定的系数，如果是裸铜导体，K 为 228，如

果是绝缘线或电缆的一根截面积不大于 30mm² 的铜芯线，绝缘耐温等级为 Y 级，*K* 为 143（*K* 的其他值见 GB 50054—2011 中的附录 D）。

此式适用在短路时间不超过 5s 的情况下，在此时间内，短路造成的热量还未向周围散发，是绝热过程。

但按照 GB 3906—2006《3.6kV ~ 40.5kV 交流金属封闭开关设备和控制设备》附录 D 的要求，当短路持续时间为 0.2 ~ 5s 的裸导体截面计算按照下式：

$$S = (I/a) \times \sqrt{(t/\Delta\theta)} \tag{2-4}$$

式中　*I*——为短路电流有效值，A；

　　a——系数，铜导体为 13，铝导体为 8.5，铁为 4.5；

　　t——电流通过时间，s；

　　Δ*θ*——温升，对裸导体为 180K，如果时间在 2 ~ 5s，Δ*θ* 可增加到 215K；

　　S——导体截面，mm²。

式（2-3）是低压规范保护导体的选择，式（2-4）是有关中压柜的规范前者计算比较实用，应用得比较普遍。发热只与电流大小有关，与电压无关，可以一并考虑。

（8）TN-C 系统不能用在易燃易爆场所。在 TN-C 系统中，由于 PEN 线既作 N 线又作 PE 线，正常工作时，如果三相负荷不平衡，PEN 线有不平衡电流，由于 PEN 线兼有 PE 线作用，很难避免不与建筑物金属构件、设备的接地金属外壳、各种金属管道相接触，这样 PEN 线中的电流通过上述器件进行分流，如果在分流的途径上有接触不良处，会产生电火花，引起易燃易爆物燃烧或爆炸，通过上述途径分流的电流称为杂散电流，它产生的磁场称为杂散磁场，它对微电子器件产生干扰。鉴于上述原因，TN-C 系统不用于易燃易爆场所，其他场所目前基本上很少采用 TN-C 系统。

各种接地系统针对各种不同情况，不同的接地系统必须采用相应的保护措施，因此，不存在推荐哪种系统，淘汰哪种系统的问题。

5. 变压器低压中性点就近接地及多台变压器的一点接地

国家的有关规范要求变压器低压中性点要就近接地，但在国际电工委员会（IEC）的有关规定中，不提倡变压器要就近接地，而是强调多台变压器的中性点要实现一点接地。

如果变压器低压中性点就近接地，必然要与变压器外壳的保护接地共用接地系统，变压器外壳保护接地如果远离变压器，保护接地效果不佳；另外，变压器的基础不会与大地绝缘，这样，变压器壳体已经与大地接触了，如果变压器低压中性点也就近接地，这样这两种接地就很难分开或各自独立了，也就是形成共用接地系统。共用接地系统的不良后果有：

（1）如果变压器高压侧是有效接地系统，其接地电流一般可达数百安，国家规范要求接地极上的压降不大于 2000V（一些人对此数值有争论，认为应为 1200V 合适），当外壳的保护接地与低压侧中性点的接地共用接地系统后，这样此电压会通过变压器中性点引出的保护线传至电气设备的金属外壳，造成安全隐患，为保证安全，一是要在低压侧实现等电位联结，二是高压测接地故障要在规定时间内切除。但当变压器低压中性点的接地不是就近接地，而是与变压器外壳接地极相距 20m 以上，高压侧接地故障对低压侧安全的影响基本消除。

（2）合用接地极对低压绝缘也有影响，若接地极上电压达到 2000V，如果低压为 220/380V 系统，变电站低压电气设备的相对地工频应力电压为 2000V + 220V，低压电气设备

（含电涌保护器）必须满足此应力电压要求，这对 SPD 提出更高要求。

话说回来，要使高压接地保护接地装置与变压器低压中性点接地装置分开是不容易的，只有牺牲变压器金属外壳的低压接地保护才行，因为金属外壳有可能发生高压侧接地故障，也可能发生低压接地故障，如果变压器金属外壳与低压侧 PE 线相连，出现高压接地与低压接地共用接地极了。如果外壳不进行低压接地保护，中性点的接地才能够与高压接地分开。

（3）如果有多台变压器相互靠得很近，中性点接地都采用就近接地方式，这样会形成中性点多点接地系统。例如，两台配电变压器处于同一配电室，低压侧设有母联开关，两台变压器的低压中性点如果就近接地，任一台变压器中性线电流都有可能借助另一台变压器的 N 线与 PE 线环流，形成杂散电流，产生杂散磁场干扰。如果两台变压器低压侧总开关带有剩余电流保护，会造成误动或拒动，具体分析在下文中详述。

总之，变压器中性点如果就近接地，就会形成与变压器外壳高压保护接地合用，这样会出现很多弊端，因此，不应强调变压器低压中性点要就近接地，而应当强调多台变压器低压侧中性点要一点接地。

6. 电源为 TN 系统时，建筑物内配电必然为 TN-S 系统问题

GB 50057—2010《建筑物防雷设计规范》第 6.1.2 条规定，当电源采用 TN 系统时，从建筑物总配电盘起，供给本建筑物内的配电线路，必须采用 TN-S 系统，这是一条强制条文。规定此条的解释是，如果不采用 TN-S 系统，N 线中的部分电流可能经过与 PEN 有接触的外界可导电部分流回电源中性点，此电流称为杂散电流，形成的杂散磁场干扰电子设备，或在接触不良处产生火花放电，引燃火灾或易爆物爆炸。由于在同一建筑物内，建筑物的钢筋、金属构件及其他金属管道很难做到不与电源的接地系统相连，这样很难做到 N 线电流不通过上述金属分流。

上述的解释也包含了另一问题，那就是在同一建筑物内，不能实现 TN-C-S 系统，或局部 TN-C-S 系统。但在建筑物内采用局部 TN-C-S 系统是能够实现的，在建筑物内某一局部场所，采用 TN-C-S 系统，也可以做到 N 线电流不分流，例如，向建筑物某局部场所供电，如果采用 TN-C-S 系统，供电干线的 PEN 干线采用绝缘线路，如四芯电缆的一根芯线，或四极母线槽的一极，保证 PEN 干线不向外分流。PEN 干线在 TN 系统电源侧总配电盘与电源中性点相连，末端与配电柜或配电箱中的 PE 母线相连（PE 母线与配电柜或配电箱内的 N 母线相连，也就是说，PEN 干线在配电柜或配电箱内分成 PE 母线与 N 母线，）从配电箱或配电柜引出三相线，一根 N 线，一根 PE 线，形成局部 TN-C-S 供电系统。为了防止正常运行时 N 线电流分流造成不良后果，此区域配电的总配电柜外壳与大地绝缘，而且 PEN 线不得进行重复接地。各电气设备的 N 线电流通过本身的 N 线汇流到本区域的配电柜或配电箱 N 母线，再由绝缘的 PEN 干线回流至电源中性点。各电气设备的金属外壳不必与接地系统绝缘，因为电气设备发生接地故障，通过本身的 PE 专线，经过配电柜或配电盘经 PEN 干线流回电源中性点。所谓分流，是指正常情况下通过外界金属物体分流 N 线电流，当发生单接地故障后，短路电流要经过与设备金属外壳接触的外界可导电部分分流，并不影响 TN-C-S 系统构成。

由上述分析可以看出，规范条文中强调的"从建筑物总配电盘起，供给本建筑物的配电线路，必须采用 TN-S 系统"可改为"在建筑物内任何末端配电场所应采用 TN-S 系统"，这里的 TN-S 系统，包含 TN-C-S 系统中的局部 TN-S 系统。之所以强调这一点，是因为在设计实践中常遇到这些情况，为达到 TN-C-S 系统，采用四芯电缆或四极母线槽是常见方式。

第三节　TT 系统与 IT 系统

低压系统中电源的中性点接地与电气设备的保护接地各自独立，称为 TT 系统，如果电源中性点不是有效接地或不接地，而电气设备实现保护接地，称为 IT 系统。

1. TT 系统

（1）TT 系统应用的局限性。TT 系统在现实中应用的比较少，主要原因是保护开关要用剩余电流保护装置，此种装置要比普通的断路器贵得多，虽然省去了一根 PE 线，但综合造价要高得多，如果不采用剩余电流保护装置，在发生接地故障时，要保证人员的安全，接触电压应足够低，接地电阻也要相应低，这样在接地装置上的投资是巨大的。

有人认为在剩余电流保护器诞生前，在居民区大量采用 TT 系统也可行。但有一点可以肯定的是，没有剩余电流保护器会大大限制 TT 系统的使用范围，主要原因是接地电流要流经两个接地系统，回路阻抗大，接地电流很小，与 TN 系统不能同日而语。接地电流小，保护开关的额定动作电流更小，这样电气设备的容量就不会大了。例如，变压器中性点接地电阻为 4Ω，电动机接地电阻也为 4Ω，电动机接地电流为 $220/(4+4) = 27.5$（A），如果电动机采用熔断器保护，且在 5s 内切除接地故障，熔断器熔体的额定电流为 5.5A，它应为电动机额定电流的 2.5 倍，这样电动机额定电流为 $5.5/2.5 = 2.2$A，电动机的功率不超过 1.1kW了。如果要扩大电气设备的容量，必须增大接地故障电流，为此要减少电气设备及变压器中性点的接地电阻，从而增加了投资。如果采用剩余电流保护器，电气设备的容量则不受限制。

目前经常看到的是 TN 系统中采用局部 TT 系统，例如，TN 系统的配电柜的某一个回路向厂区路灯供电，保护控制开关为具有剩余电流保护功能的塑壳断路器，本回路不再配出专用 PE 线，从而节约线路投资，路灯的接地采用埋入地中的路灯金属杆及其基础，此方案简单、安全、方便且投资省。还有例子，从 TN 系统的低压配电室架空一回路向某一民用建筑物供电，该建筑物的供电可采用局部 TT 系统，采用架空四线制，建筑物内电气设备作接地保护，其控制保护开关选用具有剩余电流保护功能的断路器。当然，也可采用局部 TN-C-S 系统，也就是进入建筑物前 PEN 线作重复接地后，再分成 PE 线与 N 线，电气设备的金属外壳与 PE 线相接。

（2）TT 系统的接地故障保护。前文已经谈到由于接地故障电流很小，保护电器的额定电流也很小，不论采用断路器还是熔断器作保护电器都感力不从心，一般要用剩余电流保护电器。按照 GB 50054—2011《低压配电设计规范》的要求，TT 系统配电线路接地故障保护动作特性应符合下式要求：

$$R_A \times I_D \leqslant 50 \quad (\text{V}) \tag{2-5}$$

式中　R_A——外露可导电部分接地电阻与 PE 线电阻之和，Ω；

　　　I_D——保证保护电器切断故障回路的动作电流，A。

对式（2-5）的理解，曾引起过很大的争论，有人认为发生接地故障时，电气设备的金属外壳上对地电压不是 50V，例如设备的剩余电流保护器的动作电流为 100mA，设备的接地电阻为 100Ω，电源中性点接地电阻为 4Ω，接地电流为 $220/(100+4) = 2.12$（A），即

2120mA，动作的灵敏度足够高了，发生接地故障时，电气设备的金属外壳上对地最大电压可达 $2.12 \times 100 = 212$（V），而不是50V，与式（2-5）不符合。

实际上，式（2-5）没有问题，是理解的偏差造成的，式（2-5）的含义是，发生接地故障，只要外壳对地电压一旦达到50V，保护装置一定要动作。由该公式可确定接地电阻的最大值，例如剩余电流保护器保证切断故障回路的动作电流为100mA（请注意，保证动作电流不等于额定动作电流，它已包含所需的可靠系数与灵敏系数）即0.1A，接地电阻及接地线之和不得超过 $50/0.1 = 500$（Ω）。

既然故障电压可能大大超过50V，要保证人身安全，这要靠在规定时间内切除故障，不大于50V无时间要求，是稳态的，可长期带有此电压，大于50V后是动态的，故障存在的时间是有要求的，根据电气设备性质及线路情况，切除接地故障的时间不应大于0.2s或5s。对固定设备，IEC的规定，故障持续时间可达5s。

2. IT 系统

IT 系统在一般工业及民用建筑中应用比较少，它的特点是，由于中性点不接地，当发生一相接地故障后，低压三相平衡没有被破坏，接地电流为低压对地电容电流，非常小，系统可以继续运行，由于接地电流非常小，因此预期接触电压很低，在安全电压范围内，也不会电击伤人，因此，此接地系统常用于因单相接地故障造成供电中断，产生大的损失或对人员安全要求比较严的场所，例如，有爆炸危险的矿井内，因电源中性点不接地，发生单相接地故障时接地电流只是线路的对地电容电流及泄漏电流，如果系统范围不大，而且绝缘又好，接地故障电流很小，发生接地故障设备金属外壳对地电压也小，不会产生电弧或电火花，不会引燃爆炸或燃烧。在供电可靠性要求高，而且又对安全性高的场所，也要采用 IT 系统。在 GB/T 16896.1—2005《高电压冲击测量仪器和软件　第1部分：对仪器的要求》中，在医疗领域2类医疗场所、手术室等维持生命的场所要采用 IT 低压系统。

IT 系统要配以绝缘监测装置，当发生第一次绝缘故障后，可以继续工作，但要立即进行接地故障报警，以便在系统不停电的情况下进行故障的排除，否则，若再发生异相接地，形成相间短路故障，破坏了供电可靠的性。

IT 系统中性点所配的绝缘监测装置与绝缘电阻表是不同的，绝缘监测装置是固定接入的仪表，时时进行检测中性点对地绝缘电阻值，当绝缘电阻下降到一定值时，绝缘检测装置要发出报警信号，而绝缘电阻表是便携式仪表，无报警功能。中性点绝缘监测装置在不同的应用场合，要求不同的绝缘电阻，例如在医疗场所设立的绝缘检测仪，要求内阻不低于100kΩ，测试电压不大于直流25V，注入峰值电流不大于1mA，在绝缘电阻降至50kΩ时要报警，不过到目前为止，尚没有设计人员给出报警整定值。

在医疗系统采用 IT 系统，不但变压器中性点不接地，而且变压器要采用隔离变压器，要求加强绝缘或双绝缘，变压器一次与二次绕组间有屏蔽隔离层，二次侧要与其他系统隔离，容量一般不超过10kVA。

在 TN 系统中，也有时进行局部 IT 系统的处理，如上文所讲，在医院的 ICU 重症监护室及手术室，要求安全条件很高，可用 IT 系统供电。IT 系统的配电变压器的电源由 TN 系统供给，该变压器的二次侧中性点一定不能接地，此系统配备专用的绝缘监测及报警装置。

对于高层建筑的自备柴油发电机供电，作为消防电源或应急电源，如果发电机采用 IT 系统，则会提高供电的可靠性。不论是一般负荷还是应急负荷，只要市电供电正常，还是首选市电供电，一旦市电消失，自备发电机起动，转为自备发电机供电。如果市电供电系统为 TN 系统，市电切换开关应为四极的，也就是切换时先断开 N 干线，否则自备发电机投入后，通过 N 干线与变压器接地系统相连，这样，发电机供电不是 IT 系统而是 TN 系统了，IT 系统的供电可靠性高的优点也荡然无存。

IT 系统不宜配出 N 线，因为一旦 N 线绝缘失效，就不是 IT 系统了，而且 N 线绝缘损坏又不易被发现，不但 IT 系统的优越性不再存在，原有的保护措施也与之不匹配。如果配出 N 线，应对 N 线的绝缘经常检查，而且应在 N 线上检测过电流，以断开回路中所有的导线。

IT 系统线路保护要求是，当发生第一次接地故障时，其故障电流应符合

$$R_A \times I_D \leqslant 50V \tag{2-6}$$

式中　R_A——外露可导电部分的接地电阻与 PE 线电阻之和，Ω；

I_D——第一次接地故障电流，A。

式（2-6）表面看起来与 TT 系统保护要求完全一样，都是接地故障时外壳电压不得大于 50V，但本质是不一样的，TT 系统是指外壳倘若一旦呈现 50V 及以上对地电压，保护装置一定动作，由此可决定接地动作电流的最小值或接地电阻的最大值，但发生单相接地故障时外壳电压并不一定是 50V，一般要远远超过 50V，有时接近相电压，但必须在规定时间内切除故障回路。而在 IT 系统中，式（2-6）含义是，发生单相接地故障时，外壳对地电压不应超过 50V，电气设备可以继续工作。在此期间，要保证人身安全，要靠外壳电压不超过 50V 来保证了，可长期带接地故障运行，但必须要有接地故障报警功能。

第四节　接地线的截面选择

由上文对 PE 线的定义，接地线在有些情况下是 PE 线，也可以说它是 PE 线的特例，但它与普通的 PE 线又有区别，因为它与接地极相连，它是接地装置的组成部分，如果接地装置是功能性接地装置，它的接地线就不是保护线了。接地极阻抗较大，因此通过接地线的电流一般不大（但在中高压系统应另当别论了，在高压中性点直接接地系统，通过接地极及接地线的电流达数千安，在中压中性点直接接地系统，通过接地装置及接地线的电流也达数百安），另外，它又常与大地接触，大地对它容易产生锈蚀，因此，还要考虑应对锈蚀的最小截面，由此可见它与 PE 线或 PEN 线是有区别的。在大电流接地系统中，要用式（2-3）进行校验，当然这也是对所有 PE 线的通用要求。

（1）接地线常用截面。常用截面见表 2-3。

表2-3　　　　　　　　　　　　接地线常用截面

防护方式	有机械保护	无机械保护
有防腐	按热稳定及最小截面要求选取	铜16mm^2，钢16mm^2
无防腐	铜25mm^2，钢50mm^2	

（2）接地极及连接接地极的接地线的最小截面。对于中压不接地系统或不与大电流接地系统共接地极的低压系统，接地电流很小，热稳定一般是不成问题的，钢接地极及接地线的最小规格，根据 GB 50303—2002《建筑电气工程施工质量验收规范》的要求，见表 2-4。

表2-4　　　　　　　　　　　　　　钢接地极及接地线的最小规格

种类、规格及环境	地 上		地 下	
	室内	室外	交流	直流
圆钢直径（mm）	6	8	10	12
扁钢截面（mm²）	60	100	100	100
扁钢厚度（mm）	3	4	4	6
角钢厚度（mm）	2	2.5	4	6
钢管壁厚（mm）	2.5	2.5	3.5	4.5

（3）对于电缆头接地线及电缆线槽、桥架及钢管的跨接线又有不同的要求，见表2-5。

表2-5　　　　　接地线及电缆线槽、桥架及钢管的跨接线的电缆头要求

名　称	截面积（mm²）	备　注
相线120 mm²及以下电缆头	16	铜绞线或编织线
相线150 mm²及以上电缆头	25	
非镀锌桥架跨接线	4	铜线
镀锌钢管跨接线	4	铜软线
金属线槽跨接线	4	铜软线
母线槽跨接线	16~25（习惯做法）	铝合金母线槽不用跨接线

建筑物内做等电位联结时，线路最小截面为：干线铜为16mm²，钢为50mm²；支线铜为6mm²，钢为16mm²。

（4）跨接线截面的规定缺少理论根据。跨接线是为了保证金属线槽、桥架、套管的接头处接触可靠，防止接头松动或接触电阻过大而设立。上述的金属线槽、套管、桥架的接地有两种含义，一是它作为电气设备的外界可导电部分，其本身应接地；另一方面它又可作为保护导体，即 PE 线或 PE 线的一部分之用。

如果为增强可靠性，不要求跨接线的导电能力，只要保证机械强度即可，那么跨接线为4mm²即可，例如它们的接地故障保护采用剩余电流保护器，保护动作电流小，而且接地故障电流也不大，或在 TT 系统中，跨接线截面要求不高。另一种情况是为了等电位联结的需要，也不要求过大的跨接线截面，但作为 PE 线用，而且接地故障保护是采用过电流保护兼做接地故障保护，这样要求这些外界可导电部分应具有一定的导电性能，这样跨接线一律为4mm²就不一定合理了。不论镀锌线槽或镀锌电缆桥架，在接头处，一般连接螺栓12只之多，不必采用跨接线，如果不镀锌，而是喷塑处理，接头螺栓采用爪型垫圈，增加连接的可靠程度，也不必采用跨接线。

（5）钢质外壳的四线式母线槽的接地故障保护。前文已分析，四线式母线槽，第四根线是 PEN 线或是 N 线，如果是 PEN 线，不能带有插接口，这是因为 PEN 线不能接入开关的极，母线槽只能作为 TN-C 系统的传输线路而已，为了不引起杂散电流，不过要保证 PEN 线与外壳绝缘，但母线槽金属壳体本身也应进行接地保护，也就是金属外壳要与 PEN 线连接，

这样 PEN 线又无法与壳体绝缘,为此,建议对母线槽金属外壳在上述情况下实现一点接地。由于母线槽钢制外壳阻抗大,即使母线槽外壳的跨接线为 16mm² 的铜线,长度大、额定电流大的母线槽钢制外壳阻抗过大,导电能力不可能达到相导体的一半,发生碰壳短路时,短路电流不能使母线槽过电流保护动作,曾遇到过这样一件母线槽碰壳接地短路事故,开始过流保护器不动作,直至事故扩大成相间短路后,强大的短路电流才使过电流保护动作。由此可见,母线槽的钢制外壳本身的接地故障保护应引起注意,这是不能靠增加跨接线的截面所能解决的,建议采用零序保护,整定电流要大于 PEN 线正常运行时的可能出现的最大电流。如果采用剩余电流保护,PEN 线不能穿过磁回路。

如果母线槽的外壳为铝合金材质,作为 PE 干线截面是绰绰有余的,四线式母线槽可形成 TN-S 系统,这时母线槽内有三根相线,一根 N 线,不必另配一根专用 PE 干线。由于在建筑物内变压器中性点的接地与设备的保护接地很难相互独立,因此不可能是 TT 系统。

在现实工程中,往往见到铝合金母线槽内部有五根铜排,三根为相线,一根为 N 线,一根为 PE 线,没充分利用铝合金外壳。

(6)变压器中性点接地线的选择。在设计院的电气施工设计图中,变压器低压侧的相线、PE 干线、N 干线的规格都可查到,唯独没有中性点接地线的规格要求,也就是变压器中性点至接地极的导体型号规格没有标出,施工时,全凭施工人员的经验决定,这种做法是不对的,应当由设计人员在图上标明。变压器中性点接地线又与变压器外壳接地端子相连,这样变压器中性点的接地既是工作接地,又是保护接地。此时的保护接地又分两层含义,一是高压侧的保护接地,二是低压侧的保护接地。有人认为,当高压侧为中性点不接地系统时,变压器外壳发生高压接地故障时,接地电流及接地电压很小,如 10kV 系统,接地电流不大于 30A(目前一般要求不大于 10A),35kV 系统接地电流要求不大于 10A,因此,中性点的接地线截面可以要求很低,只要满足其机械强度即可。上述想法是不对的,中压中性点不接地系统,发生单相接地故障时可继续运行 2h,如果在这期间又发生单相异相接地,形成相间接地短路,通过接地线的电流应按三相短路电流的 0.87 倍考虑。低压侧相线与变压器外壳发生接地故障,单相短路电流有可能接近相间短路电流,短路电流要动作高压侧保护开关,高压保护开关即使瞬时动作,但也有一个固有动作时间,因此必须考虑中性点接地线的热稳定要求,在这种情况下,既不能按相线截面的 1/2 选择,否则浪费金属材料,也不能按防腐要求选择,否则截面太小。根据经验及计算,按变压器高压侧真空断路器动作时间 60ms 计算,变压器低压中性点接地线截面积选择见表 2-6(一律为铜导体)。

表2-6 变压器低压中性点接地线截面积选择

变压器容量 (kVA)	400	500	630	800	1000	1250	1600	2000	2500
0.4kV侧额定电流(A)	577	721	909	1154	1443	1804	2309	2886	3670
相线截面积(mm²)	40×5	50×6	60×6	80×6	100×8	120×8	120×10	2(100×10)	2(120×10)
中性点至接地极的接地线截面积(mm²)	35	50	70	95	30×5	30×5	40×4	40×5	40×5

由于正常情况下中性点不接地的中压系统发生异相短路电流小于低压单相短路电流，按低压单相短路电流选择中性点的接地线截面即可。

第五节　变压器中性点偏移问题

在电气设计及电气维修中，经常遇到有些人拿变压器中性点偏移说事，但对问题的分析往往不够确切，要分辨是电源中性点还是负载侧的中性点，另外，还要分清是电源的实际中性点对电源的理想中性点的偏移，还是电源中性点对大地零点的偏移，或负载侧中性点对电源中性点的偏移。现就上述问题详述如下。

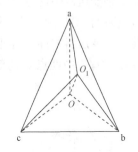

图 2-4　三相负载不对称，电源中性点 O_1 对理想中性点 O 的偏移

1. 变压器中性点对理想中性点的偏移

所谓变压器理想中性点，是指变压器空载运行时或三相负载完全对称时，电源线电压正三角形的重心，如图 2-4 所示，三相电源的中性点就是线电压三角形的重心 O。

在低压系统中，三相负载不平衡，中性线有电流通过，中性线的电流是三相零序电流矢量和，即每相零序电流的 3 倍，由于变压器有零序阻抗，电源运行时的中性点为 O_1，而非理想中性点 O，零序电流在变压器零序阻抗上有压降

$$U_{OO1} = Z_0 \times I_0 = Z_0 \times I_N/3 \qquad (2-7)$$

式中　U_{OO1}——变压器零序阻抗的压降；

　　　Z_0——变压器的零序阻抗；

　　　I_0——每相的零序电流；

　　　I_N——变压器中性线的电流。

在变压器绕组为 Yyn0 接线时，变压器的零序阻抗很大，曾进行过实测表明，大约为变压器的正序或负序阻抗的 8～10 倍，因此，变压器中性点 O_1 较理想中性点 O 偏移大，运行时变压器的中性点与理想中性点偏移的大小为 O 点与 O_1 点的线段长度。这样，由于电源中性点的偏移，相电压 U_{ao1}、U_{bo1}、U_{co1} 已不相等、不对称了。为使变压器运行时中性点偏移不致过大，Yyn0 绕组的变压器，中性线最大电流不得超过变压器额定电流的 25%，正常运行不应超过 10%，也就是每相零序电流最大不能超过变压器额定电流的 1/12。之所以这样规定，主要限制变压器的中性点对理想中性点偏移不能过大，以及零序磁通不至于过大，不使变压器过于发热，并使三个相电压基本对称，用电设备尽可能地得到理想的电压。

中性线电流不超过相线额定电流的 25%，只是说中性线能承受电流的能力，并不说明允许 Yyn0 接线变压器长期在这样大的中性线电流下运行，否则，这会造成三相电压严重不对称，对单相负荷造成严重影响及变压器发热严重，因此在 GB/T13499—2002《电力变压器应用导则》中，将中性线电流限制到不超过 Yyn0 接线变压器额定电流的 10%，而变压器制造标准可放宽至不超过 15%，否则应采用 Dyn0 接线的变压器。在单相负荷占比重大的情况下，负载严重不平衡的情况可能发生，因此应首选 Dyn0 接线的变压器。

目前配电变压器普遍采用 Dyn0 接法，零序阻抗大大缩小，它与正序或负序阻抗相等，在保证变压器中性点偏移在允许的范围内，中性线的电流可大大增加，最大可接近额定相电

流，在负载严重不对称或谐波电流较大时，选用此种绕组接线的变压器特别有利。

2. 电源中性点对大地零电位的偏移

电源中性点对大地零电位的偏移在下列两种情况下发生，一是低压侧一相落地，接地电流通过落地点与变压器中性点的接地电阻流回，在变压器中性点接地电阻上产生压降，此压降就是变压器中性点对大地零点的偏移。如果 a 相落地点电阻为 10Ω，变压器中性点综合接地电阻为 4Ω，变压器中性点对地电为 $220 \times 4/(4 + 10) = 62.86$（V），由于接地阻抗是电阻性的，变压器中性点对地电压 U_{OO_2} 与 a 相电压相位一致，一相接地时电源中性点 O_2（地电位）对理想中性点 O 的偏移如图 2-5 所示。

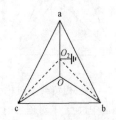

图 2-5 中，接地相为 a 相，a 相对地电压 U_{ao_2} 为

$$220V - 62.86V = 157.14V$$

采用三角函数不难算出，b 相及 c 相对地电压 U_{bo_2} 及 U_{co_2} 为 257V，但各相的相电压及线电压保持不变，电气设备继续运行不受影响。如果变压器中性点接地电阻无穷大，即不接地，形成 IT 系统，此时 a 相对地电压为零，b 相、c 相对地电压为线电压，即 380V。由此可见变压器中性点接地电阻越低，当一相接地后，其他两相对地电压不至于过高，如果变压器中性点接地电阻为零，发生一相接地后，变压器中性点与大地同电位，中性点没发生位移，各相对地电压（非相电压）保持不变。

图 2-5 一相接地时电源中性点 O_2（地电位）对理想中性点 O 的偏移

另一种情况是，变压器的中性点接地与高压侧的保护接地合用接地极，变压器高压侧发生接地故障，接地故障电流在共用接地极上的压降为 U_{OO_3}（O_3 点在图中没有标出），变压器中性点对地电位抬高，但低压系统内各电压间的关系不变，各相对地电压为 $220V + U_{OO_3}$（O_3 及 O_2 为大地的零点，非变压器的中性点，变压器的中性点为 O 及 O_1 点），此电压俗称为应力电压。当然，接地极上的电压 U_{OO_3} 会沿 PE 线传播，对人造成危害，前文已提及，此处不再赘述。

曾几何时，把 250V 定为高低压的分界点，对地电压只要不超过 250V 算是低压系统，如果发生一相落地（非设备的接地故障），其他两相对地电压不超过 250V，变压器中性点 O 对地电压偏移 U_{OO_2} 不难算出为 51.86V，假如落地电阻为 15Ω，变压器中性点接地装置的接地电阻不应大于 4.62Ω，此数值已接近规范要求的不大于 4Ω 的要求了，如果考虑重复接地作用及设备本身与大地的自然接地的作用，系统总接地电阻接近 4Ω。

3. 系统内负载的中性点的偏移及谐波对中性线的影响

所谓负载侧中性点的偏移是指负载中性点对电源中性点而言，偏移的大小取决三相负载不对称程度及 N 线或 PEN 线中电流大小及阻抗大小。

（1）负载中性点对电源中性点的偏移问题。低压系统中带有大量单相负荷，如果每相所带单相负荷不等，造成三相负荷不平衡，中线就有不平衡多电流，不平衡电流在中性线的压降，就是负载中性点对变压器中性点的偏移。如果不形成偏移，一是保持负载的绝对平衡，此时 N 线无电流通过，二是 N 线或 PEN 线的阻抗为零。如果不平衡电流大且中性线阻抗大，偏移就大，各单相负载实际承受的电压不平衡严重。如果中性线阻抗无穷大，也就是中性线断裂，也就是出现所谓断零事故，且三相所带单相负荷严重不平衡，不难算出，负荷容量大的相，负载阻抗低，承受的电压也低，负载不能正常工作；容量小的相，阻抗大，承受的相电压也大，设备容易烧毁。因此 N 线或 PEN 线截面越大，阻抗越小，负载中性点偏移越小，相电压越稳定。由此可见，要保持 N 线或 PEN 线不能断裂，如前文所说，不能出现断零事故。N 线或 PEN 线阻抗越低，保持相电压的稳定性越好，因此在 JGJ 16—2008《民用建筑电气设计规范》及 GB 50054—2011《低压配电设计规范》中规定，当相线截面不大于 16mm^2（铜）或 25mm^2（铝）中性线截面与相线相同，当相线截面大于上述值时，中性线截面也不小于上述值。目前很多电气施工图中，选取的中性线的截面与相线相等，这是因谐波电流大，考虑到载流能力的问题，当然客观上也减小负载中性点的偏移。

对于 PEN 线的断裂，后果比 N 线断裂更严重，不但与中性线断裂可能造成电气设备的损坏后果相同，而且造成人身安全事故，其道理在前文中已谈及。

（2）谐波电流对中性线电流的影响及截面选择。前文提及，负载侧的中性点对三相负载对称时的偏移程度，一是要看负载不对称程度，二要看中性线的压降，为使压降小，要保证中性线有足够的截面，前已提及对中性线截面的最基本要求，具体截面大小还要通过对中性线可能出现的最大电流考虑。在三相四线制低压系统中，如果存在谐波电流，在考核电缆的载流能力时，要考虑谐波的影响，中性线中的谐波电流为零序谐波电流，因此只考虑三次及三的倍数次谐波，三的倍数次谐波值很小，现只考虑三次谐波对电缆载流能力及导体截面选择的影响。

对于工频电流，电缆的载流能力不考虑中性线电流的影响，因为中性线电流的增加是以相线电流的减少为前提的，对于三相平衡系统中三次谐波对电缆载流能力及导体截面选择的影响（降低系数）见表 2-7。

表2-7 四芯或五芯电缆有三次谐波电流时降低系数

相线电流含的三次谐波分量（%）	降 低 系 数	
	按相电流选择截面	按中性线电流选择截面
0~15	1.0	
15~33	0.86	
33~45		0.86
>45		1.0

有人对表 2-7 中的降低系数不解，谐波达到 45% 以上，降低系数为 1，电缆的载流能力反而不降低，这是因为此时中性线的电流为相电流的 $3 \times 45\% = 135\%$ 以上，相线截面又与 N 线相同，也就是电缆为等截面，结果相线载流能力已有富余，三相导体产生的热量减少，抵消了 N 线导体热量的增加，此时电缆的载流能力就不会降低。

【例 2-1】 某一回路计算电流 39A，回路谐波电流含量 40%，这样中性线计算电流为：
$$39 \times 3 \times 40\% = 46.8 \ (A)$$
考虑 40% 的谐波电流，中性线载流能力要乘 0.86 的系数，中性线电流按照以下值：
$$46.8/0.86 = 54.4 \ (A)$$
如果谐波电流达到 50%，中性线电流应按照以下值考虑：
$$39 \times 3 \times 50\% = 58.5 \ (A)$$
这时选择回路电缆采用相线与中性线同截面。由此可见，谐波电流对回路导体截面选择有很大影响。

在上述例子中，如果无谐波，TN-S 系统可选择 $5 \times 6mm^2$ 铜芯电缆，如果谐波达到50%，应选择 $5 \times 16mm^2$ 铜芯电缆了，可见谐波对回路导体截面选择影响巨大。

注1：选择导体截面还要考虑敷设方式、回路压降大小、环境温度、同路径电缆根数等条件。

注2：在考虑谐波影响下，决定电缆或导线截面时，首先要求回路的计算电流及谐波含量，在工程尚处于设计阶段，不能够采用实际测量方法求得谐波含量，设计手册目前尚无此资料，只能够调查投产的类似工程后，对所设计项目谐波含量进行估算。

第六节　变电站多台变压器 N 干线电流分流与环流的防治

变电站 N 干线上的电流，产生所谓分流及环流，是指多台变压器有母线联络的情况下发生的，一台变压器 N 线电流被分流，在另一台变压器回路中就是环流，它是同一事物的两个方面。

1. 杂散电流及杂散磁场

所谓杂散电流，指正常工作电流中不按设定的路径流动的少量分流，常出现在 N 线或 PEN 线因绝缘不良，造成通过其中的电流向与其接触的外界可导电部分、PE 线或大地分流，此分流俗称杂散电流，杂散电流所形成的磁场称为杂散磁场。有的相线有时因绝缘不良，向大地泄漏电流，此泄漏电流也没按照设定路径流动，也应认是杂散电流，不过习惯称为漏电流，比较科学的称呼应为电流的剩余电流。

杂散电流的危害是，在沿装置外界可导电体流动时，如果流动路径上有接触不良处，容易出现火花，诱发火灾或爆炸危险，因此，杂散电流沿燃气管道流动是应严防的。由于 PEN 线常有绝缘薄弱环节，或对其绝缘不够重视，敷设时造成绝缘损坏，常出现由 PEN 线引起的杂散电流，因此民用建筑及火灾及爆炸危险场所，不采用 TN-C 系统也就不足为怪了。

为避免由 PEN 引起的杂散电流，其绝缘水平要求与相线一致，但 GB 7251.1《低压成套开关设备和控制设备　第1部分：型式试验和部分型式试验成套设备》规定，在低压开关柜中，PEN 线不需要绝缘。之所以对开关柜网开一面，因为开关柜金属柜体必须与柜中的 PEN 相连，这样就谈不上 PEN 线与柜体绝缘的问题了，但有时有不良影响，如果变压器已在变压器处低压侧中性点直接接地，而开关柜基础及柜体也与接地极相通，这样 PEN 线电流会通过柜子基础及接地系统分流。如果变压器中性点的接地在低压柜实现一点接地，变压器安装处不再接地，就不会出现通过 PEN 干线分流的问题了。

如果变压器低压中性点就近接地，且开关柜也接地，对于低压开关柜中的 PEN 干线来说，等于两点接地了。由于变电站的 PEN 干线截面很大，一般为相线截面的一半，而且低压开关柜距变压器很近，因此通过接地极的分流微乎其微，杂散电流产生的杂散磁场对开关柜上的微电子设备不会产生严重影响。如果变压器的接地极与开关柜的基础在地下由铜排相连，也就是水平接地体是铜排，这样 N 线或 PEN 线的电流被地下接地铜排分流是可观的，不过目前国内的变电站接地系统尚无此种施工安装方式，最大不过为 40×4 的热镀锌扁钢而已。

需要指出的，PEN 线还有一处不能绝缘，那就是在建筑物处的重复接地，中性线的电流在接地处由大地分流，此电流也算是按事先规定的路径流动，不能算是杂散电流，但它与相线之间的确产生大的磁场，不过它是在室外，远离电气设备，对室内仪器影响有限，也不会发生火灾及爆炸危险。

2. 低压开关柜内磁场分析

低压开关柜内回路导体大致是这样布置的，水平主母线布置在开关柜顶部，主干 N 排或 PEN 排要与三根相线靠近且平行敷设，PE 干线一般布置在开关柜底部。对于侧面出线的开关柜，三根分支相线导电排垂直布置在柜子左边，而 N 干线或 PEN 干线垂直布置在柜子右边电缆室内。

（1）水平主母线产生的漏磁场。水平主母线与主干 N 排平行敷设，虽然三根相线与 N 线（或 PEN 线）电流矢量之和为零，它们产生的漏磁场主要是主回路电流产生的磁场没有完全耦合的磁场。当母线电流几千安时，此漏磁场强度很大，固定母线绝缘夹的附件要用不锈钢材，而且不能够形成闭合回路，附近的开关柜隔板、侧板等也要用不锈钢板，否则隔板或紧固件发热严重，可见此漏磁场强度之大。

（2）开关柜分支母线产生的磁场。分支母线回路产生的磁场有两部分，由于相线与 N 线或 PEN 线分别敷设开关柜两侧，两者相距有的为 0.6 ~ 0.8m，不平衡电流在相线与 N 线（或 PEN）之间的回路产生磁场，当负荷严重不平衡时，不平衡电流产生的磁场强度是很可观的。另外，三根分支母线产生的磁场不能够完全耦合，周围也有漏磁场。

目前低压开关柜面板上安装多种智能仪表及电子元件，虽然水平主母线及垂直分支母线产生的漏磁场强度很大，实践证明，尚不会对上述智能仪表或电子元件产生不利影响。由此可见，因多台变压器低压中性点因没实现一点接地，产生的分流形成的磁场强度或 PEN 干线的重复接地，形成的杂散电流及杂散磁场，无法与上述磁场强度相比，在这种情况下，数字显示表、火灾漏电保护器、电动机综合保护器、软起动器、变频器、补偿电容器用的晶闸管投切控制器及断路器的电子脱扣器等电子组件以及相应的通信接口，不会影响它们的正常工作，也不会影响监控计算机的正常运行。

不论杂散磁场还是漏磁场，之所以没影响电子元件的正常工作，主要是上述磁场是工频磁场，远离电子元件数据传输的频带，无线电干扰主要是因频率相同或接近造成的。另外，对电子组件的基本要求中，电磁兼容是一个很重要内容，电子组件应适应开关柜这种杂散磁场及漏磁场的这样的环境中，还要适应谐波电流产生的高频电磁场，这就是说，开关柜上的电子元件，要适应开关柜的电磁环境（元件的彼此的电磁场也不能够影响彼此的正常工作，这是电磁兼容问题）。总之，不必夸大开关柜的杂散磁场的影响，也不必为此进行公式的推导及繁琐的计算，死盯住变电站杂散电流对电子仪表的影响。

有的把漏磁与无线电之间的干扰等同起来，这是错误的，后者之间的干扰是高频通信采用的频道宽度基本一致造成的，与低压配电室的工频杂散电流产生的杂散磁场的电磁干扰不可混淆。

3. 两台变压器设母联开关时中性线电流分流与环流分析

（1）低压总开关及母联开关为三极，变压器引出 PEN 干线。两台变压器互为备用，母线应设母联开关，平时母联开关断开（之所以处于断开状态，是不希望并联运行，因为并联要满足一定条件，另外，并联使整体容量加大，短路电流增大，要求断路器的断流能力加大，而且保护的配合较复杂）。当一台变压器停止供电时，母联开关投入。一台变压器中性线的电流是否借助另一台变压器的 N 线、PE 线及 PEN 线或接地系统形成分流或环流，这要看两台变压器低压出口总开关及母联开关的极数，以及在开关柜处一点接地还是分别在变压器及开关柜处两点接地。如果从变压器的出线端引出 PEN 干线，在低压母联开关柜中两台变压器的 PEN 干线应连接，只要两台变压器在开关柜实现一点接地，各自 PEN 线上电流互不分流，也不会环流，如果两点接地，两台变压器的接地极共用，一台变压器 PEN 线的电流有可能借助另一台变压器的 PEN 线与接地极进行分流，但此电电流小到略而不计，也不会影响开关柜的工作，此时总开关及母联开关均为三极开关。

（2）母联开关为四极开关。如果从变压器出线端子上或总开关电源侧分成 N 干线与 PE 干线，两台变压器的 PE 干线应连接一起，如果母联开关采用四极开关，平时两台变压器的 N 干线被母联开关断开，各自变压器的 N 线电流互不分流也不会环流。如果一台停用，母联开关闭合，两台变压器低压总开关为三极开关，且又是在变压器及开关柜两处接地运行，变压器中性线的电流可通过停用变压器中性线及接地极分流。如果低压总开关及母联开关均为四极，任何时间都不会分流或环流。

4. 变压器低压总开关及母联开关的选择

（1）变压器低压出口总开关极数及保护整定。

1）如果变电站只有一台配电变压器，总开关如果不设剩余电流保护，可选择三极断路器，此断路器具有过电流长延时（过载保护）、短路短延时及短路瞬时跳闸三段保护。之所以选择三极断路器，因为没必要切断中性线，断开三相线，等于也切断了中性线。

2）如果两台变压器互为备用，只要总开关不采用剩余电流保护，出口总开关及母联开关可均为三极开关，这样两台变压器的 N 干线及 PE 干线始终连为一体，虽然正常运行时一台变器的中性线电流会借助另一台变压器的中性线和保护线环流与分流，只要接地装置不是铜导体，形成的杂散磁场不会产生大的不良影响，而且总开关不含剩余电流保护，不存在因环流或分流造成开关的拒动或另一台开关的误动。有人担心，当一台变压器停电检修，由于两台变压器的 N 干线连成一体，一台变压器 N 干线上的电压会传至另一台变压器 N 干线，这种担心不必要的，因为此段 N 干线截面大，距变压器中性点近，不平衡电流产生的压降为 1V 左右，远小于人体安全电压，加上下面的接地系统有均压作用，对人不会造成危害。由于 N 线也是带电体，停电的变压器在严格意义上算不上被隔离，在上述情况下，推荐总开关用三极，因为三极比四极价格便宜 25%，而母联开关采用四级，用于开断 N 平线。

变压器低压总开关所有的断路器保护整定应取消短路瞬时保护，保留过载长延时及短路短延时。因为短路瞬时保护的整定值比短延时整定值要大，变电站发生单相接地故障电流，总开关因瞬动电流整定过大而拒动，曾有两起变电站短路事故，就是因变压器低压总开关拒动而导致高压侧断路器跳闸。如果只保留短路短延时，总开关与分开关短路保护配合靠总开关的短延时保证，这样短延时动保护的整定值可大大缩小，从而提高母线短路的灵敏度。如果保留瞬动脱扣，整定值很大，如上所述，母线短路会拒动，如果整定值较小，馈线开关出口处短路时，会造成馈线开关与变压器出口总开关同时跳闸，失掉了选择性。但要注意，当发生母线相间短路时，短路电流很大，配电柜必须能承受短路持续期间的动热稳定性，一般开关柜短时耐受电流时间达 1s 以上，短延时 0.5s 就可以了，动热稳定是无问题的，还要做到与高压侧的保护配合。如果低压总开关瞬动保护与高压侧保护无选择性，造成越级跳闸，若高压侧是放射式供电，虽不造成危害，但合高压开关会带来麻烦。

（2）变压器低压总开关剩余电流保护的采用。变压器低压总开关的剩余电流保护的别称有很多，如接地保护、漏电保护等，建议统称为剩余电流保护。变压器低压出口总开关是否要求带有剩余电流保护功能呢？在 TN-C 系统，为了弥补末端单相短路灵敏度的不足，应加零序保护，零序电流可用零序电流互感器取得，也可用断路器三相线电流互感器电流矢量和取得。对于 TN-S 系统，馈线单相接地故障由馈线开关的过电流保护切除故障，母线发生接地故障，由于短路电流大，可由总开关的过电流保护切除故障，因此，总开关剩余电流保护的必要性不大，如果加剩余电流保护，其整定值不宜过小。有人建议，剩余电流保护整定值不大于 500mA，理由是 500mA 是电弧产生的临界点，但是因为它检测的剩余电流是整个低压电网的剩余电流保护，为提高接地故障保护的可靠性，整定值可为几安，甚至十几安，至于防止电弧发生问题，可由馈线回路的剩余电流保护器来完成。

1）剩余电流检测方法。对于 TN-S 系统，剩余电流指三根相线与一根 N 线电流的矢量和，它的值的求取，第一可用零序电流互感器穿入上述四根线；第二也可以在断路器内部，由相线与 N 线的共四只电流互感器求矢量和的方法；第三也可以在 PE 干线上安装单个电流互感器，为了检测全部剩余电流，包括流经接地极的剩余电流，互感器应安装在变压器 PE 干线与中性点接地线连接处靠电源中性点侧，这样，不论通过 PE 线或接地线的剩余电流全部包含其中。

这三种方法中，第一种不适合大容量断路器，第二种与第三种经常采用，但第二种方法灵敏度不高，不适合小容量的断路器。第三种方法由断路器生产厂家提供所需电流互感器，有的设计人员或生产厂家把 PE 线装电流互感器动作于断路器的方法称为接地保护，而把前两种保护方法称为剩余电流保护，这种分法不妥，本质都是一样，只是检测方法不同而已。

在 TT 系统，检测零序电流的方法可采用零序电流互感器，它的磁回路穿入三根相线及 N 线，也可在接地线上安装电流互感器，由于接地电流小，不采用断路器内部四只电流互感器求矢量和的方法。有人常把 TT 系统的这种保护称接地保护，其本质还是剩余电流保护的一种而已。

由此可见，接地保护、漏电保护、剩余电流保护都可以统一到剩余电流保护这一大范畴内。所谓剩余电流为不按规定路途的电流；PEN、N 线中的电流不称为剩余电热。

变压器低压总开关剩余保护的整定值，要区分不同的接地系统，对 TN 系统，发生接地故障时剩余电流很大，具有剩余电流保护功能的断路器，剩余电流整定值从几十安到开关的额定电流。零序电流的检测常用断路器自带电流互感器求二次电流矢量和的方法，而对于 TT 系统，因接地电流流经接地极，剩余电流小，剩余电流保护的整定值从几百毫安至几十安，剩余电流的检测常用变压器中性点接地线上加装电流互感器的方法，不应因零序电流的大小不同或检测方法的不同而对保护有不同的称呼。

2）防止分流或环流造成剩余电流保护功能的断路器误动或拒动。在 TN 系统中，断路器剩余电流检测采用内部自带电流互感器求矢量和的方法，断路器采用四极断路器，那么母联开关一定也要四极开关，如果母联开关为三极，一台变压器的 N 线电流或接地故障电流会通过另一台变压器的 N 线与 PE 线分流与环流，如图 2-6 所示。

由图 2-6 可见，两台变压器并联运行时，变压器 T 1 的中性线电流 I_n 通过变压器 T 2 的中性线 N 2 及保护线 PE 2分流，分流电流为 I_{n1}，使断路器 QF 1 及 QF 2 的磁回路电流不平衡，两只断路器均有可能误动作。当变压器 T 1 发生接地故障时，短路电流 I_d 通过变压器 T 2 的中

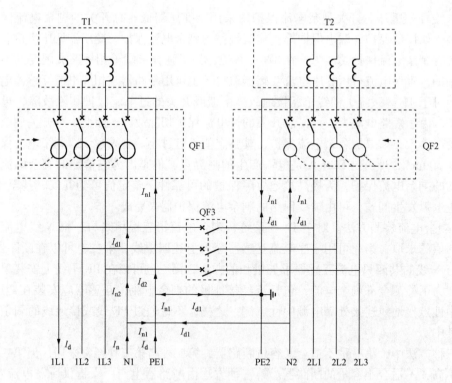

图 2-6　两台变压器的 PE 线及 N 线电流分流与环流

性线及保护线，分流出 I_{d1}，可能使断路器 QF 2 误动作（剩余电流动作），而又使断路器 QF 1 的剩余电流保护因分流造成保护灵敏度降低而拒动。由此可见，并联运行的两台变压器，低压总开关带有剩余电流保护，需要采用四级开关，此时的母联开关一定采用四级的，采用四级的母线联络开关后，切断两台变压器间的环流与分流，不再可能产生上述弊端，而且又可作为两台变压器低压总开关的备用开关。需要指出的一点是，不是所有具有剩余电流保护的断路器一定会因分流或环流造成误动或拒动，如在 TN-S 系统中，接地故障保护的剩余电流保护整定值可接近变压器的额定电流，分流或环流很难达到保护的整定值。但对 TT 系统，保护整定值若只有几安，且两台变压器的接地极是连成一体的，一台变压器中性线的电流有可能通过另一台变压器的中性线及共用接地极分流，由于接地故障保护整定值很小，这样很容易产生误动或拒动。

第七节　等 电 位 联 结

等电位联结是保证电气安全的措施之一。对等电位联结的定义，国家规范 GB 50057、GB 50343、GB 50054 等均有表述，比较通俗的理解是，等电位联结是用导体把电气装置的外露可导电与装置外可导电部分相连，使它们的电位相等，或它们间的电位差为零的这种联结称等电位联结。此处所说的电位相等或电位差为零，不能绝对做到，只能够基本能做到，因为连接导体是有阻抗的。若把大地看作无穷大的导体，电气装置的外露可导电部分及外界可导电部分统统都进行接地，也可看成是等电位联结，不过等电位的效果还要看接地电阻的大小及它们间的距离。等电位联结分为总等电位联结、局部等电位联结及辅助等电位联结。

有人对局部等电位联结与辅助等电位联结不再区分，都是在局部范围内进行的等电位联结，实际上还是有区别的。上述各种等电位联结，本质上可分等电位联结与辅助等电位联结两类。

等电位联结的重要性是不言而喻的，其作用有：

（1）防间接接触的触电危险，含手握及移动式电气设备、不能按时间要求切除接地故障的设备，采用等电位联结后，在人的伸臂范围内接触的导体电位基本一致，避免人身触电危险。

（2）防大气过电压造成的危害，如雷电流造成的危害。

（3）防因电位差造成电气火花而引起的火灾及爆炸危险。

（4）防止金属管道造成的低电位或高电位引入，由外界引入建筑物内的高电位及变压器接地极上的高电位由 PE 线扩散至电气装置外露导电部分带来的危险。

（5）变压器接地极上的电位通过 PE 线或 PEN 线的传播给人或设备带来的危险。因为通过变压器接地极传播的电位，剩余电流保护器或其他的保护开关是无能为力的，此电位高到一定程度，会造成人身安全事故，也可能对靠近的其他金属结构放电，从而诱发火灾或造成可燃性气体、液体的燃烧或爆炸。变压器接地极上的高电位可能因高低压共用接地极，不论变压器高压侧发生接地故障还是低压线路落地，都能够造成接地极高电位。

1. 总等电位联结

（1）总等电位联结的作用及要连接的设备。总等电位联结的作用，一是降低建筑物内导体间的电位差，二是消除或降低通过金属物体由室外引入室内的高电位的危害。

在建筑物中，把下列导电部分连成一体称为总等电位联结：

1）总接地端子或总接地体。

2）建筑物内的金属总水管、总空调管、总气管等。

3）建筑物内金属结构。

4）电源进线回路的 PE 干线及电缆的铠装金属外护层。

5）PE 干线。

对于高压大电流接地系统，发生单相接地时，在接地极上呈现很高电压，产生的接触电压与跨步电压对人身产生危险，采用等电位联结是消除上述危险的方法之一，不过本书谈的是低压系统的问题，低压系统不存在跨步电压危险的问题。

（2）总等电位联结注意事项。

1）等电位联结与接地要求不是一回事，不一定要与接地系统联结，例如 GB 50054—2011 中第 5.2.3 条第 5 款规定，"设置不接地的等电位联结"，由此可见，等电位联结与接地是不同的两个概念。当然，如有条件时，通过接地系统联结可以加强接地的等电位联结的效果，美观且节省材料。由于接地极可能带上电压，因此接地极的引出线应包含在总等电位之内。

2）总等电位联结强调的是金属干管，单纯的几根干管等电位的效果不大，应辅以配套措施，如规定干管与支管连接处要金属导通或接跨接线。

3）总等电位联结的上述导体，不要求实现多点接地，一处可靠接地即可。

4）一台配电变压器供电范围看作一个低压配电系统，在这一系统内，不一定只有一个总等电位联结，例如该变压器向不同的建筑物供电，应在每个建筑物的电源进线处均有一个总等电位联结，当然，总等电位是不宜按建筑物划分，当一个建筑物有几处电源进线，每处电源进线均应有一个总等电位联结，总等电位之间要连通，此种连通不一定采用专有导体，可借助建筑物的金属结构。

5) 对于进出建筑物的金属管道实现总等电位联结，在有的情况下，工程量大，其作用并不大，如果一根金属水干管，远离等电位联结点，按总等电位联结要求，应采用专用金属导体使它与总等电位联结端子箱或母排相连，这花费的代价不小，如果与干管连接的支管是塑料管，这样干管的等电位联结的作用大打折扣。如果建筑物进出金属管道较多，可围绕建筑物一周埋设扁钢，金属管道就近与扁钢焊接，此扁钢作等电位联结。绕建筑物埋一周扁钢综合代价不高，因为它可与建筑物的防雷接地、变电站变压器的接地合用。有人对此提出异议，理由是金属管道的接触情况不易检查，而且扁钢容易被腐蚀，实际上并非如此，用仪表检查导通情况即可，而不是用肉眼观察焊接点是否牢固。如果采用铜排环绕建筑物一周，代价太大，建设方很难接受。

6) GB 50054—2011《低压配电设计规范》在间接接触自动切断电源的防护措施的要求中规定："每个建筑物中的以下可导电部分应作总等电位联结"，可见用切断电源作间接接触保护，还要辅以总等电位联结的措施，因单一切断故障的电器，可能因产品质量问题、切断时间问题、产品老化问题、施工质量及维护管理问题，其可靠性不能使人放心。另外，由室外引入的过电压及大气过电压造成的高电位，保护电器也无能为力。有的国家把总等电位联结作为间接接触保护的基本要求，但对于既向固定式又向移动式、手持式供电的动力配电箱，接地故障保护用自动切断电源辅以局部以辅助等电位联结比总电位联结效果好。

7) 总等电位联结用导体最小截面铜为 $6mm^2$（但不必大于 $25mm^2$），铝为 $16mm^2$，钢为 $50mm^2$。一般按总等电位联结处电源进线 PE 线截面之半选取。当然应保证接地线的机械强度的要求。这是 GB 50054—2011 的要求，与 GB 50303—2002 要求有出入。

2. 局部等电位与辅助等电位联结

在局部范围内的等电位联结称局部等电位联结，通常的做法是，在此局部范围内，接地端子箱的端子与配电箱内的 PE 端子等电位联结。有人会问，辅助等电位联结岂不是也在局部范围内吗？二者到底有何区别呢？辅助等电位是对单个电气设备而言，而局部等电位是对某一范围内的电气设备而言。在"等电位联结安装"中，把局部等电位看成是多个辅助等电位的综合，笔者对此点不予认同，否则就可推导出总等电位联结是多个局部等电位联结综合这一悖论。局部等电位与辅助等电位，不但是面与个体的关系，从连接方式及导体截面要求均不相同。

（1）辅助等电位联结。辅助等电位联结，是对单个电气装置，该装置外露可导电体应与以下导体相连，一是随电源线一起引来的 PE 线，二是附近有可能同时接触到的电气装置外露导电部分，三是附近其他的外界可导电部分。当与附近的外界可导电部分或附近其他电气装置外露可导电部分用导体连接时，不必通过等电位端子箱或等电位端子排，也不通过配电箱的 PE 排，外界导体与外露导体及外露导体与外露导体、外界导体与外界导体可直接连接。

辅助等电位不是附属于总等电位或附属于局部等电位，但在总等电位与局部等电位处，同时实现辅助等电位。

连接导体选择的原则是：

1）与附近外界可导电部分连接的导体截面为该装置 PE 线截面的 1/2。

2）与附近其他电气装置的连线，选取两电气装置 PE 线最小者截面的 1/2。

3）均要符合保护线的最小截面要求，如有机械保护为 2.5mm^2（铜），无机械保护时为 4mm^2（铜），铝质导体为 16mm^2。

实质上这些连线是为传递电位，而非导电能力，主要考验机械强度而非热稳定性，常用钢材居多，基本不用铝线，因此采用钢材应满足接地线最小截面要求。

（2）局部等电位联结。从接地端子箱引出导体与本局部范围内的外界可导电部分相连，如各种金属管道、建筑物的金属构件、避雷引下线等。电气装置外露可导电部分已有随电源线一起进入的 PE 线在动力配电箱内相连，因此从接地端子箱不必另引一导体与电气装置的外露导电部分相接了。之所以另设接地端子箱而不采用配电箱内的 PE 排或端子，主要考虑以后检查等电位连接情况时不必打开配电箱，比较安全。采用的连接导体，按配电箱内的最大 PE 线截面的一半选取，当然，还要满足其机械强度要求。

3. 等电位联结中的其他问题

（1）辅助等电位联结导体截面问题。等电位的连线不是为了载流，而是为了传递电压、均衡电位，当然，在事故情况下，可分流 PE 线的电流，但不是等电位联结的初衷，保证其所需的机械强度是主要考虑的问题，总等电位与局部等电位联结用导体，最大截面铜不大于 25mm^2，但对辅助等电位的连线，无最大截面的限制是不可接受的，也是不够合理的，例如，一台电气设备，向其供电的线路 PE 线的截面为铜 70mm^2，此设备与附近外界可导电部分的等电位连线为 PE 截面的一半，即 35mm^2，尽管辅助等电位连线不必与总等电位连线截面比大小，不像配电网络系统那样，分支干线截面小于干线截面，支线截面小于分支干线截面，但辅助等电位最小截面却大大超过总等电位截面，这是让人无法理解的。

防雷等电位联结是防止雷电灾害的有效措施之一，方法是将室内电气设备的外露金属导体、装置外金属导体、进出建筑物的金属管线、建筑物的钢筋、其他金属构件及一切形式的避雷器的接地装置通过金属导体连成一个整体，这对雷电流造成的残压起均压作用，降低接触电压与跨步电压，防止相互接近的金属导体之间，由于雷电感应造成的电位差而发生放电现象及反击现象。如果地坪内无钢筋，可以在其下面敷设 10m×10m 的网格进行等电位联结。有人解释，考虑到辅助等电位有分流作用，应保证有一定的截面要求，但总等电位联结中，有的情况下，辅助等电位连线的分流电流也不一定比辅助等电位连线小，在 TN 系统中，PE 线要承载短路电流，要保证其动热稳定性，选用相应的截面来适应其短路电流，辅助等电位连线不要求承载短路电流，按 PE 线的 1/2 来取没有根据。至于总等电位连线不大于 25mm^2 的规定，也缺少理论支撑。

（2）防雷等电位联结。对有特殊要求、需要单独接地的电子设备及建筑物外的防雷装置的接地（有的弱电机房直流功能接地、保护接地、交流功能接地及防雷接地等连成一体，做等电位接地，接地电阻取其最小值，布置在高层建筑中的弱电机房，进行独立接地是不可能实现的），尚满足一定间隔距离要求。在建筑物的首层或地下层，防雷等电位联结常与总等电位联结形成一体。

装设非独立接闪器的一类防雷建筑物，按规范要求，垂直距离不大于 12m 的等电位均压环，避雷引下线与此环连接，这样引下线的雷电流压降得到均压，不过在高层建筑中，只要采用建筑物的柱内主钢筋作为引下线，而且此引下线与每层的钢筋相连，建筑物的建筑钢筋都连成一体了，不必刻意再制造一个人工楼层均压环。有人怀疑联结的电气连续性的问题，目前作为垂直引下线的主筋，是全程焊接，电气连续性不成问题，焊接是对一根主筋而言，如果柱子中有多个主筋都作为防雷引下线，而且又有多根柱子的主筋作引下线，钢筋采用绑扎即可，认为已经达到电气上的连续性。在每一层，只要引下线与附近的楼层钢筋焊接，这样整层的钢筋网电气连续性也不成问题，因为钢筋网其他节点虽为绑扎，但绑扎的节点太多了，不会因个别节点接触不良而影响本层的电气连续性，如果不放心，可在浇铸混凝土之前进行实测。

（3）电子信息技术设备（IT设备）的接地及等电位联结。IT设备的接地分工作接地、保护接地及功能性接地，或只分为保护接与功能性接地，把工作接地与功能性接地统称为功能性接地。保护接地又分为有防触电保护接地、防雷接地、设备保护接地等，功能性接地有交流工作接地、直流工作接地、信号的基准点接地等。

保护接地的作用是保护人身安全及设备的安全，因为IT设备也要有强电输入，如采用交流220V电源输入，人身安全与设备的安全保护与普通的电气设备无异。

IT设备是微电子数字处理设备，电子线路要有一个基准点，如果把这基准点连到一个平面上（该平面称为基准面，此基准面可以是接地的，也可以是不接地的），形成悬浮地，不论接地或不接地，统为一个等电位面。

对于向IT设备供电的交流系统，最好采用TN-S系统，而不是采用TN-C或TN-C-S系统，因为后者的PEN线上平时有电流流动，在其上有压降，造成电子设备信号的基准点间有电位差，为此IT设备的信号基准点要集中接地，交流保护与工作接地按照TN-S系统的要求进行。

在IT设备机房，要想把防雷接地与其他接地分开是困难的，尽管接地线可采用绝缘电缆，但接地极要与其他接地极保持在20m以外，这在建筑群中难以实现，因为地下的金属管道纵横交错，很难保持防雷接地与其他接地俨然分开。防雷接地系统与其他接地系统如果相距很近，雷击发生时，容易向附近接地系统或设备发生反击，如果接地极有连接，又使设备带上危险的高电位。为了人身与设备的安全，行之有效的方法是采用等电位联结，设备的金属外壳、设备外露导电体（含建筑物的钢筋）、建筑物其他金属构件及IT设备的基准电位点连成一整体，它们之间无电位差，人员的安全得到保障，也不会发生雷电向设备的反击。所谓IT设备的信号基准接地，采取一点接地，也不是机械地接到一处，只要等电位接地网的网孔间电阻足够小即可。采用上述等电位联结，当然是共用一个接地极了。在完成等电位联结后，有的要求接地电阻采用各接地要求中的最小值（此种要求无理论根据），有的信号频率达几百兆赫，不长的引下线对此信号来说，电抗非常可观。具体要求可按照GB 50174《电子信息系统机房设计规范》及GB 50343《建筑物电子信息系统防雷技术规范》的有关要求进行。

（4）燃气金属管道接地问题。总等电位要求，燃气金属干管要接地，但绝不能作为PE线，因为在单相短路的情况下，PE线要通过电流，容易引起管道爆炸，但燃气金属管道两端接地，或多点接地，短路电流有可能被燃气金属管道分流，为了安全，它只能一点接地，但在建筑物内接地金属构件纵横交错的情况下是做不到的，或采用绝缘管作燃气管道。

（5）等电位联结的连接线安装注意事项。配电线路有上下级的关系，如由干线至支干线，再至分支线，而电气装置的等电位连接线，并无此种关系，不能把总等电位、局部等电位与辅助等电位看成低压配电网一样，由专用的连接干线、分支干线及支线从头到尾连成一体。只要与附近的金属结构连接，而此金属构件已在某处与等电位联结接通即可。实际上，电气装置已与各自的 PE 线相连，在同一系统内，PE 线的网络是互相连通的。众所周知，保护线不得串联几台设备，每台设备必须分别与保护线相连，对于等电位连接线，不受此限制，如一根金属管，一端做了等电位联结，另一端引出一根线可与另一台设备做等电位联结。

对于车间配电，从动力配电箱至各个机床的配电线路，若穿金属保护管，当机床布置较密时，地下的金属保护管达到了地面等电位的要求。

（6）等电位联结的要求。目前要满足等电位联结各种要求还困难重重，主要原因如下：

1）设计人员对等电位联结重要性认识不够。总等电位联结是几根金属建筑物的金属结构连在一起，不一定能达到防触电效果。例如认为一个上万平方米的车间连上相距百米的几根金属干管没有太大的效应，无法检测其防触电效果；车间的机床相距一定的距离，不可能一个人同时接触两台机床，没必要把这些机床做辅助等电位联结。等电位联结固然对间接接触有利，但对直接接触时，即直接接到裸带电体，触电危险性反而加大了，有点顾此失彼。

2）管理体制问题。在施工设计图的深度要求中，并没规定要在图中标出等电位连接线规格、走向、长度及位置，其难度还表现在，周围到底有哪些外界可导电部分，要向其他专业，如工艺专业、暖通专业，上下水专业、结构专业等了解情况，并熟悉他们的图纸。有鉴如此，电气设计人员只得在施工图总说明中把等电位联结的有关要求罗列出来，把规范的有关条文抄过来，做到有言在先，万一出了问题也与己无关了。实际上，这种设计等于没有设计，无法施工、无法做预算、无法招投标。如果规定电气施工图的深度，必须如同配电照明施工图的深度一样，来衡量等电位联结设计图，否则就是不合格的设计，在施工验收中，没做等电位联结的不予验收。这样电气施工图的工作量要加倍，过去的工时定额及各专业间的产值分配全部推倒重来。

3）用户对等电位联结并不感兴趣。有人觉得投入多，无效益，虽然人身安全是第一位的，但不一定涉及人身安全就可以不惜人力、物力的大量投入。

4）设计及施工难度大。例如在 GB 50054—2011《低压配电设计规范》第 5.2.10 条中规定了配电箱或配电回路同时或间接给固定式、手持式和移动式电气设备供电时，应采取等电位联结，PE 线实际与接地网络连成一体，很难计算配电箱至总电位连接点的阻抗。等电位联结的安装与施工，不易分工，与金属管连接要卡接头，有的要焊接，有的要做跨接头，这些工作是要由电工完成还是由水暖工或焊接工来完成，工时定额要求等，都是现实问题。如果局部等电位，在配电箱旁安装接地端子箱，以放射式向配电箱供电的范围内所有的外界可导电部分用 PE 线连接，其工程量与投资无异于再做一次配电，代价可想而知，至于如何敷设更成问题了。

由此可见，等电位联结的贯彻执行环节中困难很大，虽然有等电位施工标准图册可供参考，但要把每一处的局部等电位联结及辅助等电位联结变成施工图，工作量是巨大的。

（7）对等电位联结的作用应合理评价。等电位联结固然重要，但也不必进行夸大，它是防止触电众多手段中的辅助措施之一，投资巨大但收效不大，不必因凡涉及人身安全问题就不惜一切代价，应根据具体情况、具体环境、具体问题、对人伤害的概率大小及为此投入人力物力的大小区别对待，认真分析。电源中性点接地极带了电位，通过 PE 线传到所有带接地保护的设备金属外壳，在此情况下，尽管剩余电流保护不起作用，尽管涉及的范围很广，但这一电压是非常低的，因为中性点接地电阻与相线落地电阻之比非常低，相电压在接地极上的电压也相应很低，如果变压器高压侧为中性点不直接接地系统，高压侧接地电流目前限制在 10A 以内（以前不超过 30A），这样通过低压 PE 线传至设备外壳的对地电压一般不超过 40V，对人是安全的，不排除在接触不良处产生电火花，引起火灾及爆炸的可能，但概率极低，而且要看所在场所是否有易燃易爆物质。如果高压侧为中性点直接接地系统，接地电流很大，可以采取高压侧接地保护与低压中性点接地不共用接地极方式，或高压接地保护瞬时跳闸，这样不会造成危害后果，当然也不排除例外情况。甚至于由于雷电流造成的接触电压与跨步电压的危害，以及雷电流在引下线压降过大造成反击问题，在钢筋密布的建筑物中，不必人为另做所谓均压处理。这一看法会招来很多诉病，但希望引起讨论，列举出具体数据说明，要调查每年因无等电位联结造成人身死亡的数量及等电位联结所需的人力物力成本，尽量不要停留在理论上的推导为好。不过在规范有关这方面的条文未修订前，还是应当以国家规范为准。

等电位联结固然对减少因间接触电造成的人身伤亡事故有好处，但对直接接触的触电事故来说，却增加了人身伤亡的危险，因为等电位联结往往是接地的，与大地的接地电阻非常小，一旦人体与裸带电体接触，而人体另一部分与等电位联结的物体接触，这样电流通过人体流入大地，造成重大伤害。

在电气设计及施工中，很多情况下已经做到等电位联结，只是没有贯以"等电位联结"这一名称罢了。例如，在工厂车间，从动力配电箱至各机床电控箱的线路，采用穿金属管埋地敷设，这些金属管、机床控制箱、机床、动力配电箱等通过大地自然形成等电位联结。在吊车的配电中，也是如此，通过金属管线，把配电箱、金属保护管、吊车、吊车的两侧金属轨道等也连接成等电位联结。在高层建筑中，每层的楼板都是钢筋混凝现浇楼板，整个建筑形成一个法拉第笼，避雷引下线、母线槽、金属保护管、接地系统、空调金属管道、水系统金属管道、建筑的基础等，想要使它们之间绝缘很难，而采用等电位联结很容易实现，但是否采用各种等电位联结箱还值得商榷。

第三章

低压系统无功功率的电容器补偿

第一节 概 述

在电力系统中，无功功率不等于无用功率，但有人错误地认为无功功率是无用的，更有甚者，认为无功功率是有害的。在有些情况下，无功功率不但无害，反而是离不开的，千万不能够把"无功"看作"无用"，系统如果没有无功功率，电力系统无法运行，变压器若没有无功励磁，就无法变压，无法用交流传输功率。电动机若没有无功励磁，就不能旋转；交流发电机如果没有无功功率励磁，将无法发电；如果没有无功功率，中频或高频感应炉就无法运行。总之，电力系统离不开无功功率支撑。

设备所需的无功功率，如果由系统远距离传输过来，在无功传输的途径上，无功电流要在线路电阻上消耗有功功率及产生压降，不论无功电流，还是有功电流，在电阻上的有效消耗及压降是没有区别的。另外，无功功率要占用变压器及发电机的有效容量，由此可见，系统离不开无功功率，无功功率是必要的，但在传输过程中，它又产生负面影响。在需要无功功率的设备附近，安装无功功率发生器，就近供应设备所需要的无功，不但可减轻发电机及变压器容量，而且可减少长距离传输无功功率中带来大的有功损耗。

低压电力系统中，从电气设备总体上来看，负荷是呈感性的，感性负载需要消耗感性无功功率，为了避免所需要的无功功率由电力系统远距离传输，可在需要感性无功功率的设备附近安装能够产生容性无功功率的电容器，满足设备所需要的感性无功。

设备需要感性无功功率，而电容器需要的是容性无功功率，参照相量图很容易理解，容性电流超前电压90°，感性电流滞后电压90°，感性电流与容性电流相位相差180°，相位相反，也就是说，从感性负载流出的无功电流，正好是向电容器流入的电流，因此，此电流能够在电容器与感性负载间环流，此电流对电容器来说是容性电流，但对于感性负载来说，它又是感性电流了。所谓通过元件的感性或容性电流，是流过元件的电流与加于该元件的电压之间的相位关系确定的。如果画出相量图，电容器的电流与电感负载的电流相位相差相反，如果如从电力系统的角度来看问题，当感性电流与容性电流相等，则感性电流与容性电流完全抵消，系统不必输送感性或容性无功功率，只要输送有功功率即可，对系统来说，用户的功率因数为1，也可以换一种理解，即系统的感性电抗与电容器容抗相等，合起来的阻抗只剩下电阻了。

总之，加装电容器后，感性负载不必由系统远道传输所需的无功功率了，或只靠系统输入少部分感性无功功率，远距离传输大的无功功率的负面效应就不存在，由此可以看出，在用户侧安装电容器补偿装置有其重大意义。

低压配电设计中，低压无功功率电容器补偿装置是不可或缺的设备，而低压无功补偿装置中，电容器补偿柜又作为首选的装置，为了使此设备进行合理选择，使制造厂生产出合格的产品，现就低压功率因数补偿电容器柜常见问题作一介绍，如低压电容器柜结构处理、放置位置、加工生产中的注意事项，以及所用元器件的合理配置（如总开关、投切装置、保护装置、导体、电抗器、控制器等），尤其为应对系统的谐波而在电容器回路串联电抗器方面作详细阐述，因为它既能抑制谐波，又能进行无功补偿，还能够对某次高次谐波滤除。电容器回路串入电抗器后，在端电压及补偿容量方面产生变化，应引起特别注意。

另外，由于大容量整流设备的应用，变频调速的推广及非线性负载的增加，为治理上述设备产生的谐波污染，有源滤波器及无源滤波器已普遍采用，这些设备不但有滤波功能，还有无功补偿的作用，它们的作用在"电能质量的治理"一章中详述。

现实中常看到一些电气设计人员所设计的低压配电一次接线系统图，功率因数补偿电容柜所串联电抗器回路上无电抗器任何参数，只画了一个电抗符号，而电气成套厂所标电容柜总补偿容量，只是所装电容器铭牌容量之和。众所周知，实际补偿容量在串入电抗器之后，并不等于电容器额定容量之和。如果不标出电抗器参数，那么电气成套厂肯定会选用低电抗率的电抗器，因为电抗率越低，价格越低，电抗率为4.5%的电抗器几乎比等容量电抗率为12%的便宜一半，电抗率为1%的价格更加低。在图纸参数不注明的情况下，如果电抗器电抗率选择不合理，就不能达到设计人员或用户的初衷。正确选用电容器及串联电抗器，是一个比较复杂的系统工程，不是在系统图上随意画上一个电抗器的符号能够解决的，二者之间不能随意组合，否则适得其反，造成谐波放大，严重时会引起谐振，危及系统及电容器的安全运行。由此可见，分析介绍一下规范未涉及的有关电容器功率因数补偿问题，就很有必要了。

第二节　低压电容器补偿分类

1. 固定式开关柜

目前低压配电柜中，常用型号多为抽出式，而与它并列的电容器柜却采用固定式，采用抽出式电容补偿柜确无必要，原因如下：

（1）抽出式开关柜壳体成本高。抽出式开关柜生产制造麻烦，成本高，采用固定式柜型，柜体简单可靠，通风散热良好。

（2）总开关及分开关没必要采用抽屉式安装。因为总开关常用隔离开关或刀熔开关，它结构简单，平时不常操作，基本上不会出现故障，如果采用抽屉内安装，经过层层的接头、插接头及转接头，反而造成接触不良，故障点增多，这样不但增加了造价，还降低了可靠性，也增加了安装面积。由于电容器柜台数不多，总开关不常操作，基本不会产生故障，因此不必为了维修方便，或互为备用而采用抽屉式或抽出安装。

（3）分开关没必要采用抽屉式安装。不把电容器支路保护元件放置于抽屉内，是因为支路保护多采用熔断器，有的熔断器因无操作把手，无法与抽屉进行机械连锁。如果分支路短路保护不采用熔断器而采用塑壳断路器，这固然可放置于抽屉内，且可通过加长把手与抽屉实现机械连锁（即不先断开断路器，无法抽出抽屉），但为此采用抽屉柜更不现实，因为一台低压补偿电容器柜大多有10个分支回路，若分别用10只抽屉安装保护开关，则没有位置安装电容器了。

（4）电容器没必要放置于抽屉内。把电容器放置抽屉内，不但空间不允许，电容器的散热更成问题了。

低压配电室内所用低压配电柜若一律为抽出柜型，与之并列的是固定式电容器柜，其排列能够一致，水平母线容易安装，容易从母线室贯通。在设计图上，可以与所并列的低压柜统一个型号，即使设计人员对总体尺寸尚不掌握，而电气成套设备厂可根据具体情况给出一个合理的外形尺寸及布置图（柜深与其他开关柜相同，柜宽大部分为1000mm，容量大的柜宽可能达1200mm，为防配电室空间不够，应预先与设计人员沟通）。

由于熔断器、电容器、电抗器是较大发热元件，且寿命受温升影响很大，因此建议柜体防护等级为IP20，且柜顶宜加强迫通风用排气扇。

2. 静止补偿、静态及动态补偿、固定与自动补偿

（1）功率因数的要求。按照规定，用户有专用配电变压器时，低压系统功率因数不应低于0.95，高压侧不应低于0.9。低压侧功率因数高于0.95，却不是接近1更好，因为越接近1，补偿装置的性价比越低，也就是说，功率因数从0.95补偿到1要比功率因数从0.9到0.95要采用更多容量的电容器，从而要花费更多的投资。另外，低压系统功率因数达到1，有可能向系统倒送容性无功电流，抬高系统电压，例如晚上负荷很低时，如果不及时切除过补偿电容器，低压系统电压抬高，容易烧坏电气设备，如白炽灯泡寿命很低与晚上电压过高不无关系，而过高的电压又往往与电容器过补偿脱不了干系。功率因数接近1，也容易引起低压系统谐振，造成谐波放大的弊端。

（2）静止补偿。静止补偿是相对旋转同步调相机而言，是补偿装置的运动概念，采用电容器、电抗器或它们的组合进行无功功率补偿，这些补偿元件静止不动，称为静止补偿，而调相机是转动的，当然不能称其为静止补偿。在低压系统中，常见的静止补偿装置有电容补偿柜、滤波柜（分有源滤波与无源滤波，也有无功补偿功能），在中压领域，静止补偿用的电容器、电抗器或它们的组合，构成的无功功率补偿装置，习惯上统称为SVC装置，由此可见，低压电容补偿柜，无源滤波柜也应属于SVC装置的范畴。有人认为，采用接触器投切不是静止补偿，因为接触器有运动部件，这是对静止无功补偿的曲解，静止还是非静止，是对无功发生器而言，而非指投切元件。

（3）静态补偿与动态补偿。静态补偿与动态补偿的区别，是指电容器投切的时间概念，而非运动概念，如果不随无功或功率因数变化实时投切电容器，甚至还要延时一段时间，确定无功或功率因数稳定在某一设定数值时，再采用机械（如接触器）投入，这样的无功补偿柜称之为静态补偿柜。如果紧紧跟随无功或功率因数的变化，在瞬时（大都在20ms以内）实时投切电容器，可以称为实时补偿，即所谓动态补偿。为达到快速投切的目的，接触器作为投切元件，不论在电气寿命或机械寿命方面，已不能胜任，要采用电力电子元件（如晶闸管）了，这种采用电力电子元件进行实时投切补偿装置，称之为动态补偿。

（4）固定补偿与自动补偿。对于系统无功功率稳定的场所，应采用固定补偿，也就是补偿电容器投入后不必切除，这样电容补偿柜的造价低廉，节省投资。例如，大容量异步电动机采用就地电容器补偿方式，电容器与电动机共用一套控制保护装置，这种补偿为固定补偿，再例如，某企业三班制，每天24h设备都在运行，每时负荷及无功均稳定，无大的冲击负荷，如纺织车间，这样，电容器无功补偿采用不必经常投切的固定补偿，不过这种情况比较少见。如果夜晚负荷少，白天或上班期间负荷大，可采用固定补偿与自动补偿相结合的方式，固定补偿用于补偿变压器本身及夜间照明负荷的无功，其他补偿回路根据负荷的变动投切补偿回路，称之为自动补偿。

自动补偿是根据无功功率的大小或功率因数的高低自动投入电压器，投切所用元件有机械开关元件，如专用接触器，有采用晶闸管或复合开关投切，当然，动态补偿也应当属于自动补偿的范畴，它是自动补偿的特例。

（5）选择低压动态无功补偿的误区。晶闸管投切补偿电容器（TSC 装置）能够随无功负荷的变化在 20ms 内投切电容器，有人认为只要有冲击负荷或变化较快的负荷均需要采用此种补偿装置，还有人认为采用接触器投切是落后设计，是没有紧跟时代要求的方案，其实这是一种误解，如果对一台无功容量特大的冲击负荷（此冲击负荷在总负荷中占有较大比例），专用一台补偿柜进行就地补偿，采用动态补偿是合理的，如果冲击负荷单台容量不大，但台数很多，而且这种负荷比较多且集中，例如焊接车间，安装很多小容量电焊机，从微观上看，每台电焊机都是冲击负荷，但从车间整体上看，也就是从车间宏观上看，从统计概念分析，无功还是平稳的，在此车间安装的集中电容器补偿柜，就没必要采用晶闸管投切的动态补偿。

对于无功负荷比较平稳的场所，采用接触器投切的静态补偿是合理的，为了防止频繁投切接触器，造成接触器的损坏、电容器因反复受大电流冲击及过电压侵害，造成寿命缩短及系统震荡，为此，不但不要求接触器跟随无功变化投切，而且还要人为的延时，延时一般在 0 ~ 150s 内整定，当确定系统功率因数的确低时，再进行投切电容器比较合理。

3. 低压电容器柜安放位置

低压无功电容器补偿，就补偿电容器放置的位置而言，可分集中补偿、分散补偿及就地补偿。就地补偿多对于大型异步机而言，电容器可装于电动机起动控制柜内或在电动机旁另加一台电容补偿柜，或者补偿电容器干脆放在电动机控制柜内，可与电动机共用一套操作保护开关，把它看作电动机的一个附属部分，如前文所说，这是固定补偿，但也是就地补偿。分散补偿多置于二级配电箱或配电柜旁或附近，可与动力配电箱并列。目前常见的几乎全是集中补偿，也就是在变电站低压配电室内，电容补偿柜与低压配电柜并列，至于常说的单补，共补与混补，这是与放置位置无关的补偿方式了。

若按与配电柜的相对位置划分，又有独立安装、附属安装及分离安装。所谓独立安装是与相应配电柜分开安装而言，这种安装已很少见了；附属安装是与相应配电柜或动力配电箱并列；分离安装是开关保护控制设备与电容器、电抗器分开安装，电容器、电抗器可单独放置在与低压柜分离的支架上，有的此支架又安装于单独的电容器室内，这种方式已经淘汰。

分散与就地补偿，补偿效果好，但电容器的利用率不高，如电动机就地补偿，当电动机停止工作时，电容器也随之切除，补偿电容器如果安装于变压器处，只要变电站运行，电容器就能发挥无功补偿功能，补偿功能得到充分发挥。分散或就地补偿还有一个不足之处，那就是总投资增加，而且不便管理。

4. 低压系统的共补、分补、混补及不平衡补偿

（1）共补。所谓共补，是指三相电容器同时投入，三相同时得到无功补偿，只要在某相一次线上接入一只电流互感器，检测一相电流输入控制器即可。由于电容器对三相提供的补偿电流一样，此种补偿适合三相负载基本平衡的场所，在工厂矿山，三相电动机容量很大的情况下，采用此种补偿非常合适。三相共补偿接线简单，采用的电容器内部为三角形接法的三相电容器。当三相负荷严重不平衡时，不应采用此种补偿方法，否则造成有的相过补偿，有的相欠补偿。在民用建筑中，由于单相负荷所占比例大，各相负载不平衡度也大。

（2）分补。所谓分补偿，是采用单相电容器分别对各相补偿，它适合三相电流严重不平衡的情况，这时一次回路要每相安装电流互感器，分别把检测的每相电流输入控制器，根据各相无功功率的大小，投入相应的单相补偿电容器。目前无有单独的低压单相无功补偿电容器，所用电容器还是三相电容器，不过是电容器内部采用带中性线的星形接线而已，此电容器有四只接线端子，分别接入三相线及中性线，此种接线的电容器相线与中性线之间，就是一个单相电容器。这里的三相有中性线引出的星形接线的电容器，额定电压还是指线电压，但标注的方式是$\sqrt{3}$倍的相电压，例如电容器额定电压为 0.23$\sqrt{3}$（kV），以便区别额定电压为 0.4kV 的三相三角形接法的电容器，而此种电容器可用来进行单相补偿。在民用建筑中，由于单相负荷所占比例大，各相负载不平衡度大，常采用分补的方案。

（3）混补。所谓混补，是指既有共补又有分补，此种补偿方法比较合理，三相供电系统中，除非负载全部为三相对称负载，例如三相电动机负荷，三相电流一致。不过大部分既有单相负载，又有三相负载，三相负载不平衡是常态，但严重不平衡也少见，因此，应有三相共补，补偿三相相同的无功，再对各相的不平衡无功分别对待。这样所有电容器，既有三角形接法的，用于共补之用，又有带中性线的星形接法的，用于对各相的分补。

（4）调整系统不平衡电流的补偿。系统中三相电流不平衡，中性线必有大的电流通过，危害很大。为了既能进行无功补偿，又能对系统电流不平衡进行调整，采用单相电容器，通过检测三相电流，经过控制器的计算，控制单相电容器投入方式及数量，达到既能无功补偿，又能调整系统各相电流的目的，这里把单相电容器看做是接于各相间及相与中性线之间的单相容性负载。与分相补偿不同之处是，利用单相电容器跨接相间，可以在相间转移有功电流，达到调节系统不平衡电流。通过相间及相与中性线间接入及投切单相电容器的容量，不但能调节不平衡电流，又能进行单相分补，不过此种方法比较复杂，要牵涉到复杂的负荷计算及相应的控制器，而且投资高，目前多停留在理论层面，实际应用的不多。

5. 中压 TCR 型 SVC 装置的原理在低压系统中的应用

在中压领域，补偿装置主要有 SVC 装置（无功补偿器）与 SVG 装置（无功发生器），而 SVC 有 6 个子类：机械投切电容器（MSC）、机械投切电抗器（MSR）、自饱和电抗器（SR）、晶闸管控制电抗器（TCR）、晶闸管投切电容器（TSC）、晶闸管投切电抗器（TSR）。

SVC 装置主要有晶闸管投切电容器，即 TSC 型 SVC 装置，还有晶闸管控制电抗器，即 TCR 型 SVC 装置。TSC 型 SVC 装置相当于低压系统的晶闸管投切的动态补偿装置。如果在低压领域引入 TCR 型 SVC 装置的原理，它要比中压领域的 TCR 型 SVC 补偿装置可靠得多，原因很简单，由于耐压原因，在中压领域要多只晶闸管串联，这样降低了可靠性及触发导通的同步性，而低压领域无此问题。

晶闸管控制电抗器为何能够进行动态电容器补偿呢？根据计算，求得低压系统需要补偿的最大电容器补偿容量，安装此最大补偿容量的固定补偿电容器柜，然后再并列安装由晶闸管控制的电抗器柜，电抗器最大输出感性无功功率与电容器输出的容性无功功率相等。根据实际补偿需要，调节晶闸管的开启角度，电抗器的输出的感抗容量也相应变化，感抗容量与固定补偿电容器的容性容量的代数和正好等于系统所需的补偿容量，从而达到动态补偿的要求。例如，当系统感性无功达到最大值时，控制电抗器的晶闸管关断，无感性无功输出，固定接入的电容器补偿系统的最大感性无功，如果系统不需要感性无功，也就是系统阻抗为电阻，晶闸管全部开通，输出的感性无功功率与电容器输出的容性无功全部相互抵消，也就补偿电流在电容器与电感器之间环流，即电抗器与电容器同时向系统输出的无功功率合起来为零。不过，只要低压系统投入运行，不可能出现感性无功等于零的情况，这样，电抗器的总功率可以小于电容器的总功率，如一台容量为800kVA配电变压器，要达到功率因数0.95的要求，经计算，要求电容补偿最大容量为300kvar，最小无补偿100kvar，补偿方案如下：

采用固定接入的电容器，总容量为300kvar，配套一台晶闸管控制电抗器柜，电抗器容量为200kvar，当系统需要补偿最大容量时，电抗器柜晶闸管关闭，当系统要求补偿最小容量100kvar时，晶闸管完全导通，当系统要求补偿容量在100～300kvar变动时，晶闸管开启的角度也随之变动，使电抗器输出的感性无功与电容器输出的容性无功之和正好等于系统所要的容性无功功率。要实现上述方案，这要求相应的控制器与之配合，其原理在本书第四章"电能质量治理"中有详细论述。

第三节　低压电容补偿柜主要元器件的选择

按照GB/T 22582—2008《电力电容器　低压功率因数补偿装置》的要求，刀开关、刀熔开关（含断路器）、电容器的投切元件（接触器或晶闸管）及回路导体应按实际电流的1.65倍考虑，其主回路连接导体也不例外，而所装补偿用电容器应在$1.36I_N$条件可靠工作（I_N为电容器额定电流），加上电容器尚允许有+10%的制造误差，在过电压10%情况下继续工作，因此，电容器在$1.36I_N \times 1.1 \approx 1.5I_N$的条件可长时间工作，也就是电容器实际电流达到近1.5倍额定电流都属于正常范围，而不能称为过载。这样一来，电容器柜内开关、投切器、保护器及导体均应按回路额定电流1.65倍考虑，电容器按1.5倍额定电流考虑，上述元件（如导线、投切开关、晶闸管）电流裕度应比电容器大，是因它们热容量较小所致，因此相配套的元件额定电流还要比1.5倍电容器额定电流再宽裕一些，这样选取1.65倍电容器额定电流作为选择上述元件标准就不足为奇了。

1. 总开关的选用

总开关可用隔离开关、刀熔开关或断路器，不要误认为隔离开关不可能带负载操作，所谓"开关"，就表示可带负载接通与开断，不能接通与切除负荷电流的，不能称为开关，只能叫隔离器（要满足隔离功能，还要保证足够的电气间隙，隔离开关根据使用类别及环境条件因素，能接通及切断不同负荷）。

按照1.65倍余量，若柜内装额定容量200kvar、额定电压0.4kV的电容器，在不装电抗器且电容器额定电压与系统电压一致时，电流为288A，刀开关额定电流不应小于288×1.65＝476（A），这样可选用630A刀熔开关或隔离开关，当然也要经受动热稳定校验，但这一般是无问题的。采用隔离开关或刀熔开关作为电容器柜总开关时，可能有人有以下顾虑：

（1）电容器柜内母线无保护问题。有人担心，若用隔离开关作总开关，电容器柜内母线会失去保护，这种担心是多余的。抽屉式开关柜中，所有分开关都直接与分支母线相连，分支母线又直接与水平主母线相连，每台抽屉柜均没有总开关。试想，若低压配电柜为抽出式，低压配电室有10台柜并列，每台柜平均有6个抽屉，每个抽斗装一个开关，从配电室变压器低压总开关后，水平主母线与柜内垂直母线均直接连接，这样总开关后有60个支路与母线相连，任何一个支路保护开关电源端的故障或垂直分支母线故障，就是整个母线故障，这种情况下不担心母线故障危险，为何对电容器柜内母线故障担心呢。当然可用刀熔开关代替隔离开关作电容器柜总开关，用所带熔断器作为柜内小母线的保护，此种方式，目前应用非常广泛。

（2）总开关与柜门连锁问题。不是只有总开关断开才能打开柜门，GB 7251.1《低压成套开关设备和控制设备　第1部分：型式试验和部分型式试验成套设备》规定，开关柜只要有不低于 IP20 防护外壳，且柜门只能用钥匙才能打开，就能满足直接触电的防护要求了。

（3）总开关与分开关连锁问题。要不要柜内分支回路开关与总开关连锁，即只有断开所有分支回路才能断开作为总开关的隔离开关或刀熔开关呢？这也没有必要，因为此处的隔离开关相当平时所说的负荷开关，这点在前文有过解释了，另外，开关已放大余量 1.65 倍，一旦断开此开关，各分支回路接触器也瞬时跳开，加之只有在非常紧急情况下，才在不必断开分支回路情况下拉总开关，这是一般的操作常识。从以上种种条件看，采用隔离开关或刀熔开关，在紧急情况下，即使在不断开分支回路的情况下，拉总开关也不会造成因切不断回路，从而造成电弧光短路危险。

目前电容器分支回路保护元件大都采用熔断器，熔断器也无法与总开关连锁。当然，总开关采用塑壳断路也未尝不可，但造价高些，且散热不够理想，要注意的是采用具有隔离功能的塑壳断路器，塑壳断路器价格高，而且发热严重，由此看来，采用刀熔开关是最佳选择。

2. 保护元器件的选择

（1）分支回路的短路保护。如上所述，总开关采用刀熔开关时，总保护采用熔断器作柜内母线短路保护是无疑的了，又兼分支回路的后备保护。每个电容补偿分支回路，多采用熔断器而不用塑壳开关保护，按照 GB/T 22582—2008 的要求，熔断器容丝电流为负载电流的 2~2.5 倍，以便躲过电容器投入时冲击电流，而且还要考虑电容器在 1.5 倍额定容量下正常工作的需要，这样，熔断器熔丝额定电流为电容器额定电流的 3~3.75 倍。电容器采用熔断器保护，只是对短路而言，对于过载，即使采用全保护范围的 gG 型熔断器也不能胜任。

分支回路短路保护采用通用型全范围 gG 型熔断体，熔断器具体型号有的采用 RT14、RT18、RT19、NT、RTO 等型号，有的采用 RT14、RT18、RT19 系列，认为接线端子及熔体在熔断器壳体内比较安全，然而这种熔断器的致命缺点是熔体管座自带插接式接线端子及圆筒形熔体管自带插接式端子受冲击电流及热胀冷缩的影响容易松动，由于松动造成接触不良，发热严重，使端子接头处严重烧蚀。RT14、RT18、RT19 系列除自带插接端子因松脱容易出现问题外，另外还有一个令人头痛的问题，它的熔体管为圆管形，插入底座时接触压力及接触面积都显不足，尤其在电容器投入时的冲击电流作用下，接触更加不良，造成发热严重，热量被困于塑料壳体内，不容易散发，塑料壳体一旦融化烧焦，又由于三相熔断器的三个单体熔断器紧密排在一起，发生相间短路不可避免。此种熔断器发热严重的原因还有是接头太多，熔体管两端通过夹紧簧片连接，然后再通过熔体管座两端的自带插接端子引出，这样，一只熔断器共有四个接头，每一接头都是一个故障点。当接头因电流通过而发热时，熔体管的夹紧簧片因退火作用造成夹力降低，这使接触更加不良，形成恶性循环。

采用 NT 系列熔断器（此种熔断器国产型号为 RT16 及 RT17 系列，RT17 相应 NT4 型，即大容量系列），或 RT0 熔断器（RT0 形熔断器开断能力为 50kA，NT 系列熔断器开断能力为 120kA），则避免了上述缺点，它的熔体座接线端子是伸出熔体座的铜排，它与外接导线通过铜排接续端子，配以螺栓、防松垫圈压紧，接触紧密且不松动，熔体管裸露在外，散热容易，因此，电容器分支回路保护元件宜选用 NT 或 RT0 系列，回避 RT14、RT18、RT19 系列，就是基于上述理由。也不希望采用塑壳断路器，因它造价高且占安装面积大，又不易散热，不如熔断器实惠。

有人担心，NT 与 RT0 系列熔断器，接头裸露在柜内，会不会对维护人员安全造成威胁。GB 7251.1—2005 第 7.4.2.2.3 条指出，只要开关柜的门用钥匙或工具才能打开就满足安全要求，柜内的裸带电部分不必另加其他保护措施，上述担心是无必要的。

（2）过载保护。在 GB/T 12747.1—2004 中，过载保护推荐采用过电流继电器，这对电气成套厂或设计人员来讲，从来不用过电流继电器对柜内电容器进行过载保护，这是规范的起草者与设计及运行脱节所致，因为这样做，要在每个分支回路上加装电流互感器，每个分支回路配备一只过电流继电器，再通过中间继电器断开接触器（如果采用接触器进行投切的话），这样做法有点小题大做，非常繁琐，在实践中，尚无一例采用此法保护电容器过载，倒是有采用热继电器对电容器进行过负荷保护。

如果投切元件为晶闸管，可以通过电流互感器的过流信号使晶闸管截止，从而使电容器得到过载保护。

目前很多跨国公司或合资企业生产的成套电容补偿柜，甚至省去了热继电器，这样做的好处是：

（1）补偿用电力电容器已具有过热隔断功能，也有内部压力过大自动断开回路功能；也就是因过载造成电容器过热或内部压力过大，可自行与电网脱开，目前电容器回路所串联电抗器，有的也具有热隔断功能。

（2）补偿电容器规定能够通过 1.3 倍额定电流，生产厂家可做到通过 1.36 倍额定电流，而且可在 1.1 倍额定电压下长期工作，这说明电容器可以通过 $1.1 \times 1.36 = 1.5$ 倍的额定电流下长期工作。热继电器是按额定电流整定，还是按照 1.5 倍额定电流整定不能确定。

（3）自愈式电容器每经过一次击穿自愈后，电容器的容量就有所减少，如果经过几次自愈，电容器的容量变化很大，它的额定电流也随之改变，这又给热继电器整定带来困难。另外，电容器串联上电抗器后，输出容量又与铭牌容量不一致，热继电器整定动作值偏大，不能进行过载保护，过小又影响正常工作，与其采用价格贵，接线复杂的热继电器，倒不如由电容器自身带的过热隔断好，过热隔断与热继电器保护，动作基本原理是一样的。有人想用电容投切控制器进行过电流保护，理由是电流信号输入控制器，它可以判别电流大小，有过流输出触点即可。实际上，对电容器过载采用控制器是行不通的，因为防止过载是针对单个电容器本体而言，而不是对整台柜子的过，控制器可检测整台柜子总电流，由于单个电容器回路无电流传感器，对单个电容器过载无能为力。金属薄膜电容器主要问题是电容量逐步减少，电流随之减少，更谈不上过载了。从上述分析可见，电容器回路不必另加过载保护元件。

3. 控制器的选用

随之技术的进步，控制器越来越完善，它的演变过程为：电子分立元件—集成电路—单片机—DSP 芯片。它是电容器补偿柜的控制中枢。控制器把采集的信号，进行运算，发出控制显示信号；能够进行参数的设定，兼有保护与测量、计量功能；控制器可分功率因数补偿器、电压优先补偿器、无功功率补偿器及无功电流补偿器，它是根据所判定的电气参数不同而不同。不言而喻，前者根据功率因数自动投切，后者根据无功功率、电压或无功电流而自动投切。

按功率因数投切电容器的控制器，是比较原始的一种，它价格低廉，但缺点也是显著的，当单个电容器容量大，而系统虽然功率因数低，但无功却并不大，哪怕只投入一台电容器，也会造成过补偿，只得切除电容器，一旦电容器切除，功率因数又低，控制器又使电容器投入，这样形成震荡投切发生，投切元件很快损坏，电容器因受电流反复冲击，寿命大大降低。

按无功功率投切用的控制器也能显示实时功率因数及波形畸变率，不会发生投切的震荡，此种控制器比较先进合理，它适合动态无功补偿用。动态补偿控制器要求抗干扰能力强，运算速度快，必须完成动态补偿的控制要求，目前国产动态补偿控制器主要问题响应时间慢，系统特性容易飘移，维护成本高。控制器除按整定参数进行控制自动补偿外，还具有循环投切控制功能，即轮流投切，先投先切，先切先投方式，也就是每个电容器或每组电容器投入机会是相等的，保证了电容器使用寿命基本一致，目前投切方式还有编码投切及模糊投切。有的控制器还有很多附加功能，如数据存储、数据通信、功率因数显示、谐波测量（电流谐波及电压、电流谐波总畸变率）及显示，电流电压显示、有功功率、无功功率、有功电能、无功电能、频率检测与显示。还有投入门限及切除门限、过电压门限、欠电流门限现场可设定，也就是有欠电压与过电压保护功能，还应具有抗干扰能力，否则引起振荡投切，损坏了电容器。控制器元件由最初的 8 位到 32 位单片机，直至 DSP 数字信号处理器、

欠电流门限功能，也可称为欠电流闭锁功能，如果无此功能，在变压器空载或轻载时，电流很小，投入电容器，会使系统电压抬高，造成变压器励磁电流增大，铁芯饱和，从而产生励磁电流畸变而产生谐波，谐波一旦大量涌入电容器，造成电容器的过热损坏。

控制器上有手动投切按钮，但电气成套厂及设计人员有的在电容器柜面板上另加手动投切按钮及转换开关，以防控制器失灵后用手动进行补救。

模糊控制是比较先进的控制方式，使电容器的投切具有智能化的特点。如果采用计算机后台遥测、遥控及遥调，控制器一定带有通信接口，以便组网。值得注意的是，固定补偿与动态补偿是采用不同的控制器，单补与共补控制器也不同，必须配套使用。不过在很多情况下，控制器由电气成套厂配给，设计人员不必过问。

目前电容器补偿柜在使用中常出现这样的问题，设计院不给出整定值，安装后不调试就投入运行，结果控制器如同摆设，达不到电容器无功补偿的要求。

目前电气设计人员给出的电气施工图越来越简化，有的只标注每台电容补偿柜的容量即可，采用何种控制器，投切用接触器的型号与规格、熔断器型号与规格、电容器的型号与规格等这些关键数据没有给出，由电气成套厂自行决定，这不能算是合格的设计。

4. 电容器投切器的选用

投切器常采用普通接触器，专用接触器，晶闸管及复合开关。

（1）晶闸管投切。由于电容器合闸涌流损坏晶闸管，因此，采用晶闸管投切，必须选用过零时投切，这样避免了涌流产生，且投切时间在 20ms 内，从而实现了动态实时补偿。

晶闸管投切器有其固有缺点，电容器投切用晶闸管导通电压降约 1V，大电流通过时损

耗很大，必须使用大面积散热片，并使用强迫通风冷却装置，例如，每回路电容器为 50kvar，额定电压 400V，额定电流 72A，这样，每回路晶闸管耗电为 $72 \times 1 \times 3 = 216$（W），如果一台电容器柜投入 5 个回路，光晶闸管耗电达 $216 \times 5 = 1080$（W）。为了使通风效果好，要给晶闸管专用风道。

晶闸管对电压变化率敏感，操作过电压及大气过电压容易损坏，用于投切电容器晶闸管反向耐压不过 1600V，因此，在不是理想开断的情况下，暂态过电压有可能超过 1600V，造成晶闸管反向击穿。另外的不足之处是，造价高，维护困难。为防万一出现大的涌流，防止晶闸管过电流损坏，也为了滤除晶闸管本身产生的谐波及电力系统谐波，回路中要串入电抗器，形成调谐动态电容器补偿装置。

晶闸管采用过零投切，所谓过零投切，是电压过零导通，而电流过零切断，之所以电压过零导通，避免电容器合闸涌流，之所以电流过零切断，是电容器回路切断容易，不生产电弧。不过，由于控制晶闸管的触发时机有误差，不可能完全做到过零投切，投切时还是有电流通过。

一般场所，实时地动态投切实无此必要，有的为防止频繁投切，控制器反而具有延时功能，即判断功率因数或无功功率的确应当投入电容器时方投入。实时动态投切也不是新东西，此种投切方式在电弧炼钢中早已实现，因为电弧炉炼钢容量巨大，当短网时，强大冲击电流会造成电网电压大的波动，如果采用就地实时补偿，电网只提供有功电流，这样电网电压波动减低。对一般工厂或民用用电，无功及功率因数变化缓慢，也没有大容量设备带来的巨大冲击电流造成电压质量的变坏，采用昂贵的动态实时晶闸管投切，应慎用，且要进行经济技术分析才行。

晶闸管投切优点是投切快，且采用过零投切，避免了合闸涌流及过电压产生。对无功进行实时补偿，抑制电压闪变、对提高电压质量非常有利。晶闸管投切要求配套的控制器有好的动态响应能力，它们二者很好的结合才能完成动态补偿的要求。

（2）投切用接触器。普通接触器作投切元件早已不采用，但在回路中串联电抗器，对冲击电流进行抑制情况下可以采用。

按规范要求，其额定电流要为回路额定电流 1.65 倍，在选用普通接触器，电流可放至 2 倍回路额定电流。如果无冲击负荷，不必经常投切电容器，采用接触器投切也是不错的选择，它廉价，容易维护是它明显的优点。

目前广泛使用的电容投切专用接触器，此接触器是限流电阻线串联在与主触头并联的辅助触头回路中，此电阻线又常绕成螺旋形，使之长度增加电阻增加，螺旋形又增加了电抗值。在接触器的吸合过程中，辅助触头首先接通，使电容器经限流电阻限流充电，然后主触头闭合，短接限流电阻，使电容器处于正常工作状态。目前设计人员选用电容投入专用接触器的额定电流，与回路电流基本相等，结果运行时间不长，接触器触头严重烧蚀，只得重新更换。接触器增大容量可减轻触头的烧蚀，另外，要选择采用接续端子的接触器，而不用自带插入式端子的接触器，因自带插入式端子在冲击电流及热胀冷缩作用下，经常松脱，造成接触处发热严重，且又形成恶性循环，接触器很快损坏，CJ16 型接触器就属于此种类型。

由于接触器额定电流与电容器额定电流基本一样，而不是 1.65 倍电容器额定电流，运行不长时间，接触器触头严重烧蚀，生产厂家在保修期内不停地进行更换维修，搞得焦头烂额，埋怨接触器质量太差，殊不知这与设计时所选择的接触器额定电流过小，达不到规范所要求的接触器额定电流有关，之所以用在电容器回路中的接触器额定电流比一般回路大，一方面是因为电容器制造误差大，有的相差 20%；另一方面还与电容器电流是纯容性电流，电压过零时电流值最大值、电流过零时又值电压最大值有关。因此，采用接触器切断回路时触头电弧很难熄灭，而且电容器合闸冲击电流也对接触器造成损害。另外，由于接入电网的电容器为多组组合，当投入或切除任一组电容器时，其他运行的电容器会向投切电容器进行充放电，这就是俗称的电容器组背靠背效应，增加了电容器的投切困难。如中压电容器无功补偿，开关可切断 630A 单组电容器回路，如果是背靠背电容器组，只能切断 400A 电容器回路了。由于可能采用多台电容器柜，每台柜又有多组电容器，因此，切除某回路电容器，实质上是在电容器组背靠背进行的，这样增加了电容器组切除的难度。尽管目前采用电容器投切专用接触器，此接触器带有操作时接入的限流电抗进行限流，但还是经常损坏，电容器柜内投切用接触器可谓十足的易损元件了。

用于分补的采用接触器时，可把三相接触并联使用，作为单相补偿投切装置。

（3）复合开关投切开关。所谓复合开关投切，即晶闸管与接触器并联，由于接触器不担任投切任务，只是在投入后短接晶闸管而已，因此普通接触器被派上用场了。投入时，先由晶闸管在电压过零时开通，避免了电容器的合闸涌流，后由接触器短接晶闸管，正常工作时接触器接通，避免了晶闸管产生谐波弊端及大量的能量损耗。切除时，在晶闸管投入后再断开接触器，最后由晶闸管电流过零切除回路，这样避免了直接由接触器切除引起的电弧对接触器的损坏。由于接触器有其固有动作时间，因此切除时间要比单纯晶闸管切除慢，也就晶闸管实时投入（在 20ms 内投入），但不能够实时切除。采用复合开关投切，避免了接触器及晶闸管元件的缺点，而是将这两种元件的优点融为一体，不但延长晶闸管使用寿命，还会使晶闸管产生谐波只在投切瞬间发生，减少其发热量，延长晶闸管使用寿命，无合闸涌流，无谐波产生，而且也基本满足实时补偿要求。复合开关有智能功能，有过电流、欠电流、过电压、欠电压、过载、欠载、缺相等保护，它还可以配以 RS-458 通信接口与配套的控制器配合，实现计算机组网，完成计算机后台监控，实现低压电网的智能化管理。目前接触器与晶闸管组成的复合开关已经形成一个整体，对外是以一个元件的身份出现，外壳具有主回路与控制回路接线端子。接线时只要对号入座即可，安装与使用时比较方便。对于分相单补来说，不必每支单相回路皆安装投切元件，只要一只用于分补的复合开关即可，免得使用过多的接触器。

有人认为，即使采用晶闸管投切，电容器切除后，也要经过一段时间放电，才能够再次投入本回路，这能实现实时投入吗？这是一种误解，不论晶闸管投切，还是复合开关投切，由于电容器回路都采用循环投切方式，皆可以实现实时投入，不过再投切的回路，既不是原来的晶闸管或复合开关，也不是原来的电容器，原来的电容器要保证它得到充分放电，由此可见，采用复合开关进行电容器实现实时投入是毫无问题的，在要切除，如上述所述，由于先断接触器，再投入晶闸管，最后由晶闸管切除回路，尽管时间稍慢了点，应该也称为动态补偿了。所谓实时动态补偿，不是针对某一回路的实时投切，而是对整个系统的补偿而言。

根据目前的实际运行情况，复合投切装置目前最大的不足之处是故障率太高，接触器与晶闸管的协调配合有待提高，如果配合不协调，例如切断时，晶闸管尚未接通，而接触器先行切断回路，接触器首当其冲受到损害。如果控制不够准确，不是在电压过零投切，这样通过晶闸管有很大涌流，造成晶闸管损坏。另外，**复合投切装置封闭于一个壳体内，尽管外形**

美观，但不实用，通风散热条件非常差，经常出现因过热造成整体损坏事故。随着元件质量的提高及制造工艺的成熟，晶闸管与接触器的动作进一步协调，可靠性会得到进一步提升。

不论是复合开关投切，还是单纯晶闸管投切，为减少投资，投切装置可只装其三相回路中的两相上，不过此种接线方式必须在角外接线方式才行，维修时断开电源侧的隔离开关即可。采用晶闸管投切，可为单相补偿提供了方便，若用接触器，尚无单极接触器，只好把三极并联使用在单相回路中。安装时注意复合投切开关的输入与输出端子不得接错，在谐波较大的系统，还要串入合适的电抗器以免谐波放大。

（4）混合投切。混合投切非复合开关投切，混合投切是指静态补偿采用接触器投切，动态补偿采用晶闸管投切，在一台电容器柜内要实现两种投切方式，采用一只控制器控制，而不是一台电容器柜采用接触器静态补偿，而另一台电容器柜采用动态补偿。这种投切方式是比较合理的，不过要有对应的控制器才行。不论何种投切电容器，都必须待电容器放电结束后再投入，这由控制器实现这一要求。

5. 串联电抗器的选用

电抗分为感抗与容抗，电抗器是由电感抗线圈组成的电感器，还是由电容器组成的容抗器呢，由于约定成俗，所说的电抗器就是指电感线圈组成的电感器，下文所说的电抗器，一律为感抗线圈组成的电感器。

低压并联电容器补偿回路串联电抗器的作用。

（1）电抗器作用。电容器回路串入电抗器的作用为：

1）限制电容器投入时合闸涌流。当电容器投入的瞬间，由于电容器无充电，无反向电势，合闸瞬间，如同短路，只有线路的阻抗起限制电流作用，因此瞬间电流可达额定电流的百倍以上，尽管时间短促，仅持续时间为毫秒或微秒级，但它对投切元件及电容器都造成大的危害，为此要在回路中串联电抗器限制电容器的合闸涌流。

2）防止电网谐波放大及谐振的发生。它与无源滤波器不同，串入电抗器不是为调谐，而是要失谐。对某次谐波来说不能使电抗器的电抗与电容器的容抗相等，否则会发生谐振，谐振电流放大，谐振电流与基波电流叠加，会使电容器过载损坏，谐振电流在系统阻抗上的谐波压降，与系统基波电压叠加，使电容器产生过电压，危及电容器的运行安全。只要串联电抗器与电容器合理搭配，可起到抑制系统某次谐波的作用，所谓抑制而不是滤除，是指主要作用为无功补偿，对某次谐波有部分滤除的辅助功效，需要指出的是，不能作为滤波器使用，否则，会影响了无功补偿的作用。

3）限制短路电流。当电容器发生短路故障时，能限制系统向电容器短路点注入大的短路电流，当系统其他地方发生短路或电抗器电源侧发生短路时，能限制电容器向系统的反馈电流。

4）防止大量谐波涌入电容器，对电容器起到保护作用。众所周知，谐波次数越高，电容器呈现的阻抗越低，这样造成大量谐波电流涌入。若不采取措施，如对电网采取谐波控制或串联电抗器，电容器很难胜任无功补偿作用，很快由于谐波电流涌入造成过电流而损坏。

（2）低压电容补偿柜回路串联电抗器的正确选择。要正确选用电抗器，首先要了解所在电网谐波情况，或经测量（这对新建单位是不现实的），或根据电网结构，用电设备情况调查，预估电网谐波情况，然后再决定电抗器的参数。用户低压系统中的谐波有两部分组成，一是电力系统带来的，也就是供电质量不好，另一部分是用户本身非线性负载产生的，预估系统谐波情况，只是指用户本身系统而言。这里要讨论的谐波抑制，不涉及供电系统的谐波，而是指用户本身在运行过程中自身产生的谐波，不但要了解谐波的大小，而且要了解以哪种谐波为主，也就是系统中谐波背景。

对于单相整流回路，产生的谐波多为 3 次谐波，而 6 脉三相整流产生 $6K\pm1$ 次（K 为自然数）谐波为主，即 5、7、11、13 次等，由此可以估计，民用及办公大楼，电脑、电视、复印、空调等设备多为单相整流电源，因此 3 次谐波突出，而工业厂矿等场所，多有 6 脉整流电源，产生 5 次与 7 次谐波突出。

无功补偿电容器串入电抗器，即组成 LC 回路，除限制涌流外，尚能抑制或滤除部分谐波，以便清洁电网。选择的原则是，即使电容与电抗接近谐振，但不能达到谐振，否则变成无源滤波器了，另外，要求 LC 回路要为感性，原因是系统阻抗一般呈感性，如果 LC 使回路呈容性，有可能与系统感性电抗形成并联谐振，造成谐波的放大。

如果达到谐振，LC 串联回路电抗器的电抗与电容器容抗的关系应为

3 次谐波，$X_L = X_C/9 = 0.11X_C$；

5 次谐波，$X_L = X_C/25 = 0.04X_C$；

7 次谐波，$X_L = X_C/49 = 0.0204X_C$；

9 次谐波，$X_L = X_C/81 = 0.012X_C$；

11 次谐波，$X_L = X_C/121 = 0.0083X_C$。

X_C、X_L 分别为基波容抗与基波电抗。

（3）电抗器电抗率的意义及电抗率的选择。为了说明问题，现引入一个电抗器参数，即电抗率 K，$K = X_L/X_C \times 100\%$，也就是基波电抗值与基波容抗值之比的百分数。电容器回路串联电抗器后，电抗器的电抗率，不能够独立存在，它必须依附于电容器才能有意义，离开所串联的电容器，电抗率也就无任何意义了，它与电力系统用来限制短路电流的限流电抗器的电抗率不是一个概念。电抗率不是对滤波器而言，而是用于偏谐振电容补偿回路，是指电容器无功补偿而言，如果电抗器与电容器串联是为谐振滤波，也就不存在电抗率之说了，滤波电抗器一般没有标准的规格，根据滤波要求而进行专门设计，不过目前有的无源滤波柜的生产厂家还是采用电抗率来衡量要滤除的谐波。

对于电容器无功补偿开关柜，电抗器额定电流与所串电容器额定电流一致，电抗之比也就是功率之比，即电抗率是电抗容量与电容容量之比的百分数，也是电抗器的端电压与电容器端电压之比的百分数。但对于谐振滤波回路，一般不考虑电抗率这一参数，例如某工程，动态补偿电容器柜，系统电压 660V，电容器额定电压 900V，额定电容 479.8μF，额定容量为 120kvar，额定电流 133.4A，回路所串电抗器额定容量 19.2kvar，感抗为 0.97mH，额定电流 145A。

电抗器的电抗为 $X_L = \omega L = 314 \times 0.00097 = 0.3046\Omega$

电容器的容抗为为 $X_c = 1/(\omega C) = 1/314 \times 0.0004798 = 6.638\Omega$

设此回路可滤除 θ 此谐波，则 $\theta \times X_L = X_c/\theta$，$\theta^2 = X_c/X_L = 6.638/0.3046 = 21.79$

$\theta = \sqrt{21.79} = 4.67$（次），不过系统无 4.67 次谐波，它与 5 次谐波接近，主要滤除 5 次谐波。如果按照电抗器与电容器功率之比的百分数求电抗率，$K = 19.2/120 \times 100\% = 16\%$，与实际电抗率 $K\,X_L/\,X_c \times 100\% = 0.3046/6.638 \times 100\% = 4.59\%$ 相差太大，主要原因是滤波

电抗器容量选得太大所致。上述实际工程所选择的电抗器与电容器的配搭不够理想，应当电容器基波容抗为电抗器容量的 25 倍，或尽量接近 25 倍，不过也说明一个问题，滤波回路不能够按照电容器无功补偿方式来求电抗率，也没必要求电抗率。

对于串联电抗器的电容器补偿回路，求得电抗率的作用是，可以方便求得串联电抗器后电容器实际向电网补偿的容量，这点在下面所举的计算实例可以看出。另外，利用电抗率也很容易能够计算出发生谐振谐波次数，发生谐振的谐波次数等于电抗率的倒数开平方，例如，电抗率为 4%，倒数为 25，开平方得 5，为了避免谐振，而要起到偏谐振无功补偿而且兼有抑制谐波功能，选择电抗器的电抗率大于 4%。由此可见，LC 回路分别对 3 次、5 次、7 次、9 次及 11 次谐波发生串联谐振时，电抗器的电抗率分别为 11.1%、4%、2.04%、1.2% 及 0.83%，偏谐振无功补偿回路电抗器电抗率应大于上述数值。

为了不能发生谐振，所选用的电抗率应为谐振电抗率乘以可靠系数，可靠系数取 1.1 ~ 1.5，电抗率越大，系数越小，选择电抗器电抗率一般做法归纳如下：

1）要抑制 5 次谐波，发生谐振的电抗率为 4%，电容器所串入的电抗器的电抗率为 4% × (1.1 ~ 1.5) = 4.4% ~ 6%，电抗率 6%，对 5 次谐波吸收效率可达 50%。

2）若系统以 3 次谐波为主，而且含量已超过国家规定的数值，想兼有抑制 3 次谐波作用，应使电抗与电容对此谐波接近串联谐振，但要避开谐振，1.1 × 11.1% = 12.21%，可选择电抗率为 13% 的电抗器，回路对 3 次谐波已成感性，对高于 3 次的任何谐波，更成感性，不会与系统发生并联谐振了。

3）如果电网清洁，谐波含量很少，谐波远未超过国家规定标准，可选择电抗率 K 为 0.1% ~ 1%。这样，电抗体积小，成本低，但能限制合闸涌流为额定电流的 10 倍以内。常用的有 XD1 型环氧树脂浇铸的空芯电抗器。曾作为限制电容器合闸涌流而串入的限流电抗器盛行一时，由于电容器回路投切元件的改进与提高，加之此种电抗器又容易损坏，在设计中已经不再采用，基本上被淘汰了。

4）如果电网 3 次与 5 次均突出，而且接近或达到国家规定标准，选择电抗率为 13% 与 6% 的两种电抗器，两种回路各占一半，也可选择电抗率为 5% ~ 6% 的一种电抗器，不过对 5 次以上的谐波，而且随着谐波次数的增加，抑制效果越来越小。

至于电抗器的容量，它等于所串联电容器容量乘以电抗率，即 $Q_L = KQ$。一般说来，只要给出所接电容器、额定电压及要求的电抗器电抗率，至于电抗器额定压、容量及额定电流等参数，由电抗器制造厂自行合理地解决了，不必要求用户提供其他要求参数。所串入的电抗器电抗率越大，离谐振点越远，不会发生谐振，但电容器的无功补偿能力就越差，而且电抗器的造价越高。

（4）串入电抗器后，电容器端电压及补偿容量的变化。由于系统电压不变，即加于 LC 回路两端电压不变，而电抗器压降又与电容器上压降刚好相位相反，这样必然制造成电容端电压升高。由于电抗率是电抗器电抗值与电容器容抗值之比的百分数，电抗器上的压降必然为电容上的压降乘以电抗率了。

即：$U_c - U_L = U_N$（U_C、U_L、U_N 分别为电容器、电抗器及系统额定电压）

$$U_c - KU_c = U_N$$

$$U_c (1 - K) = U_N$$

$$U_c = U_N / (1 - K)$$

由此可见，串电抗后，电容器电压升高并非 $(1+K)$ 倍，而是 $1/(1-K)$，这样，串入电抗后，电容器端电压升高，其升高倍数见表 3-1。

表3-1　　　　　　　　　串入电抗器后，电容器端电压升高倍数

电抗率K(%)	0.1	1	4.5	5	6	7	12	13
电容器电压升高倍数	1.001	1.01	1.047	1.052 6	1.052 6	1.075	1.075	1.149

由于电抗器吸收电容器所产生的无功补偿功率，造成电容器向电网无功补偿能力减弱。但串联电抗器造成电容器端电压升高，这又加大了电容器本身输出无功容量，必须采用适合此电压的电容器，即选用较高电压等级的电容器。这样组合下来，实际电压又不一定正巧与所选电容器额定电压一致，一般都小于电容器额定电压，由于电容器在小于额定电压下运行，实际补偿容量又低于电容器铭牌所标容量，一环扣一环，是一个比较复杂的系统工程。为说明问题，现举例如下：

【例 3-1】　某项目，系统电压 $U_N=400V$，每回路所串电容器额容量 30kvar，要求回路串入电抗率 $K=7\%$ 的电抗器，求实际补偿容量。计算步骤如下：

电容器实际承受电压

$$U_C=U_N/(1-K)=400/(1-7\%)=430.10\ (V)$$

电容器生产厂家提供的资料是，在 LC 回路中，配电抗率 7%，额定电压为 480V，铭牌额定容量 30kvar 的电容器。由此可见，采用这种 LC 回路组合是满足使用要求的。

由于实际承受电压为 430.1V，实际产生的无功功率与所加电压的平方成正比，电容器实际输出功率为

$$(430.1/480)^2\times30=24.09\ (kvar)$$

电抗器要吸收电容器发出的 7% 的无功功率，因此输出到电网的无功功率为

$$24.09\times(1-7\%)=22.4\ (kvar)$$

电容器串入电抗器后，电容器实际功率为 24.09kvar，实际电压为 430.1V 因此，实际电流为

$$I_N=24.09/(\sqrt{3}\times0.4301)=32.34\ (A)$$

这样，选择回路导体及投切元件只能按 32.34A 为基准选择，而不是按照电容器额定电流 $I_c=30/(\sqrt{3}\times0.48)=36.09\ (A)$ 考虑。电抗器的实际功率也不是铭牌所标的额定功率 2.1kvar，而是 $24.09\times7\%=1.69\ (kvar)$。

如果不按生产厂家提供的电容器与配套的电抗器选择，电容器可选额定电压大于样本提供的电压，这样，在电抗器不变的情况下，它的电抗率也发生变化，由于在电容器容量不变的情况下，额定电压越过高，容抗越大，回路电流越小，因此电抗器不会过载。

【例 3-2】　在〔例 3-1〕中，电抗器不变，电容器容量不变，而电容器额定电压选择为 525V，电容器的容抗是原来的 $(525/480)^2$ 倍，由于电抗器不变，它的电抗也不变，电抗率为 $7\%/(525/480)^2=5.85\%$，这样，相应电抗器的电抗率不是原来的 7%，而是 5.85% 了。

电容器端电压为　　　　　　　$400/(1-5.85\%)=424.85\ (V)$

电容器发出的无功功率为　　　$30\times(424.85/525)^2=19.65\ (kvar)$

向电网输送的无功功率为　　　$19.65\times(1-5.85\%)=18.50\ (kvar)$

电容器额定电流为 $I_c = 30/(\sqrt{3} \times 0.525) = 32.99$ （A）

实际通过电流为 $I_N = 19.65/(\sqrt{3} \times 0.42485) = 26.70$ （A）

【例 3-3】 电容器额定电压 480V，额定容量 80kvar，所串联电抗器电抗率为 7%，用在额定电压 400V 回路中，它向电网输出多少容量？（注：生产厂家样本上已说明，当电网电压为 400V 时，向电网输出容量为 60kvar）

计算如下：

电容器实际承受电压为 $400/(1-7\%) = 430.10$ （V），相当额定电压的 $430.1/480 = 0.896$ 倍，电容器本身输出无功功率为 $80 \times (0.896)^2 = 64.23$ （kvar），实际输入电网的无功为 $64.23 \times (1-7\%) = 59.74$ （kvar），近似 60kvar，与产品样本所标基波输出容量 60kvar 基本一致。

不按电容器生产厂家提供的电抗器与电容器配套资料，自行选择电容器额定电压，造成电抗率的改变，其后果是，达不到所设想的对系统某些谐波的滤除或抑制要求，也改变了向电网补偿容量数。

通过上述各例，可以看出串电抗器并联补偿电容器回路，实际补偿容量要通过计算求得。目前设计单位只要求回路串入电抗器，其他不再过问，即电气成套厂更加随意，为节约投资，电抗率选用电抗率宁低勿高，宁选铁芯电抗器而不选空芯电抗器，电容器柜铭牌上的补偿容量按各电容器铭牌容量之和，这样一来和实际情况差别太远了。

在上述各例中，没有考虑谐波对电压的影响，谐波能够使电容器端电压升高。

回路串入电抗器后，选择电容器的额定电压要与实际承受电压相等或略微大于实际承受电压，选择额定电压过高会大大削弱电容器的无功补偿能力。在上述的例子中，电容器实际运行电压 430.10V，选择电容器额定电压为 440V 即可，这样电容器补偿能力减少为不到 5%，额定电压 440V，额定容量 30kvar 的电容器可补偿 28.7kvar，而选择额定电压为 480V 的电容器，只能补偿 24.09kvar 了。当电抗率确定后，不是设计人员或用户能够自行确定电容器额定电压的，因为电容器生产厂家不一定生产此种配套产品，如果自行选择电容器的额定电压，电抗率可能与所需要的电抗率相差较远。

（5）严防补偿电容器对谐波放大。接入母线的无功补偿用电容器，电容电抗系统能与电力系统组成并联谐振回路。如果某次谐波电流，流过电容电抗回路很大，可达原有电网该谐波电流数十倍，电容器端电压也产生很高过电压，此种情况称为谐波放大。当系统存在谐波时，并联补偿用电容器支路串入电抗器，而系统若忽略电阻，则完全呈感性，可用等效电感表示，等效阻抗电路如图 3-1 所示。

图 3-1 中，I_n 为电源系统 n 次谐波电流，也看作由一恒流源发出；L_2 为系统等值电感，其基波电抗值为 X_2；L_1 为电容器所串电抗器的电感，其基波电抗值为 X_1；C 为补偿电容器的电容，其基波容抗值为 X_c；I_{ns} 为流入本系统的 n 次谐波电流；I_{nc} 为流入电容器的 n 次谐波电流。

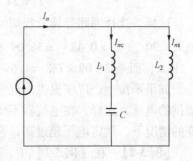

图 3-1 等效阻抗电路图

$$I_{ns} = I_n (nX_1 - X_c/n)/(nX_2 + nX_1 - X_c/n)$$

X_1/X_c 等于 K 代入，即得

$$I_{ns} = I_n \times X_c (K - 1/n^2)/[X_2 + X_c (K - 1/n^2)]$$

　　当 $K-1/n^2=0$ 即 $K=1/n^2$ 时，流入系统的 n 次谐波为零，说明 LC 回路对 n 次谐波完全滤除，它是一个单调谐滤波器。

$$X_c\ (K-1/n^2)\ <0$$

　　注入本系统的谐波被放大，当 $X_2+X_c\ (K-1/n^2)=0$ 时，注入本系统的谐波电流及流入 LC 回路电流皆趋于无穷大，说明 LC 回路与本系统发生了谐振。

　　谐波放大的机理也可以简要说明如下：补偿电容器回路，或电容器与电抗串联回路，电抗很小，阻抗主要是电容器容抗，如果这一等值容抗与系统 L2 电抗相等，与 L2 并联等值阻抗就趋于无穷大，电源系统谐波电流相当于恒流源，它的大小不受影响，在并联线路两端，谐波压降趋于无穷大，也就是说，电容器回路与系统形成无穷大的谐波电流在其内部环流，这就是并联谐振，谐波电流被放大了。

　　以上是发生并联谐振的机理，在一定条件下，也可能发生串联谐振，对电网中的谐波电压而言，供电变压器的感性阻抗与补偿电容器的容性阻抗是串联的关系，当感性阻抗与容性阻抗相等时，谐波电压在串联回路中产生很大谐波电流，即发生串联谐振，谐波电流被放大。不论并联谐振还是串联谐振，都会造成流入电容器的谐波电流增大，电容器端电压升高，造成电容器的损坏。

　　在图 3-1 中，L_2 是本系统参数，不能人为变动，为避免谐波放大，所选电容器与所串联电抗器参数应合理搭配。从上式也看出，只要 $K-1/n^2>0$，即 $K>1/n^2$ 就使 LC 回路呈感性，此谐波就不会被放大进入系统，流入本系统的谐波电流小于原有系统存在的谐波电流，也就是说，串联电抗的电容器补偿回路有对某次谐波的吸收功能。当然，不希望各次谐波电流均涌入电容器，把电感电容回路当成滤波器，否则电容器容易烧坏，从而丧失无功补偿功能，此时电容器主要承担本系统无功补偿功能，因此有的电容投切控制器有谐波保护功能，当流入电容器谐波过大时，控制器会自动切除电容器，或电容器自身的热断开装置动作，切断回路，造成电容器烧毁事故。

　　如果低压电力系统无谐波或谐波很少，电网清洁，无功电容器补偿回路不必串电抗器，应选择纯电容器补偿方案，这样，电容器无功补偿能力最大，节约投资，不存在电抗器的无功及有功消耗，至于电容器的合闸冲击电流，电容器也能够承受，因此在电气设计时，要具体情况具体分析，不能随意加装电抗器。

　　总之，电容器回路串入电抗器，称为补偿滤波系统，适用于谐波比较严重而又要无功补偿的系统，如果不串入电抗器，电容器组与系统有形成串联谐振的可能，谐波被放大，串入电抗器后，吸收部分谐波，电抗器与电容器的合理配搭是，在工频情况下呈容性，以便进行无功功率补偿，而对谐波来说应呈感性，在吸收谐波的同时又不与系统产生并联谐振。

　　电容器回路所串联电抗器的电抗率与回路限制短路电流用的限流电抗器的电抗率不是一个概念，后者用于电力系统传输回路中，目的是限制回路短路电流，使之保护该回路的元件能够胜任短路电流的动稳定与热稳定，该电抗器的电抗率是额定压降是系统额定电压的百分数，一般用于 6、10kV 系统，35kV 基本不用，电抗率一般为 3%～12%。电抗器消耗的无功功率与它的传输功率不是一回事，例如，一台额定电压 10kV，额定电流 1000A，电抗率10% 的限流电抗器，系统相电压为

$$10\,000/\sqrt{3}=5770\ （\text{V}）$$

　　电抗器的相电压为 $5770\times10\%=577$ （V）

113

电抗器单相容量为 $577 \times 1000 = 577\,000$ （var）$= 577$ （kvar）

电抗器的传输容量为 $\sqrt{3} \times 10 \times 1000 = 17\,300\text{kVA} = 17.3$ （MVA）

6. 电容器的选用

补偿电容器柜内主要元器件莫过于电容器了，因此正确选用电容器也是正确设计中一个重要环节。

（1）电容器的额定电压。如果电网谐波不大，且不串入电抗器，电容器的额定电压与所在系统标称电压一致即可，在标称电压为 380/220V 系统中，由于电容器柜多装于电源端，电源端电压比系统标称电压稍高，因此电容器额定电压应选 400V。如果回路中串入电抗率为 K 的电抗器，电容器端电压升至 $U_c = \dfrac{U_N}{1-K}$，在 400V 系统中，若 $K=6\%$，则 $U_c = 425.53\text{V}$；若 $K=12\%$，$U_c = 454.55\text{V}$。如果电网有较高谐波，还应考虑谐波造成电容器电压升高，叠加至电容器上谐波电压为：$U_f = \sqrt{U_3^2 + U_5^2 + U_7^2 \cdots U_n^2}$，式内 U_3、U_5、U_7、$\cdots$ 分别为 3、5、7 次谐波电压。工程应用中，通长 U_f 取值不大于 30V，考虑最大为 60V。这样串入 6% 电抗器，且谐波较大时，应选额定电压为 $450 \sim 480\text{V}$ 的电容器，如串入电抗率为 12% 的电抗器，当谐波较大时电容器的额定电压应选 $480 \sim 525\text{V}$ 的。不过这只是一种匡算，电容器额定电压与电抗率是相关的，在一定的电抗率下，电容器的额定电压还是以生产厂家配套的电容器为准。在上述的三个计算举例中，只考虑基波电压，没考虑谐波对电压的影响。

（2）电抗器的容量与电压。所串联电抗 L 的容量千乏数是所配电容器容量千乏与电抗率的乘积，例如，电抗率 12%，所串联电容器额定电压 480V，容量 50kvar，电抗器容量为 $50 \times 12\% = 6$ （kvar），电抗器额定电压 400V，只代表接入 400V 系统中，实际承受电压只为电容器承受电压乘以电抗率，与电容器额定电压不是一个概念。

（3）电容器的额定容量。上文已详细介绍了串入电抗器后，电容器实际补偿容量减少，并不等于铭牌容量，因此，根据无功负荷计算，调整所选择电容器额定容量，这一工作往往被设计人员忽视。

（4）电容器结构及性能要求。低压无功补偿用并联电容器，目前基本上皆选择金属薄膜自愈式，由聚丙烯薄膜的两面金属蒸发铝膜作电极，薄膜作介质，卷绕后封装，禁止采用油浸纸介质电容器。目前有的金属薄膜电容器采用抽真空的结构，使之更加可靠。电容器有方形与圆柱形，方形机构内部芯元件细长并排排列，适应与无功补偿，圆柱形的芯元件粗短，串列排列，应用与谐波严重场所。

所谓自愈式，是薄膜局部放电击穿后，由于击穿点附近铝膜蒸发掉，因此不会发生短路故障，冷却后自动恢复绝缘，这就是所谓自愈。它具有无油、难燃、防爆等特点，不过此种自愈功能只对很小的击穿处有效，自愈效果也不够理想，大范围击穿是无法自愈的。

集合式并联电容器，单台容量可达上万千乏，电压可达 $66 \sim 110\text{kV}$，用于中压及高压电力系统的无功补偿，这已经不是低压电容器的范畴，不在本书讨论的范围。

有的人想用滤波电容代替并联补偿用电容器进行功率因数补偿，这是可行的，两种电容器并无本质区别，由于滤波电容考虑谐波流入，发热厉害，所标容量富裕量大，过载能力强，不过补偿同样的无功，增加了造价。

单台电容器内装放电电阻及过电压隔断装置，有的尚有过热隔断装置及熔断器，尽管自带放电电阻，但柜子面板上边有放电指示灯，既作指示又作为重复放电电阻，也是放电电阻的双保险。

如果环境温度高或柜子通风不良，可采用"D"型耐热型电容器，其允许环境温度上限可达55℃。

（5）补偿容量的估算。GB 50052—2009《供配电系统设计规范》推荐电容器总容量占配电变压器容量10%~30%，但一般情况，占30%以上为宜。如果进行补偿容量的准确计算，首先要求得计算负荷 P（kW）及自然功率因数 $\cos\varphi_1$，补偿前系统无功功率为 $P \times \tan\varphi_1$，补偿后要求功率因数达到 $\cos\varphi_2$，补偿后的无功功率还剩 $P \times \tan\varphi_2$，需要补偿的无功功率为 $P \times \tan\varphi_1 - P \times \tan\varphi_2 = P（\tan\varphi_1 - \tan\varphi_2）= P \times K$，$K$ 为系数，其值为 $\tan\varphi_1 - \tan\varphi_2 K$ 从表3-2中查寻。

表3-2   达到补偿后所需功率因数时的 K 值

补偿后$\cos\varphi_2$ 补偿前$\cos\varphi_1$	0.90	0.91	0.92	0.93	0.94	0.95	0.96	0.97	0.98	0.99	1.00
0.64	0.716	0.745	0.775	0.805	0.775	0.872	0.909	0.950	0.998	1.058	1.201
0.66	0.654	0.683	0.712	0.743	0.775	0.810	0.847	0.888	0.953	0.996	1.138
0.68	0.594	0.623	0.652	0.683	0.715	0.750	0.787	0.828	0.875	0.936	1.078
0.70	0.536	0.565	0.594	0.625	0.657	0.692	0.729	0.770	0.817	0.878	1.020
0.72	0.480	0.508	0.538	0.569	0.601	0.635	0.672	0.713	0.761	0.821	0.964
0.74	0.425	0.453	0.483	0.514	0.546	0.580	0.617	0.658	0.706	0.766	0.909
0.76	0.371	0.400	0.429	0.460	0.492	0.526	0.563	0.605	0.652	0.713	0.855
0.78	0.318	0.347	0.376	0.407	0.439	0.474	0.511	0.552	0.599	0.660	0.802
0.80	0.266	0.294	0.324	0.355	0.387	0.421	0.458	0.499	0.547	0.608	0.750
0.82	0.214	0.242	0.272	0.303	0.335	0.369	0.406	0.447	0.495	0.556	0.698
0.84	0.162	0.190	0.220	0.251	0.283	0.317	0.354	0.395	0.443	0.503	0.646
0.86	0.109	0.138	0.167	0.198	0.230	0.265	0.302	0.343	0.390	0.451	0.593
0.88	0.055	0.084	0.114	0.145	0.177	0.211	0.248	0.289	0.337	0.397	0.540

知道自然功率因数及有功功率，要想达到所需功率因数，所需电容千乏数 $Q = KP$，P 为计算有功千瓦数。功率因数不必过高，超过0.95后，所需电容器容量几乎成指数增加，经济上不一定合算了。

（6）智能低压补偿电容器。此种电容器集补偿、控制、保护、自动投切、通信于一体，实际上就是把电容器、检测模块、切换模块、通信模块及保护元件组成一体，目前生产的智能补偿电容器只有两台三角形接法的电容器或一台星形接法的电容器，如果安装在一台柜内，容量太小，不适合大用电单位使用，用于小用户的电容器无功补偿箱内比较合适。由于把各功能模块集合在一起，不利于维护，也不利于散热。

（7）电容器柜各回路电容器容量的分配。在补偿总容量一定的情况下，如果选择每回路电容器容量大，则所用回路数就少。如果每回路电容器容量小，则要用多的回路。单台容量大，回路少，整体费用少，但投切一次，补偿或切除的电容器太大，容易造成补偿的震荡。相反，如果每回路补偿电容器容量小，所需回路数就多，整体造价较高，但补偿均匀平滑，补偿精度高。例如：一台无功电容补偿柜，补偿总容量为150kvar，如果安装3台，每台50kvar电容器，现实要求补偿80kvar，这样，投入一回路，补偿容量不够，投入两回路，又造成过补偿。如果柜内安2台15kvar、1台20kvar、2台50kvar，这样，只要投入2台15kvar、1台50kvar即满足要求，要实现上述均匀合理补偿，不能采用具有循环投切功能的控制器，而是要采用模糊控制功能的控制器。在现实工程或设计中，一台变压器低压电容器补偿柜所装电容器容量都是相同的。

7. 与控制器配套的主回路电流互感器的选用

在设计院的施工设计图中，通常在低压总开关柜主回路在L1相上，安装一只专用电流互感器采集电流信号，供给无功电流补偿柜控制器所需的电流信号，这种模式值得商榷，要不要专用电流互感器？需要几只电流互感器？电流互感器准确等级如何？电流互感器容量如何？需要电流互感器的个数及安装于哪相上，要由所选控制器决定，如果控制器控制单补或混补，各相均应安装电流互感器，或者控制器要求显示三相电流、有功或无功时，也要三相均安装电流互感器。如果只有共补，且只要求显示功率因数、单相电流等，可用一只电流互感器即可。

变压器低压总开关柜三相均安装供仪表使用的电流互感器，经过容量校核，可以与补偿柜中的控制器共用电流互感器。目前开关柜所用仪表大部分为数显仪表，所需电流互感器提供的功率不过1VA左右，可以同时满足数显表与补偿柜控制器容量与精度要求，由此可见，电容无功补偿柜所用控制器，不必在主回路加装专用电流互感器，可与数显仪表共用主回路电流互感器。只要此电流互感器不是用于计费电能表即可。不过由于电流互感器与控制器分别安装在不同的开关柜上，为维修及安装方便，控制器一般还是采用专用电流互感器。

8. 低压补偿电容器运行中注意事项

（1）注意系统的电压值。电容投入时，会使所在系统电压升高，系统电压升高，补偿容量加大，这样又进一步抬高局部系统电压升高，电流增大，发热严重，缩短电容器使用寿命且造成电容器故障损坏，尽管电容器可在1.1倍额定电压下长期工作，还是最好设定在 $1.1U_\mathrm{N}$ 下报警，$1.15U_\mathrm{N}$ 下切除电容器。

（2）电动机就地补偿注意事项。就地补偿电容器常用于电动机上，为了避免在电机切断后，电动机按惯性旋转，若过补偿，使电动机自励，处发电机状态运行，且端电压很高，危及人身及设备安全，因此，电容器补偿电流不应超过电动机空载电流的90%（注意，这里指的电动机空载电流，主要成分是电动机励磁电流，而非电动机额定电流，当断电后电动机立即停转，补偿电流可超过90%的空载电流）。另外要注意，电动机并联电容器后，回路电流小于电动机额定电流，电流减少百分数按GB 50052—2009《供配电系统设计规范》规定为

$$\Delta I = 100 \times (1 - \cos\varphi_1/\cos\varphi_2)$$

式中　ΔI——减少的线路电流百分数，%；

　　$\cos\varphi_1$——安装电容器前的功率因数；

　　$\cos\varphi_2$——安装电容器后的功率因数。

电动机保护应按修正后电流考虑，线路按电动机额定电流选取。

（3）变压器空载时不宜投入补偿电容器。系统谐波大会使电容器端电压升高且过电流。

当需补偿无功负荷小或变压器空载时，应退出电容器，以免使系统电压过高，形成恶性循环。电压高，使铁磁设备铁芯磁通过于饱和，不但损耗增加，而且使谐波增多增大。

（4）就地补偿电容器柜安装位置。谐波过大，对电容器危害大，因此可选用滤波电容器或者变动补偿电容器安装位置。安装位置宜避开谐波集中之地，或在谐波集中地安装滤波器，也可加大电容器富裕容量，或选用额定电压高的电容器。

（5）补偿电容器投切时注意事项。避免过频投入某台电容器，因为间隔时间太短，电容器放电不充分，再投入时，可能造成电压叠加，因此再投入一般要在60s以后，在此时间内，电容器残留电荷基本放完。

（6）注意电容器的散热。电容器是发热元件，本身又受温度影响，因此通风散热很重要，在电容器柜内，单台电容器之间，一般相距不小于30mm，30kvar以上电容器，间距宜在50mm。

第四章

电 能 质 量 治 理

第一节 概　述

1. 电网谐波产生的原因

电网中有谐波出现是不可避免的，它产生的原因有：

（1）发电机产生谐波。由于发电机三相绕组分布不能做到完全对称，及励磁铁芯的不均匀性，发电机发出的电流及电压不会完全呈正弦波形，里面含有谐波成分，但含量很少。

（2）输配电系统产生的谐波。输配电系统产生谐波的源泉是电力变压器，如果变压器端电压高于额定电压，变压器铁芯就过励磁，铁芯磁通饱和，磁通为平顶波，这样励磁电流必然为尖顶波，尖顶波就包含谐波成分了，谐波次数可用富里埃基数分析得出。在高压直流输电系统中，大功率变流器尽管要经过滤波处理，但也会给系统带来谐波。

（3）非线性负载及整流设备日益增多。所谓非线性负载，就是加于负载的电压与其电流不成正比例。系统的电压是标准正弦波，那么非线性负载的电流必定不是正弦波，对这畸变的波形做傅里叶级数分解，可以得到各种谐波。典型的谐波源有：

1）整流装置。整流设备是谐波生成的源泉，由于目前整流设备的增多及相应容量越来越大，因此谐波产生的概率也越大。如变频调速、直流调速设备等；不间断电源及应急电源（UPS、EPS系统）；家用电器及办公设备中，如电脑、传真机、复印机、节能灯、变频空调等；电气化铁路的牵引电源，都有可能产生谐波。

2）太阳能发电及风力发电等分布式电源采用的逆变器，因为它也有整流环节，因此逆变器也是产生谐波的源头。

这样，由于整流设备容量的增加及非线性设备过多，造成电网谐波含量越来越大，电能质量主要表现在电压的稳定性及谐波含量等方面，因此供电质量越来越差。

2. 电力系统中谐波的危害

电网谐波过大，会造成大的危害，具体有以下几方面：

（1）线路损耗增加及供电质量变坏。3次及3的整数倍的谐波电流，都是零序，会在中性线叠加，有时会造成中性线电流超过相线电流，造成中性线严重过载，不但增加线路损耗，还会破坏其绝缘，加速绝缘老化，增加电气火灾危险。另外，高次谐波电流在导体中有趋肤效应，这等于增加了线路阻抗及其损耗。谐波电流的增加，使系统向负载输送的总电流增加，这既增加了线路损耗，也减少了系统输电能力。

大量的谐波注入电网，使电网的电压电流波形发生畸变，供电质量变坏。

（2）对电气设备产生不良影响。高频谐波增加了变压器的铜耗及铁耗，铜耗与铁耗与电流频率的平方成正比，谐波电流使变压器损耗能量，且发热严重，不但降低了其输出容量，还使运行噪声增加。

谐波能使电动机运行时发热严重，生成脉动转矩，从而产生振动，并使发电机及电动机噪声增加，使其输出功率降低、寿命缩短。

对断路器与接触器来说，高频电路的趋肤效应，使其断路器热磁脱扣整定值变化，可能造成误动作，影响电动机与接触器的分断能力。

受损最严重的莫过于低压补偿用电力电容器了，因容抗与频率正反比（$X_c = 1/\omega c$），电容器对高次谐波如同短路，形成谐振滤波回路，使电容器功率损耗增加，造成绝缘老化，缩短使用寿命，严重时使电容器鼓肚、击穿或爆炸。据统计，电容器的损坏80%以上是由于谐波过大而烧坏的。例如某电子厂低压配电室所接入的电容补偿柜，投入运行不到一周，皆出现鼓肚冒烟现象，电容器接线端子，接触器及熔断器接头端子处烧蚀冒火，电气值班人员只得忙于用手提电气灭火器灭火，然后把电容补偿柜退出运行，起初用户还怪电容器质量太差或生产电容器柜的电气成套厂制造不合格，但最后用谐波测量仪实测，结果发现系统谐波严重，电气设计人员没有考虑谐波治理问题，设计不合理，并非电容器质量问题或电气成套厂的生产加工问题。

（3）谐波对弱电设备产生不良影响。谐波会影响计算机、通信、有线电视、楼宇自动化设备等弱电设备的正常工作，使电子式仪表测量误差增加，计量混乱。高频谐波对系统电子元件能产生严重电磁干扰，对系统内微电子器件（如数据通信元件）、计算机网络的正常工作带来严重不良影响，如计算机图形畸变、画面亮度发生变化、数据处理出现错误等，为此要进行大的投资来应对这种干扰。

由于谐波危害颇大，因此国家对电网的谐波有限值，根据 GB/T 14549—1993《电能质量·公用电网谐波》的要求，公用电网谐波电压限值见表4-1，谐波电流限值见表4-2。

表4-1　　　　　　　　　　　　　公用电网谐波电压限值

电网标称电压（kV）	总谐波电压畸变率（%）	各次谐波电压允许含有（%）	
		奇次	偶次
0.38	5.0	4.0	2.0
6	4.0	3.2	1.6
10	4.0	3.2	1.6
35	3.0	2.4	1.2
66	3.0	2.4	1.2
110	2.0	1.6	0.8

表4-2　　　　　　　　　　　　　公用电网谐波电流限值

标称电压（kV）	基准短路容量（MVA）	谐波次数及各次谐波允许值（A）											
		2	3	4	5	6	7	8	9	10	11	12	13
0.38	10	78	62	39	62	26	44	19	21	16	28	13	24
6	100	43	34	21	34	14	24	11	11	8.5	16	7.1	13
10	100	26	20	13	20	8.5	15	6.4	6.8	5.1	9.3	4.3	7.9
35	250	15	12	7.7	12	5.1	8.8	3.8	4.1	3.1	5.6	2.6	4.7
66	500	16	13	8.1	13	5.4	9.3	4.1	4.3	3.3	5.9	2.7	5.0
110	750	12	9.6	6.0	9.6	4.0	6.8	3.0	3.2	2.4	4.3	2.0	3.7

第二节 低压系统无源滤波器及有源滤波器

谐波治理主要采用滤波器,在低压领域,有无源滤波器和有源滤波器,在中压领域,主要有无功发生器(SVG)。它们除进行无功补偿外,也有滤波功能。

1. 无源滤波器

(1)谐波源。系统谐波源有电流源及电压源,电流源是非线性负载及整流设备产生的谐波电流,会与系统电压无关,它可以看作恒流源。谐波电压源由系统产生,如发电机或变压器发出,如果谐波电流在系统内流动,会在系统阻抗上产生压降,谐波压降也将成为系统谐波电压源的一部分。不论有源滤波器还是无源滤波器,所谓滤除谐波,都是指限制谐波流动范围,使其在规定范围内流通,对电力系统而言,就是使谐波不要流入电力系统中,而非消灭谐波,只是使谐波在滤波器与谐波电流源之间流动。

(2)无源滤波补偿装置。无源滤波器(passive power filter,PPF),有调谐滤波与高通滤波,不过在低压电力系统中滤除谐波,是采用LC单调谐滤波器。调谐滤波是RLC元件串联后与负载并联(R实质上是L、C元件的内阻及连线电阻,其值很小,可以忽略),要滤除的滤波频率是L、C元件的谐振频率的谐波,使回路对该谐波呈现低阻抗,其总阻抗接近为零,远远小于系统阻抗,使该频率谐波能够顺利通过LC回路而不流入或少流入系统,也是对系统谐波电流提供旁路通道,阻止谐波大量流入电网系统,从而达到滤波的目的。

无源滤波器的调谐滤波,可根据所检测到的系统谐波次数的动态变化,自动调节电感值或电容器的容抗大小,使电感电容在某一频率点谐振,从而滤除该频率谐波,达到动态无源滤波的目的,且提高功率因数,不过由于技术及成本原因,这一设想目前还只停留在理论层面,尽管可改变铁芯的磁饱和程度自动调节电感量,低压滤波器尚未采用自动调节电感或电容的方式。

无源滤波的优点是,可靠性高、容量不受限制、价格低廉,不但能够滤除谐波,而且还能进行无功功率补偿,但受电网阻抗、电压、频率的影响大,仅对某次谐波滤波效果较好,可称为粗放型滤波装置。

调谐滤波是指某次谐波在LC回路上形成串联谐振,这与LC回路和系统形成并联或串联谐振并不相同,后者能够使原有谐波放大后进入系统,不是滤波,而是使谐波污染更加严重。

另外需要指出的是,所谓滤波是指不使谐波流入系统,或使谐波局限于某一范围内,而不是消除谐波或不产生谐波。只要有非线性负载及整流设备在工作,就有谐波产生,滤波器与非线性负载或整流设备之间的回路中,谐波还是照样流动,只是使它不窜入系统或其他回路而已,为了谐波不影响在此路径上其他设备的正常运行,最好使滤波器与非线性负载尽量靠近。

(3)LC滤波回路电抗器的电抗率的选择。对于滤波回路,一般不提电抗器的电抗率问题,它与串联电抗器的电容器无功补偿不一样,电抗器一般要针对某次谐波专门设计,常采用分别计算电抗器的电抗及电容器的容抗,滤除谐波的次数等于电容器的基波容抗除以电抗器的基波电抗再开平方。不能够采用电抗率的方法来确定电抗器参数,因为配套的电抗器额定容量及额定电流变化较大,与电容器补偿回路串联的电抗器有所不同,不过目前有些无源滤波器的生产厂家,采用自己生产的配套电抗器与电容器时,还是习惯标出电抗器的电抗率，采用电抗率这一参数来衡量要滤除的谐波次数。

如果系统内含有多种谐波，如既有 3 次又有 5 次、7 次等，低压无功补偿柜内是否有滤除 3 次谐波的 LC 串联回路，又有滤除 5 次及 7 次谐波的 LC 串联回路呢？或者某一台无源滤波柜专门滤除 3 次谐波，而另一台专门滤除 5 次或 7 次谐波呢？也就是说，在低压侧，并联多组不同谐波的调谐回路，对此问题，是有争论的。有的无源滤波器生产厂家认为，一个变电站最好滤除其中主要谐波，不宜同时滤除多种谐波，也就是滤除最突出的谐波，理由是如果滤除多种谐波，未被滤除的另一种谐波容易与系统产生并联谐振，该谐波被放大，例如有滤除 5 次谐波回路，又有滤除 3 次回路，滤除 5 次谐波的回路对 3 次谐波而言，是呈现容性的，3 次谐波容易与系统形成并联谐振（因为系统一般呈感性，易与容性回路形成并联谐振），有谐波被放大危险。上述情况不一定出现，因为尚无运行实例进行验证，另外，在中压领域，大容量无功补偿采用的 SVC 装置，具有无功补偿及滤波功能，它同时可以滤除不同滤波的回路，中压如此，低压无源滤波柜为什么就不可以呢？为了避免谐波被放大，建议不要对各次谐波同等对待。电网中，不可能只存在一种谐波，但应解决主要矛盾，即要滤除含量大、对系统危害大的谐波，滤除的程度不是要求系统不含谐波，而是不超过国家规定标准。在生产厂家制造的无源滤波柜中，所串联的电抗器的电抗率有的不满足国家规定要求，即要求离串联谐振点不得相差 10%，相差很大，造成滤波效果大打折扣。

2. 无源滤波器与低压串电抗器电容补偿柜比较

（1）无源滤波器中的调谐滤波，根据谐波电流大小及种类，接入相应滤波回路，不能根据功率因数投切，电容补偿柜根据无功或功率因数自动投切。不过目前的投切控制还是根据无功的大小，或功率因数大小投切，而没有采用某次谐波电流的大小投切。但若根据谐波电流大小投切滤波回路，往往与无功补偿产生矛盾，因为无功与谐波是两个不同概念，无功大，不一定谐波也大，例如，负载全部为异步电动机，功率因数不高，无功大，但谐波却很小。

（2）无源滤波器 LC 单调谐滤波回路，需要滤除的谐波频率尽量接近谐振频率，这样滤波效果最好，要求最大误差不大于 10%。电容补偿柜串入电抗器的目的是抑制部分级次谐波，防止大量谐波涌入烧坏电容器，防止合闸涌流，但要避免回路发生谐振，更要避免与系统发生并联谐振，为此电抗器的电抗要为谐振点电抗的 1.1～1.5 倍。例如，无源滤波器要滤除 5 次谐波，电抗器的电抗率 4%～4.5%，滤除 3 次谐波串入 11.2%～12% 电抗率的电抗器。电容补偿柜电抗器的电抗率要躲过谐振，主要为了限制电容器的合闸涌流，部分抑制某次谐波，抑制 5 次谐波电抗器电抗率可为 6%、7%，抑制 3 次谐波可为 13%，不过电抗率越大，在所串联电容器相同的情况下，它的价位越高，无功补偿容量也越低。

（3）无源滤波器要能承受大的谐波电流，耐热性能要好，因此用来生产电容器的薄膜要厚、容量精度要高、电流的过载能力要大，可以通过 2 倍的额定电流（有的最高可通过 2.5 倍额定电流），承受 1.1 倍额定电压，而补偿用电容器，平时可通过 1.36 倍额定电流，承受 1.1 倍额定电压（最高可达到近 1.5 倍的额定电流），滤波电容器比补偿用电容器质量好，但价格较高。滤波器用电抗器精度要高，容量要富裕，耐热性要好，铁芯材料好些，运行参数要稳定，线性度要好，例如电抗器可以在 1.8 倍额定电流下长期工作，电感线性度大于 0.95，电抗器铁芯温度可达 120℃（超过此温度能够自动断开回路）。这样电抗器价位高些，但对电容补偿柜用的电容器与电抗器没有过高要求。

（4）无源滤波器目的是滤除谐波，能滤除谐波 70% 以上，兼顾基波的无功补偿。串联电抗器的无功补偿电容器柜主要作用是对基波无功功率补偿,要使功率因数达到要求,但可对电网某次谐波有抑制作用,电抗器是防止电容器的合闸涌流及大量谐波的涌入。

(5)电容器柜容量以补偿千乏标定,滤波器以额定电流标定,标定滤波次数及相应的电感器电感量及电容器容量。不过目前有的无源滤波柜生产厂家还是以电容器的容量来标注,把串联电抗器的电容器补偿柜当成无源滤波器来销售。

(6)谐振滤波回路串联的电抗器一般无标准规定,根据每次谐波要求进行专门设计,而电容器串联电抗器无功补偿开关柜,要求电抗器的电抗率有一定规定,例如6%、7%、12%等,但多数无源滤波器的生产厂家也标出电抗器的电抗率,所标容量不是电抗器容量,而是所配套的电容器的容量。

3. 无源滤波器的选择

有源滤波器不存在过载问题,如果容量选择小了,只能是谐波治理的不彻底而已,它会量力而行,而不会因过载而烧坏滤波器。而无源滤波器,却有过载问题,容量选择小了,易过载;选择大了,又造成浪费;最好恰到好处,或略为富裕。如果设备已经投入运行,而谐波治理在后,应对谐波含量进行测量,根据各次谐波大小,选择合适的无源滤波器。如果项目正在设计中,可参考本文的上述经验数据进行谐波含量计算,然后选择适当的无源滤波器,不过无源滤波器兼有基波无功补偿功能,因此还要考虑无功补偿所需的容量。

无源调谐滤波器虽然既有滤波又有无功补偿功能,但滤波与无功补偿可能不会协调一致。例如,在变频器容量大的场所,整流器功率大,谐波比较严重,但变频器功率因数较高,要求无功不能过补偿,但要滤除大量谐波,要求投入的调谐滤波器的容量相应要大,这反过来又会对基波无功功率无形中形成过补偿,为此,只能降低无源调谐滤波的滤波能力了。

串联电感电容的无功补偿装置,如果串联电感的电容器回路接近谐振点,造成谐波大量涌入,容易使电容器过载损坏。目前大多数厂家生产的低压无源滤波器没有按谐波电流大小投入滤波回路的控制器,而是采用按无功大小或功率因数投切的控制器,这与回路串联电感的电容补偿器已无区别了,造成一种设备可用两种铭牌的现象。

另外,需要指出的是,电容补偿柜采用循环投切,无源滤波器不必循环投切,只要负荷比较稳定,谐波电流也相应稳定时,滤波回路应一直接入电网中,当无负荷或负荷很小时,相应的谐波含量也小,无源滤波器应退出滤波回路。

采用调谐滤波的无源滤波柜,均有滤波与无功功率补偿功能。因此,此种柜称为低压无源滤波补偿柜比较贴切。

4. 有源滤波

(1)概述。有源滤波器(active power filter,APF),顾名思义,必须外接电源供给功率,或者是它本身就是生成所需谐波的源泉。通过外接电流互感器检测电流信号,检测负载侧的电流及电压信号,并将检测到的模拟信号通过内部电路,转换成数字信号,送入高速数字信号处理器(DSP)对信号进行处理,将谐波与基波分离,并以脉宽调制信号(PWM)向补偿电流发生回路输出驱动脉冲,控制IGBT生成与谐波电流幅值相等、方向相反的补偿电流注入需要滤波的回路,以便与回路的谐波环流,谐波电流不会注入系统,表面上看起来是谐波电流相互抵消,从而达到滤除电网谐波的作用,实质上是有源滤波器给有关谐波提供通路,使谐波在产生谐波的设备与有源滤波器之间流动罢了。

从检测负载电流谐波成分及大小,发出补偿指令信号,此信号输入电流跟踪控制电路,经驱动电路控制主回路产生相应的谐波补偿电流，这一过程能在 10ms 内完成，因此它是属于动态滤波与补偿。通过参数设置，它可发出需要补偿的基波无功电流，能起到无功补偿的作用，也可生成少量有功电流，对线路负载不平衡进行调节。不过由于有源滤波器结构复杂、维护成本高，占用它的容量兼做无功补偿或对系统负荷平衡实在不经济，因此有源滤波器常用来滤波而非无功补偿。

采用无源滤波柜，结构简单，造价低廉，用于无功补偿性价比高，一般来说，按照目前的市场价格，采用有源滤波器进线基波无功补偿，低压系统补偿 1A 的无功电流，成本价 300 元左右，采用无源滤波柜，滤除 1A 谐波电流只要投资 650 元左右。性价比相差悬殊。因此，有源滤波器（APF 装置）常与电容补偿柜一起并联于系统中，或者有源滤波器与无源滤波器同时并联于电网中。当系统谐波电流过大时，并联电容无功补偿装置可能无法正常工作，应采用有源滤波器进行滤波，也就是说，不进行滤波，就不能进行无功补偿，滤波与无功补偿是捆绑在一起的。补偿电容器专职进行无功功率补偿，有源电力滤波器专职进行滤波，各有分工，如果不装有源滤波器，可能有大量谐波涌入补偿电容器，使电容器过载损坏；如果只安装有源滤波器，兼做滤波与无功补偿，要花费大量投资，性价比非常低。若同时采用电容补偿与有源滤波，不但电压质量与功率因数的要求均能满足要求，而且投资大大节约。

低压有源滤波装置电气性能要求见表 4-3。

表4-3　　　　　　　　　　　低压有源滤波装置电气性能要求

项　目	技 术 要 求	备　注
输入电压范围	交流380V ± 57V	以380V为例，其他电压等级可根据用户需要调整
输入电压不平衡度	≤5%	
电源输入频率	50Hz ± 1Hz	
总谐波补偿率	≥90%（负载电流畸变率≥20），≥75%（负载电流畸变率<20）	可对2~25次谐波进行全补，或只对指定谐波专补
功率因数补偿	≥0.95	
抗过载能力	连续运行	自动限定输出电流
损耗	≤5%	
动态响应时间	≤20ms	在非线性负载突增和突减情况下测得（在10%额定负载到90%额定负载之间变化）
噪声	≤70dB	

（2）有源滤波与无源滤波的比较。

1）无源滤波受系统阻抗影响，存在谐波放大谐振危险，有源滤波不受系统阻抗影响，不存在谐波放大危险。

2）无源滤波受谐波频率变化影响，谐波频率变化后，偏移了谐振点，滤波效果大打折扣，而有源滤波是跟随系统谐波频率及大小变化，向系统输送幅值一样、方向相反的谐波电流，随系统谐波频率变化而变化。

3）无源滤波受系统谐波大小影响，如果系统谐波容量过大，超过无源滤波器电容器承受能力，电容器有可能烧坏。而有源滤波器滤波能力是量力而行，采用有源滤波器，只能对系统产生滤波效果不足的问题，而不会发生过载问题，更不会产生涌流冲击，滤波电流与所接系统电压的偏移及波动无关。

4）无源滤波只对几个设定的谐波滤除，所滤除的谐波次数不能变动，有源滤波器对各种谐波补偿可进行现场设定。

5）无源滤波有可能与系统发生串并联谐振，有源滤波器不存在此种问题。

6）有源滤波器随负载变化进行动态滤波也是优点之一，由于它受电力电子元件的影响，它的单台容量大都不超过 500A（一般为 50～300A），电压一般不超 1000V（一般为 400V），而无源滤波器一般不受容量限制，单台容量只受柜体的限制罢了（可以另外配备副柜）。对靠近谐波源就近滤波的有源滤波器，可根据谐波的大小选择适当容量的有源滤波器，如选择容量十几安的挂墙式有源滤波器，不过对大功率的谐波源设备，如大功率变频器，它的输出及输入侧都自带无源滤波器。

7）滤除单位容量的谐波，无源滤波器比有源滤波器便宜得多。据用户需要，有交流有源滤波器（APF）和直流有源滤波器，此处所讲的为交流有源滤波器。根据接入电网的方式，分串联型与并联型，并联型用于电流型谐波补偿，串联型用于消除电压型谐波源对系统的影响，串联型 APF 由于通过的是全部负载电流，损耗大，元件容量大，投入与切除比较复杂，因此一般都采用并联型有源滤波器，此处讲的有源滤波器，均为交流并联型有源滤波器，简称有源滤波器。

（3）有源滤波器容量的选择。正确选择有源滤波器，首先要计算谐波电流的大小，谐波电流计算方法如下：

1）采用谐波补偿系数法。对于采用集中谐波补偿的方案，可根据计算负荷确定有源滤波器的额定电流 I_N（A），

$$I_N = K \times S_j \tag{4-1}$$

式中　K——谐波补偿系数，为经验数据，可根据实际情况调整；

S_j——计算负荷（非设备容量），kVA。

谐波补偿系数由用电性质确定的，K 的大小取决于负荷性质，一般住宅建筑，K 为 0.1 左右；对于办公楼，K 为 0.17 左右；而电焊机、变频器、整流设备等产生谐波大的设备所占负荷比重比较大的场所，K 为 0.26 左右。上述谐波补偿系数只是个别单位的经验数据，其准确性要经过实践检验。为了得到准确系数 K，应该投入大量人力物力进行实地测量，然后得出比较准确的统计数据，载入设计手册，以便设计人员查询。

2）采用谐波容量法。如果计算出谐波容量，就很容易求得谐波电流。不同负载有不同的谐波含量，对于产生谐波的单台设备或成组设备，可根据不同的设备，确定谐波的含量。例如，LED 及节能灯、电子镇流器、UPS 及 EPS 电源、电梯等，谐波含量为 15%～30%；变频器、电焊机、六脉镇流器、中频感应加热电源，谐波含量为 30%～40%。

补偿谐波电流的安培数，大约为计算谐波容量（非设备的计算负荷）千乏数的 1.5 倍，例如计算谐波容量为 100kvar，计算谐波电流为 150A，可选择额定电流为 150A 的有源滤波器接入谐波产生处。

3）现场实际测量法。上述参数是提供工程设计阶段确定有源滤波器的容量，如果工程投入正常运行，只要采用谐波测量仪实际测量，便可知道谐波含量，从而正确决定滤波器的

安装容量，但这是事后的补救措施（或者称为老工程的改造项目），会给工程投资、滤波器安装等事项带来很多麻烦，应像无功补偿及变压器容量选择那样，在设计阶段就把滤波方案确定下来，不过完成这样工作的难度很大，它不像负荷计算那样，有成熟的计算方法，如需用系数法、利用系数法、单位面积容量法等，有固定长期使用的相关参数可供查找。如果采用上述的谐波补偿系数法，必须经过大量的实际测量，然后在此基础上归纳总结出比较可靠的、接近实际的谐波补偿系数，如果没有财力、人力支持，没有有关管理部门的规划，这一工作无从做起。

根据低压系统配电方案及谐波情况，选择适当的滤波方案，达到滤波效果与投资的最优化设计。如果为三相对称系统，可只在其中两相上安装电流互感器，有效地滤除三相线中的谐波，如果为三相不对称系统，中性线有不平衡电流，这要在每相上均安装电流互感器，可有效地滤除相线中的谐波及中性线中的谐波。为了避免干扰，电流互感器的引出线宜采用屏蔽双绞线。

（4）有源滤波器的布置。如果采用集中滤波，可在变电站低压配电屏处安装有源滤波器，最好滤波柜与低压开关柜并列安装，这样，要求有源滤波柜壳体尺寸及颜色与低压配电屏一致。由于要考虑低压水平母线要穿过其中，因此柜上部母线室要有 200mm 高的空隙，以便水平母线穿过。一般来说，100 ~ 300A 的有源滤波柜，柜体与低压配电屏基本一致，设计时，要向滤波器的生产厂家提出要求，要求壳体与低压配电屏一致。由于低压配电屏是全国定型产品，而且台数又占多数，只能要求滤波柜与低压配电屏一致，而不是相反。

有源滤波柜内已经安装交流主回路断路器，当与低压配电屏并立安装时，只要把滤波柜内的交流主开关直接与低压母线相连即可，如果有源滤波器的总开关采用配电屏的馈线开关，那么，有源滤波柜内不必另加总开关了。要滤除回路的谐波，需要在所在回路安装三只电流互感器，通过专用电流互感器接线端子，接入有源滤波器。当与低压配电屏并列时，要在主母线安装三只专用电流互感器。

对于分散滤波的有源滤波器，如果电源与电流信号取自二级配电箱，尽量与配电箱并列安装，颜色及尺寸尽量与配电箱一致，由于滤波器有已带有保护开关，滤波器直接与配电箱母线相连即可。

对于单台设备或相距较近的同类成组设备的滤波，称为就地滤波，有源滤波器的容量一般不大，柜体也相应比较小，可就地挂墙安装或落地安装。

如果滤波器与配电屏或配电箱不在一起安装，这样，在低压配电室母线或配电箱母线上要有滤波器的专用开关，以专用线路接入滤波器。

有源滤波柜的安装非常类似低压电容补偿柜的安装，即集中补偿、分散补偿与就地补偿，而滤波方案可分为集中滤波、分散滤波及就地滤波三种方式。如果系统中，单台非线性负荷容量小，但数量多，系统谐波含量大，宜采用集中滤波方案，在变电站低压配电室，采用大容量滤波器，与低压开关柜或电容补偿柜并排安装，接线如图 4-1 所示，电流信号取自低压总回路电流互感器。集中滤波使滤波器

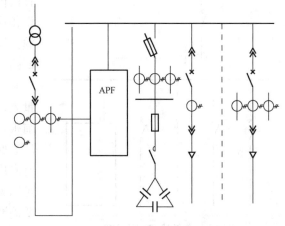

图 4-1　变电站集中滤波接线方案

利用率高，方便管理，虽然减少注入电力系统的谐波，但谐波电流还是在滤波器与谐波源之间流动，谐波电流不再进入系统，满足供电部门对用户谐波含量的要求，但对于滤波器负载侧来说，谐波的危害还是存在。这与电容器无功补偿非常相似，电容器无功补偿可减少电容器电源侧的无功电流输送，但不能减少电容器负载侧的电流，负载侧导体截面不能减少。

分散滤波适用某条干线或某支路所带的非线性负荷多，造成该回路谐波含量超标，可采用分区滤波方案。在此方案中，滤波器可与变电站低压开关柜并列安装，但电源线要取自该回路，电流信号取自该回路的电流互感器器，而不是总回路电流互感器，如图4-2所示。不过此方案接线有一定的难度，那就是滤波器电源接在抽屉的出线侧，要与出线电缆并联，连接点都在抽屉的出线接线柱上。

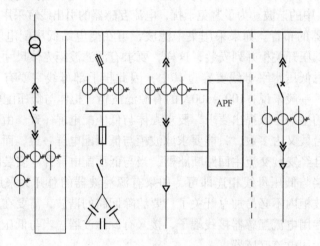

图 4-2　变电站分区滤波接线方案

分区滤波方案也可不在变电站进行，而是在所在区域的总配电箱处，滤波器接于总配电箱的母线上即可。

分散补偿滤波器也可以安装在二级配电箱处，电源取自配电箱主母线，电流信号取自配电箱母线电流互感器，接线如图4-3所示，安装时可与配电箱并列。

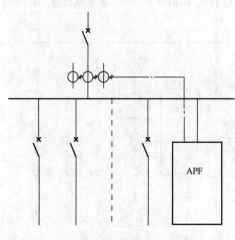

图 4-3　分散滤波接线方案

如果系统中有单台大容量谐波源，如大型整流设备，可采用就地滤波方案，滤波器可与设备控制箱或开关箱并列，也可采用悬挂式有源滤波器，电源及电流信号均取自该设备配电回路。就地滤波对减轻谐波对用户的危害非常有利，但滤波器利用率低，需要的滤波器总容量大，安装分散，管理不便，投资费用大。目前很多大型整流设备，设备本身都有设备供应厂家配备的滤波装置，有的整流设备的两侧都有专用滤波器，而输出电网的谐波含量已经满足国家标准，因此，对产生谐波的设备，一定要搞清楚，是否自带滤波器，滤波效果是否已达到国家规定标准，然后才能决定是否另外安装滤波器，不能盲目地对大容量谐波源安装分散式有源滤波器。

低压电力系统梯级安装有源滤波器的方案如图4-4所示。

5. 低压有源与无源滤波器的应用举例

在低压系统中，有源与无源滤波器都得到广泛应用，不论在工厂还是矿山，不论在民用建筑中还是在地铁中，都可见到。目前由于整流器或带有整流环节的设备日益增多，容量也相应增大，如大型变频调速设备、气体放电照明设备、软起动设备、UPS 及 EPS 装置、逆变器、整流设备等，不但增加了无功功率，而且产生了大量谐波，因此，低压系统中，变压器装机容量在 250kVA 及以上用户，基本上都可采用无源及有源滤波器，也就是说，过去凡安装低压电容补偿柜的用户，都可以用无源滤波器取代，凡有大量谐波产生的用户，都应采用有源滤波器，现只举几个例子说明：

（1）大型民用建筑中的应用。大型民用建筑有大量电子设备，这些电子设备都含有单相整流单元，会产生大量 3 次谐波，另外，电机的变频调速大量采用，如水泵风机要调速运行，而变频设备又离不

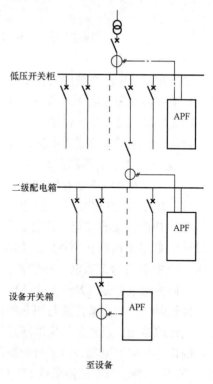

图 4-4　低压电力系统梯级安装有源滤波器的方案

开整流环节，整流环节又是产生谐波的源泉，因此谐波治理应得到足够重视。某 54 层高的办公楼，建筑面积近 20 万 m²，变压器总装容量为 17.6MVA，在低压系统采用无源滤波器，滤除 3、5、7、11 次谐波，并进行无功补偿，而在谐波集中的空调机房与水泵房，采用 APF 装置专对谐波治理，在滤波装置投入前，3、5、7、11 次谐波电流分别为 320、267、191、121A，这些滤波装置投入后，上述的谐波电流分别为 3、3、5、5A，可见谐波治理的效果很好。

（2）在水泥厂中的应用。由于水泥厂的大容量变频电动机多，造成谐波多，如某水泥厂在有源滤波器安装前，低压系统 5、7、11、13 次谐波电流分别为 121.38、55.97、29.09、11.81A，在大容量变频调速电机旁分别安装 200A 及 100A 两台 APF 装置，总谐波电流由 51.6% 下降至 6.3%，上述各次谐波电流分别为 2.95、2.17、1.33、0.99A。

（3）地铁中的应用。在地铁的低压配电系统中，由于风机、水泵采用变频调速，会有大量谐波产生，电梯与空调占用电量的大部分，而这些负荷都带有整流环节，也会产生大量谐波，这些谐波以 5 次谐波为主，其次为 7 次与 11 次。另外，气体放电灯及直流屏的整流充电装置也会产生谐波，因此，应针对 5 次谐波的治理，电容器所串电抗的电抗率为 7% 既补偿无功，又抑制 5 次谐波。据有关部门统计，某城市地铁 3 号线，一条长度为 8.7km 的地铁线路，采用调谐滤波的无源滤波柜，总谐波补偿电容量达 1225kvar，平均每千米补偿滤波容量为 140.8kvar，无源滤波柜投入后，谐波电流下降 44.3%，功率因数由 0.85 提高到 0.96。

第三节　中压静止无功补偿器 （SVC）

这里介绍的中压系统用的无功补偿，与补偿器的额定电压不是一个概念。由于受元件限制，目前补偿器额定电压最高不过 66kV，如果给高压系统进行无功补偿，只要对中压补偿器补偿后再经过升压变压器接入即可。

目前习惯上把大容量、电压比较高的静止无功补偿器称为 SVC 装置（static var compensator），静止无功发生器称为 SVG 装置，实质上低压电容器无功补偿柜不论是静态补偿还是动态补偿，以及具有无功补偿的无源滤波柜，其原理均为 SVC 装置的范畴。

所谓静止无功补偿器，"静止"二字是对旋转的同步调相机而言，它采用电感或电容进行无功补偿，无旋转运动部件，所谓"动"或"静"是对补偿元件而言，而不是投切装置，在采用机械投切装置时，如接触器或断路器也是动作的，但不能够称为动态补偿。低压系统中采用的无功电容补偿柜，也无运动部件，也可称为低压 SVC 装置。

机械投切电容器（MSC）是 SVC 装置的主要分支之一。所谓"机械"，这里是指断路器、接触器一类的能够接通与切断回路的电气元件，而不是普通意义上的机械装置，此种补偿方式比较原始，最初是采用油断路器柜、普通真空断路器或接触器（F-C）作为补偿电容器组的操作与保护电器，由于目前断路器制造的进步与完善，一般采用经过老炼的真空断路器、SF$_6$ 断路器。真空断路器或 SF$_6$ 断路器，不但作为投切元件，而且兼作保护元件。机械投切不能实现平滑补偿，补偿波动性大，不过它作为投切元件最大的不足之处是，机械寿命与电气寿命满足不了要求，中压断路器的机械寿命最高不过两万余次，而电气寿命更低，不宜用在频繁投切场合，而适合无功功率变化不大、不需要经常投切电容器的场所。目前此种方案使用的比较多，是因为它简单实用，易于维护。例如，某县 220kV 变电站，采用 40.5kV 的 SF$_6$ 断路器柜，控制保护额定电压 35kV 的集成式电容器，平时一直接入电网进行补偿比较稳定的无功负荷，很少进行投切操作。风能、太阳能 35kV 开关站向 SVC、SVG 的馈线皆采用 SF$_6$ 断路器，但不用来投切，而是作保护之用。

SVC 装置的各子类方案，一般不单独使用，而是它们之间的相互组合。例如，常用的晶闸管控制电抗器与固定电容器组合，即 TCR + FC，简称 T-SVC 方案，磁控电抗器与固定电容器组合，即 MCR + FC，简称 M-SVC 方案。以上这两种是电力系统常用的 SVC 补偿装置。晶闸管控制电抗器与机械投切电容器结合，组成 TCR + MSC，晶闸管控制电抗器与晶闸管投切电容器结合，即 TCR + TSC 等也得到广泛应用。

采用铁芯的励磁电流控制电抗器的电抗值，即磁控电抗器（MCR），MCR 反应速度慢，时间常数大，时间有的达 300ms 以上。另外一种控制电抗器的方式是，采用晶闸管控制，即 TCR 方案，它是由空心电抗器与双向导通晶闸管串联而成，此种装置反应速度快，时间在 10ms 内，属于动态补偿装置，但它最大的不足之处是自身产生的谐波电流大，不容易达到国家对谐波的规定要求，对正在运行的风电场所用的 TCR 装置进行实际测验，证实本身造成的谐波污染比较严重。

TSC 采用电压过零投切，无冲击浪涌电流，相似于低压系统中晶闸管控制的动态无功补偿装置。TSC 装置补偿容量受系统电压偏移参数的影响，而且还容易过载。TCR 本身带有晶闸管元件，因此本身也产生谐波，一般要配以滤波电路。

在 TCR＋FC 装置中，通常将电抗器的容量设计成与电容器的容量相等，当 TCR 装置中晶闸管关断时，电抗器无感性电流输出，全部电容器补偿容性无功，容性无功补偿容量最大。当调节晶闸管的导通角，输出感性无功，与电容器输出的容性无功抵消一部分，使电容器向电网输出容性无功减少，当晶闸管全导通，电抗器输出的感性无功最大，而且与电容器输出的容性无功相等，整个装置向电网输出补偿无功为零。由此可见，只要控制晶闸管的导体角，就可以调节电容器向电网补偿无功的大小，根据电网无功功率的需要，只要实时地控制晶闸管导通角即可，从而达到动态平滑地补偿目的，也就是无功补偿具有连续可调的优点，在有些电气成套装置厂，也把这一方法用在低压补偿装置上了。

TCR＋FC 方案，无功功率动态连续补偿的机理也可以这样解释，即调节 TCR 晶闸管导通角，使 TCR 向电网输出的感性无功与负载感性无功之和始终等于常数，也就是说，当负载向电网输出感性电流最大时，TCR 晶闸管关断，感性无功电流输出为零，当负载向电网输出无功电流减少时，控制 TCR 晶闸管开通一定角度，使输出感性无功电流与负载感性无功电流之和始终保持常数，选择 FC 装置电容器容量，使它的补偿容量正好等于上述常数感性无功功率，也就是说，电容器容量是固定的，系统感性无功功率是变动的，电抗器输出的感性无功也随之变动，但系统的感性无功与电抗器感性无功之和却始终保持不变，为某一常数，而固定电容器补偿容量也为这一常数，这样，系统内的感性无功得到完全补偿，而且还是动态补偿。

如果单独采用晶闸管投切电容器达到动态补偿，每支路电容器容量过大，补偿得不够平滑，不能连续可调。如果补偿平滑，晶闸管控制的每支路电容器容量要小，这样需要很多补偿回路，要分成很多级别，投切及保护元件相应的就很多，所需要的中压开关柜也相应增多，开关柜占地面积也相应增大，性价比就降低了。

TCR 装置是对电抗进行控制，TSC 装置是直接对电容投切，这所说的"控制"与"投切"是不同操作方式，"控制"实际上是"调节"之意，根据需要有无数个状态；投切只是"通"与"断"两种状态。不论中压或低压，只是采用晶闸管对电容器进行投切，晶闸管要么全开通，要么完全关断，而非采用晶闸管开启角度来控制电容器电流的大小。

如果负载始终是感性的，调节电抗器的输出容量可以小于补偿电容容量，例如某电气化铁路牵引变电站，采用磁控电抗器方案，即 MCR 方式的 SVC 装置，MCR 电抗容量 24Mvar，滤除 3 次滤波加补偿的 FC 的容量为 18Mvar，滤除 5 次谐波加补偿容量也为 18Mvar，总计为 36Mvar，就是电抗器容量只为电容器容量的 66.7％，不需要电抗器容量与电容器容量相等。

由于晶闸管工作中有谐波产生，也要滤除系统中的谐波，TCR＋FC 装置中，固定电容器回路要串联电抗器组成补偿及滤波回路，串联电抗器一方面与电容器配合，有滤波作用，另一方面为的是投切电容器时不产生大的冲击电流及过高的操作过电压，这与低压系统无源滤波有些类似。

TSC 方案是采用晶闸管投切电容器，适用于中压大容量动态无功补偿装置，与低压动态补偿柜采用的晶闸管投切比较，不但容量大、电压高，而且采用的控制器更高级，不过采用的原理是一样的。TSC 采用电压过零投切，无冲击浪涌电流，它的不足之处是补偿容量受系统电压偏移的影响，而且还容易过载，与 TCR 方案比较，由于只有"通"与"断"两种运行方式，控制难度要要小得多。

第四节　静止无功发生器（SVG）

1. 概述

静止无功发生器（static var generator，SVG），有的称为静止同步补偿器（static synchronous compensator）或静止调相器、STATCOM、静止补偿器、高级无功补偿器、ASVC（advance static var compensator）等，名称繁多，不一而足。SVG是可控的无功电流源，即动态无功功率发生电源，无功电流快速地跟随负荷无功电流的变化而变化，向系统注入无功或谐波相位相反的滤波补偿电流。

低压系统的无源滤波器及有源滤波器，它们的补偿及滤波能力，以及工作电压无法与平常所说的SVC及SVG相比，尽管原理类似，但不能相提并论，而且它们的功能侧重点不同，SVC、SVG的功能为无功补偿，兼有滤波功能。无源及有源滤波器侧重滤波，兼有无功补偿功能。SVC与SVG一般补偿容量大，额定电压高，称为重型无功补偿装置，当前在中压无功补偿装置中应用最广，而且效果最好，目前SVC应用得较多，它开发的时间早，有比较成熟运行经验。SVG是近年来开发的装置，但进展速度快，在风能、太阳能电站，SVG逐步取代SVC。

有源滤波器（APF）可以看作是SVG有源无功发生器在低压系统应用的扩展，有的生产厂家把有源滤波器称为低压SVG。在国内，一般有技术实力的企业，几乎都在研发中压（6~35kV）大容量的SVG，但投入运行的不多，多数生产的是低压SVG。SVG与APF在原理上无本质区别，在控制策略及算法上稍有不同。它们侧重点不同，APE主要为滤波，很少用来做无功补偿，而SVG无功补偿兼有滤波功能，但重点是无功动态补偿功能，它们之间只要更改控制软件，就可实现互通。

为了抑制系统过电压、改善系统电压稳定性、提高系统暂态稳定平衡、提高系统稳固功率传输极限、阻尼系统振荡、改善系统电压质量，为此采用大功率SVG是比较好的。

有人把接触器投切的电容补偿柜称为第一代无功静态补偿装置；把采用晶闸管投切的动态电容补偿柜及SVC称为第二代无功静态补偿装置，而把同步补偿器，即SVG，称为第三代无功静态补偿装置。

2. SVG装置的技术特点及发展方向

无功发生器SVG的技术特点及发展方向：

（1）减少无功输出的谐波分量，做到输出端不必另外采用滤波措施。

（2）提高额定电压，额定电压宜在中压领域，例如额定电压为6、10、27.5、35kV，其中27.5kV用于电气铁路系统，35kV用于风电、太阳能发电系统及变电站，它是柔性交流输电系统（FACTS）电压稳定及无功补偿装置。

（3）增加额定无功补偿容量，单台容量可可达50MVA以上。如果补偿需要更大容量，可以多个50MVA为单元进行扩展，例如，采用四单元50MVA的，可拼接成200MVA的SVG。所以运行范围宽，补偿范围从-100%~+100%。

（4）补偿功能多样化，能够发感性无功，也可发容性无功，能够补偿系统不对称造成的负序电流，也能够滤除部分滤波，达到净化系统的目的。也就是既可单独作用，又可同时补偿无功、谐波及不平衡。

（5）增加可靠性。目前 SVG 尚在推广阶段，故障率较高，提高可靠性、增加维护的方便性是首要工作，因为一般的用户对维护大功率电力电子装置技术与经验均不足，运行经验尚待积累与总结。

（6）研发直挂电网式 SVG。有的通过电抗器或变压器接入电网，直挂式是发展方向，它省略了电抗器或变压器，大大缩小占地面积，节省电力损耗，只有额度电压达不到要求时，才考虑采用变压器或电抗器接入电网（不过采用电抗器接入电网倒有一个附加好处，那就是防止一部分谐波窜入电网）。

（7）结构采用模块化，功率单元可互换，模块之间可互为备份，可靠性高。并联单元可单独控制，单独检修，但额定电压低，要通过变压器接入电网，目前认为比较好的结构方式为链式结构，它结构紧凑，体积小，额定电压高，每链由多个功率模块串联，而每个功率模块带有旁路开关，一个功率模块出现问题，旁路开关投入，不影响其他链节的运行。每相设 1~2 个冗余链节，即使 1~2 个链节损坏，也不影响额定功率输出。

（8）国内生产的 SVG 动态响应时间一般不大于 10ms，新研发的 SVG 应按不大于 5ms 考虑。允许电压变动范围按 −30% +120% 考虑。

（9）控制电压闪变能力达 5:1，即把电压闪变抑制 80%，能够补偿谐波的频带要宽，达到 13 次及以下的谐波均能补偿。

（10）SVG 要求既有软件保护，又有硬件保护，保护类型有母线过电压、母线欠电压、直流过电压及过电流、IGBT 管损坏检测及保护、高温与短路保护等，并有故障追忆功能。

（11）采用全数字控制技术，脉宽调制技术（PWM），功率单元链式多重化技术，大功率全远程数字监控技术，过载能力达 120%，控制器采样 DSP（数字信号处理器），电容器采用安全膜式电容器；控制回路采用光纤，噪声不大于 60dB，功率因数大于 0.96，效率达 97% 以上。

3. 存在的困难与问题

（1）主要元器件要靠进口。对于电压高、容量大的 SVG，目前只有少数几个工业发达国家可以生产，而且研发的时间也不长，其难度不亚于大容量逆变器。目前国内生产的 SVG，使用无故障时间一般不超过 10 万 h，因此，如何解决 SVG 装置的长寿命，长期无故障运行是一个难题（使用寿命最好达到 15 年以上）。

另一个难题是元件国产化困难，目前大功率 IGBT 管，只有日本三菱、德国 EUPEC 等几家公司生产，国内无此产品；DSP 技术采用美国 TI 公司的 DSP28335 芯片，这些都要进口，增加了制造成本及备品备件的困难。据悉，株州南车公司目前已能生产高压大功率 IGBT 元件。

（2）控制器要求严。控制器主要包括四象限流控制、逻辑控制、通信等部分，核心是四象限流控制，主要功能有无功检测、电流跟踪检测、PWM 脉冲输出、测控保护及通信等主控板计算速度快、冗余度高，具有强大信号处理能力，数据通过内部通信实现共享。

4. 产品要求的试验项目

目前尚无 SVG 专门型式试验规程，产品型式试验要求满足：

（1）GB/T 3859.1—2013《半导体变流器　通用要求和电网换相变流器　第 1-1 部分：基本要求规范》。

（2）GB/T 7251.1—2005《低压成套开关设备和控制设备　第 1 部分：型式试验和部分型式试验成套设备》。

（3）GB/T 2423.1—2008《电工电子产品环境试验》。

（4） GB/T 17626.1—2006《电子兼容　试验和测量技术抗扰度试验总论》。

注：参考荣信股份企业标准 Q/ARX05—2009。

应进行一般检查、绝缘试验、控制与保护功能试验、运行试验、性能试验、温升试验、噪声测试、电磁兼容试验、环境试验等共 8 类 36 项试验。

第五节　SVC、SVG 的应用

SVC 与 SVG 应用非常广泛，现举几个简单的应用实例。

1. 电气化铁路系统中的应用

电气化铁路通常由电力系统交流 110kV 或 220kV 供电，通过变压器降为交流 27.5kV，然后接入电力机车的接触网。单台电力机车功率达 6000kW，由高压单相整流设备供电，在起动、加速及停车过程中，冲击负荷变化大，造成系统功率因数低，电压波动大，谐波严重，为此要进行无功动态补偿及谐波治理。电气化铁路电力系统的无功补偿及谐波治理，是在 27.5kV 侧分散设置多个单相 SVC，在 110kV 侧设立一个三相 SVC。某电气化铁路牵引站，直接挂网 TSC + FC 形式的 SVC 容量为 18Mvar，磁控电抗器 MCR + FC 的 SVC 装置容量为 24Mvar，此套装置投入运行后，系统功率因数、电压闪变及谐波均达到国家规定。

2. 铝制品企业中的应用

电解铝厂，由于有大型整流设备，也必须进行无功补偿与谐波治理。某铝制品厂，整流变压器高压侧为 10kV，变压器总安装容量约 18 000kVA，由于有整流设备，产生大量谐波，为此在 10kV 母线上安装一套 SVC 装置（TCR + TSC），装机容量为 TCR 支路 6000kvar，滤除 3、5、7 次 TSC 各支路总容量 6000kvar，SVC 装置投入运行后，系统谐波、电压波动及功率因数均达到或超过国家规定，实测 10kV 母线上功率因数达到 0.95。

3. 轧钢厂中的应用

钢厂轧机有多台大型轧机，采用变频调速，因此造成严重的谐波污染，而轧钢厂中的电弧炉，更是产生谐波的大型非线性负载，为此，要进行无功补偿及谐波治理。例如，某轧钢厂，共 8 台轧机，轧机总容量 31.5MW，由两段 10kV 母线分别向平稳负荷（7.3MW）及轧机负荷（31.5MW）供电，轧机 10kV 母线安装一台 TCR + FC 动态无功补偿及滤波装置。TCR + FC 装置中的 TCR 的安装容量为 28.8Mvar，用来提供系统所需要的感性无功功率，稳定轧机造成的电压波动，轧机负载的无功变化由 TCR 产生的无功功率平衡，使两者总和为常数，该常数被 FC 产生的容性无功功率相抵消，FC 的安装的容量为 36Mvar，最终使 10kV 母线功率因数维持在 0.95。FC 一方面要向系统补偿容性无功功率，另一方面还要滤除负载整流变频设备产生的 5、7、11、13 次谐波，也要滤除 TCR 本身产生的以 3 次为主的谐波。此 SVC 由一台 10kV 真空断路器供电。

10kV 另一段母线供电 7.3MW 平稳负荷，安装的 FC 静态无功补偿器，按平均功率因数 0.92 计算，安装容量为 3Mvar，占安装负荷的 41.1%，除补偿系统容性无功功率外，还要滤除负载产生的 5、7、11、13 次谐波。此 FC 装置由 10kV 真空开关柜接入电网。

武汉钢铁公司、张家港钢铁公司的轧机也配备 SVC 补偿装置。据技术资料介绍，瑞典两台 100t 电弧炉，安装 60Mvar 的 TSC 形式的 SVC 无功补偿器，使 110kV 电网电压波动小于 1.5%。

4. 风电场动态无功补偿装置的使用

如果风电场采用异步发电机，运行中需要容性无功功率励磁，风机到升压站若用电缆连接，电力电缆充电电容无功功率较大，风电场与电网所签协议，一般要求接入界面无功功率为零，也就是功率因数为1，因此，风电场必须安装动态无功功率补偿装置，以满足风电发电机动态无功变化的要求，以前采用 MCR + FC 型与 TCR + FC 的 SVC 动态补偿设备多，而目前 SVG 在风电场日益得到广泛应用。例如，有单位对国内风电场28套 SVC、SVG 装置进行普查，其中 SVC 计17套（其中 MCR 计10套，TCR 计7套），SVG 计11套。SVC 不合格9套，SVG 不合格1套，在不合格 SVC 的9台中，MCR 为3台，均为响应时间不达标，占MCR 总数的30%，TCR 为6台，均为谐波含量不达标，占 TCR 总数的85.7%，由此可得出以下结论：①风电场要配套 SVC 或 SVG；②SVC 比 SVG 目前用量稍多；③SVG 的应用增长速度快，质量逐步提高，有取代 SVC 的趋势；④SVC 不合格所占比例大，尤其是 TCR 更为突出；⑤MCR 主要问题是响应时间太慢，TCR 主要问题是谐波含量超标。

风能有随机性及间歇性，造成风电机组在运行及切换过程中，引起电压波动及闪变，变速风电机组采用大功率电力电子元件，在运行过程中产生谐波，电压波动，电压闪变、电压偏差及谐波是电力系统的质量问题，采用 SVG 进行动态补偿及谐波治理，不但满足系统无功要求，而且电压闪变、电压波动也得已改善。

5. 电网系统中的应用

据统计，20世纪80年代以来，有5个变电站共用了6套 SVC，即广东江门、辽宁沙岭、湖南云田、河南各一套，湖北凤凰山两套。我国平顶山至武汉凤凰山500kV 变电站采用一套进口的 TSC + TCR 形式的 SVC 装置，广东江门采用 ABB 公司的 TCR + FC + MSC 形式的 SVC 装置，控制范围 ±120Mvar，MSC 是采用真空断路器分组投切电容器，这样在从感性补偿调到容性补偿时，通过调节电容器的容量，不至于电抗容量过大。

SVG 可以说是放大版的 APF 装置，而 APF 装置也可以看作 SVG 在低压领域的扩展。在大容量系统中，具有无功补偿与有源滤波双重作用，如果单纯作为无功补偿，其投资远高于SVC，因此在需要大补偿容量的场所，一般离不开 SVC 的身影，采用 SVC 与 SVG 并列运行方式，SVC 担任无功补偿，SVG 担任无功补偿与滤波作用。

可以说，凡采用 SVC 的场所，完全可以用 SVG 代替，不过要考虑二者之间的性价比，一般来说，SVC 的性价比远高于 SVG，但有些场所，例如在谐波严重的场所，采用 SVG 是比较合理的。对于柔性交流通电，SVG 装置是不可或缺的设备。

6. 在中频感应炉中的应用

中频感应炉广泛应用于钢铁、冶金行业，在带来巨大效益的同时，其无功与谐波的危害也十分严重，如果不加治理，电力损耗加大，大量高次谐波注入电网，对电网造成严重污染，降低电网质量，对其他用户造成不良影响，采用 SVG 进线无功补偿与谐波治理，效果很好，它能够动态补偿基波无功功率，又能滤除谐波，谐波滤除响应时间快，谐波治理范围广，可对2～50次谐波动态补偿。例如某厂有台中频炉，功率为680kW，额定电流248A，投入一台300A 的 SVG，系统谐波基本滤除功率因数也满足要求。

第六节 电能质量治理的难点

这里所说的电能质量治理难点，不是指治理所用的设备或装置，而是有关在设计、管理及政策方面的问题。有关电能质量治理的必要性，以及治理的方法在前文中已经详述，但在实际运作中，尚存在不少难点。对于由供电部门投资管理的变电站或输电配电系统，供电部门会根据国家标准要求，投入大容量 SVC 或 SVG 或采用其他措施进行电能质量治（包括无功补偿及谐波治理）。对于要入网的由其他部门投资兴建的太阳能发电站及风电场，供电部门对入网的这些分布电源的质量也有严格要求，不但指定要安装 SVG 或 SVC，而且还规定上述装置的容量不得小于发电总容量的百分数。对于其他的千家万户的用户来说，对它们的电能质量监管有其困难，具体表现在以下几方面：

（1）新建工程电气设计。新建工程项目的电气设计，在电能质量方面尚无有关的设计资料或设计手册。在负荷计算、变压器容量选择、功率因数补偿等方面都有成熟的数据可查，而对于谐波容量计算还是个难题。例如，即使能够把产生谐波的设备容量统计出来，但要乘以多大的系数呢？各次谐波的含量又是多少？这些设备又能产生几次谐波？这些数据要通过实际调查研究，经过长期的积累及实践总结才能给出，目前在这方面还是空白。有的谐波电源，例如变频器，本身的输入输出端都有滤波装置，随着技术的进步及滤波的完善，它本身产生的谐波含量也越来越少，设计阶段估计它的谐波含量很难准确，其他的谐波源也是如此。在产生谐波的设备的产品说明书中，也查不到它运行时能产生几次谐波、谐波含量有多少等数据，要确定焊接设备产生谐波含量更加困难，还有气体放电灯、办公设备等不胜枚举。这些设备只能从宏观上看，认为产生谐波较多，但不能对所产生的谐波量化，由此可见，在设计阶段，给出一个合理的谐波治理方案不够现实。

（2）供电部门监管方面的困难。供电部门对用户的功率因数的监管比较严，能够做到有奖有罚，在每月用户消耗的电能统计中，只要统计有功电能及无功电能，就可以得出月平均功率因数。对于用户的电能质量监管尚有困难，即使用户都安装电能质量监视仪表，可以实时观察各谐波含量，但无每月谐波量的积累值，更困难的是，大部分电能质量监视仪，显示的谐波是双向的，即谐波可能是用户造成的，也有可能是电网过来的，而用户是无辜的，是电网谐波的受害方。况且目前也并没有对谐波含量的奖惩制度，从用户角度讲，没必要花费大的代价去进行谐波治理。据悉，目前已有输入电网与电网输入的单方向谐波记录仪问世了。

（3）对用户增加的效益不够显著。功率因数补偿对用户产生的效益是明显的，例如，在变电站进行集中补偿，可以使配电变压器的容量大幅下降，节省变压器的投资。如果进行就地补偿或分散补偿，不但降低变压器容量，节省购买变压器的投资、节省增容费及每月的固定电费，还能够减少配电线路的截面，减少线路损耗，降低馈线开关容量。另外，如果补偿后功率因数超过供电部门要求，还能够得到一笔奖励，因此，对用户来说，进行功率因数补偿是积极的。

但对于电能质量治理，用户是没有积极性的，系统谐波污染对用户来说危害不明显，如果在变电站集中治理谐波，只是说用户产生的谐波不流入电网而已，用户产生的谐波还是在变电站与谐波源之间流动，这种治理对电力系统有益，对自己的利益不大，这样用户没有动力去治理谐波。对用户的危害比较明显的是电容器因谐波大量涌入，容易过载烧坏，这可以电容器串入电抗器来抑制，充其量采用电容器补偿兼无源滤波来解决，很难采用高价的有源滤波器来治理，也很难彻底治理谐波。另外，有源滤波器含电子元件多，一般用户的电工维护水平还跟不上。

第五章

配电线路材质的正确选择

第一节 概　　述

低压线路是低压系统中不可或缺电气设备，主要有导线、裸导体、电缆、母线槽、预制式绝缘母线等，敷设方式也多种多样。在导体的载流量上，过去没有国家标准，需要时由设计手册查取，而设计手册的数据又是根据生产厂家的产品说明书获得的，因此导体的载流数据不统一，也无公信力。线路的敷设方式各种各样，不同的敷设方式有不同的载流量。同一敷设方式下，不同的环境条件也有不同的载流能力，同一敷设方式下，根据回路根数的多少又有不同的载流能力。由此可见，在低压系统中，如何正确选择导体及方式、如何正确确定导体的载流量是一项重要工作。

第二节　母线槽的选择

经过几十年的使用，母线槽越来越完善，品种越来越多，按绝缘方式分，有空气式、密集式、复合绝缘式；按特殊用途分，有防火式、防水式；按外壳材料分，有钢板外壳及铝合金外壳；按有无插接口分，有直通式与插接式；按照母线槽导体的绝缘材料分，有聚四氟乙烯包带、聚氯乙烯热缩套管、辐照交联阻燃带（PER）及聚酯薄膜等。聚四氟乙烯绝缘强度高，耐高温，耐热可达200℃，但火灾受热时，释放有毒气体，不过分解有毒气体的温度要在360℃以上，一般情况很难达到此高度。辐照交联阻燃带绝缘性能好，耐温可达150℃，目前使用的比较广泛。聚氯乙烯热缩套管，虽然对母线槽加工方便，但绝缘温度只达B级，耐温120℃，而且较厚，加大了母线槽的体积。常用于空气式母线槽中，作为空气绝缘的辅加绝缘。聚酯薄膜绝缘性能好，但长期耐温只达130℃，属于B级绝缘材料。

目前有一种新型绝缘材料，那就是环氧树脂粉末经过硫化处理后的绝缘层，它耐温能力达F级，高温时也无卤化物放出。

有人把空气式母线槽称为第一带母线槽，密集式母线槽称为第二代母线槽，双绝缘母线槽称为第三代母线槽。笔者对此不予认可，这些母线槽各有各的优点及不足，长期共存，不是谁比谁先进，或谁取代谁的问题。目前还有专为风电场风塔上使用的母线槽，名曰风电型母线槽，因为风塔高度大多70m左右，像个烟囱，在风吹动下，发生摆动，沿风塔垂直敷设的母线槽也要随之摆动，不过母线槽与塔壁相对固定，保证适当伸缩能力即可。

目前有的生产厂家推出一种名为智能化母线槽，它具有搭接头温升在线监测系统，是防止母线槽接头因温升过高而引发事故的智能监测装置，该装置基于物联网技术，可在一条母线槽干线上，同时监测上千处温升点，不但可就地显示，而且可通过无线通信网络上传至监控中心，当任意点温升超限时，可发出报警信号，温升监测系统通信半径可到1200m，不过由于投资较高，而且母线槽可靠性越来越高，一般场所很少采用此种母线槽，如果解决接头过热问题，此种母线槽也无存在的必要了。

1. 母线槽优点及与电缆的比较

（1）母线槽的优点。安装方便，供电灵活，这是母线槽的显著优点，尤其在机床密布的金工车间，机床经常拆迁与调整，机床的供电由附近母线槽插孔提供，非常方便灵活。当设备容量增大时，可以更换容量比较大的插接箱即可，母线槽的插接头皆能满足。如果采用铝外壳母线槽，它的外壳可以满足 PE 干线要求，母线槽不必采用五芯的。

对于大电流回路，采用母线槽供电，结构紧凑，占用空间小。目前已有额定电流6300A以上的母线槽，如果采用电缆供电，电缆截面要大，电缆根数非常多，占用的空间非常大，而且规范要求，每回路每相单芯电缆不应超过 2 根，更限制了电缆的使用。

故障修复方便，只要把故障节拆除，换上新的一节即可。母线槽延长也方便，可以根据需要任意延长，借助各种附件，可以变容及改变方向等要求。当传输电流比较大时，母线槽的性价比要高于电缆。

（2）与电缆的比较。在低压配电中，低压干线使用母线槽比较普遍，尤其在传输大电流的情况下，母线槽与电缆比较有较大的性价比，但电流超不过 630A，采用电缆价位比母线槽低。但电流超过 630A 时，采用母线槽就突显其优越性了，因为低压电缆截面很少超过 $240mm^2$，截面越大，单位截面的载流量直线下降，例如 $2.5mm^2$ 的电缆，每平方毫米的载流量约 10A 以上，当截面为 $240mm^2$ 时，单根电缆每平方毫米的载流量大约 1.6A，多根电缆敷设，载流量每平方毫米不到 1.5A，相差悬殊。当传输大电流时，为了提高电缆单位截面的载流能力，是否可采用多根电缆并联使用呢？答案是不够理想的，一是开关每个端子与多根电缆接头连接，开关的端子必须做特殊处理，施工不够方便；二是由于每根电缆的接头电阻有差异，敷设路径电缆形态及长度也有差别，造成回路阻抗不同，这样一旦投入运行，每根电缆的电流不能平均分配，造成有的过载，有的达不到满载，回路的过载保护不能起到应有的作用。因此，GB 50054—2011《低压配电设计规范》规定，当并联导线间因阻抗差异造成电流分配不等时，例如差异大于 10% 时，每根导线的过负荷保护应分别考虑。一般来说，对于同一规格、相同长度、相同截面、相同敷设方式的两根单芯电缆并联敷设时，可以看作电缆中的电流基本平均分配的，这样两根导体可以共用同一个过载保护器。在工程实践中，经常看到电气设计施工图中，有两根以上的导线或电缆并联，而过载保护器却共用一个，这是不妥的，规范是不允许的。

输送大电流采用母线槽还有一个优点，那就是敷设方便，母线槽配有专用敷设支架，每节母线槽带有固定接头，配有绝缘螺栓及特制碗型垫圈，安装时像搭积木一样，施工速度快。而敷设多根电缆，垂直敷设要安电缆梯架，当铜芯电缆多、距离长时，由于多根电缆总重量太大，造成梯架垮塌的事件时有所闻。多根电缆如果水平敷设，需要电缆拖架或电缆托盘，当电缆截面大时，电缆在托盘弯曲时对托盘的作用力很大，有时会造成电缆损伤，湖南某烟厂曾由于电缆在电缆托盘弯头处被刺破造成火灾发生，损失巨大。多根电缆在同一托盘内敷设，电缆的载流量减少很大，例如有 9 根电缆在托盘内一字排开，载流量只相当单根电缆额定载流量的一半。由此可见，当输送大电流采用多根电缆时，过载保护困难、载流量减少严重、敷设麻烦、需另加电缆梯架或电缆托盘，因此大容量回路选择母线槽是合理的。

毋庸置疑，母线槽缺点也不少，它的缺点下面还要详谈，电缆的可靠性要比母线槽大得多，因为母线槽它是由每节串连而成的，每节长为 2.5~6m，如果线路较长，母线槽沿途要很多接头，每一个接头都是一个故障点，每一个接头出现故障，都是母线槽整体故障，整条回路全部瘫痪，但电缆故障却很难遇到。

母线槽还有不足之处，它的防护等级无法与电缆相比，尤其是防水方面比较欠缺。目前虽有耐火母线槽，但它的插接箱又不是耐火的，不配套，只有沿途无插接孔的耐火母线槽能够满足使用要求，电缆可以直接埋地敷设，可以穿越环境恶劣地区，而母线槽却不能再上述场所敷设。

2. 选择母线槽时的注意事项

（1）要注意母线槽的绝缘强度与绝缘材料。同一种绝缘包带膜，有的缠绕四层，有的为节省成本，只缠绕三层，同样的层数，有的缠绕得密集，有的缠绕得稀疏，也就是绝缘带圈与圈之间的重合度不同。导体的绝缘膜早期采用聚四氟乙烯，耐温可达 200℃多，可达 H 或 C 级绝缘，但高温下分解有毒气体，对消防不利。以后采用聚氨酯薄膜，虽高温下无有毒气体释放，但耐温能力差。有的采用热缩套管，但厚度大，母线槽体积臃肿。目前常采用杜邦绝缘薄膜或 SMC 不饱和聚酯膜，具有耐压、耐热、耐潮性能。还有一种环氧树脂粉经硫化处理而形成的绝缘膜，该硫化绝缘膜紧紧地包裹在导电排表面，之间无空隙，使导电排不受潮气影响，并避免一切腐蚀气体侵蚀，硫化膜的介电强度达 54kV/mm，比高压热缩套管的绝缘强度还要高，而且可根据额定电压等级的不同，硫化成不同的厚度。该绝缘层耐热等级为 F 级，是不燃材料，有人称其为绝缘浇注，至目前为止，此种绝缘材料的优点还是比较突出的。

目前采用的聚酯薄膜材料，型号为 PET，按照导体的规格订做成绝缘套管，把导体装入其导管即可，加工方便，又节省材料，而且价格便宜，绝缘温度达 B 级，允许最高温度为 130℃比聚四氟乙烯低得多。

（2）慎重选择防水性母线槽。耐水母线槽在水泵房中或建筑物内有消防喷头的区域，有时采用防水式母线槽。有的设计人员怕滴水浸入母线槽，要求防护等级达到 IP65 级，这样高的防护等级并无必要。防护等级由两位数字表示，第二位表示防水等级，2 表示防止与垂线成 15°范围内的滴水，3 表示防止成 60°内的淋水，4 表示防溅水，5 是防喷水。在有滴水的地方，如水泵房内，防护等级为 IP32 即可，如果在设有消防喷头的地方敷设母线槽，可以把母线槽敷设于喷头的上方，过高的防护等级的母线槽加工困难，且成本高，实在不行，改用电缆敷设也可。为了防止在消防试水时把水喷入母线槽，应在消防试水后再安装母线槽，或在消防试水时，对母线槽事先进行遮盖。

（3）选择耐火性母线槽应注意问题。耐火式母线槽的导体采用云母带缠绕，耐火温度可达 900℃以上，耐火时间分别有 60、90、120、180min。值得注意的是，耐火母线槽可作电力的直接传输之用，也就是作为配电干线，不宜有插接口，因为目前尚未有与之配套的耐火插接箱，而且接插孔的耐火等级也很难达到要求。

由于消防负荷一般不大，在此情况下，采用耐火电缆比耐火母线槽要实惠得多，耐火母线槽一旦经过火灾时的烧烤，一般不可再用；如果用矿物绝缘的耐火电缆，火灾后经过维护后，一般还可再用。

（4）母线槽极数问题。母线槽的极数选择也是个重要问题，如果采用四极母线槽，内含三根相线一根中性线，在 TN 系统中，PE 线如果采用母线槽的钢板外壳，由于钢板外壳阻抗大，难以满足过电流保护的要求，必须靠近并平行于另外敷设一铜排，与外壳并联作 PE 干线，如果母线槽外壳是铝合金的，作为 PE 干线是绰绰有余的。

母线槽内的四根导体如果分别是相线与 PEN 线，那么母线槽只能作直接传输干线用，不得有插接孔，因为 PEN 线不能进入开关的极，不能隔离，如果采用插接箱只引出三根相线，PEN 线采用固定螺栓引出，那么 PEN 线必然与钢板外壳接触，这是不能允许的，会造成杂散电流的出现。

五线式母线槽内有三根相线，一根 N 线，一根 PE 线，有人主张五线式母线槽插接箱采用五插孔式，这是不能允许的，设计人员或工程监理人员认为，五线式母线槽采用四插孔进出，是不合格产品，是生产厂家偷工减料。实际上，五线式母线槽采用五插接口是错误的，因为 PE 线不能进入插接头，否则 PE 线进入开关的一极了，如果接触不良，就丧失了保护作用。PE 线如何引出呢？正确的做法是采用固定螺栓与 PE 排固定，螺栓端头引出母线槽壳体外，并与金属外壳紧密接触。实际生产中，此引出螺栓的导电能力不够，例如通过插接箱引出线路的铜相线截面 95mm^2，相应的 PE 铜线截面应为 50mm^2，但 PE 线的引出螺栓为钢质 M12，此螺栓的导电能力显然大大低于 50mm^2 的铜导线，由此可见，PE 线的引出螺栓应为铜质且截面不小于引出的 PE 线的截面。在五线式母线槽中，PE 铜排是与钢质外壳的内壁紧紧贴在一起的，引出 PE 线螺栓的同时与 PE 铜排及钢质壳体同时牢固连接，这样，母线槽的金属壳体也是 PE 线的一个组成部分，母线槽的金属外壳本身接地问题也自然完成了。

（5）密集式母线槽与空气式母线槽的比较。空气式母线槽与密集式母线槽各有千秋，目前的空气式母线槽实质是双绝缘的，铜排穿入热缩绝缘套管后，再固定于壳体内的绝缘夹板内，这样，导体既有空气绝缘又有附加绝缘。空气式母线槽价格低廉，630A 及以下容量者采用空气式有显著优点，但由于导体封闭于壳体内，每节又被绝缘夹板隔开，造成空气不流通，散热条件非常差，容量大时，不但母线槽体积大，而且单位截面的载流量减少。密集式母线槽，相间导体绝缘后接触紧密，经过金属壳体的辐射散热能力及传导散热能力强。由于接触紧密，比同容量空气式母线槽体积小。从直观上看，有人总认为空气式母线槽散热能力强于密集式，实际上恰恰相反，因为热的传播方式为辐射、对流与传导，空气式母线槽空气不对流，而且空气热传导能力很差。密集式母线槽散热能力强，这样母线槽的容量可以做得非常大，如果采用双体拼装结构，容量可以做到 5000A 以上。由此可见，当容量大时，选择密集式母线槽是合理的，一般空气式母线槽容量为 400～2000A。

还有一种母线槽，壳体外表呈瓦楞式的波纹，有人称之为瓦楞式，它是把导体经绝缘后，嵌入壳体内壁的瓦楞槽内。此种母线槽的壳体有大的机械强度，当水平敷设时，支架的跨度可以很大，有的竟达 6m，而密集式母线槽，水平支架一般不超过 2.5m。由于外壳表面积大，而且与每相紧密接触，散热能力好，为了增加母线槽的散热效果，有的把密集式母线槽的钢板外壳冲压成波纹状。

（6）铝镁合金板作为母线槽外壳的优点。铝镁合金板外壳母线槽优点较多，建议取代钢板外壳母线槽，原因是铝合金板母线槽外观美观，不易氧化，即使氧化，与钢板氧化不同，其氧化膜起保护作用。铝镁外壳的电阻率很低，据西门子公司 XL 型母线槽实际测量，1000A 母线槽铝镁合金外壳的导电能力相当于相线的 305%，5000A 的导电能力相当于相线的 171%，这样采用铝镁合金外壳作为 PE 线是毫无问题的。另外，由于铝镁合金为非导磁材料，因此不会产生涡流的磁滞损耗。由于采用外壳作 PE 线，其总造价与钢板外壳母线槽不相上下。

（7）低电磁干扰母线槽的使用。对有的场所，要求电磁干扰非常严格，如网络信息公司、微电子设备集中的地方，对交流电磁场非常敏感，为此所用的母线槽采用双 N 线母线槽，每根 N 线截面与相线相等，而且分布于相线两侧，使其两回路相与 N 线间产生的磁场相互抵消。

（8）密集式母线槽不存在动稳定问题。密集式母线槽各相导电排紧密压在一起，如同电缆一样，不存在动稳定要求，曾有某招标书要求密集式母线槽耐冲击电流为 65kA，这一要求是不必要的。

3. 母线槽安装及使用时的注意事项

母线槽的安装应注意以下几点：

（1）安装时一定要环境清洁。不论在生产加工中还是在安装时，期间环境要卫生，切记不能把铁屑、毛刺微粒等混入密集式母线槽或瓦楞式母线槽内。因为母线槽在运行时，在交流电磁力作用下，产生振动，金属毛刺会在振动中把母线槽导体的绝缘刺破，造成短路事故的发生。

（2）要注意并列敷设的母线槽之间及与建筑物间的距离。并列敷设的多根母线槽，增加要留有空隙。有的用户为省空间，水平敷设的母线槽紧密的排在一起，这给以后维护带来困难，因为当要拆除故障母线槽的某节时，如果母线槽间排列过密，接头绝缘螺栓就很难拆除。因此，平行敷设的母线槽之间要留有不少于 15cm 的空隙。

（3）母线槽与变压器端子连接要用软接头。母线槽与变压器低压端子连接时，末端母线槽不宜悬空吊装，接头处不能刚性连接，应采用柔性接头连接。因为变压器在运行时振动较大，此振动容易传至母线槽，使母线槽也随之振动，严重时会发生谐振，因此，与变压器搭接处的母线槽不但要与支架固定，而且母线槽与变压器端子连接采用柔性接头。

（4）母线槽与开关柜连接注意事项。母线槽与低压开关柜的连接处或母线槽的始端箱处，经常发生母线槽的 PE 排或 N 排与开关柜中的 PE 排、N 排错位，产生的原因是母线槽的生产厂家与开关柜的生产厂家往往不是一家，而二者不沟通、不协调所致。这样就出现一个难题，母线槽很长，不可能重做，开关柜也不能为适应母线槽而改动，只能加大母线槽的始端箱，在始端箱内通过连线把错位的 PE 线及 N 线纠正过来。为了避免上述问题的出现，电气设计人员可在图中标出开关柜内母线槽内各线间的位置，不过电气设计人员对开关柜及母线槽构造及生产工艺不熟，做好这件事有点强人所难了。一般说来，出现上述情况，责任方应为母线槽的生产厂家，因为只有开关柜就位后，母线槽生产厂家才能去现场测量，组织生产。

（5）不必因母线槽弯头过多而知难而退。电气设计时，设计人员在材料表中，不必详细列出母线槽的各种弯头、支架等附件，也不必绘出安装大样图及立面图，只在平面图中标出母线槽的走向即可，这给电气设计带来极大方便。因为母线槽的厂家在竞标时，只是给出单价，至于总价及供货详细清单，要由母线槽厂家的技术人员在现场仔细测绘才能得出。曾有这样一个工程，从变压器低压端子到低压开关总柜之间的母线槽有 8 只弯头，而母线槽的生产厂家所供应的母线槽现场安装时，可以做到天衣无缝，是因为母线槽的生产厂家虽然现场经过详细测量，但与开关柜的最后连接段暂不生产，待母线槽其他部分安装好后，最后与开关柜搭接处的一节再进行最后准确测量，然后生产连接段，这样可保证不会出现任何差错了。

（6）不要忘记给建筑专业提土建条件。电气设计人员给土建专业提的建筑条件往往是垂直母线槽敷设过楼板开孔尺寸不合理。例如，当母线槽的插孔或插接箱正对操作人员时，垂直母线槽的弹簧支架的槽钢底座在正对母线槽的左右两侧，由于楼板开孔离墙太近，靠墙部分槽钢底座与楼板接触长度不够，造成承力不够，因此正确的做法是孔洞边沿距墙的边沿离墙长度不得小于100mm。

在高层建筑中，在电缆间（电气竖井）布置的垂直母线槽有的与楼层开关柜有机结合为一体，母线槽伸入开关柜内，母线槽的插接箱就是开关柜的总开关，不过这样配合较麻烦，只有开关柜与母线槽是同一生产厂家才有可能。这种方案灵活性差，插接箱的插拔不够方便，不宜提倡。

（7）母线槽安装的电气室门槛要高出室外地坪。母线槽在高层建筑施工安装时，往往又遇到消防试水，消防水经常喷入母线槽的插接孔中，造成母线槽绝缘下降，形成短路故障，因此母线槽施工时要随时关闭母线槽的插接孔。安装母线槽的电缆间的门槛要高出室外地坪不小于5mm，以免消防水流入电缆室，造成母线槽受潮。母线槽安装时，接头绝缘螺栓孔一定要对齐，有的在螺栓孔未对齐的情况下，拼命敲打绝缘螺栓，形成绝缘螺栓外层绝缘损坏，从而发生短路故障。

（8）长度大的母线槽要适当采用变容节。适当采用变容节可以节省投资。曾有这样一个应用实例，某商住楼高100m，32层，1~5层为商场，其他楼层为住宅，采用2000A的母线槽直敷至顶层。每层4户，距楼顶层，只有4户，采用2000A的无截面变化的母线槽实在浪费。如果对27~32层住户供电，对2000A母线槽变容，改换630A的母线槽，可以大大节省投资，变容后，要验算总开关能否保护到末端部分，即母线槽的出口开关的短路保护能否有效地保护变容节后的母线槽，如果不能，这要在变容节箱内另加保护开关。如果变容节前后母线槽变化不大，对短路保护影响不大，在确定变容节后的母线槽无过载的可能时，也可不另加保护开关。

（9）当母线槽的插接箱距离引出线路保护开关不超过3m时，母线槽的插接箱内可以省略保护开关，只要插接头即可，总保护开关在配电箱内，插接箱不必重复安装保护开关了，由此可见，配电箱尽量靠近插接箱，以便省掉插接箱内的保护开关。反之，如果插接箱内有保护开关，而由插接箱供电的配电箱距离插接箱又不超过3m远，配电箱内也可不安装总保护开关。

（10）如果并列敷设两回路母线槽，互为备用，那么这两母线槽要平行敷设，而且要靠近，在同一位置都要留有插接口，一旦一条母线槽故障，可把插接箱拔出，插入另一母线槽的预留插接口中，不过每条母线槽的容量都要满足总负荷要求，为了相互插拔方便，插接箱至配电箱的线路要留有余地，线路宜用软线，也不能整条回路都为固定敷设，否则就无法插入备用母线槽的插孔中。母线槽一旦故障，所有插接箱均失电，要把所有插接箱拔出插入另一母线槽备留插孔内，工程量够大了。

4. 母线槽两端供电问题

在高层建筑中，母线槽是常用的配电设备，如果采用单端供电，常见的方式是在底层设母线槽首端箱，在低压配电室以专用回路采用电缆向母线槽首端箱输电，也有的母线槽直接与低压开关柜相连，后一种方式是常见方式。如果建筑高度特高，母线槽要采用多个变容节，这样造成母线槽生产及安装的麻烦，而且也增加了故障点。在超高层建筑中，往往在建筑物的顶层也有变电站，这样为母线槽两端供电提供了条件。两端供电可以使母线槽截面减少，压降减少，线路损耗减少，不过这样等于两台变压器并联运行，这要遵守变压器并联运行的条件，如两台变压器型号、规格尽量一致，短路阻抗尽量相同，电压相同，相位一致。

5. 母线槽常见故障及处理

这里所述的母线槽的故障，并不是臆想的故障，都是笔者亲身处理过的问题或者是参与事故分析的问题。在这些故障中，80%以上时母线槽搭接头的故障，母线槽的其他部位基本不会发生故障，在故障的种类上，基本上是短路故障，而短路的原因多是接头问题引起，一条回路，有的母线槽长达数百米，按2.5m一个接头计算，一条回路的接头数量非常可观，一旦任意接头出现故障，整条回路瘫痪。

现对常见的故障分述如下：

（1）铁屑造成的绝缘破坏。在母线槽安装过程中，对清洁工作不够认真，造成铁屑混入绝缘层中，在进线出厂检测时，是能通过的，但经过长期运行后，由于母线槽在运行中有振动现象，对于密集式或瓦楞式母线槽，由于相与相之间或者相与壳体之间接触紧密，在振动的作用下，由于绝缘膜只缠绕2~3层，而每层绝缘膜由非常薄，铁屑把绝缘薄膜逐步刺穿，从而发生短路故障。

（2）污水造成的绝缘能力降低。由于母线槽外壳防护等级不够，造成污水进入，污水大多由母线槽的插接孔进入，而污水的来源是消防试水、土建施工时的泥水，通过电缆井门槛进入电缆井，而母线槽又多敷设在电缆井内，这样污水浸入母线槽在所难免。为防止此类事故发生，平时插接口要封严，电缆井的门槛要高出室外地坪不小于5cm，最好在工程末尾阶段再安装母线槽。

（3）接头拼装或外力撞击造成绝缘损坏。在装配母线槽的接头时，接头处的外壳开孔、连接导电排的开孔一定要保持同心，在插入绝缘螺栓时一定要轻轻的插入。如果开孔不同心，插入绝缘螺栓时采用木榔头狠狠地打入，这样很容易破坏绝缘螺栓的绝缘层，一旦绝缘损坏，就会发生短路故障。

对于瓦楞式母线槽，它的导电排包绕绝缘带后，嵌入母线槽壳体的瓦楞槽中，如果有外物撞击母线槽外壳瓦楞的突出部分，导电排的绝缘层，受外壳与导电排的挤压，绝缘层破坏，从而发生对外壳的单相短路，因此严禁外物撞击母线槽。

（4）接头绝缘隔板与导电排的厚度不配套。如果母线槽的接头采用搭接，而不是对接，在母线槽的搭接处，绝缘隔板并不是一块平板，而是在与搭接铜排接触处，有个凹槽，搭接铜排嵌入此凹槽中，如果搭接铜排太薄，放入绝缘隔板的凹槽内，不能高出凹槽的边沿，由于此边沿的凸起，不论如何拧紧母线槽接头连接用的绝缘螺栓，搭接铜排也不会与母线槽的导电排紧密接触，运行后，母线槽接头就会因接触不良而发热严重，破坏接头处的绝缘，形成短路故障。

为了避免此类事故的发生，绝缘隔板与搭接铜排必须配套，如果发现上述不配套时，要加厚搭接铜排，或者把绝缘隔板的边沿凸起部分挫低，也可以在隔板槽内铺设垫板。最好在母线槽接头连接好后，测量接头电阻，不过此种方法要有精密仪器，而且比较麻烦。铜排搭接部分表面打磨并镀银。接头绝缘螺栓采用碗形垫圈，这样接头压紧力比较均匀，而且压力范围大，使之接触良好。

（5）支持物在接头处的振动对母线槽接头的损坏。母线槽的接头不要敷设于振动的地方。有一个工程项目，母线槽向大型空调压缩机供电，在压缩机附近，母线槽穿墙而过，当压缩机工作时，墙体振动很大，而母线槽穿过墙体时，与墙体又是刚性接触，这样，在母线槽过墙接头处，接连发生故障，以后在过墙处，母线槽与墙体间加隔振物体及缓冲物后，再也没出现故障。同样，变压器与母线槽连接处，母线槽采用软线接头，避免变压器的振动传递给母线槽。

总之，母线槽的故障主要出现在接头，问题又主要为绝缘及发热问题。只要处理好上述问题，母线槽的可靠性便得到保证。

6. 智能母线槽与铜铝复合排母线槽

（1）智能母线槽。目前节能与智能母线槽问世，母线槽采用性价比高的铜铝复合排，节约了成本，而且实现了母线槽接头线路运行温度及剩余电流的实时监测，可以在母线槽主干线路上，同时检测上千处温升点，不但可以就地显示，也可以通过无线通信网络上传至监控中心，确保母线槽的运行安全及漏电火灾的发生。如果在接头处处理好，使接头可靠就可，而智能母线槽意义不大。

（2）铜铝复合排母线槽。目前生产的铜铝复合排母线槽有全国统一设计，型号为CCX168-SJ（SJ的含义为铜铝复合排）母线槽，此种母线槽为加强型铝合金外壳，该外壳不但可做 PE 干线，而且在电磁场中又无涡流及磁滞损耗生产，减少电能传输中的损耗，减轻母线槽的自重，散热能力好，外形美观。

本母线槽导体采用铜铝复合排，该排周边为铜质，内部为铝导体，正好满足因电流的趋肤效应造成导体周边电流密度大的要求。既满足铝导体价格低廉的优点，又有接头及接插头铜接触电阻小、不易氧化、机械强度增高的特点，插接箱可对铜包铝排直接插接，而铝排却不行。该母线槽的绝缘材料既不是燃烧时有毒性气体释放的聚四氟乙烯薄膜，也不是耐火能力低的聚酯薄膜或绝缘热缩套管，而是导电体上采用 1531 快固环氧树脂粉末经硫化工艺形成绝缘薄膜，该绝缘材料的优越性前文中已经提及。

顺便提醒，在风电发电中，沿风塔垂直敷设的母线槽采用铜铝复合母线槽具有独特的优势，因为在高度 60m 以上的风塔中，垂直敷设的母线槽重量可观，对其进行牢固的固定，难度很大，铜铝复合排母线槽较轻，在同样的载流能力的情况下，铜铝复合排的重量是铜排的 44%，敷设起来非常方便。在风塔中安装的母线槽还要耐腐蚀、耐振动、结构上能够承受大的摆动，这些性能要求，铜铝复合排母线槽容易满足其要求。

（3）铝母线槽的使用。铝母线槽也可以使用，不过在插接箱处，为加强机械强度，铝导电排在插接处两端加强固定，为解决插接头铜铝接头电化腐蚀问题（插接箱是铜插头），在插接处铝母排要搪锡，由于铝的膨胀系数比铜大得多（大约大 36%），因此要注意铝母线的热胀冷缩问题，曾在西部水电工程中常用的铝母线槽，运行一段时间后，产生严重变形，这主要是铝排受热膨胀过大造成的。例如，铝的热膨胀系数为 0.000 023 6/℃，如果母线槽长度为 100m，安装时环境温度为 20℃，运行后温度达到 60℃，母线槽伸长为 $100 \times 0.000\ 023\ 6 \times (60 - 20) = 0.0944$（m）。伸长将近 10cm，必须加母线槽伸缩节了，这在设计及产生中应引起注意。

值得注意的一点是，如果母线槽的母线与金属外壳均为铝质，或铝母线与金属外壳不是牢固连接，采用伸缩节是可行的，否则，就解决热胀冷缩问题作用不大。

7. 母线槽使用中几个争议问题

（1）母线槽是否要加伸缩节。对于垂直敷设的母线槽，采用弹簧支架固定，母线槽沿整体长度可以自由伸缩。而水平敷设的母线槽，采用支架支撑但不固定，即使用螺栓固定，椭圆的螺栓孔也有伸缩余地，因此，从母线槽的整体长度来看，采用母线伸缩节无此必要。母线槽内的导体受热胀冷缩的影响，是否要用母线伸缩节补偿呢？笔者认为，一般情况下也无此必要，例如，铜母线槽，铜的膨胀系统为 0.000 17mm/℃，如果母线槽安装时环境温度为 20℃，当温升为 60K，铜导体实际温度为 100℃（温升按 40℃为基准），比安装时温度高 80℃，母线槽每节长度为 2.5m，铜导体伸长 3.4mm，若母线槽的绝缘螺栓孔为椭圆孔，长度可达 30mm，当螺栓直径为 19mm 时，可有 11mm 的余量可供调节，因此，安装母线伸缩节的必要性不大。

（2）空气式母线槽垂直安装是否有烟囱效应，有利通风散热。垂直安装的空气式母线槽不具有烟囱效应，因为母线绝缘夹已把母线槽内部空间堵死，空气不可能对流，谈不上烟囱效应。即使把垂直敷设的母线槽首端及末端的盖板拆除对通风也无济于事。

（3）铝合金外壳作为回路的 PE 干线问题。凡是铝合金外壳的母线槽，外壳作为 PE 干线，接地的连续性及接地阻抗满足要求，阻抗小于回路阻抗的 1/2，导电性能满足要求，其连续性更无问题。更难能可贵的是回路漏磁通不在其上产生涡流。

（4）铜铝复合母线槽插口强度问题。铜铝复合排，边为圆弧形，铜的体积占 20%，即使反复插拔，铜层不会磨光，也不会使铜层起皱。

第三节　铜铝复合排及铝合金排

1. 铜铝复合排的加工工艺

铜铝复合排，俗称铜包铝排，加工工艺有两种：一是把铜套管内壁清洗干净后，穿入清洁后的铝排，采用碾压加工，使铜与铝紧密接触；二是清洁的铜管加热至一定的温度后，在管腔中采用压力浇铸熔铝。前一种方法通过压力加工，材质比较密实，后一种方法通过铸造，不如压力加工密实，但它是压力铸造，材质密实度满足要求。从铜铝结合的紧密度看，后者铜铝结合的紧。当然在浇铸铝熔液时，铜不可能处于融化状态，铜的熔点为 1083℃，铝的熔点为 657℃，况且如果铜处于融化状态，所得的产品不是铜铝复合排，而变成铜铝合金了。采用压力浇铸的方法生产的铜铝复合排，铜铝分子可相互渗透，界面结合强度大，大于 35MPa，推荐采用压力浇铸方法生产的铜铝复合排。

采用压力浇铸的方法生产的铜铝复合排，在折弯、冲孔加工中及在运行中，在热胀冷缩及加工应力的反复作用下，不至于铜铝分离，也就是表面不起皱折。采用压力加工时，在铜铝复合排的两侧留有空隙，也会影响铜铝复合排的导电能力。建议用户最好采用压力浇铸的铜的体积占 20% 的铜铝复合排。

采用铜铝复合排时要严把质量关，保证铜铝体积之比为 20∶80，从而达到铜铝重量之比为 45∶55，铜与铝的纯度至少达到 99.9%。有的生产厂家在铜的百分比上偷工减料，这要在产品验收时严把质量关。

铜铝复合排提供的型式试验报告应符合 DL/T 247—2012《输变电设备用铜包铝母线》，

也需要提供按照 GB/T 9327—2008《额定电压 35kV（$U_m = 40.5kV$）及以下电缆导体用压接式和机械式连接金具　试验方法和要求》要求的热循环 1000 次试验报告。

2. 对铜铝复合排几种误会的解释

初始采用铜铝复合排，可能会担心使用加工中，如折弯、钻孔时，外包铜皮是否起皱，铜铝是否分离；铜铝之间是否有电化腐蚀；在长期运行中铜铝是否分离；在热胀冷缩的条件下，由于两种金属的膨胀系数不同，在应力的反复作用下，铜铝之间是否出现间隙。现就上述问题作以下分析：

目前生产铜铝复合排的厂家已有多家，产品质量良莠不齐，据了解，按照 DL/T 247—2012《输变电设备用铜包铝母线》生产的铜铝复合排是可以放心使用的。该产品通过上海电缆研究所 1000 次热循环试验。所谓热循环试验，是对产品设定最高及最低的温度范围内，在一定的温度循环次数下，对产品进行试验，了解产品受温度变化后的弱点，以便对使用材质的改进。由此可见，此种铜铝复合排在正常使用中，是没问题的，由该产品通过温升试验也证明了这一点。铜铝复合排，在反复的温度变化下，在应力逐步的消除中，铜铝结合面上铜铝相互扩散的强度逐步加大，界面铜铝结合的强度逐步加强，不存使用中铜铝脱离的问题。

由于浇铸式铜铝界面结合强度大，在进行剪切、冲孔、折弯时，保证铜铝层不分离，这点是经过多次试验证明的。

至于铜铝结合处的电化腐蚀问题，更不必担心。所谓电化腐蚀，是指两种活泼程度不同的金属之间在存有电解质的情况下发生化学反应，而铜铝复合排是两种金属相互渗透，紧密结合，之间既无空气，也无水分，不存在电化腐蚀的问题，铜铝过渡端子即为实例。

铜铝复合排的参数尚有不全之处，例如，在对该产品进行动热稳定校验时，就无相关参数。据厂家告知，在进行动稳定试验时，采用高速照相机对该产品进行拍照，发现在与铜排同等的条件下（截面相同、相间距离相同、通过的短路电流相同），只要铜铝复合排支撑绝缘子的间距是铜排的 0.87 倍，两者的变形基本相同。建议铜铝复合排的生产厂家最好给出比较准确的动热稳定计算所需的数据，虽然在在末端变配电所的开关柜中或母线槽中，铜铝复合排不必进行动稳定校验，大都也不必进行热稳定校验，但在大型发电厂或大型变电站中，动热稳定校验往往是必不可少的。

当需要进行热稳定计算时，它的热稳定能力是介于铜排与铝排之间，但目前尚无此参数，可以按铝排计算，不过这会偏于保守了。

按照 DL/T 247—2012，铜铝复合排中，铜的体积要占 20%，直流电阻率不大于 $0.025\,545\Omega \cdot mm^2/m$（铜为 $0.0172\Omega \cdot mm^2/m$，铝 $0.1282\Omega \cdot mm^2/m$），由此可以推出铜铝复合排铜铝重量之比为 45：55，密度为 $3.94g/cm^3$，经过实测，复合排的直流电阻率不大于 $0.024\,88\Omega \cdot mm^2/m$，初步估算，满足同样的载流量，采用铜铝复合排比铜排节约投资大约为 40%，由此可见，其经济效益是可观的。

3. 中低压开关柜中应推广使用铜铝复合排及铝合金排

在低压开关柜中，主母线及分支母线采用铝排是满足要求的，尽管开关柜内的电气元件的接线端子都是铜质的，由于采用铜铝过渡端子、导电膏及接头搪锡等措施，铜铝接头的电化腐蚀问题也已经解决。目前不论中压开关柜还是低压开关柜，一律采用铜质导体，实在有点保守。牌号为 AA8030 的铝合金已经用在电力电缆上，作为开关柜内主回路的导体，采用铝合金排更无问题。目前国家对铜铝复合排已经制定新规范，此种材质可以用于开关柜中。不论铜铝复合排还是铝合金排，一旦在开关柜中得到推广应用，会产生极大的经济效益，因为铜排在开关柜的成本中，占有较大的比例，在满足动热稳定要求的前提下，采用铜铝复合排或铝合金排，要比铜排便宜得多。

单片铜铝复合排载流量见表5-1。

表5-1　　单片铜铝复合排载流量（环境温度为35℃时，不同温升的额定载流量）　　　（A）

规格 （mm）	温　升（K）				规格 （mm）	温　升（K）			
	30	50	60	70		30	50	60	70
3×40	302	395	438	477	5×80	770	1010	1119	1 219
4×40	392	514	569	620	6×80	897	1175	1263	1 376
5×40	453	594	658	717	8×80	1022	1339	1483	1 530
6×40	508	665	736	820	10×80	1076	1410	1562	1 702
4×50	465	609	674	735	5×100	912	1195	1323	1 442
5×50	550	721	799	870	6×100	1026	1344	1488	1 621
6×50	622	815	902	982	8×100	1162	1523	1687	1 838
8×50	724	949	1 051	1145	10×100	1323	1734	1920	2 092
4×60	518	757	839	913	12×100	1467	1922	2128	2 319
5×60	653	856	948	1033	6×120	1026	1580	1750	1 906
6×60	674	883	978	1066	8×120	1357	1778	1969	2 145
8×60	773	1 013	1 123	1223	10×120	1664	2018	2235	2 435
10×60	866	1 135	1 257	1369	12×120	1710	2240	2481	2 702
4×80	694	909	1 007	1097	6×140	1303	1708	1892	2 016

　　注　1. 以上是上海电缆研究所实测数据，是在铜铝复合排立放、无覆盖层的情况下的交流载流量。

　　　　2. 按低温升选择铜铝复合排截面，截面较大，投资费用高，但电能损耗小，适合日负荷比较平稳的场所，如果计算负荷波动大，因计算负荷按半小时内最大平均负荷考虑，按低温升选择导体截面，大部分时间内导体电流密度太低，不够经济，因此宜按较高温升选择导体截面。

　　　　3. 如果铜铝复合排外套交联聚乙烯套管，导体运行最高温度不应超过90℃，可按温升为50K选择铜铝复合排截面，外套聚氯乙烯套管时，导体运行最高温度不应超过70℃，可按温升为30K选择铜铝复合排的截面。

第四节　中压管形预制式绝缘屏蔽母线

　　在中压开关站或变电站中，大电流母线有共箱式矩形母线，它是矩形导体固定在绝缘子上，外有矩形箱体保护，俗称高压母线槽，一般额定电流不超过3000A，超过此电流的要采用异形导体，即使采用异形导体，最大电流不超过6300A。在大容量发电厂常采用离相母线，但它占有空间大，安装灵活性差。目前管形预制式绝缘母线显露头角，在10kV或35kV线路中，架空线或电缆无法胜任或很难胜任的任务，常由此种管形绝缘母线解决。管型绝缘屏蔽母线相对于传统母线，具有很多优点。

1. 管形绝缘母线的优点

　　（1）载流能力大，损耗低。因为是管形，电流因趋肤效应在导体的外层密度大，这样管形导体的导电能力得到充分发挥。由于管子直径可自由选取，最大电流可做到12 000A

（一般 600A 以下时，采用电缆的优越性大，因此常用于回路电流 600A 及以上的情况下）。

（2）散热条件好，温升低，这是因为管子的内腔形成通风道，两端有通风孔，有利散热。

（3）电气绝缘性能好，防触电，它的绝缘结构有点与电缆相似，管型母线的外层从内向外分别是主绝缘层，然后是均压层，均压层外有接地屏蔽层，外层是护套层，在护套层外有的套以色标层，主绝缘大部分采用聚四氟乙烯，它的绝缘能力强，耐温可达 200℃ 以上。该管形预制绝缘母线采用多层密封屏蔽绝缘方式，屏蔽层与外壳接地，电位为零，对人身非常安全。由于导体呈管形，加之又有屏蔽，周围电场分布均匀，避免在导体表面产生局部放电现象。所用绝缘材料温度适应范围大，从 −250 ～ +250℃，都有优良的电气性能及化学稳定性，介质损耗小、阻燃、耐老化。

（4）环境适应性好，绝缘屏蔽密封好，外界潮气、灰尘及污染空气无法进入绝缘层，可在四级污染等级的环境中安全运行，维护工作量少，可在海拔 4000m 的高度运行而性能不变。

（5）机械强度高，动稳定性能好。管形绝缘母线主体允许应力为矩形母线的 4 倍，可承受的短路电流大，机械强度高，母线支撑跨距最大可达 8m。而常规母线必须架设桥架支撑。动稳定试验结果表明，电压 10kV、额定电流 4000A 的铜质管型母线，可承受 63kA（4s）短路电流冲击。自可以直接将母线固定在钢构架上或混凝土支架上，取消穿墙套管和支柱绝缘子，具有较强的抗震动能力。其抗地震能力达到烈度 7 级，甚至更高。

（6）绝缘性能好、占用空间小、适用范围广。管形绝缘母线的主绝缘材料为聚四氟乙烯，其具有优良的电气性能和化学稳定性。

管形绝缘母线采用密封复合屏蔽绝缘方式，其绝缘结构与电缆类似，外壳接地电位为零，母线表面电场分布均匀，电气绝缘性能强。可以直接通过电缆沟、电缆夹层、电缆隧道。而常规母线（矩形母线、离相封闭母线）通常对环境要求比较高、空间要求比较大，所以在许多环境恶劣、空间狭小的地方，常规母线的使用受到很大的限制，甚至无法使用。而管形绝缘母线，无惧恶劣的环境，安装占用的空间很小，尤其利于在狭小的空间内布置，其适用范围更广，可靠性更强。

（7）母线架构简明、布置清晰、安装方便、免于维护、寿命长。管形绝缘母线的结构和电缆类似，其绝缘可靠，安全性高。一次安装成功，终生免维护，寿命最低可达 30 年。

曾有两座风电场升压站采用此种母线的实例，运行多年无故障发生。其管形预制式绝缘母线的额定电压为 40.5kV，额定电流分别为 2000A 与 4000A，长度分别为 85m 与 70m，如果采用架空线，场所不允许，如果采用电缆，因载流量太大，并联电缆根数太多，而且电缆头又是故障点，凡超过 630A 时就不宜采用电缆，因此采用管形预制式绝缘母线是最佳选择。为什么在低压系统中不提倡采用此类母线呢？道理很简单，采用母线槽要比管形绝缘母线优越得多。

2. 安装使用注意事项

（1）管形预制式绝缘母线常敷设的场所有主变压器至总开关柜进线柜之间，还有开关柜与开关柜之间的母线联络。管形预制式绝缘母线常为架空明设，有的也可在电缆沟或电缆夹层中暗设。在不易被人接触的场所，可采用半绝缘的，当人能够接触到管形预制式绝缘母线时，应采用全绝缘管形母线。半绝缘与全绝缘的区别是：半绝缘的绝缘强度低于全绝缘，虽然它可以安全运行，但人员不得触摸其外表，而全绝缘管形绝缘母线，人员可以触摸其外表而不发生安全事故。

（2）管形预制式绝缘母线导体有铜管与铝管之分，半绝缘铝质管形绝缘母线价格最便宜，铜质全绝缘的价格最贵，铝管预制式绝缘母线重量轻，易于敷设，性价比高。一旦安装好投入运行，可以终身免维护。

（3）生产厂家在供货前，应先派人去现场进行实地测量，画出安装图及走向图，然后才能进行生产加工。生产厂家还要供应全套的安装附件及型钢支架，不过管形绝缘母线敷设用的支柱钢管要由甲方负责自备与安装，因为这要牵涉带土建基础的制作，但支柱钢管的直径与高低要由供货商提供。由于支柱钢管价格不菲，在签订合同时要把供货范围及安装责任分清。

第五节　中低压电力电缆的正确选择

低压电缆额定电压为1kV，绝缘材料为聚氯乙烯或交联聚乙烯，中压电力电缆主要为电压等级为6～66kV的交联聚乙烯绝缘电缆，66kV系统很少采用，相应电压等级的电缆也很少采用，因此，在本文中不做介绍。目前中压电缆所用绝缘材料多为交联聚乙烯，用XLPE表示，而低压电缆常用绝缘材料有聚氯乙烯及聚乙烯，聚氯乙烯用PVC表示，而聚乙烯用PE表示。在交联聚乙烯绝缘材料问世之前，中压电缆绝缘材料采用绝缘纸，目前浸油绝缘纸退出中压电缆领域。

1. 中压电缆的额定电压

（1）中压电缆的额定电压。中压电缆的额定线电压是指相间电压，也就是电缆导体之间的电压，而相电压是电缆导体对金属屏蔽层或金属铠装层之间的电压，它与其他电气设备额定电压不同，设备的额定电压是指系统可能出现的最高电压。

根据接地故障时坚持时间的长短，电缆又分一类电缆与二类电缆，一类电缆用于接地故障持续时间大于1min，但不大于8h，而二类电缆可用于接地故障持续更长时间，由此可见，一类电缆用于中性点有效接地系统，而二类电缆用于中性点非有效接地系统。由于一类电缆在发生接地故障时有可能耐受8h，而接地故障在中性点非有效接地系统不允许持续2h，而且绝缘有一定冗余度，因此，若在中性点非有效接地系统即使采用一类电缆，发生接地故障时，不一定受到损坏，但可靠性大大降低。表5-2为常用中压电缆的额定电压。

表5-2　　　　　　　　　　　常用中压电缆额定电压（交流有效值kV）

电缆导体间额定电压（kV）	设备额定电压(kV)	导体与屏蔽层或金属护层之间电压(kV)	
		一类	二类
6	7.2	3.6	6
10	12	6	8.7
15	17.5	8.7	12
20	24	12	18
35	40.5	21	24

（2）电缆额定电压的正确选择。在中性点有效接地系统中，当系统标称电压为6、10、20、35kV时，选择电缆的相应额定电压应为3.6/6.6/10、12/20、22/35kV。当系统为非有效接地系统时，电缆额定电压相应的应为6/6、8.7/10、18/24、24/35kV。如果在10kV非有效接地系统中，采用额定电压为8.7/15kV的电缆，绝缘裕度过大了，当然可以使用，不过造价高了，经济上不够划算。

电力系统一般无15 kV系统，但发电机有额定电压为13.8kV或15kV的，如果发电机输出采用电缆，可选择额定电压为8.7/15kV或12/15kV的电缆。

在以往的电气设计图材料表中，经常看到标注的电缆规格不够明确，如电缆电压只注明为10kV，待投资方订货时不知订购6/10kV还是订购8.7/10kV时，6/10kV电缆主绝缘厚度为3.4mm，而后者为4.5mm，这样，所消耗的绝缘材料、护层等是不一样的．当然价格也不一样。

2. 电缆所用材料的确定

按照电性能的强弱，导电性能最好的金属为银．其次分别为铜、金、铝、锌、镍。由于银为贵金属，很少作为电缆的材料，金、银及银镍合金，只有在线路板上偶尔使用，电缆是不会采用这样昂贵金属的，铜与铝及铝合金是最合适的电缆的材料了。

目前电缆材料所用材料，导体主要铜或铝，目前采用铝合金的越来越多。生产电缆其他所用材料有，护套用绝缘材料有聚乙烯及聚氯乙烯，铠装用的材料有钢带及钢丝，屏蔽用的有半导体材料及铜带，还有填充料等。

（1）铜芯电缆与铝芯电缆的比较。铜芯电缆载流量大，机械强度高，热稳定性能好，但价格贵，重量大，敷设不够方便。铝芯电缆价格便宜，重量轻，敷设方便，机械强度差，载流量稍差，热稳定性能不够好，与电气设备的连接还存在铜铝接头氧化腐蚀问题。

有人对采用铝芯电缆顾虑重重，担心氧化问题、接头电化腐蚀问题、动热稳定性低的问题，这些顾虑是没有必要的，铝氧化后，生成的氧化膜对铝有保护作用，防止铝的表面继续氧化。对于铝芯电缆来说，它与空气隔绝，不会氧化，退一步来说，即使氧化，生成的氧膜还会起到保护作用。对于接头电化腐蚀问题，采用铜铝过度端子来解决，所谓电化腐蚀，是指不同金属之间，存有水分及空气，活泼性不同的金属作为电池的两极板之间的水分作为电解质，有的金属被电解，从而产生了电化腐蚀，采用铜铝过渡端子，形成相同金属之间的连接，不会产生电化腐蚀，唯一的不足之处是，过渡端子的铝与回路的铝接触处，铝的氧化造成接触不良的问题，实践证明问题不大，端子压接前，把铝氧化膜打磨干净，涂上导电膏，用压接钳压紧即可，由于紧密压紧，无空气进入，不会造成氧化，唯一不足的铝质抗蠕变性能较差，但只要压紧，在压接处铝已产生大的变形，等于给予其一个预应力，随着时间的推移，接头处不会产生缝隙，增加大的接触电阻。

电缆不存在动稳定问题，当电缆敷设在电缆支架上或直接埋在土中时，对机械强度也无过高要求，因此，铝芯电缆尽管机械强度差也不影响使用。对于中压末端变电所或开关站馈线 电缆，一般发生短路故障时瞬时跳闸，因此，铝芯电缆对付热稳定方面也不成问题。

当采用大截面电缆时，如单芯截面在$400mm^2$以上时，采用铝苍电缆比较合适，因为在同等载流量的情况下，铝芯电缆比铜芯电缆轻得多。例如，有一高层建筑，多根铜芯电缆因重量太重，一度把电缆梯架压垮：另一座高层建筑，电气由外企设计及施工，为给中央空调主机供电，采用1200 mm² 单芯铝芯电缆，如果采用铜芯电缆，不但造价贵，而且敷设困难。

在同等载流量的情况下，铝芯电缆一般比铜芯电缆大一级，最多不会超过两级，但铝芯电缆便宜的多，如果按照相同载流量比较，低压铝芯电缆投资只为铜芯电缆的1/3 左右。

综上所述，对于末端用户，当回路短路瞬时跳闸或延时较短，而且敷设在电缆桥架或直接埋在土中时，为节省投资，建议采用铝芯电缆，但有防火要求时例外。

20 世纪80 年代以前，国家出台以铝代铜的政策，铝芯电缆占主要地位。目前恰恰与之相反，除架空用钢芯铝绞线外，几乎不用铝芯电缆、电线。至于铝芯电缆的热稳定性差的问题，有的人懒得验证，直接采用铜芯电缆了事，还有另外的原因，认 为目前国家经济实力增强，多投资些资金算不上什么，也有的认为，电气部分在总投资中不过占5% 左右，采用铜芯电缆增加的投资与总投资相比微乎其微，因此对采用铝芯电缆不感兴趣。实际上末端铝芯电缆线路热稳定一般也无问题的，因为不论低压或高压末端线路，一般短路保护无有延时，保护瞬时跳闸，短路电流通过的时间只为保护元件的固有动作时间，此时间为毫秒级。另外，电缆不存在动稳定问题，这又为采用铝芯电缆创造了条件。还有人担心，铝的电阻率比铜大，在传输电能时怕电能损耗大，这种担心更无必要，可以通过加大电缆截面，使两种材质的线缆载流量持平，这样线路损耗也一样。铝的电阻率为铜的1.68 倍，铝芯电缆的截面不必为铜的1.68 倍（大约为1.5 倍），其导能电力即可与铜芯电缆相等，当芯线的截面在70 mm² 以下时，在导电力相等时，铝芯电缆比铜芯大约大一级，当截面在70mm² 以上时，在导电能力相等的情况下，铝芯电缆截面大约比铜芯电缆大两级。

另外需要说明的是，在导电能力相同的情况下，铜芯电缆的热稳定能力与铝芯电缆热稳定能力基本一致，按热稳定能力来说，导线最小截面为

$$S = I \, (\sqrt{t}) \, / K$$

作为电缆的一根芯线，当绝缘材料为交联聚乙烯，若初始温度为90℃，最终温度为250℃时，绝缘材料为交联聚乙烯时，铜材 K 为143，铝为94，铜材的 K 与铝材的 K 之比为143/94 = 1.52，也就是说，只要铝芯电缆截面为铜芯电缆截面的1.52 倍，热稳定能力应当基本一样的。当铝芯电缆截面为铜芯电缆1.52 倍时，其载流能力也基本相等，因此，可以概括为：铝芯电缆截面为铜芯电缆截面1.5 倍时，二者载流能力及热稳定能力基本相同。

铝芯电缆的性价比较好，采用铝芯电缆产生的经济效益，可按照以下思路框算一下：按2013 年8 月的价格，铜每吨5.8 万元，铝每吨1.5 万元，价格上铜为铝3.87 倍。铜的密度为8.93，铝的密度为2。70，铜的密度为铝的3.31 倍，但铝的导电率为铜的0.61 倍，综合比较，铝的性价比应为铜的3.87 × 3.3 1 × 6.1 = 7.81，低压电缆的成本，主要是导体的 成本，由此可见，铝芯电缆要比铜芯电缆便宜多了。

截止到20013 年3 月，低压交联聚乙烯电缆YJV-1-3X95 + 2X50。每米价格为255 元，而与之导电能力持平的铝芯电缆YJLV-1-3X150 + 2X70，每米价格为55 元，在传输电能相同及绝缘材料一样的情况下，铜芯电缆价格为铝芯电缆的255/55 = 4.64 倍。

但对于10kV 及以上的电缆，由于金属材料在电缆的成本中所占比重，随着电压的升高而降低，额定电压越高，铝芯电缆的价格优势越不明显。

（2）铝台金电缆的优越性。毋庸置疑，在性能上，铜芯电缆的优点是比铝芯电缆多，但性价比，往往不如铝芯电缆，而既便宜，性能又不错的就是铝合金电缆了。

据悉，铝合金电缆1968 年美国研发，至今已有45 年，北美市场使用比较普遍，占领

80%的份额，日本及欧洲也大量使用。

铝合金是一个比较笼统的称谓，铝与不同金属的融合及各种金属的不同比例，其性能相差甚远，适合做导电材料的铝合金，它是在铝材的基础上添加了一定比例的铜、铁、镁、硅及稀土元素等，铜元素能使导体在高温时，电阻稳定性增加，铁元素使抗蠕变性能增强，此种铝合金导电性能反而比纯铝稍强，经过特殊工艺处理及退火处理，符合GB/T 12706.1—2008《额定电压 1kV（$U_m = 1.2kV$）到额定电压 35kV（$U_m = 40.5kV$）挤包绝缘电力电缆及附件》及 IEC60502.1 的要求，此种铝合金牌号为 AA8030，有的称为 AA8000 系列。它的综合性能与铜芯电缆相比并不逊色，如使用寿命、导电能力、抗蠕变、抗拉强度、电缆弯曲半径、重量等比传统的铜芯电缆据有大的优越性，比纯铝电缆更好。在满足使用条件下，重量只为铜芯电缆的1/2，综合造价比铜芯电缆节约30% ~ 50%，经济效益非常明显。

铝合金电缆的具体优越性如下：

1）导电性。导电性能不比纯铝电缆差，在达到同一载流量的情况下，铝合金导体直径约为铜导体的1.2倍多（即为铜芯导体截面的1.5倍），由于在生产制造中，采用特殊的压紧工艺，铝合金电缆直径只比铜芯电缆大10%左右。（在实际使用及设计中，若无铝合金电缆的载流量数据，可采用相应铝芯电缆的载流量）。

2）机械性能。经过退火处理的铝合金，延伸率提高30%，比铜缆更有柔韧性。对于弯曲性能，纯铝弯曲性能差，弯曲半径大，而铝合金电缆最小弯曲半径只为电缆直径的7倍，远低于国家标准规定的10 ~ 20倍的要求。铝合金电缆的弹性比铜芯电缆好，因此更容易安装。

3）抗蠕变能力。铝合金材料中加入铁元素，退火处理后，抗蠕变能力比纯铝提高3倍，避免因长期在机械力作用下出现蠕变而使接头电阻增加现象。

4）抗腐蚀能力。腐蚀分为化学腐蚀及电化腐蚀，由于铝在空气中形成氧化膜，起到保护作用，抗空气氧化能力优于铜。在抗电化腐蚀能力上，优于纯铝电缆。

由于铝合金电缆具有上述的，而且价格便宜，加之铜资源国内比较匮乏，因此应推广铝合金电缆的使用。

在有些情况下采用铜芯电缆是合理的，例如爆炸或火灾危险场所，控制与信号电缆，所供设备是移动式设备的电缆，震动大，对铝有腐蚀的场所等采用铜芯电缆是合适的。

（3）电缆其他材质的选择。电缆的主绝缘塑材料有交联聚乙烯（XLPE）、聚乙烯（PE）及聚氯乙烯（PVC），聚乙烯通过交联处理，改变分子排列结构，通过了绝缘性能、力学性能、防开裂性能、耐化学腐蚀性能及耐环境性能。使用温度由70℃提高到90℃。

聚氯乙烯阻燃性能好，氧气指数可达到30，化学稳定性好，耐酸碱腐蚀好，在温度较高的情况下，弯曲性能好。缺点是在潮湿情况下绝缘电阻下降厉害，燃烧时有毒气释放，当环境温度下降厉害时会变硬。

聚乙烯分低密度、中密度及高密度，它们之间的机械强度及耐磨性相差较大，低密度性能差，可用于通信电缆，高密度聚乙烯机械强度好，但生产工艺复杂，一般采用中密度聚乙烯。聚乙烯的优点是无毒，耐环境应力龟裂性能好，弯曲性能好，抵抗潮湿性能好。聚乙烯为非极性材料，聚氯乙烯为极性材料，从电气绝缘能力、稳定性及阻燃性能来说，聚氯乙烯强于聚乙烯，但防水性不如聚乙烯，聚氯乙烯材料便宜，而聚乙烯材料贵。

电缆主绝缘材料主要采用交联聚乙烯，它工作温度可达90℃，而聚氯乙烯或聚乙烯工作温度只能够达到70℃，采用交联聚乙烯绝缘材料的电缆载流量有大的提高，在中压电缆，绝缘材料是交联聚乙烯，聚氯乙烯及聚乙烯只能够用于低压电缆，当然低压电缆也可采用交联聚乙烯绝缘材料，采用交联聚乙烯绝缘低压电缆，由于工作温度的提高，比聚乙烯或聚氯乙烯绝缘电缆在同截面时可通过较大电流，不过这是以较多的损耗为代价的。

综上所述，低压电缆如果提高载流能力，采用交联聚乙烯绝缘，如果敷设在土中或室外，而且环境温度低，建议电缆绝缘护套采用聚乙烯材料，如果在环境温度比较好，但有酸碱腐蚀的条件下，建议采用聚氯乙烯绝缘护套电缆。

如果防止机械损伤，电缆要有铠装，如直接埋地敷设的电缆，要有铠装层，一般采用钢带铠装，不够要注明钢带相互叠合程度或钢带层数。如果敷设电缆受到拉力，如电缆穿过河流，应采用钢丝铠电缆，如果受拉力较大，可采用粗钢丝铠装电缆，一般采用细钢丝铠装即可。中压电缆有屏蔽层，它分为内屏蔽与外屏蔽，内屏蔽是导体屏蔽，作用是改善电缆芯线的电场分布，避免在导体与绝缘层间发生局部放电现象，此种屏蔽一般采用半导体材料。在主绝缘层与护套之间也要加屏蔽，一层半导体屏蔽，避免绝缘层表面放电，如果没有此半导体屏蔽屠，发生相间短路的可能性增加。如果无金属铠装层，还要加铜带屏蔽层，它不但起到屏蔽电场作用，也作为接地电流的通道，更有利接地保护动作。

屏蔽层与铠装金属保护层要接地，屏蔽层与金属铠装层可看成互感器的二次绕组，而导体为一次绕组．这样，当电流在导体流动时，金属屏蔽层与金属铠装层有感应电流，如果屏蔽层与铠装层两端接地，这会形成环流，如果不采取措施，环流最大可达到导体电流的90%以上，这样会使电缆发热严重，缩短电缆寿命及载流能力。防止环流的措施有各种方案，但不在本文的介绍范围了。

3. 耐火电线电缆及阻燃电缆的选择

（1）耐火电缆。在高层建筑的消防负荷的供配电线路中，耐火及阻燃电缆应用的比较普遍。在高温区或油罐区，地铁、剧场、大型会堂、重要工矿企业等与安全、消防、救生有关的地方也有应用，它是在燃烧的火中，能够在一定的温度下坚持连续正常工作一定时间的电线、电缆。

在计设及使用中，有人提出防火电缆的概念，把无机物氧化镁绝缘的电缆称为防火电缆，而把有云母带包绕的电缆称为耐火电缆，这是不够准确的，电缆怎能够防火呢？实际上，只有耐火电缆这一称谓。目前执行的标准是GB 19666—2005《阻燃与耐火电线、电缆通则》，此通则与IEC331等同的。

耐火电缆按照耐火特性分A级及B级，A级是在火焰温度为950~1000℃，能够正常工作90min，而B级是在火焰温度为750~800℃，正常工作90min，在型号的标注中，A级用在耐火苛刻场所，分别以NHA-及NHB-开头，在平时电气设计中，经常只标NH字母，它只能表示为"B"级，A级则表示为NHA-或GNH-，而氧化镁绝缘电缆型号比较随意，如有的型号为BZZT，有的还加上MI字母，表示绝缘材料的特点，即矿物绝缘材料（mineral insulated cable）。

耐火电缆所用的绝缘层、护套层、外护层及其他辅料，又有含卤、低卤及无卤之分。在消防灭火中线路释放出卤元素及浓烟，对人危害很大，因此对耐火电线、电缆的要求应有说明，或在型号中加入特性字母，例如，NH-YDYD-，代表 B 级耐火电缆，而且低烟无卤。NHA-VDVD-代表 A 级耐火电缆，低烟低卤，由于在平时电气设计中，很少注意这些细节，造成供货商与用户的矛盾也屡见不鲜。

常用的耐火电缆多用云母带缠绕，它是云母纸与玻璃纤维布粘合起来，云母纸又是用云母粉制成成，云母又分合成云母、白云母及金云母，以合成云母耐热最好，白云母次之，采用何种材料是由耐火等级的不同而不同。云母带缠绕的层数一般不少于两层，每层间重合率不应小于 30%，缠绕不能留有空隙，在监理及施工验收中要注意上述事项，以免生产厂家偷工减料，为此最好的办法是对所供材料实行现场抽检。

氧化镁绝缘的耐火线缆，导体是铜质，这是所有耐火线缆必须达到的，绝缘层为氧化镁，外有铜，最外层有聚氯乙烯护套，氧化镁耐温可达 2800℃铜的熔点为 1083℃，该耐火线缆是属于 A 级。在耐火电线、电缆的技术指标中，我国的标准高于 IEC331 的要求，在世界范同内，英国的标准较高，耐火电缆还要增加撞击及喷水试验，因为在火灾时有倒塌物的撞击及消防水的喷淋。

对待同一功能，耐火电缆要配套，有的主回路采用耐火电缆，而并列敷设的控制同路却采用普通的控制电缆，这是不能满足要求的，如果一定采用普通的电缆，可穿钢管暗设，埋入混凝土内不小于 3cm，也可以敷设于耐火等级相同的槽合内。

云母绝缘的耐火电缆优点是价廉，施工方便，耐火温度较低，遇到火灾后要对电缆更换，而氧化镁绝缘电缆，由铜皮保护，火灾过后，虽然外护层烧坏，但铜皮完好，可以继续使用。而且同批可以作为 PE 线。其截面一般足够，此种电缆还有一个好处是，它平时可以在高的环境温度下使用，而不一定要在火灾的情况下使用。此种电缆的不足之处，价格贵，施工难度大，弯曲半径大，"T"接不便，而且还要相应配件及专业工具。

由于导体遇高温电阻增大，因此，在选择耐火线缆的截面时，应比普通线缆截面增大一级。

在国家有关规范中，高层或超高层建筑中，一级负荷中特别重要的负荷供电要耐火电缆，而没有指明一定要 A 级或 B 级，而在民用建筑规范中，在超高层建筑中，上述负荷要用氧化镁耐火电缆电缆，也就是要用 A 级耐火电缆。

（2）阻燃电缆的选择。阻燃电缆不等于不能燃烧，而是明火移开后能够自动熄灭。按照阻耐性能的不同，分为 A 级、B 级及 C 级，A 级阻燃性能最好，其次是 B 级，C 级最差，阻燃能力的好坏是以氧气指数的大小划分，氧气指数越高，说明燃烧时要求空气含的氧气成分越高，也就是阻燃效果越好，阻燃级别越高。IEC 60332 标准中对阻燃线缆均有明确要求，它是采用单根线缆倾斜与垂直进行燃烧检验的，而我国的标准是成束线缆垂直燃烧进行检验阻燃能力的，高于 IEC 标准，检验的条件要苛刻得多。

阻燃线缆型号以字母 ZR 开头，A 级阻燃线缆标以 ZRA-，有的标为 GZR-，如果型号中不出现代表级别字母，一律为 C 级阻燃线缆。在电气设计及使用中，除注明阻燃级别外，还应对低卤或无卤方面的要求加以说明。

按照民用建筑电气设计规范的要求，超高层建筑的电力、照明、自动控制线路应采用阻燃线缆；一类高层建筑上述设备宜采用阻燃线缆；二类高层建筑及低层建筑的消防设备，宜采用阻燃性线缆。阻燃性线缆只比普通线缆价格高 5% 左右。所增费用不多，目前普通的场所也大量采用阻燃线缆，由于在设计及采购中，没有明确是什么级别的阻燃电缆或电线，一般供货商一律按照成本低的 C 级供货。

4. 分支电缆

所谓分支电缆，是在主干电缆上"T"接分支，电缆与分支是在电缆生产厂进行预制。在分支电缆预制前，必须测量好分支之间的尺寸并确定分支的长度与截面。

分支电缆开始于日本与英国，1980 年日本制定行业标准，通过几年的运行，在 1993 年对其修订，目前国内生产的分支电缆标准是参照日本修订标准。

分支电缆一般分单芯的，还有一种为绞合型多芯电缆，此种多芯电缆不是平时所说的多芯电缆，它每个芯线各有各的护套，国内基本上生产单芯分支电缆，绞合型工艺复杂，要有技术力量强的大型企业才能生产。

单芯分支电缆由三部分组成，一是主干电缆，二是电缆分支，三是分支与主干连接部。连接的质量影响整个分支电缆的质量，它要经过机械强度与电气强度试验，机械强度试验是连接头的拉断强度不少于分支电缆的 80%，电气试验是经过 125 次电热循环强度试验。分支电缆比普通电缆的优越性。

（1）分支电缆的优点。

1）"T"接头优良的密封性能，分支接头整体挤压成型，水分及空气无法进入，接头不会氧化腐蚀，接头接触好，接触电阻小，接头也不受热胀冷缩的影响，不受外界环境的影响，可承受四级污染环境。

2）由于是单芯电缆，相间间隙大，不存在相间爬电造成的短路事故，也不因绝缘损坏造成相间短路事故。

3）接头美观，体积小，绝缘强度高，省掉了电缆"T"接箱箱。主干电缆无任何断接处，因此不会增加回路的电阻值，供电可靠性大大提高。

4）不必进行动稳定校验，只要进行额定电流及热稳定校验即可。

5）当额定电流在 630A 以下时，在传输同样电力的情况下，投资要比母线槽节省的多。

6）节省安装时间，由于分支线已经在工厂预制好，省掉了电缆"T"接的辅材及繁琐工艺。

（2）分支电缆的不足之处。分支电缆尽管优点明显，但也有不足之处，例如：

1）分支电缆为单芯电缆，如果回路为三相五线，为安装方便，线间要留有一定空间，因此一条回路要占用较大的宽度，不可能在同一安装面上敷设多个回路，由于回路少，造成每回路截面相应增大，从而使单位截面载流能力下降。

2）敷设方式受到限制，分支电缆一般只适应在平面内支架敷设，敷设方式单一，而普通电缆可以在支架明设，也可以在电缆桥架、槽盒、地下直埋、电缆沟内敷设。

3）由于在工厂预制，必须预先量好各分支点的相对尺寸及各分支线的长度，不但麻烦，而且只要有误，就会造成整体处处有误，每个"T"接点皆错的局面。只要分支电缆已经加工完成。再也没有修改的余地。

4）不适合大电流回路，因为电流大，相应的导体截面就大，太大的电缆截面，单位截面的载流量直线下降，因此当电流大于 630A 时，一般采用母线槽比较合适。由于分支电缆多为单芯电缆，专用保护线干线（PE 线）可采用一根单独的裸铜排或裸铜线与分支电缆的相线并列敷设，附近需要接保护线的设备可以直接与其保护干线相连，附近设备的接地连接得到极大便利．在有些情况下，省掉了接地端子箱或等电位端子箱。

（3）母线槽与分支电缆的比较。母线槽与分支电缆各有特点，在选用时要进行比较。在高层建筑的垂直配电室（俗称电缆井）中，如果电流不大，如小高层居住楼，回路电流很难超过630A，采用分支电缆比较好。在环境条件差，水容易溅上的地方，采用分支电缆也比较好，因为它接头绝缘好，不会因受潮降低绝缘能力。在小高层建筑中的电缆竖井内，分支电缆得到很好的应用。

在容量大（例如回路电流630A以上）时，采用母线槽具有优势，另外，在有负载经常变动的场所，有的要增加一些用电设备，有时要取消一些用电设备，例如在车间，机床有时增加，有时减少，此时采用插接式母线槽供电非常有利。

在分支线超过3m的地方，分支电缆也不宜采用，因为预制式分支电缆的分支不宜超过3m，过长的分支不易加工，而且接头处无法安装保护装置，无保护装置的线路长度不应超过3m，而且过长的分支电缆不易包装运输，也不易敷设。母线槽是由一节节现场拼装，一般每节长度约2.5m（高强度母线槽长度可达6m），加工运输及现场安装比较容易，另外，母线槽的插接箱又可以带有保护装置，这样一来，从插接箱T接的分支线长度基本不受限制。由于母线槽是一节节的拼装而成，当长度过长时，母线槽的搭接头就过多，这样接触电阻就大，而且母线槽的每个措接头就是一个故障点，一条母线槽有过多的措接头就有过多的故障点，这样母线槽的可靠性大大降低。

母线槽要经热稳定校验，空气式母线槽还要增加动稳定校验，而分支电缆是电缆的一种，电缆是不需要动稳定校验的。分支电缆与普通电缆一样，也有阻燃的，耐火的，聚氯乙烯绝缘的，交联聚乙烯绝缘的等。

不论母线槽还是分支电缆，当长度过大时，要在适当部位加装变容节或变容箱，以便节约投资。

5. 有关电缆的其他问题

（1）低压普通电缆使用注意事。在各类工程中，低压电缆的采用量非常大，正确选择及使用电缆是一个值得注意问题。

1）五芯电缆采用的问题。在工程实际中，经常遇到一束几根电缆并列敷设，同一起点与终点的几根电缆，不宜每根电缆皆采用五芯电缆，这样有点浪费，不如共用一个专用单芯电缆或裸铜绞线、裸铜排，作为各回路共用保护（PE）干线，这样不但节省了投资，而且附近的电气设备、金属构架等接地非常方便。

2）四芯虫缆在TN-C-S系统中的应用。在TN-C-S系统，采用四芯电缆也是一个不错的选择，理由很简单，多芯电缆的芯线皆并在一起，机械强度大，不可能出现PEN线断裂的情况，在进入配电箱或配电柜时，PEN干线再分为PE线与N线，由于PEN线是电缆的一根芯线，绝缘好，沿途不可能出现杂散电流，是否因PEN压降过大，造成末端与PE线连接的电气设备外露可导电部分对地电压过大呢？这要具体问题具体分析，如果三相负载对称或比较对称，PEN线中的电流为零或很小，就不存在因PEN流过大的不对称电流造成压降过大的问题，从而也不存在电气设备外露可导电部分对地压降过大对人产生安全问题，如水泵房、中央空调及三相电动机容量占大部分容量的场所，基本上是对称负荷凸如果三相负载不对称严重，要具体进行校验计算，但不要忽略PEN线的重复接地对降低接触电压的作用，如果考虑到重复接地影响后，还是满足不了安全要求，可采用等截面四芯电缆。目前设计人员动辄采用五芯电缆的现象非常普遍，这会造成较大的浪费，因为五芯电缆比四芯电缆单价贵百分之十几。如果在一座建筑物中，采用 TN-C-S 系统，可能就是局部 TN-C-S 系统，由于整座建筑物的内的钢筋密密麻麻，纵横交错，要避免不通过建筑物的钢筋不分流中性线里的电流是有一定难度。

在高层建筑电缆竖井内，楼层配电箱要接地，电缆金属支架、电缆托盘等须要接地，可与多根电缆并列敷设一个 PE 干线，为电缆竖井内的电气设备接地提供了方便，而多根电缆又可以采用四芯电缆，节省了投资。

（2）分区电缆供电方案。在一栋高层建筑中，是采用分区电缆供电，也就是把一座高层建筑划分若干分区，每个分区用一根主干电缆由变电站向分区总配电箱供电，再由分区总配电箱向各层供电，这叫分区放射式。还有一种方式是采用树干式供电，由变电站引出一根供电干线，在每层进行"T"接，如果采用单芯电缆，这样电缆根数较多，如果采用多芯电缆，电缆的"T"接头很难处理，不过这是一种最经济的供电方式，但供电的可靠性差，一处接头出现问题，整个电缆供电停止。

对于居民小区的供电，采用电缆分支箱是最佳方案，由变电站引出主干电缆，向电缆分支箱供电，由电缆分支箱采用放射式向各栋住宅供电，电缆分支箱各分支可加开关，也可不加开关，笔者认为加分支开关较好，一个分支故障不影响其他回路供电，而且维护方便。

目前，电缆分支箱的应用逐步得到推广，其优越性较明显，它一般用在室外。它与室内电缆分支箱不同，室内电缆分支箱是为了解决干线电缆的"T"接问题，而室外电缆分支箱解决一根干线电缆分出几根分支电缆问题，其优越性如下：

1）节省电缆用量及馈线开关柜的数量。在负荷比较分散的场所，如居民小区，如果采用电缆放射式供电，要从低压配电室放射敷设多根电缆，造成电缆用量很大，增加了投资成本，如果在几栋建筑的中心位置布置一个电缆分支箱，从低压配电室引来一根主干电缆，经电缆分支箱分成若干分支电缆，也就是若干分支回路，再以放射式向各个建筑物供电，不但节省电缆，而且大大减少了低压配电室的馈线回路，低压配电柜的用量也大大减少。

可能有人会说，可以不用电缆分支箱，而采用一根主干电缆，在每层总配电箱内"T"接，主干电缆从一座建筑物拱向另一建筑物，实现一根电缆向多个建筑物供电的要求，实践经验证明，这是一个不够理想的方法，因为电缆在建筑物一进一出，要预埋两根电缆保护管，保护管要求一定的弯度及高度，这样不但施工非常麻烦，而且占用每层总配电箱有限的空间，另外还有一个不足之处，一根主干电缆，沿途断接处太多，不但增加了接触电阻，还增加了故障点。

2）具有环网柜或公用开关站的优点。在中压统中，采用电缆分支箱，节约投资非常可观，每节约一个馈电回路，等于节约一台中压开关柜，开关站的占地面积也相应关少，这样，经济效果非常明显。有人质疑采用电缆分支箱供电可靠性问题，这种顾虑是多余的。因为目前电缆分支箱也司安装操作保护开关，而且中压电缆头采用预制式插接电缆头，可靠性与安全性比普通电缆头好得多，其他带电部分采用固体全绝缘，更增加了供电的可靠性。目前在一些城市的马路侧，分布很多电缆分支箱，在一定程度上，节省了中压开关柜，节省了公用开关站的建筑费用及场地，维修更方便，因为它处于公共场所，维修时不必进入建筑物。

（3）中压架空电缆线路。在室外，线路的敷设常有架空绝缘线或裸线，而电缆线路的敷设常为直埋或缆沟、电缆隧道、电缆桥架敷设，电缆架空敷设比较少见，架空电缆敷设在电杆上，受外界影响较大，不够安全，也不够美观，但在电缆根数少，直埋或电缆沟敷设环境条件不允许时，可以采用电缆架空敷设。

过去，10～35kV 架空线路基本上采用裸线，经常造成单相接地短路事故的发生，因为沿道路架空裸线敷设的中压线路，在天气恶劣的情况下，常与树木发生接触·造成单相接地故障，裸架空落地，发生人身伤亡事故。例如某城市郊区道路外侧的 10kV 架空线路，因采用裸导线，与架空线同排的杨树的枝叶被架空线电击的伤痕累累。雷击架空线路也是常见故障，如果采用电缆架空敷设，上述事故可以避免或大大减。另外，架空电缆的优越性还有维修方便，故障点容易发现，对人也相对安全。普通电力电缆中压 6～10kV 常为三芯电缆，低压常为出 3～5 芯电缆，但架空电缆常为单芯电缆，由于考虑重量原因，为敷设方便，绝缘架空电缆采用铝芯。

（4）架空电缆线路敷设注意事项。架空电缆线路应注意以下事项：

1）中压架空电缆无钢带铠装或钢丝铠装，因此不能承受外力作用，自承力差，必须架设钢丝吊线，并有挂钩把电缆挂在吊线下，敷设方式与通信架空电缆敷设非常相像。

2）架空电缆所用金具有别于普通架空线路，所需金具可由电缆厂配套供应。

3）架空电缆不能用在电缆沟、电缆隧道、电缆竖井中，同样，普通电力电缆也不能架空敷设。

4）环境温度低于 20℃的场所不宜采用架空电缆线路。

5）为了与通信电缆有区别，应挂警示牌，以利人身安全。

中压架空电缆采用的绝缘材料均为耐恶劣气候影响的绝缘材料，常用的有聚氯乙烯（PVC）、聚之烯（PE）、交联聚乙烯（XLPE）、高密度聚乙烯（HDPE）（电缆型号表示字母与绝缘材料表示字母不同，交联聚乙烯绝缘线缆用 YJ-表示，聚乙烯绝缘线缆用 Y-表示，聚氯乙烯绝缘线缆用 V-表示），架空电缆采用汉语拼音字母 JK-，从电缆的型号即可以看山其含义，例如：

JKV-1——聚氯乙烯绝缘、铜芯额定电压 1kV 架空电缆；

JKYJ-10——交联聚乙烯绝缘、铜芯 10kV 架空电缆；

JKLY-10——聚乙烯绝缘、铝芯 10kV 架空电缆；

JKLRYJ-10——交联聚乙烯绝缘、铜软线 10kV 架空电缆；

JKLYJ/Q-10——交联聚乙烯绝缘、铝芯、轻型 10kV 架空电缆。

中压架空电缆由电缆芯线、半导体屏蔽层及绝缘层组成，半导体屏蔽层的作用是使带电体周围电场均匀，不至于造成局部击穿现象。生产加工时，屏蔽层与绝缘层有的采用双层齐挤的加工工艺，有的采用分别挤出工艺。架空电缆应符合 GB 14049—2008《额定电压 10kV 架空绝缘电缆》的要求。

顺便指出，聚氯乙烯绝缘材料温度限值 70℃，交联聚乙烯温度限值为 90℃，由于交联聚乙烯允许在较高温度下运行，同样材质、同一截面的线缆允许载流量要高，但这是以增加线

（5）中压电缆芯数与截面选择。12/20kV 等级电缆单芯截面一般为 $35 \sim 500\text{mm}^2$，三芯一般为 $35 \sim 300\text{mm}^2$；电压为 21/35kV 电缆，单芯截面一般为 $50 \sim 500\text{mm}^2$，而三芯截面一般为 $50 \sim 300\text{mm}^2$、400mm^2。在 6、10kV 及 20kV 系统中，常采用三芯电缆。当电压在 35kV 以上系统中，采用单芯电缆。

单芯电缆如果用于交流系统中，金属铠装要用非磁性材料，如采用隔磁处理的钢材、铝合金或不锈钢等，例如 YJV63-8.7/10－1×400 型电缆，交联聚乙烯绝缘，聚乙烯护套，不锈钢带铠装，电压 8.7/10kV，单芯电缆，截面为 400mm^2。有人认为，导体经过金属屏蔽后，电磁场减弱，采用普通钢带铠装产生的涡流及磁迟损耗也小，因此采用普通钢带或钢丝铠装也未尝不可，不过运行中在屏蔽层可能产生环流，周围也有漏磁通的存在，因此单芯电缆采用弱磁性金属材料做铠装合适。

第六章

并网运行光伏发电站系统集成

第一节　概　　述

光伏发电，即太阳能发电，之所以常称光伏发电，是因为有些半导体材料制成品在光照射下，产生伏打电池效应，即产生光电压（photovoltaic，PV），此种原理构成的发电系统称为 PV-system 发电系统。

太阳能是人类利用的可再生绿色能源之一，用太阳能发电对减少碳排放有重要意义。在我国，太阳能发电站及风电列入重点发展及扶植的清洁能源工程，如雨后春笋般地建立起来。有资料显示，截止到 2012 年，全世界 PV 发电总容量达 97GW，2012 年净增加 30GW，这一年，我国增加的 PV 装机容量就占世界总容量的 16%，截止到 2013 年底，我国累计装机容量达 16.5GW，其中光伏电站为 10.8GW，国家能源局规划 2014 年光伏电站新增容量 4GW，可以看出 PV 发电的势头。

光伏发电，有并网与离网运行两种。按照规模划分，有大型集中式与小型分布式。除大型太阳能发电站外，小型分布式太阳能发电也方兴未艾，所谓分布式，是对大型发电系统而言，分布式太阳能发电系统是在民用建筑屋顶、工业厂房及大型公共场所的建筑物的顶部安装的太阳能电池板的发电系统，一般它有三种模式，一是自发自用式；二是自发自用后，余量上网卖电式；三是完全上网卖电式，分布式太阳能发电有效地利用建筑物的顶部闲置空间，节省土地资源，缓解地区电力紧张，提高电网调峰能力，解决本单位、本部门或本家庭用电后，多余部分可输入电网，向电网卖电，如果 PV 发电不够自己使用，可由电网调节，不必采用蓄电池。2013 年国家能源局公布《分布式光伏发电项目管理暂行办法》中规定，要求分布式光伏发电自发自用，电网调节，就地消纳，余电上网。

在偏远地区，电力网伸入不到的区域，光伏电站离网运行，这就要有贮能蓄电池与之配套。无阳光照射时，如阴雨天或夜间，由蓄电池贮能经逆变向用户提供交流电流，这里只谈专向系统送电的大型并网太阳能发电系统集成问题。太阳能发电系统已有十年左右的运行实践，现就太阳能发电站有关设计、安装及维护及经验教训也做一介绍，供设计、安装及设备制造厂家借鉴与参考。PV 发电系统的组成大致分为太阳能电池板阵列、一级汇流箱（又称汇流防雷箱）、末级汇流箱（又称直流柜）、线路、逆变器、交流升压及配电系统、监控系统几部分。

第二节　太阳能电池基本单元构件

1. 光伏的原理

太阳能电池片，也称光伏电池，所用材料多种多样。目前大都由硅材料制作，如：单晶硅、多晶硅、无晶硅。太阳能电池片的光生电的原理就是半导体材料的P-N结的光生伏打效应（photovoltaic effect）。在纯净的硅晶体中，自由电子与相对应的空穴数量是相等的，如果在纯净硅中渗入能俘获电子的硼或镓等元素，它就成为空穴型半导体，称P型半导体。如果在硅中加入能释放电子的磷、砷等元素，它就能成为电子型的半导体，也称N型半导体。如果这两种半导体作紧密接触，形成P-N结，由于两边的电子浓度不一样，互相向对方扩散，在界面处，P型半导体有多余电子，N型半导体有多余的空穴。电子带负电，空穴带正电。当扩散达到动态平衡后，在界面处建立稳定的内部电场，亦称势垒电场。电子空穴的扩散示意图如图6-1所示。

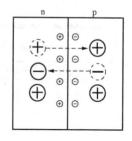

图6-1　电子空穴的
扩散示意图

当阳光照射在P-N结后，由于光子的激发，P型及N型半导体中产生电子—空穴对，电子—空穴对在内部势垒电场作用下，电子向带正电的N区飘逸，空穴向带负电的P区飘逸，从而形成与势垒电场相反的电场，即光生伏打电场，也就是在P区与N区之间产生一个向外的可测电压，此电场抵消内部势垒电场后剩余强度也在使P区带正电，N区带负电，在P-N结上产生光生伏打电势。在图6-1中，小园表示扩散带电粒子，大园表示光生带电粒子。当有外电路连接P及N区后，在此电势作用下有电流沿回路流动，从而输出电能。

2. 太阳能电池片

硅太阳能电池基本单元就是由掺杂不同元素的硅晶体结合后形成的P-N结，也就是平时称之为电池片。此结分为P层与N层，若以P层为基体则厚度较厚，一般达到0.5mm，此层为基层区，其上为N层区，N层区的厚度大约为0.5μm，该层由于太薄，只能在基层区上采用扩散的方法制成。上面层接受阳光照射，也称光照面。上下层均由电极引出，电极是由栅状金属导体组成，栅状电极再汇集于母线。栅状电极直径约0.2mm，母线电极直径约0.5mm，由此可见，P-N结上下引出电极均由很细的金属栅组成。在P-N结表面做成绒状面，即上面布满金字塔状微粒，使表面对光进行多次反射与折射，以便吸收更多光能，绒面是靠化学腐蚀的方法制成。

P-N结表面的栅状电极大约1cm距离含有4根，并非采用铜丝嵌入表面，而是在硅芯片上用激光刻槽解决，槽宽约20μm，然后化学镀铜办法形成栅状电极。

为提高太阳能电池对光能的转化效率，在电池背面采用真空蒸镀方法沉积一层高反射率的金属面，它能对透过P-N结的光进行反射回去，使P-N结充分吸收光能。

太阳能电池片是组成太阳能电池板的单体，也是一个P-N结单元，每只表面积大约为125mm×125mm，太阳能电池片输出电压约为0.5V，功率1～4W。

3. 太阳能电池板

近百块太阳能电池片（有种电池板有132只电池片），排列于一块底面上，用粘合方法固定其上，每只电池片的上下电极采用串并联方法联结，实际上多为串联，形成太阳能电池板。例如，某型号太阳能电池板每块嵌入太阳能电池片132只，每只电压为0.5V，峰值W_p=2W，则峰值电流I_{max}=2/0.5=4（A），若完全进行串联，则每只电池板电压为132×0.5=66（V），峰值电流4A不变，输出功率P_{max}=66×4=264（W）。峰值电压与电流常称为工作电压与工作电流，然后整个电池板由正负极引出线引出，为了能够与其他电池板连成电池板串，电池板的引出线都带有专用插接头。电池板串的电压，也是输入一级汇流箱的回路电压，等于所串每只电池板电压之和，每只电池板电压又等于所串电池片的电压之和，在上述例子中，每只电池板电压为66V，如果电池板串由10只电池板串联而成，电池板串的电压为10×66＝660V。

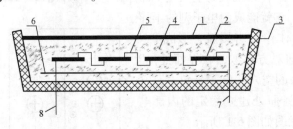

图6-2 硅材料太阳能电池板结构示意图
1—钢化玻璃盖板；2—太阳能电池片；3—底板；4—黏合剂；
5—互连条；6—衬底；7—引出电极

为防冰雹等自然灾害损伤，上面还有透光钢化玻璃防护，玻璃厚度约为3.2mm，能够对不产生光伏效应的红外线起反射作用，使不增加太阳能电池板的温度。周围加铝合金边框，边框与电池板间有防水胶密封条，使防护等级达到IP65。硅材料太阳能电池板结构示意图如图6-2所示。

太阳能电池板也称太阳能电池组件，太阳能电池板是通俗的称呼，它是将电池片进行封装后，组成具有额定电压及功率的发电单元，可以独立使用了，有的称为太阳能电池组件，它通常有晶体硅组件、薄膜组件及聚光组件。太阳能电池板常见故障有：

（1）电池板中太阳能电池电极间连线断裂，造成的原因是接头太多，接头脱落，封装不好，电极脱落。若一只电池板内有132只硅太阳能电池片，当这些电池全部串联时，包括电极引出端，连线达134条之多。在任一点处脱落、断裂时，整个太阳能电池板电极不通。当用太阳能电池板组成阵列时，又有多个太阳能电池板串起来，组成太阳能电池板串。如果每串有10只太阳能电池板，这样，这一串有10×132＝1320只太阳能电池片串联起来，在串联线中只要有一处断裂或接触不良，此串太阳能电池板全部无法使用了。造成电极连线断裂的原因还有遭受直雷击，雷击击穿或机械外力损坏太阳能电池板，电池之间的连线也不能幸免，整个电池板串不能够工作了。

（2）太阳能电池板的"热斑"效应损坏。当串联回路中的某一块太阳能电池板被物体遮住阳光，此太阳能电池板两极电压下降，会消耗串入其他电池板的能量，造成被遮太阳能电池板发热严重而损坏，此现象称为热斑效应，为避免热斑效应破坏太阳能电池板，应避免物体遮住太阳能电池板串中任一块电池板的阳光，另外还可以采用串联或并联二极管的办法阻止其他太阳能电池板向其供电。由于采用此法后，所用二极管众多，二极管有压降及能量损失，增加了造价。

太阳能电池的主要参数有开路电压，短路电流及填充因子，太阳能电池板的短路特性如图6-3所示。太阳能电池板这是个习惯称呼，在技术文件中，常称为太阳能电池组件。

4. 太阳能电池板及主要技术参数

在太阳能发电项目上，太阳能电子板是最小的发电单元。太阳能电子板，也称太阳能电子组件，由多只太阳能电池板进行串并联，组

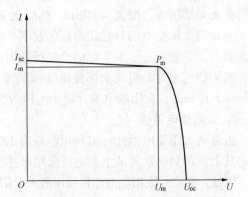

图6-3 太阳能电池板的短路特性曲线
P_m—最大输出功率（W）；I_{sc}—短路电流（A）；
U_{oc}—开路电压（V）；I_m—最大工作电流（A）；
U_m—最大输出功率时的电压（V）

成太阳能电池板阵列。太阳能电池板（即太阳能电池组件）结构示意图如图6-2所示。太阳能电池板尺寸大小由嵌入太阳能电池片个数决定，一般而言，一块电池板长1500~2000mm，宽800~1000mm，厚度50mm。太阳能电池板上所嵌入的太阳能电池片，它是太阳能电池板的最小组成单元，也是最小发电单元。

短路电流 I_{sc} 与最大工作电流相差不大，I_{sc} 比 I_m 大10%左右，很少能大于20%，例如型号PB290电池板，其参数如下：

$W_p = 290W$，$U_m = 37V$，$U_{oc} = 46.88V$，$I_{sc} = 8.42A$，$I_m = 7.82A$

由此不难算出，短路电流只比最大工作电流大7.7%，开路电压比最大工作电压增大26.7%。

上述参数是在环境温度25℃，大气质量AM1.5及太阳能辐射照度1000W/m²条件下测试透明。随着环境温度升高，电流会微增，增加幅度为 +0.03%K，而电压会随环境温度下降而升高，变化幅度为 -0.36%K，K 为温升数值。上述型号的电池，若在冬天环境温度 -20℃时，与标准温度25℃相差 -45℃。即 K 为 -45，开路电压增加为

$$46.88 \times (-0.36\%) \times (-45) = 7.59 \text{ （V）}$$

此时开路电压为46.88 + 7.59 = 54.47（V），

如果环境温度为40℃，温升为40 - 25 = 15（℃），

此时开路电压升高为46.88 × (-0.36%) × 15 = -2.53（V），

实际开路电压为46.88 - 2.53 = 44.35（V）。

（上述数值是在日辐照度皆为1000W/m²计算得出）

太阳能电池板的填充因子为

$$FF = P_m/(I_{sc}U_{oc})$$

P_m 越接近 $U_{oc}I_{sc}$ 值，即 FF 越接近1，特性曲线越呈矩形，输出功率越大，一般情况，FF 略大于0.7。

短路电流与工作电流相差无几，原因很简单，太阳能电池与平时用的蓄电池虽都为直流电池，但无可比性，蓄电池储蓄电能，但内阻很小，一旦短路，所蓄能量瞬时释放，短路电流可达额定放电电流十几倍至几十倍，太阳能电池不存蓄电能，它对太阳光能即时转换。这样，若太阳光提供能量不变，即使短路回路阻抗为零，短路电流也不会增大很多。

由于太阳能有这些特性，无法也无必要对太阳能电池板本身提供过载及短路保护，太阳能电池在一定程度上可看成恒流源。下文所提到的所谓回路短路保护，是为防止其他回路向短路点汇流而已。

辐照强度与太阳能电池板输出电流或输出功率成正比关系，与环境温度也有关系，环境温度每增高1℃，功率减少约0.35%，由于我国青藏高原空气稀薄，受大气层影响较小，辐照强度相应较大，而且环境温度低，因此太阳能发电效率高。

5. 太阳能电池板串及太阳能电池板子方阵与方阵

太阳能电池板串，常称为光伏组件串，它是由若干太阳能电池板串联而成，也就是把若干太阳能电池组件串接成一组，它的电压也就是太阳能光伏系统的电压。硅太阳能各元件组成顺序为：太阳能电池片—太阳能电池板（太阳能电池组件）—太阳能电池板串—太阳能电池子方阵—太阳能电池方阵。

多个太阳能电池板正负极互相连接，即电池板互相串联，称电池板串。电池板串的电流与每只太阳能电池板电流相等，由于电池板是由若干电池片串联，因此电池板串的电流就是电池片的电流。电池板串的两端电压等于各个电池板电压之和，太阳能电池板串的正负两级以两根导线向首端汇流箱输出电能。选择每串电池板的数量，就决定了电池板串的电压，如果每只电池板电压为 45V，每串为 10 只电池板，那么电池板串的电压为 450V，如果每串 20只电池板，则每电池板串的电压为 900V，电池板串的电压，也就是整个太阳能发电站的直流电压。因此每串电池板的数量，不但要看现场布置，还要看逆变器直流侧允许电压范围。一个太阳能电池板串就是汇流箱的一个支路，汇流箱把各支路的太阳能汇集，也就是把各电池板串并联，集多个电池板串的电能，这只汇流箱所汇集的太阳能电池板串之和称为太阳能子方阵。把多个汇流箱的电能再汇集到末端汇流箱，这末端汇流箱也称为二级汇流箱或直流柜（一般经过两次汇流即可，如果汇流次数多，回路相应距离长，回路压降大，电能损耗也大），这样直流柜汇集了若干太阳能子方阵的电能，一台直流柜所汇集的这些子方阵，就是一个太阳能电池板方阵。一台直流柜对应一台逆变器，也可以说对应一个太阳能电池板方阵，通过逆变，把直流变成交流，经过升压后，接入电网。

6. 太阳能电池的选用

目前采用的太阳能电池通常为单晶硅或多晶硅太阳能电池，生产工艺比较成熟，有多年的运行经验。

工业硅的纯度为 98% ~99%，生产太阳能电池的硅材料要对工业硅多次提纯，其纯度要达到"7 个 9"，即 99.999 99%（而生产电子元件的硅纯度要在"9 个 9"以上）。

除硅太阳能电池外，尚有化合物太阳能电池，有机半导体太阳能电池，薄膜太阳能电池等。按结构不同，又有同质结太阳能电池，异质结太阳能电池，多结太阳能电池，所谓同质结，即 P-N 结所用的材料为同一种材料。

在薄膜电池中，又有碲化镉（CdTe）、硒铟铜（CIS）、多晶硅薄膜太阳能电池等。衡量太阳能电池优劣的主要指标为：

（1）寿命长，要保用 25 年以上。

（2）机械强度高，要经得运输及运动中的振动，要经得起自然灾害的袭击（风灾，雹灾，沙尘暴），目前生产的太阳能电池板的边框采用铝合金材料，强度不够，尽管采用螺栓及压接块固定在支架上，还是不能够承受暴风雨侵蚀，在新疆吐鲁番地区被强风吹掉是常见现象。

（3）成本低，价格低廉，发电效率高。

（4）抗紫外线、红外线性能好（紫外、红外线不但不能起到光伏作用，反而电池有害）。据有关资料提供，在 2006 年世界太阳能电池产量中，多晶硅占 46.4%，单晶硅占43.4%，带硅占 2.6%，薄膜占 7.6%。2007 年统计，薄膜电池占总量的 9.376%。经过多年研发，太阳能电池效率逐步提高。单晶硅电池已达到 16% ~20%，多晶硅电池也达到15% ~18%（尽管理论上最大效率可达 33%）。由此可见，晶体硅太阳能电池占主导地位。在太阳辐照度高、直射分量大的地区宜采用晶体硅或聚光型太阳能电池，在太阳辐照度低、散射分量大但环境温度高的地区，或敷设场所不平整时，如各种建筑物的顶部或侧面，宜选择薄膜电池，因为薄膜对在太阳辐照弱的情况下发电效果比多晶硅好。

第三节　太阳能发电站配套设备的选用

1. 线路材质

从太阳能电池板至逆变器的分支及主回路，皆为直流回路，因此有人主张所需电线电缆采用直流专用型，对此笔者不予苟同，在同样电压下，交流比直流更严酷，用于交流回路的电线电缆改用在直流回路，耐压能力可提高 1.5 倍。由于无集肤效应，绝缘介质损耗小，用在直流回路比交流回路载流能力更强，由此可见，用于交流回路的电线电缆改用直流回路是无任何问题的。因此，太阳能电站用绝缘导线分直流与交流无意义，只要电压符合载流能力及压降、机械强度满足要求，且适应环境恶劣气候即可。太阳能电池板本身带有含插接头的专用电缆，只是用于电池板之间的串联，与线路敷设无关。不过要特别注意的是，太阳能电池板串与汇流箱之间的线路，在与电池板连接的端头，要配以专用插接头。

用于太阳能电站电线电缆应有特殊要求，而不必在交流还是直流上纠缠不清。太阳能电站管线部分裸露在空中，因此要求耐恶劣环境，如在环境温度 −40℃ 及 +75℃ 也能保证 25 年的使用寿命；在海拔 4000m 以上也能满足绝缘耐压要求；要有抗紫外线的能力，也就是在紫外线长时间照射下，不至于加速老化；要求耐日光老化能力强，耐酸碱，耐臭氧，耐高温，阻燃；在海边地区，还要有耐盐雾的能力。有人认为，线路不是穿管埋地或在太阳能电池板下敷设，怎能受到日光照射呢？这点不难解释。回路比较长，不可能在全程上皆埋地或皆在电池板下敷设，只要有一段裸露在外界，这段因老化而损坏，等于此回路发生故障，线路上任何一处薄弱环节，都影响整个回路的寿命。由于回路电流很小，一般不超过 10A，按照导线的额定载流能力选择导线或电缆截面已无意义，要按照经济运行选择导线截面比较合理，另外要考虑线路的机械强度及压降问题，还要注意额定电压是否满足要求的问题，因为太阳能汇流箱各分支回路的特点是电流小而电压高。汇流箱分支回路的电流，与一块太阳能电池板的电流是一样的，一般不超过 10A，按载流量来看，$1mm^2$ 的铜芯导线即可满足要求，但从机械强度看，要求截面为 $4mm^2$，如果考虑回路 25 年线路损耗、减少线路压降以及考虑长期运行的经济性，采用 $6mm^2$ 还是适宜的。由于直流无集肤效应，单股铜线或多股铜线均可。电线额定电压常为 0.45/0.75kV，电缆额定电压为 0.6/1kV，太阳能电池为直流不接地系统（薄膜电池例外），平时对地无电压，上述电线电缆可用于系统直流电压不超过 1000V 的系统，不过一相接地，另一相对地电压呈现系统额定电压，回路短期绝缘无问题，但要有绝缘监测装置，及时排除接地故障。目前有一种太阳能电站耐高温电线，实际耐高温无此必要，只是此种电线耐压能力高，可用于额定电压为 1000V 的汇流箱内。

在汇流箱技术规范征求意见稿中，要求采用直流电缆，其载流能力不小于短路电流的 1.25 倍。这些要求不够科学。如果电缆或电线采用交联聚乙烯 A 级阻燃无卤电缆，为加强绝缘能力，采用双绝缘，也能够满足使用要求，这与是直流还是交流没有关系。国内目前有生产光伏电站用直流电缆，称为电子束交叉链接直流电缆，型号为 PV1-F，交流额定电压为 0.6/1kV，用于直流不接地系统，额定电压达 1.8kV，可用于温度为 −45 ~ 90℃ 的环境中，最高温度可达 120℃，当环境温度低于 90℃ 时，使用寿命可达 25 ~ 30 年。

从一级汇流箱汇流后，再向下一级汇流箱输送电力，要采用电力电缆，采用直接埋地或电缆沟敷设。当系统电压接近 1kV 时,电缆的额定电压可选择为 0.6/1kV,电缆常采用 YJV22-0.6/1 的双芯电缆,或采用 YJV23-6/1 型电缆,前者为交联聚乙烯绝缘钢带铠装聚氯乙烯护套电缆,阻燃性好,建议在电缆沟或电缆桥架中集中敷设采用此种电缆为宜,后者为聚乙烯护套电缆,防水性好,如果电缆直埋,采用后者较好。

由于太阳能电池板串至一级汇流箱,或一级汇流箱至二级汇流箱,各回路长度不相等,有的距离相差较大,造成压降不一样,到汇流箱处,电压有差别,但各回路要接入汇流箱或直流柜同一母线上,这样汇流母线处电压一定相等,为此,回路长的,阻抗大,沿途压降大,末端电压低,但又必须与其他回路电压一致,造成回路输出电流变小,影响发电效率,由此可见,每一回路为了达到末端电压基本一致,选择电缆截面时,要进行压降计算,力争在江流处各路电压基本相同。

太阳能发电回路电流比较稳定,每天发电时间较长,按照经济电流密度选择导体截面是合理的,但这种计算麻烦,而且准确度也不高,按照经验,经济电流密度选择的导体截面比按导体载流能力选择截面大一级。

2. 线路敷设及首端汇流箱

(1) 线路敷设。汇流箱支路导线,也就是太阳能电池板串的外引线,一般明设于电池板下及穿管埋地敷设,与直接暴露于阳光下比较,环境不算特别恶劣,但回路有部分还有可能裸露在外,因此要采用耐受阳光及恶劣气候条件的塑料护套线或塑料电缆,有的分支回路要直接埋入素土内,这样应采用电缆或护套线穿管敷设,但多采用 PV1-F 专用线。支线在太阳能电池板下明敷设,绑扎在太阳能电池板支架上,不必采用线槽,但进入首端汇流箱穿管埋地敷设,如果汇流箱在太阳能电池板下面,线缆可只穿管,不必埋地敷设。进末端汇流箱(即直流柜)及逆变器的铠装电缆直接埋地敷设,也可用电缆沟,但也有极少部分采用电缆桥架敷设。如果汇流箱每回路的太阳能电池板中间有走道分隔,采用保护管搭桥,回路从保护管穿过。

太阳能电池板是太阳能电站电源端,是电站的首端,向着市电电网的方向,分为首端汇流箱与末端汇流箱两级。由太阳能薄膜组成的太阳能发电单元,在同样的发电功率下,所占面积大,距离汇流箱较远,为了减少线路导线的用量,减少回路压降,先经过汇流盒进行一次汇流后,再接入首端汇流箱(一般情况下,薄膜电池的汇流盒内各分支路不必安装保护开关,有的安装防逆流二极管即可,只有汇流总开关采用两极微型断路器接入首端汇流箱)。

有的规范要求太阳能发电系统中电缆回路中的电缆中间不得有接头,这一要求不够合理,从一级汇流箱(光伏组件串汇流箱)到二级汇流箱(光伏方阵汇流箱)有的长度为几百米,之间无接头是不现实的,只有当线路穿管或线槽敷设时,由于故障点多发生在接头处,而且不易查找故障点,才不允许有接头,如果采用其他敷设方式,就不存在一定不能够有接头问题了。

(2) 首端汇流箱(光伏组件串汇流箱)。由于首端汇流箱(即第一级汇流箱)是汇流各光伏组件串(太阳能电池板串)的电能,因此也可称其为光伏组件串汇流箱。对于薄膜电池方阵,汇流箱前常安装汇流盒。

对于由太阳能电池板组成的发电单元,把几个或十几只太阳能电池板串联后,形成电池板串,组成一个回路,采用电线或电缆接入首端汇流箱,首端汇流箱的每条支路,就对应一个电池板串,通常一个首端汇流箱有几条或十几条回路,那就对应几只或十几只电池板串,一个汇流箱所对应的几只或十几只电池板串，就是一个太阳能电池板子方阵。一个汇流箱有十余个支路，因此太阳能电池板要巧安排，使各支路长度基本相等，且距首端汇流箱距离最短，这样不但节约线缆，而且可以使汇流箱光伏发电能力尽量发挥，如果各支路长度相差太大，因各支路尾端电位相等，回路长的支路电流必然要小，发电能力受到限制。

首端汇流箱可落地安装，但最好安装于电池板支架上，且在电池板下方，由电池板遮护，既防雨又防晒。太阳能电池板方阵中，每列之间，做到一年四季互不遮挡阳光，相距要经过仔细测算，相距太远，浪费土地面积，相距太近，在冬季或每天早上或傍晚相互遮挡，影响发电，一般相距 2m 多距离。但在戈壁荒漠中，由于土地价位低，各列电池板之间距离要大得多，有的达 4.8mm。但每列之中，要留有行人走道，方便安装与维修。末端汇流柜，俗称直流柜，要紧靠逆变器，有的与逆变器连成一体，一般与逆变器同处一室。太阳能电池板方阵、汇流箱、直流柜及逆变器尽量靠近，以便线路电能损耗最小而且维护方便。

汇流箱一般设电子检测单元，检测单元应配专用电源模块，该模块电源取自汇流箱直流母线，把汇流箱母线电压变成直流 5V 电压，为检测单元提供电源。每支路通过霍尔传感器（或其他方法）把回路电流信号输入，电压信号取自母线，这样，检测单元可以检测每回路电流及母线电压，以及每回路功率。为了检测电涌保护器的故障及输出总开关故障，电涌保护器应有事故报警触点，总输出开关应为带事故触点的直流断路器。

3. 末端汇流箱常见问题

由于末端汇流箱是汇流各首端汇流箱的电能，而首端汇流箱各光伏组件串组成太阳能子方阵，因此末端汇流箱也称其为光伏方阵汇流箱，或二级汇流箱，习惯称直流柜。

通过首端汇流箱的总开关，把首端汇流箱收集的各分支回路电能，通过电缆输入末端汇流箱，一台末端汇流箱汇集了若干个首端汇流箱的电能，也就是汇集了若干太阳能电池板子方阵的电能，一台末端汇流箱所对应的这些若干个太阳能子方阵，形成了一个太阳能电池板方阵。

末端汇流箱把汇集的直流电力输入逆变器，由逆变器把直流变成交流，经过隔离变压器或升压变压器，与市电联网。一般情况下，一台末端汇流箱对应一台逆变器，它安装在紧靠逆变器的场所，与逆变器同处一室。末端汇流箱每一分支回路对应一台首端汇流箱，分支回路操作保护开关为直流断路器，额定电流为 250A 左右，末端汇流箱不必安装总开关，因为它紧靠逆变器，相距不超过 3m，而逆变器已安装了总开关。由逆变器把直流变成交流，经过隔离变压器或升压变压器与市网相连，完成向电网输电的全过程。

末端汇流箱常见问题是防逆流二极管发热严重问题，例如新疆某太阳能电站末端汇流箱每回路安装一只 250A 直流断路器后又串联一只 300A×2 的二极管，回路电流为 180A，运行后实测接头温度达 170℃。二极管的管压降为 1.5V，这样二极管自身发热量为 180×1.5 = 270（W），箱内一共有 4 回路，共有 4 只二极管，箱内发热为 270×4 = 1080（W），而箱子的顶部只有一台小容量排气扇，由此可见，造成发热严重的原因是通风散热不良。归根结底是把带有大容量电力电子成套装置看成了普通的电气成套装置，正确的做法是：

（1）二极管要具备专用通风道，采用专用通风机进行强迫通风。由于直流柜靠近逆变器，安装在室内，直流柜进风百叶窗不加过滤网，上述太阳能电站的直流柜原在进风百叶窗加过滤网，运行一段时间后，过滤网被灰尘堵死，排气扇无气可排，柜内温度升高，排气扇也因温度过高而损坏，一旦把过滤网去掉，柜内温度下降 20℃。

（2）为减少二极管发热量，二极管一定要选择管压降低的，而且要留有足够余量（一般要有 2 倍冗余），选择二极管出线端子为平板型，配套的散热器要与散热量匹配，二极管与散水器接触严密，接触面要涂导热硅脂，绝不能够涂导电膏。

为了与习惯称呼一致，下文中首端汇流箱简称汇流箱，末端汇流箱称为直流柜。

从上述例子可以看出，问题的根本原因还是设计方案不当，直流柜分支路都安装直流断路器，既起到保护又有防逆流作用，加之逆变器有防止逆流功能，有了直流断路器，更无必要在分支回路串联安装防逆二极管，不但浪费资金，而且造成安装加工困难，消耗大量能量，降低发电效率，更大的危害是发热过大影响其他元件的安全运行，为达到通风散热的目的，增加风扇数量及容量，这又造成能量的消耗。多家直流柜末端汇流箱不安装防逆二极管，均安全运行，上述这家直流柜每支路不但安装防逆二极管而且还串联直流断路器，尽管柜内有强迫通风散热，结果还是温度过高，造成问题频出，影响正常运行，减少了发电量，降低了太阳能发电站的收益。

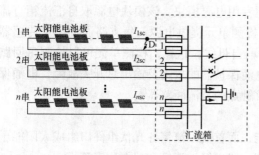

图 6-4　首端汇流箱与相应的太阳能
电池板子方阵接线方案

如果一定要安装反逆二极管，二极管的额定电流应为实际通过电流的 2 倍左右，例如实际电流为 120A，选择二极管额定电流宜为 250A；如果实际通过电流为 160A，选择二极管额定电流宜为 350 ~ 400A。二极管最大反电压的选择，一般选择安全系数在 2 倍左右，如果开路直流电压为 700 ~ 800V，二极管反向电压可选择 1700 ~ 2000V。

图 6-4 为首端汇流箱与相应的太阳能电池板子方阵接线方案。

4. 逆变器的选用

（1）高效率、高功率因数及交流输出的有关要求。有的称逆变器为功率变换器或静态变换器，它是太阳能并网电站的核心设备。它要满足输入侧直流参数要求，又要满足电网的参数要求，寿命要在 20 年以上，效率要达到 98% 左右，功率因数接近于 1 且维持稳定（对于并网的逆变器，要求功率因数不低于 0.98），并网用逆变器功率因数不低于 0.98，脱网运行的逆变器，功率因数应有调节功能。按 GB 50797—2012《光伏发电站设计规范》的要求，小容量（不超过 1MW）功率在 50% 时，功率因数不小于 0.98，功率在额定功率 20% ~ 30% 时，不小于 0.95。

太阳能并网功率因数达到 0.98 的水平，并不是一定不要无功电容器补偿，为满足供电部门要求的"无功按分层分区就地补偿"的原则，光伏电站有时要配置适当的无功补偿，以便满足电网对无功的需求，从而提高电压质量，减少电网传输无功时造成的有功损耗。对光伏电站的无功补偿要求，这是电网方面的决定，当然光伏发电也可通过软件控制，通过逆变器，向电网注入有功功率的同时，实现对电网无功的补偿，但采用电容补偿要经济得多，如果采用有源滤波器，不但抑制太阳能电站产生的谐波污染，又能补偿无功功率，不过成本比较高了，无功补偿的输出要执行电力调度部门远处设定。太阳能电站无功补偿目前多在交流 35kV 侧安装无功功率发生器（SVG）。对于孤岛运行的逆变器要有功率因数调节功能。

（2）要求输入的直流电压范围宽，交流输出参数要满足并网要求。

直流电压电流来自太阳能电池板方阵，因环境因素影响，输入的直流电压变化很大，例如某工程，电池方阵输进逆变器的直流电压变动范围为480～820V。这样，逆变器在此输入电压范围内必须能够正常工作。在交流侧，国家对电网电质量要求为：

电压偏差 −10% ～ +7%

电压不平衡度为2%，短时不超4%

直流分量≤1%

谐波畸变电压：（3～9）次 <4%

　　　　　　　（11～15）次 <2%

　　　　　　　（2～8）次 <1%

总畸变率：<5%（目前生产厂家的产品可以达到不大于3%）

频率：±0.5Hz

电压范围：（90%～110%）U_N

由此可见，逆变器必须适应上述参数的变化。另外，还要考虑电压波动与闪变。

当系统参数超过上述值时，逆变器应停止运行，与系统解列。例如过电压 >110% U_N 或欠电压 <85% U_N，频率误差超过0.5Hz，或向电网输出电流谐波畸变大于5%，或向电网输出直流分量大于1%时，应与电网脱开。另外，有过电流保护及过电压、欠电压保护，适合功率大范围的变动。目前所用逆变器造成上网困难，主要谐波畸变率达不到地方电网要求，一般出厂试验，是对单个逆变器进行测试，谐波畸变都达到国家规定，但实际运行时，由于各逆变器谐波的叠加及运行条件的变化，往往又超过国家标准。

（3）与系统联网的逆变器，要有孤岛运行保护。平时讲的所谓孤岛运行保护，不是保护孤岛安全运行，而是恰恰相反，而是反孤岛运行功能，即电网发生停电或断开时，逆变器退出运行，不向电网输送电能，防止系统停电维修时，由逆变器送电而造成人身安全事故。

（4）要有最大功率输出跟踪功能。对变频器还有一个很重要的要求，即它能调整太阳能电池板方阵的输出电流及电压，即随机跟踪最大功率的输入。对于处于不同日光照射条件及不同环境条件下的太阳能电池板方阵，输出的其电压电流各不相同，逆变器应对方阵的输出分别进行实时最大功率跟踪，也就是如图6-3所示，输出功率处在 P_m 点上。

有的逆变器有多个直流输入端，可以对每个输入端分别进行最大输出功率跟踪，这种逆变器适合对于处于不同日照条件下的太阳能各子方阵，例如敷于建筑物上的太阳能方阵，由于屋顶与侧墙，向阳坡与背向坡等敷设位置的差异，应分别组成子方阵，对应逆变器不同的直流输入端。但对于并网大型太阳能电站，太阳能电池板所处环境条件一致，不必采用多路输入的逆变器。

（5）并网逆变器要有低压穿越功能。逆变器低压穿越功能是太阳能并网逆变器重要功能，它是逆变器重要考核指标，也是比较难实现的功能。所谓穿越功能，是指在电网发生瞬时短路故障时，系统电压迅速降低时，逆变器在这种情况下，要能继续保持并网，不能解列与脱网，支持电网电压恢复，要带电向电网提供无功电流，而自身不过电流，支撑并网电压，从而穿越电网瞬时低电压这一困难时间段，这就是低压穿越功能。如果逆变器无低压穿越功能，系统短路造成瞬时电压降低，光伏发电系统为了自保，同时采取脱网解除模式，当光伏发电占系统容量比重较大时，会造成电力系统的震荡与系统解列，使系统崩溃，影响电力系统的安全（尽管太阳能电站逆变器有穿越功能，为保证系统的安全和电压质量，总容量不得大于所电力系统容量的30%）。

（6）其他功能要求。对逆变器还有其他要求，如孤岛检测功能、自动电压调整功能、直流检测功能、直流接地检测功能等。所谓孤岛检测功能，是指电网停电，逆变器未能及时检测出系统停电，形成光伏发电孤岛运行，这会危及电力系统维修人员的人身安全，也影响系统保护开关动作程序，孤岛发的电压与频率不稳，一旦供电恢复，与系统相位不同步，若逆变器有孤岛检测功能，一旦系统停电，立即断开与系统的联系，避免发生上述弊端。

逆变器要有自动并网功能，这也是最基本功能，它能够自动锁定电网相位，跟踪电网电压及频率的变化，自动调整自己的频率及电压大小，发出并车指令，由接触器并网，发出并网指令时，逆变器出口电压稍高于电网电压，由于回路有电抗，电压稍微超前电网电压，这样，在合闸的瞬间，达到与电网相位相同，且向电网输出电能的目的。

（7）逆变器交流输出侧电压互感器一次侧不应接地。

逆变器交流输出侧电压互感器一次侧星形接法的中性点不应该接地，有一个太阳能发电站，逆变器交流输出侧接入 3 只单相电压互感器，互感器一次侧接成星形，中性点直接接地，结果电压互感器烧坏，开始还认为是电压互感器质量问题，或是不适合高海拔地区使用，真正原因是互感器中性点接地造成的，把中性点接地取消后，换上新的电压互感器，一切工作正常，逆变器交流侧可接地，但为获取 100V 而设的 3 只单相电压互感器一次侧接成星形的中性点不要接地。

（8）要求高的效率。一般逆变器铭牌上注明效率在 98% 以上，实际运行很难达到，因为这一效率是在各种有利条件下达到的，也不能够长时间稳定在此效率下运行。

5. 隔离变压器或升压变压器

逆变器输出交流，要经变压器与市电并网，通过此变压器，达到与电网的电压一致。如果变压器的变比为 1：1，高低压绕组加强绝缘或加隔离屏蔽层，此变压器称为隔离变压器，隔离变压器的作用是逆变器输出的交流系统与电网交流系统不要互相影响。高压绕组常用"△"形接法。以便对三次谐波进行过滤。逆变器交流输出一般为 270～315V，因此要升压变压输出电网的标准电压，用户才能使用或并网。由于薄膜太阳能组件负极接地，必须采用隔离变压器与交流系统隔离，以免交流侧发生接地故障影响直流系统的正常工作。

有时两台不带隔离变压器的逆变器对应于一台升压变压器，此变压器为三绕组变压器，或称低压两绕组轴向分裂变压器。两低压绕组为两逆变器的输入端，一个高压绕组接输出端，与电力系统相连。升压变压器的低压侧绕组为三角形接法，而高压绕组为星形接法，三角形接法的绕组可以隔离零序谐波，使之不窜入电网。（高压侧采用星形接法对绕组的耐压非常有利，因为每相绕组只承受相电压。）

6. 太阳能电池板支架及布置

简易太阳能电池板支架可用角钢制作，也可用板材制成型钢作为支架。支架有固定支架及水平单轴跟踪支架、倾斜单轴跟踪与双轴跟踪支架。跟踪支架均为自动调节，使电池板吸收最多的太阳光能。控制系统有的根据季节及纬度，用软件编程实现，进行实时跟踪。凡是自动跟踪支架价格不菲，有的为固定支架的几倍，且故障率较高。对固定支架而言，价廉是最大的优点，可靠性也较高，抗风速一般达 42m/s，但吸收太阳光能效率低，早上与傍晚根本无法实现日光与太阳能电池板平面法线平行。自动跟踪支架不但本体价格贵，而所用电机供电网络及控制系统投资也很贵，且施工安装麻烦。不论是单轴跟踪还是两轴跟踪，与太阳能电池板接触处皆采用单柱支撑，无疑会削弱其抗风能力。为了转动太阳能电池板时互不影响，各支架间要保持较大距离，也就是在布置相同的电池板，它比固定支架要占用较大的面积，因此跟踪支架目前极少采用。

在有强劲大风的场所，如吐鲁藩地区，太阳能电池板被风刮掉是常事，究其原因，并非支架强度不够，而是太阳能电池板的结构问题，它的安装板厚度竟是 1mm 厚的铝合金，其边框与太阳能电池板垂直，形成盆状，无法疏散风力。另外，在太阳能电池板布置上，如果一块挨着一块，中间无空隙，不利于风力的疏散，抗风能力更弱。因此，太阳能电池板边框宜用不锈钢板材，且周围应有疏风孔，这会给太阳能电池板加工带来困难且成本增加，太阳能电池板在支架上的布置，中间要有空隙。太阳能电池板的支架与太阳能电池板在机械强度上不协调。也就是支架强度足够大，而太阳能电池板自身用于固定的边框又极单薄。

7. 计算机监测系统

一座太阳能发电站占地几百亩至几千亩，要靠众多的人员在野外来往巡查是不现实的，必须配备光伏发电监测系统。

监控室宜设在总升压站内的主控室，组成总控室，主要监控各逆变运行、投入及切除。对直流柜各回路监视，根据辐照情况，可灵活投切某台逆变器。监控系统要可靠、安全、经济、方便。内容有数据采集、处理、报警、视频监控、统计与制表、自诊断等一般计算机监控系统所具有的普通功能，具体要求如下：

（1）对于汇流箱，由于过于分散，且数量繁多，一般用电子检测板对每回路的参数进行检测并有通信功能，具有遵守 MODBUS 协议的 RS485 总线接口，而目前所生产的汇流箱，几乎皆配备电子检测装置，对每回路的电流、功率及母线电压进线实时检测，对输出断路器状态、故障检测，对电涌保护器故障检测并有通信功能，与后台计算机组网。如果太阳能电池板支架采用光照跟踪支架，也要纳入计算机监控系统。每台末端汇流箱电流、电压也要实时检测，由于系统电压是一致的，检测每回路的功率必要性不大，因此，为简化起见，可以只要检测汇流箱每回路电流及电涌保护器故障即可。由于对汇流箱只是实现了遥测，还不能称为智能汇流箱。

（2）逆变器实时工作情况，及系统输出电流、电压、功率及发电量。

（3）故障记录及报警，历史记录，参数设置功能及场地气象资料显示。

（4）监测系统的软件界面应包含如下画面：每台汇流箱、末端汇流箱系统画面；逆变器监测画面；故障记录监测画面；曲线及棒图分析画面。

逆变器两侧的开关及末端汇流箱的开关如果要求自动投切，开关要带通信接口，并有电动操动机构。

8. 交流开关柜设备及并网元件

逆变器的输出端是交流，所用的开关柜、避雷器、过电压保护器等与普通的交流供配电设备无异，不过有时把交流设备、直流设备、逆变器集中在一起，如同一个箱式变电站。直流柜紧靠逆变器，升压变压器常采用箱是变电站，即升压变压器及两侧的开关集中在一起。10kV 系统有的采用环网柜，有的采用 KYN28A-12 中置柜，而 35kV 系统，常采用 KYN61-40.5 移开式开关柜，这些设备都安装在室内，称为中压开关站，具体主接线方案以下详述。

并网用开关设备用交流接触器，而非断路器，安装在逆变器出口，由于它的机械寿命与电气寿命比断路器大得多，特别适合太阳能电站经常并网的场合。

第四节　常见问题分析

1. 接地系统问题

太阳能电站接地问题应分逆变器输出的交流侧及输入端的直流侧。交流侧多为交流 270V，经升压变压器升压后进入系统电网。交流 270V 系统，对应升压变压器的低压侧，升压变压器多为△/丫接线，即低压侧为△接线，为中性点不接地系统，保护接地电阻不大于 4Ω。

直流接地系统与低压交流接地系统相似，也分为 TN-S、TN-C-S、TN-C 及 TT、IT 系统，但对太阳能发电站来说，直流系统多采用悬浮系统，即中性点或正极，负极均不接地，并无中性线引出问题，但对于薄膜电池组成的太阳能方阵，采用负极接地系统，这是为防腐而采取的措施。之所以采用不接地系统，是因为直流系统非常庞大，难免会出现这里或那里的接地故障，直流系统不接地，系统发生接地故障还可以继续工作，不至于频繁跳闸。但这是带故障运行，要配以绝缘监测装置，以免长期存在故障，发展成两极接地故障。每台逆变器对应的直流系统应有一套绝缘装置。

汇流设备的金属外壳进行接地，既是保护性接地，也是与电涌保护器的工作接地合用。当太阳能电池板串一极发生接地故障，另一极又与汇流箱外壳接触时，人若触及此汇流箱金属外壳，就发生触电事故，如果该汇流箱金属外壳（设备外露可带电部分）接地，触电的危险性大大减少。有的规范要求接地电阻不大于 0.1Ω，但这一要求无理论支撑，太阳能电站大多处于国内干旱地区，要达到 0.1Ω 要花费极大代价，况且太阳能电池板方阵下面的接地系统已经有等电位接地作用，每排电池板串的金属支架都有一个垂直接地点，在由地下水平接地极把这些接地点连成一体。

2. 雷击的防护问题

（1）防雷方案。对于敷设于建筑物上的分布式太阳能电池方阵，它的防雷与建筑物合为一体，即建筑物的防雷也为电池方阵的防雷，其防雷做法按以往建筑物防雷规范执行即可。

对于裸露在露天的大面积太阳能电池方阵，应另当别论。对交流升压变电站，按电力规程防雷法则进行。如高压侧为 35kV 或 110kV，且主变压器容量在 10 000kVA 者，根据当地雷暴日数，有时要设独立避雷针，架空线要设避雷线，总之，按变电站防雷规程实行。

因太阳能电池板金属支架边沿高出电池板一定长度，对防直击雷非常有利，不得在金属支架上另安装避雷针，因为这尽管对直击雷防护更有利，但会遮挡阳光，造成电池板热斑效应，在太阳能电池板支架加避雷针是不现实的想法。

对于大面积太阳能电池方阵，采用独立避雷针做法绝不可行，例如一座 10MW 光伏发电站，占地面积近 400 亩左右，如果安装 30m 高的独立避雷针，若太阳能电池板最高安装高度按 3m 计算，每根避雷针保护 2290 ㎡，这样需要 100 多根独立避雷针，投资非常可观，况且避雷针的阴影不可避免地要遮挡一部分太阳能电池板，为形成热斑效应埋下隐患。由于太阳能电站大都处于干旱少雨的地方，有的每年雷击天数不足 10 天，加之太阳能电池板敷设高度很低，因此对雷击不是太阳能电站的主要危害。

安装在金属支架上的太阳能电池板的边框是铝合金的，边框又用螺栓与铝压块固定在金属支架上，太阳能电池板的边框就是一个很好的避雷带，通过金属支架很好的接地，金属支架的上沿又高出太阳能电池板，这就起到了防直击雷的作用。

可以将电池板方阵的各个支架用扁钢连成一体（焊接），自然形成一个庞大的水平接地网，由于太阳能发电站多在气候干燥地区，水平接地扁钢埋深最好不小于1m，但要埋于冻土层之下，各级汇流箱的接地也与这水平接地极连成一体，不必另做独立的接地系统（汇流箱有外壳及浪涌保护器的接地），更不必另打垂直接地极，因为对大面积水平接地系统来说，由于水平接地极之间互相屏蔽的原因，垂直接地极即使埋深在2.5m以上，其作用也显得微不足道，况且电池板支架的基础也属于接地极的一部分，水平接地系统又有均压及等电位连接之效。由此可见，水平接地带足够满足要求。

（2）雷击电池板危害分析。万一雷击电池板，是太阳能电池板短路还是开路呢？造成开路的可能性更大，因为一块太阳能电池板，其上百块电池片串连接，电池片的正负之间串联线也有近百处，电池板与电池板组成的电池板串，也都是串联，只要任一处连接线因雷击断开，整个电池串的回路也就断开。

（3）电涌保护器（SPD）的安装。首端汇流箱与末端汇流箱（直流柜）均应安装电涌保护器，分别为一级电涌保护与二级电涌保护。由于太阳能电池板在野外安装，首端汇流箱紧靠太阳能电池板，首端汇流箱的电涌保护器应能够承受直击雷的入侵，由此可见，应当安装一级分类试验的电涌保护器，但电压保护水平应与汇流箱内元件适应。不过如果直击雷击中太阳能电池板，由于太阳能电池片正负极导线非常细，与装在汇流箱内浪涌保护器相距较远，浪涌保护器很难疏散波头很陡的直击雷电流，因此，浪涌保护器主要还是防感应雷。

汇流箱所用的直流浪涌保护器持续最大电压按系统电压选取，一般不超过1000V，当直流电压1000V级时，保护水平最小有1500V，最大有3500V，由于汇率箱有电子检测板，耐压水平低，建议保护水平选择1500V，而直流配电柜也选择保护水平为3500V的。标称放电电流 I_n 为20kA即可，其相应的最大放电电流 I_{max} 为40kA。放电电流过大不仅没必要，而且价格也相应高得多。

在汇流箱技术规范征求意见稿中，规定电涌保护器的参数为

$$最大工作电压\ U_c > 1.3U_{oc}$$

$$最大泄漏电流\ I_{max} \geqslant 15kA$$

$$电压保护水平\ U_p < 1.1kV$$

由于面对直击雷的袭击，应明确采用一级试验的电涌保护器。

（4）防雷的其他注意事项。电缆采用金属屏蔽或穿金属保护管，对防感应雷固然有利，因为电池板自带插口插头导线，它们是手拉手插接串联，其回路必然在太阳能电池板下面，不可能受直击雷击，但电池板两端要有线路接入首端汇流箱，如果采用两端接地的金属保护管作为回路保护，对防感应雷的侵害非常有利。

3. 汇流箱有关问题

（1）汇流箱内各支路保护元件无法保护汇流箱内部母线短路故障。汇流箱内母线短路故障，不但包括正负极母线间短路，各分支开关接线端子至母线之间的连线，任何一点上的短路故障，也都属于母线短路故障。之所以说母线短路时断路器或熔断器不起作用，不但可用浅显的道理解释，而且也是基于处理多起汇流箱的事故后的经验总结。汇流箱发生母线短路事故，不论熔断器还是断路器都是无动于衷，形同虚设，道理很简单，问题的关键是太阳能发电，所发直流电能是太阳的光能转化而来，与普通交流电网不同，交流电网有近乎无穷大的容量做后盾，能够提供强大的短路电流，也与直流蓄电池回路不同，蓄电池事先已储存了一定的电能，而且它的内阻很小，也能够提供强大的短路电流，短路电流可达额定电流的

十几倍或几十倍，而太阳能电池板只能提供即时照在它上面的部分光能转换的电能，而且内阻又大，因此，短路电流只比短路前的工作电流大不到10%左右。例如，PB-290型太阳能电池板，最大工作电流7.82A，短路电流8.42A，相差不足8%。大多情况下，短路电流却不如最大工作电流大，道理很简单，平时所说的太阳能电池板的所谓额定电流，也就是它的最大工作电流，是在一定的太阳辐照下（$1000W/m^2$），空气质量AM1.5及环境温度25℃的条件下的理想最大电流，但短路发生时，并不一定在太阳能电池板正处于最大工作电流条件下发生，短路发生的时机有不可预测性，短路时太阳辐照可能并不强，短路有可能在早上，也可能在傍晚或夜间，以至于在阴雨时节或雾霾天气发生，此种情况下短路电流很小，甚至无短路电流。由此可见，短路电流小于它的最大工作电流就不足为怪了，如果是非纯金属性短路，短路电流更小。但汇流箱各支路所安装的熔断器或断路器，不论熔断器的熔体电流，还是断路器过载脱扣电流，毫无疑问都是大于本支路最大工作电流的。有关规范要求保护用熔断器熔丝电流或断路器的整定电流为回路额定电流的1.5倍，例如，回路电流为10A时，上述太阳能电池板每回路熔断器的熔芯额定电流或断路器的过载脱扣电流为15A，这样汇流箱母线发生短路时上述保护元件不会动作，而且一旦汇流箱发生短路，汇流箱烧坏严重，保护回路保护元件拒动，用户不追问设计的合理性，而是认为元件质量达不到要求。

前文已说，每条支路短路电流很小，大多数情况下每个支路的断路器或熔断器在短路情况下拒动。尽管每支回路电流不大，可能达不到最大工作电流，但汇流箱母线间短路电流却不可小觑，因为它汇聚了所有分支回路电流及本太阳能电池板方阵的反馈电流之和，其原理如图6-5所示。

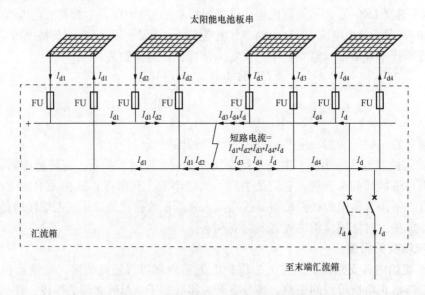

图6-5　首端汇流箱母线短路电流分布

首端汇流箱母线短路电流由4支回路的短路电流及总开关的反馈电流汇合而成，即为I_{d1}、I_{d2}、I_{d3}、I_{d4}及I_d之和。尽管短路点短路电流大，如上所说，各分支回路电流不大，各支路熔断器不熔断，母线短路故障一直延续下去，无法切除。

在上述例子中，有人认为I_d可使断路器动作，认为末端汇流箱能够反送大电流，如果末端汇流有8支路，即它汇集了8个首端汇流箱的电能，当其中一个首端汇流箱母线短路时，其他 7 个首端汇流箱向它反送电流，也可称为系统反送电流，造成首端汇流箱总开关断路器跳闸，实际情况并非完全如此，因首端汇流箱距离直流柜距离远，而且首端汇流箱母线短路基本是弧光短路，回路阻抗大，加之直流柜离逆变器很近，还要向逆变器输送电流，因此，流过首端汇流箱总开关的反送电流不大，总开关并不一定跳闸。无数的事例也证明了这一点。

汇流箱母线短路故障发生概率很低，因为在汇流箱内，正负母线及对应的元件布置在箱的两侧，不会发生正负母线间的短路，如果汇流箱内安装检测单元，检测单元的电源取自汇流箱内的直流电源，在检测单元的电源进线处，直流电源的正负极靠得很近，这要引起特别注意，电源线要加强绝缘，正负极不要靠近，否则发生短路就等于汇流箱正负母线间的短路。另外，安装接线时正负极千万不能接错，正负极接错的危害性下面还要详述。

（2）汇流箱支路保护元件不能切除该支路短路故障。前文所述，汇流箱内母线短路，保护元件无能为力，如果汇流箱的分支回路发生短路故障，由于其他支路的电流向短路点汇流，该故障回路保护元件能够动作，但该支路短路故障依然存在，太阳能电池板还是得不到保护。

汇流箱外分支回路短路时电流分布如图 6-6 所示，图中分支回路 1 发生短路故障，流经该回路熔断器的电流分别是其他回路与系统反馈电流之和，即 I_{d2}、I_{d3} 及 I_d 向故障点汇流的结果，由于保护元件在负载侧，而不是在太阳能电池板（电源）侧，虽然该故障回路熔断器熔断，但短路故障仍然没有切除，太阳能电池板同样得不到保护。在上述情况下，回路 1 的熔断器动作后，虽不能切除短路故障，但能够使其他回路不再向故障点汇流，保证其他回路继续维持正常工作而已。不过上述回路短路故障很少出现，回路之所以出现短路，是由于正负极两根导线或电缆靠得太近，且绝缘损坏所致，太阳能电池板是串联，正负极手拉手连接，而且又是绝缘很好的专用电缆，不存在正负极间短路问题，但进入汇流箱的途径上，正负极靠得很近，如果在敷设时采取正负极线路隔离的方法，如穿不同的保护管，就不存在极间短路问题，加之太阳能电池板在出线盒内安装熔断器，汇流箱也更无安装保护元件的必要了。

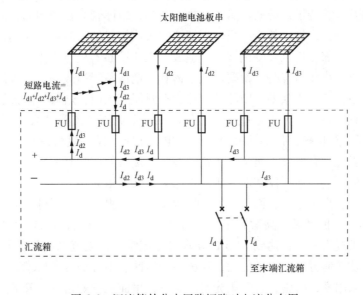

图 6-6　汇流箱外分支回路短路时电流分布图

如果阻止其他回路及系统向短路故障点汇流，分支回路皆安装防逆流二极管，这样，发生分支回路短路故障，虽然故障不能切除，但其他回路可以正常工作。不过安装防逆流二极管的意义也不大，因为汇流箱内部故障时，二极管不起作用，回路短路故障时，故障也不能排除，太阳能电池板得不到保护，而且又增加了投资成本，性价比降低，二极管电能损耗大，降低了发电效率，二极管需要大的散热底座，使汇流箱内部显得拥挤，而且发热严重，另一原因是，太阳能电池板出线盒一般已经配搭了防逆流二极管，不必在汇流箱重复安装了。有的太阳能电池板出线盒内装有熔断器，由于短路电流小，也很难使它熔断。

（3）汇流箱内接触不良造成的断路故障保护元件更不起作用。根据运行维护经验，汇流箱母线正负极间短路很少发生，但不论正极母线还是负极母线，故障却经常发生，此种故障不是正负母线间的短路故障，而是分支回路与母线接触不良，或微型断路器、熔断器的接头接触不良，造成元件本身过热碳化，不但元件本身损坏，也使母线严重伤害。元件发热严重及接头接触不良，造成汇流箱发热严重，这反过来造成接头电阻增大，从而造成发热更加严重，形成恶性循环，直至接头出现间隙，间隙的出现会造成弧光放电。接触不良造成的弧光放电之所以很难熄灭，是因为回路电压过大，有的电压可达近千伏，加之直流电弧由于电流不过零，要比交流难熄灭的多。弧光放电造成接头处绝缘碳化，这又波及相邻的保护元件，因保护元件无能为力，加之无值班人员不能及时处理，造成故障始终存在，故障不断扩大，直至汇流箱完全报废。大多数汇流箱的故障，是保护元件过热造成的，其次是电子检测板的问题，当保护元件因上述故障炭化成一团时，经常听到有人讲发生了短路故障，还埋怨保护元件不动作，其实并非短路故障，而是接触不良造或元件本身发热严重成的过热故障或称为断路故障，而非短路故障。

汇流箱之所以常发生接触不良或元件过热故障，是因为汇流箱内接头太多而且元件排列拥挤所致，接头中，不光是熔断器的外引接线端子，而且包括熔断器内部熔体管的插接头，例如，某汇流箱有 15 条支路，采用熔断器保护，正负极皆安装熔断器，要 30 只熔断器，每个熔断器有 4 只接头，（熔断体底座插接头两个，熔体管插拔触头两个），这样光熔断器就有 120 个插接头及接线端子，熔断器紧紧地排在一起，熔体管又在密闭的壳体内，造成内部插接头散热非常不好，这样，任意一只熔断器插接头或接线端子故障或松动，造成熔断器塑料外壳发热碳化，相邻元件也会受到波及，造成一大片熔断器故障。更严重的是，熔断器回路无开关，各支路接线或检修时，都要插拔熔体管，把熔断器当成隔离开关用，造成弹性插座与熔体管接触不良，由于微型熔断器的熔体管在封闭壳体内，熔体管的接触不良又难以发现，事故隐患一直存在。江苏省某座太阳能发电站，汇流箱各支路最大工作电流 8.2A，共有 12 个支路，每支路保护元件为熔断器，熔体电流 12A，投入运行两年，有的汇流箱内支路熔断器被烧得炭化，有的外壳被烧得焦黄，被烧得焦黄的熔断器的熔芯没有熔断，对烧得一团炭黑的熔断器，追求熔断器熔芯是否动作已无意义。熔断器的成本已占汇流箱总造价的一半，这些投资不但打了水漂，而且又间接导致了故障，去掉保护元件反而要好些。

（4）汇流箱的防护等级过高对它正常运行产生严重不良影响。目前加工制造中，汇流箱的防护等级要求过高，动辄达到 IP65 的要求（汇流箱设计规范也如此规定），即不但要防尘，而且还有防从任何方向喷水的能力，这种不分地区、不分场合的要求，不够合理，汇流箱是钢板外壳，采用密封措施，置于阳光暴晒之下，里面又排列密密麻麻的发热元件，就像一部车窗密闭的轿车，在阳光暴晒下，里面又开着暖气，车内的温度可想而知了，汇流箱如果所装元件在上述条件下能够正常运行，那简直为奇迹了。

有人之所以对汇流箱防护等级要求过高，主要担心雨水及风沙的侵入，但这种担心是多余的，汇流箱即使开通风百叶窗，不会有雨水浸入的，除非把它浸入水中。也不要担心有尘土侵入，因为里面的电子检测单元已有专用外壳，灰尘不会妨碍强电元件的正常运行，如果不放心，汇流箱通风百叶窗加过滤网。为了不影响发电效率，对太阳能电池板定期清洗，为了不使防护等级低但通风良好的汇流箱积满灰尘，也可对汇流箱定期清扫。

为了不至于使汇流箱内过热损坏，不但要有通风散热措施，安装时要尽量置于太阳能电池板下，这样既防晒、又防雨。有的汇流箱生产厂家在汇流箱上安装两只防雨通气阀，一个用来进气，一个用来排气，当然这会降低箱内温度，但这会增加生产的麻烦及投资成本，而且通风散热效果也不够理想。

（5）汇流箱的正确做法如下：

1）由上述分析可知，安装熔断器、断路器及二极管作用都不大，安装后反而是事故始作俑者，因此可以不必安装，但前提条件是防止正负极短路故障，为此，从太阳能电池板开始，直到汇流箱，正负极不要靠近即可。各支路要安装隔离开关，因为如果无隔离开关，回路就无法接线，原因很简单，白天太阳能电池板是带电的，不加隔离开关不容易把馈线接入汇流箱，隔离开关还有一个作用，那就是回路检修及测试时使用。可以采用微型断路器代替隔离开关使用，不但使接线、维护及检修方便，也能够防止回路短路故障的扩大，也就是说，虽然保护元件不起支路保护作用，但支路发生短路时，可防止其他回路向其汇流，维持其他回路正常工作。为防止微型断路器过热，它的额定电流可加大，尽管回路电流不过10A左右，微型断路器可采用25A或32A，之所以采用大额定电流的微型熔断器，主要是减少运行时的发热量，尽管额定电流偏大，切断汇流是没问题的。

2）元件接头接触不良是汇流箱极大隐患，这在前文已经谈到。不论微型断路器还是微型熔断器，它的接头都是自带式插接式端子，此种端子是导体插入后，旋进接头压紧螺栓，再由螺栓带动压板把导体压紧，此种接头没法采用弹簧压紧垫圈，受热胀冷缩的影响，接头容易松动，造成接触不良。接头螺栓没拧紧，或在运输过程中造成触头松动，也是触头接触不良的原因之一，此种情况以熔断器具有代表性，熔体与底座是插拔式安装，在运输或安装中，以及作隔离开关使用时，插拔式熔体管接触处簧片如果松动，会形成极大的安全隐患。

3）汇流箱内正负极母线一定要分离一定距离，汇流箱内，一部分安装区域是正极范围，另一部分区域是负极范围。从太阳能电池板开始，正负极要分开，不能靠近，以免发生极间短路故障。

4）在送电前，一定要对每回路极性进行验证，只有确保无误，才能闭合开关，如果汇流箱内已经有几个回路已经完成正确接线，万一有一回路接线正负极接反，接反的回路一旦连好一端后，刚要完成另一端接线时，如果熔断器或微型断路器在闭合状态，马上会发生弧光放电，因为这时回路电压是两回路电压之和，如果每回路电压为1000V，完好回路与接反回路串联后电压为2000V，当要完成最后接线时，2000V的高压瞬时发生弧光放电，烧坏元器件。由于工作人员就在现场，虽然这种错误很快被排除，为时已晚，本汇流箱必烧坏无疑，安装人员的粗心大意常造成这类事故时有发生，为避免此类事故发生：①正负极导线采用不同颜色；②回路要编号，以便不同回路的识别；③回路闭合前，用万用表辨别回路组别及极性，反复检查后，确定正负极没有接错后，才能闭合回路。

5）汇流箱可安装检测单元，有的称为电子检测板，这样可以在值班室后台计算机发现某个汇流箱故障或不正常情况，及时排除故障，避免事故长期存在，造成事故不断扩大。不过从运行经验来看，安装检测单元有利有弊，如果汇流箱不安装保护元件，只安装隔离开关，不会有故障产生，平时不必察看回路电流或电压，如果安装检测单元，这本身又是一个故障点，而且又增加了投资成本，不过目前检测单元可靠性逐步得到提高，故障率大大减少。

由于在野外容易受到雷电的伤害，汇流箱内安装电涌保护器是必要的，由于回路电流非常小，电涌保护器本身不必另加保护元件。

6）为了防止接头接触不良，成排布置的微型隔离开关或微型断路器，要采用汇流排，但处于正极一侧的开关，每回路的正极要有引出线进入检测单元，为了保证接触良好，建议采用高绝缘且耐温软线，接头搪锡后接入。

7）汇流箱不得另外加装过度端子排或端子，不论是各分支回路进入线，还是汇集各路电能的总馈出线，应直接与开关的端子相连，一定注意，千万不必另加过渡端子，这不但增加了投资，增加了接头，增加了故障点，增加了接头处的电力损耗，而且又占据了汇流箱有效空间。

8）在沿海滩涂地带的太阳能电站，盐雾腐蚀严重，应当采用三防汇流箱，但目前汇流箱的生产厂家尚未注意到这点，造成汇流箱运行不到两年，内部已经腐蚀严重，锈迹斑斑了。

9）从太阳能子方阵引入汇流箱的各回路，正负极线路不要靠近，或穿不同保护管，不过要做到这点，难度较大，因为这与敷设线路方便是相悖的。

顺便提醒一下，汇流箱发生接触不良造成的断路故障，虽然汇流箱被烧损得严重，但太阳能电池板却毫发无损，因为电弧的压降大，回路电流小于工作电流，太阳能转化的电能消耗在电弧上，但如果发生正负极间纯金属性短路，会对太阳能电池板造成损害，因为所发的电能被本身吸收，太阳能电池板会受热损害。

10）汇流箱内可以采用交流断路器作为直流断路器或直流隔离开关用，不但绝缘电压要满足要求，而且能够切断回路电流。由于直流回路开断困难，但太阳能发电系统直流短路电流不大，只要交流断路器切断能力能够满足切断短路要求，也可以采用廉价的交流断路器，有人在操作交流微型断路器时电弧过大，就否定它在汇流箱内的应用，可在断开时，操作正负极的微型断路器同时断开，这样增加了断开点，且选择额定电流大的支流微型断路器不会出现电弧。

11）汇流箱内的元件，不论是微型断路器还是熔断器，不要紧密排列，它们之间要留有0.5cm空隙，这有利于散热，微型熔断器去除保护塑料外壳，只保留熔体管及配套的弹簧插头。

12）如果用户或设计部门一定采用防逆流二极管，二极管的容量要放大，要有两倍的冗余，所配套的散热器要与二极管的发热量适应。

13）为使汇流箱温度不过高，除加强通风散热能力外，箱体要加大，不过这样要增加投资，一般电气成套厂是不愿意这样做的，必须由设计人员或用户强制规定箱体尺寸才行。

（6）汇流箱额定电压问题。生产厂家对汇流箱铭牌上额定电压的标注随意性很大，有的系统电压400多V，汇流箱的铭牌标注电压为1000V，这样绝缘余量很大，并不是不可以，而是冲击电压、绝缘介电电压的数值必须以1000V做基准，为此所花代价就高了。建议以光伏组件串的电压为基准，考虑在环境温度最低时的开路电压，此时回路电压最高，汇流箱的额定电压及绝缘介电电压不得低于此数值，然后取不低于此电压，而与此电压最接近的标准电压作为汇流箱的额定电压。温度最低时的开路电压一般为正常测试条件下回路工作电压的1.2倍，考虑安全系数，建议取1.3倍即可。例如，汇流箱回路工作电压为450V，$450 \times 1.3 = 585$（V），汇流箱额定电压可取600V，而不是1000V。

（7）回路正负极开关同步操作问题。汇流箱回路正负极皆安装开关，但正极与负极汇流箱内分两边安装，每回路不可能采用双极开关，只能够采用两只单级开关，操作时同时断开回路的两只开关，以免出现较大弧光。

（8）回路的隔离问题。按照有关规范要求，汇流箱回路要有隔离开关，且开关能够切断负荷电流，不过当采用微型断路器作保护元件时，断路器的生产厂家尚不注明微型断路器兼有隔离功能，如果再串联专用隔离开关，那是不现实的，建议生产制造出具有隔离功能的微型断路器。

第五节 主接线系统

1. 首端汇流箱

首端汇流箱分支开关应采用隔离开关或微型断路器，也可不需要保护，但要有隔离开关，总开关采用直流断路器，如果耐压符合要求，交流断路器也可符合要求，因为虽然直流切断困难，但短路电流小，与交流电力系统的短路电流无法相比。如果接线更简单，成本更低廉，也可采用图 6-7 接线，分支回路不用任何开关，不过这样在安装调试时比较麻烦，只能先把汇流箱线接好，然后把太阳能电池串的线路插头插入。采用熔断器或二极管是不推荐的方案。总开关可用两只交流二极断路器，目前常采用双极直流断路器。

图 6-8 ~ 图 6-10 所示为目前常见的接线方案，图 6-8 中，微型断路器也作为隔离开关使用。此方案采用双极直流微型断路器，操作时可同时断开与闭合，但使正负母线靠得太近，也可采用单极直流断路器，每回路正负极分开布置。

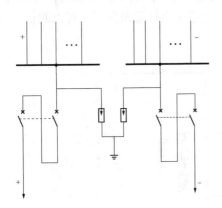

图 6-7 支线不带保护开关或保护元件

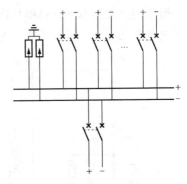

图 6-8 支路开关及总开关
采用直流断路器

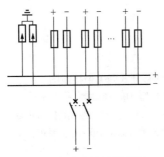

图 6-9 支路为熔断器保护，
总开关为直流断路器

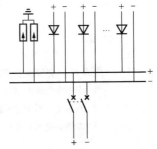

图 6-10 支路安装防逆流二极管，总开关
为直流断路器一级汇流箱主接线

有的规范要求首端汇流箱总出线回路不加隔离及保护装置，认为下级直流柜已经有开关及保护装置，这种做法是不合适的，因为这两级汇流箱相距很远，这给首端汇流箱的维护带来不便，另外，下级汇流箱的保护装置是在负载侧，当汇流发生短路故障时，末端保护装置是无能为力的。

如果汇流箱若干分支回路共用一个保护装置，固然可以节省保护装置，但造成接线不够方便，而且一旦出现某一回路故障，会影响其他回路的工作，这种做法不应提倡。目前图6-9的方案接线在实际工程中采用最多，有的生产厂家生产出正负极熔断路采用同一个塑料壳体，这样缩小了安装面积，但对散热非常不利。

2. 直流柜主接线方案

直流柜（末端汇流箱）分支回路常采用直流断路器，如上文所述，不必安装总开关。目前存在的问题是，有的国产直流断路器有的还不过关，加之运行环境不好，在未到达额定电流的情况下过载脱扣器频繁动作，断路器频繁跳闸，例如，青海某太阳能电站，末端汇流箱分支回路额定最大工作电流136A（直流柜分支回路电流就是一个首端汇流箱的总电流，如果首端汇流箱有17各支路，每分支回路额定最大工作电流8A，这样，首端汇流箱总电流为136A），设计单位普通选择160A的直流断路器，由于处在高海拔地区，加之汇流箱通风不良及断路器的质量问题，把此断路器过载脱扣调到160A还是频繁误动，在这种情况下，建议直流断路器不要过载脱扣器，因为太阳能电池板支架固定，太阳能电池板不会增加，根本回路无过载的可能。

3. 升压变压器交流侧主接线

（1）交流高压侧采用移开式开关柜，且具有测量及计量功能。由于采用移开式开关柜，体积大，箱变内已放置不下，只得另建变电站了。由于带有计量及测量，可以测得逆变器向电网输送的电能及功率。接线图如图6-11所示。

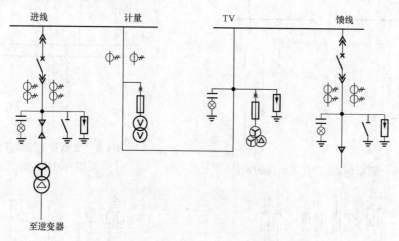

图6-11　交流高压侧采用带计量及测量的移开式开关柜接线图

注：1. 大型太阳能电站有多条进线，一台升压变压器对应一条进线。

　　2. 升压变压器至开关站较远时，为维护方便，升压变压器出线侧装隔离开关。

　　3. 馈线至电力系统开关站，通过升压变压器把太阳能电力输入电力系统。

（2）交流侧带有应急电源接线。为了取得可靠电源，可从逆变器与升压变取得。当逆变器维修或夜间无阳光时，可从系统取得电源。当系统维修时，可从逆变器获得电源。接线图如图 6-12 所示。图 6-12 中，交流并网用接触器在逆变成套装置内，图中未表示出来。目前太阳能电站站用电取自本站交流开关站，通过专用回路向站用变压器供电，备用电源取自市电网。

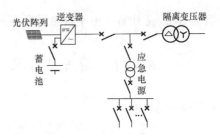

图 6-12　带有交流应急负荷的主接线

（3）两台逆变器合用一台交流升压变压器。两台逆变器合用一台升压变压器向电网输电，变压器采用三相绕组低压轴向分裂升压变压器，低压是两个相同的轴向分裂绕组，高压两只并联的绕组，算是一个绕组。两低压分裂绕组无电的联系，磁的耦合也很弱，两低压绕组之间有大的阻抗，每低压绕组与高压绕组之间有低的阻抗。此种升压变压器的优点为：

1）运行灵活方便，两低压绕组可以输入同样容量，也可以输入不同容量，可单独运行，可同时运行，也可以并联运行，低压输入端可以扩展，带多台逆变器。

2）短路电流小，在同容量情况下，低压侧短路电流比双绕组变压器小，这样可选择开断能力小的断路器。

3）一个低压绕组发生短路故障，另一个低压绕组残压高，可以继续保持运行。此种变压器的不足之处是造价较高。

低压轴向分裂变压器两低压绕组的额定容量就是该变压器的额定容量，例如两低压分裂绕组每组额定容量为 625kVA，该变压器额定容量为 1250kVA。为了充分发挥变压器的容量，两分裂绕组任何一组不能过载，这样，为了充分发挥变压器容量，低压侧两分裂绕组负荷分配相等，最好同时达到满载。

变压器两轴向低压分裂绕组皆为三角形接法，而与电网连接的高压绕组为星形接法，这样零序谐波不能进入电网。轴向低压分裂变压器的接线如图 6-13 所示。两台逆变器可互为备用，通过联络开关或接触器相互切换，当太阳辐照少时，可只用一台逆变器。并网在交流低压侧，由于每天皆要并网操作，采用接触器并网能满足频繁操作要求。

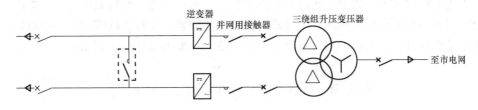

图 6-13　两台逆变器合用一台升压变压器

（4）逆变器与试验变压器一对一连接。一台逆变器对应一台双绕组升压变压器，一次接线图就比较简单。如图 6-14 所示，该系统高压侧采用环网接线方式，比采用移开式中压柜便宜得多。

不论低压轴向分裂变压器，还是双绕组变压器，可以单独安装，也可以采用预制式箱式变电站，这样升压变压器，高压侧开关及低压侧开关作为一个整体，安装于预制变电站中，根据现场环境情况，预制式变电站防

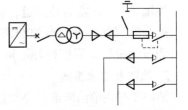

图 6-14　交流高压侧采用环网柜

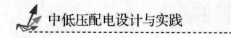

护等级为 IP65 或 IP54，由于自然通风不足，一定要加强制排风装置。

第六节　集中式逆变器与分散布置逆变器方案比较

1. 方案区别

集中布置式逆变器是多回路太阳能电池板串在汇流箱汇流，多个汇流箱汇流的直流太阳能在直流柜再次汇流，然后进入一台逆变器，把直流逆变成交流，升压后送入电网。分散式逆变器布置方案也称为组串式方案，它是把多个太阳能电池板串的太阳能直接进入分散式小容量逆变器，通过逆变器变成交流后，再通过交流汇流箱汇流，通过交流柜进入升压变压器接入电网。

集中式逆变器方案一个发电单元要多台直流汇流箱、一台（或两台）直流柜及一台（或两台）逆变器，一台升压变压器。分散式布置逆变器方案，对于一个太阳能发电单元，要多台逆变器及多台交流汇流箱，一台交流开关柜，一台升压变压器。

2. 方案比较

以 1MW 的太阳能发电单元比较，如果采用每个太阳能电池板（电池组件）的功率为 200W，20 各太阳能电池板组成一个太阳能电池串，这样，每个电池串的功率为 $200 \times 20 = 4000$（W），即 4kW，每台直流汇流箱汇流 16 个太阳能电池串，每台汇流箱汇流功率达 64kW，1MW（100kW）的太阳能发电站要 16 台直流汇流箱，一台直流柜，一台 1000kW 的逆变器。目前 500kW 的逆变器比较成熟，如果采用 500kW 的逆变器，直流汇流箱总数不变，但要两台直流柜，两台逆变器，两台 500kVA 的双绕组或一台 1000kVA 分裂变压器升压变压器。

采用分散布置逆变器方案，同样发电能力为 1MW，电池板及电池板串不变，即每个电池板串容量为 4kW，如果为 6 个电池板串合用一台逆变器，逆变器容量可选择为 25kW，要 40 台逆变器，如果每 5 台逆变器合用一台交流汇流箱，这样总共要 8 台交流汇流箱，一台交流开关柜，一台 1000kVA 升压变压器。

由于逆变器用量少，集中式建造成本少为低廉，但在山地、丘陵地区，由于太阳能子方阵所受太阳的辐照强度不尽相同，分散式逆变器更能够各自发挥及跟踪最大功率点的发电能力，使年发电总量优于前者，有人曾经过详细计算，年发电量比前者高 3.4%。

第七节　太阳能电站其他应注意问题

1. 安保及站区道路

电站周围要有保安照明及摄像头，在主控室监视器进行监视。站区要有通往市镇的干道，周围要有 4m 宽的环形道，各建筑物间有行车道、行人道、消防道。目前多数光伏电站道路为沙石路，很少有柏油路或混凝土路，这固然节省投资，但严重影响电池板的清洁。为节约投资，周围建环形道的较少。

2. 消防及排水系统

消防要与当地消防部门协商且通过认可，一般要设自动消防报警及灭火装置，站区要有消防通道。一定要考虑好排水系统，以免在大雨时节，造成光伏电站被淹事故。

3. 太阳能电池板的清洁问题

因太阳能电池板之下不能种农作物，因此太阳能电站一般位于荒芜之地，沙尘暴是难免的，太阳能电池板附着灰尘严重影响发电效率，必须经常对它进行清洁处理。由于雨量稀少，不能靠降雨自然清洗，如果附近有水源，宜在太阳能电池板方阵内埋设水管，并有引出地面接口，以便对太阳能电池板冲洗。上文已经谈到，沙石路面对电池板清洁有很大影响，最好采用好的路面。在光伏电站周围布置防风防沙林，不但对电池板的清洁还是对电池板支架的抗风能力都有好处。在干旱地区，有的采用自掘井的方法解决水源问题，太阳能电池板采用洒水车清洗。

第七章

中低压开关柜结构及柜型的选择

第一节 概 述

1. 熟悉开关柜的结构对电气设计的重要性

在电气设计与电气成套中，开关柜的结构与型号的选择是必不可少的工作。目前，用于低压与中压系统中的柜型多种多样，如何选择一个合适的柜型，是一个不可回避的经济技术问题。因为开关柜的壳体价格差别很大，合理的选用会带来较大经济效益，选择开关柜的壳体也有性价比问题。另外，选择的合理，还会做到柜内元件与开关柜壳体很好的配合，使元件布置及布线合理、紧凑美观。

目前开关柜的型号繁多，光低压抽出式开关柜就有几十种之多，电气设计人员在电气设计时有时无所适从，因此对各种开关柜的壳体的优劣、性能及特点进行梳理就显得比较重要。因此，对中低压开关柜的常用型号，规格及优缺点有作详细介绍的必要。另外，用户、质检人员及监理人员也应当对各种开关柜的柜型、结构熟悉，便于对生产厂家提供的产品进行验收。

2. 开关柜常见的结构形式

成套开关柜的壳体加工有焊接方式与组装方式，采用焊接方式，必须要采用胎具及工装夹具，此种加工方式壳体牢固，但不美观，不但生产效率很低，而且容易变形，柜体应力集中，变形难以调整，要求焊接技术要好，否则焊缝出现夹渣咬肉，影响质量及美观。采用焊接方式的开关柜壳体，还有一个缺点，那就是不能对构件进行预先镀锌或喷塑等外表面处理，例如中压固定开关柜 GG-1A 型及低压配电屏 PGL 型等就是此种加工工艺生产。

目前比较盛行的加工方式是组装式。所谓组装式，是先加工成型材，然后采用螺栓固定或标准紧固件进行连接。组装式开关柜壳体需要的型材主要有"C"型材（截面略呈 C 形），GCS-型低压抽出式开关柜采用 8MF 型材。采用组装式结构，提高了生产效率，而且不会变形，精度高，调整方便，柜内根据需要增加结构件非常方便，另外，柜子外形美观，结构件表面可以进行预处理，如预先进行电镀或喷塑。如果采用外协方式供货，结构件可以大量库存，这样专生产各种开关柜壳体的厂家也应运而生。

不论中压开关柜还是低压开关柜、配电屏（盘），都有固定式与移开式之分。所谓固定式，不是说开关柜本体是否能够移动，开关柜必须固定安装，而是指开关柜内的所装元器件固定安装于柜内，不可移动。对移开式开关柜而言，是指柜内所安装的主要元件可以移出。对低压开关柜元件可以移出的常称为抽屉式开关柜，有的断路器底座固定安装，但可以抽出或扳出，此种开关柜做成固定分隔式，外表与抽屉式相似，而对中压开关柜常称为手车式开关柜。为什么一个称为抽屉，而另一个称为手车呢？这是因为低压元件安装于如同一个抽屉的结构件内，抽屉就是开关柜的一个组成部分，而中压元件笨重，要放置于一个底盘车上，底盘车带有滚轮，可在开关柜内移动，当带有底盘车的断路器拉出开关柜外后，不能在地面移动，在地面移动要靠断路器搬运手车，搬运手车是共用的，每个开关站配备两台足够。

中压开关柜又分金属铠装与非金属铠装。不是具有金属壳体的金属开关柜都是铠装，所谓铠装，是指开关柜内的主要元件之间由接地的金属隔板分开，主要元件由接地金属板围护，由此可见，平时所说的中压手车柜，全称应为"中压金属铠装移开式开关柜"合适。

3. 关柜型号含义

过去开关柜不但有专门的认证机构，开关柜的型号命名也由国家指定的主管部门负责，现在开关柜的命名已无专管机构，生产厂家可自己命名，只要通过国家指定的有关部门做相关的型式试验，即可对外销售。

（1）低压开关柜。低压系统中，常见的有低压配电屏，例如 PGL 系列，之所以称其为配电屏，而非开关柜，是因为它只有前面有封板，后边及两侧面并无封板，从正面看，只是前面有面板的框架而已，此种结构称为配电屏、配电板或配电盘比较合适。GGD 型开关柜，之所以称为柜，是因为不但有可开启的门，周围均有金属封板，完全是呈现"柜"形结构。目前称呼比较混乱，配电柜或开关柜有的也称配电盘或配电屏，例如，外商把所有低压配电成套装置一律称为配电盘，而生产成套配电成套装置的单位，简称为"盘厂"，此种称谓并不确切。

国内开关柜的命名是以汉语拼音字母表示，例如固定式低压开关柜 GGD-系列，第一个字母"G"表示"柜"，第二个字母"G"表示固定安装，第三个字母"D"表示电力。低压抽屉柜常见的有 GCK、GCL。开头的字母"G"与前相同，表示开关柜之意，"C"表示抽出式，"K"为控制之意，GCK 柜意为抽出式低压控制柜，是指控制电动机之用，即平时所说的 MCC（马达控制）柜，与此柜配套的尚有 GCL 柜，"L"表示电力之意，也就是平时称为的 PC（电力中心）柜，目前习惯上把 GCK 与 GCL 不再区分，不管是用作进线、配电还是电动机控制，约定成俗地一律称为 GCK 柜了。GCS 型低压开关柜系列，前两字母含义与前者相同，而"S"的含义为森源电气公司所开发的。低压抽屉柜 MNS 也是常用柜型，根据额定电流及动热稳定性能的不同，又有 MNS2.0 版及 MNS3.0 版等，这些为 MNS 型的升级版，它是 ABB 公司产品型号。

低压柜国外品牌除 ABB 公司外的 MNS 外，常用的还有西门子公司的低压抽屉柜 8PT、施耐德公司的 Blokset 等型号。早期引进国外品牌的抽屉式低压开关柜算是 DOMINO 了，这些国外品牌开关柜，其型号含义就不是用汉语拼音字母表示了。

（2）中压开关柜。中压开关柜的结构有固定式及移式，统称为金属封闭式开关柜设备。中压开关柜的型号含义，也是采用汉语拼音字母表示，例如固定式中压 12kV 开关柜 GG1-12 为例，字母的含义与低压柜相同，其他型号的开关柜，例如 KYN28A-12（GZS1-12）、XGN2-12、XGN15、XGN66-12、HXGN15-12、XGN17-40.5、KYN1-40.5、JYN1-40.5、KYN10-40.5、KYN61-40.5 等国产型号，字母的含义为：K——铠装；G——固定安式；X——箱式；J——间隔式；Y——移开式；H——环网系统用；N——室内安装。

知道上述字母的含义，某中压开关柜的型号含义便一目了然，例如常见的 12kV 开关柜

KYN28A-12，它是金属铠装、移开式、室内安装、设计序号为 28 的第一次改进、额定电压 12kV。XGN2-12 型开关柜，说明它是箱式、固定安装、室内使用、设计序号为 2、额定电压 12kV。需要说明的，间隔式与箱式主要元件都被接地金属板或绝缘板隔起来，间隔式手车柜 JYN2-12 基本不再生产，已由 KYN28A-12 取代，在 10kV 系统中，目前 KYN28A-12 型开关柜大行其道。XGN15、HXGN15、XGN2-12 型开关柜，是箱式固定柜。当额定电压为 12kV，额定电流不大于 1250A，开断不大于 31.5kA 时，ABB 公司有 UniGear550 柜型，其最大特点是体积小，体积为宽 550mm、深 1340mm、高 2200mm。

第二节 低压开关柜柜型的比较及正确选择

1. 低压固定式开关柜与配电屏

前文中已谈到，目前对配电屏与开关柜称呼上不再区分，经常统称配电屏，在国家规范中，连同动力配电箱、照明配电箱等统一称为低压成套开关设备与控制装置。配电屏可以称为敞开式开关柜，或称为配电盘、配电板，其代表型号有 BSL、BDL、PGL 等，目前 BSL、BDL 已经淘汰，PGL 型也很少采用。对 PGL 型配电屏之所以很少采用，主要缺点是防护等级太低，它只是前面有面板，背面是敞开的，为了安全，只能由熟练电工才能操作，操作有人监护及遵守操作程序，配电屏前后要有绝缘垫。此种开关柜各回路及开关之间没有隔板，回路故障容易相互影响，柜内多半有一只 HD13BX 总隔离开关，这样，柜内某回路故障时可断开总隔离开关进行维修，其他开关柜可以照常运行。但此种柜型的优点也是明显的，它价格低廉，通风散热好，尤其内装补偿电容器时，散热好的优点更加突出，配电屏骨架采用焊接，比较牢固，这是其他柜型无法比拟的。柜宽根据元件不同，可为 400、500、600、800、1000mm，母线有罩可防灰尘及异物落在上面。

目前常用的固定式低压开关柜是 GGD 型，此种柜型已经投入使用几十年了还经久不衰，可谓低压开关柜中的常青树了。GGD 的骨架采用 8MF 型材，安装孔的模数为 20mm，组装式结构，因此它具备组装结构的一切优点，前面已经详述，在此不必重复。目前 GGD 型开关柜的构件不再局限于 8MF 型材，有的采用"C"型材，螺栓有的不用高强度 8.8 级螺栓，而用强度较低的价廉的 4.8 级螺栓（抗拉强度为 400MPa，屈服比值为 0.8，屈服强度为 320MPa，普通碳钢，镀锌，呈银白色；而 8.8 级螺栓上述参数分别为 800MPa，0.8，640MPa、低碳合金钢，发蓝处理，呈蓝色）。

很多用户对此一无所知，也有的明知与正宗结构有些不同，但在不影响使用及美观的前提下，也就不再较真了。当结构有大的变动，应当重新进行型式试验，但大部分情况下，结构的变化不是突变，而是渐变的，很难界定在何种情况下要重新进行型式试验。尽管任何产品不会一成不变的，应逐步提高，逐步改进，逐步完善，例如，很多低压开关柜的骨架钢板的厚度原来为 2mm，但采用双折边技术，厚度 1.5mm 可达到强度要求，而且非常美观，不过要经型式试验，不能随便改动

GGD 开关柜原有三个分支，即 GGDⅠ、GGDⅡ、GGDⅢ，它们的断路器开断能力分别为 15、30、50kA，目前在实际应用中，已不再使用分支型号，而统一为 GGD 型。

开关柜所用钢材的材质及外涂装应当注意，型材所用钢板有热轧、冷轧、敷铝锌板及镀锌板，热轧板最便宜，敷铝锌板最贵。敷铝锌板是近年常用的开关柜板材，美观，不必进行

外表再处理。在外涂工艺方面，喷漆与烤漆已经不再使用，常采用开关柜面板喷塑处理。如果用户指定采用敷铝锌板，但开关柜的面板还是采用冷轧板，这不要误认为是生产厂家偷工减料，如果面板也采用敷铝锌板，因面板要安装仪表及其他元件，有时还要做模拟线，因此要有某种颜色，这样一定要喷塑、喷漆等表面处理，为此要对板材进行前期处理，如去油、酸洗等，这会破坏铝锌层，就与冷板相同了。因此，尽管开关柜其他所有构件都采用敷铝锌板，柜门还是采用冷板。由于敷铝锌板不再要求进行表面处理，而冷轧板必须进行表面处理，综合造价已相差不大，敷铝锌板比冷轧板稍贵。

GGD 型开关柜已经使用了几十年了，在固定式开关柜中，尚无更新的型号取代它，不过此种产品的不足之处是，与施耐德公司推出的 Prisma 型开关柜比较，外形不够美观，安装构件不够组合化、系列化，但在一些用户眼里，并不看重美观与否，而看重的是价格便宜且实用，在电气成套厂方面，主要看重的是加工方便，因此 Prisma 型固定式开关柜在销量上，还无法与 GGD 型开关柜比肩。

2. GGL 型新型低压固定式开关柜的研发

目前固定式开关柜主打品种就是 GGD 型，但它诞生 30 多年了，是一种从无变通的老产品，所用材料与加工工艺已经跟不上形势发展，目前天津电气传动研究所正组织各电气成套开关柜厂家研制一种新型低压固定式开关柜，型号为 GGL，字母"L"表示联合设计之意，此种开关柜的特征是：

（1）额定电流最大达到 6300A，母线可以采用 U 形异形材，与垂直分支排连接不需螺栓，也可以采用矩形铜排或铜铝复合排。

（2）采用组装式 TL 型材，材质为敷铝锌板，采用双折边加工，三通组件组装，框架无任何焊接点，多用自攻螺钉连接，增加开关柜的结构强度，而且加工组装方便。构件采用标准件，标准化程度高，通用性强，排列紧凑，节省空间，安装模数化，降低柜体成本，提高了生产效率。

（3）提高外壳防护等级及内部隔离形式，柜门可选择玻璃门，增加开关柜的美观性。

（4）回路额定工作电压可达 690V，额定绝缘电压达 690V 及以上，额定冲击耐压 8000V，引进智能监控系统，可用触摸屏形式观察一次模拟线及回路参数。

开关柜外形尺寸与老式固定式开关柜 GGD 基本不变，不过此种柜型尚未在市场推广。有的新柜型在市场推广迟缓，主要是因为新柜型相比老柜型没有明显的优越性，且用户对老柜型的使用还有惯性。

3. 低压开关柜结构及柜型的正确选择

低压固定柜常用的为 GGD 型，施耐德推出的 Prisma 型由于该柜要大量异形件及异形材，结构零件加工难度大，加之零件批量不大，使得性价比不高，造成目前尚未得到推广的局面。

笔者一再强调，当开关柜数量较少，或用电量不大的单位，尽量采用固定式开关柜，因为它简单可靠，价格低廉〔它的壳体采用敷铝锌板也不足 3000 元（按 2013 年的市场价），而抽出式开关柜的壳体为在 8000 ~ 10 000 元（根据抽屉的多少不同而价格有异）〕。有人认为抽出式开关柜维修方便，缩短停电时间，但抽出式开关柜为什么要检修或维修呢？因为抽出式开关柜高故障率就是抽屉柜本身结构造成的。故障率高的原因是主辅回路皆经过插接头连接，回路电流从开关柜的水平母线经垂直分支母线，再经抽屉的电源接插头、进入开关的电源端子，经过开关负载端的接线端子、抽屉的引出插接头、转接头等，大约要经过两次插接头及 8 次固定接头后，才能与馈线电缆相连，任何一插接头及接线端子故障都造成该回路瘫痪。另外，抽出式开关柜通风散热条件很差，柜内环境温度很高，造成抽屉内元件故障率很高。还有一个缺点是水平主母线与所有开关柜中的垂直母线直接相连，所有开关柜的抽屉都与垂直母线直接插接，一旦任意一个开关电源侧发生故障，都是整个母线故障，接于此水平主母线上的所有开关柜均处于瘫痪状态。有人认为固定式开关柜更换元件慢，会延长停电时间，实际上也不是一般人想象的那样严重，GGD 型开关柜每台柜皆有总隔离开关，只要断开此隔离开关，就可对柜内元件维修，当然这会对故障柜内其他回路造成影响，但不会影响其他开关柜的正常工作，影响面很小，柜内可预留备用开关，这比预留备用抽屉代价小得多。

如果用户用电量大，馈线回路多，可采用抽屉式开关柜。尤其在高层建筑物中，少占面积是抽屉柜一大优点。

低压抽出式开关柜虽然种类繁多，但除 BFC 系列已不再使用外，目前主打品种主要有三种，即 GCK（GCL）、GCS、及 MNS，前两种是国内研制开发，后一种是 ABB 公司的型号品牌。初期三种之间是有明显的不同，但随着时间的推移，各个品牌经不断完善、提高、改进，它们之间取长补短，相互渗透，造成每一种品牌都没有了明显特征。可见在开关柜型号、结构、规格等方面应允许创新，但变动大时应重新做型式试验，或者要另外给出一个新的型号。不过重新做型式试验代价过于昂贵，经济实力不够的单位无法承担；另外，一种新型号开关柜，在市场打开局面实属不易；还有一个原因是，三种柜型各自特点不突出，为了供货方便，不论用户需要何种品牌的抽出式开关柜，大部分零件都可以通用，这样生产频率高，加工方便。

目前市场上低压抽出式开关柜派生出许多型号是因为：①无型号使用权，要想取得型号使用权要花不菲的代价；②为了设计院的上图的需要，只要在设计施工图中标上自家的独有的开关柜的型号，这在以后的投标竞争中占据有利地位。

为了使设计人员及用户熟悉低压抽出式开关柜的基本结构及特点，还是要把具有代表性的抽出式低压开关柜的原始结构进行比较。比较结果见表7-1。

表7-1　　　　　　　　　　　　低压抽出式开关柜结构比较表

型号	GCK（L）	GCS	MNS	MDmax
安装模数（mm）	20	20	25	25
母线敷设方式	水平母线在柜顶，垂直母线无阻燃塑料盖板	水平母线在背后，垂直母线有阻燃盖板	水平母线在背后，大容量采用双母线在柜后上下布置，垂直母线为1000A为不等边角异型母线，超过1000A，采用双垂直母线，垂直母线有阻燃塑料盖板	水平母线在柜顶，PE排在柜底，垂直母线带有通风孔罩盖，水平母线可达6300A，垂直母线可达2000A
最小抽屉单元	1单元抽屉	1/2单元抽屉	1/4单元抽屉，可背靠背安装	1/4抽屉单元，抽屉单元高200mm，有1、1.5、2、2.5、3单元高度5种
抽屉最多层数	9层，每模数高200mm	11层，每模数高160mm	9层	9层
最多抽屉数	9只，目前扩展至18只	22只	36只（背靠背布置为72只）	36，每个抽屉回路电流不大于32A

续表

型号	GCK（L）	GCS	MNS	MDmax
骨架型材	C型材（50mm×25mm），有的加大到80mm×30mm，强度较高	8MF型材，强度高	C型材（50mm×25mm），目前有的加为80mm×30mm，强度较高	1.5mm厚板材双折边，C型材，强度较高
连锁装置	操作手柄	操作手柄	操作手柄作为1/2与1/4抽屉的连锁，其他抽屉采用抽屉位置连锁装置及手柄双连锁	操作把手与抽屉面板的解锁钮，还有紧急解锁装置（当摇进机构损坏时用）
抽屉推进方式	摇把摇进	操作手柄	手动推入或拉出	摇进方式，抽屉面板有LED显示位置窗
柜子尺寸（mm，宽×深×高）				（400~1200）×（1000~1200）×2200，抽屉式MCC柜宽600，插入式宽（600~1200）
备注	国内自主开发。抽屉间隔须另加门板	森源公司开发	ABB公司开发。抽屉间隔不必另加封板，抽屉挡板兼做封板	ABB公司开发。连锁机构带动辅助开关，可向中控室发抽屉位置信号

型号	8PT	Blokset（B柜）
安装模数（mm）	25	25
母线敷设方式	水平母线在柜顶，7400A为双层布置，PE排在柜底。峰值耐受电达375kA	异形水平母线在柜上柜中及柜下，水平母线6300A，每相最多为5根厚度为5mm铜导体并联，垂直母线为无缝搭接异型母线，3200A或1600A，1000A，主母线由绝缘夹及铝合金紧固，无涡流
最小抽屉单元	可背靠背安装，可靠墙安装，1/2抽屉单元，每个抽屉有可以开启的门	1/2抽屉单元
抽屉最多层数	11层	12层
最多抽屉数	22，抽屉最大电流630A	24，背靠背安装，抽屉数加倍
骨架型材	C型材，骨架板厚2.5mm，面板2mm，采用螺栓连接或焊接，强度高	C型材，采用焊接连接，强度高
连锁装置	分离位置锁定，以便维护安全，开关与抽屉连锁，开关闭合无法拉动抽屉	操作手柄联动的机构及抽屉位置连锁装置，而且皆可挂锁。抽屉三位置清晰可见
抽屉推进方式	大于250A的抽屉有助力操动机构	抽屉有滚轮，抽屉面板有手柄
柜子尺寸（mm，宽×深×高）	柜高2200，4000A以上柜高2600，柜深600、800、1000、1200，柜宽400~1200	700×1000×2200，宽度还有900、1100、1300、1200。深度尚有400、600
备注	西门子公司开发，元件可固定、插拔及抽屉安装，门可开启180°，柜顶有泄压装置，可背靠背安装	施耐德公司开发。可配转角柜，有效安装高度可达2000mm。在试验及断开位置不影响防护等级

4. 抽屉柜的结构特点分析比较

目前低压开关柜的结构的特点并不显著，各种柜型相互影响，取长补短，每种柜型都有一定的市场。比较趋于一致的地方有，高度为 2200mm，侧面出线时，柜深为 600mm 或 800mm，柜宽为 800mm 或 1000mm，柜后出线时，柜深多为 1000mm（有的为 800mm）。采用的型材多为 C 型材，安装孔的尺寸相距 20mm 或 25mm，C 型材尺寸通常为 50mm×25mm，如果加强强度，可为 80mm×30mm。目前板材多为敷铝锌板，有的采用冷板，或镀锌板，热板基本不用。有的抽屉采用摇把推进，有的手工推进，也有的用开关的配用操作手柄兼作推进机构。连锁机构都能保证开关在工作位置才能合闸，在断开位置才能抽出抽屉。现在对各种开关柜的特点及优缺点进行分析，作为使用时的参考。

（1）柜后与柜侧出线问题。柜侧出线时，柜宽加大，柜深减少，但当出线回路较多时，柜侧出线还是显得拥挤不堪，因为电缆室不但有电力电缆，还有控制电缆，而且还有 PE 排 N 排，安装与维修不够方便。柜侧出线还有一个缺点，抽屉的引出线要采用转接头才能达到柜侧，使抽屉结构复杂，而且造价增加，接头增多，故障率增加，另外，侧面出线柜子的空间没能得到充分利用，如 MNS 型开关柜，因为侧面出线时，柜后是母线室，柜后这样大的空间仅作为母线室太浪费了，而且柜顶部分只用来安装小母线，其空间没得到充分利用。不过目前侧面出线的抽屉式开关柜，水平主母线还是安装在柜子顶部，电缆出线室与母线室由固定隔板隔开，目前采用柜后出线的占据上风，这样，开关柜内部的空间得到充分利用。如果水平母线采用柜后布置，这样无法做到柜后出线，只能柜侧出线了。

柜后出线，柜子一般深度为 1000mm，有的 800mm，笔者建议取 1000mm 比较好。当开关柜采用柜后出线时，水平母线放在柜顶，柜子的空间得到充分利用，水平母线耐热能力好，把它放在柜顶，热量直接向上逸出柜外，不影响柜内其他对热敏感的元件。抽屉的出线经插接头向柜后直出，大多不必采用转接头，使抽屉结构简化，降低造价。MNS 柜型开始采用柜侧出线，现在也有柜后出线的方式了。当出线容量大时，例如引出线采用母线槽，柜后出线方式更方便。

（2）抽屉多寡的比较。MNS 开关柜最多可以安装 32 个抽屉，如果采用双面布置，可以安装 72 台抽屉，开关柜 MDmax 型，每台柜最多也能安装 36 个抽屉，不是抽屉越多越先进，因为每台开关柜中含有的抽屉越多，壳体的造价越大。在实际工程中，不必每台柜采用这样多的抽屉，因为每台开关柜抽屉越多，每个抽屉就越小，抽屉太小，其内只能安装微型断路器，微型断路器开断能力很难超过 10kA，而抽屉中的开关紧靠母线，而母线短路容量最大，微型断路器的出线端一旦发生短路，短路电流几乎接近母线短路电流，微型断路器根本满足不了开断容量的要求，为此又必须在微型断路器回路中串入高开断能力的熔断器，使得回路复杂且造价高。另外，把微型断路器放置在抽出式开关柜内实在不够明智，一台 36 个抽屉的开关柜，其壳体的造价在万元之上，而安装 36 只微型开关的配电箱，壳体的造价不过百元左右。有人认为，采用抽出式开关柜，元件坏了维修方便，备用抽屉投入，减少停电时间，笔者对此不予认可，这样多的抽屉只会增加故障机会，谈不上供电可靠性问题，因为所有抽屉中的开关都与垂直母线相连，垂直母线又与水平主母线相连，任何开关电源侧插接头的故障都是母线故障，也就是说，一个微型断路器电源侧插接头故障就是配电室主母线故障，就会使接于此水平主母线上的所有开关柜都不能工作，而更严重的是，这种故障又不是把故障抽屉抽出就可解决的。还有人认为，如果在抽屉柜内留有备用抽屉，一旦有开关故障，可以很快更换备用抽屉，停电时间很短。在实际工作中，也不是像一般人想象的那样，一旦某回路开关故障，马上由备用抽屉投入，而是要首先分析故障原因，并进行故障排除，只有把故障排除后，才能投入备用开关或备用抽屉，这样一来，即使采用抽出式开关柜，使故障回路恢复供电也是要一定时间的。总之，一台开关柜可安装过多的抽屉，无实际意义，笔者从来尚未遇到过一台开关柜安装 36 个抽屉的方案先例，一般在一台开关柜中有极少量 1/4 单元小抽屉还是时有看到的。

（3）开关柜连锁机构及推进结构的比较。有的抽屉的推进与抽出采用涡轮蜗杆，有的采用抽屉面板上的开关操作把手，还有的依靠杠杆扳手，有的直接手动推拉抽屉把手，对于大型抽屉，操作力大，采用蜗轮蜗杆操作特别适用。GCS 型抽出式开关柜抽屉的推进与退出，采用抽屉面板上开关的操作手柄，实践证明，手柄的强度较差，有时手柄裂开，尤其是对大型抽屉，虽然有大型手柄与之配套，但操作起来还是费力，有的只得改用蜗轮蜗杆方式操作。MNS 型开关柜完全采用手动推拉加抽屉上的把手，这对于小抽屉不成问题，但对大型抽屉就比较费劲了，因为这不但要施加抽屉运动的力，还要有与垂直母线的插入的力，如果加工精度不高，抽屉与导轨的摩擦力很大，更增加操作的难度，采用杠杆搬动的方法目前已经不用。

开关与抽屉的连锁一般采用开关的操作手柄，在加长的开关手柄上安装与抽屉的连锁机构，如 GCK、GCS 柜型的连锁装置即为此种机构，对于 MNS 型开关柜，1/2 与 1/4 抽屉的连锁采用此种手柄，其他抽屉采用专用抽屉位置连锁机构与操作手柄连锁机构，即俗称的小连锁与大连锁的双连锁机构，MDmax 型抽出式开关柜抽屉的三个位置加锁固定。所谓抽屉位置的连锁，可以把抽屉工作、断开及隔离三位置固定，有利于负载侧回路检修的安全，而开关手柄的连锁作用是指只有抽屉处于工作位置，开关柜才能合闸，只有开关断开，才能把抽屉抽出。如果连锁装置出现故障，MDmax 型开关柜的抽屉面板上有紧急解锁装置，在连锁装置故障情况下借助紧急解锁装置可把抽屉抽出，这是此种型号抽出式开关柜的独到之处，也是它突出优点之一，一般要求连锁装置尽可能简单可靠，不必搞得过于复杂。对于要向远距离发送抽屉的位置信号，如采用后台计算机监视开关柜抽屉的位置，为此抽屉位置连锁操作手柄要有联动辅助触点，此辅助触点可向后台计算机发送抽屉位置信号，也可以用电信号显示抽屉位置，MDmax 型柜具备此项功能。MDmax 型抽出式开关柜的操作及连锁功能全面，但机构复杂，要求更高的机械加工精度与此配合。

（4）开关柜的防护等级。开关柜的防护等级，采用"IP"字母后加两个特征数字表示（有的还有附加字母），第一位特征数字表示两层意思，一是防止固体外物侵入，二是防人身触电安全；第二位特征数字表示对水的防护。具体内容见表 7-2。

如果开关柜既防外物进入，又有防水要求，防水的特征数字不会高于防外物进入的特征数字，如 IP31、IP32、IP42、IP43、IP54、IP64、IP65 等，因为防水时，开关柜的封闭程度要求更严，笔者曾见到设计图上要求防护等级是 IP45，这是不够合理的。

有时在防护等级两特征数字后再加附加字母 A、B、C、D，表示人接近危险部件的防护等级，接近危险部件的防护等级实际高于第一位特征数字表示的防护等级。例如，附加字母 B，用于第一位特征数字为 0 或 1，表示防止人手指接近危险部位，要求直径为 12mm、长 80mm 试件不能触及，防手指接近。字母 C 一般用于第一位特征数字为 1 或 2、直径为 2.5mm、长度为 100mm 的试件不得接触及，防止工具接近。字母 D 用于第一位特征数字为

2、3，表示直径 1mm、长度为 100mm 的试件不得触及，防止金属线接近。附加字母的含义有一个显著特点，那就是对接近体有长度要求，例如，开关柜外壳通风孔尽管直径不大于 2.5mm，但柜内带电体与通风孔距离小于 100mm，那么此柜满足不了附加字母 C 的要求。如有一工程，用户要求开关柜的防护等级为 IP20B，这样，柜内带电体与通风孔距离要大于 80mm。

表7-2　　　　　　　　　　　　　　防护等级 IP×× 的含义

特征数字	IP后 第一位特征数字		IP后第二位特征数字
	防固体物进入	防人接近危险部位	防水侵入
0	无防护	无防护	无防护
1	防直径不小于50mm固体物	防手臂接近	防垂直滴水
2	防直径不小于12.5mm固体物	防手指接近	防15°内滴水
3	防直径不小于2.5mm固体物	防工具接近	防60°内淋水
4	防直径不小于1mm固体物	防金属线进入	防溅水
5	防尘	防金属线进入	防喷水
6	尘密	防金属线进入	防强烈喷水
7	—	—	防浸水
8	—	—	防潜水

在实际工程中，常有设计图要求防护等级太高，这是有害无益的，不但增加了造价，而且开关柜通风散热不良，因为要达到此要求，开关柜要增加玻璃门，门缝要加密封条。如在室内使用的开关柜，要求防护等级为 IP43，这说明此柜通风孔不大于 1mm，而且在 60°范围内的淋水也能防止，不加带密封条的玻璃门很难达到要求，其实在室内并无必要。众所周知，配电屏上方不允许无关的管道通过，这样就不存在管道漏水到开关柜上，只要房子不漏雨，室内也不可能有淋水的情况出现（配电室如果屋面漏雨除外），不过船用开关柜另当别论，由于空间狭窄，允许管道通过它上方，而管道又有漏水的可能，因此船用开关柜有防水要求，室内用开关柜不应考虑防水问题。有的第一位特征数字为 5 或 6，即要求防尘，这也无此必要，如果因现场灰尘太大，开关柜室内可安装空调，或空气过滤装置，总比把开关柜密封起来好。

目前防护等级为 IP20 级基本不用了，动辄采用 IP4X 级，好像防护等级越高，产品越先进，设计水平越高，实际这是一个误区，笔者曾与一个外国公司一起参加一个工程投标，标书要求蓄电池柜防护等级 IP40，而这家外国公司不响应标书要求，供货为 IP20，偏离标书要求，该外国公司解释理由是此种柜，防护等级 IP20 好于 IP40，即使不中标，也不向不合理要求妥协。

笔者曾对一污水处理厂低压柜过热事故分析，柜内环境温度实测高达 56℃，热继电器纷纷动作，开关接头烧的发黑，分析原因，是柜内通风不良，防护等级过高，此柜防护等级为 IP40，有的开关柜排列 9 层抽屉，抽屉之间有隔板，抽屉本身又有底板，加上开关柜本体的底板与顶板，从上至下共有 20 层隔板，隔板上虽有防护等级为 IP20 的通风孔，但少得可怜，只是象征性的开了很少孔，有效通风面积很小，柜顶虽有排气扇，但风量小，又是塑料材料制作，使用不长时间就坏了，达不到与开关柜同等寿命，坏了也没及时更换。为了保证运行，整改的办法是加大柜内元件容量、加大排气风扇的风量，向西面的窗户加遮阳板，配电室安装柜式空调的办法解决，总的思路是设法给开关柜降温。笔者猜想，如果开关柜防护等级为 IP20 的固定式开关柜，可能不会出现上述故障了，甚至配电室可能不必另加柜式空调了。

（5）柜内分隔方式。开关柜内部分隔问题一般不会引起人的注意，分隔主要作用是柜内各功能单元故障，不要相互影响。低压开关柜共有 7 种分隔形式，即形式 1、2a、2b、3a、3b、4a、4b。

形式 1 是母线与功能单元及外接导体均不分隔，如 PGL 配电屏即为此种。

形式 2a 是母线与功能单元分隔，功能单元与接线端子分隔，但功能单元之间，接线端子之间不分隔。

形式 2b 为母线与功能单元分隔，但功能单元与接线端子不分隔，施耐德公司的 Prisma 固定式开关柜即为此种分隔。

目前低压抽出式开关柜的分隔常为 3b 形式，即功能单元之间相互分隔，母线与功能单元分隔，外引端子与母线分隔，但在电气成套厂的供货中，侧面出线的电缆室与水平母线如果无隔板，应为 3a 形式，即功能单元之间、功能单元与母线之间有隔板，但功能单元的外引接线端子与水平母线没有隔板，这样出线端子的故障有可能对水平母线安全运行带来不良影响。

形式 4a 为功能单元与自身的馈线端子组成一个分隔单元。

形式 4b 是功能单元与其馈线端子各自有单独分隔，达到此种分隔在生产上并不困难，在具备上述分隔的情况下，每个馈线端子另加一个罩盒即可。

在目前产品订货与验收中，无人提及开关柜的分隔要求问题，有时电气成套厂把标准开关柜的结构进行简化，不提供开关柜分隔型式，是不符合要求的。

（6）低压抽出式开关柜结构强度问题。开关柜的强度主要表现在静态强度与动态强度。所谓静态强度，是在正常工作状态下，或不运行时，柜内在安装最重元件下，开关柜不变形，或变形在允许范围内。开关柜的动态强度，是指在发生最大短路电流时，开关柜能够承受短路时的电动力。对于承受电动力的能力来说，不但要考虑开关柜的壳体及支架强度，还要考虑所用的绝缘器件。

目前不论何种柜型，抽屉式开关柜的骨架多采用 C 型材，C 型材外形尺寸为 50mm × 25mm，钢板厚度为 2mm，所装断路器的开断电流可达 100kA 以上，例如，MDmax 型开关柜，母线额定电流最大达 6300A，主母线可承受 250kA 的短路峰值电流，8PT 开关柜母线最大电流 7400A，承受最大短路电流峰值为 375kA。在工程实际中，这样大的承受短路电流的能力并无必要，一般配电变压器最大容量不过 2500kVA，短路电流不过 60kA，短路峰值电流也不过 150kA。若额定电压 400V，额定电流如果达到 6300A，变压器的容量达到了 4366kVA，低压系统中，输送这样大的电流，线路损耗及线路有色金属消耗量太大，由此可见，开关柜额定电流达 6300A 及 7400A 意义不大，只是生产厂家推销产品的噱头罢了。不过在具体产品加工中，的确存在忽视开关柜强度情况，水平母线敷设用专用母线夹，强度没问题，但垂直母线的绝缘支持件，小得可怜，承受大短路电流的电动力是成问题的。另外，型式试验开关柜采用 8.8 级高强度螺栓，而供货时，开关柜的安装却采用 4.8 级普通廉价螺栓，一般用户很难发现。总之，实际供货产品与型式试验送检产品出入比较大。

目前有的厂家加大开关柜的结构强度，把 C 型材改成 80mm × 30mm，或把骨架采用双折边加工，不但增强机械强度，而且非常美观，这种双折边先进的加工工艺，在中压开关柜的加工中得到普遍应用。

5. 低压开关柜的几个误区

除开关柜生产厂家外，电气设计人员与终端使用单位均属于用户，在选择低压开关柜时，用户要注意以下几个方面：

（1）尽量少用 MCC 柜。MCC 柜，即电动机控制柜，宜尽量少用。因为采用此柜控制电动机，基本上是在配电室采用放射式向电动机供电及控制，省掉了就近动力配电箱，这样会占用大量抽出式开关柜并消耗大量电缆或管线，在车间的供电中是决不采用的。另外，MCC 柜抽屉内要安装接触器、热继电器、电流互感器等元件，使抽屉内拥挤不堪，发生故障的概率高。对于有大量电动机的泵房供电，宜从配电室低压开关柜引出主回路至泵房动力配电箱或配电柜，然后再向附近的电动机放射式供电并控制。在一些特殊情况下，采用 MCC 柜有其合理性。例如，有一污水处理厂，污水池有很多水泵采用放射式配电，而低压配电室就在污水池旁，配电室安装 MCC 柜是合理的，在配电室 MCC 柜控制及监视污水泵的运行非常方便，如果在现场安装电动机控制柜，露天操作就不方便了，人员也不宜在露天值班。

（2）正确对待智能型开关柜。所谓智能型开关柜，主要是在后台计算机实现四遥功能（遥控、遥信、遥测、遥调），这与开关柜所用的柜型没有关系，主要是所用元件为智能元件，如智能式仪表等，并带有通信接口，开关可实现电动操作，所用软件及组网设计安装已经非常成熟。目前，国家推行智能电网的建设，它涉及国家电力系统的发电、变电、输电、配电、用电及科学调度等环节，采用先进传感器、信息通信、自动控制等先进技术，对全电网进行全方位、全过程的检测、通信、故障诊断及报警、智能决策及自动调度，使电网处于最佳运行状态。对于中小用户，中压可实行自动重合闸、备用电源的自动投入、故障报警、断路器的遥控操作，采用微机综合保护，并配有通信接口。低压系统配有智能电能表，多功能数字显示表，带有通信接口，可以遥控检测及抄表，开关选择具有通信功能的智能开关，中压及低压系统可以实现计算机后台监控或操作，可以有图像显示，可以自动生成打印报表，有事故分析、录波及追索功能，也可以与上级供电部门实现计算机通信，上述这些功能早已实现或正在实现，并不新鲜。如果是小容量用户，只有几台配电柜，平时不需人值班，一旦故障，由电工处理一下即可，用不到智能开关。

（3）不必受开关柜产品样本上一次系统图的约束。产品样本尽管有很多一次系统方案，但与实际设计方案相差太远，往往还不实用。尤其荒谬的是，一次系统图中标有某厂家的元件或某一型号的元件，实际工程中，所用元件繁多，任何型号的开关柜都不可能只采用单一型号的元件，某型号元件也不可能只允许安装在一种型号开关柜中。鉴于上述原因，开关柜制造厂家只要给出安装尺寸、所装元件容量与数量即可，主接线系统与所用元件应由设计院所的电气设计人员决定。

（4）开关柜名牌数据不正确。按照 GB7251.1《低压成套开关设备和控制　第1部分：型式试验和部分型式试验成套设备》的规定，铭牌必须填写的内容只有两个，一是制造厂家，二是型号，其他16项内容可含在有关资料中，有的生产厂家总感到铭牌内容太少，把不确切的内容填入其中，如开关柜额定电压660（690）V。这一提法并不妥，开关柜有额定工作电压、额定绝缘电压、额定冲击耐受电压，而且这些数据是对某一回路而言（当然，如果每回路额定工作电压皆为此值，也可为整台开关柜的额定工作电压的数值）。有的铭牌上有短时耐受电流，这也不确切，短时耐受电流是与短路时间联系的，若没有时间概念，短时耐受电流是不准确的。标出开关柜的额定电流也不够确切，因为每回路电流是不同的，对于抽屉式开关柜，应把各回路参数标在各抽屉面板上。

（5）不要认为固定式开关柜是落后产品。实践证明，固定式开关柜的可靠性优于抽屉式开关柜。因为它结构简单，通风散热好，无插接式接头。另外，造价低廉也是它的一大优点。

6. 不同型号的抽出式开关柜特点及共同点

（1）不同点。通过上述对各种开关柜的分析及表7-1中的参数对比，对各种型号的开关柜的结构有一个基本认识，比较各开关柜的特点，必须是对各种开关柜的正宗品牌进行对比。如果对各型号开关柜变异产品比较，无法得出正确的结论，如笔者上述的情况，各种品牌之间相互借鉴，相互渗透，使原有的特点不够明显，甚至产生有的厂家以不变应万变，一种柜体不同型号，用户要什么品牌，开关柜就打什么品牌的混乱现象。

GCK型开关柜结构比较简单，价格比较便宜，抽屉的互换性较好，是一个比较成熟的品牌，但它有一个不足之处，抽屉无面板，需要在柜体上对每个抽屉另外安装门板，只要断开抽屉里的开关，就可以打开抽屉门板，人若把手伸入，有可能触到开关的电源侧接头，因此时抽屉尚未处于抽出状态，开关的电源侧带电，有可能发生触电事故。连锁机构简单可靠，由于抽屉的位置标志线在抽屉间隔内壁，观察抽屉的三个位置不够方便。开关柜只有柜后出线，出线方式比较单一。

GCS型开关柜，骨架采用8MF型材，强度比C型材好，开关的操作手柄上有连锁机构，不但起到连锁作用，而且可以显示抽屉位置，但此种操作手柄强度不够，有时此种手柄掉到水泥地上就有摔坏的可能。手柄的材质必须是高强度工程塑料，如果采用质量差的塑料材质，在以后的运行中，会造成很大的麻烦。此种柜型是柜侧出线，不过目前也可以做到柜后出线了。此种开关柜原始结构是水平主母线在柜后，与MNS柜类似，柜子空间得不到合理利用，不过目前很少采用柜后出线，而是改成柜顶出线了。此种开关柜价位不高，功能满足使用要求，目前有一定的市场份额。

MNS型开关柜，价位比较高，目前电气成套厂为了减低造价，改得面目全非了，美其名曰"经济型MNS"。正宗的MNS型开关柜须采用专有配件，如主回路插接头、插接头至开关的导线、垂直母线为不等边角铜，外加防护等级达到IP$_{50}$的工程塑料阻燃盖板，抽屉的专有转接机构、小抽屉采用全工程塑料型材……由于用户无有开关柜方面的有关知识，在产品验收时往往提不出异议，连现场监理人员也看不出破绽。总之，正宗MNS开关柜，柜型质量较好，连锁装置全面，如果经过大"手术"改造，很难再称之为MNS柜了。不过有人认为，每种东西不能一成不变，在使用中要不断改进与完善，只要满足使用要求，进行改动未尝不可，笔者认为，大的改动要通过型式试验进行验证，型号也应相应改动，不能擅自改动，如果还标原型号就不正确了。

总之，此种开关柜优点较多，但所有的专有元件太多，价格很难用户接受。此种开关柜要求加工精度高，否则大型抽屉手动推进与拉出比较费劲。

MDmax型开关柜是ABB公司继MNS型开关柜后另一种新型柜型，开关柜骨架采用中压开关柜常用的双折边技术，使之强度高而且美观，连锁机构更加全面可靠，不过此种开关柜要求加工精度高，否则抽屉的推进及连锁机构给操作带来不便。

Blokset柜（简称B柜），骨架采用C型材，采取焊接而非组装，强度大，但要采用胎具，还要防止变形，技术要求高，垂直母线采取模具预先组装，抽屉触头要用专用工具压接，总之，此柜加工精度高而且比较麻烦。一般功能单元有效安装高度为1800mm，此种柜可达2000mm，柜体空间得到充分利用。开关电流不大于100A的抽屉可装24只。抽屉在试验或断开位置不影响防护等级，最大防护等级可达IP54，这对化工及矿山比较适用。垂直母线（1600A）采用异型母线，无缝搭接，此种母线加大了散热面积，提高了载流能力。骨架连接螺栓为8.8级，结构连接采用特殊垫圈，确保接地的连续性。抽屉及开关手柄的连锁机构可以加挂锁，确保检修时的安全。

（2）共同点。所有的抽出式开关柜都分电力柜（PC柜）及电动机控制柜（MCC柜），在一台柜内完成主母线转向功能，不必另加宽400mm的辅柜；都可以做到抽屉柜与固定柜一起排列（MNS柜改造后可以与固定柜并列），如电容器补偿、变频器及软起动器皆为固定安装；开关都可以采用插拔式开关，安装在抽屉所占用的空间内，形成与抽出式开关柜有别的固定间隔式开关柜；电源可以上进线或下进线，出线都可以侧面出线及柜后出线，以及上出线或下出线；相同规格的抽屉都具有互换性，这是任何抽出式开关柜必须具备的功能。

（3）断路器在开关柜占用安装模数的估计。在设计中，当绘出低压系统图后，开关柜的台数可以从所有开关柜的厂家样本查出，也可以按正常情况进行估计。GCK、MNS开关柜柜高2200mm，有效安装高度1800mm，标准安装模数9个，每个标准模数高度200mm，对于MNS开关柜来说，100A以下的微型断路器只占1/4个模数，这样一台开关柜最多安装36个抽屉。对于GCK型开关柜，微型断路器占1/2个模数，这样一台柜最多安装18个抽屉。对于100A及以上，250A及以下的塑壳断路器，要占用GCK或MNS开关柜一个标准安装模数，这样一台开关柜可安装上述开关9只，或占用9只抽屉。400A的塑壳断路器要占用两个模数，630A及以上的空气断路器，要占用3个模数，即一台开关柜可安装3个开关，或占用3个抽屉。

对于GCS型开关柜，由于每台柜有标准模数11个，每个模数高度不是200mm，而是160mm，开关所占用模数个数参见GCK、MNS型开关柜的产品样本。

对于用户或电气设计院人员，可以只要画出一次系统接线图即可，至于要用几台开关柜，每台开关柜布置哪几回路，电气成套厂家处理的比较合理，待厂家把方案返给设计单位，再由电气设计人员向土建人员提供土建条件（如开关柜基础长度等）比较合理。

7. 固定间隔式与抽屉式要严格区分

固定间隔式，是采用插拔式开关的固定安装，它的安装空间与抽屉安装空间一样，但必须另外加门。此种安装方式，开关有专用插拔底座，维修开关时只要把开关拔出即可，底座带有接线端子，固定于开关柜的安装板上。回路电流互感器不能插拔，只能固定安装，因此，在一次系统图中，电流互感器是画在两插接符号之外，只有塑壳断路器在插拔符号之内。而对于抽屉式安装，电流互感器与塑壳断路器均可安装

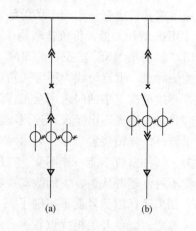

图7-1 间隔式与抽屉式塑壳
开关馈线一次系统图
（a）间隔式主接线；（b）抽屉式主接线

在抽屉内，因此电流互感器及断路器均画在两插接头之内，如图7-1所示，图（a）为间隔式主接线，图（b）为抽屉式主接线。如果设计院对此不够了解，本想选择抽屉式开关柜，结果电气成套厂根据系统图，加工成间隔式固定开关柜了。满足同样的一次接线系统，采用

间隔式安装一般要比抽屉式安装便宜（个别型号的断路器例外）。

需要说明的，对于低压抽出式万能式断路器，或常说的低压抽出式框架断路器，不论是间隔安装还是抽屉式安装，电流互感器一律在插接头外边，因为万能式断路器自带抽出装置，此装置内除安装断路器本体与附件外，无法另外安装包括电流互感器在内的其他任何元件。

第三节 低压开关柜常见故障分析

（1）低压开关柜发热与绝缘问题。开关柜的柜型不同，结构不同，产生的故障种类也不同，但有些故障，却是各种开关柜的共同问题，例如发热问题或由于过热造成绝缘破坏问题等。

过热问题主要表现在水平母线绝缘夹板处及导体接头处，导体接头发热严重具有代表性的莫过于电容器柜了，在电容器柜内，接触器、熔断器及电容器的接线端子处，经常烧得斑痕累累，电容器柜故障多的其原因不外乎以下几种：

1）导体截面选择过小，正确的选择是，导体额定载流量应为电容器额定电流的1.65倍，由于电容器柜内环境温度高，导体的载流能力应按环境温度50℃选取。

2）接线端子为元件自备的插入式端子，此种端子最容易造成接触不良问题，此种端子无弹簧垫圈，加之接头处导体热胀冷缩的作用，接头很容易松动，从而造成接头发热严重，烧坏接头及周围绝缘材料。

3）谐波电流过大，造成导体及电容器不堪重负。

除电容器柜外，低压开关柜的水平母线夹处，也是发热严重的部位。水平母线采用的铜排截面大，每相铜排根数多，采用母线绝缘夹固定水平导体，由于电流大，产生的漏磁强度很大，此种漏磁在母线夹的固定螺栓及加固金属件上产生很大的涡流，为了避免大的涡流产生，固定螺栓及金属加强件采用不锈钢的，但有的母线绝缘夹的生产厂家为了节约成本，采用普通钢质的，或者采用不锈铁的。在水平母线电流还是不算大时，矛盾暴露不出来，一旦电流大到一定值，在上述金属件产生的涡流就严重多了，能使与它接触的绝缘材料碳化，由绝缘体逐渐变成导体，如果发现不及时，严重的会造成相间短路故障。这不是杜撰或猜想，而是多起同类事故经验的总结。

（2）低压抽屉式开关柜常见故障。

1）一次与二次插接头故障。抽屉式开关柜最常见故障莫过于抽屉的插接头故障了，而插接头故障的主要原因是接触不良，一次插接头接触不良，造成接头过热，烧坏周围的绝缘材料，形成对壳体或相间短路；二次插接头接触不良，会使测量控制瘫痪。

插接头接触不良的原因是插头与插座安装精度不够，误差过大，从而接触不良、发热严重。有的虽然插头与插座对中准确，但插入深度不够，接触面积不够，造成接触处电阻增大，发热严重。二次插头不对中的情况也经常出现，二次插接头一般有20对，必须每一对插接严谨。

一次与二次插接头与对应的插座，要保证一定的机械寿命，如果抽屉的机械寿命为1000次，说明抽屉内的所有元件的机械寿命均不少于此数值，当然插头插座更不能例外。

2）柜内通风不良，柜内环境温度过高，影响绝缘及使用寿命。

目前用户要求低压开关柜的防护等级越来越高，IP40 的防护等级变成最低标准了，更有甚者，要求室内用开关柜防护等级 IP43 或 IP45，过高的防护等级有害而无利，一般室内用开关柜，IP20 或 IP30 的防护等级即可。

如果采用 IP40 防护等级，必须要加强迫通风散热，也就是在柜顶加排气风扇，如果抽屉较多，相应的柜内隔板就多，再加上柜子的底板与顶板，气流的阻力很大，强迫通风效果不够显著，笔者曾经对柜内温度实测，在柜子安装排气风扇的情况下，如果配电室无有空调，夏季柜内温度达到 55℃（元件周围空气温度即为该元件的环境温度），加之排气扇使用寿命不长，连续使用，很难坚持常久，造成柜内热继电器跳闸，接线端子烧得发黑，不但事故频发，而且元件使用寿命也大打折扣。

（3）柜体强度不够问题。在有些情况下，开关柜的柜体强度问题突出，如有台低压总进线柜，垂直主母线为双根 120mm×10mm 铜排，而母线支架却采用 40mm×20mm 的带有标准模数开孔的型材，在此支架上，只能安装直径 50mm 支柱绝缘子，绝缘子相应的固定螺栓只能为 M10 型，这样，尚未经过短路电流的动稳定考验，就已经变形，为此，只得更换 50mm×5mm 不锈钢 "C" 型材，加大支柱绝缘子直径，当母线支架间距大于 0.8m 时，之间还要加母线绝缘夹板。母线绝缘夹板的固定件应采用不锈钢材质，是为了减少涡流效应，采用大型支柱绝缘子，使母线不要过于靠近水平支柱或开关柜金属骨架。

为保证柜体强度，低压开关柜的立柱应采用 2mm 厚的板材弯制而成，开关柜非承力部件可以采用 1.5mm 厚板材，例如抽屉的门板与侧板，抽屉之间的隔板，至于后门板，如果双开门，门的宽度小，可以用 1.5mm 厚的板材，如果单开门，门的宽度大，要采用 2mm 厚的板材，如果采用 1.5mm 厚的板材，门板的里面要有加强筋。

低压开关柜的立柱一般为 50mm×25mm 的带有标准模数开孔的型材，对于普通柜子来说能够满足要求，但对于断路器为 3150A 及以上等级的开关柜，上述立柱显得单薄，不如8MF 型材强度大，或加大 "C" 型材的尺寸。

开关柜的结构强度，只要按照规定标准生产制造是无问题的，但有的生产厂家为减低成本，也考虑到用户验收时也不可能对结构进行实测，采用的板材往往达不到要求，尤其是板材厚度，几乎不对板厚采用正误差，而是采用尽量大的负误差，有的负误差也大大超过国家标准。对用户来说，不能提出超过标准的要求，如有的用户要求小型抽屉板厚 2mm，这给加工带来困难。

第四节　几种中压柜结构特点与选型注意事项

中压成套开关柜额定电压有 12kV、24kV 及 40.5kV，开关柜的柜体机构及优缺点的比较已在 "中压末端变电站电气设计及常见故障的应对" 一章中已经详述，此处不再赘述。现介绍几个争论或值得注意的问题。

1. 开关柜壳体的大小问题

壳体大的开关柜，占地面积大，看起来比较笨重、落后；体积小的看起来小巧玲珑，比较先进。上述的认识，是开关柜选择的误区，开关柜内主回路之间的空气间隙是有规定要求的，不同的额定电压，要求的电气间隙不同，国家电网公司在十八项电网重大反事故措施中规定，额定电压 12kV 的中压开关柜，空气间隙不得小于 125mm，40.5kV 开关柜空气间隙不得少于 300mm，这样一来，常用的开关柜不能满足电气间隙的要求了。例如，12kV 常用的开关柜型号为 KYN28A-12，标准尺寸为高 2360mm，宽 800mm，深 1500mm，相间距离如果按 125mm 空气间距，相导体与柜体最近的距离也要 125mm，在主回路导体铜排宽度为 120mm 的情况下，总柜宽要求为

$$125 \times 4 + 3 \times 120 = 860 \ （mm）$$

这样，柜宽 800mm 无法满足电气间隙的要求，有的 KYN28-12 柜宽做到 630mm，这样更满足不了电气间隙要求，为了满足及加大耐压能力，保证使用要求，回路导体只得穿绝缘套管，相间（有时相与壳体之间）要加绝缘隔板。老式的额定电压 12kV，型号为 GG1A-12 型的开关柜，体积大，但空气间隙大，绝缘好，可靠性高，价格便宜，通风散热好，虽然不够美观，而且占地面积大，但满实用。

如果想使开关柜更小，可采用 SF$_6$ 充气柜，即所谓 C-GIS 柜，额定电压 40.5kV 的柜体比额定电压为 12kV 的开关柜还小，或者采用全固体绝缘断路器，不过其价格也更高了。由此可见，盲目追求更小的开关柜的体积，并不是明智的。

40.5kV 带电裸排空气间隙不得少于 300mm，造成标准型 40.5kV 移开式开关柜处境尴尬，例如型号为 KYN61-40.5 的开关柜根本达不到要求，因为它的尺寸为高 2600mm，深为 2800mm，宽为 1400mm，距达到国家电网公司的要求相差较远，该柜母线室不论水平主母线采用何种布置方式，如三根母线三角形布置、垂直布置或一字水平布置，均达不到要求，例如母线导体宽度 100mm，相间相距要求 300mm，水平母线垂直布置时，母线室高度为

$$4 \times 300 + 3 \times 100 = 1500 \ （mm）$$

柜子总高度只为 2600mm，这样下面电缆室的高度还剩 2600 - 1500 = 1100 （mm），这样电缆室内电流互感器、接地刀闸及电缆等无法安装。如果水平一字布置母线，母线室宽度为 1500mm，母线室后的泄压通道最小厚度要 150mm，手车室的深度只有 2800 - （1500 + 150) = 1150mm，这样满足不了手车室深度 1250mm 的要求。母线如果采用三角形布置，相间最大只能达到 240mm，也无法满足 300mm 要求。

对于型号为 KYN61-40.5 的开关柜，如果电缆室垂直母线宽度也为 120mm，要达到电气间隙要求，柜宽应为

$$300 \times 4 + 120 \times 3 = 1560 \ （mm）$$

而此种开关柜的标准宽度为 1400mm，满足不了 1560mm 的最低要求。为了减少柜子宽度，有人建议电缆室垂直母线采用立放，若母线厚度为 12mm，开关柜宽度可为

$$300 \times 4 + 12 \times 3 = 1236 \ （mm）$$

这样即可满足要求。不过此种方案一般无厂家采用，其原因：一是导体铜排由水平折弯成立放，加工困难；二是在折角处场集中，容易产生尖端放电；三是折弯后再套绝缘套管困难。

为了达到开关柜绝缘要求，光靠电气间隙无法保证，只能够采用附加绝缘的办法，也就是导电排套绝缘套管及相间加绝缘隔板，但套了 35kV 绝缘套管后，又相当增加了多少电气间隙呢，也就是绝缘套管与电气间隙如何换算的问题，目前尚未解决，相与相之间加绝缘隔板后，绝缘隔板相当增加了多少电气间隙，它们之间如何换算同样无法解决。有家生产 40.5kV 热缩套管的厂家，在产品性能说明书中指出，在 35kV 电力系统所用 40.5kV 开关柜中，主回路裸带电导体如果穿入此种套管，对地空气间隙 190mm，相当没穿入套管 320mm

空气间隙，套绝缘套管后，相与相之间 140mm 相当没套绝缘套管 320mm 的空气间隙（注：相与相之间虽然为线电压，但两相均包绝缘套管，相与地之间虽然为相电压，但只有相导体包有绝缘套管，因此，包绝缘套管后，相与相之间的距离小于相与地之间的距离）。这样，导体包绝缘套管后，相与相和相与地的空气间隙增大了 320/190 = 1.68 倍和 320/140 = 2.29 倍，穿入此种套管后，只要相距地不低于 300/1.68 = 178.6（mm）或相与相之间不低于 300/2.29 = 131mm 即可。

目前电气成套厂在开关柜中生产，采用加绝缘隔板及套绝缘套管的方法，满足 GB 3906《3.6kV ~ 40.5kV 交流金属封闭开关设备和控制设备》的工频耐压与冲击耐压的试验要求，这样就与空气间隙不少于 300mm 的要求无关，但当地供电部门不一定认可，有地方供电部门，不但要求相导体要套 35kV 绝缘套管，而且要求相与地、相与相之间要加 SMC 绝缘隔板，满足上述要求后，相与相及相与地之间不再要求 300mm 的空气间隙，而是要求空气间隙不少于 230mm，不过这一要求也是苛刻得多，当垂直主回路导体截面较大时，不得不对 A、C 相导体金属排进行立弯加工，这种加工不但有一定难度，而且 A、C 相的穿墙套管靠开关柜侧板方向还要开相应缺口，为此穿墙套管只有采用标准生产才能实现。对于 KYN10-40.5 型开关柜，它的宽度为 1400mm，深度为 2195mm，同样要配以大量附加绝缘件。对于宽度为 1200mm 的 40.5kV 开关柜，不但要采取上述措施，而且要专用电流互感器，电流互感器两侧面自带绝缘隔板，断路器采用全固封式或固封极柱断路器。虽然采取多种措施后能满足使用要求，但绝缘效果不如空气绝缘间隙好，空气绝缘是可恢复绝缘，即一旦击穿，只要故障排除，绝缘能力可以恢复，固体绝缘一旦击穿，是不可恢复的。另外，绝缘套管等附加绝缘材料，使用寿命能否保持与断路器等元件一致也很难说，有的附加绝缘材料局部放电不合要求，使用一段时间后，由于局部放电严重，绝缘能力破坏，造成事故的发生，因此，供电部门对绝缘导管的作用并不认可。

2. 额定电压 40.5kV 移开式开关柜几个注意问题

额定电压为 40.5kV 的移开式开关柜主要型号有 KYN17-40.5、KYN10-40.5、KYN58-40.5、KYN61-40.5 等，除 JYN1-40.5 开关柜外，其他开关柜几乎无重大差别，不过目前用量最大的莫过于 KYN61-40.5 了，同一型号的 KYN61-40.5 型，也有微小的差别，这要求用户在订货时要明确具体要求。例如，安全活门盖板，采用金属板和采用绝缘板比较，采用达到绝缘要求的活门盖板好，这样不影响静触头盒的爬电距离；活门的传动机构，用链条与用连杆比较，采用连杆传动比较可靠；开关柜的骨架，有的要求为 3mm 厚的板材，有的要求 2.5mm 厚的，由于采用双折边工艺，2.5mm 厚的板材做骨架足够了，而开关柜的隔板 2mm 厚也满足要求；有的开关柜后门采用单开门，有的为双开门，这两种都可以，不过采用单开门结构，门要有加强筋。采用单开关且用螺栓固定才能满足燃弧试验要求。

JYN1 开关柜手车定位不够准确，活门不够灵活，机械连锁有的不够可靠，由于在电流互感器上安装静触头刀，如果电流互感器因厂家不同而外形不同，使静触头与断路器动触臂不能够标准化生产。KYN61-40.5 开关柜早期母线穿墙导管及静触头盒有电晕放电现象，目前上述元件都加屏蔽层，放电现象消失，不过此种开关柜内附加绝缘很多，如果这些绝缘件使用寿命不够长，将影响整台柜子使用寿命。

3. 固定式开关柜的选择

固定式开关柜，如果额定电流不超过 1250A，开断不大于 31.5kA，12kV 固定式开关柜最早采用 GG1-10 型，以后经过改进，增加了"五防"功能，型号为 GG1A-12 型，虽然此种柜显著优点是通风散热好、空气间距大，绝缘强度高，价格低廉，但体积过大，元件之间无隔板，元件故障相互影响，水平母线裸露，有网式门板，不够安全；满足不了燃弧试验要求，防护等级不高，灰尘容易进入，影响绝缘元件的爬电距离，也就是爬电比距减少；小动物如果进入，容易造成短路事故。对于不重要的用户，而且开关柜数量不多，为节约投资，有的还选择此种开关柜，不过由于中压系统影响电力系统的安全运行，其能否采用还待确定。

目前 12kV 开关柜常用柜型有 XGN2-12 型，此种开关柜主要元件置于单独的间隔内，元件故障不相互影响，体积缩小了，但它的体积还是比较庞大，该开关柜宽 1100mm、深 1200mm、高 2650mm，只是比 GG1A 型体积略小，不过此种开关柜中的母线、断路器与电缆室是分隔的，母线不暴露在外，比较安全可靠。另外，此种开关柜可以在断路器的上下方安装三工位隔离开关。体积大是其固有缺点，此外还有隔离开关操作不够灵活，2000A 的隔离开关操作起来特别费劲，有时造成瓷套拗断事故；无泄压通道；无小母线室；只能离墙安装等。

可以采用 XGN15-12 型开关柜，有时此种开关柜的型号为 HXGN15-12，称之为环网柜，实质上就是固定式开关柜中的一种。此种开关柜常用主接线是充气式负荷开关，或充气负荷开关与熔断器组合，但也可采用真空断路器，真空断路器的上端或下端均可安装隔离开关，也可上端安装隔离开关，下端安装接地开关，上隔离开关可以为三工位开关，隔离开关与接地开关实现联动，只要隔离开关处于断开或接地位置，才可联动接地开关接地，隔离开关又与断路器连锁，只有断路器断开，才能操作隔离开关，只有隔离开关闭合，才能闭合断路器。最常见的是熔断器、负荷开关及接地开关三者之间的联动，当熔断器熔断后，它的撞击锤撞击负荷开关的机械脱扣器，负荷开关断开，并联动接地开关闭合。XGN15-12 型开关柜主要元件都有固定的隔室，体积大大缩小，安装隔离开关及真空断路器时，开关柜宽为 800mm、深为 1000mm、高为 1800mm，如果断路器上下均安装隔离开关，高度适当增加。如果安装充气负荷开关加熔断器，柜宽只有 500mm，此种开关柜的体积，与庞然大物的 GG1A-12 或 XGN2-12 型开关柜无法相比。此种开关柜容量小，额定电流为 630A。

4. C-GIS 开关柜

C-GIS 开关柜，它的体积很小，只为普通移开式开关柜的 1/4，这样，安装占用空间大大缩小，在地下开关柜站中，尤其是在地铁 40.5kV 的地下配电系统中，安装空间的缩小带来巨大的经济效益。不过对于 12kV 开关柜，体积缩小不够明显，因安装空间的减少带来的经济效益不大，而开关柜的造价却增加 3 倍左右，因此，在一般情况下，不采用此电压等级的 C-GIS 开关柜。

（1）C-GIS 开关柜的结构特点。C-GIS 开关柜是间隔式气体绝缘开关设备的简写（cubicle type gas insulated switchgear），有的简称为充气柜，内部充较低压力的 SF_6 气体，压力大都为 0.1～0.2MPa，SF_6 气体主要起绝缘作用，有的兼有灭弧作用。

由于内部 SF_6 气体是低压力，与开关柜壳体外的大气压相差不大，加之采用激光焊接严密，防护等级达 IP67，因此漏气率非常低，年漏气率不大于 1%，开关柜安装有压力报警器，当内部气压降到一定程度就报警，不过有的可做到即终生免维修，不必再补充 SF_6 气体。

C-GIS 柜多为不锈钢方形密封外壳，三相共室，外壳采用激光焊接。有的为一气室，有的为三气室，三气室是隔离开关、断路器与电缆出线（含电流互感器）分别各一个气室，而一气室环网柜是上述元件合用一个气室。

C-GIS 开关柜的额定电流大多为 1250～2500A，因此可以称为微型 GIS（gas insulated switchgear），由于封闭在箱体内，也可以称为箱式 GIS。

由于固体的绝缘界面技术在插接件上的应用，电压互感器与避雷器不再安装于柜内，而是安装于开关柜壳体之外，通过插接件与柜内主回路相连，这样，更换避雷器与电压互感器不破坏壳体了，避雷器与电压互感器是易损元件，这种结构给开关柜带来很大的益处。同样，由于绝缘界面技术的成熟，三气室 C-GIS 开关柜的气室之间主回路的连接，也得以很好的解决。

C-GIS 开关柜标准一次接线是，母线、隔离开关、断路器组成的主接线，隔离开关为三工位，由于它封装在 SF_6 气体中，可以带负荷操作，因此也可称为三工位负荷开关。断路器多为真空断路器，出线一般不带接地开关。由于电流互感器是可靠元件，因此电流互感器安装于开关柜内部，电缆引出线通过插接头引出。

（2）C-GIS 开关柜的优点。C-GIS 开关柜的主要优点是体积小，额定电压 40.5kV 的 C-GIS 开关柜，体积不大于同容量 12kV 移开式开关柜。C-GIS 开关柜的另外一个优点是，不受环境及气候的影响，由于它是密封结构，不受大气环境影响，在高海拔地区，对它的性能基本不受影响，因此在高海拔地区，显出它的独特的优越性能。另外，由于是密封结构，在环境污染严重的地区，也不受影响，例如在化工企业中，以及空气沙尘很大时，此种开关柜也可得到广泛应用。

（3）C-GIS 柜与充气环网柜及 GIS 装置的区别。环网柜有全充气与半充气之分，全充气是母线、隔离开关及出线电缆室全充 SF_6 气体，而半充气是负荷开关在充气箱体内，母线与熔断器、避雷器、电流互感器、电压互感器、进出电缆等不充 SF_6 气体。全充气环网柜与 C-GIS 开关柜有点相似，但它的额定电流只为 630A，而 C-GIS 柜额定电流要大得多；全充气环网柜可以把几个功能单元模块集中在一个充气室内，如把进线单元、馈线单元、计量单元、TV 单元等集合于一个充气箱体内，也就是可以扩展，而 C-GIG 柜为单体固定柜，功能单元不可扩展；充气环网柜一般安装下接地开关，而 C-GIS 柜一般无下接地开关。

国内常用的半绝缘环网柜以 XGN15-12 居多，它是仿制 ABB-safeplus 柜型，而全充气 SDC15-12 柜型与 ABB-Safering 类似，施耐德公司生产的 SM6 为半充气环网柜，RM6 为全充气环网柜，西门子公司的 8DJ20/8DH10 型环网柜均与上述环网柜相对应。

C-GIS 柜与 GIS 装置 的区别更是巨大，C-GIS 柜的电压为 12～40.5kV，而 GIS 装置额定电压为 72.5kV 以上；C-GIS 柜内的断路器多为真空断路器，不靠柜内的 SF_6 气体灭弧，而 GIS 装置的断路器为 SF_6 断路器；C-GIS 柜带有压力释放装置，而 GIS 装置无压力释放装置；C-GIS 带有出线电缆插接装置，单芯电缆出线，而 GIS 装置带有专用出线间隔；C-GIS 柜在生产厂家充好 SF_6 气体，而 GIS 装置在现场安装调试时充气；C-GIS 柜的二次元器件及显示控制装置安装于柜体上，而 GIS 装置配有与本体脱离的专用控制柜；C-GIS 柜的电压互感器与避雷器安装于充气容器外，而 GIS 装置电压互感器与避雷器与其他元件一样，安装于专有 SF_6 气体间隔内。

5. 环网柜几种结构特征

环网开关柜的名称并不确切，因为满足环网接线要求的开关柜很多，不论金属移开式还是固定式开关柜都可以用于环网接线。不过在环网接线系统中，经常采用简单的负荷开关柜及负荷开关与熔断器组合电器柜，主回路电流及负荷开关额定电流不超过 630A，如果采用真空断路器，额定电流为 630A，开断电流不超过 25kA，因此上述柜型俗称为环网开关柜。

在我国的二线城市，公用开关站采用环网开关柜比比皆是，此种公用开关站就位于城市马路旁边，外有不锈钢壳体保护，无人值守，向附近建筑物供电，采用环网与用户分开的方案，此种公用开关站用的环网柜俗称开闭器。目前在城市中压供配电中，环网接线比较常见，与其配套的环网柜也应运而生。

（1）空气式环网柜。以空气作绝缘的环网柜为空气式环网柜，它主要有压气式与产气式。产气式式由于有时产气量不够，造成灭弧能力差，基本不用了，压气式尚在使用，它的优点是价廉，维护方便，但体积太大，转移电流能力不大，目前对小的末端用户还有吸引力。

（2）半充气环网柜。所谓半充气，只有负荷开关放置在充气室里的开关柜。此种负荷开关为 SF₆ 负荷开关，国内型号为 FLN36-12，所谓 SF₆ 负荷开关，是把带灭弧罩的隔离开关放入充有 SF₆ 气体的箱体内的开关，该箱体一般采用环氧树脂做外壳，壳体上有观察孔，观察开关的位置，有监视 SF₆ 气体压力的压力表及充气孔，环氧树脂壳体上方有负荷开关的连接端子，此连接端子与箱体外水平母线相连。开关柜分上下两个单元，上单元安装水平母线、充气 SF₆ 负荷开关、操动机构及仪表室，下单元为电缆室，有电缆头、接地开关等。目前采用此种结构的环网开关柜的型号繁多，有 HXGN15-12、XGN15-12、XGN15-24、C2SR及 ABB-safeplus、施耐德的 SM6 等，对于向配电变压器的馈线半充气环网开关柜，电缆室里还要加装回路保护用熔断器。

（3）全充气环网柜。全充气环网开关柜是开关、断路器、接触器及母线都安装在不锈钢密封箱体内，箱内充有 SF₆ 气体，熔断器、避雷器、电压互感器用专有接口与之连接，但不放置在封闭箱体内，与外界连接的电缆是采用专用插接头连接。它最大的特点是水平母线安装充气室内，所有的功能单元，如进线单元、馈线单元等共用一个充气室，操动机构在箱体外面。此种环网柜体积可以达到最小，非常紧凑，在马路边布置公用开关站非它莫属（当然，公用开关站外有钢板防护外壳），馈线单元可向两侧扩展，因此此种环网柜又可称为可扩展模块组合柜。此种环网柜的不足之处是共用一个充气室，不论哪一个单元模块的开关元件出现故障，共用充气室完全报废，系统全部瘫痪，因此充气室密封一定可靠，开关元件一定可靠，它们是一个命运共同体。另外，全充气环网开关柜比半充气环网开关柜贵得多，基本为半充气的 2 倍。全充气环网开关柜常用外资型号有施耐德公司的 RM6、ABB 公司的 ABB-Safering 及西门子的 8D（A、B、C）10 等，国产型号有 XGN58-12、HXGT6-12、SDC15-12 等系列，国产 GLX24-12，GLX24/24 型号的全充气环网柜也得到广泛应用。

（4）固封式真空环网柜（SIS 柜）。由于充气柜里的 SF₆ 气体是温室气体，也是有毒气体，无发展前途，目前全固封环网真空开关柜是发展方向，固封绝缘系统简称 SIS 系统（solid-insolation-system），断路器是三工位真空灭弧室，即具有闭合、断开及接地三工位；一次回路固体绝缘包封，真空灭弧室及操作杆沿表面固体绝缘，柜内元件间采用固体界面固体绝缘连接；采用环氧树脂浇铸的固封极柱。它体积小，免维护，绝缘强度大，固体绝缘有屏蔽层，以保证人身安全。封闭母线采用硅橡胶绝缘，固体绝缘材料将真空灭弧室、主回路与绝缘支持件有机地结合在一起，实现全绝缘固封功能。连接母线有的采用硅橡胶材料，不受环境及海拔的影响。

全固封绝缘环网柜，如果不采用三工位真空灭弧室，必须另加隔离开关，固封环网柜与充气环网柜比较，它取消了压力表、压力释放装置、压力闭锁装置及压力报警装置，因此结构简化，提供了可靠性。如果不采用三工位真空灭弧室，全固封绝缘环网开关柜需要说明的有以下几点：

1）隔离室内安装的是隔离插头，与半充气柜或全充气柜不同，充气柜里的是隔离开关，动触头通过转动与定触头闭合或分开，而固体绝缘环网柜里的隔离插头是动触头通过直线运动与定触头闭合或分开，动触头有闭合、隔离及接地三个位置。定触头是与环氧树脂一起浇铸，动触头是环氧树脂外壳浇铸好后再安装的，结构与 GIS 装置内的隔离装置相似。

2）熔断器、互感器、避雷器及电缆通过专用绝缘界面与主回路相连。

3）根据需要，可采用真空断路器或真空负荷开关。

4）上下隔离室内的隔离插头及真空灭弧室各有各的操动机构，但可共用一个手动操作把手，操动机构为弹簧操作，可以电动操作，操动机构之间有机械连锁，只有真空灭弧室处于断开状态，才能对隔离室的隔插头操作。只有隔离插头在接地位置，柜门才能够打开。

5）充气柜里的 SF_6 气体，既有绝缘作用，又有灭弧作用，因此隔离开关也起到负荷开关作用，而固封绝缘环网柜，隔离插头无灭弧作用，只能起到隔离作用，绝不能够带负荷操作。

6）固封绝缘环网柜为单回路接线，如果要建立固封绝缘开闭站，不需要几台固封绝缘环网柜并列，而是若干主接线组合，封在同一金属壳体内，形成一个整体，体积紧凑，例如某公司生产的固体绝缘开闭站，一进四出，整个体积为长 2400mm、宽 1200mm、高 1450mm，安装在马路边非常合适。如果一台总开关下有几回路不经保护开关电缆直接出线，这不能称开闭站了，而是电缆分支箱。为了电缆维护方便，电缆分支箱进线要有隔离开关及负荷开关或断路器。电缆分支箱的体积比公共开闭站还要小得多，例如，一进四出的固体绝缘电缆分支箱，体积可做到长 1200mm、宽 1200mm、高 1450mm。

7）当保护不采用熔断器，而是真空断路器时，应配以微机综合保护装置，若带通信接口，通过通信网络可以实现后台计算机监测，若配以电动操动机构，可以实现遥控操作。

（5）所用电变压器开关柜的有关问题。12kV 移开式开关柜内可安装 30kVA 容量的所用变压器，40.5kV 移开式开关柜可安装 100kVA 容量的所用变压器，环氧树脂式干式变压器的高压接线端之间的连接导体是在环氧树脂壳体之外，如果高压绕组是三角形接法，端子之间的连线相互交叉，连线穿入与电压相应的绝缘导管，有的地方供电部门要求交叉之间的空气间距，35kV 变压器不低于 240mm，10kV 变压器不低于 110mm，如果高压侧为星形接法，可以满足要求，如果为三角形接法，改变高压端子的连接线的距离，到达上述空气间距要求，那么开关柜的尺寸就满足不了要求，必须采用非标准尺寸，但不一定要坚持上述尺寸要求，可以采用硅橡胶绝缘导管代替热缩导管的方法解决。由此可见，变压器产品技术要求与对开关柜的技术要求同一问题却不相同。环氧树脂所用变压器主要问题是爬电距离不够，35kV 的爬电距离应在 800mm，但具体测量后，发现只有 500mm。

所用变压器高压侧为星形接法时，绕组的末端连接后形成中性点，绕组的另一端分别为与系统连接的端子，不存在不同绕组首尾端子相连问题，当然也就不存在端子之间连线的空隙问题，因此，所用电变压器绕组接线用 Yyn0 比较合适。

6. 选择中压柜注意事项

（1）柜体的骨架用钢板不必要求过厚。设计或投标单位，常对开关柜的板材厚度做出不切实际的要求，主要他们不够了解开关柜板材标准及加工工艺，认为板材厚总比薄好。不论 12kV 或 40.5kV 移开式手车开关柜，皆为组装式，它的骨架，也就是立柱由钢板卷成，2.0mm 厚足够了，由于采用双折边，基本上与 4.0mm 后的钢板相当，有的标书要求厚度达 2.5 或 3.0mm 的钢板，无此必要，而且也不易加工。40.5kV 开关柜柜体中有的部位要求较厚的钢板，如定触头合安装板及母线室穿墙套管安装板，厚度可达 2.5mm。40.5kV 开关柜电缆室有时安装过重的电流互感器，有时安装板采用槽钢加固。

目前中压开关柜所用板材通常采用敷铝锌板，但对于门板则采用冷板即可，门板上还装有其他电气元件，要经过酸洗及磷化、顿化，要喷塑等表面处理，采用冷板是合适的，并非为偷工减料所致。

（2）固定柜与移开手车柜的选择。固定柜主回路元件皆为固定连接，主回路没有插接头，连接可靠，故障率低，例如老型号 GGIA-12 型柜，故障率很低，通风散热好，接头牢固，不足之处水平母线在柜顶裸露。箱式固定柜 XGN2-12，主要元件置于不同箱式间隔内，除高度外，宽度及深度与 GG1A-12 柜相差不大。移开手车式开关柜，体积较小，处理故障方便，可把手车拉出维护，备用手车可很快投入，缩短停电时间，但造价高，如果配电室开关柜数量少，为节省投资，且安装空间大，可选用固定柜，否则可选用移开手车式开关柜。

（3）7.2kV 开关柜的壳体可用 12kV 开关柜壳体代用。7.2kV 开关柜用在 6kV 系统中，由于 6kV 系统很少，只有大型电厂作为厂用电的配电电压有时还存在，电气成套厂一般不再生产此种柜型，若有订货，可用 12kV 开关柜的壳体取代，6kV 的电流互感器可用 10kV 的电流互感器代用，接地开关及断路器也可用 12kV 的取代，这样，电气间隙及爬电距离都非常宽裕，绝缘耐压更无问题，只是体积稍大了点而已，但避雷器及电压互感器决不能用 10kV 的取代 6kV，否则性能变了，不能满足使用要求。有人照此推理，要用 40.5kV 开关柜的壳体取代 20kV 系统中的 24kV 开关柜的壳体，固然可以使用，但体积相差过大，投资增加太多，占用安装位置过大，实在不划算。目前专有通过型式试验的 24kV 的柜子，也有与之配套的断路器、电流互感器、接地开关电压互感器避雷器及过电压保护器等。由于 20kV 系统的 KYN28-24 型中置柜，其尺寸为 2145mm（高）×1000mm（宽）×1810mm（深），而 KYN61-40.5 开关柜外形尺寸为 2800mm（深）×2600mm（高）×1400mm（宽），可见相差太大了，40.5kV 移开手车式开关柜其型号尚有 KYN10-40.5、及 JYN1-40.5，但尺寸大同小异［对于 10kV 系统中常用的移开式 KYN28A-12 型柜，尺寸为 2370mm（高）×800mm（宽）×1500mm（深），但对于额定电流为 1600A 及以上，宽度为 1000mm。如果采用全固体绝缘的断路器，水平母线采用上下排列，柜宽可做到宽 630mm，柜深可做到 1360mm］。如果用于高海拔地区，10kV 系统可用 24kV 开关柜壳体，但电压互感器及避雷器不可替换。

（4）柜顶进出线的开关柜，要考虑柜子的深度。如果柜顶进出线的开关柜在成排柜子中间，KYN28A-12 型柜，深度要从原来的 1500mm 加深至 1700mm，KYN61-40.5 型柜 深度要从原来的 2800mm 加至 3200mm。这样一来，从柜后观看，深浅不一，不够美观，如果所有的柜采用同一深度，又增加了投资。如果开关柜处于成排柜子的端部，可从柜体的顶部直接进出，柜体不必加深，柜后也整齐划一，排列美观，但这又有一个弊端，以后再增加柜子就会困难，因为水平母线两端不能延伸，两端已不能再安装馈线柜了。

（5）不要执意要求过小的柜体。在有些情况下，要求开关柜要有较小的体积，例如，在地铁的35kV配电室所用的40.5kV开关柜，常需要SF$_6$充气式固定柜，即C-GIS柜，它的体积很小，与KYN28A-12不相上下，这样可节省地下面积。开关柜主要故障是绝缘问题，在同一电压等级下，柜体越小，绝缘问题越突出，为满足绝缘要求，主回路穿绝缘套管，相与相之间及相与柜体之间要加绝缘隔板，但有的地方，绝缘件无法安装。

为了缩小开关柜的体积，在不能保证必需的电气间隙及爬电距离的情况下，电气成套厂必定要加附加绝缘，通过附加绝缘，可以通过出厂耐压试验，通电之前也能够通过耐压试验，但其使用寿命可能达不到所装元件的同等寿命。由此可见，如果安装场地允许，选择体积大的开关柜是明智的。

（6）全充气环网柜可作为电缆分支箱或公用开关站用柜。全充气环网柜，可形成可扩展多功能单元组合体，如果每个功能单元均为负荷开关单元，这样多个单元并列起来就是一个电缆分支箱，这与公用开关站已无本质区别，在城市马路边安装的电缆分支箱与公用开关站，有时从外表上看很难区分，不过此种电缆分支箱，每回路都带有负荷开关，比无负荷开关的电缆分支箱在使用与检修方面带来更多方便，不过在室外安装，要另加不锈钢板保护壳。

（7）进出线负荷开关柜不必加接地开关。在环网接线系统中，进出线负荷开关柜不论进线侧还是出线侧，都有可能带电，一旦断开负荷开关后而合接地开关，有可能合在短路点上，造成短路事故。但对于环网柜为负荷开关与熔断器形成组合电器馈线柜，是向配电变压器馈电，只要负荷开关断开就可联动闭合出线侧的接地开关，这样并不会合于短路点上，而且对变压器的维护提供更加安全保障。

（8）中压开关柜柜门的连锁问题。中压移开式开关柜大都有四个隔室，即母线室、电缆室、仪表室及断路器室。在正常运行中，仪表室的门可以打开，不必有连锁要求，母线室是封闭的，只有采用工具才能打开，正常运行绝对不能打开，电缆室要求连锁，只有电缆室不带电，才能打开电缆室，通常采用机械连锁，采用接地开关操动杆与柜门连锁，即断路器断开回路，电缆室不带电，接地开关才能闭合，闭合后的接地开关的操动杆才能把柜门解锁，柜门才能打开，如果断路器接通，接地开关不能闭合，接地开关操动杆把柜门锁死，无法打开电缆室的门。如果无接地开关，可通过带电显示器来控制电磁锁，由电磁锁来控制柜门。由此可见，带电显示器不但能够显示是否有电，而且还能参与连锁功能，当然要首选机械连锁，不过只有机械连锁无法实现时，才考虑电磁锁连锁，因为不论连锁的可靠性还是连锁的机械强度。电气连锁无法与机械连锁相比。

对于断路器室的门，可以不考虑连锁问题，因为断路器手车的挡板可以把人与带电体分开，一旦把手车拉出，挡板自动落下，挡住了带电体，防护等级不低于IP20，保证了人的安全。在断路器推入时，断路器的面板也能隔离人与带电体。

（9）要考虑中压系统的接地方式对柜体尺寸的影响。如果系统为中性点非有效接地系统，一旦一相接地，其他两相对地电压升为线电压，开关柜对地绝缘要求要按线电压考虑。如果系统为中性点有效接地系统，一相一旦接地故障，其他两相对地电压基本保持相电压不变，开关柜对地绝缘要求相应降低。于中性点是否是有效接地系统，对开关柜的工频耐压要求相差很大，有效接地系统中使用的12kV开关柜工频试验电压28kV（断口32kV），非有效接地系统工频试验耐压为42kV（断口为48kV），这样，对于中性点非有效接地系统，开关柜的电气间隙与爬电距离要相应增大，开关柜的体积也相应增大。据悉，某工程12kV开关柜发生对地闪络放电，主要原因是开关柜的电气间隙及爬电距离不够，此开关柜是按照德国的规格制作，德国是有效接地系统，而此工程是中性点非有效接地系统，耐压等级不一样，柜体的尺寸也就不同了。

（10）地方供电部门的特殊要求中压开关柜除要满足国家标准要求外，还要满足电力行业标准要求及当地供电部门的特殊要求，开关柜生产产品必须满足上述所有要求才能够使产品得以投入运行。目前大部分省级供电部门都有本省的特殊要求。

（11）其他注意问题。注意开关柜运行连续性分类问题（LSC）、内部电弧故障分类问题（IAC）、机械寿命分类问题（M1或M2）、电气寿命分类问题（E1或E2）、切断容性电流分类问题（C1或C2）。

第五节　中压开关柜其他注意事项

1. 不要轻易采用靠墙安装式

如果采用靠墙安装，柜后维护及安装调试就不可能了，电缆室内的维护及电缆头的制作对12kV开关柜变得困难，维护人员要从柜前钻进去，而且接地开关只能靠柜子后封板安装。

对于40.5kV开关柜，由于手车基本上是落地安装，如果采用开关柜靠墙安装，安装及维护人员从柜前无法进入电缆室，电缆头的制作及电缆室的维护变得不可能，不过目前也有生产中置式40.5kV开关柜，在断路器室下方，有可供人爬进爬出的通道，人能够爬进电缆室进行安装与维护，不过空间非常低，还要把与电缆室的隔板暂时拆除，如施耐德公司生产的HVX-40.5开关柜断路器采用中置式，断路器下方只有高580mm的空间，人从此空间爬进，也不够方便（为保证安全，平时有固定隔板与电缆室分开）。

有人想把电缆室移至断路器手车的正下方，以便电缆头的制作，这是不可取的。众所周知，断路器的出线是通过定触头合及插接头进入电缆室的，如果电缆室移至断路器室下方，还要加穿墙套管，在有接地开关的情况下是不可能的，另外接地开关操动杆与柜门的连锁也变得不可能。由此可见，柜后留有1000mm的检修通道是合理的。但对于12kV的移开式中置柜，维护安装人员可以从柜前下方爬进电缆室，勉强进行维护及安装，不但不易施工，也不够安全，这实在是不得已而为之，由此可见，中压柜不要靠墙安装。

2. 避雷器的安装及注意事项

避雷器宜安装于手车内，这种做法利于人身安全，江西省有一座10kV配电室，避雷器是固定接线，维护电工误认为装电压互感器手车内，维护避雷器时造成两死一伤的事故。当然，避雷器与电压互感器合装一起，有时比较困难，放电间隙及爬电距离不够，最好避雷器的引线如同过电压保护器一样，采用硅橡胶绝缘的软线。如果避雷器与电压互感器安装于同一手车内过于拥挤，可用两台手车，一台安装避雷器，一台安装电压互感器，如果电压互感器手车安装在柜子的下方，搬运手车就对电压互感器手车无能为力，这样搬运电压互感器手车非常不便。另外，避雷器与电压互感器固定安装于电缆室内，熔断器安装于手车内，手车置于柜子中部，维修电压互感器时，把熔断器手车拉出即可，安全要有连锁保证，当熔断器手车拉不出时，电缆室的门无法打开。或采用带电显示器参与连锁，只要电缆室带电，其门就无法打开。

对避雷器要进行定期检验及不定期抽检。很多用户多年不对避雷器进行校验，主要是缺少相应的设备，避雷器经过长期运行，老化严重，泄漏电流增加，造成发热严重，形成恶性循环，有时在正常情况下都可能发生爆炸。有的避雷器接地线接触不良，或接地电阻过高，雷电流通过时压降过大而发生反击现象。因此，要经常对避雷器检验与维护，无条件时委托当地供电部门进行。

有关配电变压器采用四点接地（高压侧避雷器接地、变压器外壳接地、变压器中性点接地及低压侧避雷器接地）进行防雷保护有利，对此不再论述。

3. 主回路导体截面的选择及开关柜额定电流的确定

导体截面选择过大是个通病，柜内主回路导体截面，既不按计算电流选择，又不经动热稳定校验，直接按断路器的额定电流选取柜内主回路导体截面，这样一来，浪费很多有色金属。12kV 真空断路器最小额定电流 630A 的很少见到，目前最小额定电流大都为 1250A，用此断路器向一台 1000kVA 的配电变压器供电，变压器 10kV 侧的额定电流不过 57.7A，有的用户或设计人员，一定要开关柜的生产厂家按断路器的额定电流 1250A 考虑回路导体截面，这样，造成金属材料的惊人的浪费。

开关柜额定电流的确定，是开关柜铭牌所标额定电流的关键，这应当由设计人员负责，也就是在设计施工图上注明安装容量与计算电流，此计算电流就是开关柜铭牌额定电流，目前开关柜生产厂家把断路器的额定电流当成开关柜的额定电流，这样回路导体截面按照此电流选取，造成有色金属的浪费。目前在中压系统的主接线系统图中，设计人员往往不标注计算电流，在这种情况下，建议以回路电流互感器一次侧额定电流作为开关柜的额定电流，主回路导体截面也按照此电流选取。

4. 开关柜基础的考虑

如果 10kV 配电室内 12kV 开关柜总电缆馈线台数不超过五台，对于 KYN28A-12 型柜，当柜深为 1500mm 时，可开一条深 1000mm，宽 1300mm 的基础沟，兼作电缆沟，基础沟位于电缆室的正下方，二次线可敷设在靠柜子底板下沿沟壁敷设的线槽内。沟的边沿预埋 80mm×6mm 的扁钢，扁钢表面与周围地坪持平，此扁钢是为以后焊接 100mm×10mm 或 80mm×8mm 的基础槽钢准备条件的。基础沟的沟宽是柜深减两边基础槽钢的宽度，例如，KYN28A-12 的柜深为 1500mm，基础为 10 号槽钢，两边槽钢总宽度为 200mm，这样基础沟宽为 1300mm，此种方法提土建条件方便，但多余的沟宽也没用处。

在开关柜底部开挖电缆沟的方式的好处是，配电室面积得到充分利用，地坪美观整齐，但电缆维护不够方便，要揭开开关柜的底板，影响供电，不过电缆的故障很少出现，如果电源进线电缆故障出现，造成供电中断与电缆沟无关。开关柜底开挖电缆沟，不影响开关柜的防护等级，因为它不影响开关柜壳体的完整性。

如果电缆馈线回路较多，需要另开专用电缆沟，此电缆沟与基础沟在地面下是贯通的。电缆沟深度宜与柜子下面的基础沟持平，电缆沟宽为 1000mm 左右，电缆沟可布置于柜后，也可布置于柜前。

成排布置的中压柜，有的下面不做通长的基础沟，而是每台柜下做一个 600mm×500mm 的电缆坑，每台柜子的电缆坑互不相通，只与电缆沟相通，此种方法很少采用，主要因为每台柜子的电缆坑准确定位比较麻烦。有人认为开关柜的基础沟若为全长开通，会造成一台柜子的故障，从而通过基础沟波及另一台柜子。这是没可能的，因为柜子的底板防护等级不会低于 IP20，通常为 IP40。如果操作人员站在电缆沟盖板上，电缆沟盖板要铺相应耐压等级的绝缘垫。

5. 金属移开式开关柜增加辅助绝缘时注意事项

目前常用的金属移开式开关柜，不论什么型号，都必须在柜内另加辅助绝缘，光靠空气绝缘无法满足要求。辅助绝缘注意有两种方式，一是主回路穿绝缘套管，二是相间加绝缘隔板。穿热缩绝缘套管时要注意套管耐压等级要与开关柜耐压要求一致，而且严防穿两层套管，因为两层间有空气隙，空间电场强度不匀造成局部放电严重，时间长了会破坏绝缘性能。主回路接头处由于有搭接螺栓，接头形状不规则，且电场强度集中，因此要采用专用接头绝缘盒。在加工及穿热缩套管的过程中，热缩套管表面不得有划痕，否则当通过电流后，导体温度升高后，热缩套管在划痕处因应力集中而绽裂。热缩套管要紧贴导体，不得有间隙，为使热缩套管不产生皱折，要用烘箱加热。

绝缘隔板一般选择 SMC 绝缘板，按规定，它要离开主回路导体或开关柜壳体 30mm 以上，在实际生产加工中，要放置两相导体之间，固定绝缘隔板的螺栓要采用与绝缘板绝缘性能一致的绝缘螺栓。在 40.5kV 的移开式开关柜中，电缆室内电流互感器体积庞大，中间加绝缘隔板时，绝缘隔板不能与互感器的裙边接触，否则把互感器外绝缘的爬电距离短接了，绝缘隔板要求一定高度，这样才能够保证相之间及相与地之间的空气间隙。主回路已加绝缘套管，等于附加绝缘，相间空气距离应当缩小，还要加绝缘隔板是为保证绝缘套管的寿命能达到柜内其他元件寿命及满足绝缘要求 也就是各相导体穿入热缩绝缘套管后，要求的空气间隙也不得减少，当裸导体对待，但又坚持开关柜内主回路必须要套绝缘套管，认为这样变成双重绝缘，更加可靠，而且也避免小动物进入造成短路故障。

相间及相地间加入绝缘隔板后，相间及相地之间的直线最小距离是否满足要求应以冲击耐压试验为准，但当地供电部门常另有要求，对额定电压为 40.5kV 的开关柜，采取附加绝缘处理后有的要求电气间隙不小于 260mm（有的要求不小于 230mm）。这些尺寸偏大，当相导体宽度大时，很难满足上述要求，笔者经验是，之间加厚度不小于 5mm 的 SMC 绝缘隔板，即使最小距离为 210mm，耐压试验是没问题的。

6. 中压开关柜保护接地线的选择

中压开关柜每台柜都应当保护接地导体及相应的接地端子。该接地排多用铜导体，与开关柜金属壳体相连的螺栓直径不小于 12mm，连接处应标以接地保护符号，与接地系统连接的开关柜金属壳体可以看作接地导体。

成排安装的多台开关柜，应采用接地排在成排开关柜底部相互连通，应能够承受接地回路的短时耐受电流与短路冲击电流。一般情况下，设计人员不给出开关柜接地排材质及规格，这种设计是不周到的。

如果采用铜质的接地排，在接地短路故障的情况下，当额定短路持续时间为 1s 时，电流密度不超过 $200A/mm^2$，当短路持续 3s 时，电流密度不能超过 $125A/mm^2$，且截面不得小于 $30mm^2$，如果接地排不是铜质导体，应进行动热稳定计算。对于末端变电站用的馈线开关柜，断路器是瞬时动作的，整个开断时间是断路器的固有动作时间，对于变电站的中压总开关柜，在目前采用微机综合保护的情况下，一般延时 0.5s 足够了，这样接地导体的材质及规格，要进行动热稳定计算才能够确定。有的设计人员图省事，把断路器的开断能力当作短路电流值，这与实际值有的相差太大。

要进行动热稳定计算，首先要计算接地短路电流，有的把三相短路电流看作接地短路电流，这当然超过设计接地预期短路电流。有的认为，中压不接地系统，接地电流就是每相对地电容电流的 3 倍，充充其量 35kV 接地电流不超过 10A，10kV 系统不超过 30A，这样，接地线截面可以很小了，这想法也不正确，要知道，中压不接地系统在单相接地的情况下可以继续运行 2h，如果在这 2h 内，又发生另一相接地故障，这样形成两相短路，它等于三相短路电流的 $\sqrt{3}/2$ 倍（0.87 倍）。因此对接地导体进行动热稳定计算，应采用三相短路电流的 0.87 倍。

7. 中压柜中几种元件接地的做法

中压开关柜内安装的元件如何接地呢？开关柜金属壳架已经接地，已经与柜内的接地干线牢固相连，它本身就是接地系统的一部分了，开关柜内其他须要接地的元件，能否就近接到开关柜金属壳上呢？这一直是一个争论问题。笔者认为，如果开关柜金属壳体在维护中，它的接地连续性不可能被破坏（目前开关柜都具备这一特点），元件本身的接地保护可以就近与开关柜金属壳体相连来完成。这里有三个前提条件，一是金属壳体具有接地的连续性，二是元件本身的接地保护可以这样做，三是开关柜金属壳体要满足接地电流的载流能力，这一条很难计算，因为开关柜金属壳的阻抗很难求得，不过凭经验判断是没问题的。它通过两相接地短路电流的能力还是绰绰有余的。如果是元件的功能性接地，一定要与开关柜接地干线相连，可以直接接到接地干线的接线端子上，也可以接到与接地干线相连的接地端子排上，这样做是维护、检验、试验元件的接地功能所要求的。例如，电流互感器的金属底板，带有专用接地螺栓，不必采用专用接地线与开关柜接地干线相连，只要电流互感器的金属底板已经用螺栓固定在开关柜金属壳体上，就可以视为电流互感器本身已完成保护接地，而电流互感器的二次侧的线路的功能性接地，必须接到与接地干线相连的接地端子上，不得就近接到开关柜的金属壳体上。电流互感器金属底板带有专用接地螺栓，有时还是用得着的，例如，当电流互感器安装在绝缘板上，电流互感器自带的接地螺栓就有用武之地了。

同理，中压 12kV 及 40.5kV 的金属封闭开关柜中的接地开关，带有专用的接地螺栓，电气成套厂家，都要采用专用接地线与接地干线相连，从不敢采用开关柜的金属壳体作为接地线，主要因为这不是接地开关本身保护接地问题，而是完成开关柜主回路的接地功能，因此，要采用专用接地线，接到开关柜接地干线上。

开关柜内安装的所用变压器也有类似问题，变压器金属底座上有专用接地螺栓，这要用四只螺栓把变压器固定在开关柜金属壳体上，就是完成变压器本身的接地保护，变压器中性点的接地，它兼有功能接地要求，要接地到接地干线的转用端子上。

8. 安装于配电变压器旁作隔离用环网柜注意事项

作配电变压器隔离用采用半充气环网柜即可，不必花大价钱采用全充气式的。主要利用负荷开关作现场隔离，以便检修维护变压器时作隔离用，使人在心理上有安全感（一般维护变压器时，要先断开变压器馈线开关，然后要听变压器的声音，挂接地线，在现场有检修人员看得到的隔离开关更感安全）。

如果环网柜为电缆上进线下出线，一台柜子即可，不过柜体要加高 300mm，以便能够容纳电缆头。如果为下进线下出线（此种情况很多），要有两台环网柜并列安装，其中一台为电缆升高柜，实际上是台空柜，只是为改变电缆的接线方向罢了。

在早期的电气设计中，如果配电变压器与其馈线断路器开关柜不在一个室内，往往在配电变压器旁安装隔离开关或具有隔离功能的负荷开关，现在为了方便、安全、美观等原因，不在墙上安装上述开关，而是在变压器旁安装无保护功能，但有隔离功能的环网柜了，认为只要解决隔离功能，一台环网柜即可，没有考虑电缆接线的方便及可能，给施工带来非常不便，这应引起设计人员的注意。

9. 中压开关柜电缆接线端距离柜底高度

10kV 电缆在开关柜内敷设，电缆头一般采用热缩或冷缩型，沥青型、环氧树脂型、变压器油型早已淘汰。10kV 电缆头制作时，电缆芯线剥开长度为 650mm，35kV 电缆剥开长度为 850mm，因此，要求开关柜电缆室电缆接线端距开关柜底板高度，对于 12kV 开关柜要不小于 700mm，对于 40.5kV 开关柜应不小于 900mm，这样电缆头的芯线比较平直地与开关柜电缆接线端子搭接。这一规定或要求不应是强制性的，因为电缆芯线的绝缘等级已经满足与开关柜壳体直接接触的要求，主要是爬电距离问题，40.5kV 要求爬电距离不小于 800mm，况且电缆的芯线又是多股线，容易弯曲，如果开关柜受结构的局限，达不到电缆接线端子距底板高度 700mm 或 900mm 要求，也可以灵活变通一下，即使高度小一些也没问题，因为电缆头的芯线在敷设时可以适当弯曲。

10. 开关柜金属壳体涡流的防治

开关柜的金属壳采用钢板，当回路大电流靠近钢壳体时，交变磁场在钢板上产生涡流，不但消耗电能，而且使钢板发热，损害安装其上元件的绝缘，造成绝缘故障的发生。成排布置的开关柜，开关柜侧板上要开安装母线穿墙套管的安装孔，为防治涡流，孔与孔之间留有空隙，为了不影响强度，再用铝板补缺口，也就是采用双重板。对于手车式开关柜的定触头盒的固定隔板，也照此办理，不过也可以采用另外的方法，即局部采用不锈钢板，空与孔之间既不要开间隙，由于强度满足要求，更不必再加铝板复合。当电流不超过 1000A 时，一般不采用不锈钢板，因为它的价格较高。

为防涡流，也可以采用绝缘隔板代替钢板，绝缘隔板只是用于定触头盒的安装版，或母线穿墙套管的安装版，目前在中压开关柜中，不论是绝缘隔板或安装版，一般采用绝缘好，机械强度大的 SMC 绝缘板。

11. 开关柜内元件接地问题

开关柜内安装的元件常具有金属外壳或具有金属框架，不论是金属外壳或金属框架，上面都留有接地端子，电气成套厂的安装人员，只要看到有接地端子，必然用专用 PE 线连接至开关柜接地端子排上，笔者多次强调，这种做法实在无此必要。

开关柜中的元件接地问题，有两种情况，一是防止绝缘损坏，外壳带电，造成人身危险。平时一切工作及运行正常，只有在事故情况下外壳才带上危险电压，在这种情况下，只有元件采用金属螺栓固定于金属开关柜的固定支架上，即算完成保护接地。GB/T 14048.1—2012《低压开关设备和控制设备　第 1 部分：总则》中的第 7.1.9.1 条就明确指出，开关柜中的元件金属底板、金属外壳或金属框架，它的接地用金属开关柜连续的正规结构部件能够满足要求，因为开关柜已经接地，它的连续金属构件可看作接地系统一部分，只要采用金属螺栓与金属开关柜固定即可。当然，如果元件不与金属开关柜壳体直接相连，而是安装在开关柜绝缘板上，或元件与柜体有绝缘垫块，这时元件的保护接地要采用专用 PE 线连接元件接地端子与开关柜接地排上。

如果元件的接地是功能性接地，一定要专用 PE 线连接元件接地端子与接地端子排上，例如，中压电压互感器一次侧绕组中性点的接地，二次侧绕组的一点接地，避雷器的接地，在正常情况下，不接地就无法工作，与上述绝缘击穿，外壳带电影响人身安全是两回事，在这种情况下，不能够直接与开关柜金属壳体接触，必须接于专用接地排上，以便随时检查接地情况。

12. 中压移开式开关柜接地开关放电问题

40.5kV 移开式开关柜接地开关定触头无法包绝缘套管，因此要选择极间空气间隙大的接地开关，由于它的支持绝缘底座高为 320mm，因此，它的相间空气间隙不可能大于 320mm，为保证安全，有的供电部门要求接地开关的接头处也要套绝缘套管，这造成加工量的增大及投资的增加，实在无此必要。

接地开关的静触头应该是比较圆滑的外形及表面，有的厂家生产的接地开关静触头，为了能够使动触头套入方便，触头的形状是顶部非常尖峭，造成尖端放电现象，如内蒙古某风电站 40.5kV 开关柜在夜晚容易看到接地开关静触头放电火花及听到放电的吱吱声，只得重新设计及加工动触头，使之变圆滑。

13. 额定电压 40.5kV 的移开式开关柜中置式布置意义不大

额定电压 12kV 的开关柜采用中置式布置有明显的优点，那就是断路器手车室的下方空间还可以安装一台电压互感器手车，或直接固定安装电压保护器，或如上述所述，当开关柜靠墙安装时，也可以作为安装维护通道。而对于额定电压 40.5kV 的开关柜，如果采用中置式，断路器手车室的下方高度不超过 600mm，既不能够安装一台电压互感器手车，也不能够固定安装电压互感器；人爬进电缆室也比较困难，另外，采用中置式安装后，开关柜重心抬高，降低了开关柜的稳度；尽管配备断路器手车的搬运车，也不如断路器手车落地安装方便，由此可见，40.5kV 开关柜采用中置布置意义不大。

14. 当地供电部门的特殊要求

国家电网公司或者电力部门的对交流金属封闭高压开关柜的要求或规定，现汇总如下：

（1）中压柜额定电流 2500A，柜体必须按照强迫通风装置，而且维护或更换通风装置时，不得影响正常供电（安徽电网要求 3150A 及以上的开关柜必须要加散热风扇）。

（2）开关柜优先采用空气绝缘，即使空气绝缘达到要求，也要穿绝缘导管，以免小动物进入引起短路事故。回路导体套绝缘套管的厚度，热缩绝缘套管的厚度为，12kV 热缩后不小于 1.8mm，40.5kV 热缩后不得小于 3.5mm（不是采购时的厚度，而是热缩后的厚度），硫化涂层厚度不得小于 2.5mm（有的要求不小于 2mm）。绝缘套管要深入触头盒 1/2 的深度。带电排接头处，要用可以打开的绝缘盒封闭接头。相间及相与地之间要加绝缘隔板，绝缘隔板可采用环氧树脂的或聚酯玻璃纤维（SMC），严禁采用酚醛树脂、聚氯乙烯、聚碳酸酯等有机绝缘材料，采用的 SMC 隔板的切边要进行防潮气浸入的处理，SMC 的厚度为：40.5kV 开关柜不小于 5mm，12kV 的开关柜不小于 3mm，绝缘隔板一定要固定牢靠。额定电压 12kV 的开关柜，绝缘隔板与带电体距离不得小于 30mm，40.5kV 开关柜，绝缘隔板与带电体距离不得小于 60mm。

（3）40.5kV 开关柜用的母线穿柜套管及触头盒应采用带屏蔽的或双屏蔽的，屏蔽的连接线采用电磁线，用螺栓固定，螺栓在屏蔽导管内，不得用弹簧片与母线连接，以便防止绝缘表面发生爬电现象。

（4）避雷器或过电压保护器要经过隔离断口与回路连接，不得直接与母线相连，无功补偿电容器组要有氧化锌过电压保护器，过电压保护器不得用带空气间隙的氧化锌过电压保护器，因为万一空气间隙切不断工频续流，会引起外壳爆炸。过电压保护器不得用四只星形接法的组合式。

（5）配电室要设立空调，要有去湿防潮设备，站用变压器不宜安装在开关柜内，如果安装在柜内，要加强迫通风装置。

（6）40.5kV 开关柜用来投切无功补偿电容器组，要采用 SF_6 断路器，12kV 开关柜投切电容器组，如果采用真空断路器，一定要用真空灭弧室经过高压大电流老炼处理的，厂家应提供断路器整体老炼试验报告。断路器优先选用固封极柱式，断路器本体与机构一体化。12kV 真空断路器合闸弹跳时间不应大于 2ms，40.5kV 合闸弹跳时间不大于 3ms。

（7）额定电流 3000A 的电流互感器要采用穿心母排式，以免接头发热严重，电压互感器为防止因磁饱和引起铁磁谐振，应选择励磁饱和点高的，在 $1.9U_m/\sqrt{3}$ 的电压下（中性点非有效接地系统）不得磁饱和。电压互感器一次绕组中性点与地之间要串入线性或非线性消谐电阻或加零序电压互感器，二次开口三角形接阻尼电阻或其他消谐装置。10kV 及以下系统电压互感器中性点不接地。不过此项要求用户难做到，因监视系统相电压，电压互感器一次侧接地，一次侧串消谐电阻接地，也应当属于中性点接地的范畴。既然中性点不接地，也不会造成电压互感器谐振损坏，不必耗费这样大的人力物力为避免谐振而采用的各项措施了。

（8）动触头的触指紧固弹簧应为非导磁不锈钢材料，严防触指紧固弹簧疲劳断裂，定触头与动触头接触表面要镀银，镀银厚度不小于 $6 \sim 8\mu m$。

（9）2500A 的开关柜要防止柜体涡流发热，可采用绝缘封板或不锈钢封板。柜体钢板厚度不小于 2mm。手车室的活门盖板用绝缘板或经过硫化处理的金属板。开关柜内的绝缘爬距比提高到 23mm/kV。开关柜前门的观察窗能够保证不论在运行还是试验位置，均能够全面看到断路器的分合闸指示。而且观察窗采用钢化玻璃，并有金属屏蔽。电缆室要保证电缆头的制作，从电缆接头到开关柜底板不小于 700mm。动触头与静触头接触长度不少于 $15 \sim 25mm$。

（10）开关柜电缆室的照明灯，应在不停电，不打开柜门的情况下可以更换灯泡。

（11）额定电压 35kV 的单台电流互感器有的达二百多千克，三台电流互感器的重量之大可想而知，40.5kV 开关柜的柜底支架要用槽钢加固。

（12）开关柜应选用 LSC2 类（具备运行连续性功能）、五防要求完备的产品，12kV 开关柜空气绝缘净距离不小于 125mm，40.5kV 开关柜，空气绝缘净距离不小于 300mm，如果采用热缩套管包裹导体结构，则该部位还必须满足上述空气绝缘净距离的要求。

（13）开关柜应选择 IAC 级（内部电弧级，在内部电弧的情况下提供了经过试验的保护水平，IAC 级为允许开关柜内部过压力作用到盖板、门、观察窗、通风口等，还考虑到电弧热效应及排除的热气体和灼热粒子，但不会损坏隔板与活门）产品，母线室、断路器室、电缆室应相互独立，内部要通过相应的燃弧试验，电弧持续时间不应小于 0.5s。试验电流为额定短时耐受电流。额定短路开断电流 31.5kA 以上的产品，可按照 31.5kA 进行故障电弧试验。开关柜不可触及的隔室、活门和机构关键部位应有明显安全警示标识。隔离金属活门应可靠接地，且采用独立锁止结构，防止检修人员失误时打开活门。

（14）用于电容器组投切开关柜必须配备断路器投切电容器的试验报告，断路器必须用 C2 级断路器，而且要提供出厂分合闸特性曲线，断路器真空灭弧室要经过老炼处理。

有的省的供电部门要求 40.5kV 开关柜宜优选择 SF_6 充气柜，这一要求不具有普遍性，也不够合理，一是此种开关柜价格昂贵，用户很难承受；二是 SF_6 气体不是环保产品，污染环境；三是用户维护水平有可能跟不上。

（15）新建风电场，要满足 GB/T 19963—2011《风电场接入电力系统技术规定》的要求，要配置足够动态无功补偿容量，按照分层分区基本平衡的原则在线动态补偿，响应时间不大于 30ms。

风电机组应具有低电压穿越能力及高电压耐受能力；当并网点电压出现跌落，动态无功补偿功率及无功补偿容量，应确保动态补偿装置自动调节，快速准确投切，配合系统将并网点及机端电压快速恢复到正常范围内。电力系统频率在 48～49.5Hz 范围内，风电机组能够不脱网运行 30min。

风电场升压站要配置故障录波装置，记录升压站故障前 200ms 及故障后 6s 电气量的数据。

风电场涉网保护整定值应与电网保护整定值配合，机组故障脱网后不得自动并网。风电场监控系统应按照相关技术标准要求，采集、记录、保存升压站设备和全部机组的相关运行信息，并向电网调度部门上传保障电网安全稳定运行所需要的信息。

（16）为防止出口或近区短路，35kV 及以下母线应考虑绝缘化，10kV 线路、变电站出口 2km 内应考虑采用绝缘导线。全电缆线路不得采用重合闸。

第六节　高海拔地区开关柜的结构问题

1. 高海拔地区对地区设备的特殊要求

高海拔地区有其固有特点，如大气压力低、空气稀薄、气温低，这样对对高海拔地区电气设备应具有相应的特点。随着海拔的增加，大气参数发生变化，气压随高度增加而变小，环境温度则降低，每升高 100m，环境温度大约降低 0.5℃，气压低，靠空气做介质的开关灭弧能力降低，开断回路电流的能力降低，气压降低，空气间隙抗冲击电压能力降低，抗工频耐压的爬电比距也降低，导体的靠对流的散热能力也随之降低，因此，不论电气元件或成套开关设备及控制设备，只要安装运行在高海拔地区，必须根据上述大气参数的变化，生产适应这一环境的设备。目前随着国家西部大开发得进行，西部地区重大工程项目越来越多的，所需要的电气设备也相应越来越多，而西部地区又多处于高海拔地区，因此，满足高海拔地区的电气设计、电气设备的生产加工应得到重视。

对电气设备来说，正常海拔是，低压设备（含低压辅助设备及控制设备）不超过 2000mm，中压设备不超过 1000mm，如果超过上述高度，电气设备要进行特殊处理，或生产超过上述高度的高海拔电气设备。目前国家尚未强制进行高海拔电气设备的"3C"认证工作，有的厂家生产经过国家指定的电气研究所进行高海拔模拟型式试验的产品，称作高海拔电气设备，不过这一工作量较大，为适用各种高度，要有不同高度的产品，这一品种繁多，产品开发投资巨大，如果以最高的高度（例如以 5500m 为标准）开发的电气设备在低于此高度使用时，又显设备指标过高，无形中造成资源的浪费。

为生产适应高海拔地区的电气成套设备，电气成套厂家常采用增大一些参数余量的方法，在高海拔地区的电气设备主要对爬电距离、电气间隙、开断能力及温升四个参数放大余量。在任一海拔，电气设备的内绝缘的绝缘特性是相同的，不需要采用特别措施，而外绝缘主要有爬电距离及电气间隙。

中压电气成套厂所处的位置多在海拔 1000m 以下，型式或出厂试验当然也在 1000m 以下，产品如果能够适合高海拔地区，工频耐压及冲击耐压（属于破坏性试验，出厂试验不做此项试验）必须加大试验值，温升试验电流适当加大，也就是加大导体截面。对于在高海拔地区是否加大导体截面，或者是降低导体额定载流量是存在争议的，有人认为高海拔地区空气稀薄，对流散热能力减弱，因此要放大导体截面；也有人认为高海拔地区环境温度降低有助于提高导体的载流能力，因此导体截面不必考虑海拔的影响，笔者倾向后者的看法，因为根据多年的工程实践经验，不考虑海拔对导体载流量的影响是没任何问题的。

2. 海拔对绝缘水平的影响

高海拔地区电气设备的外绝缘强度降低，因此，中压电气设备超过海拔 1000m 后，应对它的外绝缘加强，GB 50060—2008《3kV ~ 110kV 高压配电装置设计规范》第 3.0.7 的条文解释为：对安装在海拔超过 1000m 地区的电器外绝缘一般应予加强。当海拔在 4000m 以下时，其试验电压应乘以系数 K。系数 K 的计算公式如下

$$K_a = 1/(1.1 - H/10\,000) \tag{7-1}$$

式中　H——安装地点的海拔，m。

式（7-1）与 DL/T 593—2006《高压开关设备和控制设备标准的共用技术要求》第 2.2.1 条的海拔修正系数曲线基本一致。在此条规定中，又推出海拔修正系数 K_a 的计算公式为

$$K_a = e^{m(H-1000)/8150} \tag{7-2}$$

式中　H——海拔，m；

　　　m——系数，对于工频、雷电冲击和相间操作冲击电压，$m=1$，对于纵绝缘操作冲击电压，$m=0.9$，对于相对地操作冲击电压，$m=0.75$。

海拔修正系数 K_a 采用式（7-2）计算复杂，一般不采用此式，而是采用式（7-1）进行计算。

3. 高海拔地区中压设备额定绝缘水平

（1）不同海拔要求的绝缘水平。电气设备绝缘水平根据我国电力系统的实际情况，与 IEC 6069 表中的规定有所不同，我国规定的绝缘水平在规范 GB 311.1《绝缘配合　第 1 部分：定义、原则和规则》、GB/T 11022《高压开关设备和控制设备标准的共用技术要求》、DL/T 593—2006《高压开关设备和控制设备标准的共用技术要求》都有明确要求，后者是电力行业标准，它不能够低于国家标准，此行业标准的额定绝缘水平数据基本上来自 GB 311.1，为更严格要求，本书摘录的中压电气设备额定绝缘水平以电力行业标准规定为准，具体数据见表 7-3。

表 7-3 数据为中压设备在海拔 1000m 以下地区的额定绝缘水平，斜线下方的数据为接地系统的要求数据。

当中压电气设备安装在海拔超过 1000m 时，通过上述的计算公式，得出电气设备在相应的海拔的外绝缘的修正系数 K_a，这样就很容易求得在海拔 1000m 以下做工频耐压及冲击耐压试验时应加的电压数值。采用式（7-1）的计算结果见表 7-4。

表7-3	中压电气设备额定绝缘水平（摘自DL/T 593—2006）				(kV)
额定电压U_N有效值	额定工频短时耐受电压U_d有效值		额定雷电冲击耐受电压U_p峰值		
	通用值	隔离断口	通用值	隔离断口	
（1）	（2）	（3）	（4）	（5）	
3.6	25/18	27/20	40/20	46/23	
7.2	30/23	34/27	60/40	70/46	
12	42/30	48/36	75/60	85/70	
24	65/50	79/64	125/95	145/115	
40.5	95/80	118/103	185/170	215/200	
72.5	160/140	200/180	350/325	410/385	

注　斜线下的数值为中性点接地系统使用的数值，项（2）与项（3）斜线下的数值也为湿试时采用的数值。

表7-4	不同海拔下的系数K_a值（试验基点高度为1000m）						
海拔（m）	2000	2500	3000	3500	4000	4500	5000
外绝缘水平修正系数K_a	1.111	1.176	1.250	1.333	1.429	1.538	1.667

例如，安装在海拔3500m的额定电压12kV的开关柜，系统为中性点不接地系统时耐压要求：工频耐压的通用值为$U_d = 42 \times 1.333 = 55.986$（kV）；

额定冲击耐压$U_p = 75 \times 1.333 = 99.975$（kV）。

安装在此高度的额定电压为24kV的开关柜，在中性点不接地系统时的耐压要求：

通用工频耐压为$U_d = 65 \times 1.333 = 86.645$（kV）；

通用额定冲击耐压为$U_p = 125 \times 1.333 = 166.675$（kV）。

在海拔3000m的额定电压7.2kV系统为中性点不接地系统时的耐压要求：

通用工频耐压为$U_d = 30 \times 1.25 = 37.5$（kV）；

通用额定冲击耐压为$U_p = 60 \times 1.25 = 75$（kV）。

GB/T 20626.1—2006《特殊环境条件　高原电工电子产品　第1部分：通用技术要求》中，工频耐受电压和冲击耐受电压海拔修正系数见表7-5，用于中压在1000m以上、低压2000m电工产品及1000m以上高低压电子产品。海拔从0～5000m，每1000m分为1级，共5级，不在此级别的修正系数，采用数学上的插入法求得。

表7-4与表7-5在1000m海拔做基点，修正系数是一致的，产品试验地点在海拔3000m的很少用到，只有生产厂家在青藏高原，而产品销往东部沿海一带，这种情况很少出现。

表7-5	工频耐受电压和冲击耐受电压的海拔修正系数					
产品使用地点海拔（m）		1000	2000	3000	4000	5000
海拔修正系数K	产品试验地点海拔（m） 0	1.11	1.25	1.43	1.67	2
	1000	1	1.11	1.25	1.43	1.67
	2000	0.91	1	1.11	1.25	1.43
	3000	0.83	0.91	1	1.11	1.25
	4000	0.77	0.83	0.91	1	1.11
	5000	0.71	0.77	0.83	0.91	1

电气间隙的修正系数见表 7-6。

表7-6　　　　　　　　　　　　　　　　电气间隙的修正系数

使用地点海拔（m）		0	1000	2000	3000	4000	5000
电气间隙修正系数	零海拔为基准	1.0	1.13	1.27	1.45	1.64	1.88
	1000m为基准	0.89	1.0	1.13	1.28	1.46	1.67
	2000m为基准	0.78	0.88	1.0	1.14	1.29	1.48

按照 DL/T 404—2007 的要求，在中压设备海拔不超过 1000m 的情况下，以空气绝缘的开关柜相与相、相与地之间的最小空气间隙，见表 7-7。

表7-7　　　　　　　　　　　海拔不超过1000m的开关柜最小空气间隙

额定电压（kV）	3.6	7.2	12	24	40.5
相间和相对地（mm）	75	100	125	180	300
带电体至门（mm）	105	130	155	210	300

根据表 7-6 及表 7-7，很容易求得开关柜主回路相与相、相与地之间的空气间隙。例如，海拔 3000m 处，12kV 移开式开关柜的相间及相对壳体的最小空气间隙，开关柜生产试验点在海拔 1000m 时，相间及相对地空气间隙为

$$125 \times 1.28 = 160 （mm）$$

生产试验在海拔 2000m 时，空气间隙为 $125 \times 1.14 = 142.5$（mm）。

目前中压开关柜主回路导体都包绝缘套管，而且又在相与相及相与地之间加绝缘隔板，因为不采用上述措施，各标准开关柜的尺寸根本满足不了要求，开关柜内已无裸带电体，在这种情况下，相间及相对地之间的空气间隙只得以绝缘耐压试验来确定了。

（2）开关柜的柜体代用问题。从表 7-3 看出，海拔不超过 1000m 的非有效接地系统中，所用的额定电压 24kV 开关柜，其额定耐工频电压达到 65kV，额定冲击耐压达 125kV，而在海拔 3500m 安装的额定电压 12kV 的开关柜，要求工频耐压为 60kV，小于 65kV，额定冲击耐压为 100kV，小于 125kV，由此得出结论，采用 24kV 的开关柜的壳体应用于海拔 3500m 处，额定标称电压为 10kV 非有效接地系统完全满足要求。同理，在海拔为 3500m 的地方，额定电压为 20kV 的不接地系统中，采用额定电压 40.5kV 开关柜的壳体也没问题。如采用额定电压 12kV 的开关柜壳体，用于海拔 3500m、系统额定标称电压为 6kV 的非有效接地系统，冲击电压满足不了要求，因为在此高度，额定耐冲击电压为 $60 \times 1.333 = 80kV$，而正常情况，12kV 开关柜只能耐冲击电压为 75kV。如果采用表 7-5 的数据，以 1000m 为基准，采用插入法求得海拔 3500m 的修正系数为 1.34，在 3500m 高度 12kV 开关柜耐冲击电压应达 $60 \times 1.34 = 80.4$（kV），也满足不了高度 3500m 系统电压为 6kV 的要求。

如果安装在海拔为 3000m 处，系统额定标称电压为 6kV 的系统中，所用 7.2kV 的开关柜，额定冲击耐压要求为 $60 \times 1.25 = 75$（kV），而正常情况下额定电压为 12kV 的开关柜的额定耐冲击电压也为 75kV，因此，12kV 的开关柜壳体用于海拔 3000m 标称电压为 6kV 不接地系统中没有问题了。

上述数据只是说明开关柜的柜体的要求条件，开关柜内所安装的元件应选择与高度相适应的，如电流互感器、电压互感器、接地开关绝缘子等，不过真空断路器所用的真空灭弧室不受高度影响，因为海拔对外绝缘有影响，而对内绝缘无影响。在海拔3500m使用的开关柜，如果用于10kV系统，可采用24kV开关柜的壳体及配套的24kV断路器，但断路器所安装的真空灭弧室可以采用12kV的，应为它是真空元件，开断能力不受海拔高度影响，而外绝缘是按照24kV要求确定的。

当然，在高海拔地区安装的开关柜，可不采用相互代用壳体的办法，而是另开发高海拔专用开关柜，不过要经过国家认可的机构做相应海拔的模拟型式试验，该试验通过后才有资格在市场销售。

（3）规范及标准存在的有关问题。电气行业国内有关规范、规程及标准众多，但很多条文相互重复，有的稍有区别，例如电压范围Ⅰ额定电压绝缘水平，其数据不下三种规范及行业标准有规定，海拔修正系数的公式及求法，也有各种规范或标准有其规定，使人无所适从。规范应避免出现相同的条文，当有类似内容的条文时，应注明按照某某规范第几条执行即可，当然，如果行业标准不低于国家规范要求，应另有规定条文。GB/T 11022—2011《高压开关设备和控制设备标准的共用技术要求》与行业规定 DL/T 593—2006《高压开关设备和控制设备标准的共用技术要求》，内容基本雷同，连术语解释也不例外，例如，对 N 线、PE 线及 PEN 线的解释两规范中都重复一遍，但文字又略有不同，实无此必要。

第七节　中压开关柜结构发展方向

开关柜的"五防"要求及相应的连锁装置是开关柜的标配，除继续完善外，开关柜结构发展方向应着重在以下几方面：

（1）摒弃焊接结构，一律采用组装式结构，壳体采用集约化加工，也就是电气成套厂不必加工开关柜壳体，而是向专门的壳体厂家采购，这一点在江苏省及浙江省特别突出，在其开关柜壳体生产基地，这样钢材得到充分合理的利用，加工设备得到充分利用，生产的壳体更加标准化、系列化及规范化。在江苏省很多电气成套厂已经放弃对开关柜壳体的加工，因为自己加工制造得成本，反而不如向专门壳体制造厂采购的便宜。如果对开关柜壳体有特殊要求，可以向壳体集约生产厂家提出即可。

（2）向绝缘固封方向发展，也就是由 C-GIS 向 SIS 方向发展。由于 SF_6 气体是温室效应气体，如果泄漏对人的健康也产生危害，充气柜不是发展方向。由于断路器元件日益可靠，有的基本不会出现故障，例如真空灭弧室已经达到免维护标准，这样可以把它固封在环氧树脂中，主回路更容易把各相分别环氧树脂固封，这样开关柜体积更小，环氧树脂介电强度为空气近6倍，因此绝缘故障更低。环网开关柜早已实现固封，固封技术应在更大容量普通开关柜得到应用。

（3）更完善的固定式开关柜也是开关柜发展方向，以前真空灭弧室或少油断路器故障率高，维护工作量大，采用手车式开关柜以利于维护，即把手车拉出即可对手车内元件维护而不影响其他开关柜的运行，而现在真空灭弧室非常可靠，达到免维修的程度，就没必要采用手车把断路器拉来推去了，而且很多故障就是手车断路器本身造成的，如果不采用手车断路器，反而不出现故障，这样采用固定式开关柜就顺理成章了。开关柜结构发展的规律先是固定式，后是移开式，现在的趋势是由移开式又回到固定式，不过要解决固定式开关柜隔离开关操作力大的问题。在固封技术日益成熟后，固封复合元件有较大发展后，如真空灭弧室具有闭合、断开及接地三工位，形成固封三工位真空断路器后，采用固定式开关柜也水到渠成了，此种固定式开关柜与原始的固定式开关柜有了质的飞跃。

（4）有人建议开发24kV开关柜，这谈不上发展方向，因为在一些地方已经是一项成熟的标准产品，如江苏省24kV开关柜用得比较普遍。高原型开关柜不一定要统一系列，只要开关柜满足当地环境要求及相应绝缘要求即可。

第八章

中压系统典型主接线

第一节 概 述

一个主接线系统，它是由多个单元接线而成，例如有进线单元，母联单元，电压互感器单元（俗称 TV 单元），计量单元，馈线单元等，我们把上述单元看成组成接线系统的功能单元模块，只要正确掌握单元模块接线，一个完整的一次接线系统可由这些单元模块拼凑而成。下面就单元模块标准接线谈起。

在中性点不接地系统中，电流互感器一般只在 L1、L3 相上装设（个别情况下有时装三只，如需要纵差保护时），L2 的电流可由前两相的矢量和求得。在本文的附图中，虽然在电源进线及母线联络回路中，三相上均画有电流互感器，在馈线回路中只在两相上安装电流互感器，如果根据系统接地情况或工程需要，可在两相或三相均装设电流互感器。图中电流互感器在馈线回路中只画出两个二次绕组或三个二次绕组，根据需要，最多可做到五个二次绕组（二次绕组的多少，有多种因素决定，如每个绕组的容量大小，保护绕组的准确限值系数的大小及变比等）。

另外需要说明的是，本书所列举的 10kV 系统主接线（含 6kV 系统），可对应多种移开式开关柜，如 KYN28A-12，KVN1-12，JYN2-12 等，但对应本书所采用的柜型，即指 KYN28-12A 型柜，该柜型可以作为 12kV 移开式开关柜的典型代表。本书谈到的固定柜主接线，即为环网柜，它是目前固定式 12kV 开关柜中最常用柜型，其他 12kV 固定柜，如 XGN2-12 等很少提及。对于 35kV 系统，本主接线所适合柜型为 KYN61-40.5 型柜，除此种柜型外，尚有 KYN10-40.5、KYN17-40.5、JYN1-40.5 等柜型也适用，不过 40.5kV 移开式开关柜基本上大同小异，比较有代表性的当属 KYN61-40.5 型开关柜了。

KYN28A-12 柜为中置柜，所谓中置柜，即断路器手车置于开关柜的中部，此柜的型号有的采用 GZS1-12 型。由于目前国家没有对开关柜型号的命名及管理的专门机构，各生产厂家可自行命名所生产的开关柜的型号，只要通过国家规定的型式试验，就可以对外销售，它与低压开关柜不同，是否要通过"3C"认证，尚在讨论中，因此，造成开关柜型号众多与混乱。对于 40.5kV 移开式开关柜，基本上不存在中置柜的问题，因为它的手车很重，开关柜重心不能够过高，否则就不够稳定，加之柜体不能够过高，即使手车离地移动一定高度，下部剩余的空间也无什么作用。

本文中所提的开关柜，按照延续国家命名准则，应为交流金属封闭开关和控制设备，为叙述方便，简称开关柜。

一直以来，对开关柜的电缆室的称呼也不够准确，因为电缆室内不但有进线或馈线电缆终端，还有电流互感器、避雷器或过电压保护器、接地开关等，因此，规范把电缆室称为电缆/CT 隔室，也就是不但设有电缆终端，而且也装有电流互感器，此名称虽然比习惯称呼更接近实际，但也没能把电缆室安装的其他主要元件囊括在内。

在工程实践中，笔者经常发现设计单位的电气施工图中，主接线多有不合理之处，主接线系统图脱离开关柜生产厂家的样本，根据自己的需要设计一次接线系统，然后在标准型号后加上一个"改"字或字母"G"就万事大吉了，字母"G"含义有"改"或高级的"高"双重含义。实际上，由于电气设计人员对开关柜的结构不够了解，与低压柜不一样，不是任何一次接线在某一中压柜型中可以实现的，即使能够实现，开关柜的柜型也面目全非了。当一次接线系统与生产厂家的样本不符时，设计人员应与开关柜生产厂家沟通，协商一个双方都能接受的合理方案，另外电气设计人员不要局限于样本上的说明，应深入到工厂、车间详细观察开关柜的结构特征。

本文所提供的一次接线图多为金属移开式开关柜的接线，如果采用固定式开关柜，则取消手车，增加隔离开关即可。对于开关柜台数不多，如在十台以下者，建议采用固定式开关柜，因为固定式开关柜为固定接线，一次及二次接线不经移动插接头，结构简单，简单意味着可靠，当配以可靠的电气元件，可取得永久的经济效益，不要产生固定式就是落后产品的错觉。

第二节 12kV 手车式开关柜标准单元模块接线

1. 用于单台开关柜的电源进线模块

电源进线主接线模块如图 8-1 所示，图（a）、（b）、（c）、（d）为电缆下进线，图（e）、（f）、（g）、（h）为上进线，这些接线的共同点是都是移开柜接线，都带有避雷器及带电显示器，带电显示器有两个作用，不但显示回路是否带电，还能控制电磁锁，进线带电时，由带电显示器控制电磁锁，电磁锁锁住柜门，使之柜门不能够开启，当然，也可以采用其他方法与柜门连锁，如进线带有接地开关，首选接地开关的操作杆与柜门连锁，此种连锁为机械连锁，简单可靠且牢固，若没有接地开关，只得采用带电显示器控制电磁锁参与柜门的连锁了。图 8-1 为电源进线常见进线方式。

另外，需要指出的几个问题：

（1）进线回路是否装接地开关的问题。对此问题颇有争论，主张装设的理由是，维修时安全得到保证，只要总进线柜进线侧接地，不但进线电缆及整台进线柜不带电，而所带的全部柜子均不带电，维护人员可放心维修。而主张不必接地开关的理由是，如果接地开关误操作，有可能会带来严重后果，尽管快速接地开关可闭合短路，但不过能够闭合两次短路而已，在短路情况下，主回路其他元件也受到冲击考验。另外当进线处于接地状态时，若误合它的上游电源侧开关，此时正巧合于短路点上，上游断路器要断开短路电流，开断短路电流有可能给设备带来损伤。不必安装接地开关的理由还有，即配电室其他柜子的检修，可断开总开关，并把总开关抽出后推进接地手车即可（接地手车用于母线侧的接地）。开关柜中所装断路器的检修，可把手车拉出来对其进行检修。而柜内电缆室固定安装的电流互感器、带电显示器的传感器、避雷器等是可靠元件，很少故障，偶尔检修，可采用验电后挂接地线的办法，不必采用接地开关。笔者认为，进线安装接地开关利大于弊，因为进线端挂接地线不够方便，采用接地手车使母线接地，又要添加接地手车这一设备。为防止带电误合接地开

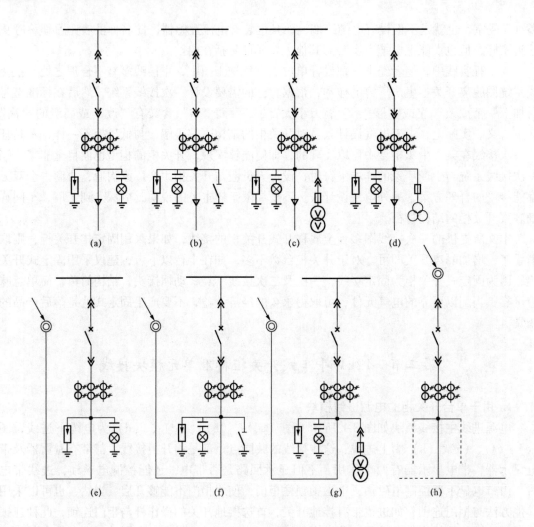

图 8-1　常见电源进线主接线模块

(a) 电缆进线端只有避雷器及带电显示器；(b) 电缆进线端带接地开关；(c) 电缆进线端带单只电压互感器；
(d) 电缆进线端带三只单相电压互感器；(e) 上进线端只带避雷器与带电显示器；(f) 上进线端带接地开关；
(g) 上进线端带单只电压互感器；(h) 上进线端带三只单相电压互感器（此柜处于成排开关柜的顶部）

关，可由带电显示器控制电磁锁，由电磁锁来保证不能误合接地开关，退一步讲，万一电磁锁故障，误合接地开关，造成电源侧三相金属性短路，短路故障也能由上级保护开关切除，接地开关能够承受短路电流的作用，带弹簧储能的快速接地开关，有闭合两次短路电流的能力，即使闭合短路电流，也不会对操作人员造成伤害，不会造成严重后果。接地开关有两种，一种是不能接通短路电流，另一种可以接通短路电流，但次数很少，手车式中置式开关柜采用接地开关为预储能方式，合闸时在储能的作用下快速合闸，本文所谈的接地开关为手车式中置柜可以闭合短路电流的弹簧储能快速专有接地开关，如 JN15-型接地开关。对于 KYN28A-12 型开关柜来说，电源进线如果安装了接地开关，最好不要再安装低压互感器，否则开关柜电缆室太拥挤，不利维护，对此问题，下面还要详谈。

（2）电源进线柜既要装接地开关，又加装电压互感器手车。这对 KYN28A-12 型中置柜来说，进线侧既有接地开关又有电压互感器是很难实现的，电压互感器手车，装于柜体前下方，即断路器室（正）下方、电缆室的前方隔室内，这样人员无法从柜前进入电缆室。在此情况下，接地开关只能装于电缆室后侧支架上，这又造成人员从柜后也不能进入电缆室。电缆室前后皆受阻挡，无法安装及维修（但开关柜置于成排柜子的端部时，可把开关柜侧板暂时拆除，可从侧面进入及安装）。有人设想，把接地开关安装在电缆室的顶板上，即母线室的下方，由于接地开关合闸冲击力很大，机械强度很难满足，而且电缆高度也不够，不过对 KYN61-40.5 开关柜是可以的。

对于 40.5kV 手车式开关柜，电源进线断路器为手车安装，如果要求进线侧既要电压互感器，又要接地开关，电压互感器及接地开关应固定安装于加深的专用空间内，如果安装一只单相电压互感器，柜深要加深 200mm，如果安装三只单相电压互感器，柜深还要加深。由于 40.5kV 移开式开关柜不能安装两台手车，电压互感器必须固定安装。由于采用非标准柜型，布置起来非常不美观。

顺便指出的是，12kV 型号为 KYN28A 型移开式开关柜，既可以安装一台断路器手车，又可以安装一台电压互感器手车，因为它是中置式，中间空间安装断路器手车，而下前方又可安装电压互感器手车，但不能同时安装两台断路器手车，否则馈线电缆无法出线，因为电压互感器手车主回路只进不出，容易布置，当然，对于双断路器手车柜应另当别论，双断路器手车柜与本文提到的 KYN28A-12 型开关柜截然不同，是属于另一种开关柜型号，应用场合很少，本书不再提及。40.5kV 移开式开关柜，由于断路器手车重量大，不可能中置，造成柜体结构不可能安装两台手车，有的厂家生产的 40.5kV 开关柜，生产离地距离较大些，也称为中置柜，这是不妥的，它不是严格意义上的中置柜。

进线电源既有断路器，又要安装电压互感器的问题，一般必要性不大。如果取代所用变压器，作为交流操作电源，或提供进线电源自投自复的电压信号，进线端装应设电压互感器，以便获取电源则的电压信号。如果作为计量用，只能作为用户内部管理之用，收费计量应采用独立开关柜，由供电部门管理，是不允许与断路器合用开关柜的，话说回来，如果是企业内部管理用计量，所用电压互感器，完全可与母线电压互感器共用，不必再电源进线则另设电压互感器。

（3）上进线可以是电缆，也可以是母线槽。当进线柜置于成排布置开关柜的端部时，上进线可从柜顶直接进入母线室，如图 8-1（h）所示，但为了能容纳电缆头，开关柜要加高，此柜还有一个问题，进线功能不能用一台开关柜完成，必须配以附柜，即母线升高柜（单纯的母线升高柜比较少见，往往与电压互感器柜、计量柜合用，既节约投资，又减少占地空间）。图 8-1（h）的主接线方案，进线不能从柜子背后，这样，进线柜只能安装于成排开关柜的端部。

当上进线柜处于其他柜体之间时，图 8-1（e）、（f）、（g）主接线方案，进线要从柜后进入开关柜底部，这样柜体要加深，且要共用一部分泄压通道后，对于 KYN28A-12 型柜，柜深由标准的 1.5m 增至 1.7m，KYN61-40.5 型柜，由原柜深 2.8m 增至 3.2m。柜内不宜用电缆，而是采用绝缘子支持导电排。

（4）避雷器宜安装在手车内。为了检修避雷器时照顾维护人员的安全，避雷器应尽量安装于手车内，以便维护。这样一来，进线开关柜既有断路器手车，又有避雷器手车。如果进线柜含有电压互感器，避雷器可与电压互感器同装于一个手车内，不过手车内空间有限，最好避雷器或过电压保护器电源侧接线端子应为硅橡胶绝缘软线，它不受电气间隙的影响，此绝缘引线必须与其他设备留有一定空间，否则爬电距离会受影响，但它比裸线容易布置，笔者曾遇到一台安装不合格的移开式开关柜，过电压保护器的硅橡胶引线与旁边的电压互感器外壳接触，造成过电压保护器硅橡胶引线及电压互感器的爬电距离均不符合要求。

断路器与电压互感器同装一台柜内的两个手车内，只有中置柜才能办到，因为中置柜下部空间可加装一台避雷器手车。

如果避雷器带有如同过电压保护器的硅橡胶绝缘引线，避雷器的固定安装非常方便。

为了避雷器或过电压保护器能够做到不停电检修与更换，有的地方供电部门明确规定，在移开式开关柜中，避雷器或过电压保护器严禁直接与主回路相连，必须经过隔离断口与主回路连接。

（5）进线柜排在成排开关柜的端部与中部时优缺点比较。进线柜在成排开关柜的端部时，优点是，进线柜的深度不必加大，这样各个开关柜的深度一样，排列得整齐划一美观，但不足之处是以后增加开关柜变得困难。进线柜在中间的优点是，以后增加开关柜可向两端扩展，但不足之处是，造成进线柜体深度增加，成排布置的开关柜排列凹凸不齐，不但不够美观，而且使柜后维护通道变窄，如果为了美观，其他开关柜都像进线柜那样增加深度，会造成生产成本的增加。

（6）电源为风力发电机的进线模块。在风力发电的汇流开关站，每一回路进线大约汇流十几台风力发电机组，风电机组通过箱式变电站就地升压后，电压大都为 35kV（汇流后再次升压，电压大都升至 220kV 后与电力系统相连），此种进线开关也不必带接地开关，因风电主回路有连锁控制系统，一旦风电的馈线开关断开，也就是汇流开关站的进线开关断开，风力发电机组立即停止发电，进线开关的电源侧也不会带上电压。

2. 组合式电源进线模块

有时电源进线不是一台开关柜能完成的，而是由两台或两台以上开关柜组合，进线断路器柜常与进线隔离柜组合，或进线隔离柜与计量柜组合，只有进线隔离柜与计量柜有时也不能完成进线功能，后边有时还要有进线断路器柜。另外，为了改变进线或出线方向，需要配一台附柜，因为中压柜与低压柜不同，低压柜改变主回路方向可以在一台柜内完成，中压要求更大的电气间隙，要另加一台柜才行，例如常配以母线升高柜。常见的电源进线组合模块主接线如图 8-2 所示。

一般说来，总进线前加装隔离开关柜，如图 8-2（a）所示，加隔离开关柜必要性不大，一台隔离手车柜，主回路进出线插接头共有六只，而插接头由于种种原因，造成接触不良，形成故障点，手车式中压柜大部分故障是插接头引起，更严峻的问题是，此插接头通过的是总电流，而不是馈线开关插接头通过的分支电流。另外隔离手车要与总进线断路器连锁，还要加带电显示器与柜门的连锁，造成接线复杂，不但安装麻烦而且容易出现故障，因此，总进线断路器柜前加隔离手车柜，可以说是弊大于利。但有的地方供电部门，按照本地规定要求在计量柜两侧，要有断开装置，这样一来，形成在计量柜一侧有隔离手车柜，而另一侧有进线断路器柜的接线方式了。在图 8-2（c）中，总进线断路器柜为上进线且处于成排柜子的端头，必须配以母线升高柜。在上述接线中，每台柜均有带电显示器，不但显示是否带电，主要是由带电显示器控制电磁锁，参与柜门连锁之用，请注意，带电显示器往往不只是起带电显示作用，而要为电磁锁提供控制信号。在图 8-2（c）中，避雷器宜安装于断路器的电源侧，但这样做造成开关柜装配困难，只有增加柜高或专做一个箱子置在柜顶才行。

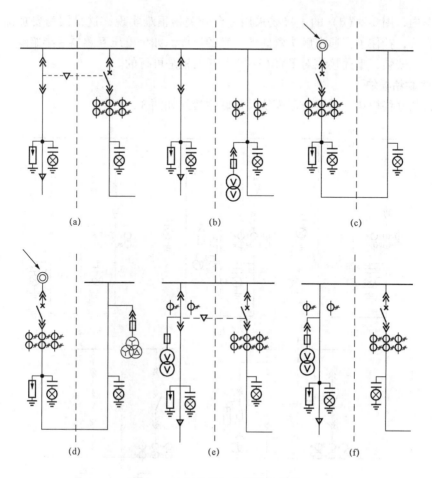

图 8-2　电源进线组合模块主接线

（a）进线加装隔离手车柜；（b）进线为隔离手车柜与计量柜组合；（c）电源上进线与母线
升高柜组合；（d）电源上进线与母线电压互感器柜组合；（e）进线计量柜与总断器组合；
（f）计量柜（不带计量手车）与总断路器组合

图 8-2（c）中，为了改变母线方向而加一台母线升高柜，没有充分利用母线升高柜的空间，最好再安装一套电压互感器，既能够改变母线方向，又能够兼做母线电压互感器柜，如图 8-2（d）所示。

图 8-2（b），为进线隔离柜与计量柜的组合，但母线不能在柜子下方，必须配以母线升高柜，最佳方案是加一台断路器柜，既改变母线方向，又具备了总保护。

图 8-2（e）是计量柜与进线断路器柜的组合，此种方案不够理想，一是计量手车元件过多，空间比较拥挤，电气间隙与爬电距离不易保证；二是电流互感器安装与手车中，断路器的动静插头通过的是总电流，最容易在断路器的接插头处出现故障，如果改成图 8-2（f）接线，那是比较理想的，主回路总电流不经过断路器的插接头；电压互感器手车元件比较少了，容易布置；另外，计量柜不必与进线断路器柜连锁了，电压互感器不超过十几毫安，可以直接推进与拉出，有人担心电流互感器检修不便，这种担心是多余的，电流互感器是可靠元件，很少发生事故。

对于 KYN61-40.5kV 开关柜，如果电压互感器采用全绝缘型，而且避雷器又安装在电压互感器手车内，图8-2（d）的主接线采用一台开关柜很难实现，这是因为要加深手车，中隔板要向后移，挡住了三通定触头盒向电缆室的出线。如果电压互感器为半绝缘，避雷器为电缆室内固定安装，上述接线对 KYN61-40.5 开关柜是可行的。

3. 母线联络模块

这里讲的联络模块，是指母联模块，母联主接线如图8-3所示。

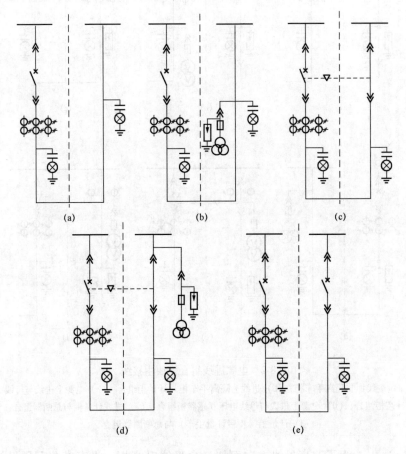

图 8-3　母联主接线

（a）母线升高柜只加带电显示器；（b）母线升高柜带含避雷器的电压互感器；（c）母线升高柜带
隔离手车；（d）母线升高柜带电压互感器手车及隔离手车；（e）母联采用双断路器

　　如果为单电源进线，不存在母线联络，当开关柜又比较多时，采用图8-3（a）接线，此种接线应不算母联接线，只能称为单母线分段（目前在一些人中，母线联络开关与母线分段开关混淆）。图8-3（b）与图8-3（a）的差别是，充分利用母线升高柜的空间，安装电压互感器，使其具有母线电压互感器柜的作用，可不必另设专业电压互感器柜了。在实际工程中，母线分段开关很少用于成排布置的单电源进线的开关站中，而是用于长距离架空线上，检修时切除故障段，而不至于全线停电，除非故障发生在电源的首端。

　　图8-3（c）、（d）、（e）接线，均可用于双电源进线，母联隔离柜加母联断路器的接线。母联断路器应与母联隔离手车连锁，必须先断开母联断路器，才能操作母联隔离手车。由于两段母线均带电，只有母联断路器及母联隔离手车都断开，才能维修母联断路器柜内电流互

感器。当母联断路器平时断开，其中一路进线失电，母联开关闭合，一路电源供两段母线供电，母联断路器也要与两台电源进线断路器连锁，即只能同时闭合其中的两台断路器。为了充分利用母联隔离手车柜空间，还可在隔离手车柜内再装一台电压互感器手车，从而兼有电压互感器柜的作用，如图 8-3（b）所示。在图 8-3（c）中，供电可靠性不高，原因很简单，如果母联断路器发生故障，例如断路器插接头因接触不良，发热严重，造成绝缘烧坏，产生单相接地故障，因接地电弧发生，进而发展成三相短路，由于上下插接头相距较近，造成上下插接头均故障，或断路器整台损坏，由于断路器上下插接头分别与两端母线相连，这样一来，两段母线均为故障母线，使配电室供电全部瘫痪，此种故障曾在国内出现，某机场候机大厅曾断电 5h，就是一为该大厅供电的 10kV 配电室母联断路器发生故障，造成与母联断路器连接的两段均处于短路故障状态。有人对此持有异议，认为两段母线即使同时失电，也是暂时现象，只要断开母线隔离柜，也可保证另一段母线继续供电，但这种想法不切实际，一旦母联断路器故障，如果无法断开断路器，母联隔离柜也无法抽出，因为它们之间有连锁关系。在图 8-3（d）中，由于电缆室下部有联络母排，无法安装两台手车，因此，此方案不能采用。

为避免因母联断路器故障造成两段母线失电，有人想出的解决的办法是，母联断路器柜与母联隔离手车柜之间加防火墙，或两台柜拉开距离，或两台柜之间用电缆连接。上述办法均不能解决因母联断路器故障影响两段母线安全问题，只有把与其配套的母联隔离手车柜改为断路器柜，也就是母线联络采用两台断路器柜来解决，如图 8-3（e）所示，当任一台断路器故障造成两段母线短路时，完好的另一台断路器动作，从而确保一段母线继续工作，不过目前尚未有用户采用此方案，因为此方案增加投资，另外的原因是用户尚未遇到因母联断路器故障影响两段母线的实例时，对采用两台断路器柜作为母线联络是不理解的。

由于不论母联断路器柜还是母联隔离手车柜，都不需装设接地开关，因此不能靠接地开关与柜门连锁，柜子带电连锁只能靠带电显示器了。上述为 12kV 手车柜接线方案。

4. 电压互感器模块

此处所讲的电压互感器模块，是指母线电压互感器，至于计量用电压互感器，要在计量模块中详谈。

12kV 母线电压互感器模块主接线如图 8-4所示。

在图 8-4（a）中，电压互感器及熔断器装于手车中，避雷器为固定安装，此种方式容易布置，对于任何形式的避雷器均无问题，其缺点是更换避雷器要母线停电，不利维修，有的地方拒绝此方案。

图 8-4（b）中，避雷器与电压互感器装于同一台手车内，不论电压互感器还是避雷器的维修，只要拉出手车即可，维修方便，当对某

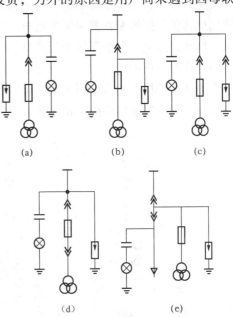

图 8-4　母线电压互感器模块主接线

（a）避雷器直接接于母线上；（b）避雷器与电压互感器共用一台手车；（c）避雷器与电压互感器分装于两台手车内；（d）电压互感器经熔断器手车固定安装；（e）避雷器、电压互感器安装于隔离手车内

些避雷器来说，手车内组件比较拥挤，电气间隙不够，如果避雷器电源侧接线为全绝缘硅橡胶软线，安装就容易了。目前避雷器的接线还是硬接线，而过电压组合保护器是硅橡胶软线引出，为了安装时不受电气间隙的影响，过电压保护器不但引线，而且外壳也是硅橡胶绝缘才行。

图 8-4（c）中，电压互感器与避雷器分别装于两台手车内，安装容易，但只能对 12kV 中置柜才行。另外，为了安装避雷器而占用一台专用手车，这样接线复杂而且还多了一台手车，有点感到不够合算。

图 8-4（d）中，电压互感器固定安装，而保护用熔断器装于手车内，熔断器手车主回路进出线要六只插接头，增加了故障点。另外，对中置柜而言，电压互感器只能固定安装于电缆室内，维修时，维修人员只能钻进电缆室或把电压互感器拆后再维修，比较麻烦。但当电压互感器容量及体积很大，如提供交流操作电源的大容量电压互感器，手车无法容下时才用此接线，另外，一定在拉出熔断器手车后才能维护电压互感器，为此，不但要遵守操作程序，为保证万无一失，固定安装电压互感器的隔室的门要加电磁锁，只有在电压互感器不带电的情况下才能对它维护（电压互感器在熔断器手车未拉出时带电，而与另一段母线正在运行的电压互感器通过二次则的并联也能使该电压互感器带电）。为防止维修电压互感器时有人误推入熔断器手车，因此手车应与电缆室门联销，即电缆室门开启时，手车无法推入。由于避雷器固定安装，只有母线断电后才能维护，影响供电的连续性，对维护人员也有误操作的可能。

5. 馈线模块

馈线模块分为变压器馈线、电容器馈线、电动机馈线及线路馈线。线路馈线主接线与电源进线相差不大，主要是功率输送方向相反，且线路馈线柜多装接地开关，而电源进线柜多不装接地开关；进线断路器柜装避雷器，而馈线开关柜装的是过电压保护器，避雷器的放电电压门槛高，过电压保护器放电门槛低，避雷器为的是防雷，过电压保护器为的是降低真空断路器操作过电压的危害。

常见馈线模块主接线如图 8-5 所示。零序电流保护器根据要求可安装于电缆上，如果要在主回路金属排安装零序电流保护器，必须采用母线专用式零序电流保护器。

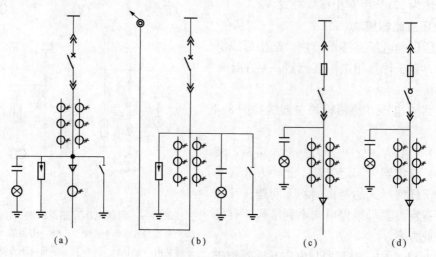

图 8-5 馈线模块主接线

（a）负载侧带接地开关、过电压保护器及零序电流互感器；（b）柜顶出线；（c）采用熔断器与接触器的组合作操作保护装置；（d）采用熔断器与负荷开关的组合作操作保护装置

图 8-5（a）为电缆下馈线，而图 8-5（b）为柜顶馈线，柜顶馈线由柜后出线，因此要加大柜子深度，对于 KYN28A-12 型开关柜，柜深由 1500mm 加深至 1700mm。

变压器馈线模块柜要装接地开关，这是因为安全的需要，即使断路器断开，变压器低压侧若有联络线，通过低压联络线及变压器反送至变压器高压侧，使柜体带电，会给维修人员带来危险，当然，变压器低压母线失电，只有变压器低压总开关断开后，联络开关才能合闸，不至于通过变压器反送至高压侧，不过变压器高压进线柜装接地开关更增加安全性，对维修变压器馈线柜内的电流互感器、避雷器电缆头等带来双保险，维修人员心理上也感踏实。

在图 8-5（c）中，是熔断器与接触器的组合，俗称"F-C"柜，它是作为电动机保护及起动柜。电动机起动次数与变压器不同，变压器投入后，很少断开，而电动机经常起停，不宜采用断路器起停电动机，因断路器的电气寿命只有万余次，而接触器的电气寿命达百万次，且真空断路器还有操作过电压的问题，这对电机很不利。因此，电动机起动保护柜采用"F-C"柜是合适的。

对于电容器馈线柜，中压柜多采用六氟化硫开关柜，即内装六氟化流断路器，它无操作过电压的危险，但有的用户采用经过老练的真空灭弧室组装的真空断路器来操作补偿电力电容器，也能满足要求。至于电容器馈线柜是否装接地开关的问题，为了电容器的放电要求，宜装设接地开关（尽管已经有了专用放电措施也罢，如中压系统内的补偿电容器的放电采用电压互感器，再加接地开关放电，起到双保险的作用）。"F-C"馈线柜内装电流互感器的作用，不但能测量回路电流，而且还能起到过载保护作用，过载时由电流互感器动作于接触器，使接触器断开回路，完成过载保护功能，熔断器作为电动机的短路保护。

"F-C"柜用来控制容量不大于 1200kW，电压不超过 10kV 的电动机，大容量电动机的保护与控制应采用断路器柜，大容量电动机馈线断路器柜，三相应装设电流互感器，以便于差动保护，应装设零序互感器用于接地保护。对 35kV 系统的电容补偿柜，普遍采用 40.5kV 的 SF_6 断路器作为投切装置，有的采用真空灭弧室经过老练的真空断路器作为投切装置。

还有一种熔断器—负荷开关手车模块，它可作为容量较小的所用变的馈线用，作为所用变的操作保护之用，此种模块可用"F-L"表示，"F"表示熔断器（fuse），"L"表示负荷开关（load switch），如图 8-5（d）所示。

为了手车中元件布置方便，在图 8-5（c）及图 8-5（d）中，熔断器装于上触臂绝缘套筒内。

6. 计量模块

计量模块分为收费计量及考核计量，计量柜内置电流互感器及电压互感器，有功及无功电能表，接线盒及二次线路，此计量柜可称为计量装置。收费用计量柜有供电部门管理，用户不得私动，一般不受进线总开关控制，常见主接线如图 8-6 所示。

计量柜用电压互感器采用两只，接成 V—V 接法即可，在中压不接地系统，采用两只电流互感器即可，副边可用单绕组，计量装置精度等级分 1~5 类。图 8-6（a）中电流互感器固定接线，电压互感器为手车接入，不必担心电流互感器因固定接入产生维修不便的问题，它的可靠性很高，很少出现故障。

有的设计人员选择电流互感器二次绕组为双绕组，一个工作，一个备用，笔者对此并不

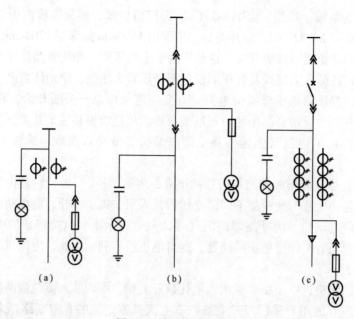

图 8-6　计量模块主接线

（a）电压互感器装于手车内电流互感器固定接线；（b）采用计量
专用手车；（c）计量与断路器手车合用一台柜

认同，一个绕组烧坏，等于整个电流互感器报废，增加一个备用绕组又有何意义呢。电流互感器要接在电压保护器的电源端，这样能够把电压保护器消耗的电能计量其中，这一点是当地供电部门的普遍要求。

　　图 8-6（b）为专用计量手车接线，这种方式一般并不可取，因为电流互感器接入手车中，与图 8-6（a）比较，其主回路中多出 6 只主回路插接头，而此插接头通过的是总电流，电流最大，从而降低了可靠性，此种接线只是对 10kV 系统适用，对 35kV 系统中额定电压为 40.5kV 的移开式开关柜是较难实现的。

　　图 8-6（c）中，计量装置与总进线断路器合用一台开关柜，这只能作为用户自己内部管理之用，或与供电部门收费表核对之用。计量柜是供电部门的一块"飞地"，不允许与计费无关的组件共柜的，如除电能表之外的其他仪表；即使二次绕组为专用绕组也不可以。此柜中的电流互感器一般要有 4 个二次绕组，一个用于测量，一个用于计量，两个用于保护。

第 三 节　系 统 主 接 线

　　只要熟悉中压系统功能主接线模块，系统主接线可用合适的功能模块拼凑而成。为了充分利用柜内空间，对标准接线模块加以扩展，本文主要介绍 KYN28A-12 型开关柜。常见主接线方案如下。

1. 单电源断路器进线带计量柜

　　单电源进线单母线，谈不上母联开关柜的问题，常带有母线升高柜，如果感到母线过长或馈线回路过多，中间可加母线分段柜，它与双电源进线双母线中间加母联开关不一样，不必配套隔离手车柜。

主接线图如图 8-7 所示。

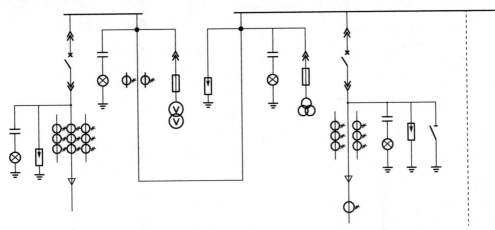

图 8-7　单电源断路器进线带计量柜

单电源断路器带计量，计量柜可放在断路器柜之前，如图 8-8 所示，计量柜也可采用专用计量手车，如图 8-9 所示。

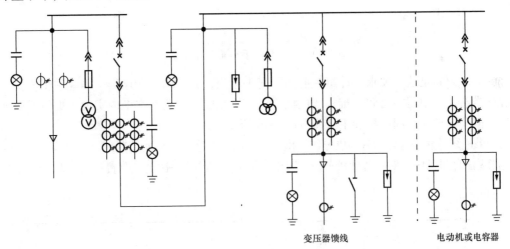

图 8-8　计量柜在进线断路器之前

计量柜作为电源的进线柜不可取，原因是进线避雷器放入柜中，维修不便，进线柜产权往往属于供电部门，用户无权过问。计量用电流互感器可以是一个二次绕组，也可以两个二次绕组，其中一个为备用绕组。

图 8-9 中，电流互感器安装与手车内，问题不是电流互感器能否安装下安装不下的问题，而是手车的插接头要流过总电流，这给插接头带来严重考验，也是正常差接头发热严重而造成事故的根源，另外，它必须与总断路器连锁，因为不断开回路怎能推拉手车呢，如果手车内只有电压互感器，那倒可以随便推拉手车了，因为电压互感器的额定电流是毫安级的，推拉手车无电弧产生。

2. 计量柜前后都有断开点的接线

有的供电部门，要求计量柜前后带有断开点，这是地方供电部门的特殊要求，并无普遍

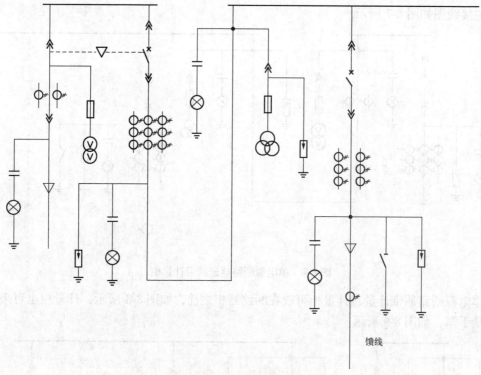

图 8-9　专用计量手车兼电源进线

指导意义，为满足这一要求，计量柜前加隔离手车柜，为了防止误操作，隔离手车柜要与进线断路器连锁。中压柜之间很难实现机械连锁，机械连锁主要在本柜内实现，更何况要连锁的两台柜又不靠在一起。标准主接线如图 8-10 所示。

　　如果进线计量柜电源侧有为供操作提供动力的电压互感器，或所用变压器，这样，它们消耗的电能无法计量其中，对收费计量来说，这要与供电部门协商解决，或收费计量在上一级解决。

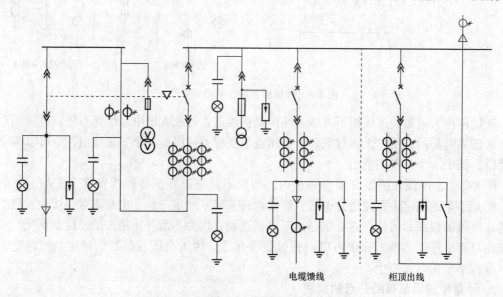

图 8-10　计量柜前后都有断开点的主接线

3. 双电源进线带母线联络

双电源进线带母线联络，是最常见的主接线系统，平时两路电源同时供电，母联断开，一旦一段母线失电，在确定不是母线故障而停电，且该段母线进线电源开关在断开的情况下，母联开关闭合，完成由一路电源担负全部供电任务的转换。常见的一次接线如图 8-11 所示。

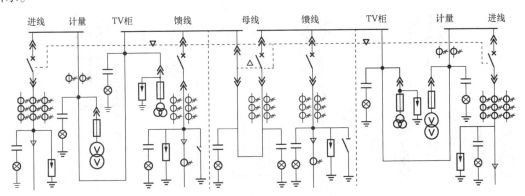

图 8-11 双电源进线有计量柜加母联开关

需要说明的是，电源进线端有避雷器，母线电压互感器柜内有母线避雷器，而馈线侧装设过电压保护器，一个是防雷，一个是防止真空断路器操作过电压，避雷器仅保护雷电过电压，即大气过电压，雷电过电压波形频率高，波形陡，泄放雷电波峰值。过电压保护器主要保护工频操作过电压，但对雷电过电压也有保护功能。随着真空断路器制造技术日益提高，开断时截流越来越小，因此操作过电压越来越小，这样过电压保护器形同虚设。具体工程是否要装设过电压保护器，应取得所用真空断路器操作过电压数值及过电压保护器的放电电压数值进行比较才能决定，否则盲目装设过电压保护器会增加投资，造成安装的麻烦，只能起心理上的安慰而已。

两台进线断路器与一台母联断路器三者之间要连锁，正常运行时，只能允许其中的两台合闸，母联断路器与母联隔离手车要连锁，只有在母联断路器断开时才能抽出隔离手车，只有隔离手车在工作位置，母联断路器才能合闸。

母线联络由隔离手车柜，断路器柜组成，断路器柜担负保护作用，隔离手车柜为断路器柜检修提供安全保障。此种接线有安全隐患，如果断路器插接头因接触不良，造成发热严重，从而造成绝缘破坏，形成单相短路，进而发展成三相短路，母联断路器柜中断路器的故障会波及两段母线，母联断路器柜与母联隔离手车柜故障分析见上文的"母线联络模块"一节，这里不再赘述。

如果电源进线带有自投自复功能，电源进线在断路器电源侧应安装电压互感器，以便来电时，提供电压信号，断开母线联络断路器，自动投入另一路电源进线断路器。

4. 互为备用的双电源进线

两电源进线汇于一段母线，一用一备，互为备用，接线图如图 8-12 所示。

两电源可手动投切，也可自动投切，自动投切又分自投自复及自投不自复。为了实现自投自复功能，电源进线电源侧要装电压互感器，以便提供电源电压信号，判定系统是否带电，为自投自复创造条件。两电源进线要相互连锁，以防并联运行，有的供电部门要求两电

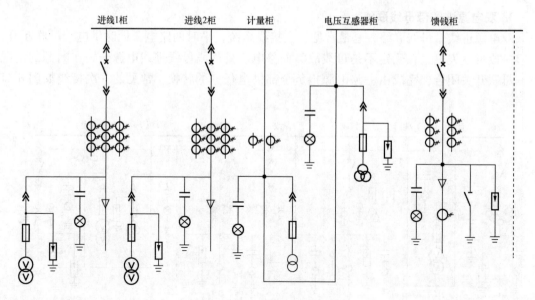

图 8-12　两电源进线互为备用

源不但有电气连锁，而且在可能的情况下实现机械连锁，不过对两台中压柜来说，机械连锁谈何容易，实际上是很难实现的。还有的供电部门不允许用户两路电源自动投入，而必须采用手动方式切换。

此种接线与两电源进线，两段母线同时供电，之间加母联开关比较，即与图 8-10 接线比较，其优点是设备减少，投资节约，图 8-11 节省了一台母联断路器柜，一台母联隔离手车柜，一台计量柜，一台电压互感器柜。如果馈线回路较少，采用此接线比较合适。

另外，此接线还有一个优点，那就是要交纳的电网建设费少，这与当地供电部门的地方规定有关，除按实际安装容量计算，另加较少的所谓高可靠性供电附加费。

图 8-12 接线的缺点也是明显的，那就是可靠性不如图 8-11 接线，一旦母线故障，配电室全部失电，如果两进线柜断路器任一台电源端（与母线连接端）出现故障，那就是母线故障，造成配电室全部停电。而图 8-11 的接线，还可保证一段母线继续供电，通过变压器低压母联开关，可保证全部低压侧重要负荷的供电，但图 8-11 接线不足之处是，需要更多的设备，不但增加母线联络开关，母线联络隔离开关设备，电压互感器柜及计量柜也要增加，这样需要更多的投资，而且有的地方供电部门可能要加倍收所谓高可靠供电附加费。

由此可见，图 8-12 的接线，不能满足一级负荷的供电要求，因为它对用户来说，不能算两路独立电源，尽管这两路电源可能由不同的变电站、不同的开关站、或同一变电站的不同母线段引来，但在用户侧并接一起，在用户侧，一路电源故障会影响另一路电源的安全的。所谓两个独立电源，或称之为双重电源，应为在全程范围内保持相对独立，而不是只在首端独立，而末端不独立。对图 8-11 接线的两路电源，又可分两路均可做主供，互为备用，或一路主供，一路备供，而备供容量为全部容量，或备供部分容量。

在图 8-12 中，电源进线侧有电压互感器手车，这在中置式手车柜是无问题的，而对于 40.5kV 开关柜而言，不能安装两部手车，因此电压互感器只能固定安装，而且开关柜的深度要加大。

5. 电源进线柜置于成排开关柜的中部

电源进线在成排开关柜的中部，如图 8-13 所示。

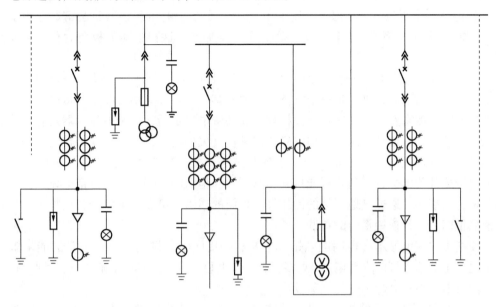

图 8-13　电源进线在成排开关柜的中部

笔者曾经遇到过这样的电气施工图，12kV 移开式开关柜，成排布置，但电源进线却在中间。这种主接线为非标准了，在 KYN28A-12 型开关柜中虽可以实现，即母线室中的三根母线采用前后立式布置，在进线断路器柜与进线计量柜的母线室内，前后排两路母线，即进线母线段与柜顶母线段合用母线室，这种布置与规范 GB 3906—2006 有悖的，规范要求每条母线应有单独的母线室，希望电气设计人员应吃透所用开关柜的结构特点，然后再设计非标一次接线系统图。

如果采用柜顶进线，而且进线柜在成排开关柜之间，进线柜采用加深型，KYN28A-12 型柜深度加到 1700mm，不过要求加入计量柜就不易解决了。

进线开关柜处于成排开关柜之间，优点是，以后如果增加开关柜，可以向两边扩展，增加开关柜非常方便。

6. 主接线中有关问题说明

（1）电流互感器个数及二次绕组数。在中压不接地系统中，一般采用两只电流互感器接于 A、C 相即可，本系统图中，电源进线每相均安装电流互感器，而馈线只在两相上安装电流互感器，安装三只只不过是总容量大些，无别的意义，如果馈线所带的变压器或电动机要差动保护，应在每相均安装电流互感器，如果中压为接地系统，每相均应安装电流互感器。如果需要多个二次绕组，最多不超过 5 个，但每个容量不得太大，保护用的二次绕组准确限值系数也不能够太大，有的设计人员选择额定 35kV 电流互感器有 5 个二次绕组，准确等级分别为 0.2S、0.5、10P40、10P40、10P40，保护绕组的额定输出皆为 30VA，上述参数显然是实现不了的，如果能够生产出这种电流互感器，那简直是个庞然大物了，开关柜是安装不下的，如果保护绕组为 10P15、10P15、10P15，计量与测量用二次绕组容量为 10VA，保护绕组容量均为 15VA，上述 5 个二次绕组、额定电压 35kV 的电流互感器是容易生产的。

电流互感器二次绕组到底几个合适，这要由设计决定，35kV 系统一般不少于三个，一个测量，一个计量（内部管理用），一个保护，有的保护需要两只二次绕组，这要总共要四只二次绕组了，本一次接线只是示意图而已，计量用电流互感器二次绕组一个就可以了。

（2）避雷器是否与电压互感器共用手车。12kV手车柜电压互感器与避雷器合用手车勉强安装，40.5kV手车柜如果合用一个手车，手车要加深，这样中间隔板向后移，电缆室的空间变小。

（3）带电显示器为何每一台开关柜都有。有的带电显示器是显示母线是否带电的，如电压互感器柜即为如此，母线是一个整体，只要看其中一台开关柜母线是否带电即可。从显示是否带电的角度来看，不要每台开关柜都要安装带电显示器，但带电显示器还有另外的一个作用，那就是用它控制电磁锁，用电磁锁来锁住开关柜的门，只要开关柜带电，柜门会被电磁锁锁住，保证人员安全。如果开关柜带有接地开关，接地开关的操作杆可以与柜门连锁，只要接地开关闭合，柜门才可能打开，这样，与柜门的连锁不必通过带电显示器通过电磁锁与柜门连锁了，通过接地开关的操作杆与柜门的连锁更可靠，更安全与更牢固，可同时连锁前后柜门，这是连锁柜门的首选。

顺便指出，带电显示器控制电磁锁，但要靠外接电源提供动力，它本身的能量微乎其微。带电显示器信号灯的启辉电压3V多，有的带电显示器信号灯的启辉电压达5V，指出开关柜虽然带电，显示灯却不亮的现象发生。

（4）有关站用变压器的接线问题。如果不是变电站或变电站，而是纯粹的开关站，宜有站用变压器，站用变压器的接线方式有两种，一种是接于母线上，这种方式的不足之处是母线停电，站用变压器也失电，照明及维修电源丧失。站用变压器的另一种接线方式是，接于电源进线的电源侧。这种接线的优点是，母线停电后，站用变压器的电源并不消失，可以提供照明及维修电源，供电可靠性高，但一般接线复杂，对于40.5kV移开式开关柜，如果站用变压器容量不大于50kVA，可以与电源进线柜共用一台开关柜，不过开关柜要加深。

变电站的站用变压器接线常存在的不合理之处是中压配电室用户有配电变压器，站用电不取至配电变压器，而是采用专用变压器，而该变压器又接于中压开关站的母线上，为此要多用一台开关柜及一台专用变压器，多花费了投资，与站用电取至配电变压器的低压侧并无不同。

7. 如何保证电源进线柜检修安全

如果检修分柜，可以断开总电源进线柜，观察要检修的开关柜带电显示器，经过验电后，应挂接地线或推入接地柜，电源进线柜要挂"有人检修，禁止合闸"的警告牌，为了更加保险，分柜与总进线柜连锁，如果柜门在开的状态，进线柜开关无法合闸，不过此种方法一般不采用。如果检修电源进线柜，或全部开关柜进线检修，不能认为只要断开总电源进线柜即可，因为此时进线端头依然带电，要求停掉上一级开关柜，使本柜不带电，但又怕上级开关突然送电，如果采用连锁，即本柜门在开启状态，上级开关无法合闸，这样控制电缆可能很长，而且敷设不便，进线侧可合接地开关或采用挂接地线的方法保证总电源进线柜检修时的安全。

第四节 环 网 供 电

1. 环网供电具有极大的经济意义

对于末端用户，中压供电总电流不会超过630A，短路电流不会超过31.5kA，采用环网供电有大的优越性，它具备两路电源供电功能，提高了供电的可靠性。不必采用价格昂贵的金属铠装移开式开关柜，而是采用价格便宜的环网柜，前者平均每台价为后者大约为6-7倍。对于供电部门来说，供电网络的投资也大大减少（有的地方供电网络的投资转嫁给用户），道理很简单，如果设立公用开关站，从变电站向公用开关站供电，电缆用量可观，从公用开关站向用户放射式供电，所需电缆用量更加庞大。如果每用户均设一座10kV开关站或称配电室，采用两进两出手拉手供电方式，这会消耗大量开关柜，不难计算，每个配电室要两台进线柜、两台出线柜、一台母线联络柜，两台母线电压互感器柜，这7台柜属于基本配置，如果用户只有两台配电变压器，要有两路馈线开关柜，这样，为给两台变压器供电，总共要配以9台开关柜，给一台变压器供电，总共要8台开关柜，开关柜占有的比重太大，经济上实在不划算。如果采用环网供电，用户有两台配电变压器，只要4台环网柜，有一台配电变压器，只要3台环网柜，总投资与前者比较，相差悬殊。

环网柜体积小，占地面积少，也是它的显著优点之一。另外，它结构简单，容易维护，不要专人值班，采用它组成的公用开关站，可以安装在路边，这是其它开关柜所不能比的。有的末端用户，配电变压器容量小，台数也不多，动辄采用手车式开关柜，而对环网柜弃之不用，这实在不是明智之举。

采用多个组装式变电站（箱式变电站）向某一区域供电，组装式变电站高压侧要三台环网开关柜，即一台进线，一台出线，一台变压器馈线，在这种情况下，非环网柜莫属，因为在组装式变电站的狭小空间内，别的开关柜是很难放得下的。

2. 环网供电的保护问题

环网供电对单环来说，要两路供电电源，这两路电源可以来自同一台主变的母线，也可以来自两台主变的母线，而这两台主变压器的高压侧一般为同一路供电电源，要实现闭环运行，电压、频率及相序要一致才行，如果在维修后相序发生改变，闭环时要发生短路事故。闭环运行等于是两台主变压器并联运行，如果两台主变压器短路阻抗不一致，就会在系统内发生环流，产生损耗，降低设备输配电能力，因此，不提倡闭环运行。

如果主变压器高压侧不是同一路电源，实质上这种不应称为环网供电，应称为两路互为备用的电缆树干式供电比较合适，这种电缆树干式每个供电点皆带有隔离开关而已。

环网供电的保护比较复杂，如果环路中某处发生短路故障，故障点的两侧的开关要瞬时断开，这样才能把故障段从系统中切除，为此，组成环网系统的每一接点进出线要采用断路器，断路器动作要瞬时跳闸，达到保护的选择性。实现上述保护，要采用电缆差动保护，由于线路长，差动保护线路采用光缆才行。作为传感器的电流互感器，在每个环网接点的进出线回路上均要安装。

如果组成环路的为负荷开关（目前基本如此），差动保护无法实现，短路故障要跳总开关，实现倒闸操作后，切除故障段，然后完成送电，为缩短停电时间，要采用电动遥控操作，而且要对故障段准确判断，这要在电源处采用后台计算机监控才能实现。

环网接点上每回路变压器馈线开关，如果采用负荷开关熔断器组，即使采用全范围保护熔断器，也不易保护变压器或回路的过载，熔断器保护变压器高压侧及回路的短路故障，变压器的过载只能在低压侧保护。如果在高压侧保护变压器过载，回路要加装电流互感器，由电流互感器动作负荷开关脱扣器。

3. 环网开关柜所用主要元件

环网开关柜额定电压主要有 12kV、24kV、40.5kV，目前额定电压 40.5kV 的环网柜，用量很少，在南水北调工程某些线路上得到应用，此种柜型体积大，很难得到推广。目前使用最普遍的是额定电压为 12kV 的环网柜。

环网柜主要元件有以下几种。

（1）负荷开关。负荷开关有压气式、产气式负荷开关，产气式目前基本淘汰，压气式还有使用，不过由于体积大，开关柜的体积也相应地增大，不过柜内空间较大，维护方便，价格也较便宜。

SF_6 负荷开关用得较多，结构仿 ABB 公司的产品，开关封闭在环氧树脂浇铸的箱体内，箱体由上下两半壳体组成，采用密封圈与螺栓固定，操作机构、压力释放装置、观察窗在箱体外。由于箱体内所充 SF_6 气体压力不大，基本上与箱体外的大气压大不了多少，加之箱体密封较好，一般 20 年不必补充 SF_6 气体。

负荷开关也可以采用真空负荷开关，目前多采用全固封真空负荷开关。

（2）真空断路器。采用固封式真空断路器，体积小，适合体积小的环网开关柜。

（3）负荷开关熔断器组。之所以不单独称为熔断器，因为它与普通熔断器不同，它要与负荷开关组成统一的功能模块，任何一只熔断器熔断，引爆爆炸装置或撞针，使三极负荷开关联动切断回路，本来由熔断器切断的回路转移至负荷开关切断，使回路不可能出现单相运行，负荷开关切断由熔断器转移过来的电流能力，称为负荷开关切断转移电流的能力。

（4）电动操动机构。一般负荷开关与断路器可以通过手柄手动操作，如果要求自动操作，应配电动操作机构，不过接地开关不能电动操作。有的通过负荷开关或断路器在断开回路时，连带闭合接地开关。

（5）遥控与监测单元、低压箱。根据用户需要，可以配备遥控及监测单元，安装在低压箱内，低压箱安装在开关柜顶部。

（6）电流互感器与电压互感器。由于环网柜空间狭小，电流互感器安装与 A、C 两相上，这对中性点不接地系统足以满足要求，电流互感器应为支柱式，母线式安装不够方便。电压互感器主要为计量之用，母线不必安装电压互感器，绝缘监测在总电源侧，而不是在某个环网接点进行。

4. 用户馈线直接接入公用环网供电系统

环网供电分为供电系统部分与用户接入部分，供电系统部分由供电部门负责，常见的有单环网及双环网，用户接入方式又分为馈线回路直接接入系统环网中，在供电部门的指令下，可以操作环网中的进出线开关，以及用户不直接接入环网中，用户不经供电部门自行操作本单位的环网柜，图 8-14 所示为用户直接接入环网中。

一般环网接线都是开环运行，这样不但保护简单，电源侧也不会造成两段母线并联。开环处可在用户的进出线处，如图 8-14 所示，很少在用户母线断开处。用户环网柜与公用环网开关柜并列在一起。

如果单环网的两路电源接于两台主变的母线上，两台主变压器短路阻抗不一样，平时运行时两段母线的母联开关断开，如果采用闭环运行，必然环路中有环流出现，另外，闭环运行保护也比较困难，一旦发生短路，如果实现不了选择性切除故障段，停电影响范围大，因此，单环接线平时大都开环运行。

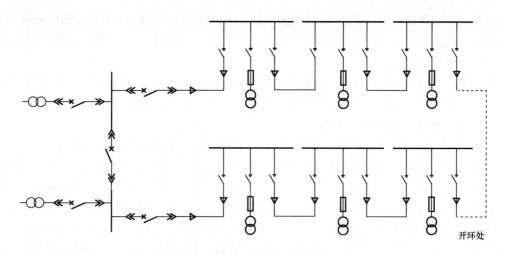

图 8-14　用户馈线直接接入环网系统

5. 公用环网供电系统与用户供配电系统分开

此种系统典型接线如图 8-15 所示。

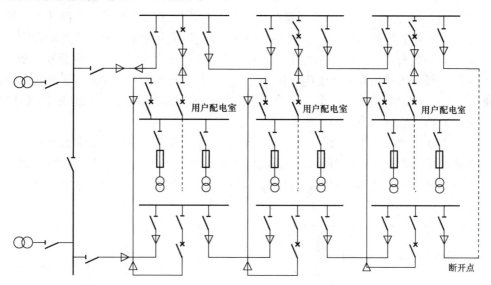

图 8-15　用户供配系统与公用环网系统分开

图 8-15 公用环网系统与用户供配电系统分开（为绘图方便，图中斜杠代表负荷开关或隔离开关）。

公用环网开关柜与用户供配电系统开关柜可在同一配电室内，建筑物由用户提供，位置双方协商确定，但大部分情况两配电室是分开的，公用环网开关柜常安装于城市干道边，露天放置，不锈钢保护外壳，整体一字排列，向附近用户供电，维护由供电部门负责。与用户分开的公用环网供电系统，每一个环网接点，实质上就是一个公用开关站。

环网供电一般对中小容量用户供电，每个公用环网系统总容量一般不超过 10 000kVA，10kV 供电电缆截面铜芯一般不大于 $300mm^2$。

用户配电变压器容量一般不大于 1600kVA，若用户配电变压器容量不大于 630kVA 时，采用负荷开关加熔断器环网柜，若大于此容量，可采用额定电流为 630A 的断路器环网柜。由于配电变压器容量不大，与供电部门协商，收费计量可在变压器低压侧，当然计量也可在环网系统中的计量柜中进行。

由于采用环网供电容易实现供电深入负荷中心的优点，建议配电变压器容量在 315 ~ 630kVA 较好，环网供电也比较适合向箱式变电站（预制式变电站）馈电。

6. 小型环网柜其他场所的应用

"环网柜"这一称谓既不准确又不科学，不能认为环网接线中使用的柜子就称为环网柜，也不能把小巧玲珑的开关柜称为环网柜，环网柜也不一定用在环网接线中，目前常把六氟化硫负荷开关柜，或六氟化硫负荷开关加熔断器（含小型断路器）柜称为环网柜，这也是约定成俗的称呼了。此种柜型体积小，高度约 1500mm，宽度约 375mm，深度为 900mm 的环网柜安装于组装式变电站比较合适，尤其在一个居民小区有多台组装式变电站（又称箱式变电站）或多台路灯照明用组装式变电站的情况下，在公用环网系统与用户合用的情况下，组装式变电站要有进线与出线环网柜，加上变压器馈线柜，共 3 台，总宽度不过 1.125m，安装于组装式变电站内还是宽松的。对于公用环网系统与用户分开的情况下，组装式变电站高压侧只要一台带保护装置的环网柜即可。与公用环网系统合用的组装式变电站环网接线如图 8-16 所示。图中的变压器馈线回路，虚线连接的熔断器、负荷开关、接地开关，表示三者之间具有连锁功能，三相熔断器中，不论哪只熔断器熔断，该熔断器中不论是由火药爆炸或弹簧的释放起动的撞击器，撞击负荷开关脱扣机构，使三相负荷开关断开，切断回路电流，断开的负荷开关置于接地位置后，又通过连杆机构带电接地开关接地。由某一熔断器的熔断，带动负荷开关动作，从而切断回路电流，这就是负荷开关切断的转移电流，本来应有熔断器切除的电流，转移至负荷开关了。

对于向变压器馈线回路，为了检修变压器时的安全，常常在变压器旁装设环网柜，作为变压器检修时的隔离之用，检修人员旁边有隔离柜，从心理上也感踏实，接线图如图 8-17 所示。变压器旁作为变压器维护时隔离作用的环网柜，应明确柜的出线与进线方式，如果为

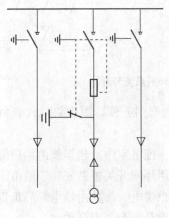

图 8-16　变电站环网接线

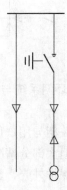

图 8-17　环网柜作隔离用接线

电缆下进线，电缆下出线，应采用两台环网柜，进线与母线升高合用一台开关柜，另一台为变压器开关柜，如图 8-17 所示。母线升高柜是一台空柜，增加投资很少，但提供接线的方便，笔者经常见到设计图只画了一台负荷开关接线，又要求电缆下进下出，这很难实现，设计人员不感到自己考虑不周，而是要生产厂家采用非标加工。

此方案采用两台环网柜，其中一台近乎空柜，作用是改变电缆进出线方向，有的用户要求进线侧环网柜加快速接地开关，这要求很难实现，因为环网柜体的机械强度达不到快速接地开关的要求，而且也有误操作的可能。有人会问，在环网柜中，用于变压器馈线柜不是带有接地开关吗？为何此处不能装呢？原因是此接地开关非彼接地开关，环网馈线柜中，变压器馈线用的负荷开关加熔断器柜，柜中的接地开关，非弹簧储能的快速接地开关，不能闭合于短路上，操作力很小，可由负荷开关通过连杆机构联动闭合，省去人工挂接地线的麻烦。而平常所说的快速接地开关，操作力很大，需弹簧储能，闭合速度极快，两次合到短路点上而不能损坏（国家规范要求耐受一次短路电流故障），即它又闭合短路的能力。对于变压器隔离用的环网柜，如果采用电缆上进线，一台环网负荷开关柜即可，但要考虑电缆头的安装方便，环网柜应加高 400mm。环网柜如果作为变压器的隔离开关柜，它必须满足隔离开关的条件，最好所用的负荷开关为三工位的（闭合、断开、接地），不要求一定要有肉眼看得见的明显的断开点。采用三工位开关达到了变压器高压侧的接地功能。

作为变压器的隔离柜，当然可采用一台环网柜完成，即电缆上进线、下出线，或电缆下进线，电缆上出线，但总有一段电缆悬空，不美观，也不容易固定，如图 8-17，只是增加一台空柜，电缆接线方便，而且又美观，也增加不了多少投资，何乐不为呢。图 8-17 是两台环网柜方案，不过在订货时，可以要求制造厂家集合在一台环网柜中。有人提出，为了检修该柜时的安全，要求在柜门在打开状态时，上级开关不能合闸，笔者认为无此必要，因为它作为变压器检修时的隔离开关，很少操作它，对隔离开关不考虑检修问题，万一检修，在停掉上级开关的情况下，还要验电，挂警告牌、本柜挂接地线，如果采用与上级开关连锁的方法，需要大量控制电缆，而且敷设的工程量也大。

7. 常见的几种环网柜

SF$_6$ 环网柜是以 SF$_6$ 负荷开关为主要组件的开关柜，它具有五防要求功能，ABB、Schneider 公司都有生产，国内多为仿 ABB 公司的制品，馈线柜多为负荷开关加熔断器组成，额定电流超过 200A 的采用小型真空断路器，但最大电流也不超 630A，它的最大特点是体积小，如果组成室外环网开关站，基本上非它莫属了。压气式与产气式负荷开关柜也可做环网柜，由于可靠性问题，产气式逐步淘汰。压气式负荷开关柜为金属封闭结构，主要分两大部分，上部为母线及开关室，下部为电缆室，仪表室附属母线及开关室，体积较大，开关正面布置时尺寸为 900mm（宽）×900mm（深）×2000mm（高），开关若侧面布置，宽度只有 600mm，但不利维护。

目前国内尚有一种固体绝缘环网柜，真空灭弧室浇铸于环氧树脂壳体内，其他部分也全部绝缘，电缆头采用可触摸插拔式，使之柜体大大减少，其尺寸可达到 420mm（宽）×860mm（深）×1200mm（高）。

环网柜有全充气与半充气式，全充气式是负荷开关、断路器、电流互感器等全安装在充以 SF$_6$ 气体的柜体内，由于电压互感器及熔断器是易损元件，常要更换或维护，不能够安装在充气柜体内，它要安装充气箱体外，通过专用接头与主回路连接。全充气一般不是单独一个接线模块，而是一组接线模块的组合体，例如，一进一出一个变压器馈线，共三个功能单元组成一体，共同在一个充气箱体内，这样体积更紧凑。所谓半充气式，都是单个功能单元为一柜体，负荷开关安装在充气 SF_6 箱体内，其他元件不充 SF_6 气体。

8. 环网柜保护熔断器的选择

当变压器容量不大于1600kVA时，变压器馈线柜内可装熔断器作为变压器的短路保护，而变压器的过载保护可在低压侧进行。不要误会，认为选用全范围保护熔断器，短路及过载皆能保护。

变压器馈线用环网柜内熔断器的选择见表8-1。

表8-1　　　　　　　　　　变压器馈线用环网柜内熔断器的选择

变压器容量 （kVA）	熔断器额定电流/熔丝电流 （A）	变压器容量 （kVA）	熔断器额定电流/熔丝电流 （A）
100~160	63/16	630	63/63
200	63/20	800	100/80
250	63/25	1000	100/100
315	63/31.5	1250	125/100
400	63/40	1600	125/125
500	63/50		

第五节　采用电缆分支箱的配电方式

1. 采用电缆分支箱的意义

采用电缆分支箱的配电方式，既不是树干式配电，也不是放射式配电，应称为树干—放射配电比较合适。它是由中压配电室引出一条馈线回路，进入负荷中心某电缆分支箱，由电缆分支箱再分成多个分支回路，以放射式向各配电变压器供电。但这种配电方式简单实用，尤其在一些居民小区，采用此种方案，有其经济意义。采用电缆分支箱后，从配电室引出的馈线回路大大减少，从而节省开关柜的数量，同时也减少配电室占地面积。与电缆放射式比较，此种配电放射又能够节省大量电缆，这样一来，减少投资非常显著。

从配电室引出的馈线电缆，也可以带若干电缆分支箱，这样一条配电室馈线回路，可以带很多台配电变压器了。

2. 电缆分支箱结构特点及接线方式

由于电缆分支箱多安装在室外，因此外壳多采用不锈钢板，也有采用冷轧镀锌板再加喷塑处理。为了维护方便，多为双开门，箱体表面无紧固件可供拆除，防盗性能好，也有利人的安全，箱底电缆进出口要采用密封胶封堵，以免潮气浸入，箱门采用密封条封闭，门锁为防雨型。不过不同的生产厂家生产的电缆分支箱尺寸是由差异的。电缆分支箱不论进线还是馈线，都是采用异型母线与之相连，电缆头也是专用插拔式。

电缆分支箱主接线有一进二出，也有一进三出、一进四出，电源进线可以是两路，这样进线电缆又可以由此分支箱再向另一只电缆分支箱供电，也就是相似环网接线方式。电缆分支箱的功能是一条回路供电电缆变成两回路，向多台配电变压器供电，因此，箱内可以不要安装任何开关保护设备，如果进线与馈线均安装开关保护设备，这已经不是电缆分支箱了，而是座公用开关站了，如果采用两路电源分别向多个电缆分支箱供电，这实质上又是一个简易的环网供电方案了。

为检修方便，不使故障扩大，有的电缆分支箱进线安装断路器及隔离开关，把进线安装断路器与隔离开关作为电缆分支箱的标准配置，这样，分支箱的分支线的故障不会影响由同一条主干电缆供电的另外分支箱的正常供电，相对提高了供电的可靠性。如果对电缆分支箱实现遥测及遥信，电缆分支箱在进线回路安装电流互感器及电压互感器，通过信息接口及通信网络传至控制中心。如果电缆分支箱总进线断路器采用电动操作，这样实现遥控也很方便。

3. 电缆分支箱基础的制作

电缆分支箱的基础坑应方便电缆敷设与维护，应当防水，边沿要高出地面 300 ～ 400mm，以防雨水进入，坑底据地面约 1300mm，要与旁边的电缆井相通，电缆井盖直径约 800mm，为下到井底方便，井壁要留有爬梯，要预埋电缆进出线保护管。电缆分支箱的设备坑要预埋扁钢，以便固定基础槽钢之用，扁钢要与接地极相连，接地电阻按中压配电室对待。

第九章

中压柜内所装断路器的选择

第一节 概 述

在中压配电系统中，断路器是主回路中最重要的元件，因为任何一台中压开关柜的主回路元件都是由隔离开关（手车式开关柜省掉隔离开关，它的插拔插头就是隔离器）、负荷开关、断路器、接地开关、电流互感器、电压互感器、熔断器、避雷器（或过电压保护器）组成的，这些元件都是不可或缺的元件，但核心元件还是断路器，它兼有操作及保护功能。虽然熔断器也具有保护功能，但断路器保护范围广、保护准确度高、容量大、易操作，而且可以重复使用。中压配电系统中，上述元件虽然均可利用到，但对某种柜型或某种主回路接线，只能采用其中一部分元件。对于中压配电系统中经常使用的中置式移开式开关柜来说，由于断路器自身带有隔离插头，因此不需隔离开关，这样开关柜中的主要元件就剩断路器、互感器了，至于接地开关、避雷器、过电压保护器，不是必要的元件，因此，断路器在中压开关柜中是主要元件了。

中压断路器分为真空断路器、SF$_6$断路器、多油断路器及少油断路器。多油或少油断路器体积大，多次开断后油质劣化，需要过滤或更换，且容易引起火灾及爆炸危险，因此，多油断路器早已退出历史的舞台，而少油断路器在系统老式开关站中只有极少量还在运行，等待更换。目前使用最多的是真空断路器与SF$_6$断路器，在国外，有的国家偏重SF$_6$断路器，而在我国，真空断路器占统治地位。据统计，2009年，国内中压断路器中，真空断路器占99.39%，生产厂家近150家。在中压配电系统中，SF$_6$断路器只起辅助作用，例如，在成排的多台中压开关柜中，只有电容补偿回路才能看到SF$_6$断路器，虽然大容量发电机出口断路器几乎一律采用SF$_6$断路器，但是由于发电机台数少，SF$_6$断路器用量极少，大容量发电机专用SF$_6$断路器还靠进口，发电厂的厂用电还是采用真空断路器。

在真空断路器中，按安装方式分，有固定安装式和手车式；按绝缘方式分，有空气绝缘、空气与附加绝缘（即双重绝缘）以及全固封绝缘；按操动机构分，有电磁操作、弹簧操作及永磁操作，至于压缩空气式及液压式，那是高压断路器的操动机构了；按敷设地点分，有室内型与室外型；按电流等级分，有小电流、中电流及大电流。小电流为630A，此种电流等级使用量很少，尽管回路实际电流只要几十安，一般在配电系统中，断路器额定电流的起步电流为1250A，就属于中等容量的电流等级了。630A的电流只有在体积小的环网柜中还在使用。目前，在12kV的电压等级中，国内可以生产出额定电压为12kV，开断电流为50kA，额定电流为5000A的大电流真空断路器，额定电压40.5kV，额定电流3150A，额定开断31.5kA的断路器。有的厂家在研制额定电压12kV，开断63kA，额定电流为5000A的真空断路器。国内有些厂家的真空断路器进军高压领域，生产出额定电压为126kV的用于 110kV 系统的真空断路器。国外可生产的真空断路器最高额定电压达 252kV，用于 220kV 电力系统中。在 40.5kV 的电压等级中，目前常见的最大电流不过 3150A。

按电压等级分，有 12kV、40.5kV，分别用在 10kV 系统与 35kV 系统中，目前尚有用于 20kV 系统的 24kV 的断路器。

断路器是中压系统中主回路的核心元件，在国内真空断路器占断路器的绝大部分，真空断路器的核心元件是真空灭弧室，真空灭弧室俗称真空泡。真空泡的制造在二十世纪六十年代开始，在国内已有几十年的历史，目前比较知名的厂家有宝光、旭光、宇光、华光及后来的汉光、浙光、景光、恒光、正光等公司。真空灭弧室的制造已经很成熟，中压 12 ~ 40.5kV 系统中，在额定电流为 630 ~3150A 的中小容量的真空断路器领域，与国外同类品牌同台竞争并不逊色。

真空灭弧室的壳体，有的为钢化玻璃，也有的为专用陶瓷，有的用户喜欢采用高铝陶瓷外壳，认为它比玻璃外壳强度大，实际这两种壳体难分伯仲，而钢化玻璃外壳还有一优点，那就是内部发生放电现象，外壳表面留有痕迹，容易发现不正常现象。不过对于固封式真空断路器，真空灭弧室是封闭于环氧树脂绝缘材料中的，灭弧室外壳不正常现象是不会被发现的。

对真空灭弧室的要求是三高与三低性能，即高开断能力、高绝缘强度、高真空度、低截流值、低重燃率、低漏气率。为达到上述要求，经过多年的完善及改进，加工采用一次封排工艺，触头材料采用铜与铬，含量各占 50%，触头灭弧由横磁场改为纵磁场，触头接触面产生纵磁场的齿形结构，使通过触头的电流在纵磁场的作用下均匀分布在触头表面，达到容易切断大短路电流的目的。真空断路器极柱绝缘的发展历程为：空气绝缘——复合绝缘——固封绝缘，而固封极柱也从环氧树脂压力凝胶到热性塑料加短玻纤喷注技术。

中压断路器型号有两字母加设计序号，并标明工作电压。

第一位数字含义为：S——少油，D——多由，K——空气，L——SF_6，Z——真空。第二位数字含义为：N——室内，W——室外。工作电压常用的有 12、24kV 及 40.5kV。

目前国产真空断路器产品型号繁多，从初始的 ZN1 ~ ZN5 逐步发展壮大，目前国产真空断路器的型号有 ZN28、ZN12、ZN23、ZN27、ZN28、ZN30、ZH63、ZN85、ZN139、VS1（ZN63A）等 100 种左右，但常用的为 ZN63A 及 ZN28 两种。ZN63A 常称为 VS1，它是森源公司仿 ABB 公司的 VD4 开发出来的，V 代表真空（vacuum），S 代表森源公司。常用的国外公司生产的中压断路器除 ABB 公司的 VD4 及 newVD4 外，施耐公司生产的 EV12S 及 EVO-LIS，西门子公司生产的 3AE 及 3AH 系列。

第二节　断路器性能要求及主要参数

（一）断路器性能要求

断路器分为 M1 与 M2 级、E1 与 E2 级、C1 与 C2 级。

1. 机械性能

在机械性能方面，断路器分 M1 级与 M2 级，M1 级要求满足 2000 次的机械寿命，由于技术参数低，目前国内不再生产此种参数的中压断路器。M2 级适合频繁操作的场合，机械寿命长，通过 10 000 次操作循环试验是必不可少的，但这在国内已属于最低标准了，通常在 25 000 次。永磁操动机构在十万次以上。

2. 电气性能

在电气性能方面，断路器有 E1 级及 E2 级之分，E1 级为具有基本的电气寿命，属于低档次的要求，国内也已不再生产。E2 级是在使用寿命期间，主回路开断用的零部件不必维护，而其他部件只需进行稍微维护即可。

3. 用于电容器回路的断路器

其性能采用 C1 级及 C2 级评价。C1 级对于开断容性电流时重新击穿率低，而 C2 级是开断容性电流具有极低的击穿率。

对于断路器性能的要求，可对上述级别进行组合，例如对于电容器补偿回路，经常进行操作，可要求断路器达到 M2-E2-C2 的水平，而普通负荷的馈线回路，对断路器的要求可达到 M2-E2 的水平。目前生产厂家对所生产的断路器，已承诺机械操作 10 000 次免维修。至于电气寿命，对中压断路器来说，不是指带额定负荷进行循环操作的次数，而是指断开额定短路电流的次数，国家没有特定要求，一般厂家只做开断短路电流 30 次就已足够，而有的厂家为显示自己的产品高性能，做开断短路电流 50 次，个别的竟达 100 次。对于电容器回路所用的断路器，为了不能够重新击穿，真空断路器的触头必须采用老炼处理，即去除真空灭弧室触头表面的毛刺，蒸发去除表面细丝及针状物品。老炼时，通常通入几百安的电流。

用于电容器回路的真空断路器要经过老炼处理，对于 SF$_6$ 断路器则无此必要了，不过 SF$_6$ 断路器要比同电压同容量的真空断路器贵得多。

电气设计时，对于电容器回路所用断路器通常并不考虑真空断路器是 C1 级还是 C2 级，而是具体开断电容器的电流，并且还要分清开断单独电容器组的电流能力及电容器组背靠背安装切断电容器组电流的能力及闭合电容电流的能力。目前中压真空断路器切断电容器电流大约为 630A，最大不超过 800A，如果切断背靠背电容器组的电流，大约为 400A。

（二）其他参数的要求

1. 电气参数

中压断路器还有很多技术参数，如额定电压、额定电流、额定频率、额定工频耐受电压、额定耐雷击冲击电压、短时耐受电流、开断直流分量值、额定关合峰值电流。

短时耐受电流一般按 3s 考虑，不过目前生产的断路器已按 4s 考虑，实际工程中，短路时间很难达到 3s，更不可能延续 4s，即使为了选择性需要，级间相差 0.5s 即可（定时限），按三级考虑，末级短路延时 1s 即可（末级为瞬时跳闸），短时耐受电流时间越长，只是说明断路器在短路期间热稳定性能好罢了。

至于断路器开断直流分量的能力，一般达到 30% 即可，有的真空断路器可达到开断直流分量的 50%，只要不作为发电机出口断路器，达到这样大的开断直流分量的能力是没有必要的。之所以短路电流含有直流分量，是因为回路中电抗成分大，短路时，由于电抗的作用，短路电流迟迟不过零，从波形分析，是电流中有一个直流成分造成的，并不是系统内含有一个直流电源引起。一般回路中，短路电流达不到 30% 的直流分量，如果断路器用于发电机的出口，发电机绕组阻抗主要成分是电抗，短路电流迟迟不过零，直流分量达 50% 以上，因此用于发电机出口断路器要求开断直流分量达 76% 以上，在这种情况下，真空断路器已无能为力了，要用 SF$_6$ 专用断路器才行（SF$_6$ 断路器用于发电机出口断路器的另一原因是它不存在截流问题及触头弹跳过电压问题）。

至于真空断路器触头开距、接触行程、分闸速度、合闸速度、分闸时间、合闸时间、等技术参数，与设计人员及用户关系不大。对设计人员来说，要注意断路器储能电动机的电源电压、功率及是交流还是直流，以便考虑对应的操作电源。

2. 机械特性

真空断路器的机械特性包括触头开距、接触行程、分闸速度、合闸速度、分闸时间、合闸时间、等技术参数。断路器三相分合闸不同时性不大于2ms，这一点真空断路器都能做到，不过用户对此参数很难验证。合闸弹跳时间不大于2ms，合闸时间不大于100ms，分闸时间不大于60ms。另外还有分闸速度、合闸速度、触头接触压力、触头开距、接触行程等参数。上述参数是国家标准要求的，目前生产的产品满足或超过上述标准。

合闸速度影响触头的电磨蚀，速度低，预击穿时间长，电弧存在时间长，触头磨损大，速度太高，容易弹跳，灭弧室及整个机械冲击大，影响机械寿命。分闸速度一般说越快越好，但过快的话分闸反弹也大，容易产生重燃，经过实践证明，分闸速度在1～1.5m/s比较合适。触头合闸弹跳时间规定不大于2ms，主要弹跳瞬间使回路产生LC高频振荡过电压，对系统内的设备绝缘产生严重危害。合分闸不同期时间不大于2ms，不同期时间过大，容易引起合闸时弹跳时间过长，这会带来上述不良后果。断路器机械部分的操作力，最后通过凸轮连杆传递到绝缘拉杆，由绝缘拉杆带动带动真空灭弧室的动触头，要求绝缘拉杆绝缘能力满足要求，而且要有高的机械强度，曾有12kV真空手车式断路器绝缘拉杆断裂的事故，绝缘拉杆的断裂，一方面是本身机械强度问题，另一方面是拉力与绝缘拉杆不在一直线上有关，也与传动机构的灵活性有关，因此在断路器装配过程中，拉力方向一定要调好。

第三节　中压断路器的操动机构

中压断路器的操动机构有弹簧操动机构、电磁操动机构及永磁操动机构。这些操动机构各有千秋，也各有利弊。

1. 电磁操动机构

电磁操动机构优点是所用元件较少，有100个左右，它的动作原理很简单，就是线圈通电后，产生电磁力，吸引铁芯运动，撞击合闸连杆机构进行合闸，操动机构比较简单可靠，加工成本低，可实现遥控，也可进行自动重合闸，有较好的分合闸速度特性。此种操动机构的不足之处是需要大的操作功率，冲击力大，当直流操作电源220V时，合闸瞬时电流达98A，如果操作直流电压为110V，瞬时合闸电流近200A，这样直流蓄电池要求瞬时放电倍率非常大，要采用价格昂贵的镉镍电池。由于合闸电流大，采用断路器的辅助触点接通合闸线圈已不可能，必须另加直流接触器。用于电磁力合闸，电磁力的大小与通过的电流成正比，电流又与电压成正比，因此合闸力大小受电池电压影响大。另外，操动机构笨重，只能与油断路器配合，由于油断路器（多油或少油）已退出历史舞台，因此电磁操动机构也随之消失。

2. 弹簧操动机构

弹簧操动机构的操作动力来自弹簧，弹簧的弹力采用电动机储能或手动通过变速机构进行储能。手车式断路器与固定安装的断路器不一样，它的操动机构本身就是断路器的一个组成部分，它与真空灭弧室、极柱、动静触臂、触头、绝缘件、绝缘拉杆等组成一个整体。弹簧操动机构共有两只弹簧，一只合闸弹簧，一只跳闸弹簧。合闸弹簧靠电动机或人工储能，而跳闸弹簧则不要电动机或人工储能，而是靠合闸弹簧在合闸过程中自动储能。断路器靠合闸弹簧所储的能进行合闸时，合闸弹簧一面克服机构阻力合闸，同时又给断路器的跳闸弹簧储能，合闸完毕，跳闸弹簧的储能也顺便完成。

断路器借助合闸弹簧的储能完成合闸操作之后，合闸弹簧的能量释放，靠合闸弹簧的位置开关立刻对储能电动机接通，对合闸弹簧再储能，储能过程大约在 15s 之内，这样保证了断路器在合闸状态时，合闸弹簧也处于满能量状态。

由于断路器的储能弹簧有上述特点，因此断路器的重合闸功能容易实现，例如，在断路器处于合闸状态时，合闸弹簧及跳闸弹簧均处于储能状态，若回路发生短路故障，在跳闸弹簧作用下，断路器跳闸，由于合闸弹簧处于储能状态，在合闸信号的作用下，立刻进行重合闸。

弹簧操动机构的优点与不足之处如下。

优点有：

（1）具有重合闸功能。

（2）储能电动机功率小，不要大容量的直流电源配合。如果 12kV 的中压柜，台数在 10 台以内，直流蓄电池在电压为 220V 时，容量不超过 30Ah。另外，储能电动机额定电流小，电流平稳，采用免维护的铅酸蓄电池即可，不必采用大容量、高放电倍率、价格高昂的镉镍蓄电池。弹簧储能不受电压波动的影响。

（3）储能方便，既可电动储能，又可手动储能，也可遥控电动储能，一旦失去操作电源，可以改用手工储能。另外操作电源可用交流，也可采用直流。

不足之处有：

（1）机构复杂，所用零件多，而且要求加工工艺高。

（2）合闸操作时，冲击力比较大。

（3）零件多，结构复杂，因此故障率较高，尤其是容易烧坏跳闸线圈及合闸线圈，有时绝缘拉杆也被拉断。

（4）合闸的速度特性不满足使用要求，由于合闸时承受机构作用力及跳闸弹簧的储能阻力大，随着合闸的进行，合闸阻力会越来越大，但合闸弹簧的弹力却越来越小，这与断路器的反力特性恰恰相反，为了达到力的匹配，要通过凸轮与连杆的配合，凸轮合理的曲面与连杆的合理搭配，使弹簧的出力与断路器的反力配合，但合闸速度不宜过快，对防止触头弹跳有利。弹簧操动机构能提供高的分闸速度，有利快速切断故障回路。目前普遍要求弹簧操动机构的分闸速度在 1.2m/s 左右，而合闸速度在 0.6m/s 左右，只有在此速度范围内，真空灭弧室才能更好满足使用要求，为了保证上述速度要求，最好弹簧的弹力可以调节，不过对直弹簧则无此可能。

尽管弹簧操动机构有上述不足，但经过几十年的不断改进，此种操动机构已比较完善，目前尚未有操动机构能把它取代。

之所以烧坏跳合闸线圈，主要是因为机构摩擦面多，卡涩现象。因为跳闸或合闸是在 60～100ms 内完成的，跳闸或合闸线圈能够承受通电时间在 0.5s 左右，它只能承受短时冲击电流，一旦有卡涩现象，跳闸或合闸线圈通电时间稍长，就会烧坏。

由于弹簧操动机构零件多，机构之间配合复杂，其性能有较大的分散性，因此，断路器所用零件应由同一家生产。对固定式断路器，断路器与操动机构往往是不同厂家生产，而且与断路器配套的弹簧操动机构又经常变化生产厂家，造成断路器与操动机构配合不够协调，影响断路器的性能。固定式断路器所用的弹簧操动机构，过去采用 CT8、CT12 等型号，目前常用的有 CT17、CT19 等型号，这些操动机构用于 XGN 系列固定式开关柜中的真空断路器。对于手车式断路器，由于操动机构是断路器的一部分，只要区分是弹簧操动机构还是其它的操动机构即可，不再区分操动机构的具体型号了，凡结构为一体化的断路器，它的型号规格已经代表了操动机构的具体含义。

断路器的绝缘拉杆非常重要，它不但具有良好的绝缘性能，而且要有一定的机械强度，操作机构通过凸轮连杆，带动绝缘拉杆作直线运动，绝缘拉杆带动真空灭弧室的动触头运动，完成断开与闭合回路的功能。

3. 永磁操动机构优点

永磁操动机构在国内推行比较晚，此种操动机构并不是完美无缺的，目前并不能取代弹簧操动机构，在中压断路器以至于 126kV 的 GIS 断路器中，弹簧操动机构还占统治地位，就拿早期研发成功永磁操动机构的 ABB 公司来说，中压断路器的操动机构绝大部分仍然是弹簧操动机构。永磁操动机构与弹簧操动机构比较起来，各有优缺点，而且永磁操动机构在国内的运行时间短，运行经验少，此种操动机构有待完善与提高。

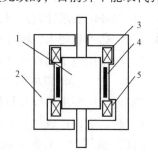

图 9-1　永磁操动机构示意图
1—衔铁；2—金属外壳；3—分闸
线圈；4—永磁铁；5—合闸线圈

永磁操动机构示意如图 9-1 所示。

从图 9-1 可以看出，永磁操动机构在合闸过程中，线圈的电磁力与永磁力叠加，随着动铁芯的运动，吸力逐步增大，线圈及永磁产生的吸引合力很大，在合闸的最后阶段，吸合力上升更快，使合闸速度加快，驱动衔铁到达合闸终点位置，同时又给分闸弹簧及触头弹簧储能，为分闸作准备，合闸后由永久磁铁保持合闸状态。但在分闸过程中，永磁铁在分闸初始阶段，与分闸线圈产生的磁力相反，分闸线圈产生的电磁力要克服永磁的磁力，使分闸系统的运动惯性增大，对提高分闸速度十分不利，在分闸电磁力与分闸弹簧及触头弹簧力的共同作用下，驱动衔铁达到分闸终端位置，最后还是利用永久磁铁保持分闸状态。真空断路器要求合闸不要过快，分闸要快，由上述分析看出，它的机械特性与要求相反，不够理想。

永磁操动机构采用双线圈、双稳态，利用永磁保持断路器的开合状态。不过目前有的把双线圈改为单线圈，分合闸操作时只要改变通入线圈直流的方向即可。

永磁操动机构移动铁芯的运动要变成断路器绝缘拉杆的直线运动，之间只要加一个拐臂杆即可，在断路器分合闸时，取消了传统的锁扣装置。由此可见，永磁操动机构比较简单，所需零件大大减少。

永磁操动机构的优点如下：

（1）由于永磁操动机构的机械零件少，一般 50 个左右，因此机械寿命高，可以达到十万次。

（2）可采用无触点、无磨损的电子接近开关做辅助开关，使辅助开关寿命长、可靠程度高。

（3）可就地及远处合闸，也可手动分闸。

（4）可采用电解电容器作为跳闸及合闸电源，省去了直流蓄电池。

永磁操动机构的不足之处如下：

（1）不能手动合闸。在紧急情况下可手动分闸，但也要较大的力才行，不能手动人工储能。

（2）储能电解电容器质量不够可靠。电解电容器使用寿命有待提高，储存电量不足，使分闸及合闸操作出现问题，分闸速度不够，这是断路器忌讳的，生产厂家许诺电解电容器的寿命在 10 年以上，这与开关柜内其他元件寿命在 20 年以上不够配合，使用条件是在环境温度不大于 40℃，而且湿度在正常情况下的数据，实际情况与之有差异，寿命要大打折扣。另外储能电解电容器体积大，安装时经常遮挡辅助触点，这给维护带来不便。

（3）电子元件可靠性有待提高。机械零件虽减少了，但电子元件却很多，它要配备一套电子系统，虽然该系统有自检功能，一旦出现故障能够自行闭锁，且发出报警信号，但电子元件对环境要求比较严格，加之电子分立元件众多，一旦某一元件出现故障，用户的维护水平往往达不到要求，除非配备各功能单元电子插件，只要某电子插件故障，自检功能发出信号，将备用电子插件立即插入，但目前尚没有此种方案。

（4）永磁操动机构的分闸与合闸的速度特性不好。它合闸速度快，而分闸速度慢，这与对断路器所要求的操动机构速度特性恰恰相反。如果合闸速度快，触头冲击力大，会造成触头弹跳，进而造成触头电弧重燃。分闸速度要快，快速分闸利于熄弧。

（5）价格贵。目前永磁操动机构中压断路器价格要比弹簧操动机构的断路器贵得多，这也是推广永磁断路器的很大障碍。

（6）永久磁铁有退磁现象。永磁操动机构有退磁现象，尤其在高温环境下，平时的振动也能加速退磁，反向磁场的影响也会产生退磁现象（不过双线圈不存在反向磁场，单线圈反向磁场也不大）。目前生产厂家宣扬的永磁操动机构的最大的优点是他的机械寿命长，可达十万次，不过这一优点有时用途不大，例如，用于配电线路的断路器，每年又能操作几次呢？机械寿命有一万次就显多余。若配电线路用断路器每年按操作 20 次计算，则 1000 的机械寿命，足以使用 50 年。如果用在经常操作的场合，例如经常起动与停止电动机，可采用熔断器—接触器柜即可，接触器的机械寿命可达上百万次，它比永磁操动机构的机械寿命大得多。

机械寿命是操动机构连续闭合及断开循环的操作次数，它必须与断路器的电气寿命配合考虑才有意义，单纯的机械寿命没有任何意义，而机械寿命又是操动机构的整体性能，它的薄弱环节是辅助触点及真空灭弧室，虽然操动机构经得起几万次的循环断开及闭合，但它的辅助触点及位置触点以及真空灭弧室达不到几万次的通断，这样，操动机构的寿命只能以它的最短零件的寿命为准。

总之，目前电磁操动机构在中压断路器中不再使用，弹簧操动机构还占统治地位，永磁操动机构还处于推广阶段，有待进一步完善。操动机构机械寿命是个整体概念，尽量要求可靠，过高的机械寿命也无用。

对于中压手车式断路器，操动机构与断路器形成一个整体，在选择断路器时，只要注明是弹簧操动机构或永磁操动机构即可，不论弹簧操动机构还是永磁操动机构，已经没有单独的型号，它不像固定式断路器，断路器与配套的操动机构各有各的型号，如 ZN28-12 断路器所配的弹簧操动机构型号为 CT17 或 CT19。

第四节　真空断路器选择的误区

在中压系统中，断路器是不可或缺的主要元件，而真空断路器在国内占据着统治地位，因此，一个正确的电气设计是与正确选择真空断路器分不开的。下面谈谈如何正确选择真空断路器以及在真空断路器选择中常见的误区。

1. 开断短路电流的能力不必过高

断路器开断短路电流的能力不必过高，但应有余量，以便满足今后因电网增容而造成短路电流增加的需要。但平时在电气设计时，断路器选择的开断能力过大，例如，在用户的末端配变电站，10kV 系统中，10kV 母线短路电流大多在 10kA 左右，容量稍大的系统，短路电流可达 16kA，但在电气设计图上，看到的真空断路器开断短路电流的能力动辄为 31.5kA，有的要求开断电流达 40kA，这样大的开断能力会造成投资的浪费。在上述情况下，断路器开断能力可为 20kA 或 25kA 就足够了。不过目前开断 31.5kA 的真空断路器需要批量大，制造成本及价格降低，反而普及程度较高。

在电气设计中，所进行的短路电流的计算，一般是偏大的，究其原因，是在计算时忽略了电力系统的阻抗，以及回路系统中接头电阻等因素，当然，断路器开断能力一定要按照最大可能出现的短路电流考虑，但短路保护整定值不能按照最大短路电流作为整定基础，因为短路时往往出现电弧，电弧电阻很大，设计计算时，把短路看成纯金属性三相短路，没有电弧的发生，也不存在回路接头电阻。在短路故障的实际统计中，实际上 80% 以上是单相短路，而且短路发生时都伴随着电弧出现，这样，短路电流比理想状态下的短路电流小很多，如果短路保护整定值过大，从而造成保护灵敏度降低或瞬动保护的拒动。在工程实际中，往往出现的不是断路器不能开断的问题，而是整定值过大，保护元件不起动的问题。顺便提醒一句，纯金属三相短路基本不会发生，只有在维修后接地线尚未拆除就合闸才出现此种情况，但接地都采用接地开关或接地手车，而且都有连锁功能，很难出现纯金属短路情况的发生。

在电气设计施工图中，最经常出现的情况是，总进线断路器开断能力比馈线回路断路器开断能力大一级，这倒没有必要。总开关担负母线短路故障开断，分开关担负馈线回路短路故障开断，但在靠近馈线断路器负载处，由于离母线非常近，短路电流与母线短路电流相差不大，因此，总开关与分开关的开断能力应一致。

2. 断路器电气寿命及机械寿命要求不必过高

此处所说的电气寿命，并不是平时所说的带额定电流或一定负载电流，按规定时间间隔循环断开的次数，而是指断开短路电流的若干次数而不必维修。此种断开次数国家并无规定，一般生产厂家断开 30 次短路电流即可。有些厂家的产品断开 50 次，在用户工程招标过程中，经常看到对断路器的开断短路电流的次数有过高的要求，曾有某招标文件中，技术参数要求 12kV 线路保护用真空断路器开断额定短路电流 100 次，要求机械寿命 100 000 次，断开额定电流 20 000 次，这些要求有点离谱了。过高的短路电流开断次数实在没有必要，短路故障是电气中的重大故障，发生一次短路故障，应看作重大事故，要查清原因，提出整改措施，避免以后发生类似事故，因此，在断路器的有效工作年限，不过断开短路故障几次罢了，系统电压越高，短路故障的危害越大，但发生短路故障的概率越低，由此可见，中压断路器有断开 30 次短路故障的能力足够了。中压断路器开断短路的型式试验费用不菲，12kV 的真空断路器，每开断一次短路试验，目前收费价格为人民币 1 万元左右，过多的开断试验，费用太高，也没有必要。是否开断次数越多，开断能力越好呢？这又是认识的误区，真空断路器进行短路开断试验，关键在开始的前十次，只要前十次能够开断规定的电流，接下来问题就不大了，据型式试验的统计数据表明，开断短路试验前十次，断路器出现问题的概率最高，随着开断次数的增加，故障概率逐步下降，当开断 30 次试验后，再做开断试验出现故障的概率几乎为零。因此，能够开断 30 次，不能说明它不能开断 50 次，只是不必做无谓的试验了。

对于真空断路器的机械寿命，要求高也无必要，M1 级本来不小于 2000 次，M2 级不过 10 000 次，现在生产厂家若进行机械寿命大竞赛，一家产品 25 000 次，另一家产品十万次。在招投标中，也是互相比机械寿命的高低，这对于配电用真空断路器毫无意义，但一些特定场合，如经常投切电动机，经常投切电弧炉、自动电容补偿回路的频繁投切等的场合，采用真空接触器更好（中压电容器回路的投切常用 SF$_6$ 断路器），接触器的机械及电气寿命达百万次以上（它的电气寿命是以开断额定电流而非短路电流来衡量的），何必在断路器的机械寿命上较劲呢。

3. 其他电气参数的过高要求

断路器的短时耐受电流是指在短路期间，断路器承受短路电流的热稳定的能力，它与温升不是一个概念，温升试验是在长时间通过额定电流或规定电流时，断路器有关各点的温升不能超过一定值。断路器的短时耐受电流一般按 3s 的时间试验，在此时间内，短路电流产生的热量不能对断路器造成损伤。断路器热稳定能够持续 3s 时间足够了，理由是，短路发生后，为了保护选择性的需要，可能按时间阶梯进行延时跳闸，定时保护时，相邻断路器跳闸间隔为 0.5s 即可保证动作的选择性，如果断路器相差两级，跳闸延时为 1s，如果相差三级，跳闸延时为 1.5s，现断路器能够承受 3s 的短路电流，已经足够，但有的用户或电气设计人员一定要求热稳定能力为 5s，实在无此必要了。

断路器的动静触头在合闸过程中，容易弹跳，如果弹跳时间过长或者三相合闸不同期时间较大，断路器动静触头间容易发生击穿重燃，重燃使回路发生充放电过程，过电压陡度增加，幅值增大，此过电压称之为触头重燃过电压，这种过电压的危害甚至超过真空断路器的截流过电压，对变压器及电动机的匝间绝缘造成威胁，因此断路器动静触头的弹跳时间及三相不同期时间不超过 2ms，目前断路器的参数均按此参数生产，有的用户要求上述时间小于 2ms，要求不超过 1ms，实在超过了目前技术水平。

4. 真空灭弧室起步电流过大所带来的负面问题

中压真空断路器的真空灭弧室起步电流为 630A，目前有的厂家 630A 的也不生产了，起步电流最小为 1250A，造成这种情况的原因与真空灭弧室的制造有关，但也带来一系列负面问题：由于真空灭弧室起步电流太大，由这种真空灭弧室组装的真空断路器起步电流必须与真空灭弧室一致，这样一来，断路器的极柱、极柱上的插接头以及开关柜上的定触头等配套件都必须与真空灭弧室电流保持一致，这样，在大多数情况下造成有色金属材料的严重浪费。例如，12kV 真空断路器，所带回路只是一台 1000kVA 的变压器，变压器 10kV 侧额定电流只有 57.7A，如果真空灭弧室额定电流 1250A 起步，因此回路断路器为 1250A，这样，断路器所有配件额定电流均不小于1250A，开关柜中的定触头额定电流也不小于1250A，造成有色金属的极大浪费。这还不算，更浪费的是开关柜中 的主回路导体的载流量用户或电气设计人员坚持要求与断路器保持一致，也就是回路导体载流能力按1250A考虑，实际上只要载流60A，回路最小截面通过动热稳定校验合格即可，回路导体有很大的节约空间。

第五节 发电机出口断路器及电容器回路用断路器的选择

发电机出口断路器及电容器回路用断路器与一般的配电回路用断路器比较，在性能要求上是有差别的，尤其是发电机出口断路器，更不能用普通断路器代用。

1. 中小容量发电机安装出口断路器的必要性

一般来说，中小容量发电机都要出口断路器，对于大容量发电机，如果与升压变压器接成发电机—变压器组，而且二者的连线采用运行可靠的气体绝缘管道母线（常为离相母线），这样发电机出口可省掉出口断路器。不过对中小容量发电机，几乎皆采用出口断路器。发电机出口装设断路器的理由如下：

（1）如果发电机出口断路器的发电机侧发生短路故障，系统向短路点注入的短路电流通过发电机出口断路器，发电机出口断路器跳闸，这样故障点与系统隔离，系统可继续向发电厂用电设备供电，发电厂其他部门的工作继续进行，不但系统不受影响，而且有利于发电机故障的处理。

（2）如果发电机与升压变压器接成发电机变压器组，发电机出口无断路器，只在升压变压器系统侧装设断路器，如果发电机与变压器出口断路器间发生短路故障，系统与发电机均向短路处输送短路故障电流，升压变压器出口断路器充其量只能切除系统侧的短路电流，而发电机还继续向短路点输送短路故障电流，此时发电机只能靠自动灭磁与停机的办法来停止向故障点输送电流。但不论是灭磁还是停机，不可能瞬时能完成的，有可能要延续几秒或十几秒，在这样长的时间内，故障电流由可能造成设备的损坏，而且厂用电也随之瘫痪，由此可见，发电机装设出口断路器在任何故障情况下都是有利的。

（3）发电机装设出口断路器有利于与系统的同期操作。升压变压器及出口断路器一般安装于室外，与系统同期操作，要操作此室外断路器。室外环境条件恶劣，频繁操作此室外断路器，故障率高，如果室外断路器由三个单相断路器组成，合闸不同期性会造成大的负序冲击电流。如果发电机安装出口断路器，与系统的同期操作在发电机出口断路器处进行，此断路器安装于室内，环境条件好，断路器又为三相联动，机械寿命与电气寿命也比升压变压器高压侧断路器高，三相不同期时间不大于2ms，而且电压又低，与系统并网要容易得多。

（4）发电机安装出口断路器，可方便从系统取得发电机起动电源。如果采用发电机—变压器组接线，而该升压变压器又是双绕组变压器，无法由该变压器从系统取得起动电源。对于火电厂及热电厂，发电机起动前，首先要有起动电源起动厂用电设备，如锅炉的风机、水泵、粉煤机、送煤机等，此起动电源一般由系统供给，如果发电机出口有断路器，在出口断路器与升压变压器之间"T"接出厂用电回路，此回路便可通过升压变压器从系统取得起动电源。道理很简单，起动发电机之前，先断开发电机出口断路器，通过该升压变压器由系统给厂用电设备供电（有的不装出口断路器，而是装出口隔离开关）。当然也可从升压变压器高压侧取得厂用电，但它电压高，要借助昂贵的一些高压开关设备及降压变压器才行，这

251

样投资要大得多。

由于发电机的绝缘问题，即使容量再大，发电机的额定电压还是中压，目前大容量发电机额定电压一般不超过 20kV，因此发电机出口断路器无疑皆为中压断路器。

2. 发电机出口断路器的选择

发电机专用断路器与普通断路器在性能要求上是不同的，不能按普通的断路器要求选择，选择普通断路器时，只注意额定电压、额定绝缘电压、额定耐冲击电压、额定频率、机械及电气寿命、额定电流、短路开断电流及短时耐受电流，环境污染程度、海拔及温湿度等普遍要求，而选择发电机出口断路器则与之不同，除满足普通断路器的参数外，还有其特殊要求，首先是要具有开断大的直流分量的能力。因为出口断路器紧靠发电机，而发电机的阻抗又是以电抗为主，发电机出口短路时，由于回路阻抗以电抗为主，时间常数 X/R 很大，短路电流长时间不过零，相当短路电流中含有很大的直流分量。切断短路电流的最佳时间是在电流过零时，由于发电机出口短路电流迟迟不过零，这为开断短路电流造成了困难。目前对于大容量发电机组，单机容量在 300MW 及以上者，一般不安装发电机出口断路器，而是采用发电机—变压器组的主接线，因为目前国内尚未生产额定电流大，开断直流分量大的发电机专用断路器。因此，本文所说的发电机出口断路器的选择是指中小容量发电机出口断路器而言。另外发电机出口断路器还要在动稳定、可靠性、瞬态恢复电压、失步断开电流及关合电流等要求上，要作特殊考虑。

对于中小容量发电机出口断路器的选择，应有以下要求：

（1）开断大的直流分量。用于发电机出口断路器的技术参数要比用于普通回路的断路器严酷的多，按 GB/T 14824—2008《高压交流发电机断路器通用技术条件》的要求，当断路器分闸时间加 0.01s 后，直流分量约为 68%，时间常数为 60ms。比普通断路器要求时断开直流分量小于 20%，且比时间参数不大于 45ms 严格得多，对于发电机短路开断试验，要求条件更为苛刻，要在直流分量达 100% 以上的情况下进行。用于发电机出口的断路器，开断直流分量一般要求在 75% 以上，比较好的断路器开断直流分量已在 80% 以上。要满足上述要求，真空断路器难以达到，只有 SF$_6$ 断路器才能达到这一要求。不过，笔者曾在 30MW 单台发动机出口断路器上使用开断直流分量 50%，开断短路电流 40kA 的真空断路器，运行几年后，尚未发现问题。对于小容量发电机，断开直流分量的要求不一定那样严格，如果采用真空断路器，断开直流分量不得小于 50%，而且断开短路能力要有大的富裕。即大的开断余量，由此可见，30MW 及以下容量的发电机，出口断路器采用真空断路器是可行的。

目前大的跨国公司皆生产发电机出口断路器，但对于小容量的发电机而言，由于价格昂贵，很少采用国外生产的发电机出口断路器，而是采用国产有大断开短路电流能力，且开断直流分量相对高的真空断路器。

（2）要求有高的可靠性。发电机出口断路器的故障无疑会造成发电机停用，会造成大的经济损失。发电机一般常年不停地运行，维护时间短，对出口断路器的可靠性要求高不足为奇了。

（3）要求高的动稳定性。由于发电机出口短路故障电流直流分量大，其峰值电流为有效值的 2.74 倍，而普通回路的短路峰值电流不超过有效值的 2.5 倍。另外，发电机出口短路电流过渡过程时间长，有的可达 100ms 以上，而继电保护又要求尽快切除短路故障，瞬时保护动作时间有的在 40ms 以内，此时的峰值电流还远未衰减，因此在短路切除前，断路器及其他电气元件要承受大的峰值电流的冲击。

（4）要求有小的操作过电压。真空断路器是容易出现操作过电压的，操作过电压主要是截流过电压及触头重燃过电压。真空断路器开断能力是按开断短路电流来评价的，但当开断负荷小电流时，真空灭弧室开断能力过强，不等到电流过零就把回路切断了，储存在回路中的电磁能向回路中的杂散电容充电，从而形成操作过电压，此电压会破坏发电机的匝间绝缘，因此为保护发电机，回路中应压阻容吸收装置。为了使操作过电压尽量小，必须要开断时截流要小，真空断路器从开始截流 8A 降至 5A，现在已能做到截流不超过 3A 的低水平。

3. 其他特殊要求

发电机出口断路器要求进行开断失步试验与关合试验，而且要在直流分量大及瞬态恢复电压高的情况下进行，这是普通断路器不能比拟的。

第六节　中压真空断路器的发展前景

1. 固体全绝缘断路器真空断路器的选用

固体全绝缘中压断路器是指把真空灭弧室及动触臂浇铸于环氧树脂内。全空气绝缘的断路器是固定式，它的真空灭弧室是露在外面的。对于手车式真空断路器，通常采用复合绝缘，即空气绝缘加环氧树脂绝缘筒绝缘。

只有空气绝缘的真空断路器不能装于手车内，安装于手车内的复合绝缘真空断路器，其优点是，一旦真空灭弧室及触臂故障，可以取出来更换。由于外有环氧树脂绝缘，可安装于手车内，可以与操动机构形成统一的整体。固封全绝缘真空断路器，亦称固体绝缘真空断路器，它是真空灭弧室与极柱浇铸于环氧树脂内，这样极柱间的距离做到最小，而且真空灭弧室不要另加固定支撑，所以零件减少，它的优点是机构紧凑，12kV 手车式中置柜，开关柜的宽度可以做到 630mm，而双绝缘真空断路器在此容量下，一般手车式中置柜的柜宽要 800mm。另外，真空灭弧室与触臂与外界空气不接触，因此不受环境高度的影响，用于高海拔地区有利。可能有人担心，一旦真空灭弧室损坏，无法更换，只能整体报废，不过真空灭弧室生产技术已经非常成熟，可靠程度很高，发生故障的概率极小。还有人担心真空灭弧室与环氧树脂绝缘之间，因膨胀系数不同，容易损坏真空灭弧室，也可能使固封材料开裂，这种担心是对的，固封断路器的致命缺点就是固封材料的开裂问题，为防止此类事故的发生，真空灭弧室周围不但要有绝缘缓冲材料，而且绝缘材料要优质，要能够经受热胀冷缩的考验，要求性能达到一定标准。

固体全绝缘手车式真空断路器的不足之处是价格较高，大约为普通手车式真空断路器贵 50%～80%，但随着生产技术的不断提高及生产批量的加大，成本会逐步降低的。

2. 真空断路器的发展前景

（1）继续完善永磁操动机构真空断路器。永磁操动机构真空断路器使用时间不算长，还要经过时间的检验，目前应对电子元件的可靠性还有提高的空间，例如，储能电解电容器还不能保证使用十年以上，而且电解电容体积较大，安装时常把其他元件遮挡，使得其他元件的维护比较困难。所用的永久磁铁的磁性要好而且不失磁。

（2）完善电容器回路使用的真空断路器。目前用于电容器回路的真空断路器的真空灭弧室是经过老炼处理的，使之触头重击穿率降低，但用户还不够放心，尤其用于 35kV 电容器回路中的断路器，常采用 SF₆ 断路器，此种断路器要比真空断路器贵得多，维护麻烦，SF₆ 气体又是限制使用的温室效应气体。尽管用的台数少，还需要配备所需的维护及 SF₆ 检测设备。如果能把真空断路器完善到在开断电容器组时无重击穿的可能，可解决电容器回路要有 SF₆ 断路器这一难题。目前采用老练的真空灭弧室的 12kV 断路器，基本能够满足电容器组的操作保护要求，也就是选用 C2 级的。

（3）生产出适合发电机出口用的真空断路器。由于发电机出口断路器有其特殊要求，例如操作过电压小、断开大的直流分量、不同步时间低、动稳定能力大、重击穿概率小等，一般采用 SF₆ 断路器或不用断路器，采用发电机变压器组接线，如果能够生产出发电机出口用的真空断路器，会带来经济效益。

（4）要求能生产出高的额定电压大额定电流与开断大的短路电流的真空断路器。国内目前生产最高电压为用于 35kV 系统的 40.5kV、额定电流 3150A、开断 40kA 的真空断路器；12kV、额定电流 5000A、开断 63kA 的真空断路器，在容量与开断能力上与国外先进水平有较大差距，希望能加大研发步伐，赶上国际先进水平。

由于变电站降压变压器容量越来越大，因此须要生产大容量、大开断电流的真空断路器。目前用于 110kV 系统的瓷柱式、额定电压为 126kV 的真空断路器研制成功，但尚没有用于 220kV 系统的额定电压为 252kV 的真空断路器。

（5）要求真空断路器固封化，这样使得开关柜体积小、故障率低。

第七节　真空断路器常见故障及应对措施

真空断路器的故障有断路器本体问题，也有与柜体有关部件结合上的问题。断路器的故障会造成无法切断负荷电流或短路电流，另外，常造成断路器的误动与拒动，当然，造成拒动或误动不一定是断路器本身问题，也有因为与其他原件配合上的问题。

真空断路器常见的故障主要是接插头的问题，还有辅助触头问题，跳合闸线圈烧坏问题等，而核心元件真空灭弧室倒无什么问题，现就笔者常遇的真空断路器故障分述如下。

1. 真空灭弧室故障

真空灭弧室是真空断路器的核心元件，它负责开断电流并灭弧，真空灭弧室无监测真空度及报警功能，因此它的真空度下降为隐性故障，其危险程度远大于显性故障。真空度下降得主要原因一是真空灭弧室制造工艺不完善，有微小的漏孔，或配套的波形管带有微小的漏孔，时间一长，真空度就会下降至危险程度。多次操作后，由于不同期性、弹跳及超行程等原因，又使真空度加速下降。真空度的下降会严重影响它的开断能力，当开断短路电流时会发生爆炸事故。为了避免上述事故发生，定期检修时要用真空测试仪进行测试，不过一般用户无此能力。在采购断路器时，一定要指定真空灭弧室的厂家，采用真空灭弧室可靠厂家的产品。选择断路器与操动机构同一家的且是一个整体的产品。运行人员要在巡视中注意真空灭弧室是否有放电现象，不过对复合绝缘或固封绝缘断路器是无法做到的。

真空灭弧室的损坏或爆炸事故问题。在前文中已指出真空灭弧室很少出现爆炸事故，在 20 世纪 80 年代，只发生过一次真空灭弧室爆炸事故，那时真空灭弧室生产工艺尚不成熟，发生漏气，一旦真空灭弧室漏气，此种隐形故障平时又无法被发现的，当断开负荷电流或开断短路电流时，无法切断回路造成的。目前真空灭弧室经过半个世纪的完善，基本不会出现上述事故了。

为避免发生真空灭弧室的爆炸现象，应注意以下几点：

（1）要对系统短路容量适时进行校核。如果正在运行的真空灭弧室，投入使用年代已久，当时的开断能力是足够的，但随着时间的推移，电网容量大大增加，短路电流也随着增大，真空灭弧室已经远远满足不了要求，一旦发生短路事故，真空灭弧室无法切断短路电流，这样会造成真空灭弧室的爆炸事故。

（2）操作时合闸不到位。操作合闸不到位，或有慢分、慢合现象造成真空灭弧室发生故障。如果操作机构出现问题，造成断路器出现上述现象，或者三相合闸不同期现象严重，都会造成真空灭弧室中的电弧迟迟得不到熄灭，从而造成真空灭弧室损坏或爆裂。如果操作机构的合闸力太大，这是由于永磁操作机构直流电压太高或弹簧操作机构弹簧的储能过大，合闸时冲击力大，造成真空灭弧室的触头弹跳，多次弹跳会造成触头电弧多次击穿重燃，迟迟得不到熄灭，这也会造成真空灭弧室的损坏或爆裂。

（3）用普通真空灭弧室用于电容器组回路。用普通真空灭弧室的断路器用于电容器回路。也会造成真空灭弧室的损坏。在投入电容器组时，有时会产生两倍操作过电压，而当切除电压器组时，有时会产生 3 倍操作过电压，这样会使真空灭弧室发生重燃现象，这对真空灭弧室造成大的损坏，尤其频繁地投切电容器组，不能采用普通的真空灭弧室了，要采用经过老炼处理的，有的真空灭弧点的触头采用 R 型结构，这种结构动定触头间电场均匀，开断容性电流能力强，电弧重燃率低，为了防止触头电弧的多次击穿及重燃，回路中要加阻容吸收装置，此装置的效果比氧化锌过电压保护器效果好，当然，这属于回路配置问题，超出了本文所谈的断路器故障问题。为了电气设计及用户使用方便，制造厂明确说明可以用于电容器回路的真空断路器。

2. 拒分或拒合

分闸失灵是不论断路器就地手动还是遥控操作都不能够使断路器跳闸，或者在事故情况下，保护装置起动，但断路器拒动。分闸失灵的危害是发生越级跳闸，造成大面积停电事故。断路器分闸失灵的大概有以下几种原因：

（1）断路器操作回路断线，或分闸线圈断线，也有可能分闸线圈烧毁。

（2）操作电源电压过低。

（3）断路器操动机构的凸轮连杆机构有卡涩现象，或分闸顶杆变形。

为了避免上述事故发生，首先检查跳闸线圈是否烧毁，此线圈只能够通过短时电流，如果线圈卡涩，线圈很容易烧毁，因此用户多有备用线圈。如果线圈完好，要检查跳闸回路是否断开，如果回路完好，再看操作电源电压是否正常。检查操作机构是否灵活，是否有变形情况发生。

（4）检查保护装置是否有跳闸信号输出，继电保护或微机综合保护本身出了问题。

（5）分闸弹簧储能不够或储不上能。

对于断路器拒合事故，要参照跳闸失灵事故处理，不过这里要检查合闸回路及合闸线圈的情况了，机构的灵活性及操作电源电压的检查与跳闸失灵相同。要检查合闸弹簧储能情况，如果弹簧的位置开关定位不当，合闸弹簧尚未储满能，位置开关动作，切断储能电动机，这合闸力不足，也不能完成合闸操作，为此要调整位置开关的位置。

从上述故障分析，大部分责任是断路器生产厂家承担，用户要着重检查分合闸线圈是否完好，跳合闸回路是否在运输中造成接头松动，使操作回路断路。为了避免断路器失灵，除做到上述事项外，另加断路器失灵保护，不过失灵保护一般在110kV以上系统才使用，中压系统一般不使用失灵保护。

3. 真空断路器极柱插接头故障

手车真空断路器的插接头是安装于断路器极柱的顶端，手车式断路器的极柱通常称为动触臂，一端与断路器的真空灭弧室的引出端相连，一端与插接头相连。常用的插接头有梅花触头、鸭嘴触头等，采用梅花触头的较多。

在断路器的运行中所发生的故障，70%以上是插接头过热问题，由于过热，把定触头盒的绝缘固定件烤焦，造成绝缘破坏，形成对柜体的单相短路，最后发展成相间短路。插接头过热的原因一是接触不良，二是插接头材质问题。造成接触不良的原因一是插接头的中心与定触头的中心不在一条直线上，也就是平时所说的定触头与动触头不对中，二是插接头深入定触头的距离不够，也就是插入不到位。

定触头与动触头中心误差规定不得相差5mm，因为不论是梅花触头还是鸭嘴触头，有一定的自我调节能力，在误差不大于5mm的情况下是不影响安装质量的，但在开关柜的制作与元件安装中出现误差是不可避免的，但误差太大，接触面积大打折扣，在插接处引起过热。当然，定触头与动触头不对中的问题，是安装的问题，不能全怪断路器，因此引起的故障是断路器故障，但不是由断路器本体造成的。

插接不到位问题，一是手车式断路器的极柱不够长的问题，二是定触头的长度调节问题，如果定触头过短，应加铜垫板，使之定触头能够深入断路器极柱上的插接头长度不小于20mm，但也不要大于25mm，因为只允许深入30mm，如果深入过多，直接造成定触头与动触头刚性撞击，造成定触头及断路器极柱的损坏。

怎样才能避免上述问题的出现呢？当然要提高开关柜及断路器加工及安装精度，但调试工作非常重要，调试时，在定触头与动触头的接触部分，涂上导电膏，把断路器推至合闸位置，然后把断路器退出，看看定触头上的导电膏的划痕，从划痕可以看出定触头与动触头结合的长度够不够、动触头与定触头是否对中问题，也就是中心线是否在一条直线上。

手车式断路器的插接头材质差也是造成插接头过热的原因之一。插接头应该是由电解铜制成，也就是平常所说的无氧铜，然而，有的采用杂铜制成，笔者曾对故障烧坏的插接头的一种梅花触头实际成分测试，含铜量只有50%多，究其原因，是因为生产厂家总认为实际通过的电流要比插接头的额定电流小得多，例如，12kV的断路器，一般最小电流从1250A起步，断路器额定电流如果为1250A，那么与其配套的插接头当然也为1250A，如果此断路器用于1000kVA容量的变压器回路，变压器额定电流不过为57.7A插接头的载流能力大大富裕，即使采用钢质插接头也能胜任，因此插接头的生产厂家对它的质量不够重视，总认为能够满足使用要求，一旦用与实际电流与插接头额定电流基本一致时，如用于总进线回路或母线联络断路器时，插接头质量问题就会暴露出来，出现发热严重问题。断路器的梅花插头偷工减料的方法是，触头梅花瓣厚度变薄，梅花瓣之间的距离拉大，造成载流能力减低。

梅花触头与开关柜的静触头的压力是靠梅花触头的箍紧弹簧的紧固力来维持的，如果弹簧的材质不良，选择弹簧的弹力不当，或者触头接触不良，造成触头发热严重，当触头受热后，弹簧弹力大幅下降，是触头接触压力太低，造成接触不良，发热严重，从而使弹簧弹力更差，这样形成恶性循环，从而造成事故发生。

4. 跳合闸线圈烧坏问题及其他问题

跳合闸线圈是按瞬时通电能力考虑的，此线圈通电后，产生的电磁力，吸引衔铁向着空心线圈运动，此衔铁撞击断路器的跳闸或合闸脱扣器，使之完成跳闸或合闸功能。完成跳闸或合闸操作时间不大于1s，如果发生机构卡涩或机构发生变形，或因其他原因闭锁电磁铁尚未释放，完不成跳闸或合闸操作。对永磁操动机构，如果直流电源电压过低、容量不够、储能电容器损坏等原因，造成辅助触头不能断开跳闸或合闸回路，跳闸或合闸线圈长期通电，这样或合闸线圈烧坏肯定无疑了。对于弹簧操动机构来说，如果弹簧储能位置开关调整位置不合适，尚未储满能就把储能电机回路切断，也会造成无法合闸的问题。

为了避免此类事故的发生，常用手动测试机构的灵活性，机构的相互摩擦面要用润滑剂润滑，监测连锁回路的完好性。加强对操动机构接触部件、传动部件、连锁部件定期检查、清扫、与润滑。另外，用户要有备用的跳闸与合闸线圈若干。

跳闸与合闸线圈烧坏的问题，在这样的情况下一定会发生，这就是手车底盘位置开关定位不准。例如，手车底盘尚未到达试验或合闸位置，底盘的位置开关动作，发出手车在试验或合闸位置的误报信号，而实际上手车并未在上述位置，手车的机械连锁把合闸机构卡住，如果按此误导信号按动合闸按钮，合闸线圈通电但铁芯无法移动，无法完成合闸工作，线圈由于通电时间过长而烧坏。

有人建议，为了不使合闸线圈烧坏，干脆取消机械连锁，只用手车底盘的位置开关参与断路器的合闸连锁，这样做是不妥的。如果手车不到位，断路器虽然合闸，真空灭弧室的触头闭合，但断路器极柱上的插接头与定触头并未接触，回路尚未接通。另外，如果取消机械连锁，操作人员可直接利用断路器面板上的合闸或跳闸按钮进行跳合闸操作，此按钮不需跳合闸线圈通电，而是直接利用按钮推动铁芯运动，完成跳合闸操作，造成误操作动作，由此可见，机械连锁起到双保险的作用。

在实际操作中，有经验的电气操作人员很容易判断断路器手车是否推到合闸位置，在推进过程中，只要听到咔嚓一声响，说明手车已经进入所要求的位置。

5. 二次回路触头故障

断路器的二次回路可比喻是断路器的神经，它的故障常导致断路器跳合闸失灵。例如，在合闸回路中，就有许多二次触头串入其中，如合闸回路有断路器的辅助触头、储能弹簧的位置触头、手车的位置触头等，一旦任一触头接触不良，就会无法合闸。

断路器处上述常见故障外，还有其他一些故障，如辅助触头接触不良问题，绝缘拉杆强度不够问题。有的断路器标明机械寿命达 30 000 次，但二次线路的辅助触头却经不起这样插拔次数，这样所标的机械寿命应大打折扣。辅助触头与位置开关（行程开关）故障或接触不良，在移开式开关柜中比较明显，辅助触头应当转换灵活、切换可靠、接触良好。位置开关一定要调至恰当位置，始终是机械寿命的软肋，因为它的触头太多了，每台中压断路器一般有 20 对以上的辅助触头，任何一个触头产生问题，都会影响整台断路器的运行。在做断路器型式试验时，在断路器的机械寿命项目上，往往是辅助触头满足不了要求而拖了后腿。对断路器来说，真是小零件影响大机构。辅助触头有对接式，也有唇形插入式，一般来说，目前唇形插入式可靠性较高。有的二次回路采用无触头的电子式，但发生故障时，维护不如机械式方便，因为机械式二次触头容易发现故障点，而且也容易维修。对于机械式二次插接头，不论是对接式还是唇形插入式，要保证其质量，首先保证触头的材质，其材质的导电能力要好，弹性要好，接触面要镀银，镀银要保证一定厚度，要保证插接到位。接线端子的接头螺栓拧不紧，发生松动，造成接触不良，或者由于断路器操作时的振动，也会造成二次线路接头的松动，造成二次回路不通。二次线路附近有短路电弧发生，烧断二次线路，维护人员对此却浑然不知，也使二次回路长期处于故障状态。

第十章

中压电磁式电流互感器的选用

中压电气成套装置中，电流互感器是主回路中的主要元件之一，在设计及使用中，如何正确选用中压电流互感器是个值得注意的问题，而电磁式电流互感器又占电流互感器总数的90%以上，为叙述方便，下文所述电流互感器，均为中压电磁式电流互感器，以下就电磁式电流互感器有关问题及选用时注意事项作以详细介绍。

第一节　概　　述

电流互感器分类方式有各种各样，按动作机理及材质分，有电磁式及电子式，不过在中压系统中，有的电子式电流互感器还是属于电磁式的范畴。在高压系统中，光学电流互感器已开始少量应用，由于成本太高等原因，中压系统尚未推广使用。

电磁式电流互感器是在高导磁铁芯（与变压器铁芯多为同种材料）上绕上一次及二次绕组。一次绕组可为单匝或复匝，单匝多为母线式，穿墙式及电流较大的支柱式（一次额定电流400A及以上的支柱时电流互感器多为单匝）。为了保证电流互感器的精确度，铁芯中须要一定的安匝数，这样，当一次电流较小时，一次绕组要用复匝了。按绝缘材料分，有环氧树脂浇铸及瓷绝缘，目前开关柜内使用的几乎都采用环氧树脂绝缘。

目前电子式电流互感器初露头角，它有两种结构方式，不论哪种方式，电子元件不浇铸于电流互感器内部，因它承受不了浇铸时的恶劣环境，而且坏了也无法维修，因此电子元件分体设置，不过电磁式电流互感器还是绝对占领市场份额。

除按原理分电磁式及电子式之外，按结构分，有母线式、支柱式、及穿墙式；按一次母线匝数分，有单匝及复匝；按特殊使用部位，有手车触头盒式；按使用环境分高原型及防污染型；按绝缘方式分，有干封绝缘式、环氧树脂浇铸式、油浸式及瓷绝缘、气体绝缘式。目前中压系统中所用电流互感器几乎全部为环氧树脂浇铸式，油绝缘与气体绝缘在中压系统已基本不存在了，而在高压系统中尚得到应用。

在中压系统中，主回路元件除断路器及其他开关外，使用的比较多的就是电流互感器及电压互感器了，对于电流互感器来说，看似一种很普通的元件，但在电气设计中，能够恰如其分地做出正确的选择，也不是轻而易举的事，笔者在查阅众多的设计图及处理实际工程中，发现设计人员对电流互感器的选择及技术参数的要求，存在一些问题，为了互相交流，提高设计及维护水平，笔者现对电流互感器的有关问题作以详细介绍，以期达到抛砖引玉的目的。

第二节　电流互感器准确度等级及每回路所需个数的确定

1. 保护用精度等级

保护用电流互感器的保护准确级，是在额定准确限值一次电流下，所规定的允许最大复合误差的百分数来标称，其后用字母"P"表示。至于 5PR 及 10PR、PX、TPS、TPX、TPY、TPZ 级，是为满足高压系统中各种保护需要而生产的，是在一些特定的情况下对电流互感器提出的特殊要求，例如，TP 级是暂态保护用，PR 类是指剩磁系数有规定限值的电流互感器，PX 为低漏磁的电流互感器，TPS 类为低漏磁且严格控制匝数比的电流互感器，TPX 级准确限值规定为在指定的暂态工作循环中的峰值瞬时误差，无剩磁限制；TPY 级除按TPX 级的误差要求外，有剩磁限制；TPY 级电流互感器参数要求高，在短路暂态过程中可保持所要求的精确度，且无剩磁，用在 330kV 及以上的电力系统中。110kV 及以下等级的电力系统采用 P 类电流互感器，本文是谈的中压电流互感器的应用，因此只介绍 P 类电流互感器的有关问题了。

而在中压系统中只考虑 5P 及 10P，"P"代表保护级，它是英文 protection 的缩写，即保护之意，字母"P"前数字 5 及 10，代表准确等级，即综合误差不大于 5% 及 10% 之意。"P"后面的数字为准确限值系数，通常为 10、15、20、而准确限值系数 5、30、40 很少采用。准确限值系数的含义是：当一次短路电流为电流互感器的额定电流的上述倍数，且二次负荷不超过电流互感器的额定负载，在额定频率下，5P 的综合误差不超过 5%，10P 的综合误差不超过 10%。

2. 测量及计量用精度等级

由于有励磁电流的存在，二次侧实际电流要比一次侧按变比折算致二次侧的电流要小，且相位角也有差别，二次绕组匝数也有误差，其差额由其电流互感器的准确度衡量。电流互感器的准确度有 0.1、0.2、0.5、1、3、5 级，计量常用的为 0.2、0.5 级，特殊用途的 0.2S 及 0.5S 级。测量用电流互感器准确度常用的为 0.5、1 级及 3 级，测量及计量电流互感器误差要求见表 10-1。对于 3 级与 5 级，是在电流互感器所带负载为额定荷载的 50%～100% 之间的任一负荷，而不是像其他测量准确度等级所要求的 25%～100%，由此可见，电流互感器所带负荷过小，并不能保证所要求的精度，选用过大容量的电流互感器不是一件好事。

表10-1　　　　　　　　　　　　测量用电流互感器误差极限

准确度等级	在额定电流（%）下，电流误差（±%）			
	5	20	100	120
0.2		0.75	0.35	0.2	0.2
0.5		1.5	0.75	0.5	0.5
1		3.0	1.5	1.0	1.0
0.2S	0.75	0.35	0.2	0.2	0.2
0.5S	1.5	0.75	0.5	0.5	0.5

3. 精度等级 0.2、0.5 级与 0.2S、0.5S 级有何不同

0.2S 及 0.5S 级是 0.2、0.5 及的特殊级，此处"S"为英文 Special 的缩写，即为特别的、专用的、专门的之意。0.2、0.5 级在一次电流在为额定值 5% 以下时，对准确度不再有要求，而 0.2S 级在 5% 以下额定负荷电流时，准确度有严格要求，例如在 1% 的额定负荷时 0.2S 级准确度为 0.75，即综合误差不大于 0.75%，在 1%～120% 额定电流下应满足所需准确度要求，在二次负荷欧姆值为电流互感器额定负荷值的 25%～100% 任意负载点，功率因数在 0.8～1.0 范围内误差均满足《测量及计量用电流互感器检定规程》的误差限值要求。

另外，如果电能表为 0.2S、0.5S 级的，要与 02S 及 0.5S 级的电流互感器相配合。0.2S、0.5S 级显著特点是精确计量范围广，尤其对小负荷，当负荷小到接近额定负荷的 1% 时，即接近空载状态下，如有的用户夜间几乎无电力负荷，收费计量用必须用带"S"级的电流互感器及相应的电能表，否则，计量严重不准。目前供电部门规定收费用计量采用 0.2S 级已变成约定成俗的要求了。

需要提醒是，如果计量只作为用户内部考核用，采用 0.5、1 级也是可以的。0.2S 级电流互感器及配套的电能表，价格要比 0.5 及 1 级的高得多。而测量用准确等级不需高于 0.5 级。

需要指出的是，对于 0.2S 级，可在负荷为额定负荷的 1%～120% 间可准确计量，在此区间并不是精确度都是 0.2%，当负荷为额定负荷的 5% 时，误差不大于 0.75%，而非 0.2%。

4. 电流互感器保护级 10P 与 10% 误差曲线

前文已谈到，电流互感器保护级为 10P 时，在一次电流不超过准确限值系数时，综合误差不超过 10%。10% 误差曲线与 10P 的准确限值系数与二次负荷关系曲线本质是一样的，10% 误差曲线是在指定的二次负荷及任意功率因数，电流变比误差不大于 10% 时，短路电流为其额定电流的倍数。当采用 10PX 表示时，很多情况下可不必查曲线了，使用及设计时可带来方便，如计算短路电流为额定电流的 18 倍，二次负荷为 12VA，可选用电流互感器参数为 10P20，容量为 15VA 的电流互感器了，也就是说，只要一次电流不超过限值系数范围，容量不大于额定容量，准确度就满足所标数值了。决定误差不超 10% 的因数很多，如一次电流的大小，二次负荷的大小及电流互感器的容量大小，万一上述数值超过所标要求呢，是否还满足所标准确度呢，那要进行短路计算及二次负荷计算，然后再查准确限值系数曲线。

简言之，现在的保护级，不但使用方便，尚有两个误差等级可供选择，选择范围大，即不但有 10% 的误差等级，尚有 5% 的误差等级，并有与之配套的可供选择的多个准确限值系数标准值，只要短路电流及负载不超过规定值，就下不必差误差曲线，就可确定电流互感器二次保护用绕组各种参数了，给设计及应用带来极大方便，而且误差是指综合误差，适合实际应用。

5. 保护级的合理选择

（1）短路保护不得采用电流互感器的测量绕组。短路时，一次电流非常大，要保证测量精度，不降低保护的可靠性，二次电流要随一次电流成比例地增大，这要求电流互感器铁芯中的磁通不得饱和，为此铁芯截面要大。而测量用电流互感器的二次绕组，对铁芯的励磁要求与保护绕组用铁芯恰恰相反，当一次电流迅速增大时，反而要求铁芯要迅速饱和，从而使测量误差迅速增大，致使二次电流不得随一次电流成比例增大，即增加得很少，这样使所接仪表不至于烧坏或指针打坏，从而受到了保护。为此，测量绕组专有一个参数，即仪表保安系数（F_s），它是仪表保安电流与额定一次电流之比。仪表保安电流是指测量用电流互感器二次绕组在额定二次负荷下，其综合误差不小于 10% 的最小一次电流为电流互感器额定电流的倍数。IEC（国际电工委员会）推荐的电流互感器仪表保安系数为 5 或 10。不难理解，若电流互感器的仪表保安系数为 5，只要一次电流超过额定电流的 5 倍，误差一定要大于 10%，这样仪表不至于因一次电流过大而烧坏。为满足仪表保安系数的要求，计量及测量用绕组铁芯通常采用初始磁导率高而饱和磁通密度又低的非晶合金或坡莫合金制造。由上述分析，保护用与测量用对电流互感器二次绕组要求相反，这样看来，即使测量绕组的 3 级，也不能代用保护绕组的 5P 级。

（2）保护准确度的确定。保护准确度选择 5P 还是 10P 呢？一般讲，用于短路保护，采用 10P 级即可，过去不是只有电流互感器 10% 的误差曲线吗？更何况那时的机电式仪表比目前的电子式仪表比较，不论灵敏度还是准确度还差得多呢，一般来说，只要满足设计要求的所需灵敏度，就能保证动作的可靠性，因为所要求的灵敏度中，已考虑电流互感器的 10% 误差及保护装置等其他误差因素了。

常见的短路保护动作整定值很难超过额定电流的 10 倍，而保护准确限值系数一般在 15 以上，只要负载不超过电流互感器的额定容量，这样在动作灵敏度范围内，电流互感器的误差不超 10%，即使实际电流在额定电流 15 倍以上，误差超过 10%，对保护动作的可靠性也无影响，因此时灵敏系数更高了。顺便提醒一句，此时电流即使超过额定电流 15 倍，若此时所带负荷小于保护绕组的额定负荷，短路电流再大些，即使超过 15 倍，综合误差也不一定超过 10%，具体可查电流互感器的准确限值系数与二次负荷关系曲线。可能有人反向思维，采用缩小准确限值系数的方法，人为使二次侧负载过载，从而增大电流互感器的负载能力，这种做法不可取，平时二次绕组不能在过载下长时工作。

当要求保护动作准确度高，可选 5P 级的，不过对短路保护必要性不大，在高灵敏系数的情况下，准确度低一些，也不影响动作的准确性，5P 级准确度在实际工程设计中，用得较少，不过当灵敏系数较小时，采用 5P 级具有合理性。在其他参数一样的情况下，5P 级与 10P 级的电流互感器价格相差不大。标注 10P 级的电流互感器进行实地检测，往往准确度大大超过所标值。

（3）额定容量不得选得过大，准确限值系数不得选得过高。曾有设计人员选用容量过大，准确限值系数过高的情况。如某风电项目，40.5kV 开关柜中的电流互感器，准确级为 0.2S/ 10P30/ 10P30/ 10P30，容量为 15/30/30/30（VA），变比为 2500/1（A），此种规格的电流互感器，生产厂家很难生产，三个保护绕组准确限值系数均为 30，容量均为 30VA。生产难度是，准确限值系数高，要求在很大的短路电流下，铁芯不得饱和，为此铁芯截面要大，而容量大，为不使铁芯过热，铁芯截面要大，而且二次绕组线径也要大，况且上述例子中还要求 4 只二次绕组，加之二次侧电流为 1A 的，与二次侧电流为 5A 的比较，二次绕组圈数 1A 的为 5A 的 5 倍。这样一来，综合上述各种因素后，电流互感器要做得很大，这样开关柜很难容得下了。一般情况下，35kV 级 电流互感器单体质量达 250kg，，在 40.5kV 成套开关柜中，装设三只电流互感器难度大，安装电流互感器的底板要用槽钢加固，中间要加绝缘隔板，由此可见，若按上述参数生产，即使能制造出来，柜内也难以放下，更谈不上价格高得离谱了。目前保护采用微机，容量不大于 1VA，短路电流也不会达到额定电流的 30

倍，选用上述参数叫人匪夷所思了。电气设计人员有的不看生产厂家的样本，开列出一系列要求参数，由于对产品结构及生产工艺不了解，能否生产，那是不关自己的事了，即使厂家产品样本无此参数，设计人员往往在型号规格后加上一个"改"字，就认为万事大吉了。

是否需要这样大的容量的电流互感器呢，笔者对此有些疑虑，现在机电式继电保护装置已经不用，而是采用微机保护装置，微机保护装置所需电流信号功率不足 1VA，而用于测量或计量的电子式仪表，电流型号的功率也不超过 1VA，选择容量过大的电流互感器并无益处。

6. 开关柜主回路电流互感器组数及个数的确定

（1）电流互感器组数的确定。中压系统中，常用一组电流互感器（有的一组为两只，有的一组为三只）。电流互感器二次绕组不宜多于 5 个，若一定要 5 个以上，那还要参考其他参数，如变比的大小、每个绕组容量大小、准确限值系数的大小等因素，综合考虑后，才能计算出二次绕组最多个数，不是用户随心所欲定的。如果电流互感器生产厂家实在满足不了二次绕组个数的要求，在开关柜许可的情况下，可选两组，在断路器两侧布置，使断路器处于交叉保护范围内，不过在狭小的开关柜空间内，布置两组电流互感器谈何容易，在万不得已的情况下，有的把电流互感器布置于母线室，或采用带有电流互感器的手车的定触头盒。

（2）每组电流互感器的个数确定。

1）在中性点不接地系统中，一般采用两只，在固定的两相装设电流互感器即可（一般安装于 A 相与 C 相上），第三相电流由其他两相电流的矢量和确定，这样使两电流互感器间距加大，有利于安全且节省投资。

2）若为中性点直接接地系统，每一相都应设电流互感器，因为有较大的单相接地电流，两相电流的矢量和不等于第三相电流。

3）差动保护一般要三只电流互感器，用于纵差动保护的两组电流互感器安装于被保护设备的两侧，每组要三只电流互感器，即每一相设一只电流互感器。据说有的微机综合保护器只在两相设电流互感器，这有待微机综合保护器厂家确定。

4）负荷严重不平衡的情况，每相宜设电流互感器，即采用三只电流互感器，如电弧炼钢炉回路。

5）为增大所带负荷能力采用三只电流互感器，即每相皆设电流互感器，总容量比两只大 $\sqrt{3}$ 倍。当然，为增大所带负荷能力，也可加大电流互感器的额定容量，而不是采用增加电流互感器的个数的办法。

6）变压器高压侧过流保护兼低压侧接地保护的后备保护，高压侧应装三只电流互感器，且二次侧接成完全星形接法。

7）为获取零序电流，可采用专用零序电流互感器，此种方法广泛应用于电缆馈线中，但也可采用三只电流互感器。采用三只电流互感器方案是取三只互感器二次电流矢量之和，即三电流互感器二次绕组接成星形，从中性点引出的电流即为零序电流，不过在中性点不接地系统中，零序电流为系统完好各相对地电容电流向量和，等于一相对地电容电流的 3 倍，此电流比较小，用此法测量误差太大。实际上不采用此种方法求得零序电流。如果三相线路为金属排，三相导体也很难穿过零序电流互感器的孔洞，在此情况下采用母线式零序电流互感器才行，此种零序电流互感器主回路导电排已经预制其中，如 LJM-型即为此种结构。如果系统为中性点直接接地系统，零序电流很大，可以在中性点出口端安装电流互感器取得零序电流，或采用通过三相电流互感器求向量和的方法，这种方式求得的零序电流是整个系统的零序电流，而不是某回路或某开关站的零序电流。

8）对重要设备的保护及监视，如大型发电机，不管它中性点是否接地，都应在每一相上装设电流互感器。

9）提高两相异地接地的灵敏度。为提高两相异地接地保护的灵敏度，每一相应装电流互感器，且切除全部故障回路。

第三节　对电流互感器其他参数的正确选择

在实际工程项目中，经常有设计人员或用户对中压电流互感器的参数选择不够合理，现举例说明其不合理之处，并介绍正确选择方法。

1. 保护级的准确限值系数的选取

在实际设计中，通常情况设计人员对准确限值系数选用宁高勿低，而且随意性很大，不经计算，对产品样本上的参数信手拈来，例如，某工程 12kV 馈线柜向一台额定电压 10/0.4kV 变压器供电，柜内电流互感器变比为 50/5，保护级为 10P50。此参数显然不合理，短路电流能否达到额定电流 50 倍以上值得怀疑，退一步讲，即使有这样大的短路电流，准确限值系数也不必选用 50，这显然没考虑电流互感器生产厂家的困难及成本，其原因上文已提及，不再赘述。在这种情况下，可改变比，如改变比为 100/5 的，保护级 10P25，由于变比扩大了一倍，10P25 级与 10P50 相当了。有人担心扩大比变比造成二次电流太小，影响计量精度，对此可采用带"S"级的计量级，它能保证在 1%～120% 的额定负荷都能保证所需的精度。对于 5P 级及 10P 级，不要认为正常运行时误差为 5% 或 10%，那是它的极限允许误差，在实际运行中，由于实际负荷没达到额定负荷，短路电流也没达到准确限值系数的数值，加之所生产的电流互感器制造误差肯定不大于所标极限误差，因此实际误差远小于电流互感器的极限误差，如 5P 级的实际运行误差往往不超过 3%，有的不超过 1%，而不是它的极限误差 5%，由此可见，不必担心运行时电流互感器误差超过所标准确度。

保护绕组应能满足保护的灵敏度及选择性要求，由于目前采用微机综合保护，灵敏度及整定范围广，对保护绕组不再由另外特别要求。

2. 选择不同变比的二次绕组

如果一次额定电流比较小，而短路电流很大，为了满足在大短路电流的情况下，保护的准确度，要求电流互感器有大的变比，而对测量或计量来说，要求电流互感器一次额定电流尽量接近实际电流，这样变比较小，为此，同一只电流互感器的不同二次绕组可以有不同变比；例如，保护绕组变比为 500/5，而测量或计量用绕组变比为 100/5。

同一台电流互感器，各二次绕组变比宜一致，若根据实际需要采用不同变比，各变比间不能相差太大。为了计量需要，一次电流尽量接近额定电流，因此变比最小，而为了保护的需要，使在最大短路电流时铁芯不饱和，又要选取电流互感器一次电流大一些，从而使变比变大，但两种变比不能相差太大，一般不能超 4 倍，如有这样的一个设计，一台 1000kVA、10/0.4kV 变压器馈线的 12kV 开关柜，内置同一个电流互感器的变比为 100/5 及 800/5，100/5 的准确级为 0.5S 级，800/5 的准确级为 10P15。这样，两种变比相差 8 倍，这给制造上带来困难，并造成了成本的增大。之所以造成制造的困难，是因为每只电流互感器必须共用一个一次绕组，而各二次绕组又必须有单独铁芯，一次电流又是以最小变比电流为准，为了达到变比小的绕组铁芯保证一定的磁通密度，由于一次绕组选取最小电流为额定电流，这就要加大一次绕组的匝数才有所要求的磁动势，如在100/5变比下，一次最少为4匝，不难算出，测量级100/5二次绕组为80匝，保护绕组800/5二次绕组为640匝，二次绕组匝数这样多，保护绕组自然就庞大，为利于绝缘浇铸，匝数少的测量或计量二次绕组要加填料，使之与保护绕组大小基本一致，从而造成电流互感器的体积庞大，也增加了电流互感器的成本及重量。

电流互感器一次线的截面如何选择呢？在上述的例子中，有的人要求电流互感器的生产厂家按照800A选择一次绕组的截面，这样大的截面又要绕4匝，更使电流互感器体积庞大，笔者认为，可按照100A的电流选择一次线截面，因为正常运行时电流不大于100A，而电流达到800A只是短路的瞬间，如同选择回路截面一样，不能够按照短路电流选择一样。实际上保护绕组变比不必这样大，电流互感器的参数800/5、10P15，相当于绕组为100/5的保护级为10P120，这有点离谱了。另外还有一个弊端，短路时电动力与一次匝数的二次方成正比，一次匝数多，对动稳定十分不利。上述的例子，可统一变比为200/5，测量0.5S级，保护级为10P20即可，由于S级在1%～120%可准确计量，一次电流200A的1%即为2A，即使变压器空载，也在准确计量范围之内（10kV，1000kVA的变压器高压侧的空载电流也能到达3.5A）。

二次绕组的变比宜一致，但有的情况下，采用不同的变比可得到较大的效益，如果同一变比，要两组电流互感器，不但增加投资，而且增加了安装困难度，有时根本安装不下，采用不同变比后，一组电流互感器既满足测量、计量要求，又满足保护要求，由此可见，在两种变比相差不过大的情况下，采用不同的变比是合理的。同一台电流互感器不同的二次绕组变比不宜相差4倍，被某些人错误理解成同一开关站内，电流互感器的变比不能够相差4倍，例如某35kV开关站，所用变回路电流互感器变比为50/5，其他回路电流互感器变比为1000/5，二者相差20倍，当地供电部门认为超过了4倍，不予认可，这完全是一种误会。

总之，测量与保护尽量同一变比，根据需要（如短路电流太大）可采用不同的变比，但不要相差太大。

3. 零序电流互感器的变比

零序电流互感器的变比，用户不易确定，对于中性点不接地系统，因单相接地电容电流（中性点不接地系统）由整个系统决定，其参数应向当地供电部门索取。不过对中性点不接地系统，选用零序电流互感器一般也不必要求出接地电容电流，只要确定与电缆配套的电流互感器的内径即可，因为二次侧所接仪表灵敏度很高。但对于中性点接地系统，由于接地电流很大，有的达数百安，这就需要确定零序电流互感器的变比了。对中性点不接地系统，在零序电流互感器只标内径情况下，实际制造厂家给的变比通常为60/1，设计人员不必给出二次整定值，整定值是现场试验得出的，例如，一次侧通某一电流，二次侧保护装置动作，通过多次试验，求得二次侧最小动作电流，如最小动作电流为0.2mA，为了动作可靠，整定电流为0.5mA，这样，可靠系数为0.5/0.2 = 2.5，如果系统接地电容电流为10A，互感器变比60/1，二次侧电流为10/60 = 0.167A，即167mA，若整定动作电流为5mA时，动作灵敏系数为167/5 = 33.4。

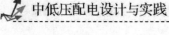

如果系统是中性点直接接地系统，单相接地电流很大，在中压系统中，接地电流可达数百安，因此零序电流互感器一次额定电流也相应达几百安，这样就出现一次电流大的零序电流互感器了。

4. 测量级准确度的确定

计量装置包括电压互感器及电流互感器，电能表及二次线路。按计量电能的大小及重要程度，计量装置分以下为五类：按照 DL/T 448—2000《电能计量装置技术管理规程》的规定，月平均用电量 500 万度或变压器容量为 10 000kVA 的用户为 I 类；月平均用电 100 万～500 万 kWh，或变压器容量 2000～10 000kVA 的为 II 类用户；月平均用电 10 万～100 万 kWh，或变压器容量 315～2000kVA 的为 III 类用户；负荷容量 315kVA 以下的三相用户为 IV 类，单相供电的用户为 V 类。各类计量装置中元件准确度等级要求见表 10-2。

表10-2 各类计量装置中元件准确度等级要求

计量装置类别 \ 元件	电流互感器（TA）	电压互感器（TV）	有功电能表	无功电能表
I	0.2	0.2	0.2S	2
	0.2S		0.5S	
II	0.2	0.2	0.5S	2
	0.2S		0.5	
III	0.5	0.5	1	2
	0.5S			
IV	0.5	0.5	2	3
	0.5S			
V	0.5	0.5	—	3
	0.5S			

还有的把计量准确度大致划分如下：电厂上网关口计量准确度最高，有功计量为 0.1S 级，无功为 1 级，高压系统大型变电站有功计量 0.2S 级，无功计量为 2 级，中压变电站有功计量 0.2S 级，无功为 2 级，10kV 变电站有功计量 0.5S 级，无功计量 2 级，但变压器容量 315kVA 以下时，无功计量为 3 级，对居民用户来说，不存在无功计量要求，有功计量为 2 级，不过目前电能表制造精度提高得很快，居民用户有功能电能表精度有的要求达到 1 级，对用户变电站收费计量，供电部门一般要求有功 0.2 级或 0.2S 级了。由于无功不作为收费计量，只是作为计算平均功率因数的依据，无功电能表精度一般为 2 级，但由于目前制造精度的提高，电厂关口无功电能表有的安装 1 级表，目前无功最高精度已达 0.5 级。对企业内部管理之用，有功电能表不做要求，有的设计人员对各支路馈电内部管理有的计费动辄选用 0.2S 级的电子式多功能电能表，而且二次电流的范围又小，此种电能表，每只有的高达近万元人民币，这样为管理需要的参考计费投资是巨大的，这种浪费实在令人痛心。

5. 额定容量的确定

额定容量不必选得过大，设计人员动辄选用 30VA 及以上容量，有的竟用 60VA 的，实在有点离谱了。现在微电子元件大量采用，这些元件容量非常小，输入电流为1A的微机综合保护，消耗功率不大于1VA，为了合理选取电流互感器的容量，必须认真统计二次负荷。

常见二次负荷见表10-3。

表10-3　　　　　　　　　　　　　　电流互感器常见二次负荷

序号	负荷名称	容量（VA）
1	指针式电流表	1
2	数字式电流表	0.5
3	微机综合保护装置	1（0.5）
4	电子式电能表	0.5

注 DL/T 178—2001《静态继电保护及自动装置通用技术条件》规定：交流电流回路输入额定电流为5A时，每相功率损耗不大于1VA，额定输入电流为1A时，每相功率损耗不大于0.5VA。由此可见，在微电子时代，电流互感器所带负荷轻微，若盲目选用大容量电流互感器，必然会造成电流互感器铁芯及二次绕组截面增大，从而使体积增大及投资的增加。

6. 动热稳定电流的确定

（1）热稳定电流的确定。生产厂家给出的热稳定电流按持续时间1s的数值，在具体工程中，应进行短路计算，根据短路电流的大小及短路保护切除时间，从而确定电流互感器的热稳定电流的数值。

在短路初期，因回路中有电感，短路电流迟迟不过零，等于在短路周期分量中叠加了一个直流分量，短路全电流大于周期分量，如果以稳态周期分量校验热稳定，显然与实际不符，如果以全电流计算，全电流又难以计算，为此，采用等效办法，引用假想时间概念，即在假想时间内，短路稳态电流产生的热效应等效于实际短路电流在实际短路时间内产生的热效应。由于系统稳定短路电流计算简单，只要用一个合理的假想时间，就可以校验电流互感器的热稳定了。当断开短路时间大于1s，可认为假想时间就等于开断时间，如果开断时间小于1s，假想时间等于实际开短时间再加0.05s。校验步骤如下：

设电流互感器热稳定电流为I_w，对应热稳定时间为1s，稳态三相短路电流为I_∞，实际开断时间或假想时间为t_j时，则$1 \times I_w^2 = I_\infty^2 t_j$，即

$$I_w = I_\infty \sqrt{t_j}$$

有的设计人员对电流互感器热稳定电流要求很不合理，有一用户末端变电站，短路为瞬时动作，电流互感器变比为50/5，热稳定电流却达到100kA/3s，电流互感器热额定电流由1s转化为3s，其1s热稳定电流必须为$100kA \times \sqrt{3} = 173kA$才行。众所周知，变比越小，动热稳定电流越差，对此变比的电流互感器，是很难生产的。对于末端变电站或开关站，短路时间持续3s，简直是不可思议的，即使断路器失灵，后备保护动作时间也不可能达到3s。

（2）动稳定电流的确定。动稳定校验应采用短路冲击电流，它正常为短路稳定电流的2.5倍，发动机出口短路，由于回路阻抗基本是发电机绕组电抗，因此直流分量很大，冲击电流可达稳态短路电流的2.74倍。

电流互感器承受的电动力为

$$F = K_o \left(N_1 \times I_f \right)^2 10^{-7}$$

式中　　F——电流互感器承受的电动力，N；

N_1——一次绕组匝数；

K_o——与导体的几何形状、尺寸有关的系数；

I_f——电流互感器动稳定电流，A（峰值）。

为了保证铁芯磁通密度，变比越小，一次绕组匝数越多，由于电动力与匝数的二次方成正比，电流互感器要承受很大的电动力。因此小变比电流互感器，很难生产出支柱式的高动稳定电流的电流互感器。为提高支柱式电流互感器的动稳定性，接线端子由紫铜改为黄铜，接头由锡焊改为磷铜焊，一次绕组两末端之间用绝缘件支撑加固后再浇铸环氧树脂绝缘，否则，在强大的电动力下，电流互感器的一次进出线的端部能把浇铸绝缘撕裂。

（3）有关电流互感器铭牌上的参数问题，供电部门一般要求计量用电流互感器准确等级不但标于名牌上，还要浇铸于环氧外壳上，因名牌数据容易被改动。有的设计单位，要求电流互感器的容量及准确限值系数大的无法生产，为此有的生产厂家在名牌上标上与实际要求不符合的参数，由于无专用设备，用户无法验证所标参数，应当严防此种做法的发生。

第四节　二次侧负荷过大时的应对措施

二次侧所带负荷过大情况也有可能出现，这多发生在电流互感器与所接负荷相距太远。曾有一个工程，电厂 7.2kV 开关柜中的电流互感器距负荷所在地电子室 134m，连接导线为 4mm² 铜芯线，二次回路电阻很大，造成电流互感器容量偏紧，如果改用电流互感器，柜内主回路铜排要变动，工程量巨大，最后没更换电流互感器，而采用加大连接线截面方法解决。二次负荷过大，当然可采用加大电流互感器容量解决，也可采用其他下列办法，如采用以下方法。

（1）采用额定二次侧电流为 1A 的电流互感器。由于负载电阻消耗功率与电流的二次方成正比，额定电流 1A 的所带负载电阻能力为 5A 的 25 倍。要注意的是，与此相对应所带仪表也应当为 1A 的。1A 的对降低线路损耗有利 。在大型露天变电站，主控室与露天安装的电流互感器相距甚远，线路电阻占总电阻比例过大，处于举足轻重的位置，为减轻线路电阻的影响，应采用 1A 的。若电流互感器装于开关柜内，所带负载也在柜上，宜用 5A 的。有的发电厂厂用电开关柜，距离电子室有几百米远，电流互感器毫无疑问安装于开关柜内，而二次回路要引至电子室，这样回路电阻过大，为此，电流互感器二次侧额定电流选择 1A 的合适。

（2）有两只电流互感器改用三只。采用三只电流互感器，其总容量比两只总容量增大了 $\sqrt{3}$ 倍。

（3）两只二次绕组串联。串联后，二次侧感应电动势增大 1 倍，在电流不变的情况下，所带负荷增大 1 倍，不过此法不常用，因为不论绕组并联还是串联，准确度不一定是原来的准确度了。采用电流互感器二次绕组串联的方案在 GIS 装置中有时采用，在中压系统开关柜中一般不采用。

（4）降低线路电阻。由于仪表接线端子最大只能接入 6mm² 的导线，为此，在长途路径上采用多根大截面导线并联，始端与终端通过电流端子排引出一根合适截面的导线接入仪表。过去电流互感器的二次导线规定采用截面积为 2.5mm² 或 4mm² 的铜线，如果采用上述措施，采用两根 $6mm^2$ 的铜线也未尝不可。现在基本上采用 $4mm^2$ 的铜线比较常见。

（5）采用小功率仪表，如感应式或电磁式的改用电子式的。

（6）增加电流互感器的组数，一组改为两组。

（7）不完全星形改为完全星形，或将差接改为不完全星形。

以上是不改变电流互感器结构的前提下的方法，如果提高电流互感器的安匝数、加大电流互感器铁芯截面积、加大绕组导线的截面积，这样提高了电流互感器的容量，从而满足二次负荷要求，不过其造价及体积也相应加大了。

第五节 动热稳定达不到要求时采取的措施

当回路短路电流过大，或短路切除时间过长，普通电流互感器很难满足其动热温度要求时，可采用以下措施应对。

（1）采用贯穿式（母线式）。由于一次线与电流互感器分体，不存在动稳定问题，此时一般也不需校验热稳定性。不过此法有其局限性，由于一次绕组为单砸，当额定电流小时，无法满足铁芯所需磁通量，因此无法制成此种电流互感器。

（2）加大电流互感器的变比。意味着增加额定一次电流，大变比要比小变比的电流互感器承受动热稳定能力大得多，有人担心实际电流要比电流互感器的额定电流小得多，能否达到测量及计量的准确度呢？这可采用 0.2S 或 0.5S 级补救，因为它能在一次电流为电流互感器额定电流的 1% ~120% 时 都能保持所需的准确度，在一次电流为额定电流 20% ~ 120% 时，综合误差不超过 0.2% 或 0.5%。例如，某 12kV 支柱式电流互感器，当变比为 50/5 时 动稳定电流为 50kA，热稳定电流为 20kA/1s 当变比为 800/5 时，热稳定电流达 80kA/1s，动稳定电流达 160kA（上述数据由产品样本查得）。

（3）采用加强性的电流互感器。对于收费用的电流互感器，供电部门不希望为增大电流互感器的动热稳定而加大变比，希望正常运行电流达到额定电流的 60% 左右，至少不小于 30%，而是要求采用加强性的，具有高动热稳定性的电流互感器。如果加大电流互感器铁芯截面积，加大电流互感器绕组导体截面积，也能够提高电流互感器的动热稳定性。

第六节 电流互感器的二次接线及二次负荷统计

1. 二次接线方式

（1）单相式，电流互感器只装一相上，主要用于三相完全对称的回路中对电流的测量，如三相电动机回路，不过中压系统此种情况很少见到。

（2）不完全星形接法，此法在中性点不接地系统中经常用到，用于保护、测量及计量。此种接线只需两只电流互感器，接线简单安装方便且节省投资。平时两只电流互感器装于A、C 相上，这样，两只相距较远，安装方便且较安全，不过系统内所有的回路都必须安装此两相上，否则，发生异相短路，有可能失去保护。

（3）完全星形接法，当系统为中性点有效接地系统时 必须采用三只电流互感器，常接成完全三角形。

（4）三角形接线，此种接线很少采用，常用于大容量变压器两侧绕组为不同接线组别的差动保护中的，用以改变相位，在星形绕组侧，三个电流互感器采用此接法。

（5）两相电流差接线，接线如图10-1所示。

此接线又称两相一继电器式，过流保护只需一只继电器，当发生A、C相间短路，流入继电器的电流为电流互感器二次侧电流的2倍，灵敏度高。但对于三相短路，由于在正常情况下流入继电器电流为电流互感器二次侧电流矢量差，为其电流互感器二次电流的$\sqrt{3}$倍，保护装置动作电流必须要躲过其正常电流，动作值整定值至少为电流互感器二次电流的$\sqrt{3}$倍以上，这样一来，灵敏度不如完全星形或不

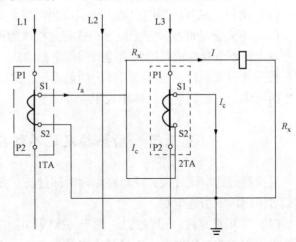

图10-1 电流互感器 两相电流差接线

完全星形接线。另外，它不能作为低压侧单相接地的后备保护。此种接线还有一个不足，所接仪表及装置的阻抗，比其他接线方式计算负荷要大，这样会加重对电流互感器的容量要求。例如，回路总电阻为R，由于正常情况下，流经回路的电流为电流互感器二次侧电流的$\sqrt{3}$倍，相对于回路阻抗增大$\sqrt{3}$倍。为减轻回路阻抗，所接设备应紧靠电流互感器安装。

（6）注意极性。同一组电流互感器，应采用制造厂、型号、额定电流、变比、准确等级、容量等均相同的电流互感器，对于计量用的电流互感器及电压互感器，如果其中一只损坏，要进行全部更换。电流互感器二次接线要注意极性，一次电流的L1（P1）端与二次K1（S1）端为对应端，应与所确定的计量正向保持一致，即当一次电流自L1（P1）流向L2（P2），二次电流应自K1（S1）端流出，经外部回路流回K2（S2）端。当然，可同时调整电流互感器的一、二侧的安装方向也可。

2. 电流互感器二次侧负荷统计

电流互感器额定容量可用伏安表示，也可用电阻欧姆表示。同样，所带负荷可用上述两种表示方式。设计时应将电流互感器容量与所带负载化成同一单位进行比较。由于负载功率因数大多在0.8以上，负载阻抗可由电阻表示。转化公式为

$$R = P/I^2$$

式中 I——电流互感器的二次额定电流。

额定电流一般为1A或5A，显然，同样容量下，1A的许可电阻值为5A的25倍。常用装置的负荷见表10-4。

为便于计算二次负荷，对于电流互感器二次绕组不同接线及短路方式的不同，所带负载电阻应进行折算，折算公式可参考表10-4。

由此可见，线路电阻值，不但要看导线型号规格、截面，还要看距离长度，计算出电阻后，根据二次接线及短路性质再进行折算。

表10-4　　　　　　　　　　　　电流互感器二次负载电阻折算

接线方式	三相短路	两相短路
两相不完全星形（V）	$R=R_j+3R_x$ $R=3（R_j+R_x）$ （返回线上接负载时）	$R=R_j+2R_x$ $R=2（R_j+R_x）$ （返回线上接负载时）
三相完全星形（Y）	$R=R_j+R_x$	
两相电流差	$R=\sqrt{3}（R_j+2R_x）$	$R=2R_j+4R_x$
三角形	$R=3（R_j+R_x）$	

注　1. 负载一般功率因数高，阻抗用电阻代替。

　　2. R为二次侧总电阻，R_x为单回连接线电阻，R_j为所接设备电阻。

　　3. $R_j=P/I^2$，P与I分别为保护装置动作整定值时消耗的总功率及相应动作电流，但对采微机综保的中压系统，直接采用所需的伏安数。

如果短路电流为电流互感器额定一次电流倍数不超过其准确限值系数，对保护级来说，不必再进行准确度校验。如果负载大于额定容量，或短路电流倍数大于准确限值系数，准确度能否满足要求，这要查电流互感器的准确限值系数与二次负荷关系曲线，在满足准确度的要求及在实际短路电流倍数的情况下，电流互感器所能承担的最大负载，若实际负载不大于此最大负载，电流互感器的保护绕组也能满足要求。

第七节　电流互感器二次绕组的并联、串联、多变比及中间抽头问题

1. 并联

两只相同变比的二次绕组并联，其变比只为原来的一半，但容量保持不变。道理很简单，如二次负载额定电流为5A，每个绕组只负担2.5A，一次额定电流要减半，从而变比也减半。有人错误地认为，由于二次侧并联，如同变压器并联运行一样，二次侧电流增加一倍，容量增加一倍，例如原来二次额定电流为5A，并联以后为10A，容量应增加一倍。这种认识是错误的，配电变压器可以尽可能地输出最大负载电流，而电流互感器二次绕组所接装置，最大输入电流不应超过一定值的，实际正常运行中，电流互感器二次额定电流还是保持5A（有的为1A），这样二次额定电流只要为原有电流的一半即可，也就是变比为原有的一半。

如果实际运行二次电流远小于电流互感器一次额定电流，可把相同变比的二次绕组并联，使之变比减少，从而精度提高，例如原来变比为200/5，实际一次侧电流只有70A，并联后变比为100/5，这样测量的准确度提高了，精度提高的理由很简单，一是电流互感器一次额定电流与实际运行值更接近，二是每只铁芯上的励磁安匝数减少一半，铁芯远未达到饱和程度，铁芯里的磁通与原边电流成正比例，这样不但提高了精确度，而且电流互感器的准确限值系数提高一倍，例如，两只变比为200/5，准确限值系统为10P15，并联后变比为100/5，准确限值系数应为10P30。准确度的提高只是宏观上的结论，由于考虑两绕组有误差累积，到底准确度是何值，制造厂家不会提供。

电流互感器的二次绕组是不同铁芯的，并联绕组的两绕组一定参数要一致，否则不得并

联，这实际工程中，并联情况在中压系统基本不会出现。在低压系统也不会为减少变比采用此种方式，而是采用一次线多绕几圈即可。

2. 串联

变比相同的两个二次绕组，若串联，二次绕组感应电动势增加一倍，因此额定容量增大一倍，虽然二次匝数增加了一倍，但一次及二次电流没变，所以变比不变。

对中压电流互感器而言，二次绕组没有必要进行并联或串联，因为串联或并联后，其准确度有些变化，对于串联来说，误差有可能累加，误差加大，但误差究竟是多少，生产厂家不负责提供串、并联后的准确度，要想增加容量或改动变比，可直接订购所需容量及变比的电流互感器即可。

3. 多变比及二次绕组加中间抽头问题

有的设计，对计量及测量，电流互感器的一次额定电流尽量接近实际电流，因此变比很小，对于保护，为应付强大的短路电流，常选用大变比的，其弊端前已讲述，不再赘述。

电流互感器二次绕组加中间抽头，本质属于双变比，例如 $2 \times 100/5$，使用时可用 $100/5$ 或 $200/5$，它是一个带中间抽头的绕组绕于同一个铁芯上，使用时任选其一，与双变比 $100/5$、$200/5$ 是不同的，后者是两个铁芯，两个绕组，而中间抽头绕组只有一个铁芯。中压系统带中间抽头的电流互感器必要性不大。采用中间抽头，变比减少一半，其容量也相应减少一半。

中间带抽头的电流互感器，主要为以后扩容考虑，开始容量小，采用小变比的，如果以后增容，采用大变比的，例如 $2 \times 100/5$，开始采用 $100/5$，以后容量增加，改换为 $200/5$。有人想采用两个 $100/5$，中间抽头共用，这在生产加工中的精确度的保证上带来困难，不宜采用。还有的人想把带有中间抽头的绕组并联，共用中间抽头，这也不可取，因为生产厂家没考虑此种应用方式，对此种应用方式的精确度不作保证。

有人想把参数完全相同的二次绕组共用同一铁芯，例如两只 10P20，15VA 的两绕组，共用同一铁芯，这也不可取，一旦一个绕组故障，绕在同一铁芯的另一绕组也受影响，这样两绕组都不能工作。不同绕组采用不同铁芯，形成模块化，规格化，缩短产品设计及加工时间，因此电流互感器的有几个二次绕组，就有几个铁芯，一次绕组共用，二次绕组各有各的铁芯。

在电气设计中，不必要求电流互感器预留备用绕组，可以预留多余绕组，作为以后扩展应用领域而用，但不宜作为其他绕组循环后的备用绕组，因为一旦绕组损坏，等于整个电流互感器报废。

第八节　电流互感器安装位置

1. 用于调节发电机自动励磁的电流互感器

此种电流互感器应装于发电机定子绕组的出线侧，而不装于发电机中性点侧，这样可检测发电机出线侧故障，以便迅速调节发动机的励磁（为不降低保户的灵敏度，短路电流不能降低，为此对发电机采取强励措施），对发电机内部故障，它也能检测故障电流，使发电机出口断路器迅速跳闸。如果用来检测发电机在并入系统前是否有内部故障，电流互感器应装于发电机绕组的中性点侧。如果调节励磁用电流互感器装于发电机中性点侧，一旦发电内部短路，强励起动会使发电机破坏严重，此时，发电机出口断路器断开也无济于事了。

2. 中压柜内电流互感器的布置

在开关柜中，电流互感器一般装于断路器的馈线侧，这样便于安装、便于检修，但无法检测到断路器本体故障及上插接头故障。电流互感器如果安装于断路器的母线侧，在柜中安装非常困难，若用移开式开关柜，带电流互感器的静触头盒来达到安装在母线侧的目的，但电流互感器又很难达到使用要求。对于发电机出口断路器来说，安装于母线侧，能够保护断路器插接头及断路器本身故障，保护范围大，而对于馈线断路器柜，无此效果，因为断开馈线断路器故障不能切除。

3. 变压器的差动保护电流互感器的位置

如果变压器高压侧电流互感器装于母线侧，低压侧电流互感器装于断路器的馈线侧，这样，高压侧断路器下插接头及低压侧断路器的全部都在其差动保护范围，保护范围扩大。但断路器至母线侧发生故障，断开断路器也不能切除故障。

第九节　电流互感器的安装及接线注意事项

1. 二次侧必须接地

为防止因绝缘损坏，高压串入低压侧造成人身危险，二次侧一定要接地。接地线要接至开关柜专用接地排上，不得采用开关柜金属外壳作为接地极。

2. 二次侧不得开路

一旦二次侧开路，二次侧无去磁电流，一次侧电流全部变成磁化电流，引起铁芯严重过饱和，从而造成因发热严重而烧坏绕组。由于铁芯严重饱和，铁芯中磁通成平顶波形，从磁化曲线可看出，磁通过零时，感应出很高尖顶波电压，危及人身安全及二次设备绝缘性能。为防止二次开了，二次侧决不许装设熔断器或保护开关。运行时若拆除二次设备，必须通过旁路端子。二次侧开路，回路感应非常高的电压，对人身安全带来危险。

为防二次侧开路过电压危害，有一种电流互感器过电压保护装置，此装置有的采用压敏电阻，平时此种装置泄漏电流要小，不能影响二次侧装置的正常工作。如果采用氧化锌做压敏电阻，必须注意的是，氧化锌只能瞬时放电电流，电流互感器若二次开路，过电压时间长，氧化锌压敏电阻会过热烧坏，必须另有自动装置，在氧化锌放电的瞬间将其短接。如果一组电流互感器有 3 只，每只有 4 只二次绕组，有的保护装置要求每只二次绕组要接入 4 只端子，这样要有 24 只端子要接入过电压保护器，造成接线麻烦且作用不大，只要运行注意防止电流互感器二次开路即可，有的设计单位及用户，对电流互感器保护器并不感兴趣。

第十节　电流互感器选择步骤

选择电流互感器就是确定电流互感器的型号规格，即额定电压、额定一次电流、二次电流及变比、二次绕组个数及每个绕组测量或保护准确度、保护准确限值系数、每个二次绕组的容量。型号规格确定后，其动热稳定值、安装尺寸及重量也随之确定。具体选择步骤如下。

1. 负荷计算及短路计算

通过负荷计算，确定电流互感器所在一次回路计算电流，从而确定电流互感器的一次额定电流，一般计算电流大于电流互感器的额定电流，但有的供电部门要求计量用的电流互感器额定电流为计算电流的80%。只要动热稳定及准确限值系数满足要求，电流互感器一次额定电流要尽量接近计算电流，若动热稳定性不满足要求，可加大一次侧额定电流、加大电流互感器的变比或同一台电流互感器二次侧绕组不同变比的方法，但要满足要其他方面的要求。

短路计算的目的，要校验电流互感器的动热稳定能力，并接合短路保护整定值，确定合适的准确限值系数。

2. 电流互感器二次负荷统计

根据二次侧设备负载、线路规格及长度以及电流互感器二次绕组接线方式及短路性质求得二次侧计算负荷，使其不大于所在绕组的额定容量，但对于保护绕组，若电流互感器二次侧计算负荷大于其额定容量，能否满足保护准确度要求，要查准确限值系数负载与短路电流关系曲线进行确定。如果从曲线上查得保护的准确度满足要求，电流互感器也不能长期过载运行，因此要选择电流互感器容量大的，从而满足负载要求。二次负载统计，以首先确定电流互感器个数及接线方式及短路性质为前提。

3. 电流互感器其他参数确定

根据电流互感器与所接负荷距离远近及电流互感器容量大小，决定电流互感器二次侧额定电流1A还是5A。

根据使用性质，是计量、测量及保护的不同，还要分别收费计量与管理用计量，收费计量中又有不同的级别。这样确定计量及测量用二次绕组的准确度。根据保护的要求及短路电流的大下，确定保护绕组的准确度及准确限值系数。

第十一节 电流互感器常见故障及注意事项

1. 电流互感器常见故障

电流互感器最常见故障是出现局部放电现象，故障原因是生产的电流互感器局部放电达不到要求。所谓局部放电，即在环氧树脂绝缘层内空气隙中放电，这是由于电场不均造成的，长期局部放电会使绝缘逐步破坏。要想局部放电满足标准要求，要在所用材料及制造工艺上注意，浇铸环氧树脂时，要搅拌均匀，要求高得真空度，绝对不能环氧树脂中有汽包出现，局部放电不大于5PC，绕组材料不得偷工减料，要用无氧电工铜，截面要符合要求。

电流互感器常见故障还有一次侧接头问题，额定电流大的电流互感器需要大截面导电排搭接，但支柱绝缘子接头只有一个用以搭接螺栓孔，而且强度也不够，造成接触不良，烧坏接头及附近绝缘。

2. 其他注意事项

（1）计量柜中的电流互感器，宜固定安装。如果把电流互感器、电压互感器装于手车内，组成计量手车，这样总电流要经过插接头，而手车柜故障率最高地方就是插接头。有人担心电流互感器固定安装不利维修，这种担心是多余的，它与电压互感器不同，是非常可靠的元件，因为手车柜中所有的电流互感器都是固定安装的。

（2）收费计量用电流互感器及电压互感器，决不能带与电能表无关的任何仪表。单位变电站计量柜，属于供电部门管理，用户无权过问，内置电能表有供电部门提供，柜内只留有电能表的安装位置及接线端子盒即可，所装电流互感器要经供电部门检测及认可。

（3）支柱式电流互感器，额定电流及变比不宜过大。有的选用 5000/1 的，这是不宜的，一般最大不超过 3150A，尤其 5000/1，一次侧 1 匝，二次侧要 5000 匝，体积太大且准确度低。大电流电流互感器，宜选用母线式，加工方便且无动稳定要求。大电流母线式，内壁有屏蔽层，要与母线就近作金属性连接。

（4）如果电流互感器装于接地的金属壳体上，且金属壳体又是连续的接地体，不必另外接地。如果装于绝缘件或导电性能不好构件上，应采用专用接地线接地。

（5）电流互感器的二次绕组数量要有准确统计。如果一时难以确定，可留一只备绕组，曾有一风电 35kV 变电站，投运前，供电部门要求母线差动保护，原装电流互感器二次绕组不够，只得从新更换电流互感器，造成很大经济损失。不过要注意，35kV 级电流互感器，每只电流互感器不宜超过 5 只二次绕组。备用绕组平时要处于短接状态。

（6）收费计量用配套电压互感器准确度的选择。电流互感器多为 0.2S 级，与之配套电能表应为 0.2S 级，配套的电压互感器为 0.2 级，电压互感器无带 S 级别的，电流互感器及电能表的 S 级意味着在 1%～120% 可保持所需的准确度，电压互感器不能在低于额定电压较大时参与计量，更不能在 1% 的额定电压下工作且保持所需的准确度。计费用的电压互感器不是容量越大越好，这点很多设计人员对此尚不理解，这在电压互感器的选择一文中已有详述。

（7）带有触头盒的电流互感器的选用。在移开式中压开关柜中，如果有两套电流互感器，这样在柜内很难安装，在此情况下，可考虑采用带有触头盒的电流互感器，这样可少占柜内空间，不过这种做法有其局限性，电流互感器的参数选择范围小，因此尽可能采用增加副绕组个数的方法而不是增加电流互感器的组数的方法。

第十二节　零序电流互感器的选择

在中压系统电气主接线图中，发现几乎每一回路都有零序电流互感器，对用户来说，用户开关站有无必要安装零序电流互感器，零序电流互感器用途是什么，选择零序电流互感器应注意什么问题，有搞清楚的必要。

1. 总进线及分支线是否采用零序电流互感器的问题

（1）总进线安装零序电流互感器问题。很多电气设计中，在中压不接地系统主接线图中，总进线多带有零序电流互感器，这是不妥的。如果作为一个系统的总进线，系统内任一点发生接地故障，通过总进线零序电流互感器的零序电流为零，它既不能检测各分支回路的零序电流，也不能够检测母线接地故障零序电流。如果总进线回路只是总系统中用户分支系统开关站的总进线，该总进线零序电流互感器检测到的接地零序电流也只是其他分支系统的接地零序电流而已，检测不到本系统的零序电流，它检测的零序电流不可能比本系统内任意一个馈线回路通过的零序电流大，因此总进线不必安装零序电流互感器。由此可见，不论对总系统还是对一个用户开关站来说，总进线回路安装零序电流互感器必要性不大，可以说不必安装。

（2）分支回路安装零序电流互感器问题。对于用户来说，系统规模小，它只是供电系统的一部分，馈线回路少，中性点不接地系统发生单相接地，通过接地零序电流检测来准确判断故障回路难度大。如果开关站只有一个电源进线，两路馈电线路，这三条路线皆不必安装零序电流互感器，因两馈线回路检测的零序电流基本一致，无法判别是哪回路发生接地故障。

用户开关站馈线回路安装零序电流互感器，主要用来与母线电压互感器二次侧开口三角形检测的零序电压配合，用来判别接地故障回路，对用户来说，没有义务也没有必要做这件事，接地故障是整个系统的问题，由供电部门处理，用户也无法处理。所以国家电网公司规定，在中性点非有效接地系统中，10kV 及以下电压的用户开关站电压互感器一次中性点不应接地。既然电压互感器一次中性点不接地，发生单相接地故障，二次侧开口三角形也无电压输出，开口三角形的接法也无存在的必要，也就是检测接地故障无此必要，这样零序电流互感器的安装自然也无此必要了。

2. 零序电流互感器绝缘等级问题

零序电流互感器的一次侧的绝缘是靠所穿入的电缆本身实现的，因此其绝缘性能只指的是二次绝缘能力，但有一种零序电流互感器却是例外，母线式 LJM-型，它的构造是三相母排进行绝缘处理后，紧密地并在一起，穿过零序电流互感器的磁回路铁芯，三相母排就是零序电流互感器的一次回路，它的绝缘水平必须与所接回路的耐压一致。

3. 不接地系统零序电流的计算问题

设计中，设计人员常遇到的问题是，无法计算出单相接地电容电流，因为它与整个系统有关，而整个系统的参数是由供电部门掌握的，参数又是经常变化的。但对系统为中性点不接地系统来说，不必计算系统的接地电容电流，只要选取的零序电流互感器的内径能穿过所选的电缆即可，不必考虑其变比，因为所接继电器 DD-11/60 型，动作电流不大于 30mA，有的只要十几毫安即可，而微机综合保护装置需要的功率更小，如果零序电流互感器连这样的小的功率都不能满足，说明安装零序电流互感器必要性不大。因此不必求它的一次电流零序电流的大小及变比。对零序保护的整定值，电气设计人员也不必给出，这由现场试验得出。如果系统为中性点接地系统，那么接地电流大约数百安，因此要考虑一次侧的零序电流及变比（二次侧一般为 1A），及保护准确等级及准确限值系数。选择可参考普通的电流互感器。零序电流互感器有可分开式及不可分开式，可分式适用以后补装，电缆头已做好，要装零序电流互感器只能用分开式，如果电缆尚未施工，最好还是用不分开式，因为不分式磁路是完整体，导磁性能好。

第十三节　有关电子式电流互感器的问题

电子式电流互感器与电压互感器，能与微机综合保护器及数字式仪表有机结合，它是实现电力系统网络化、智能化主要元件之一，是保护测量向模块化、智能化、小型化及多功能化、免维护方向发展的关键设备之一。它不存在对仪表保安系数要求问题，也无铁磁保护问题。它质量轻、精度高、线性度好，频带宽、响应快。订货时应提供电流互感器的一次额定电流，准确等级，额定负荷，额定二次电压。准确度与电磁式一样，不过它的准确限值系数可选的更大，甚至达到 50 也无问题。额定二次电压常用的有 22.5、150、200、225mV。额定二次负荷常为 2、20kΩ 和 2MΩ，而电磁式电流互感器二次输出 1A 或 5A，容量为 10～50VA。电子式电流互感器即使二次开路，也不会产生高电压，不会危及人员及设备的安全。电子式电流互感器线性度好，无饱和区问题，它可以输出数字量，而电磁式电流互感器只能输出模拟量。它的体积及质量比相应的电磁式电流互感器要小。

电子式电流互感器有的二次侧采用空心线圈，即罗氏线圈，把一次侧的电流信号转换成二次电流信号，再通过阻抗匹配器、滤波放大器、积分器等输出与一次电流成比例的数字量或模拟量。

电子式电流互感器也可以通过低功率线圈取得电流信号，它由一次绕组、小铁芯及损耗最小化的二次绕组组成，二次绕组回路串入一电阻，它是为取得二次电流在其上的压降而设立的，其压降是与二次电流成比例，也自然同一次电流成比例，此电阻压降大小，反映一次电流的大小，此电阻功率损耗近乎为零，为电子式电流互感器一体化元件。

不论采用空心线圈，还是采用低损耗小铁芯，本质还是离不开电磁感应原理，不过它输出的可以是数字信号，可以直接接入电子式仪表或设备，因此冠以电子式电流互感器的称呼。

不论电子式电流互感器，还是电子式电压互感器，目前应用面还比较小，只有在供电系统少量应用，它不能应用于电磁式仪表或机电式继电器上，而且比电磁式贵得多。

第十一章

中压电磁式电压互感器的
选用及铁磁谐振的应对

第一节 概　　述

在中性点不接地的中压系统中，最容易出故障的主回路元件莫过于电压互感器了。在电压互感器损坏的原因中，80%以上是铁磁谐振引起，铁磁谐振并非完全由电压互感器本身原因引起，而是由系统中各组件参数适当配合，在系统各诱发因素及扰动因素作用下，发生铁磁谐振。

在中压系统中，电压互感器是不可或缺的元件，它的作用是把中压转换成低压，常为100V，有时为110V及220V，电压互感器用于以下方面：

（1）电压的测量及电能的计量。

（2）继电保护所需的电压信号（含过电压、欠电压的保护与报警）。

（3）提供操作电源，为开关跳合闸提供动力，但必须保证所需的能量及电压要求。

（4）提供交流控制电源。

（5）备用电源的自动投入所需的电压信号。

中压系统中，所用电压互感器有铁磁式和电子式。电子式又分为电容分压式、电阻分压式及低功耗小铁芯式，目前高压系统还有全光学式。

电子式中压电压互感器，目前占整个用量不足1%，在中压系统中，占主导地位的还是铁磁式，它是由铁芯、一、二次绕组及外加绝缘组成，外加绝缘基本上为环氧树脂。

电磁式电压互感器是采用电磁感应原理，其技术及工艺非常成熟，可靠性高，寿命长，成本低，免维护，运行经验丰富，容量大，既可与机电式继电器配套，也可与数显表、微机保护配套，但体积笨重，易饱和，但最大缺点是易引起铁磁谐振。而电子式电压互感器是专为数字式仪表及智能电网服务的，它可直接输出标准低压模拟信号或数字信号，可与微机综合保护、智能电表、智能开关等直接相连，不过它的准确度取决于分压电阻或分压电容器精度及受温度影响程度，目前只在一些供电部门使用。电子式电压互感器虽不产生铁磁谐振，但由于造价高及使用场所的限制，使用数量很少。全光学电压互感器开始试用，但稳定性、经济性及小信号准确性还有待完善，目前在中压领域尚未使用。

第二节　中压系统中性点及电压互感器一次侧中性点接地问题

1. 中压系统中性点接地问题

为更好了解铁磁谐振发生的机理，首先涉及电力系统中性点接地问题。中压系统有中性点直接接地、不接地、低电阻接地、中电阻接地及高电阻接地。不接地、高电阻接地及经消弧线圈接地为非有效接地，直接接地及经低电阻接地为有效接地。目前中压系统中，中性点不接地占绝大部分，因为中性点非有效接地，有其显著的优越性，如连续供电可靠性高，这原因很简单，系统中性点不接地，一旦发生系统单相接地故障，三相电压大小、相位及对称性没发生变化，只是接地相对地电压为零，完好相对地电压升为线电压而已，只要对地绝缘能承受线电压的要求，这样还可维持继续运行，等待维护人员排除故障，以免使事故扩大成两相故障。对于瞬间单相接地故障，不必人为排除，如果自动重合闸成功，供电连续性不受影响。另外，在多数情况下，主回路电流互感器可只装设其中两相上，不必每相均设置电流互感器，从而简化了安装且节约投资。

系统中性点非有效接地也有弊端，如单相接地后，另两相对地电压升至线电压，从而加大了对地绝缘要求，开关柜壳体也相应增大。110kV 及以上电压等级的系统，为避免系统在绝缘上投资过大，均采用中性点有效接地系统。另外，中性点非有效接地的一个显著缺点是，中性点对地电压不稳定，容易引起电压互感器铁磁谐振，几乎所有的电压互感器损坏的原因，皆由铁磁谐振引起。另外，随着系统容量越来越大，中压系统网络越来越大，系统内电力电缆长度也越来越大，从而单相接地电容电流增大，且电缆产生的单相接地电流引发的电弧亦难熄灭，这样中性点非有效接地系统，发生单相接地可继续运行的优点也不复存在，而且还造成铁磁谐振的增加，有鉴于此，有的中压系统采用有效接地系统，如中性点经低电阻接地，不过目前中压系统中性点非有效接地还是占统治地位。

2. 电压互感器一次侧中性点接地问题

如果电压互感器一次侧中性点不接地，不管系统中性点是否接地，零序电流无通路，电压互感器不会有零序电流通过，不会因零序电流造成电压互感器铁芯过饱和而引发铁磁谐振，如 V-V 接线的电压互感器，不会引发铁磁谐振。

国家电网公司 2011 年 12 月年发布的《国家电网公司十八项电网重大反事故措施（试行修订版）》中第 14.4.2 条中规定：为防止中性点非直接接地系统，发生由于铁磁式电压互感器饱和产生的铁磁谐振过电压，可采取以下措施：

（1）选用励磁饱和点较高，相电压在 $1.9U_m/\sqrt{3}$ 电压下铁芯磁通不饱和的电压互感器。

（2）在电压互感器（包括系统中的用户站）一次绕组中性点对地间串接线性或非线性消谐电阻、加零序电压互感器或在开口三角绕组加阻尼或其他专门消除此类谐振的装置。

（3）10kV 及以下用户电压互感器一次侧中性点应不该接地。

上述措施中，对于标称电压 3～10kV 系统，用户电压互感器一次侧中性点不应该接地，就是为防止电压互感器发生铁磁谐振，但并没有指出标称电压为 10kV 及以下电力系统用电压互感器，或 20～66kV 电压等级的中压系统电压互感器一次侧中性点应不应接地，这要根据具体情况具体分析。一般情况下，为了系统的绝缘监视，中性点要接地，道理很简单，在中性点不接地系统，只有当电压互感器一次侧中性点接地，系统发生单相接地故障，二次侧开口三角形绕组才呈现 100V 电压，接于开口三角两端的保护装置动作，发出接地报警信号，电压互感器二次侧接于相与中性点间的电压表能判别哪一相接地，判别方法很简单，即接地的相，其相地间的电压表电压指示为零，其他完好两相对地电压升至线电压。开口三绕组正常情况下，每个绕组电压为 $(100/\sqrt{3})$ V，相位相差 120°，开口处电压为三绕组电压的向量之和，正常运行时，其值为零，一旦系统某相接地，接地相电压为零，另两相电压为

（100/3）V 的 $\sqrt{3}$ 倍，即 $\sqrt{3} \times$（100/3）V，且相位相差60°，此时开口电压又为此时两相电压的向量和，其值为此两相电压的 $\sqrt{3}$ 倍，即 $\sqrt{3} \times \sqrt{3} \times$（100/3）＝100（V）。此电压足以使电压信号继电器动作，发出接地报警信号。

如果某用户拥有一个独立的中压系统，例如拥有一座35/10kV用户变电站，10kV系统只属于本单位使用，不与其他系统有电气连接，在本变电站10kV配电母线上，所接TV一次侧中性点应接地，这样二次侧才兼有绝缘监视功能。对于本单位所发生的10kV系统内单相接地故障，可在短时间内判明接地故障回路，在配电室不停电的情况下排除。

如果公用开关站或公用变电站的中压系统向众多用户供电，也就是说，同一个中压系统内有多个用户，这样每个终端用户的中压配电室均设绝缘监视必要性不大，原因很简单，即使某终端户发现单相接地故障，也不能确定是谁家的线路出现接地故障（这时接地故障要靠接地零序电流的检测来确定了），用户侧电压互感器一次中性点接地意义不大了。绝缘监测应在源头进行，即在总变电站或公用开关站进行，该总变电站或公用开关站母线上的电压互感器一次侧应接地，采用微机循环检测方法，以便确定哪一回路发生单相接地故障，而不仅仅只知道哪一相发生接地故障。馈线回路接地故障由变电站排除，若发生在客户端，可通知用户排除。当然可采用逐步断开回路的方法发现接地故障回路。

目前在电气设计中，有的设计人员不分用户是中压系统的一个分支，还是自成一个完整的中压系统，一律采用电压互感器一次侧中性点接地的做法，这是不妥的。

中压不接地系统，10kV系统单相接地电流不超30A时，35kV系统要求单相接地电流不超10A，否则，应加消弧线圈。发生接地故障后，可允许继续运行2h，以待维护人员排除接地故障。

国家电网公司只强调10kV及以下用户端电压互感器中性点不应接地，笔者建议在有些情况下，35kV用户电压互感器中性点也不接地。在35kV系统中，因谐振引起电压互感器损坏事例太多了，如果区域降压站35kV母线向多家用户供电，这样35kV用户开关站电压互感器一次侧中性点也不应接地，它不但诱发谐振，而且检测的接地信号没有利用价值，因为接地故障是整个系统问题，用户检测到的接地故障无法判别出在某用户系统中，只有在降压站35kV侧检测才有意义。

第三节　电压互感器二次侧接地问题

在查阅各设计部门的施工图时，发现电压互感器二次侧接地形式随意性很大，有的二次侧中性点直接接地，有的中性点经过击穿保险接地，有的中性点经击穿保险接地，b相接地……中性点的正确接地，这是设计必须做到的。

电压互感器二次绕组的接地方式大致有以下几种。

1. 因安全要求二次绕组应直接接地

在电力系统为中性点非直接接地系统中，由于各相对地电容有差别，各相对地电压有微小差别，造成中性点有些漂移，二次侧中性点接地有对相电压稳定作用，不过直接接地的主要是为了人身及设备的安全，因为一旦绝缘损坏，高压窜入低压，会对人与设备造成危险。由此可见，电压互感器二次绕组，不论是单个绕组，或多个绕组接成星形接法、开口三角形接法或V-V接法，为了安全，都要直接接地，也就是说，电压互感器二次绕组都应当接地。对于单只绕组或 3 只二次绕组首尾相连的开口三角形接法，二次侧绕组一端接地即可，对于星形接法的三绕组，中性点直接接地或经过击穿保险接地，对于 V-V 接法三相两绕组，b 相直接接地。

2. 电压互感器 V-V 接法的有关问题

对于 V-V 接法的电压互感器，由于采用两只单相电压互感器头尾相接，采用 b 相接地是最佳选择，因为不论是高压窜入低压，还是雷电过电压，各绕组离接地点近，对人员与设备的保护最有利，如果 a 相或 c 相接地，其他两相离接地点较远了，另外，b 相接地已经形成习惯，这是约定成俗的做法罢了，这会给安装调试带来方便。

V-V 接法的优点是，由于一次侧中性点不接地，不易产生因一次侧接地引起的谐振，而且为提供三相电压节约一台单相电压互感器，不但节省一台电压互感器的投资，而且使安装更方便，在开关柜有足够的空间，电气间隙更容易保证。其缺点是它不能够提供相电压，也不能够对接地故障报警。此种接法要特别注意的是，两只单相电压互感器一定要采用全绝缘的才行。

3. 为什么二次侧 b 相要直接接地

b 相接地，有的是为了安全，如 V-V 接法的电压互感器，b 相直接接地的原因前已详述，有的为特殊需要或为了简化二次接线，也是为了不同电源的并车须要，众所周知，并车必须满足三个条件，即电压相等、频率相同及相位一致，不论二次绕组是三角形接法，还是两只单相电压互感器的 V-V 接法，如果都为 b 相接地，并车的电压信号都以 b 相作为相位比较的同一基点，剩下的只要比较 a、c 相的电位差即可。由于同期并车只要比较线电压，因此，常采用两只单相电压互感器。b 相接地还有一个好处，那就是还能够简化接线。对其他需要接入 b 相的仪表或继电器，也可简化接线，这样各电压互感器的柜顶小母线只要 a、c 两相即可，大家共用一根 b 相小母线。

如果系统为中性点不接地系统，一相接地，中性点发生偏移，因此同步采样电压不得使用相电压，而是采用线电压，如果系统中性点直接接地，可以用相电压或线电压。

4. 为什么中性点要经过击穿熔断器接地

在电压互感器二次绕组接成星形，只要 b 相接地，中性点一定要经击穿熔断器接地，否则就形成了单相短路。为了人身与设备的安全，二次绕组的中性点只经过击穿熔断器接地是否可以呢？答案是否定的，一是增加了投资，造成接线复杂；二是还担心它的可靠性及击穿电压的大小；另外，它不能像中性点直接接地那样，对相电压有稳定作用。如果 b 相直接接地，中性点是否可以不接地呢？答案也是否定的，一是接地点离其他两相较远，安全保护不够理想，二是一旦二次回路保护元件断开，绕组就失掉了保护接地点（因 b 相接地点一定在二次保护元件的负载侧，否则，一旦高压串入低压，二次绕组形成单相短路，保护元件不起作用了）。为了既得到 b 相接地带来的好处，又要保证安全，中性点要接地，但不能直接接地，如果直接接地，它与 b 相接地形成单相短路。

b 相接地点之所以放在二次绕组的熔断装置之后，防止在击穿熔断器被击穿后，b 相绕组形成短路故障，这时二次回路熔断器动作，切除短路故障。中性点经击穿熔断器接地，是当二次绕组产生过电压时，能够击穿接地，保证人身及设备的安全，击穿电压一般在 $200 \sim 500V$。

击穿熔断器不得采用氧化锌低压避雷器，因为避雷器是防冲击过电压，而电压互感器二次绕组过电压可能因绝缘损坏造成高压窜入低压，可能时间比较长，避雷器有热爆的危险，而且避雷器一旦击穿损坏，不可能自行恢复。击穿熔断器平时处于断开状态，一旦高压窜入，立刻击穿导通。

5. 电压互感器二次回路一点接地问题

在有些特殊情况下，二次回路要求在中控室一点直接接地，因接地线有泄漏电流，它的各点对大地的电位可能不同，这对微电子设备有时是不允许的。由于电压互感器离中控室很远，二次绕组中性点对接地电压过高，一点接地是指电压互感器需要接地的绕组都集中一点接地，这种要求可以在端子排上很容易实现，集中一点接地的另一要求，在集中接地线上不能够出现两个接地点，接地点一般选择在需要电压信号的电子设备处。

第四节　三铁芯柱及五铁芯柱式电压互感器

目前很少采用三铁芯柱或五铁芯柱式电压互感器，在中性点非有效接地的中压系统中，三铁芯柱式电压互感器不宜采用，因为当某相接地，另两相对地电压升为线电压，等于在每个绕组上加上零序电压，零序电压产生零序磁通，而零序磁通方向一致，在三铁芯柱无闭合回路，只能通过空气间隙及固定铁构件流通，这样磁阻很大，即零序阻抗很小，从而在零序电压下产生很大的零序电流，很快烧坏电压互感器，另外，三铁芯柱电压互感器不能够采用开口三角形绕组进行绝缘监测。当采用五铁芯柱式电压互感器，从磁路上分析，如同三个单相电压互感器的组合，但缺点是不论哪个绕组发生故障，都会整体报废，而三个单相电压互感器组合式接法，一只故障，对其他电压互感器不受影响，不过，新更换的单相电压互感器，如果作为收费计量用，必须使参数保持与原有的一致，因此，其中一只损坏，一般另两只也要更换。另外，安装上不如三个单相电压互感器灵活方便。由于五铁芯柱式电压互感器具有上述弊端，现基本淘汰不用。

总之，在中压不接地系统中，采用三铁芯柱式电压互感器因某相接地而产生的零序电流过大而烧坏，采用五铁芯柱式电压互感器或采用三只单相电压互感器组合式，也会因某相接地零序磁通过大而发热严重，但可维持 8h 工作，若系统中性点接地，上述情况均可避免。

第五节　选用电压互感器常见问题

由于电压互感器是中压系统中常见元件，且又是易损元件，因此选用时要特别引起注意，常见问题如下。

1. 选择精度不当

经常见到不论是计量还是测量，均选用 0.2 级的，这有些不妥。收费用 0.2 级，测量用 0.5 级的即可，如果计量作为考核用，计量也可用 0.5 级的，此时计量与测量也可合用一个二次绕组。电压互感器的保护级有 3P 及 6P 级，一般情况下，保护级选用 6P 即可。

2. 容量选择不当

有的计量或测量用电压互感器绕组容量为 50VA 或 75VA，误认为容量越大越好，其实不然，容量过大，如同空载，输出电压偏高，反而造成计量误差变大。因此有的供电部门规定，计量绕组容量不得超过 30VA。一般认为最好不超过 15VA，因为目前所有仪表多为电子式，电压输入功率不超过 1VA，电压互感器二次侧常见负荷容量见表 11-1。

表11-1 电压互感器二次侧常见负荷容量

序号	名称	容量（VA）
1	指针式电压表	<2
2	数字式电压表	<1
3	微机综合保护装置	0.5~1
4	继电器电压线圈	<5

　　微机综合保护及数字式仪表的消耗能量微乎其微，竟有设计单位所选电压互感器准确度为 0.2/0.5/3P 对应容量为 50/75/100（VA），这有点离谱。国家电网某单位曾对 110～500kV 级电压互感器负荷情况调查，设计所选容量都在 50VA 以上，而实际负荷却在 3VA 左右，尚未达到额定容量的 10%，中压系统中的电压互感器所带实际负荷与高压系统用相差不大，估计所带负荷也不会超过其额定容量的 10%。容量过大不但加大了造价，也使测量误差加大，电压互感器最佳额定容量为实际容量的 1.5～3 倍，也就是说，电压互感器的负荷率在 25%～75% 为好，理想状态为 60%。对保护级也不宜超过 50VA，计量及测量不宜超过 15VA，正确的做法是，电压互感器实际负载不得小于其电压互感器的最小负载要求，电压互感器的额定容量不大于实际容量的 4 倍。

3. 误差及精度要求不合理

　　有的用户要求电压互感器生产厂家在额定误差标准下再下浮 70%，且在负载为零时，电压互感器也能满足其准确度要求。对电流互感器也有同样要求，例如电流互感器准确度为 0.2 级时，当负荷率 20% 时，国家规定误差不大于 0.35%，如果再下浮 70%，即要求误差为 0.35%×70%＝0.245%，这要求实在有点过分了。同样对电压互感器来说，为满足上述要求，制造厂只得采用非标设计，采用高磁导材料作电压互感器铁芯，且加大铁芯及导线截面积，从而增加了体积、质量及投资。

　　对于计量用电压互感器绕组精度，如为一类及二类用户，电压互感器的准确度应为 0.2 级，三类及四类用户，电压互感器的精度可为 0.5 级，电压互感器的精度决不能小于所配电能表的精度，一般互感器的精度要比所带电能表精度大一级。

4. 设计人员或用户不合理的怪异要求

　　在观察设计人员的设计资料时，竟要求电压互感器精度达 0.2S 或 0.5S 级。S 是指具有特殊性能，这种特殊性能表现在，当加在其上的量为额定值的 1%～120% 时还能保持所需的准确度。当电压互感器所加电压为额定电压的 1% 时，就不能工作了，电压降到如此程度，说明所接电压发生短路故障，在短路状态下不能要求电压互感器保持正常工作。另外，当电压长期为额定电压的 120%，将烧坏设备。

　　还有的设计人员要求电压互感器的三只二次绕组准确度分别为 0.2、0.5/3P 及 3P。这种要求也有点不合理。0.2 级用于计量（只适合内部管理考核用的计量，如果是收费计量，不能与其他功能的二次绕组共一台电压互感器），0.5 级用于测量，3P 级用于保护（常作为单相接地保护），这是对开口三角形绕组而言。要求 0.5/3P 的准确度，是既可用于测量，又可用于保护，据猜测这是用于过电压保护之用，这种给过电压保护输出的电压信号，实质上是测量的电压信号，应属于测量准确度的范围。0.5/3P 准确度的电压互感器不难生产，只要满足 0.5 的准确度要求，而且容量又足够，当然也满足 3P 的准确度要求。

5. 对电压互感器的励磁电流要求不合理

按国家规定，电压互感器在 1.5 倍额定电压下，励磁电流不大于额定电压下励磁电流的 6~10 倍，而有的供电部门却要求不超过 4 倍。当一次电压为额定电压的 1.9 倍时，规定励磁电流不超过额定值的 8~10 倍，而有的用户要求不大于 7 倍，用户的目的是故障时磁通密度不至于过大，从而使电压互感器铁芯在故障时不至于过热损坏，但为满足上述要求必须加大铁芯截面积及导体截面积，这同样会增加造价及电压互感器的体积。

6. 电能计量装置应注意事项

不接地系统中，计量只要用两只单相电压互感器即可，电能表用三相三线制，准确等级与电压互感器相等或低一级。

如电压互感器为三只单相 Yyn0 接法，由于一次侧为三相不接地系统，二次侧引出中性线及接地线，变成三相四线制，到底采用三相三线制电能表，还是采用三相四线制电能表，使有些人产生困惑。正确的答案是，此中性线与低压系统中性线不同，该中性线并无电流通过，电能表用三相三线制或三相四线制均可，并不影响计量精度。

对于中性点接地系统或经消弧线圈接地系统，电能表应采用三相四线制，同一计量点收费用的三只或两只单相电压互感器，所用电压互感器一次与二次绕组阻抗及其他参数应一致，阻抗参数偏差不应超 1%。

7. 非有效接地系统不应采用半绝缘电压互感器

电压互感器的二次绕组紧靠铁芯缠绕，二次绕组在铁芯内侧，一次绕组在铁芯的外侧，一次绕组与二次绕组之间有绝缘层，但共用同一个接地点，对于半绝缘额定电压为 10kV 的电压互感器，高低压绕组之间绝缘层的绝缘强度为 3kV，额定电压为 35kV 的电压互感器，绝缘强度为 5kV。在中性点非直接接地系统中，一旦有一相发生接地故障，其他两相对地电压升为线电压，容易击穿高低压绕组之间的绝缘层，使电压互感器损坏，因此，在中性点非直接接地系统中，电压互感器不应采用半绝缘的，应采用全绝缘的。全绝缘的电压互感器即高低压绕组之间绝缘隔层的绝缘强度大，是能够承受额定工频耐压水平，在 10kV 系统中，绝缘隔层耐压强度应达到 42kV 的水平，而不是 3kV。

不论半绝缘或全绝缘电压互感器，它的绕组从顶端至接地端整体长度上，绕组绝缘是一样的，不是越靠近接地端绝缘强度越小，只是高压侧绕组越接近接地端子，绕组与铁芯或二次绕组越贴近而已。

如果系统为中性点有效接地系统，一旦发生一相接地故障，其他两相对地电压基本不变，采用半绝缘的电压互感器问题不大。

半绝缘电压互感器的优点是价格稍便宜，在开关柜内安装非常方便，单相电压互感器的接地端子紧靠安装板，把三只单相电压互感器的接地端子用导体连接后接地，即可实现三只单相电压互感器一次绕组的星形接线，同时也实现了一次绕组的中性点接地。如果采用全绝缘电压互感器，三只单相电压互感器安装在移开式开关柜中的手车内，难度是比较大的，因为它的两接线端子都在电压互感器的上部。

在电气设计中，设计人员比较容易忽略的是，没能够指出选择的电压互感器是半绝缘还是全绝缘的，只是标出额定电压、精确度、容量等参数，这样电气成套厂就首选既便宜又容易安装的半绝缘电压互感器了。

半绝缘电压互感器是一次侧一端接地，当三只单相电压互感器一次绕组接成 Y0 时，一次侧三个接地端连接后直接接地，此种电压互感器接线方便，但对地及一、二次绕组间绝缘低，抗谐振过电压不利。采用全绝缘的单相电压互感器对地耐压好得多，抗谐振能力强。三只单相电压互感器如果接成 Y0ynd 结线，每只单相电压互感器变比均为 $U_L/\sqrt{3}$、0.1/$\sqrt{3}$、1/3（kV，U_L 为线电压）这样该如何区分半绝缘还是全决缘呢，如果看产品样本，便一目了然，半绝缘单相电压互感器首尾两个一次接线端子分立于电压互感器上下两侧，而全绝缘电压互感器首尾两个一次端子都位于电压互感器上部，呈"V"布置，之所以这样布置，主要考虑对地爬电距离的要求。在型号上也易区分，全绝缘电压互感器在型号后加字母"G"。

需要提醒的是，设计人员往往将两只用于 V-V 接线全绝缘的单相电压互感器用在星形接线中，即选用额定电压比为 $U_L/0.1$kV 的，这样正常运行电压互感器没承受额定电压，只是额定电压的 $1/\sqrt{3}$，更为严重的是，在 10kV 系统中，星形接线即使采用三只单相全绝缘电压互感器，如果变比为 6/0.1kV，这样一旦系统发生单相接地，其他两相升为线电压，即达到 10kV，在此电压下，电压互感器很快烧坏。

电压互感器一次侧中性点接地线一般采用 $4mm^2$ 铜线，认为平时基本无电流，不必采用大载面导线，笔者建议采用 $10mm^2$ 铜线较好，平时电容电流流过后，压降小，中性点电位偏移也小。

第六节　电压互感器常见故障分析

在故障率上，电压互感器与电流互感器截然不同，电压互感器经常发生故障，而电流互感器极少发生故障，电压互感器常见故障如下。

1. 铁磁谐振造成绝缘烧坏

中压系统铁磁谐振引起电压互感器绝缘击穿是常见故障，据统计，约占总故障80%左右，笔者所处理的电压互感器故障，铁磁谐振造成的占90%以上。当发生铁磁谐振时，造成电压突然升高，电压互感器的熔断器不能起到保护作用，不能保护电压互感器绕阻不被击穿，它只能起到事故不至于扩大的作用。实践证明，有的电压互感器因谐振绝缘击穿后，故障电流随之把熔断器熔断，不使事故扩大，但也有的情况是，谐振把电压互感器匝间绝缘击穿后，故障电流很小，熔断器并不熔断。

2. 电压互感器的爬电距离不够

当电压互感器安装于手车内时，如果手车内又安装别的元件，如避雷器或过电压保护器等，手车内部空间非常拥挤，这些元件如果表面相互接触或相距太近，电压互感器表面会产生放电现象，例如，一台 12kV 的电压互感器柜，由于手车内除安装电压互感器外，又有过电压保护器，非常拥挤，造成电压互感器的表面某处离手车构件不足 2mm，造成爬电距离不够而表面局部放电事故的发生。又如，额定电压 35kV 三只单相全绝缘电压互感器，安装在 40.5kV 手车中，安装空间不够，互感器相互接触，造成爬电距离严重不足，因为把电压、互感器外表的绝缘裙边短接了，爬电距离远小于最低不能低于 800mm 的要求，只得重新改造手车，来满足爬电距离要求。

3. 电压互感器保护用熔断器熔丝熔断分析

在实际工程中，也有此种事故出现，那就是电压互感器保护熔断器不明原因的熔断，最近在甘肃金塔太阳能发电站、新疆伊吾太阳能发电站、河水固源风能电站，这些电站 40.5kV 交流开关柜，所安装的电压互感器保护熔断器就是此种情况，系统一切正常，电压互感器也无故障，由于电压互感器保护熔断器熔断，造成二次侧所接仪表指示不正常，更换熔断器后，还是发生上述事故。此工程电压互感器容量不到 150VA，在 35kV 下，一次电流不到 2.5mA，而电压互感器保护熔断器熔丝额定电流为 0.5A，即 500mA，而且电压互感器完好无损，不存在绝缘故障，如果是电压互感器的合闸涌流，其瞬时涌流也不会造成熔断器的熔断，出现这种故障，有的暂时采用加大熔断器额定电流的方法解决，如换成熔丝额定电流为 0.5A 或 1A 的解决。另外要说明的是，上述故障已不属于电压互感器的故障了。既然熔断器熔断，说明有大的电流通过所致，这大的电流不可能是合闸涌流，应是谐振电流，在谐振条件下，而电压互感器完好无损，说明电压互感器一次消谐器起了作用，把谐振电流泄入大地，有人认为，由于熔断器通过大的谐振电流，造成熔丝熔断，有人对此解释并不认可，理由是一次侧已安装消谐器，不应发生谐振。不过上述解释尚有争论之处，消谐器对谐振阻尼，使之谐振不能延续下去，开始的瞬间还是有谐振电流通过熔断器及电压互感器绕组的。说明是谐振引起的理由还有与电压互感器同柜敷设的避雷器同时发生热爆损坏，这应当是系统谐振所为，避雷器刚投入运行，不存在氧化锌阀片老化问题，损坏时正值晴天，也不存在雷击损坏问题，这样看起来是谐振造成的了。为此，电压互感器制造厂重新进行结构设计，使之参数与系统参数的配合不发生谐振，这样运行正常，电压互感器的保护熔断器不再发生熔断事故。当然，如果电压互感器一次绕组不接地，也不会发生上述事故了。

在国华河北某风电场，35kV 开关站用的电压互感器也出现过上述现象，电压互感器的保护熔断器熔丝 0.5A 额定电流熔断，但电压互感器完好无损。电压互感器按照极限容量 500VA 计算，额定电流不过 8.25mA，熔断器熔丝额定电流达电流 500mA，正常情况下绝不会熔断，这种事故绝不是电压互感器故障造成的，因为电压互感器完好无损，无发生短路故障，可见又是系统谐振造成的，也就是对某次谐波而言，不但系统的容抗与电压互感器的电抗恰好相等，而且系统必须有谐波存在，就不会有谐振，基波引起的可能性不大。在风力发电系统只要有整流元件存在（如逆变器就离不开整流元件），就有谐波的产生，不过发生谐振的导火索是线路运行突然发生改变，如回路投入或切除，单相瞬时接地故障等，造成回路电流波形瞬时畸变，畸变波形就含各次谐波。为防止此类事故发生，一是使系统不含谐波，这是不现实的，二是不使谐波过大，三是使系统对任何谐波而言，电抗与容抗并不相等，为此，可采用改变系统阻抗参数的方法，例如原架空线路改为电缆线路，或把原电缆线路改为架空线路。如果采用降低系统容抗的方法，如架空线路改为电缆线路，使系统对地电容增大，从而使对地容抗减少，或者在开关站加一台 40.5kV 小容量电容器柜，但这种办法不现实，因为改动主回路线路敷设方式难度太大，成本太高，加一台电容器柜不但增加投资，也占有开关站有限的空间。另一种办法是改变电压互感器参数，如增加电压互感器的电抗，增加互感器电抗的方法，一是增加铁芯截面积，但这会造成电压互感器体积增大，在开关柜内安装困难，另一种方法是增加电压互感器一、二次绕组，这会造成电压互感器容量减少，不过这对使用问题不大，因为数字化仪表及保护设备所要容量有限。在增加电压互感器电抗的同时，可同时增加电压互感器的电阻，增加电阻的方法是尽量减小绕组的截面积，电阻的增加也对谐振起到阻尼作用。由此可见，采用增大电压互感器阻抗的方法是简单易行的，它代价不高，改动方便，更换下来的电压互感器可以另有他用。目前此项目的电压互感器已经重新进行增大电抗的结构设计，并加工制造，当着手进行更换电压互感器工作时，铁磁谐振现象消失了，分析其原因是，系统回路增加了，使之整个系统参数发生变化，铁磁谐振的条件不存在了。值得一提的是，由于电压互感器铁芯截面增大，抗磁饱和能力加大，这样不使它过热。

由此可见，出现上述事故不是电气成套厂所供开关柜的质量问题，因它忠实地执行了设计人员的设计意图，但设计人员也有苦衷，设计时很难计算出系统的阻抗参数，也很难断定系统的主要谐波成分，笔者建议从改变电压互感器的结构入手，如采用电子式电压互感器，或高阻抗电压互感器，此种电压互感器可称为风能、太阳能专用电压互感器。当然，电压互感器一次绕组中性点不接地是彻底的解决办法，不过目前设计院的电气施工图还是要求中性点接地，开关柜生产厂家或用户单位无法改变这一设计方案。

第七节　电压互感器铁磁谐振的危害及产生原因分析

1. 铁磁谐振的危害

铁磁谐振是中压不接地系统的常见病及多发病，它的直接危害是电压互感器的绝缘击穿损坏，接下来是电压互感器短路的发生，如果电压互感器的保护熔断器不能及时切断短路，会引起更大的故障，为更换电压互感器，会造成生产长时间停顿，其间接损失非常可观。例如，有两起电压互感器因谐振损坏事故，一个是长沙某水泵厂 10kV 配电室母线电压互感器发生的铁磁谐振，其症状是电源进线无法合闸，一旦合闸，电压互感器会发出刺耳的响声，电压表指向线电压 17kV 的位置，值班人员马上断开电源进线，所幸没造成设备损坏，只得先退出电压互感器，然后合电源进线开关，最后投入电压互感器才相安无事。处理的办法是采用一次消谐，电压互感器一次侧中性点接入消谐电阻后，上述症状才算消失。

另一实例发生在风电 35kV 配电室，这次没有前例幸运了，电压互感器被谐振损坏，只得更换，但造成大的间接损失，解决的方法还是一次消谐方式，电压互感器原边中性点接入消谐电阻，运行至今，在没发生同类事故。不过有的就没有这样幸运，熔断器还是经常熔断。

尽管系统中性点有效接地，或电压互感器一次侧中性点不接地可避免铁磁谐振，但要从全局考虑，往往此方案又行不通，因为系统接地方式不是用户能够决定的。

2. 铁磁谐振发生的原因

在中压不接地系统中，各相对地电容及各相对地电感组成并联回路，其等值电路如图11-1 所示，把图 11-1 简化，为便于分析，等同于接线图 11-2。

在中压不接地系统中，电

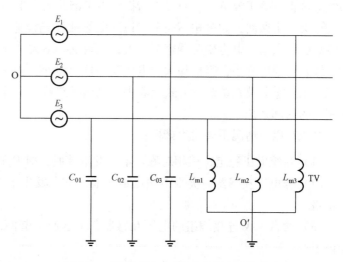

图 11-1　系统对地电容与 TV 电感等值线路

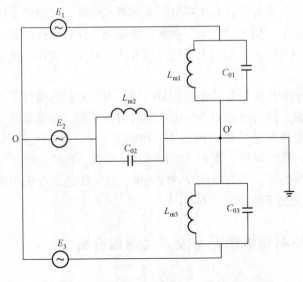

图 11-2　系统对地电容与 TV 电感简化等效电路

源侧中性点对地无固定电位，对地电压处于不稳定状态，当系统出现扰动，如发生间隙性电弧单相不稳定接地、断线故障或单相接地故障恢复瞬间，电源合闸瞬间及雷电冲击等原因，系统运行情况发生突变，稳定性遭受破坏，电压互感器受到涌流侵入，电压互感器三相饱和程度不一，当与系统各组件阻抗达到某种恰当配合时，谐振随之发生。

系统中性点对地电压 $\dot{U}_{OO'} = \dot{E}_1 Y_1 + \dot{E}_2 Y_2 + \dot{E}_3 Y_3 / (Y_1 + Y_2 + Y_3)$，$Y_1$、$Y_2$、$Y_3$ 为各相对地电导，当 $Y_1 + Y_2 + Y_3 \rightarrow 0$ 时，$\dot{U}_{OO'} \rightarrow \infty$，此时便发生了谐振。曾有单位研究，当系统对地容抗 $1/\omega C$ 与对地的感抗 ωL 之比小于 0.01 时，即容抗小于电抗的 1%，不会发生谐振，这里所说的容抗或电抗是对系统而言，不是只指单条传输线路。

系统对地零序电压 $\dot{U}_{OO'}$ 的产生会伴随谐振发生，由于零序电压在电压互感器中产生大的零序电流及电压互感器铁芯过饱和，电压互感器会很快烧坏，如果一次消谐器能够阻止谐振的持续进行，能够使电压互感器不至于损坏，但熔断器会被涌流熔断。

铁磁谐振的产生的机理也可以换一种解释，如果系统基波电抗值（含变压器、电压互感器及线路等）为 X_L，系统的基波容抗（含系统对地电容及电容器电容等）为 X_C，对 n 次谐波发生谐振的条件为：$X_L = X_C / n^2$。对 n 次谐波而言，容抗比基波容抗小 n 倍，对电抗而言，却比基波电抗大 n 倍，当基波电抗与容抗值符合 $X_L = X_C / n^2$ 条件时，对 n 次谐波而言，系统电抗正好等于容抗，因此发生谐振。由于谐波的产生除整流设备外，系统运行状况突发改变也会产生谐波，如单相不完全接地（断续或弧光接地）、线路投入或切除的瞬间等。需要注意的一点是，电力变压器容量虽大，但阻抗并不大，补偿电压电容器容量虽大，但容抗不大，线路对地电容小，容抗却大，电压互感器容量小，但电抗却大，因此要改变系统参数，应从电压互感器及系统敷设方式上着手。电压互感器与系统发生并联谐振，此处的系统也包含用户的局部系统。

系统在以下情况不会发生谐振：

（1）系统电压稳定，三相对称，不会发生谐振，即 $\dot{E}_1 Y_1 + \dot{E}_2 Y_2 + \dot{E}_3 Y_3 = 0$，即 $U_{OO'} = 0$。

（2）当电压互感器一次侧中性点不接地，不会发生谐振，因电压互感器绕组与地不构成回路。

（3）两台 V-V 连接绕组的电压互感器，不会产生谐振，更谈不上什么一次消谐与二次消谐了。

（4）采用电子式电压互感器也不会发生谐振。

288

第八节 避免电压互感器产生铁磁谐振的措施

若消除铁磁谐振可采用以下方法。

1. 电压互感器一次侧中性点串入消谐电阻

所串入的消谐电阻可以是线性的，也可为非线性的，但最好为非线性的，非线性的特点是，承受的电压越高，其电阻越低。电压互感器二次侧开口三角两端电压才足够大，以便保护装置动作。当系统一相接地，电压互感器中性点接地电阻足够低，压互感器二次侧接地相电压才接近零，其他两相电压才趋于线电压，这才有利于判别接地相。

值得注意的是，消谐器有足够容量，当发生谐振，大的零序电流通过，消谐器不至于烧坏，当然，消谐器首要作用是消谐，使谐振不能持续。实践证明，当消谐器导通，消谐电阻大于电压互感器相绕组阻抗0.06倍时，足以阻止谐振的持续。按此比例计算，当消谐电阻为电压互感器相绕组阻抗的0.06倍时，正常运行时，电压互感器二次侧开口三角形每个绕组电压只降6%，这种影响完全可以接受的。如果消谐电阻值非常高，当一次侧发生接地故障，开口三角形两端电压降非常厉害，这对包保护及测量都不利。当一次消谐电阻趋于无穷大时，即一次侧中性点不接地，当系统一相接地，电压互感器二次侧电压无变化，开口三角形开口两端无电压，也起不到绝缘监视作用了，这与电压互感器一次中性点接地的初衷相悖。目前生产一次消谐电阻的厂家较多，比较好的是有具有齿轮形状加大散热面的大容量非线性消谐电阻，体积不大，可装于手车柜内，它可以与电压互感器中性点弱绝缘相匹配，即可与半绝缘电压互感器匹配。在10kV系统中，一次消谐电阻常见参数为：通过10mA时电阻不小于$80k\Omega$，通过200mA时，2h不得损坏，热容量不得小于600W。接入一次消谐电阻，不必担心计量是否会受影响的问题，二次侧三相线电压没发生变化，因此不影响计量的准确度。非线性一次消谐电阻正常运行不导通，因电压互感器中性点对地电压为零，一旦发生谐振，中性点对地电压升高，消谐电阻的阻抗随之下降，这对保护及测量精度不受影响。

实践证明，一次消谐器是能够阻止谐振的持续，从而保护了电压互感器不至于损坏，但开始瞬间谐振照样发生，造成电压互感器保护熔断器熔断，因此这种装置称为消谐器并不确切，称为谐振阻尼器是否更贴切些。

2. 微机二次消谐

二次消谐起初原始的办法是接入一个40～100W、220V的灯泡，微机二次消谐是指采用微机二次消谐装置，在开口三角形两端获取电压信号，判断是否发生谐振及谐振频率，自动接入相应电阻，此种方法有待完善，微机谐振装置如果判断失误，把单相金属性稳定接地，开口三角形两端出现的近100V的过高电压误认为谐振，盲目地短接开口两端，这会很快把TV烧坏，原因是开口两端短接后，开口三角形绕组电流可达70～80A，而相对应的电压互感器一次侧电流可达400mA，电压互感器会立即烧毁。在上述情况下，即使一次侧加有一次消谐电阻，二次侧三角绕组内电流也达到30A（如果35kV电压互感器额定容量为30VA，额定电流也不过0.5mA），相对应的电压互感器一次侧电流也达到180mA，此电流电压互感器也是承受不了的，鉴于上述原因，有的设计单位宁肯用一次消谐，而不用微机二次消谐，上述情况只对系统单相稳定接地，而不是对发生铁磁谐振而言，这两种情况不能混淆。二次消谐通常在开口三角形两端按经验所接电阻为$R \leqslant 0.4X_m/K_{1-3}^2$，$K_{1-3}$为一次相绕组与开口三角形相绕组的变比，$X_m$ 为 TV 一次相绕组的励磁阻抗。

3. 电压互感器一次侧中点经单相电压互感器接地

电压互感器一次侧中性点经单相电压互感器接地，俗称经零序电压互感器接地，亦有人称为经消谐电压互感器接地。零序电压可从开口三角形引出，亦可从零序电压互感器二次侧引出，有了零序电压互感器，二次侧可省去开口三角形绕组，理由是零序电压互感器分担了一次绕组一部分零序电压，造成开口三角形开口零序电压只占整个零序电压的少部分，用来做保护电压信号灵敏度是不够的。当采用了零序电压互感器后，二次侧又有开口三角形绕组，此时可短接开口，这样可对一次绕组产生去磁作用，一次绕组的零序电压几乎为零，零序电压几乎全部加到接地零序电压互感器上了，这样从零序电压互感器引出电压信号更高。由于接地用零序电压互感器对一次绕组零序电压的分压，不使电压互感器一次绕组过饱和。目前生产厂家供应组合式具有消谐功能的电压互感器，接线图如图 11-3 所示。此种消谐方式效果不过显著，而且在手车式开关柜中，安装不够方便，因此，此种方式很少有人采用。

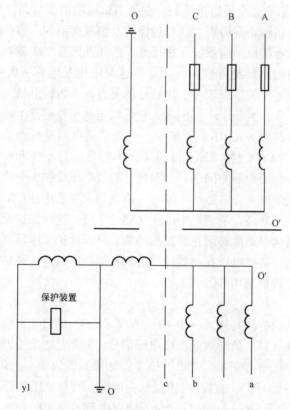

图 11-3　具有消谐功能的组合式专用 TV 接线

4. 增大电压互感器铁芯截面积

增大电压互感器铁芯截面，使之外施电压大至 $1.9U_m/\sqrt{3}$ 时，铁芯磁通尚不饱和，也就是采用励磁饱和点高的电压互感器，这样铁磁谐振时，可承受高密度磁通而不致过热烧坏。

5. 减少系统容抗

为不易发生谐振，减少系统容抗的方法可用电缆代替架空线，或在配电室母线上接入

Yy 接法的电容器。不过线路敷设方式由多种因素决定的，大多情况下，不能为防谐振而改变敷设方式。另外，母线上除接专用补偿电容外，为消谐而专门接入电容实属罕见，这不但增加成本，增加安装空间，同时也降低了系统运行的可靠性，不过采用 R-C 过电压保护器代替氧化锌过电涌保护器，使系统对地容抗减少，也能减少谐振的发生。

6. 采用电压互感器一次侧中性点不接地或电子式电压互感器

Yyh0 接法电压互感器只要一次侧中性点不接地就不会发生谐振，国家电网公司规定，10kV 及以下用户，电压互感器一次中性点不应接地笔者认为，如果用户电压为 35kV，且属于 35kV 系统的一部分，那么用户 35kV 电压互感器一次绕组中性点也不应接地。V-V 接法的电压互感器一次绕组自然不接地，但此种接法应用不够普遍，只在计量及特殊场合下采用。电子式电压互感器目前应用还有局限性，只用于数字式仪表或微机综合保护装置。

7. 系统经消弧线圈接地

经消弧线圈接地可防止系统发生单相接地后，出现间歇性电弧，这样可防止不稳定接地而发生的铁磁谐振。

8. 电压互感器一次绕组中性点经有源滤波器接地

电压互感器一次绕组中性点经有源滤波器接地，除消除谐波外，也起限流及阻尼作用，但此法代价高且占用空间大。某公司生产的 JLXQ-35 型有源滤波器安装于 35kV 的电压互感器一次侧中性点与地之间，滤除谐振谐波，起限流与阻尼作用，达到限制涌流及防止铁磁谐振的发生，道理很简单，不论涌流还是铁磁谐振电流，都包含各次谐波，有源滤器消除这些谐波后，自然不会有铁磁谐振了，不过采用此种方式，会增加投资，并占用大的安装空间，运行实践经验也较少，因此很少采用。

9. 在二次侧开口三角形两端接入电阻

一般开口三角形两端接入电阻 R，$R \leqslant 0.4$ (X_m/K_{13}^2)，K_{13} 为电压互感器的一次绕组与开口三角形匝数之比，X_m 为电压互感器的励磁电抗。有的这开口三角形两端并联 $40 \sim 100W$ 灯泡 1 只，但灯泡容量不能过大，因为灯泡容量过大，意味着电阻太小了，一旦系统发生单相接地故障，也会烧坏开口三角形绕组。

10. 尽量减少同一系统中电压互感器一次侧中性点接地数量

尽量减少同一系统中电压互感器一次侧中性点接地数量，但要监测系统相电压时，必须电压互感器中性点接地，如果在同一系统中，电源端电压互感器一次中性点接地，二次侧开口三角形绕组用于绝缘监视，其他用户的电压互感器一次中性点不必接地。如果降压站中压系统电压互感器一次绕组中性点接地，其他用户变电站，电压互感器一次侧不必接地。

11. 改变操作顺序

为避免发生铁磁谐振，可改变操作顺序，主要使系统发生改变时，某些参数的匹配不会产生谐振，例如一家水泵厂 10kV 开关站先投入总开关，再投电压互感器柜，这样谐波就不会发生了。不过在操作过程中，失掉了保护，一般情况下不采用此法。

12. 重新设计电压互感器的结构

谐振产生的原因是电压互感器的阻抗与系统阻抗形成诱发谐振的匹配，如果从新设计电压互感器，改变其结构，使其阻抗参数发生变化，避免与系统产生谐振匹配，这样也可避免谐振发生。甘肃金塔县一座太阳能电站，交流 40.5kV 手车式开关柜内安装的电压互感器，不但谐振本身损坏，而且造成过电压保护器击穿爆裂，爆裂的过电涌保护器又波及同柜的电流互感器，使之损失严重，为此采用各种方法避免谐振发生，但收效甚微，最后采用从新设计电压互感器，改变它的参数，结果不再发生谐振，系统正常运行。

第九节　有关电子式电压互感器问题

电子式电压互感器不存在铁芯饱和问题，避免产生铁磁谐振基础，它体积小，质量轻，便于安装。目前大部分采用电磁式电压互感器，不过电子式电压互感器也进入人们的视线。电子式电压互感器分电阻分压式、电容分压式及低功耗铁芯式。

电子式电压互感器电压信号的提取有的采用电阻分压式，有的采用电容分压式。电阻分压式采用优化的高电阻与低电阻串联，在低电阻上取得与一次电压成比例的电压信号。其分压特性非常优越，可同时满足测量和保护的要求，测量精确度可达0.2级，保护精确度可达3P级。

电压互感器的二次电压可以根据需要，设计在 $0 \sim 6.5V$ 或 $0 \sim 6.5/\sqrt{3}$ （V）此电压数值与适应二次智能化设备接口，满足数字式仪表及微机保护的要求，由于无铁芯，因此避免了铁磁谐振的发生。

电容分压式电压互感器是采用高电抗电容器与低电抗电容器串联后，在低电抗的电容器两端取得与一次电压成比例的电压信号。对低电抗电容器两端并联一电阻，此电阻的作用是，当线路出现断路或短路故障，回路电压发生突变时，储存在分压电容器的容量通过并联电阻得到释放，从而实现对线路电压变化快速响应与跟踪测量。在低电抗电容器获得电压信号并不直接进入二次设备，它们之间还要经过积分与移相补偿环节。

除上述两种电子式电压互感器外，还有低功耗铁芯的电子式电压互感器，也可以称为小铁芯式电子式电压互感器，此种电子式电压互感器采用传统的电磁感应原理，它的一次绕组承受一次电压，二次绕组输出一小电压信号，而不是通常的100V电压，从原理上讲，此种电压互感器并不能算是正宗的电子式电压互感器，只是向电子设备提供所需要的电压信号而已。

电子式电压互感器的计量、测量与保护可以共用，而电磁式的要分开；电磁式电压互感器的输出为模拟量，而电子式的输出可为模拟量，也可为数字量；为达到电磁兼容的效果，电子式的电压互感器要采取屏蔽措施；在质量上电子式的较轻，而且体积偏小；电磁式电压互感器铁芯易饱和，易产生铁磁谐振，而电子式或无饱和区，或饱和区域宽，不产生铁磁谐振。

第十二章

中压避雷器或过电压保护器的正确选择

第一节 概 述

为减少雷击建筑物或建筑物附近造成物资及人员的损坏，要设立防雷装置，此装置由外部防雷装置与内部防雷装置组成。外部防雷装置由接闪器、引下线及接地装置组成，内部防雷装置由等电位连接和与外部防雷装置的间隔距离组成。以上是对建筑物的防雷，如果雷击到防雷装置、带电力线路或电力设施，雷电波的侵入或雷电波产生的静电感应与电磁感应，产生瞬态过电压或过电流，即闪电电涌可能沿上述管线侵入，对人员及设备造成危险。为避免人员或减轻电气设备由闪电电涌造成的危险，一种称为避雷器的元件应运而生。闪电可形成电涌，操作开关元件也可以形成电涌，操作开关形成的过电压称其为操作过电压，目前有一种过电压保护器，既能够防雷电电涌的危害，也能够防操作或其他原因造成的瞬态过电压的危害，此种元件称过电压保护器。无论是避雷器还是过电压保护器，名称都不够准确，避雷器不能避免雷电的产生，只能减轻或避免雷电造成的危害而已，过电压保护器不能够保护持续的过电压及暂态过电压，只是减轻瞬态过电压的陡度及对电涌电流进行分流而已，由于这些称呼已经成为习惯，只要理解它的原理及功能即可，因此，在以下的叙述中，还是保留避雷器及过电压保护器这一名称，不过比较正确的称呼应与低压系统一样，统一称其为电涌保护器。

在中压电气设计及设备选型中，避雷器及过电压保护器是容易被忽视的元件，有人认为它的作用无足轻重，没有引起足够的重视，但实际这种元件可以说是举足轻重的，应当认真对待。有的设计选用的避雷器或过电压保护器不够合理，例如，为保护真空断路器的操作过电压，选择的过电压保护器的冲击放电电压或波前冲击放电电压远大于真空断路器的操作过电压，使得过电压保护器形同虚设，只是心理上的自我安慰而已；还有选择的过电涌保护器的残压大于电动机的绝缘耐冲击电压水平，使电动机在冲击电压下得不到保护。

如果避雷器或过电压保护器质量问题有或选型不当，避雷器或过电压保护器的爆炸事故时有发生，它在开关柜内的爆炸，造成的危害非常大，不但它本身损坏，而且还波及柜内其他元件，此类事故，不论 12kV 还是 40.5kV 开关柜内的避雷器或过电压保护器的爆炸事故都有发生，有一次是太阳能电站 40.5kV 的手车柜电缆室内的过电压保护器发生爆炸，电缆室内的电流互感器与电缆头也不能幸免，造成电流互感器要重新更换，35kV 电缆头要重新制作，然后要经过当地供电部门进行耐压试验后才能恢复运行，这样一来，直接损失加间接损失非常可观。由此可见，正确选择避雷器或过电压保护器不是小事，而是在设计、生产制造中值得重视的大事，否则它就变成了一个不知何时引爆的不定时炸弹，这绝不是危言耸听，因此，下面就有关避雷器及过电压保护器的问题做介绍。

第二节 过电压产生原因及避雷器分类

1. 过电压产生的机理

避雷器或过电压保护器是对系统冲击过电压进行保护的，在电力系统内，过电压现象是经常发生的，按照频率分，有工频过电压与高频过电压；按照过电压时间分，有长时过电压、长期过电压、暂态过电压及瞬时过电压（冲击过电压）；按照发生的机理分，有大气过电压与内部过电压，内部过电压有操作过电压、谐振过电压及单相电弧接地过电压等，大气过电压也就是雷电过电压，操作过电压主要有：

（1）真空断路器截流过电压。截流过电压是指在回路电流尚未过零，回路却切断，回路中 di/dt 大，感应回路中感应大的过电压，而且回路中的剩余能量向回路中的电容及杂散电容充电，造成回路电压瞬时抬高，其过电压峰值一般不超过最大相电压的 3.5 倍。

（2）当断路器在开断回路时，如果触头发生弹跳，造成触头反复重燃，从而反复向该回路杂散电容充电，也使回路出现过电压，例如开断电容器时，如果发生开关触头击穿重燃，电容器接线端对地电压可能超过平时最高相电压的 3.5 倍。

（3）同时开断过电压。同时开断过电压是指三相中首先开断相发生弧隙重燃，通过弧隙的高频电流经过相间电容电感耦合，使另外两相电流强制过零切断，从而产生过电压，而不是按相差 1/3 周期顺序过零切断。

（4）开断感性负载产生过电压，如开断电抗器、变压器及电动机。开断容性负载过电压，如开断空载长线及电容器组。还有空载线路合闸过电压情况在回路中感应过电压，不过同时开断过电压往往由触头重燃而引起。

（5）切除空载长线路过电压、空载长线路合闸过电压、空载变压器、电容器及电抗器过电压。

中压线路发生单相间歇性电弧性接地，系统发生铁磁谐振也会产生过电压，相电压也能达到平时最高相电压的 3.5 倍。雷电过电压发生时，过电压倍数高，一般可达正常值的 8 ~ 10 倍。工频过电压一般比较低，很难超过平时最高相电压的 1.4 倍，系统中的工频过电压一般由线路空载接通与开断、接地故障和甩负荷等引起。根据这类系统的特点，有时需综合考虑这几种因素的叠加影响，通常可取在线路受端有单相接地故障情况下甩负荷作为确定系统工频过电压的条件。当系统运行状态发生突变，也会产生过电压。

避雷器及过电压保护器不是用来保护电力系统一切过电压的，它只保护瞬时冲击电压造成的危害，如雷电过电压及操作过产生的瞬时过电压等，系统工频过电压，长期过电压、如不接地系统发生单相接地使其他两相对地产生的过电压不能保护。弧光接地过产生的暂态电压等，尤其是谐振过电压等暂态过电压，由于过电压持续时间较长，不但不能保护过电压，而且会对无间隙氧化锌避雷器或过电压保护器带来致命危害，选择避雷器或过电压保护器时，要考虑上述长期与暂态电压对它的危害，避免产生热爆的危险，这些过电压只能靠另外的方法避免其危害，例如加强设备的绝缘能力、快速切断故障回路、安装消弧消谐器、采用工频放电电压高的带间隙过电压保护器等措施。

2. 冲击过电压保护机理

过电压保护是使电气设备免受过电压伤害的方法，根据电气设备或电气装置绝缘配合要求，人为地在电力系统中设置一些非线性电阻装置，这些非线性电阻装置与被保护的电气设备并联，平时处于高阻抗，对电流呈现截止状态，当过电压瞬时来袭时，这些非线性电阻装置成低阻抗导通状态，消耗过电压能量，限制过电压继续上升，分流电涌电流，最后加在设备的电压为流过冲击电流的残压与两端引线压降之和，只要此电压值小于电气设备的绝缘耐冲击电压的能力，电气设备得到过电压保护。过电压消失后，该装置自动恢复到截止状态，截断工频续流，此装置称为避雷器或过电压保护器。避雷器或过电压保护器目前主要材料为氧化锌，碳化硅不再采用碳化它是非线性绝缘材料，平时呈高阻抗状态，泄漏电流微不足道，一旦冲击电压来袭，且冲击电压大到某一值，氧化锌呈低阻抗状态，冲击电流几乎畅通无阻，由于降低冲击电压波头陡度及分流电涌电流，从而使设备得到保护，由此可见，避雷器的保护特性决定电气设备的耐冲击电压的指标，它是冲击电压绝缘配合的基础。

3. 避雷器或过电压保护器的发展历程

避雷器与过电压保护器是各类电气设备绝缘配合的基础，为达到避雷器或过电压保护器与电气设备的绝缘配合，避雷器或过电压保护器的特性要符合 DL/T 620—1997《交流电气装置的过电压保护和绝缘配合》有关要求，而生产制造的避雷器与过电压保护器要满足 GB 11032—2010《交流无间隙金属氧化物避雷器》及 JB/T 9672—2005《串联间隙金属氧化物避雷器》的要求。

避雷器是防止大气过电压，即雷电过电压对电气设备造成危害的保护元件，随着科学技术的进步，避雷器也不断改进与完善。它的发展历程为保护间隙→管型避雷器→碳化硅阀式避雷器及磁吹避雷器→金属氧化锌避雷器。19 世纪末，在世界范围内，架空线路采用角形放电间隙；20 世纪 30 年代，采用管型避雷器，它也是一种放电间隙，放电间隙由外部间隙与管内间隙组成，雷电泄放时，管内炙热的电弧使管壁产生高压气体喷出，从而能够自行熄灭续流；20 世纪 50 年代，普遍采用碳化硅阀式避雷器，碳化硅阀片具有非线性电阻特性，用它生产的避雷器必须串联空气间隙，如果用电弧电流的磁场力加快熄灭间隙电弧原理，生产出一种称为磁吹式阀式避雷器，此种避雷器内部过电压小。20 世纪 70 年代普遍采用具有非线性特点的金属氧化物避雷器，如氧化锌避雷器，而我国在 20 世纪 80 年代才开始使用氧化锌避雷器。金属氧化物避雷器或过电压保护器简称为 MOA（metal oxide arrester）装置。我国避雷器产品的发展经历了普通阀式避雷器、磁吹避雷器与 MOA 装置的过程。氧化锌避雷器所用的氧化锌阀片，它具有比碳化硅好得多的非线性伏安特性，在额定持续电压下，仅有微安级的泄漏电流，便于制造成无间隙结构，而碳化硅避雷器无法制造成无间隙结构，氧化锌避雷器当受到电涌冲击时，阻抗瞬时降低，分流大的电涌电流，而且又有低残压，冲击电流过后氧化锌阀片瞬时又恢复高阻抗状态，截断工频续流，因此，氧化锌避雷器可不必留有间隙，已经取代碳化硅阀式避雷器磁吹式阀式避雷器，目前碳化硅阀片用在平时不承受电压的电压互感器中性点一次消谐器上。在中压开关柜中，一般说来，氧化锌避雷器或过电压保护器是常用的元件。

在日常称呼中，有人常把避雷器与过电压保护器混淆或对立，不过避雷器与过电压保护器已没有本质的区别，有的生产厂家尽管把避雷器与过电压保护器采用不同名称及不同型号，实质是同一个东西，一种东西两种称呼而已，不过，细分起来，还是有些差别的，常见的区别有：

（1）氧化锌过电压保护器常带有间隙，额定电压与残压较低，化氧锌避雷器常不带间隙，额定电压与残压较高。

（2）过电压保护器的引线常采用与其连成一体的硅橡胶绝缘软线，而避雷器常为裸接线柱（如果用户有要求，避雷器的引线也可采用与其连成一体的硅橡胶绝缘软线，也有用于充气柜的插拔式）。

（3）室外用避雷器有的采用瓷外壳，过电涌保护器外壳由复合绝缘有机树脂压铸而成，复合绝缘是指避雷器内筒采用环氧树脂浇铸，外表再敷一层硅橡胶绝缘材料密封。

（4）避雷器常为独立个体，而过电压保护器常采用三相组合式（非复合式）。

（5）避雷器防雷电损坏，过电压保护器除防雷电损害外，也防操作过电压等内部瞬时过电压损害。

（6）避雷器不接于相与相之间，只接于相地之间，过电压保护器既可接于相地之间，也可接于相与相之间。不过接于相与相及相与地之间的四星形接线的组合是过电压保护器事故较多，有的统计资料显示，事故率达20%，因此有些电力主管部门纷纷禁止采用此种过电压保护器。

第三节　金属氧化物避雷器主要参数

1. 持续运行电压 U_c

选择避雷器的参数，一定要注意避雷器的持续运行电压，它与所在系统的标称电压不是同一个物理量，持续运行电压 U_c 是长久加在避雷器而不引起避雷器特性变化及激活的最大工频电压有效值。在中性点不接地系统或经消弧线圈接地系统中，发生单相接地故障，非接地相的避雷器要在线电压100%~110%的线电压作用下也能够承受2h，这样，避雷器的持续运行电压不应小于100%~110%的系统标称电压。

另外，发生单相接地故障又同时出现发电机甩负荷的情况下，在上述两种因素叠加下，极端情况下长期过电压可到1.99倍

$$U_c \geq (1.99 U_L \times 1.15) / \sqrt{3} = 1.32 U_L \tag{12-1}$$

其中，U_L 为系统线电压，系数1.15是正常运行情况下系统可能出现工作电压。由此可见，对于10kV系统，避雷器的持续运行电压为系统标称电压的100%~132%都能够满足要求，按照式（12-1），不难算出，10kV系统避雷器持续运行电压 U_c 为13.2kV。对于35kV系统，U_c 为46.2kV。

不接地系统中，确定无间隙氧化锌避雷器的最高持续运行电压也可用另外的方法，这就是持续运行电压对于6~20kV系统，$U_c \geq 1.1 U_m$，对于35kV系统，$U_c \geq U_m$，U_m 为系统可能出现的最高电压，6kV系统 U_m 为7.2kV，10kV系统 U_m 为12kV，20系统 U_m 为24kV，35kV系统 U_m 为40.5kV，无间隙金属氧化物避雷器最高持续运行电压为

$$6kV 系统 \quad U_c = 1.1 \times 7.2 = 7.92 \ (kV)$$
$$10kV 系统 \quad U_c = 1.1 \times 12 = 13.2 \ (kV)$$
$$20kV 系统 \quad U_c = 1.1 \times 24 = 26.4 \ (kV)$$
$$35kV 系统 \quad U_c = 40.5 \ (kV)$$

10kV系统中，无间隙氧化锌避雷器持续运行电压如何选择呢？持续运行电压低，说明

所装阀片薄，雷电冲击下的残压自然低，用来保护绝缘低的设备，保护性能更好，如保护发电机或电动机。持续运行电压高的避雷器，阀片厚度大，平时泄漏电流小，耐老化时间长，但残压高，适合额定耐冲击绝缘强度高的得设备，如保护开关柜、线路之类。

另外还需要强调的是，持续运行电压是针对无间隙而避雷器或过保护器言，对串联间隙的无此参数，代之为工频放电电压。

2. 额定电压 U_r

避雷器的额定电压 U_r 是系统短时间加载避雷器上的工频过电压的有效值，而非冲击过电压，在此电压下，避雷器特性不发生变化，也不会被击穿，它与持续运行电压 U_c 的区别是耐受工频电压的时间上，一是短时，一个是长时。在避雷器的试验中，当冲击电压过后，要用避雷器额定电压模拟暂时工频过电压 U_r 加在避雷器上，时间为 10s（这个时间由电网中断路器动作时间决定的，不过在中压系统中，即使考虑后备保护动作时间，也不会超过2s）。U_c 的含义是，暂态过电压后，避雷器要承受系统的持续工频电压，这时要用持续运行电压 U_c 去模拟系统最大运行相电压，加压时间为 30min，由此可见，U_c 与 U_r 在试验要求上上不同，U_r 能够承受暂时工频过电压 10s，而 U_c 要能够承受工频最大运行电压 30min，承受过电压时间越短，它承受过电压数值越高，10s 的耐受过电压值要比承受 30min 最大运行电压的耐受电压值当然要高，大约高25%，这样，在中性点不接地 10kV 系统中，无间隙金属氧化物避雷器的额定电压最高可为持续运行电压 U_c 的 1.25 倍，即

$$U_r = U_c \times (1 + 25\%) = 1.25 U_c \tag{12-2}$$

根据式（12-2），如果无间隙氧化锌避雷器持续运行电压为 13.6kV，那么，它的额定电压就为 17kV，如果持续运行电压为 12kV，它的额定电压为 15kV。35kV 系统无间隙氧化锌避雷器额定电压为 51kV，那么，它的持续运行电压为 51/1.25 = 40.8（kV）。这样看来，在 10kV 系统中，有人选用额定电压为 17kV 的避雷器也不足为怪了。

上述所谈的是在中性点不接地系统中的配电用金属氧化物无间隙避雷器，对于用于电机、电容器的过电压保护，过电压保护器的额定电压与持续运行电压要比上述电压还要小，因为电机或电容器绝缘强度比开关柜或线路低，要求过电压保护器的残压也要低，为此，过电压保护器所装氧化锌阀片要少，相应的额定电压与持续运行电压也低，例如，10kV 系统中，电容器保护用的额定电压有 12~15kV，电机保护用的额定电压有 13.5kV，持续运行电压为 10.5kV。

有人在标称电压为 10kV 的不接地系统中选择 HY5WS-10/27 型避雷器，此种避雷器额定电压为 10kV，标称雷电冲击电流下，残压为 27kV，选择此种规格避雷器的理由是，在系统发生单相接地的情况下，完好的两相对地电压升为线电压，即 10kV，尚不大于额定电压，而残压低，更能够保护设备的绝缘，更能满足使用要求。实际上这种看法是不正确的，查看此种避雷器的参数可知，这种避雷器持续运行电压不是额定电压，而比额定电压小，只有 10/1.25 = 8（kV），如果系统发生接地故障，别说坚持 2h，可能瞬时就烧坏避雷器了。对 10kV 无变压器的中性点不接地系统的开关柜站来说，应选择型号为 HY5WS-17/50，此种避雷器额定电压为 17kV，残压为 50kV，持续运行电压为 13.6kV，而开关柜的额定耐受冲击电压达 75kV，因此，开关柜在雷电冲击下得到了保护。

中性点有效接地系统与非有效接地系统所用避雷器的额定电压是不同的，由于在有效接地系统中，一相接地，其他两相对地电压基本保持不变，而且发生单相接地故障时，要快速

去除故障，而不是如同非有效接地系统那样，可继续工作 2h，因此，在有效接地系统中，避雷器的额定电压要比非有效接地系统低，例如，在 10kV 系统中，配电用无间隙氧化锌避雷器额定电压为 12kV，而非 17kV，持续运行电压为 10kv（9.6kV），而非 13.6kV。

3. 额定冲击放电电流下的残压 U_p

避雷器额定雷电放电电流下，加在设备上的冲击电压，不但有避雷器的残压 U_p，而且还包括冲击电流在避雷器两端连线的压降，因此，不能说避雷器残压不高于设备的绝缘耐冲击电压就算满足要求了，而是要保留一定的余度，即考虑冲击配合系数，它的大小代表保护裕度的大小，当避雷器与被保护设备相距很近时，冲击系数 K 考虑为 1.2 即可，例如避雷器或过电压保护器就安装在电动机旁，就属于此种情况。如果与被保护设备相距较远时，冲击系数可取 1.4，这样，设备耐冲击电压 U_{cj} 为

$$U_{cj} = 1.2U_p$$

或

$$U_{cj} = 1.4U_p$$

请注意，设备绝缘耐冲击电压数值不等于型式试验的值，出厂后或运行时，它的耐冲击电压的数值只要求为型式试验值的 80%。

例如设备的耐冲击电压为 75kV，运行时耐冲击电压只能承受：

$$75 \times 80\% = 60 \quad (kV)$$

如果避雷器的残压为 50kV，冲击系数 $K = 60/50 = 1.2$，如果避雷器与被保护设备相距很近，满足设备的雷电保护要求。不过要注意，不论出厂试验还是设备运行检修后的试验，是不做冲击试验的，因为冲击试验是属于破坏性试验。

对于串联间隙的过电压保护器，无 1mA 直流参考电压这一参数，而有工频放电电压 U_f 这一参数，它是被击穿时工频电压的最小值，过电压保护器工频击穿电压不得小于此值，前文已讲，过电压保护器不是保护持续工频过电压的，一旦发生工频击穿，它就损坏了。工频放电电压越高，抗工频过电压的能力越强，它本身比较安全，但冲击放电的门槛也相应提高，这对于弱绝缘设备（如电机设备）不利，用来保护电机的过电压保护器，如果采用带串联间隙的，它的工频放电电压要比其他用途的低。

中压系统避雷器或过电压保护器标称冲击电流或额定冲击电流采用 5000A，操作冲击电流有的取 100、200A，大的取 500A，而非 5000A，因此，操作冲击电流下的残压要小于标准冲击电流下的残压。

4. 2ms 方波通流能力 I_{2ms}

在电气设计中，最不引起注意的是避雷器或过电压保护器的 2ms 方波通流能力，方波是指通过的电流瞬时达到某一值，并在这电流值下稳定一定时间，然后迅速降为零，2ms 方波通流能力是该稳定电流通过避雷器 2ms，方波通量与避雷器的额定雷电通流能力值不一样，额定通流能力是通过 8/20μs 波形的冲击峰值电流，中压常用的通流能力为 5kA，因为通流时间是微秒级的，不必考虑热容量的大小。如果考虑系统发生谐振过电压、单相弧光接地过电压或断路器开断时触头重燃过电压，避雷器在上述情况下要经过严重考验，避雷器或过电压保护器发热严重，有产生热爆炸危险，为此一方面要考虑避雷器或过电压保护器的持续运行电压或工频放电电压的不得小于一定值，另外还必须考虑过电压保护器的热容量的大小，衡量热容量的大小，是采用方波通流能力的大小来衡量，2ms 方波通流大的优点是，一旦被上述暂态过电压击穿，也不至于热爆炸损坏，但不足之处是，要求所装阀片表面积大，

体积大，过电压保护器的直径也相应加大，这样价格也高。由此可见，如果不但考虑雷电的保护，也要考虑其他过电压的影响，如系统谐振过电压经常出现，应选择方波通流能力大的过电压保护器。

10kV 系统用避雷器方波通流能力时间按 2ms 考虑，通流能力有 150、200、250、300、400、600、800A，最大可达 1000A。常用的有 200A 与 400A，设计人员一般不标注避雷器的方波通流能力，这样避雷器在投标时，为有价格优势（10kV 系统使用的避雷器，150A 与 800A 比较，价格相差 3 倍之多），按照通流能力最低的报价，这样有时满足不了使用要求，如果谐振严重，要采用方波通流能力大的避雷器或过电压保护器，否则有热爆炸的危险。35kV 系统使用的避雷器，通流能力大多在 400～1000A 之间，正常情况下选择 400～600A 就可以了，过高的通流能力也没有必要，而且价格成倍增加，体积也相应增大，不利与开关柜内的安装。

由此可见，设计人员在电气设计时，不能够漏掉避雷器 2ms 方波通流能力这一参数，在容易发生谐振的系统，2ms 方波通流能力要选择大的避雷器。

5. 直流与工频 1mA 参考电压 U_{1ma}

直流 1mA 参考电压 U_{1ma} 是衡量无间隙避雷器或过保护器的性能指标，而工频放电电压是衡量有间隙避雷器或过保护器的性能指标。直流 1mA 参考电压是在 1mA 的泄漏电流下所加电压值，之所以采用直流电压来测试，是因为在交流微电流的情况下，阀片的容抗分散性大，测试阻性值不准确，不能可靠地判别避雷器或过保护器的优劣。采用直流进行测试，这样可以避免电抗对其的影响，测得的电流为阻性电流，更能反映抗泄漏电流的能力。1mA 参考直流电压值越大，平时泄漏电流就越小，这会对避雷器或过保护器本身来说越有利，它的寿命就可能越长，为此，所用阀片厚度要大些，但这是一把双刃剑，由于阀片厚度大，相应的残压也大，这对耐冲击电压能力弱的设备不利，由此可见，对于电动机的过电压保护器不宜选用无间隙的 U_{1ma} 的过电压保护器。对于过电压保护器，由于有间隙，平时无泄漏电流，谈不上采用 1mA 直流参考电压指标来衡量，而是采用工频放电电压值来衡量保护特性。

为了保证正常正常情况下避雷器的安全，工频 1mA 参考电压 $U_{1ma} \geqslant (\sqrt{2} \times 1.1 \times 1.15 \times U_e)/0.75$，$U_e$ 为系统额定电压，考虑系统出现的最高电压及电压波动，要乘以 1.1 及 1.15 系数，对于 10kV 系统，由上述公式可以算出 U_{1ma} 为 16.7kV，与避雷器额定电压 17kV 基本一致。有的把 $(\sqrt{2} \times 1.1 \times 1.15 \times U_e)/U_{1ma} \times 100\%$ 称为荷电率，为了安全，荷电率不应高于 75%。

无间隙氧化锌避雷器额定电压、持续运行电压及直流 1mA 参考电压基本有一定关系，额定电压比持续运行电压高 25%，而工频 1mA 参考电压 U_{1ma} 的有效值基本与避雷器额定电压相同（有的避雷器生产厂家没有工频 1mA 参考电压数据），工频 1mA 参考电压乘以 $\sqrt{2}$ 就是直流 1mA 参考电压值。

6. 工频放电电压 U_f

工频放电电压 U_f 是在工频电压作用下避雷器或过电压保护器开始放电的电压，这是对有间隙氧化锌避雷器或过电压保护器而言。放电电压要规定上限与下线，由于阀式避雷器或过电压保护器热容量有限，不允许在系统内部暂态过电压下动作，工频放电电压应高于系统可能出现的系统内部暂态过电压，不论操作过电压，谐振过电压及断路器触头重燃过电压，中压系统内一般不超过相电压的 3.5 倍，例如，35kV 系统，有间隙氧化锌避雷器工频放电电压为 $U_f \geq (35/\sqrt{3}) \times 3.5 = 70.7$（kV），大多为 80kV。

7. 额定放电电流 I_{sn} 与最大放电电流 I_{max}

释放冲击电流的能力也是衡量避雷器或过电压保护器的通流能力，不过一般注意它的 2ms 方波通流能力，它的雷电冲击电流的能力不重要，往往不予重视。给避雷器施加波形为 8/20μs 的标准雷电波冲击 10 次，避雷器能够承受的最大冲击电流峰值称为避雷器的额定放电电流 I_{sn}。如果给避雷器施加波形为 8/20μs 的标准雷电波冲击 1 次的最大冲击电流的峰值为 I_{max}，中高压系统避雷器额定放电电流有 20、10、5、3、1kA 五种，中压系统多为 5kA，通流能力不能够与低压系统中的电涌保护器相比，低压系统的电涌保护器的氧化锌阀片单薄，通过冲击电流能力比中压避雷器大得多。据统计，雷电流 80% 以上在 10kA，怎么在中压系统通流能力为 5kA 的避雷器能够应付呢，之所以能够使用，是因为电气设备有多种防雷措施，雷电流通过其他措施已经得到削弱，实际进入避雷器的冲击电流不等于雷电冲击电流。尽管低压避雷器通过的雷电冲击电流可能比高压避雷器大，但避雷器本身消耗的雷电能量是低压电涌保护器无法比拟的。在中压避雷器的厂家样本上，与低压电涌保护器不同，基本不给出避雷器的通流能力参数，设计选择避雷器也不必考虑此参数。

从避雷器或过电压保护器的型号上，很容易可以看出它的三个参数，即额定电压、标称雷电冲击放电电流下的残压及标称放电电流。例如型号为 YH5WZ-17/45 的氧化锌避雷器，它的标称雷电冲击放电电流为 5kA（非操作冲击放电电流），额定电压 17kV，在标称放电电流的情况下残压为 45kV，另外的含义"YH"表示复合外套，"W"表示无间隙，"Z"表示电站用，"C"表示串联间隙，"S"表示配电用，"D"表示电机用。不同的生产厂家可能有不同的型号，但上述的基本含义应当包括。

第四节　过电压保护器选择其他注意事项

选择避雷器或过电压保护器应注意所在系统标称电压、额定电压、持续运行电压、工频放电电压、标准雷电流下的残压、2ms 方波通流能力及 1mA 泄漏电流的参考电压等，选择的方式及校验方法前文已谈及，现就其他注意事项介绍如下。

1. 有间隙与无间隙避雷器或过电压保护器

（1）无间隙避雷器或过电压保护器。氧化锌避雷器或过电压保护器分为有空气间隙与无空气间隙两种，无空气间隙在长期工频电压作用下，氧化锌会老化，泄漏电流会逐步增大，发热会越来越严重，这样恶性循环，会有热崩溃的危险，如果系统有工频过电压、长期过电压（中性点不接地系统发生单相接地故障产生的过电压可达线电压且时间可达 2h，应属于长期过电压的范畴）及暂态性过电压，如谐振过电压、弧光接地过电压、断路器触头重燃过电压等暂态过电压，会对无间隙避雷器或过保护器发生热崩溃损坏。无间隙避雷器或过保护器还有一个不足之处，那就是平时全部工频电压由阀片承担，因此阀片厚度大，造成残压相应加大，冲击放电门槛高，对弱绝缘设备，如电机、电容器等特别不利，无空气间隙的避雷器或过电压保护器无法满足频繁操作下的过电压保护要求，会在频繁冲击电压下加速老化，它可用于线路及变电站开关柜的保护。无间隙的优点是，能量密度大，约为碳化硅的 4 倍，结构简单，制造工艺简单。

（2）有间隙氧化锌避雷器或过电压保护器。有间隙的好处是平时无泄漏电流，也就是氧化锌阀片的负荷为零，这样，延长了阀片的老化时间，从而延长了使用寿命。氧化锌避雷器与碳化硅避雷器不一样，放电间隙不承担灭弧任务，冲击系数可达1，也就是避雷器或过电压保护器的残压可以与设备的耐冲击电压的能力持平。装置串入间隙后，间隙与氧化锌阀片有相互保护的作用，有间隙之所以保护阀片，是因为平时不存在泄漏电流，老化现象减缓，寿命得以延长，对阀片起动保护作用。当冲击电流泄漏后，紧跟随的是工频续流，由于串入间隙，工频续流由阀片阻断，从而保护了间隙，使间隙不被强大能量的工频续流烧坏。由于串入间隙，平时工频电压由间隙与阀片共同分担，因此阀片数量可以减少，另外，空气间隙两端金属板相当电容器的两级，空气间隙相当电容器的绝缘介质，冲击电流是高频电流，这样，以空气间隙形成的电容器对高频电流等于短路，标准雷电流下的残压也相应减少，这特别适合弱绝缘设备的过电压保护。但有间隙也有不足之处，那就是必须保持间隙的稳定及间隙的精准，如果间隙不够精准或在安装或运输中受到碰撞，间隙发生变化，保护特性也随之变化了，因此间隙的距离一定要满足保护特性的要求，如果掌握不好，不够精准或安装及运输中，造成间隙的变化，其保护特性也随之改变，参数分散性大，保护功能也大打折扣。为了防止上述弊端，间隙并联电阻，解决放电电压不稳定问题，但电阻有泄漏电流，长期有老化问题，造成电阻值增加，也同样影响避雷器或过电压保护器性能。有间隙过电压保护器另有一不足之处是潮气侵入后特性变化大，如果间隙电弧不能够及时熄灭，会因气体膨胀造成绝缘筒爆裂。

无间隙避雷器或过电压保护器保护电动机不如有间隙的容易配合，例如，某台额定电压为10kV的电动机，工频耐压为24kV，耐冲击电压为33.8kV，如果采用无间隙避雷器或过保护器，标称放电电流下的残压为31kV，冲击系数达不到要求，如果采用串联间隙或并联间隙的避雷器或过电压保护器，残压为28kV，对电机冲击电压保护效果更好些。

2. 采用过电压保护器防断路器操作过电压做法值得商榷

在变电站或开关站中，除继续运行的老型号开关柜外，少油断路器已经绝迹，90%以上采用真空断路器，另外少部分采用SF_6断路器。设计人员认为，真空断路器有截流、触头重燃及同步开断过电压问题，在真空断路器柜内几乎皆配以过电压保护器。此做法值得商榷，一台开关柜已有进线避雷器、母线避雷器，馈线如果不是架空出线，而是用电缆向附近变压器供电，不一定要安装过电压保护器或避雷器，原因很简单，对于真空断路器，经过几十年不但改进与完善，目前制造已经非常成熟，截流已经很小，从最初的10A降至不到3A，国际上先进的甚至不到1A，操作过电压不会达到真空断路器问世时的3.5倍最高相电压，即使按3.5倍最高相电压计算，也不过为

$$10/\sqrt{3} \times 3.5 = 22 \quad (kV)$$

而电站用的三相组合式串入间隙的避雷器或过保护器，波前冲击放电电压要大于34kV，这样，无法起到操作过电压保护作用，只是起到心理上的安慰而已。如果安装无间隙避雷器或过电压保护器，由于真空断路器的频繁操作，操作过电压反复加于其上，使它的阀片过早老化损坏。断路器回路安装过电压保护器，弊大于利，如投资增加、开关柜内安装空间拥挤，造成电气距离减少，更可怕的是过电压保护器爆炸造成的危害。例如甘肃金塔县一座太阳能发电站，交流35kV侧两台真空断路器柜内的过电压保护器先后发生爆炸，柜内的电流互感器、35kV电缆头等均被波及，因元件更换及停电检修，损失惨重。根据事故分析结果，

认定是系统谐振造成的，如果不安装过电压保护器，上述危害也就不会因过电压保护爆炸而扩大，本装置安装在沙漠地带，一年也遇不到几次阴雨天，开关柜至升压变压器采用电缆供电，而且只有几米之遥，谈不到什么雷击损坏，35kV 进线及母线上又有避雷器，40.5kV 馈线开关柜安装过电压保护器实在多此一举。不过在有些设计规程或规范中，规定真空断路器回路宜安装过电压保护器。

对于电动机或电容器馈线回路，要在电动机或电容器组旁安装过电压保护器，但要经过绝缘配合的校验，选择合适的过电压保护器，过电压保护器不要安装在开关站馈线柜内，因为它离母线太近，母线已经安装了波前放电电压高的避雷器，如果电动机保护的过电压保护器与它紧靠，雷电波会首先通过电动机过电压保护器放电，母线避雷器起不到应有的作用。

如果馈电回路是架空回路，在断路器的出线侧安装避雷器是合理的，这与防止真空断路器操作过电压的危害安装过电涌保护器不是一回事，不能混为一谈。

3. 阻容过电压吸收装置

阻容过电压吸收装置，即 R-C 阻容吸收装置，该装置对操作过电压吸收快，它的外形与避雷器或过电压保护器无异，不过体积稍大些，而不是像有人想象的那样，电阻、电容裸露在外面，此种装置留有空气间隙，空气间隙、电阻及电容都封装在绝缘筒内，它能够降低加到被保护设备过电压的陡度、降低被保护设备绕组的匝间电压梯度特别有效，因为陡度大的波形含高频谐波，而电容器对高频谐波等于短路，因此它能够避免出现匝间绝缘击穿短路，发电机电压母线上常安装此设备尤为必要。对无功电容器补偿回路，供电部门也要求安装此种过电压保护器，这要引起设计人员注意，笔者曾遇到一个 35kV 升压站，母线设计选用氧化锌过电压保护器，在临投前，供电部门要求更换阻容过电压保护器，造成生产的延误，这一教训应当吸取。有的设计人员认为，选择电容器器型过电压保护器，即型号为 YH5WR 型完全满足使用要求，型号最后的字母"R"有的代表电容器使用的，有的说明，阻容过电压保护器是它的结构为阻容串联，而不一定用于电容器保护之用。对于采用真空断路器操作的电容器组，真空灭弧室要经过老炼，既要满足操作过电压保护，又要保护电容器，应选择电容器型过电压保护器，或复合式过电压吸收装置。阻容过电压吸收装置虽然降低波头陡度有效，但它的通流能力不足。

目前在中压系统中，固体绝缘设备日益增多，如固体绝缘断路器、环氧树脂浇铸的电流互感器、电压互感器等，所用的柜体内绝缘材料也越来越多，如开关柜内的绝缘隔板、导体所穿的热缩或冷缩绝缘套管等，开关柜内所装的真空断路器如果频繁操作，回路过电压经常反复出现，如果开关柜安装串联间隙避雷器或过电压保护器，由于操作过电压达不到波前冲击放电电压值，对操作过电压无法进行保护，如果安装无间隙避雷器或过电压保护器，阀片加速老化，而且此种操作过电压会对被保护设备的固体绝缘产生局部放电增加，这会对固体绝缘产生积累性破坏，如同温水煮青蛙，缩短了设备的使用寿命，如果采用阻容过电压吸收装置，即使操作过电压不大，也会对电压陡波吸收，增加了固体绝缘使用寿命，因为阻容吸收装置所串空气间隙实质是个电容器，对高频冲击电压如同短路，由此可见，凡是频繁操作的回路，如经常起停的电动机操作回路，采用 R-C 过电压吸收装置是合适的。如果采用电缆线路，增加了对地电容，也有阻容吸收装置的同样作用。

阻容过电压吸收装置不足之处是体积稍大，在狭小的开关柜空间显得拥挤，减少了电气间隙，它无明显的过电压限制值，与设备的绝缘配合较难，阻容过电压吸收装置虽然降低波头陡度有效，但它的通流能力严重不足，吸收过电压的容量小，很难胜任大的雷电冲击电流。另外，系统内的谐波容易被它吸收，大量的谐波电流使得电容器发热损坏。在不接地系统中，当系统某相接地后，由于其他两相电压升为线电压，造成 R-C 回路电流增大，加之此种装置热容量小，电容器也容易发热鼓肚，这些都会造成电容器过热损坏或缩短使用寿命。为发扬它的优点，避免它的不足，采用复合式过电压保护器。复合式（非组合式）装置在结构上是氧化锌过电压保护阀片与阻容并联，在型号上带有"ZR"字母，如 SYB-ZR等。避雷器或过电压保护器与 C-R 阻容吸收装置并联接于系统中，既发挥 C-R 装置吸收冲击电压快、门槛低、限制冲击波的陡度好的优点，又能发挥避雷器或过保护器通流能力大的优点，防止雷电过电压有利特点，它与组合式不是一回事，不过在开关柜中，这种复合式过电压保护器很难安装得下，可以在消弧消谐柜中给予特殊考虑。

4. 各种使用场所的避雷器或过保护器

在避雷器或过保护器生产厂家的样本中，经常把使用场所分为配电型、电站型、电机型及电容器型，现分别介绍如下：

（1）电机型。电动机与发动机虽然绝缘强度基本一致，但电动机额定电压与所在系统标称电压一致，而发电机额定电压与系统标称电压不一致，例如，系统标称电压有 10kV 及6kV，相应的电动机额定电压有 6kV 及 10kV，发电机额定电压有 6.3kV 及 10.5kV，有的发电机电压有 13.8、15.75、18、20、24kV，它既不属于 10kV 系统，也不属于 20kV 或 35kV系统，因此要选择与其适合的避雷器或过电压保护器，它的额定电压、持续运行电压、1mA参考电压或工频放电电压都与电动机所用的避雷器或过电压保护器不同。电动机或发电机用避雷器或过电压保护器应安装在电机回路且在电机附近。

（2）配电型与电站型的区别。很多人容易混淆配电型与电站型的区别，电站这一称呼不够明确，认为电站就是发电厂或发电站，实际是不但指发电站或发电厂，而且包括电力系统的输、变、配等电力设施，电压等级在 6kV 以上，即使用于发电厂或发电站，也不是用于发电机的保护，而是用于发电站或发电厂里的变压器、开关柜及回路的过电压保护。与配电型比较，它的方波通流能力大、残压较低。

配电型避雷器或过电压保护器，是指用于中压配电的用户末端设备的保护，保护开关柜、变压器及线路。配电型的方波通流能力比电站型低，额定电压及 1mA 参考电压或工频放电电压、持续运行电压较高，例如，在 10kV 系统中，配电型常采用额定电压 17kV，残压为 50kV 的避雷器。

在实际使用中，避雷器或过保护器的生产厂家只要把参数给出即可，至于用在何处，这应是设计人员的工作了，设计人员应当根据设备的绝缘性能、过电压能力，选择能够绝缘配合的避雷器或过电压保护器。由此可见，把避雷器分为电站型实在不妥。

（3）安装位置。电机型是指靠近电动机或发动机处，电容器型应为靠近电容器处保护电容器之用，保护变压器应采用配电型而且靠近变压器变压器安装，室内使用的配电型安装在开关柜内，保护开关柜内的元件，避雷器无线路型、电缆型、互感器型、断路器型。

在 10kV 配电室，有一台开关柜向一台 10kV 电动机馈电，该开关柜内可不安装避雷器或过电压保护器，而是采用电动机型的避雷器或过电压保护器，此装置安装在电动机就地控制柜内，如果电动机紧靠馈电柜，避雷器或过电压保护器只能安装于开关柜内，但配电室母线上的避雷器或过电压保护器功能受影响，因为电动机型放电门槛低，雷电冲击波来袭时，电动机用的避雷器或过电压保护器可能抢在母线上的避雷器或过电压保护器前放电了。在发电厂，发电机母线上应安装发电机用的避雷器或过电压保护器，而发电厂中的升压站、厂用电配电室不用发电机专用过电压保护装置了，而用变压器型（即电站型）过电压保护器。

电动机中性点也要安装避雷器，防雷电波侵入，在中性点反射叠加后破坏电动机的绝缘，由于冲击波经过电动机绕组的减弱，而且中性点平时电位接近零，因此中性点与地之间的避雷器额定电压低，电动机中性点避雷器额定电压见表12-1。

表12-1　　　　　　　　　　　　　**电动机中性点避雷器额定电压**

电机额定电压(kV)	6.3	10.5	13.8	15.75	18	20	22	24	26
避雷器额定电压 ▮ (kV)	4.8	8	10.5	12	13.7	15	16	18	19

5. 三相组合四星星接法过电压保护器能否采用问题

（1）保护原理。除单体过电压保护器外，尚有三相组合式，最常见的接线方式是三相三只三星形接法及四只四星形接法。四星形接法，即三只单体过电压保护器接于三相与中性点之间，一只接于中性点与地之间，四只单体过电压保护器同时安装于同一个绝缘底座上，组成四星形组合式过电压保护器，过电压保护器常采用串联间隙的。与普通过电涌保护器相比，每一只有较低的冲击放电电压及较低的残压。这样相与相、相与地之间，皆有两只过电压保护器串联，也就是说，均有两个间隙及两组阀片串联，与常规过电压保护器比较，相间过电压可降低60%～70%，在不频繁操作的电动机回来，适合采用四只四星形接法带间隙的组合式过电压保护器。

设备不是相间绝缘能力大于相地之间的绝缘能力吗，为什么过电压保护器相与相及相与地保护水平一样呢？这不难解释，因为设备不论工频耐压还是冲击耐压水平，相与相之间，相与地之间要求都是一样的，例如额定电压为12kV的开关柜，不论相与相之间还是相与地之间，不接地系统中，工频耐压皆为42kV（断口除外），冲击耐压皆为75kV，平时在正常情况下，线电压虽然为相电压的$\sqrt{3}$倍，但瞬时过电压的情况下，正常工频电压处于次要地位，耐瞬时过电压的能力相间与相对地要求是一样的，由此可见，过电压保护器相与相之间与相与地之间保护水平相同就不足为怪了。

如果采用三只单体过电压保护器的组合，它只能起到三相与地之间的过电压保护，而不能完成相与相之间的过电压保护，因为相与地之间只有一只过电压保护器及一个间隙，而相与相之间有两只过电压保护器及两个间隙，相与地之间过电压放电门槛低，当过电压来袭时，首先是相与地之间放电，根本轮不到相与相之间的放电的份了，相与相之间的过电压无法得到保护。

（2）有些地方供电部门禁止采用。尽管生产厂家对三相四星形接法组合式过电压保护器推崇备至，一些技术人员对此种装置的优越性说得条条是道，但遭到使用部门一票否决，很多当地供电部门对避雷器或过电压保护器的使用另有规定，如某省电力公司要求电容器组要采用无间隙氧化锌过电压保护器，禁止采用带间隙的过电压保护器。严禁采用四只组合式（三只星形接法，一只接中性点与地之间）的过电压保护器。无独有偶，另一省电力部门也规定：在高压开关柜内，不得采用四柱星形接法过电压保护器，应选用复合绝缘外套的无间隙氧化锌避雷器。上述要求都是省电力部门的硬性规定，这是因为这种保护器故障频频发生。之所以事故频发，是因为相与相之间及相与地之间都串入两只过电压保护器，为了在冲击放电时有较低的残压，每一只的工频放电电压不得高，但在平时正常运行时，中性点与地之间的过电压保护器无电压，其他三只接于相与中性点之间的过电压保护器都承受相电压，也就相与地之间两串联的过电压保护器只有一只承受电压，既要求工频放电电压低，又要单独承受相电压，工作条件严峻，容易工频击穿损坏，一旦工频击穿，过电压保护器爆炸就无疑了。

另外，由两只过电压保护器串联，放电回路有两个空气间隙，如果生产工艺不过硬，间隙的精准度受到影响，保护性能的分散性大大增加，也与被保护设备的绝缘配合难度大大增加。相间及相与地之间，雷电流要经过两只过电压保护器，两只过电压保护器的参数配合不一定合适，一只导通，而另一只不导通，全部雷电过电压加在一只过电压保护器上，造成此只过电压保护器损坏。当地供电部门之所以这样规定，都是经过多起事故总结的经验教训，由此可见，此种产品有很大的改进空间，这应引起设计部门的注意。

6. 采用大容量防爆型组合式过电压保护器

防爆型不是用于爆炸危险的场合之意，而是它不会发生热爆之意，过电压保护器具有三个特点，一是有大的通流能力，一般通流能力为直流方波 100～800A，防爆型一般不小于 600A；二是内部有自脱离装置，当冲击电流过大，氧化锌填料破坏，无法切断工频续流时，脱离装置能够迅速动作，断开短路点，同时产生足以使其他并联线路过电压保护器动作的过电压，将短路能量转移；三是配以过电压在线监测仪，可以实时监测过电压动作次数、动作时间及泄漏电流情况，提醒用户及时更换不良的过电压保护器。

第五节　爆炸原因与预防措施

避雷器或过电压保护器在运行中的爆炸时有发生，目前很少有人能够分析出使人信服的原因，给出正确的结论，这有它本身的原因，也有系统本身的原因，最后的结局就是不了了之。避雷器或过保护器发生爆炸的原因大致可有下列几种。

1. 氧化锌阀片的老化

对于无间隙避雷器或过电压保护器，在工频电压下，泄漏电流是自然存在的，如果时间长了，老化严重，造成泄漏电流加大，这样形成恶性循环，如果用户对此不进行定期检查与校验，最后会使避雷器或过电压保护器产生热爆裂的危险。一些避雷器或过电压保护器用量比较少的不重要的用户，或维护力量薄弱的用户，长期对避雷器或过保护器不闻不问，几年也不校验一次，这是非常危险的，使避雷器或过电压保护器像个不定时的炸弹。另外，避雷器或过电压保护器只是保护瞬时冲击电压造成的危害，如果暂态过电压大，谐振不能及时切除，它是吃不消的，它能够截断工频续流，但承受不了较长时间内的谐振电流。

如果避雷器或过电压保护器上的过电压反复出现，也能加速它的老化过程，这也是造成它热崩的又一原因，有一太阳能发电站 40.5kV 开关柜内所安装的过电压保护器发生热崩，究其原因，是由于系统经常出现暂时过电压。因为此过电压保护器带有在线监测仪，一旦过电压，泄漏电流加大，在线监测仪就亮起红灯，值班人员经常发现在线监测仪亮红灯，运行一段时间后，就出现热崩，也就是发生爆炸事故。对于有间隙的过电压保护器，平时无泄漏电流，热崩的危险大大减少。

2. 潮气浸入

潮气浸入避雷器或过保护器，也会导致它的热崩溃，目前采用瓷质外壳的避雷器或过电压保护器已经很少采用，而是采用复合绝缘的外壳，外壳与内部氧化锌阀片一起压铸成型。

如果在制作过程中外壳产生缝隙，潮气浸入不可避免，这会产生爆炸事故。在制造避雷器或过保护器过程中，密封问题应特别注意。

3. 系统谐振

系统谐振造成避雷器或过电压保护器的热崩溃是常见的原因，谐振会造成系统电压升高，如果避雷器或过保护器被击穿放电，由于此电压不是冲击瞬时过电压，只要谐振不消除，谐振会延续下去，这样热崩溃就在所难免了。为了避免此类事故的发生，一定要避免系统发生谐振，为此，系统电抗与电容参数要做调整，不能使之匹配在谐振点上，采取的措施有母线上加装电容器、安装消弧消谐柜、电压互感器一次侧中性点安装消谐器，二次侧开口三角形接入消谐电阻或采用计算机二次消谐及电压互感器一次侧中性点不接地。消谐的方法很多，可参看《中压系统电压互感器的选用及铁磁谐振的预防》一文。另外，对应谐振危害上，采用有间隙的避雷器或过电压保护器比无间隙的有利，因为只要发生谐振，无间隙避雷器或过电压保护器都要流过相应的泄漏电流，而有间隙的，谐振过电压不一定能够击穿放电，只要不击穿，通过它的电流为零，不会发生热崩溃。

4. 系统单相间歇性弧光短路

在中性点不接地系统中，一旦发生单相接地，另外两相对地电压升高 $\sqrt{3}$ 倍，只要是稳定接地，避雷器或过保护器完全可以承受，在 2h 内可以安全运行，但如果发生单相弧光间歇性短路，系统中的杂散电容反复充电，使回路电压抬得很高，又恰遇到系统甩负荷，过电压更高，为了避免此类事故发生，可配备消弧柜。

5. 受到雨、雪、露及尘埃的污染

在室外的避雷器常用瓷外壳，而瓷外壳又容易受雨、雪、露及尘埃的污染，由于避雷器内部氧化锌阀片的电位与外壳不同，有很大的电位差，导致放电现象的发生，造成避雷器的损坏，为此要注意避雷器的清洁工作。

6. 严防过电压保护器硅橡胶绝缘引线的爬电事故

虽然硅橡胶介电能力强，但只能保证内绝缘无问题，但要防避外绝缘出现问题。外绝缘分电气间隙与爬电距离，硅橡胶绝缘不存在电气间隙问题，但爬电距离往往不被重视，如果硅橡胶引线与开关柜金属壳加接触，过电压保护器从电源接头距与壳架接触处之间的爬电距离往往不够，造成爬电放电事故。过电压保护器的硅橡胶绝缘引线的长度是根据用户要求生产的，因此电气成套厂根据爬电距离及安装要求决定长度。

7. 智能型过电压动作计数器及过电压在线监测仪

采用智能型过电压动作计数器及过电压在线监测仪，也是避免避雷器及过电压保护器爆炸的有效措施，它能够及时有效的发现避雷器或过保护器的受潮及老化，以便及时进行更换。

（1）智能型过电压计数器。智能型过电压动作计数器可以对过电压工作状态实时监测及累计计数。此种装置自身携带纽扣电池，电量可用三年以上，电量不足时可以随时更换电池，采用省电设计，当需要观察数据时，可按按键，由液晶显示屏显示相对地及相间过电压累计数。此种过电压计数器与老式不同，它不但有通信接口，可以与网线相连，实现遥测，

而且可以与避雷器或过电压保护器分开安装，可以安装在柜门，也可以安装于智能操控器的面板上。老式的过电压计数器只能穿过避雷器或过电压保护器接地线，安装位置受到很大的局限性。不论安装在柜门，还是安装在操控器上，一定注意所用产品的尺寸，以便在安装位置的面板上开合适的开口。

（2）过电压在线监测仪。过电压在线监测仪能够对中压线路相间、相对地的过电压情况进行实时记录、存储与显示。它的原理是，一旦有过电压出现，过电压保护器有相应的放电电流通过，经过传感器进入微处理器，微处理器对接收的信号进行处理及记录。在线监测仪具有放电时间记录功能，可以分相记录，并可查询放电记录内容，内存数据具有掉电保护功能，具有通信接口，可以与上位机进行数据传输，由上位机对数据文件进行保存、编辑及打印。

（3）避雷器或过电压保护器的运行监测器。运行监测器串联在避雷器或过电压保护器的接地端，用来监测平时避雷器或过电压保护器的泄漏电流，监测泄漏电流的大小，用来判断避雷器或过电压保护器是否老化严重，是否应当更换，显示装置是一只毫安表，当有过电压产生时避雷器或过电压保护器击穿放电，强大的泄漏电流由毫安表瞬时转至计数器回路，记录过电压放电次数，毫安表也受到保护。运行监测器有监测泄漏电流的变化、记录过电压次数及报警功能，由于它串联在避雷器或过电压保护器回路，而此回路要距接地端子长度要求最短，因此仪表不宜安装在便于观察的开关柜门板上，为了观察方便，开关柜的观察窗要正对运行监测器表盘。

第十三章

中压大容量快速限流开断装置

第一节 概 述

随着电力事业的发展，发电机及电力变压器的容量越来越大，电力系统的总容量也越来越大，为计算方便，有时把系统当成容量无穷大。在发电机、变压器或系统容量增加的前提下，短路电流也随着增大，这要求相应断路器的额定电流及开断能力与其适应。由于大的短路电流有大的动热破坏作用，因此还要快速切断短路电流或对短路电流进行限流。为满足上述要求，各种快速大容量开断装置应运而生，本文只介绍由一种称为爆炸桥体（简称桥体）的大容量快速限流开断装置。

大容量快速限流开断装置，也称为高速限流保护开关，对于限流能力来说，不存在高速或低速，或者快速或慢速，高速或快速是指切断短路电流而言，如果回路串联限流电抗器进行限流，切断短路电流由普通断路器完成，此种装置可以完成大的预期短路电流的开断，但不能称为高速切断，如果采用限流熔断器切断短路，可以实现既限流，又高速切断短路的目的，称为大容量快速或高速限流开断装置是合适的，不过有人对快速限流给予新的解释，那就是限流电抗器平时被桥体短接，不起限流作用，一旦短路故障发生，桥体在控制器的控制下，及时爆炸，短接回路切断，短路电流瞬时涌入限流电抗器，起到短路发生后快速限流的作用。大容量快速限流开断装置在下列领域得到应用。

1. 大容量变电站用断路器

中压领域，快速限流开断装置日益受到重视，因为目前变电站变压器的容量越来越大，短路电流也随之增大。例如，一台主变压器，电压为 110kV/10kV，容量 100 000kVA，短路电压为 $U_d=11\%$，10kV 侧额定电流 5774A，如果忽略系统阻抗与母线阻抗，10kV 母线短路电流达 52.49kA，不论额定电流还是开断短路电流的能力，一般真空断路器满足不了要求。有一石油化工企业，主变压器容量为 50 000kVA，电压为 110kV/6kV，短路电压为 10%，6kV 额定电流为 4811A，短路电流为 48.11kA，这样，国产普通真空断路器虽然有切断 50kA 的真空断路器，但额定电流又满足不了要求。

2. 发电机出口断路器及发电厂自身的厂用电断路器

发电厂发电机的出口断路器，随着机组容量的加大，要求额定电流与开断能力也要相应加大，另外，发电机出口短路电流直流分量特大，真空断路器很难满足要求。发电厂厂用电回路短路电流极大，要求厂用电断路器要有极大的开断能力，因为厂用电回路或母线一旦发生短路，短路电流由系统注入的短路电流与发电机注入的短路电流叠加。在上述情况下，断路器的开断能力及额定电流要么满足不了要求，要么虽能满足要求，但高开断能力的断路器价格高得惊人，大多采用进口产品，这样增加投资成本。另外，开断时间太慢也有很大的危害性，例如，真空断路器开断时间大约在 60ms，在这样长的时间内，如果不进行限流，有的电气设备或元件满足不了动稳定要求。

3. 大容量变压器的并联运行

加大变压器的容量是为了满足大容量设备的起动要求，或满足母线电压质量要求，为达到上述目的，往往要两台变压器并联运行，并联运行等于加大变压器的容量，这样也增加了短路电流。

4. 常规限流的不足之处

为了满足开断短路电流，有的采用额定电流大，开断能力强的 SF_6 断路器，但这种断路器价格高昂。有的为限制短路电流，达到断路器开断能力的要求，采用高短路阻抗变压器，但变压器的短路阻抗不能过高，这是变压器制造工艺达不到的，另外，高阻抗变压器在电流波动大的情况下，母线电压波动也大，使电压质量降低。

在回路中长期串入电抗器是限制短路电流的方法之一，此电抗器不是电容器补偿回路的串联电抗器，而是回路限流电抗器（含分裂限流电抗器）。限流电抗器的用途是：

（1）限制短路电流。从而减轻开断元件的负担，以便采用开断能力低的元件，来开断大的预期短路电流，从而节约投资。

（2）维护母线短路残压水平。以利保护及不影响母线上其他回路的正常运行，减低母线电压波动幅值。

常规接线的限流电抗器有其不足之处，正常运行时限流电抗器要退出运行是合理的，因为长期接入电抗器有它的固有缺点是：

（1）电抗器有功损耗大，有功损耗包含铁芯损耗及负载损耗。例如，一台额定电压为 $U_e = 10kV$，额定电流为 $I_e = 2000A$，电抗率为 $K = 8\%$ 的电抗器，它的额定功率为 $\sqrt{3} \times 10 \times 2000 \times 0.08 = 2771.2$（kvar），额定功率不等于其传输功率。

按 DL 462—1992《高压并联电容器用串联电抗器订货技术条件》的规定，干式空芯电抗器额定有功损耗为，电抗器额定容量在 1000kvar 以上的，本身消耗的有功与额定容量千乏数之比为 0.012，这样，此台电抗器的额定有功损耗为 $2771.2 \times 0.012 = 33.3$（kW）。

不但电抗器本身损耗大，而且它的强大的漏磁场造成附近钢铁结构件的涡流损耗。

（由于电抗器的额定电流大于实际工作电流，因此实际损耗为额定损耗乘以负载系数的二次方）。

（2）噪声大。

（3）占地面积大。它要有专用房间放置，有时房间高度不够，还要把地面挖深，这又带来电抗器推进的困难。

（4）电磁干扰大，影响附近电子元件的正常工作。

（5）母线电压波动大，由于电抗器的电抗大，当大容量电动机起动时，大冲击电流在母线上会引起大的压降，造成母线电压波动大，影响母线上其他设备的供电。

为满足开断大短路电流，并能够在短时间内切断短路电流，不使系统内的其他设备受强大的短路电流动热效应的危害，应采用大容量中压快速限流开断装置，大容量中压快速限流开断装置，顾名思义，此种装置一是要限流，二是要快速切断短路电流，三是容量要大。限流与开断可采用限流熔断器，但要快速实现这两种功能，还要配备一些特殊元件，如罗氏线圈，即特制的空心线圈，它要快速检测短路电流信号给控制器，控制器采用 DSP 技术（数字信号处理），只要判断有大短路电流来临，瞬时输出高压脉冲信号爆炸桥体，桥体断开，短路电流全部导入额定电流较小的限流熔断器中，这样不但限流，还完成快速切断短路电流。另外回路还要配置开关装置，以便操作及隔离之用，为此可以采用具有隔离功能的负荷开关。另外，快速限流也可以采用限流电抗器与专用起到短接作用的桥体并联来实现，但实现开断功能还要在回路中另安装断路器，此时断路器可采用普通断路器，因为在限流的条件下，其短路电流的动热破坏作用已经大大减轻，不必快速切除短路也能满足要求了，这样称为快速切断就不合适了。

第二节　桥体与限流熔断器并联方案

1. 桥体的动作机理

桥体是快速限流开断装置中的核心元件，系统平时正常工作时，并联的桥体处于短路状态，可以称其为短接器，当短路发生后，它快速断开，又可以称它为快速隔离器。

不同的生产厂家对爆炸桥体有不同做法，现举两种结构介绍如下：

（1）活塞式爆炸桥体。活塞式爆炸桥体主要有触头组件、接线端子、活塞与气缸、壳体以及火药（可以采用黑索金），壳体内火药爆炸后，推动活塞前进，把触头组件中间嵌入的导电铜块推开，形成具有绝缘要求的断开点，装药量要恰到好处，既要保证安全，不能太多，也必须满足要求，保证活塞迅速推开导电嵌块。

（2）桥体采用铜质雷管桥。在桥体内部安装一只铜质雷管桥，铜质雷管桥内安装有雷管，铜质雷管桥平时通过工作电流，阻抗非常小，为微欧级，在短路电流信号的作用下，雷管爆炸，铜质雷管桥导电用的四块铜片向上、下、左、右四方卷曲，形成具有一定绝缘水平的断口。

2. 原理及主接线

桥体是指正常情况下电阻非常小，大电流通过时几乎无压降，为与其并联的限流熔断器电阻的 1/1000 ~ 1/2000，桥体的阻抗为微欧级，限流熔断器的阻抗为毫欧级，正常回路工作电流基本上通过桥体，回路一旦发生短路故障，在短路电流大小与上升陡度双重信号通过罗氏线圈输入控制器，再由控制器输出的高脉冲信号，在 0.15ms 内引爆桥体，桥体断开，全部短路电流瞬时涌入限流熔断器，限流熔断器在 3ms 切断短路电流。爆炸桥体与限流熔断器并联方案如图 13-1 所示。罗氏线圈（空芯电流互感器）快速提供电流信号给控制器。

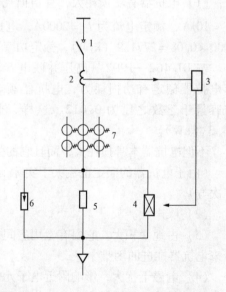

图 13-1　爆炸桥体与限流熔断器并联方案
1—负荷开关；2—罗氏线圈；3—控制器；4—爆炸桥体；5—限流熔断器；6—过电压保护器；7—电流互感器

第三节　桥体与限流熔断器、限流电抗器三者的并联方案

爆炸桥体、限流熔断器、限流电抗器三者之间并联方案如图 13-2 所示，桥体的原理如前所述。在图 13-2 中，有断路器切断被电抗器限制的短路电流，为什么还要并联限流熔断器呢？如果不并联限流熔断器，在桥体爆炸断开的瞬间，短路电流涌入限流电抗器，电流的陡度太大，电抗器的压降很大，此电压加在断开的桥体两端，有可能断开的桥体弧光放电，造成死灰复燃，使之桥体的壳体彻底破坏。并联限流熔断器后，熔断器限流，并在限流熔断器熔断后，限流后的短路电流再涌入限流电抗器，限流电抗器两端的电压不会使断开的桥体遭到破坏，避免进一步产生严重后果。对于是否离开熔断器就不能满足要求，这样要经过试验验证才行。估计生产厂家的本意是，爆炸桥体与限流熔断器已经形成固定组合装置，熔断器价格低廉，加上熔断器后，虽无益，但也无害，反而不必再结构上再作变通，利于生产及加工，另外，值得注意地的一点是，限流电抗器因体积大，必须与开关柜分别安装。

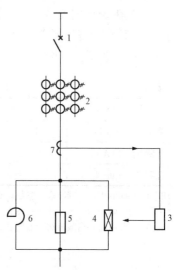

图 13-2　爆炸桥体、限流熔断器与
限流电抗器并联方案

1—断路器；2—电流互感器；3—控制器；
4—爆炸桥体；5—限流熔断器；6—限流
电抗器；7—罗氏线圈

限流电抗器平时被桥体及限流熔断器短接，基本无电流通过，因此，电抗器故有的缺点，如电能损耗、噪声、电磁辐射、阻抗压降等也就不复存在了。由于电抗器与开关柜分别安装，这样，为了能够限流电抗器与开关柜内的爆炸桥体并联，要采用电缆连接，如果采用铜排硬连接，要考虑安全防护问题，安装位置也不易处理。

限流电抗器的容量如何选择呢？由于平时被桥体短接，基本属于空载运行，它的容量可以小些，但考虑到桥体爆炸后，待事故排除后，一时无法更换新的桥体，为了不影响继续运行，这时限流电抗器可以长期接入运行，因此，限流电抗器额定电压、额定电流要与所接回路一致。

在图 13-2 所示的方案中，过电压保护器不必安装了。应用举例如下。

甘肃金川公司一台变压器，参数如下，额定电压为 110/38.5/6.3kV，额定容量为 63MVA，高低压绕组间短路阻抗为 17.5，高中压绕组间短路阻抗为 10.5，中低压绕组间短路阻抗为 6.5，变压器低压侧总出线采用限流电抗器与大容量快速开断装置并联方案，电抗器的参数为：额定电流 5000A，额定电压为 6kV，串联电抗器的电抗率为 5%，系统容量按无穷大考虑，如果不串入电抗器，经计算，6kV 母线短路短路阻抗标幺值为 0.2778，6kV 母线短路电流为

$$I_d = I_j / X_t^* = 9.164 / 0.2778 = 32.99 \text{（kA）}$$

如果串入限流电抗器，电抗器的短路阻抗标幺值为

$$5/100 \times 6/5 \times 9.164/6.3 = 0.0873$$

这样，母线短路电流为

$I_d = 9.164/(0.2778 + 0.0873) = 25.1$（kA）（详细计算程序见本书第一章）。

如果不串入限流电抗器，所有与母线连接的断路器开断能力要为 40kA，这样投资大大增加，如果长期接入电抗器，电抗器的负面影响如前文所述，大容量快速开断装置与限流电抗器并联，平时流经电抗器的电流微小，电抗器不产生负面影响，一旦短路发生，大容量快速开断装置在 3ms 内完全断开，限流电抗器起到限流作用，短路电流为 25.1kA，选择开断能力为 31.5kA 的普通断路器毫无问题，这样可节省大量投资。

大容量快速限流开断装置技术参数见表 13-1。

表13-1   **大容量快速限流开断装置技术参数**

额定电压（kV）	7.2	12	13.8	15.75	18	20	24	40.2
额定电流（A）	1000	2000	3000	4000	5000	6000	7000	
开断电流（kA）	50	63	80	100	125	160		
开断时间（ms）	不大于 3							

注　1. 不同的生产厂家与表中参数略有差异。

　　2. 额定电压为 13.8、15.75、18　20（kV）用于发电机出口，其他电压等级用于线路。

　　3. 开断电流是指限流熔断器切断的预期短路电流值。

第四节　几个争议及注意问题

在实际设计及订货中，常遇到一些如下具体问题。

1. 限流回路中串入的开关类型

在图 13-1 中，主回路要不要安装开关？安装什么样的开关呢？回路中必须安装开关，这点是无争议的，但安装什么样的开关就有不同看法，此开关应有隔离功能，能够开断与闭合负载回路，因为要更换回路元件，如更换爆炸后的桥体，必须断开回路。投入时，开关必须能够带负荷投入，此开关有的厂家采用断路器，这有点大材小用了，会增加造价，而且固定安装的中压断路器不具有隔离功能，有的建议采用隔离开关，但隔离开关虽能够打开空载回路，不能完成带负载合闸功能，因此不能采用。比较适合的采用具有隔离功能的负荷开关。固定负荷开关安装占用空间大，如果采用手车式开关，要考虑其他元件的安装问题。

2. 过电压保护器的安装

在图 13-1 的方案中，还有一点争议的地方，那就是过电压保护元件是安装在限流熔断器的负载侧，还是与限流熔断器并联呢？防止真空断路器的操作过电压，过电压保护器不是都安装于负载侧吗？为什么限流熔断器的熔断过电压采用过电压保护器与之并联？生产厂家之所以采用过电压保护器与限流熔断器并联方案，是因为熔断器在熔断过程中，弧压很大，此电压把过电压保护器击穿放电，减少熔断器开断能量，有利于熔断器熄灭电弧，有的人对上述解释并不认可，弧压再大，也不过接近相电压的水平，但过电压保护器要在冲击电压为 2.4 倍的额定工频线电压情况下才能击穿放电，波前冲击放电电压更高。有的解释是过电压保护器与限流熔断器并联是对限流熔断器起续流作用，不使爆炸后形成断路的桥体击穿放电，这种解释也有点勉强，因为过电压保护器如果不能够击穿放电，就起不到续流二极管的作用。也有人认为限流熔断器快速熔断，有截流情况发生，从而在负载侧产生过电压，因此，在限流熔断器负载侧，安装过电压保护器有其合理之处，此理由也不充分，限流熔断器是电流过零切断，不存在截留问题，向变压器馈电的环网开关柜有熔断器作保护元件，也不需安装过电压保护器。不过若像厂家介绍的那样，切断短路电流只要 3ms，那就等不到电流过零就切断回路了。至于是否与限流熔断器并联，在限流熔断器熔断时，是否过电压保护器击穿放电，应有试验得出结论，要经受实践的检验才行。

3. 保护的选择性问题

大容量快速限流开断装置一般作为总保护开关用，这与下级开关的保护选择性带来困难，如果下级开关采用真空断路器，断开短路电流大概要 40~60ms，而上级总开关为快速限流开断装置，切断短路时间不超过 3ms，这样就谈不上上下级之间的保护选择性。如果馈线回路也安装快速限流断开装置，这也不现实，不但价格昂贵难以承受，而且安装面积庞大，安装空间不易解决。如果保护的选择性采用控制器来解决，控制器必须对采集的短路电流信号进行准确判断，确定是母线短路还是下级短路，如果短路发生在普通馈线断路器的负载侧，而且在馈线断路器切断能力范围内，作为总保护的限流熔断器要延时熔断，那么爆炸桥体要延时爆炸，保证限流熔断器熔断时间要大于馈线回路断路器跳闸时间，从而获得保护的选择性，不过上述延时爆炸桥体的做法，由于控制及接线复杂，目前尚无生产厂家实现这一功能。退一步讲，即使能够延时爆炸桥体，实现上下级之间保护的配合，也有不合理之处，那就是馈线断路器出口附近的短路，与母线短路电流基本一样，馈线断路器的切断能力应与总开关一致，既然馈线断路器有此种切断短路电流能力，总开关采用限流高速断流装置也无此必要了。

由上述分析可知，作为变电站的总开关或发电厂厂用电的总开关，采用快速限流开断装置与下级馈线开关保护的选择性不易解决，因此采用此种开关装置是不适宜的，也就是不要采用图 13-1 所示的方案。应采用限流但不是快速开断，图 13-2 所示的方案是可行的，要限流，但不要快速切断，这样，由于限流电抗器限流作用，馈线分开关都可以采用开断能力低的断路器了，从而节约大量投资，不过此种开关装置不应称为快速限流开断装置，应称为限流开断装置。但对于发电机变压器组接线出口开关，或为发电机出口总开关，采用大容量快速限流开断装置是合适的。

4. 快速切断的问题

大容量快速限流切断装置，有人认为它的主要功能之一是快速切断短路电流，这是一种误会，如果采用爆炸桥体与限流电抗器并联，回路串入普通断路器方案，最后切断回路的是普通断路器，这就不存在快速切断短路电流之说了，由于限流电抗器已把短路电流限制在较小范围，虽然切断时间稍晚，也不存在不良后果，由此可见，采用限流熔断器可实现快速切断短路电流，而采用限流电抗器方案，就不存在快速切断短路电流的问题，把不同方案笼统地称为快速限流开断装置是不够确切的，爆炸桥体只起到正常情况下，增大回路容量及短接电抗器作用。

5. 与限流电抗器并联的短接器的选择

与限流电抗器并联的短接器，有的采用爆炸桥体，有的采用快速动作的永磁操作断路器，实践证明，永磁断路器在这里作为短接器，电气寿命太低，有的操作 2~3 次就要维护，体积大，成本高，建议采用爆炸桥体与之并联，正常运行时作为短接器，使限流电抗器处于空载状态下，工作电流几乎全部通过与之并联的爆炸桥体。

6. 与其他开关柜并列安装问题

是否可与一般开关柜并列安装呢？这是设计及用户关心的问题。一般来说，大容量中压快速限流开断装置独立安装，它作为发电机出口断路器或作为变电站的总开关，额定电流大，体积大，不易与其他开关柜并列安装，但当额定电流不超过 3000A，额定电压为 12kV 时，可以与 KYN28A-12 开关柜并列，不过宽度比 KYN28A-12 型开关柜要宽，一般宽度为 1000 ~ 1200m，而 KYN28A-12 开关柜的宽度大都为 630 ~ 800mm。如果与其他开关柜并列敷设，在设计与订货时要与生产厂家沟通，如母线室如何贯通等问题。

7. 备品备件问题

如果发生爆炸桥体爆炸，也就是发生短路故障，大容量快速切断装置动作，爆炸桥体要重新更换，这样要有备用爆炸桥体才行，但它的价位太高，近 10 万元人民币左右，这不是一般用户能够负担起的，如果没有备用桥体，要重新采购，这样耽误时间太长，损失太大，如果作为发电机出口开关，绝对不允许长时间停电的，如果采用真空断路器，起码可以开断 50 次（目前真空断路器开断短路故障型式试验都在 50 次以上）短路故障。

8. 爆炸桥体的安全问题

爆炸桥体的断开是采用火药爆炸开断的，火药的装药量要适度，爆炸桥体遭到爆炸破坏，虽不能够伤及人员及柜体，但也给工作人员造成心理负担。

9. 采用两台断路器并联代替大容量快速开断装置

如果不需快速开断，可以采用两台断路器并联方案解决断路器容量偏小问题，目前真空断路器额定电流 4000A，开断 50kA 的真空断路器已经属于普通产品了，如果回路计算电流为 7000A，回路短路电流为 45kA，可以采用两台额定电流为 4000A，开断能力为 50kA 的真空断路器并联解决。

采用两台断路器并联方案，有人担心两台断路器闭合或断开时是否能够保证同步，这种担心是不必要的，只要开断与接通能力满足要求，即使不同步也没关系，在上述例子中，短路电流 45kA，如果两台断路器不同步，首先断开的断路器切断电流基本为零，后断开的断路器切断 45kA 的短路电流是无问题的。在平时带负载操作断路器时，即使不同步，最后断开的断路器短时要承受回路全部电流，但这也没关系，瞬时过载对断路器无不良影响，更何况不同步时间很短，不会超过 20ms，此处两台断路器的并联不是两个电源的并联，由此可见，并联断路器不必担心同步问题。

第五节　零损耗深度限流装置的有关问题

电力系统发生短路故障，短路电流为额定电流几十倍，这不但因动热稳定问题给电气设备带来危害，而且也给保护元件的断开能力提出更高要求。回路串联电抗器是解决上述问题的最佳方式之一。回路串联电抗器的主要弊端是耗能大，噪声大，电磁干扰大，体积大，母线压降大，母线电压波动幅值大，投资成本大。如果采用前述的爆炸型大容量高速开断装置与电抗器并联运行，也有不足之处，那就是要更换爆炸体，而且对人身安全也有影响，开关柜与电抗器的主回路的连接也比较麻烦，从而影响它的安全运行。

目前，有的生产厂家推出一种零损耗深度限流装置，此装置的特点是，电抗器与并联断路器置于同一开关柜中，正常运行时无损耗，当短路发生时，接入主回路，进行深度限流，故障排除后，恢复正常运行状态。它的原理是高速断路器与限流电抗器并联，正常运行时断路器短接电抗器，一旦检测到回路发生短路故障，断路器在 10ms 内断开，电抗器起到限流作用。为达到上述目的，回路安装罗克线圈（实质是无铁芯的电流互感器），快速检测短路电流，且在电流接近过零时发出断路器开断指令，使断路器过零断开回路，电抗器串联回路中，起到限流作用。只要断路器快速动作即可，是否电流过零切断问题不大，因为它与电抗器并联，断路器断开时，触头两端电压只是电抗器两端的电压，这电压是不高的，所以断路器开断没问题，即使采用负荷开关问题也不大。为了使断路器快速开断，不采用弹簧操动机构，而是采用高速涡流驱动装置，能够实现 5 ~10ms 内分闸。

此装置用于电厂的厂用电或发电机出口，这样可使各支路选择的断路器的开断能力大大降低，开断 31.5kA 的断路器，可用于短路预期电流达 80kA 的系统中，不过由于在 10ms 内投入电抗器，这对电气设备抗动稳定损害没有帮助。

第十四章

中压用户配电设计及常见故障的应对

第一节 概　　述

中压供配电系统分供电部门经营管理的供配电系统与用户配电系统，例如 220/110/35kV 变电站属于供电部门管理的电力系统，有的用户用电量大，投资自建 110/10kV 变电站，一般也交供电部门管理。本文介绍中压用户配电问题，是指 10~35kV 的末端用户，是电气设计人员最常接触的问题之一，它的显著特点是，供电电源来自电力系统的变电站或开关站，它的中压系统只是电力系统中压的组成部分之一，因此，系统的接地保护问题一般用户也难单独完成。例如，用户发现单相接地问题，但接地故障可能发生在同系统的另一用户，消除接地故障用户本身有时也无能为力，如果采用微机检测接地故障回路，是否能够判断本单位某回路接地故障呢？这要具体情况具体分析，当用户中压覆盖范围小，微机判断准确度也有问题，很多用户是不安装此装置的。

另外，末端电力用户还有一个特点，那就是中压系统中性点的接地方式也不是用户能够决定的，中压系统的接地方式是电力部门考虑的问题，用户无权参与其中，要向当地供电部门了解或索取有关资料后，决定本单位的设计方案，并取得当地供电部门的批准。本文只介绍用户中压配电的有关问题，如各种常用主接线及二次接线；分析各种接线方案的优势以及设计中的误区；12kV 开关柜主要元件选择思路。对成套开关柜存在的不足以及改进方案也一并论述。部分中压配电室或开关站的施工图纸中有这样或那样的不足，虽然在元器件选择上能跟上时代的进展，但方案的合理性、设计的深度却跟不上科学进步的步伐，有的所用元器件除价格高昂外，用得并不恰到好处，完全成为先进元器件的堆砌，不但造成投资的浪费，而且达不到使用要求。

第二节　主接线方案常用元件的选择

中压配电主接线宜采用模块化方式。模块化是指把每一功能单元看作一个单元模块，这种模块化具有代表性、通用性。中压配电室主接线系统用上述单元模块合理拼接即可。要达到设计要求，不但要注意这些模块的位置及主要元件的合理搭配，而且要注意主回路元器件的合理选择。一台中压开关柜不等于只安装一个单元功能模块，例如电压互感器柜，它安装电压互感器与其保护熔断器的组合，但电压互感器柜有时还要求加装消弧消谐元件、避雷器或过电压保护器。由此可见，功能单元模块不等同开关柜，根据需要也可与其他元件合装一台柜中。

主接线方案的确定，不但涉及接线系统，而且还要合理地选择所用元器件，现在就主接线中常用的电压互感器、电流互感器、避雷器、过电压保护器及断路器的选用作简单概括的叙述，因为主要元件的选择在前几章已经详述，本章仅对故障分析及应对、元件与开关柜的安装及其注意事项进行论述。

1. 电压互感器选型、安装位置及接线

（1）电压互感器选型。电压互感器选型已在第十章中有详细论述，本章不再赘述。但需要强调的是，计量级不要选取太大容量，15VA 足够了，大了反而影响计量准确度，且增加造价，另外电压互感器没有 S 级，不能照搬电流互感器的表示方式，不要异想天开地动辄要求 0.2S 级或 0.5S 级，0.2S 级电流互感器在额定电流 1%～120% 都可准确计量，而电压互感器在 1% 额定电压下根本就无法工作了。

（2）电压互感器在系统中的安装位置。在电气施工设计图中，双电源进线加母线联络开关的情况下，有的施工设计图把电压互感器置于进线断路器电源侧，而母线上却无电压互感器，这是不合理的。一旦一路电源失电，延时断开失电回路断路器，母联断路器投入，失电母线段开始供电，但无母线电压信号。失电母线段馈线回路的失压保护及低压闭锁过流保护或电流闭锁低压保护无从谈起，另外也失去了母线绝缘监测功能。如果为了避免上述弊端，采用两台电压互感器二次相互切换方案，就要在电压互感器二次侧安装总开关，只有在总开关断开的情况下，才能够实现电压互感器二次切换；或采用电压互感器手车抽出位置信号进行连锁，只有电压互感器手车抽出才能够二次侧并联，否则会使失电线路的电压互感器高压侧带电，也就是通过电压互感器二次侧反送电至高压侧，这样会危及人身安全。如果两段母线各装有电压互感器，母联开关闭合后，各段母线均可正常工作，也可不进行电压互感器二次切换问题，测量、保护及绝缘监测等功能皆具备，退一步讲，即使电压互感器二次侧切换，也不存在通过电压互感器二次侧把电反送至高压侧问题。进线断路器电源侧可装有电压互感器的情况如下：

1）如果断路器为弹簧储能交流操作，而且断路器台数不超过 5 台，又不可能同时操作的话，可在进线断路器电源侧采用电压互感器提供操作电源。如有的电压互感器二次侧不但能提供 0.1kV，供测量保护用电压信号，也有另一副绕组可提供容量为 800～1000kVA 的 220V 交流电源，供操作之用，从而省略了直流成套电源装置，节省了投资。这种电源进线断路器电源侧所装的电压互感器，在一定程度上作为站用变压器之用。话说回来，如果总共只有几台开关柜，计量柜及电压互感器柜不必电动操作，需要电动操作的断路器已经寥寥无几，断路器可手动储能合闸，或每台断路器微机综合保护装置可采用分布式直流电源供电，也可采用交流供电。

2）如果双电源进线，单母线，平时各自供电且互为暗备用，两段母线上装设电压互感器可实现互相自动切换，互为备用之目的。如果要求两进线开关实现自投自复功能，即失电的一路电源一旦来电，母联断路器必须自动跳闸，电源进线断路器才能自动投入，这样，不但两母线段均应装电压互感器，还必须在电源进线断路器的电源一侧，也就是在电源进线母线段安装电压互感器向控制装置提供来电信号，以便实现自投自复功能。

3）如果两路独立电源同时向同一段母线供电，这两路电源互为热备用，且兼暗备用，一旦一路电源消失，另一路电源带母线全部负荷，消失的电源恢复来电，且要求自动投入，这就涉及两路电源并列问题了，此情况下不但母线要装电压互感器，进线断路器电源侧也要装电压互感器，并列操作的断路器两侧必须提取电压信号才行。如果不要求自动投入，而且两路电源来自同一台主变压器的两段母线上，两路电源进线端不必安装电压互感器，判断是否来电可以采用带电显示器。

在现实中，两路电源同时供电互为热备用的情况屡见不鲜，因为电缆线路不能长期停电不用，否则，重新启用时，电缆头要经干燥处理，要进行耐压试验，合乎要求后才能投入使用，不过同一回路采用两根电缆并联供电不属上述情况。

总之，为获取操作电源，有并列或有自投自复要求时，应在电源进线端安装电压互感器。

例如，有座35kV配电室主接线施工图，双电源进线加母联断路器，不但两段母线上安装有电压互感器，而且不论进线还是馈线的负载侧，皆装有两台单相电压互感器，设计人员的思路是，尽管把馈线回路断路器断开，由于35kV馈线侧为系统联网，断路器馈线侧也有可能带电；对于末端变电站而言，也可能通过变压器低压侧联络线向变压器高压侧反送电，在这种情况下，接地开关不能合闸，连锁的任务由线路侧电压互感器完成，即只要馈线侧带电，接地开关无法合闸。其实，不在馈线侧安装电压互感器也能完成上述功能。带电连锁的任务可由带电显示器完成，带电显示器检测电源电压的存在，由它控制电磁锁完成连锁任务，当然，电磁锁不可能靠带电显示器提供能量，它的动力靠外接电源提供，带电显示器只向它提供一个电信号而已。

各电气设计人员的中压主回路接线图中对电压互感器的装设随意性很大，有的母线及进线开关电源侧均装，有的母线上不装，只装于电源进线开关电源侧，有的只有母线装设，使人感到一头雾水。电压互感器只有在非装不可时才安装，否则，不但浪费资金，占用开关柜有限空间，而且也是事故隐患，因为它是极易出故障的元件，一旦故障，可能造成长时间停电。

（3）电压互感器的接线方式。在很多施工图中，采用两只电压互感器V-V接线，互感器为双绕组而非三绕组，无法接成开口三角形，零序电压无法获取。这样一来，对中压中性点非直接接地系统就无零序电压的检测，无法发现单相接地故障，V-V接线一般为计量采用的电压互感器的专用接线方式。

母线电压互感器常采用三只单相三绕组，其中有一个开口三角形绕组用来提供系统单相接地信号，如果电压互感器担负的功能较多，有的采用四绕组电压互感器，四绕组的可在高压系统看到，中压一般不会出现。不过国家电网规定，10kV及以下用户电压互感器一次侧中性点不接地，这意味着不必要开口三角形接线，不必要进行接地报警。

2. 电流互感器的选型

在有些电气设计中，电流互感器的选用随意性很大，正确做法是要注意容量及准确度，合理的变比及结构形式。要满足动稳定及热稳定要求。经常遇到这种情况：主回路短路电流很大，但额定电流却非常小。例如，母线短路电流20kA以上，所选断路器开断能力25kA，而馈线所接的变压器却为500kVA，高压10kV侧额定电流只为28.8A。如果选用40/5的电流互感器，其二次绕组测量用0.5级，保护用10P10，准确限值系数为10，也就是说，当互感器二次带额定负载时，只能在不超过10倍额定电流，即$40 \times 10 = 400$（A）的情况下才能保证符合综合误差不超过10%，实际10kV母线短路电流为20kA，短路时短路电流为电流互感器额定电流20 000/40 = 500（倍）。这样，保护的准确度达有可能不到要求，之所以说有可能达不到误差不超过10%，误差不仅与短路电流倍数有关，还与所带负载大小有关，平时保护级为 10P 的电流互感器，运行时误差不超过 3%，而非 10%，要想验证误差大小，要对负载进行准确统计，要经过短路电流计算，在电流互感器误差曲线上求得。

电流互感器的正确选择可参见本书第十章"中压电流互感器的正确选择及注意事项"

当短路电流过大，为了不影响保护所需的准确度，可采取以下几种方法。

（1）加大电流互感器变比。例如，在上述情况下采用 2000/5 的电流互感器，二次保护绕组还是选用 10P10，10 倍的额定电流为 20 000A，满足保护准确度要求，但这种办法是不可取消的，短路时固然满足保护准确度要求，但正常运行时影响测量绕组准确要求，同时也增加了造价，加大了电流互感器的体积，增加了安装的困难。即使计量、测量绕组采用 0.2S 级或 0.5S 级，在 1%～120% 可准确测量，但 2000A 的 1%，也就是 20A，已相当变压器额定电流 28.8A 的 70%，当变压器空载或轻载时，通过电流互感器的电流有可能远达不到 20A，也就是达不到电流互感器额定电流的 1%，计量或测量就不可能得到所需要的准确度了。

（2）增大电流互感器的准确限值系数。在上述的例子中，如电流互感器的变比选用 500/5，保护级选 10P40，也就是说，短路电流为一次额定电流 40 倍的情况尚能满足准确度不大于 10% 的要求。不过提高准确限值系数，也就是增大铁芯截面积，增大电流互感器体积，增大造价。

有一所 35kV 配电室，35kV 母线短路电流为 19 000A，馈线回路计算电流为 270A，设计人员选用电流互感器的变比为 400/5，这样短路电流为电流互感器一次额定电流之比，即 19 000/400 = 47.5，选择保护准确等级为 10P50，限值系数为 50，给制造带来困难，建议可选用电流互感器的变比为 800/5，而保护准确级可选用 10P/25，这样，800 × 25 = 20 000（A），满足要求。有人担心变比过大，影响测量及计量的准确度，采用 0.2S 级，它可在额定负荷的 1%～120% 间满足计量及测量所需的准确度，800A 的 1% 为 8A 不足回路额定电流 270A 的 3%，一般情况下，回路电流大于这一电流的，从而保证测量或计量的准确度。

因此，平时电流互感器常用准确限值系数为 10、15、20，达到 25 的就很少了，若要求为 40 或 50，属非标设计。对于上述问题，还要加以补充说明，短路电流与电流互感器额定电流之比有时超过电流互感器的准确限值系数，电流互感器保护测量误差也并不一定超过电流互感器所标误差值，这要参考电流互感器所带负载大小，如果实际负载远低于电流互感器的额定负载，即使短路电流倍数超过准确限值系数，误差也可能在额定准确度范围内，这要查该型号电流互感器的短路电流与负载特性曲线决定。

（3）减少所带负载并采用大容量的电流互感器。在同一准确度、同一准确限流系数的前提下，查电流互感器 10% 曲线可知，减少电流互感器的负载，可承受更大的短路电流倍数。

为减少电流互感器二次负载，可选用阻抗低的或负荷小的二次仪表，增大电流互感器二次线的截面积，如 2.5mm² 铜线改用 4mm² 的。为减少电流互感器二次长回路线路阻抗，曾有采用两根 6mm² 铜芯线的，末端通过接线端子并联后，引出一根 2.5mm² 的线接入仪表。

另外，尽量缩小电流互感器与所供负荷的距离，如把微机综合保护装置安于开关柜的仪表室内，电流互感器与所供微机综合保护距离不超过 2m。测量及保护采用电子式，而不采用电磁式，更不采用感应式，电子式仪表所需功率很小，尤其额定电流为 1A 的功率更小。

从电流互感器准确限值曲线可以看出，在保证所需的准确度下，当所带负载一定时，电流互感器容量伏安数越大，允许的短路电流倍数越大，或者在同样的短路电流倍数下，容量越大，所允许带的负载也越大。不过，如果电流互感器容量大，且准确限值系数大，这会造成电流互感器体积过大，当二次绕组过多时，就无法生产了。

（4）采用不同变比的电流互感器。为了照顾测量及计量的需要，又要满足保护的准确度要求，在实在不得已的情况下，电流互感器二次侧绕组采用不同变比，原因在前已经提及。一只电流互感器不管有几只二次绕组，都共有一个一次绕组，对于一次额定电流小的绕组，为保证铁芯有需要的磁通密度，电压互感器一次绕组要用复匝，这样对于变比大的二次绕组，二次侧的匝数就特别多了，从而使电流互感器体积特别大了。例如，有一变电站的10kV 配电室，母线短路电流 18 000A，一台 1000kVA 变压器馈电的 12kV 开关柜，变压器10kV 侧额定电流为 57.7A，采用的 12kV 电流互感器二次绕组为两只，一只 100/5，用于测量，准确度为 0.5 级；另一只 800/5，用于保护，准确度为 10P25。以 100A 作为一次侧额定电流的基数，为保证铁芯有所需的磁通密度，一次侧绕组最少为 4 匝，100/5 的二次绕组为 $4 \times 100/5 = 80$（匝），800/5 的二次绕组为 $4 \times 800/5 = 640$（匝）。由于其中一个绕组匝数达640 匝，这样一来，电流互感的体积也较大。如果不采用双变比，两绕组一律采用 100/5 的变比，保护绕组如果误差不大于 10%，保护级应选用 10P180，这是无法想象的，也是无法生产的。现变比为 800/5，保护级为 10P25 足够了。

如果相同的两只绕组串联，增加了二次绕组的匝数，等于增加电流互感器的变比，带有中间抽头的二次绕组，不使用中间抽头比使用中间抽头变比增加一倍。

电流互感器二次侧绕组一般不超过 4~5 个，是否能突破这个限制，还要看二次绕组的容量及相应的准确限制系数，如果每个绕组容量小，且准确限值系数不大，生产厂家经过计算可做非标对待。

（5）电流互感器要经过动热稳定校验。由于电压互感器采用熔断器保护，不需要进行动热稳定校验，但作为操作电源时，要求极限输出校验，此时与准确度无关，只是保证额定电压下不被烧坏时能承受的最大输出容量。

电流互感器要进行动热稳定校验，为此必须先进行短路计算，样本上给定的热稳定电流以 1s 为准，根据具体切断故障所用时间，热稳定电流要经过换算。但对母线式电流互感器（中空式）不存在动热稳定问题。

3. 断路器的选择及误区

（1）断路器的选择。目前国内最常用的是真空断路器，经过几十年的发展、改进与完善，积累了丰富的运行经验，国内知名品牌中小容量的中压真空断路器可与国际上名牌产品比肩。2007 年曾有一跨国电气公司，对 12kV，额定电流 4000A，开断电流 50kA 的真空断路器做型式试验就是购买中国产品进行的，真空断路器的核心元件经过几十年的不断完善，在性能及可靠性、使用寿命等方面还是值得信任的，但在个别领域，与世界知名品牌差距较大，如用于发电机出口 SF_6 断路器及电压等级更高（如额定电压 66kV、110kV）、开断电流更大的真空断路器等。

断器路按安装方式分为固定式与手车式，按绝缘方式分为固体全绝缘与绝缘套筒复合绝缘式，按操作机构分为弹簧储能式与直流电磁式，另外尚有永磁操作式。

目前，全固封绝缘真空断路器进入普及阶段，40.5kV 真空断路器为占用量的绝大部分。

其制造工艺更加完善，性能得到更大提高，显示出强大的生命力，它体积小，外绝缘强度高，用于 12kV 开关柜时，柜宽为 630mm，但价格较贵且无法更换真空灭弧室。

永磁操动机构由于有永磁协助，它的储能电动机功率很小，这样与此配套的直流电源投资小，此种操动机构还有一优点，就是机械寿命高，可达十万次以上，操作时振动小，不过一般不需这样高的机械寿命。永磁操动机构的可靠性受储能电解电容器的影响大，永磁的去磁作用也对其有影响。直流永磁操动机构还有一个不足之处，那就是价格比弹簧操动机构贵得多，目前尚处于推广阶段，尽管它以新产品的形象进入市场，但无法取代弹簧储能操动机构的真空断路器，就拿最早生产永磁操动真空断路器的 ABB 公司来说，12kV 的真空断路器的主打产品还是弹簧储能操作的真空断路器。弹簧储能操动机构经过多年的运行考验及不断完善，已经获得用户的认可。直流电磁操动机构已经淘汰，这是因为直流电磁合闸冲击力大，带来极大的振动，且需要高放电倍率价格昂贵的直流蓄电池（常为镉镍电池）提供操作电源，增加了其投资。有鉴于此，目前广泛使用的手车式断路器还是以弹簧储能操动机构为主，此操动机构的 12kV 移开式真空断路器型号繁多，目前其序号排列接近一百了，但以 VS1-12 型为主，该型号主要依 ABB 公司生产的 VD4-12 为原型，此型国家规定为 ZN63A 型，此种断路器为弹簧操作，真空灭弧室装于绝缘筒内。本文的二次接线均按此种断路器考虑。

（2）中小型发电机出口断路器的选择。大型的发电机出口断路器要采用专用 SF_6 断路器，不是本文讨论的范围。而对于中小容量的发电机，出口断路器多采用真空断路器，但它与普通真空断路器的参数有很大差别，对它的型式试验要严酷的多，开断直流分量及瞬态恢复电压要大得多，具体的型式试验步骤及参数在此不必一一列举，需要强调的是，开断直流分量要在 75% 以上，开断及接通短路电流峰值为额定开断电流的 2.74 倍，而普通的真空断路器开断直流分量为 40%，开断及接通峰值电流为额定开断电流的 2.5 倍。至于采用手车式断路器还是采用固定式，二者皆可，但发电机出口断路器一旦故障，整台机组都要停止工作，把手车拉出维护并无优越性，另外，发电机出口断路器台数很少，无备用断路器手车，不存在推入备用断路器手车以便节省停电时间问题。

（3）真空断路器的选择常见的误区。

1）要求过高的机械寿命。国家标准规定，中压真空断路器机械寿命一般不小于 10 000 次，目前国产真空断路器机械寿命在 20 000 ~ 25 000 次，有的用户要求 30 000 次，个别的竟要求达到十万次，这样的要求近乎无理。作为配电及保护开关，一年不过操作几次，按 20 年的寿命计算，总共操作不过千次，若作为动态电容补偿用的频繁投切开关，或作为经常起动的电动机的投切开关，不会采用真空断路器，而是采用真空接触器，6 ~ 10kV 接触器电气寿命可达百万次，机械寿命与断路器不是一个数量级。

2）要求开断能力过高。选择断路器，要经过短路计算，选择合适的断流能力，一般末端变电站 10kV 母线短路电流很少有超过 20kA 的，90% 以上在 10kA 左右，然而，有的用户动辄采用开断 31.5kA 的，有的甚至要求达到 40kA，这是不经过短路计算、宁高勿低的结果。不过话说回来，由于制造工艺成熟及制造批量的增加，开断 31.5kA 的真空灭弧室也逐步变成普通元件了，与低开断能力的比较，价格也并不突出，这样即使选择较高开断能力的断路器，增加费用也不多。

另外，普遍存在的情况是，总进线断路器开断能力比馈线断路器开断能力要高一级，实际这也没有必要，因为馈线出线端离母线近在咫尺，此处的短路电流与母线短路电流差别不大，因此馈线断路器的开断能力应与总进线断路器相等。

3）要求过大的开断直流分量。由于发电机内阻抗以电抗为主，造成出口处短路电流迟迟不过零，意味着短路直流分量很大，出口断路器开断直流分量一般不小于75%，而末端变电站情况与此不同，它离发电机较远，属于系统的末端，回路电阻大，短路电流直流分量很小，绝对不会超过40%，国产真空断路器开断直流分量在40%以上，而有的用户动辄要求在50%以上，实在是不合理的要求。

4. 避雷器与过电压保护器的选择

（1）避雷器的选择。避雷器与过电压保护器的正确选择在本书第十二章"中压避雷器与过电压保护器的正确选择"中已有详细介绍，在此不作赘述。避雷器有的称为过电压保护器，在中压开关柜中，一般来说，避雷器或过电压保护器是常用的元件，不论避雷器还是过电压保护器，已不用碳化硅制作，而是采用氧化锌做原料。避雷器与过电压保护器已没有本质的区别，过电压保护器常带有间隙，避雷器常不带间隙，过电压保护器常采用三相综合式，而避雷器无组合式，过电压保护器击穿电压比避雷器稍低，残压也较避雷器低，引线用与过电压保护器连成一体的硅橡胶绝缘软线，而避雷器常为裸接线柱。但避雷器不仅可采用如同避雷器一样连成一体的硅橡胶绝缘软线，也可采用阀片带有间隙的，这样说来，按照用户的要求制作，可以在结构上做到与过电压保护器一致。

避雷器起雷电过电压保护之用，而过电压保护器除起到雷电过电压保护外，也可对操作过电压及系统其他原因引起的内部瞬时过电压起保护作用。避雷器与过电压保护器不同之处是，它不能接于相间，只能接于相与地之间。

选择避雷器的参数，一定要注意避雷器的持续运行电压与额定电压，它与所在系统的额定电压不是一个数量级。例如，在中性点不接地的10kV配电室所装设的无间隙氧化锌避雷器，额定电压为17kV，持续运行电压为13.6kV，而非10kV。

在不接地的系统中，一旦单相接地，接于其他两相的避雷器要承受线电压，10kV系统中，避雷器要承受10kV电压，但考虑系统电压的波动及避雷器的制造误差偏大，以及避雷器内置氧化锌的老化问题，耐受电压为系统额定线电压的1.3倍以上也不足为奇了。

避雷器无间隙氧化锌阀片由于有泄漏电流，会逐步老化，从而泄漏电流会逐步增大，发热会越来越严重，这样恶性循环，会有热崩溃的危险，有间隙的好处是平时无泄漏电流，但必须保持间隙的稳定，如果在安装或运输中受到碰撞，间隙发生变化，保护特性也随之变化。无间隙金属氧化物避雷器其中有一参数为持续运行电压，而有间隙金属氧化物避雷器无此参数，与此对应的是工频放电电压。无间隙金属氧化物避雷器还有一重要参数，就是直流1mA参考电压，而有间隙金属氧化物避雷器平时无泄漏电流，因此无此参数。避雷器或过电压保护器经常被忽略的参数是2ms方波放电电流，放电电流大，热容量就大，耐系统谐振能力就大，为应付谐振、触头重燃或单相弧光接地等造成的短时（非瞬时）过电压，应选择2ms放电电流大的避雷器或过电压保护器。

（2）过电压保护器的选择。过对于中性点接地系统，发生单相接地故障后，其他完好相对地电压保持相电压不变，而且要求快速切除接地故障，因此避雷器额定电压及持续运行电压可适当降低，如10kV系统，持续运行电压可为6.6kV，基本上与承受的相电压一致，相应的额定电压为12.7kV，比中性点不接地系统低得多。

选择避雷器时，要考虑被保护对象，变电站（含变压器及开关柜）所需的避雷器与保护电容器、电机及电机中性点用的避雷器的参数要求是有区别的，例如，电机耐冲击电压低，要求避雷器的残压也要低。

避雷器的标准雷电冲击电流下的残压一定要与设备保护相配合，否则就丧失保护作用了，例如 10kV 系统，电气设备冲击耐压 75kV，而额定电压为 17kV 的避雷器，其残压为 50kV，从而使电气设备得到保护。

除单体过电压保护器外，尚有复合式及三相组合式。复合式（非组合式）是指过电压保护器并联 R－C 阻容吸收装置，该装置对操作过电压吸收快，而过电压保护器又可通过大的雷电冲击电流。三相组合式是四只单体过电压保护器联成一体，安装于同一个底盘上，采用四星形接线方式，这样相与相、相与地之间皆有两只过电压保护器串联，相对相、相对地保护性能是一样的，由于四星形组合式事故多发，各地供电部门纷纷下达限用文件。

（3）一定要保证过电压保护器硅橡胶引线的爬电距离。无论避雷器还是过电压保护器，不要认为它带有绝缘能力强的硅橡胶绝缘引线，就认为安装时不会出现绝缘问题。众所周知，设备的绝缘分内绝缘与外绝缘，外绝缘又分爬电距离及电气间隙。过电压保护器的硅橡胶绝缘引线内绝缘没问题，但安装时一定要注意硅橡胶绝缘引线的外绝缘问题，在 40.5kV 开关柜内，设备、元件外绝缘的爬电距离要在 800mm 以上，如果过电压保护器引线过长，途中与开关柜的壳体接触，造成爬电距离满足不了要求，就产生爬电放电现象，内蒙古的一座风电项目，40.5kV 开关柜内的过电压保护器因硅橡胶引线与柜子可接触，造成爬电距离不够而产生爬电放电事故。

5. 零序电流互感器有关问题

零序电流互感器的选择一直是设计人员困惑的问题之一，要不要确定零序电流互感器的变比？保护装置二次动作电流如何确定？要不要确定它的额定电压？如果系统为不接地系统，只要确定零序电流互感器的内径即可（用于电缆回路），不必确定变比，也不必确定电压等级及二次回路动作电流，例如，电缆外径为 50mm，可以选择内径为 75mm 或 100mm 的零序电流互感器，也不必区分用于 6kV、10kV 或 35kV 系统。变比及二次动作电流不必给出，在上述情况下，制造厂生产的零序电流互感器变比大多为 60/1，二次动作电流现场调试即可。用于电缆回路的零序电流互感器的绝缘由电缆保证，不强调零序电流互感器大额绝缘电压，可能有人会提出这样的问题：用普通的低压穿芯式电流互感器不是可以吗？原理上是可以的，不过用于制造零序电流互感器的铁芯材料要好得多，一次与二次电流之比线性度好。

如果系统为接地系统，单相接地电流要大得多，有时达几安，这样应选择与一次电流相适应的电流互感器，要给出电流互感器的变比及二次电流整定值。

第三节　功能单元模块主接线方案应注意的问题

1. 电源进线方案

（1）并联与并网。末端中压配电室常见的为双电源进线，每路电源各带一段母线，两段母线间设联络开关，两电源互为备用，电源两进线断路器及母联开关只允许有两只接通，不允许三个开关同时合闸的情况出现，避免了两路的并联。

如果两电源向同一段母线供电，平时一路运行，一路备用，互为明备用，如果来自同一母线段，实质还是一个电源。这里所说的两路电源可能来自同一台主变压器的两段母线，也有可能来自不同的变电站。此种情况下，两路不论在上述何种情况下，不能称为并车或并网，并车或并网是指发电机接入电网或不同电网间的连接而言，发电机并网要做到两侧电压大小，相序及频率一致或在一定范围才行，要逐步调正发电机所发电压的频率及大小。而配电室的上述两路电源若来自不同的电网，能否并网，那是供电部门的事，用户也无法调整电网的电压与频率。由此可见，用户末端中压变电站，若为两电源进线，要么一路工作一路备用，要么同时工作互为备用。

（2）电源进线断路器前不必装隔离手车柜。笔者经常看到中压主接线图进线断路器柜前加装隔离手车柜，这样做作用不大，只会增加投资及事故点，也增加与断路器连锁的复杂性。有人觉得，加隔离手车柜可以给维护电源进线柜带来安全，但这可采用其他措施，因为，总进线断路器故障，对于移开式柜，可把断路器手车拉出柜外维修。其他开关柜的维修可在上级停电后，合上本柜接地开关即可。由此可见，总进线不用隔离柜，但有些情况例外，有的供电部门要求在独立计量柜前后都要有断开点，这样计量柜前有隔离手车柜，后有电源进线断路器柜的接线了，不过，这样做只是某些地方供电部门的要求而已，不具备普遍的指导意义。

电源进线断路器柜前加计量柜的接线方案也较常见，如果计量柜是为收费计量服务，常为当地供电部门管理，供电部门不希望有开关柜控制收费用计量柜，因此，总进线为计量柜就不足为怪了。有人担心计量柜故障后维修不便，这种担心也不必要。电流互感器故障率非常低，电压互感器故障率高，但它装在手车中，可以把手车拉出维修。要进行柜内其他地方维修可采用先断开上级电源，然后对计量柜验电，确认无电后，进线端挂接地线即可放心维修了。一般常见接线，计量柜置于总进线断路器柜之后。

（3）真空断路器馈线回路装过电压保护器或避雷器的必要性不大。中压配电室电源进线及母线上均装有避雷器或过电压保护器，而馈线柜也装有过电压保护器或避雷器，为的防止真空断路器开断时出现的操作过电压，真空断路器开断时间短，在短时内开断负荷电流或短路电流时，电流变比梯度大，即 di/dt 大，回路中有电感存在，这样操作过电压 Ldi/dt 就大。另一原因是，当回路突然断开时，存在回路电感中的电磁能向回路中的杂散电容充电，从而造成杂散电容两端电压过高而损坏系统的绝缘。实际情况是真空断路器开断时有金属蒸汽电弧，燃弧时间达 10～15ms，全部开断也要 50～70ms，所产生的过电压不足以使过电压保护器或避雷器产生冲击放电，从而达到限制过电压数值的目的，随着真空断路器制造技术的提高，截流有的不足 3A，截流过电压很小。随着真空灭弧室制造越来越成熟先进，操作过电压越来越小了。有的用户竟提出这样的更不合理的要求，认为过电压保护器易损坏，要求每个馈线不装过电压保护器，而是要装避雷器，这就让人匪夷所思了，过电压保护器放电电压比避雷器低，过电压保护器难于与真空断路器操作过电压配合，更谈不上避雷器了。

（4）回路加装装接地开关情况分析。需要说明的是，中压开关柜内所装得接地开关，不同一般接地开关，更不是隔离开关，它是弹簧储能的快速闭合的接地开关，要求它具有两次闭合于短路上而不损坏，也就是具有接通短路的能力。虽然具有接通短路能力，但也不希望它闭合于短路点上，这不但对它本身，而且对线路上的其他元件造成伤害，为此必须考虑带电连锁问题，使之接地开关不能闭合于短路点上。

变压器馈线柜装接地开关是安全的需要，当变压器馈线柜断电后，变压器低压侧若有联络线，通过联络线向停电的变压器低压母线供电。如果此时变压器低压总受电开关没有断开，这样会通过变压器向高压侧反送电，造成维修变压器馈线柜的人身安全。如果装接地开关，只要断开高压侧断路器且合上接地开关，万一方向送电业不会造成人身伤亡事故。不过向变压器反送电的可能性一般不大，只要做到低压联络线投入之前，必须断开变压器的低压总开关才行，也就是说，一旦变压器失电，变压器高低压侧的开关都要立即跳开，为母联开关投入创造条件，但为做到万无一失，变压器馈线回路还是安装接地开关好。

对于电容器馈线回路，中压电容器都有专用电压互感器作为断开时的放电装置，但为安全可靠，用接地开关再放电还是有益的，当然也可不装接地开关。

电动机馈线回路不必装设接地开关，线路馈线开关柜是否装设接地开关要具体情况具体分析，笔者曾处理过一座 220kV/110kV/35kV 变电站中的 40.5kV 开关柜的有关问题，该变电站 40.5kV 馈线柜的馈线侧 40.5kV 线路是与其他电源联网的，当断开变电站 40.5kV 开关柜，馈线侧也有带电的可能，因此不要装接地开关，否则会合于短路点上，且柜门要加带电连锁。

2. 电流计量柜不宜采用计量手车

所谓计量手车，即在手车上装上计量用的传感器，即电压互感器与电流互感器。这样一来，主回路总电流要流经手车的插接头了。我们知道，移出式开关柜主要故障点就是主回路插接头，而插接头中最脆弱部分就是总进线柜及计量手车中的插接头，因为它通过的主回路电流是总电流，因此最大。如果不采用计量手车，计量柜采用电压互感器手车，而把电流互感器改用固定安装方式。这样一来，即满足因电压互感器故障多而采用手车方便维修，又照顾主回路中电流互感器不经插接头，而采用固定连接方式，从而避免了插接头故障造成的弊端。据笔者的经验，中压柜的故障最多的是插接头故障，而主回路插接头故障又占插接头故障的绝大部分。而总柜、计量柜、母联柜中插接头通过的电流最大，其故障尤其突出。

3. 母联柜可采用两只断路器组成

双电源供电，平时母联断开，当一路失电，才投入母联开关，如图 14-1 所示。

图 14-1 （a）这是最常见的主接线，母联由一台断路器柜与一台隔离手车组成母联系统。断路器与隔离手车互相连锁，以免带负荷推拉隔离手车，母联断路器又与两电源进线断路器三者之间互为连锁。这样，只准许其中两台断路器闭合，以免形成并联运行。此种接线的弊

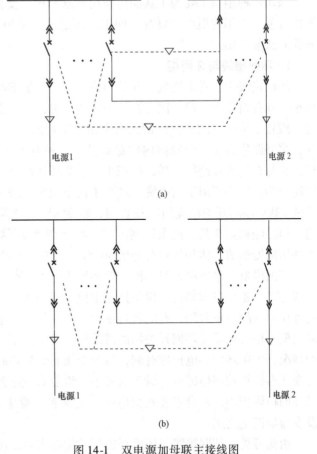

图 14-1　双电源加母联主接线图

（a）母联由断路器柜及隔离手车柜组成；（b）母联由双断路器柜组成

325

端是：两路电源供电，联络开关投入时，一旦联络断路器或联络隔离手车发生故障，便是两段母线均有故障，造成两段母线均失电的结果。成都双流机场大停电事故可能就出于此种原因。为了避免出现类似事故，有人出谋划策，想把隔离断路器柜与隔离手车柜间设一堵防火隔离墙或者拉开二者之间的安装距离，中间用电缆连接起来。笔者认为，这种办法于事无补，只有采用两台断路器柜，才能保证一段母线柜继续供电，如图14-1（b）所示。大家知道，手车柜中开关的上下插接头相距较近。一旦因插接头故障，对安装板发生短路，短路故障会快速蔓延，从而波及整台柜故障，很少出现一侧的插接头短路故障不会波及另一侧插接头的情况。攀枝花钢厂10kV进线手车柜，因插接头故障形成短路，把整台开关柜烧毁，便是例证。就是说，故障不是集中于开关一侧，而是整台柜全体故障，造成与母联开关相连的上下两段母线均为故障点。采用双断路器后，起码保证一段母线完好，不过采用双断路器柜作母联系统增加投资，一般中小企事业单位不愿采用，而设计人员因无实际运行经验，设计时也不会考虑到这点，设计标准图也无此方案，但对大型重要企业，如成都机场、攀枝花钢厂则另当别论。

第四节　中压开关柜的正确选择

采用何种柜型主要为了从满足使用要求考虑，要做到方案合理，投资节省、供电可靠、维护方便。常用的柜型主要有环网柜、固定式开关柜、充气柜（分全充气与半充气）及金属移开式开关柜。

1. 环网接线与环网柜

环网接线中，常采用负荷开关柜或负荷开关加熔断器柜，俗称环网柜。一般说来，它体积小，几台组装在一起，固定在一个箱体之内，不一定安装于建筑物内，可安装于城市马路边，或置于生活小区、组装箱式变电站、工业园区内。凡安装在室外的环网开关柜为全充气，多回路集合在一个箱体内的免维护式，外有不锈钢外壳保护。还与一种固体绝缘环网柜，它与充气式环网柜一样，体积小，不受环境影响，在环网接线的公用开关站中，也得到广泛应用，这样不但节省投资，减少了占地面积，减了值班人员。目前10kV环网接线及相应的12kV环网开关柜应用比较普遍，而35kV系统及相应的40.5kV环网柜应用尚不够普遍，但已经初露头角，尚未得到推广。40.5kV的环网柜，多为SF₆负荷开关或SF₆负荷开关加熔断器组成，体积要比普通的40.5kV开关柜小得多，价格更低了。

环网供电分单环网及双环网，单环网供电可靠性不如双环网，但双环网投资多，环网供电线路及设备用量加倍的，设备选用由供电部门负责。环网系统中各个环网开关站有的与附近用户的配电室合用，有的各自独立，用户的进线电源由附近环网开关站引来，有的用户环网配电柜就是系统环网开关站的馈线柜。对于长距离路灯照明，沿途装有多个照明变压器的情况，采用环网供电比较有利，每台变压器旁只要放置三台环网柜即可，一进一出，加一台变压器保护控制柜即可。对于居民小区组装式变电站，采用环网柜更具有独到的优越性，因环网柜体积小，每台组式变电站（也称箱式变电站）可装三台环网柜，用于一进一出及变压器馈电之用。

由此可见，环网接线与环网开关柜的优点明显，可归结为以下几点：

（1）扩展灵活、方便，开关柜根据需要可以任意组合。

（2）可以深入负荷中心，组合式变电站（箱式变）高压部分首选环网柜。

（3）多路进出线集合在一个充 SF$_6$ 气体的箱体内，开关柜体积小，从而占地面积小。

（4）接线简单、可靠，室外环网开关柜采用预铸式电缆连接件，免维护，更不需要人值班，通过便携式中文界面，对保护装置进行整定。

（5）充气式及固封式环网柜，不受环境条件影响，可安装在环境恶劣的场所及高海拔地区。

（6）全充气环网开关柜所用的电压互感器、电缆、避雷器与柜内主回路的连接采用插拔是，这样维护方便，不影响柜体的密封，环网接线主回路采用电缆，因为一般环网柜体积很小，只能采用电缆下进下出方式接线，如果采用架空线路，那只能在进出环网开关柜时前由架空线路改为电缆线路，不过此种接线方式所用电缆头数量增加了，降低了供电的可靠性。

在设计选型时，一定要分清全充气与半充气环网柜，全充气环网开关柜体积更小，而且常常几个功能单元集合在同一箱体内，不过由于避雷器、电压互感器是容易出现故障元件，因此，避雷器、电压互感器及所用熔断器置于充气箱体外，采用专用连插接件与主回路相连。全充气环网柜进出电缆是伸出充气壳体的专用插接头。全充气环网柜价格比半充气环网柜高得多，一般来说，每一相同的功能单元，全充气价格为半充气的 2 倍左右。由全充气环网柜组成的公用开关站，周围常用不锈钢板作整体保护。

环网开关柜的保护比较简单，不必安装微机综合保护，而是采用熔断器，进线不必设保护装置，只有馈线才考虑保护装置，熔断器最大额定电流为 125A，全范围保护功能，负荷开关与熔断器组成组合电器，熔断器带有撞击器，任一熔断器熔断，撞击器弹出，撞击负荷开关脱扣机构，使之负荷开关联动跳闸，电流由负荷开关切除，称其为负荷开关切除转移电流。由于采用带有熔断器的组合电器，变压器的馈线柜可以采用带有熔断器的环网柜了。这样简化了接线，降低了造价，缩小了占地面积，因此得到了广泛应用，尤其在组合式变电站中，简直是非他莫属了。如果环网柜安装断路器，微机保护装置安装在专用仪表箱内，主回路要有互感器与之配套。

2. 固定式开关柜

固定式目前多用 XGN2-12 型，前头字母"X"代表箱式开关柜之意，所谓箱式，是指柜内主要元件置于相互分隔的箱体内。此种柜体多采用 C 型型材组装而成，由于柜体采用标准组件，加工及安装效率高，不像 GG1A 型开关柜，不用胎具及焊接，因此不会变形。

XGN2-12 型中压柜，柜内分为母线室、断路器室、电缆室及仪表室。柜体开有观察窗，通过观察窗及柜内照明灯，可观察柜内情况。该柜的主要特点是，采用旋转式隔离开关，该隔离开关在分断位置时旋转导体接地，使在母线与断路器之间有接地金属分隔。此柜内电气绝缘距离均在 125mm 以上，不像移开式开关柜那样，相间及相与地之间要加绝缘隔板。该柜 2650mm（高）×110mm（宽）×1200mm（深），与 GG1A-12 的柜体比较，主要高度大幅下降了，母线在封闭母线室内，而 GG1A-12 开关柜母线裸露在柜顶，尽管对地符合安全高度，但还是不能与封闭式母线室相比。对于 40.5kV 固定式开关柜，有 XGN17-40.5 型、XGN66-40.5 型，由于柜体过大，采用较少，在此不多介绍了。

3. 充气柜（C-GIS）

如果用于狭小的空间内，如地铁开关站，可选用 C-GIS 开关柜，目前 110kV 及以上的成套开关装置，为减少占地面积，常采用 GIS 成套装置，即气体绝缘电气成套装置，（它是由英文 GasInsulatedSwitchgear 的缩写），而 C-GIS-40.5kV 开关柜，即为箱式气体绝缘电气成套装置，型号开头的"C"，是箱式的英文 cubicle 的缩写。C-GIS-40.5kV 的柜体，外形基本上与同容量的 12kV 开关柜大致相同，但价格要比普通柜型高得多，除非特殊情况，如安装空间狭小（如地铁），或海拔特别高的场所（因为气体绝缘全封闭，不受外界大气压的影响）。

4. 金属移开式开关柜

金属移开式开关柜在本书第七章已经详述，这里不再赘述。

第五节 二次接线方案

1. 辅助二次线

（1）柜内照明。对于移开式 KYN28A-12 型柜，主要解决电缆室、仪表室的照明，照明与控制开关一对一地控制，不要一只开关控制两只灯。因为电缆室与仪表室互相隔开，需要何处照明，只要控制何处的照明灯即可。电缆室仪表室及断路器室的照明开关装于仪表室面板上，但电缆室的照明灯及开关，也有的装于柜子后下门板或后封板，装于柜子后封板下方的照明开关，应采用开关与灯具一体化的专用灯具，更换灯泡不必打开柜门或封板。断路器室一般不要求照明，因为断路器维修是把手车移出柜外进行的，如果装设照明灯，照明灯应装于泄压通道内，否则，断路器室内没有合适空间。

如果在所有开关柜均停电情况下，维修开关柜，且又无所用变提供交流电源，柜内照明可用直流电，但这样会增加蓄电池的负担。

（2）加热除湿传感器与加热器。笔者建议不要装加热除湿器，在投入前，可用电吹风干燥去湿。一旦投入，回路电流在主回路中的电阻发热量足够了。矛盾主要矛盾是散热而不是人为加热。除湿器若采用电阻丝作发热元件，云母板绝缘，梳状铝合金做散热片，由温湿度传感器控制投入与切除，加热除湿器而还会因局部过热影响周围材料的绝缘及使用寿命。目前加热去除湿设备，有的柜内装设的微型空调，但此种设备造价较高，使用寿命也不够长。加热去除湿设备要引入外接交流电源，此交流电流取自柜顶交流小母线，与柜内照明电源合用。加热去湿器一般装于母线室、断路器室及电缆室，每个按最小功率 100W 计算，10 台柜子总功率达 3000W，这样配电室不如装一台去除湿机，如果再考虑兼降温需要，可装一台柜式空调，这比每台柜皆装加热去湿设备好得多。

（3）弹簧储能回路不必另加控制开关。只要把断路器手车推入至试验位置或工作位置，弹簧储能电机回路自动接通，储完能后，弹簧带动的位置开关自动断开储能回路。也就是说，始终使弹簧在储好能的状态下，随时应对断路器的合闸操作。

如果储能电机回路加入另外开关，当开关在断开位置时，可能造成弹簧能释放后不能自动及时储好能。也就是不能使弹簧随时处在储满能的状态下，这样自动重合闸操作也成问题了，不能及时闭合此开关，往往是常见现象。由此可见，弹簧储能电机回路加入开关，只有弊端而无一利。低压断路器电动操作，从来就不必在储能回路中另加操作开关了。

（4）仪表室面板上是否要加断路器跳合闸及弹簧储能指示灯。由于断路器面板上有断路器跳合闸及弹簧储能指示，且这些指示是由机械完成的。它比指示灯指示更加可靠，是否仪表室面板上可不加上述指示灯呢？答案是否定的。因为，断路器上的指示，要通过柜子门板上的观察窗观察，往往观察窗不一定对中断路器上的跳合闸及储能指示牌，即使对中，晚上只能借助手电筒，人贴在面板上观察，才能确定。因此，跳合闸及储能指示灯应另加装与于仪表室的面板上。

可能会有人问，既然柜子上加装指示灯，断路器也就没有必要加装跳合闸及弹簧储能指示牌了。这种认识是不对的，断路器上的指示，不但在工作状态、试验位置起指示作用，即使抽出柜体之外或出厂试验，皆能指示断路器的状态，因此，断路器上的指示是必不可少的。

开关柜仪表室面板上，除装有上述指示灯外，尚应装手车位置指示，这样面板上有五只指示灯，即跳闸、合闸、储能、工作位置、试验位置指示。

（5）智能操控器的选择。智能操控器安装于开关柜仪表室的面板上，上面有各种手动按钮及开关，如断路器就地操作按钮、柜内照明开关、加热去湿手动开关、就地与远方操作转换开关等。面板上安装动态模拟主接线，此种模拟线又有手车触头位置指示、断路器位置指示、接地开关位置指示等。面板上还有各种显示，如带电显示、断路器储能情况显示、闭锁情况显示、温湿度显示、智能式数字多功能仪表、触头在线测温显示，还有的具有语音操作提示功能及危险提示功能等。总之，凡手动开关及需要观察的仪表与模拟线，都可汇集其中，集成在一块面板上。以上是智能操作装置的基本功能，有的要求更进一步，如要求过电压动作计数、避雷器动作次数指示及实时泄漏电流情况，动作的时间等参数，人体感应语音报警、断路器触头及电缆接头的无线测温显示屏也可以安装在智能操控器上，上述元件除手动操作开关外，大都带有通信接口，而且通过操控器整合后，由同一的通信接口与网络相接。到底需要哪些功能，在电气设计时要交代清楚，以便在开关柜加工制造中，安装采购相应的智能操控装置。

一般来说，制造开关柜的电气成套厂并不生产操控装置的，另外，应适可而止，不必把不需要的功能堆砌在上面。智能操控器为电气设计人员带来方便，但它的面板颜色很难与开关柜协调一致，这对开关柜的美观带来负面影响。

当然，不采用智能操控器也可完成上述功能，采用分立元件安装与仪表板上即可，不过给设计及安装带来增加一些工作量罢了。

（6）二次接线其他注意问题。在二次接线中，微机综合保护装置只要一种电压等级的直流电源接入即可。例如：接入 220V 或 110V 直流电源，有的设计人员引入 24V 电压，这实无此必要。这 24V 电源有微机综合保护装置内部自取，不必另加 24V 电源。手车的位置开关在设计中常用 S9 及 S8，代表手车在工作位置与试验位置，一个用常开，另一个用常闭，这种做法也有不妥。如果用 S9 及 S8，会有人联想 S5、S6、S7 等位置触头或辅助触头代表什么呢？设计人员用 S9 代表常开，S8 代表常闭，只表示断路器手车处在试验位置时的位置触头情况，即试验位置时 S8 闭合，S9 断开，这种做法不够合理。应当此两个触头均为常开，只要断路器手车移至工作位置，S9 闭合，移至试验位置时，S8 闭合。应称呼为试验及工作位置触头，也不一定要什么 S8 与 S9 称呼了。

2. 变压器馈线回路典型二次接线

敷设于末端变电站的 12kV 中压柜，向变压器馈电的开关柜是不可少的，现对采用微机综合保护装置的向变压器馈电的手车式中置断路器柜二次接线作介绍。

如果变压器为油浸式，要有油温、压力及轻重互斯信号输入微机综合保护装置，对干式变压起而言，无轻重瓦斯及油温信号的采集与保护。应当引起设计人员注意的是，微机综合保护装置要不要通信接口的问题，如果不要通信接口，说明不考虑计算机后台监控，这样，现场手动操作回路不必经过微机综合保护装置了。另外，对于无通信接口的微机综合保护装置，手车位置信号、断路起跳合状态信号、弹簧储能状态信号、手动合闸信号、手动跳闸信号等开关信号不必输入微机综合保护装置内。

如果不要后台计算机网控，只是简单的遥控操作，遥控跳合闸触电点信号也是直接接入跳合闸回路，不必进入微机综合保护装置，但应有跳合闸返回触电信号向遥控处反馈。

对于有计算机网络监控时，微机综合保护装置要有通信接口，不论是现场手动跳合闸操作，还是遥控操作，以及反映变压器参数的开关量，要输入微机综合保护装置，以便处在计算机监视之下，另外，手车位置、断路器跳合闸、弹簧储能等干接点信号也要输入微机综合保护装置。当然变压器有关温度、油浸变压器的瓦斯等非正常信号也要接入微机综合保护装置。

根据上述原则，变压器馈线断路器柜接线图如图 14-2 及图 14-3 所示。

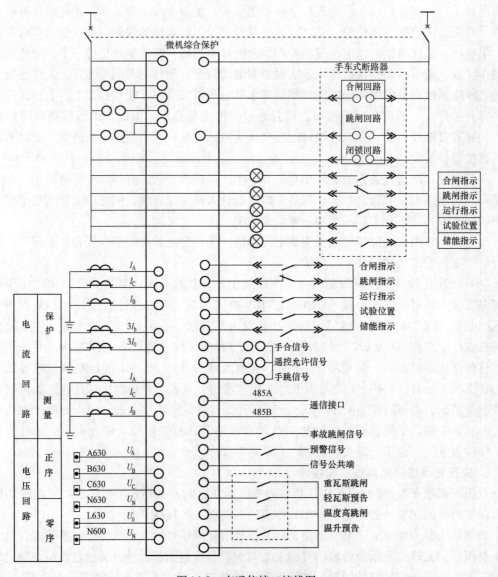

图 14-2　有通信接口接线图

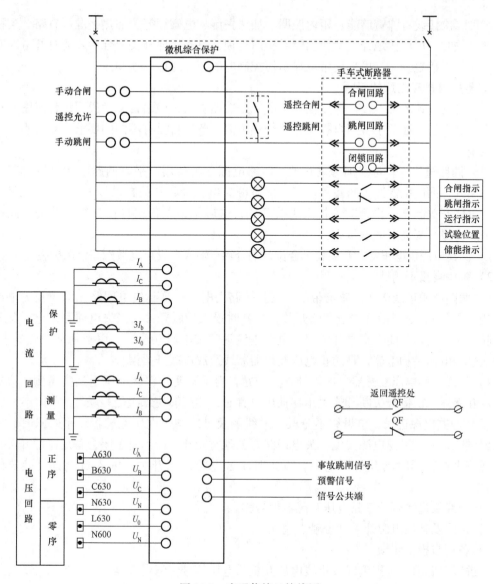

图 14-3　有通信接口接线图

图 14-2 有通信接口，要后台计算机监控的变压起馈线开关柜二次接线。

图 14-3 无通信接口，不需后台计算机监控的变压器馈线柜二次接线。

无通信接口，不要后台计算机监控时，手动合闸及跳闸按钮不必接入微机综合保护装置，直接接入断路器的合闸及跳闸回路，这样接线简单，更加可靠。如果有通信接口及后台计算机监控，手动合闸及跳闸按钮要接入微机综合保护装置，这样在后台计算机可以监视及判别现场手动操作情况。如果无通信接口，变压器瓦斯信号、温度信号、手动合闸信号、手动跳闸信号、弹簧储能信号、断路器位置信号等不必输入微机综合保护装置，直接控制仪表板上显示装置即可。备用自投由专用微机综合保护器装置完成，此装置可以安装在进线柜或母联柜的仪表室面板上，如果安装不下（每台柜已经有专门用于保护的综合保护装置），可以安装在仪表面板元件少的开关柜上，例如隔离柜或互感器柜上，有的与自投断路器的操作保护合用一台微机综合保护装置，这样自投装置就安装在自投断路器柜上。

辅助二次接线有弹簧储能、柜内照明、加热去湿、电磁锁等，加热去湿可省略。当柜内有接地开关时，可用接地开关操作拐臂对柜门连锁，只有接地开关闭合后才能打开电缆室的柜门。如果无接地开关，可采用带电显示器控制电磁锁，对柜门连锁。

3. 备用自投应注意的问题

在以往的设计图种，设计深度往往不够，二次图省略，用语言文学说明设计意图，有时说明也模糊不清，如关于备用自投问题就交代不清。备用自投有不同的要求，对应不同的主接线系统。

（1）两路进线，单母线加母联开关，两路电源互为备用。平时两路电源分别运行，母联开关断开，两路电源互为暗备用。当一路电源失电，母联开关自动投入，一旦恢复供电，延时后母联开关断开，再延时，投入进线开关，这属于常见备用自投自复的范畴。此种情况，输入自投自复装置的信号为：

1）两路电源供电正常，开关处于合位，动合触点输入自投自复微机综合保护装置。

2）备用自投不闭锁。

3）两路电源进线电压互感器带电。一旦一路失电，检测到失电回路无电压及无电流信号（组成与门），延时跳开失电回路开关，再延时投入母联开关。当失电回路来电，延时跳开母联开关，再延时闭合来电开关。两电源进线端安装电压互感器，用来判别失电或来电，再引入进线电源一相电流，是防止电压互感器断线造成母联开关误合。

4）母线两侧电压互感器二次侧的并联问题，为了不使二次侧电压返到高压侧，应在失压电压互感器二次侧开关断开或手车在抽出位置时，才能够使二次侧并联。

（2）两路电源进线，单母线不分段，进线侧及母线均带电压互感器。平时只有其中一路电源供电，一旦一路电源失电，失电回路开关延时断开，再延时后闭合备用电源开关。当失电回路来电，延时断开备用电源，再延时闭合电源回路开关。输入自投自复装置的型号为：

1）母线及进线侧共三只电压互感器信号输入。

2）进线及备用电源开关动合触点输入。

3）备用自投不闭锁。

当进线电源消失，即母线及进线电压互感器电压信号皆消失，延时断开进线开关，再延时闭合备用回路开关。进线回路来电（进线电压互感器有电压信号），延时断开备用电源开关，再延时闭合电源进线开关。

有人认为，既然单母线不分段，进线侧已有电压互感器，母线不必安装电压互感器，笔者认为母线安装电压互感器利大于弊，一是由两只电压互感器同时失电来鉴别进线断电比较更可靠；二是母线电压互感器采用三只单相三绕组接线，可完成绝缘监视及一次消谐功能；三是所需要单相电压互感器总数反而较少，进线可采用一只单相电压互感器，两路进线加母线电压互感器，总共5只单相电压互感器，如果母线不安装电压互感器，要完成既要提供电压信号，又要担起绝缘监测及一次消谐功能，每路进线要三只单相电压互感器，这样，总共要6只单相电压互感器，比母线安装电压互感器方案还多一只。

两路电源进线，单母线加母联断路器方案，两路电源进线断路器电源侧应宜加电压互感器，向母联断路器的微机综合保护装置提供电压信号。

此电压互感器也有另一个作用，即当母线电压互感器断线，向母联微机综合保护装置发出该母线电源失电的误导信号，若电源进线与母线电压互感器同时发出失电信号，说明失电确切无疑。

若有自复功能，电源进线电压互感器也不可少，当失电电源电压互感器向母联微机综合保护装置发出来电信号，微机综保首先断开母联断路器，延时后，再闭合先前失电的电源进线断路器，完成自复程序。

当然，若完成备用电源自投自复，进线及母联断路器均应处于自动操作位置。为防止母线电压互感器三相断线造成母联开关误投，有人主张每个电源进线可引入一相电流作为是否真正无压的判别。但笔者认为，即使无电流，也不能确认无电压，因为即使电源电压正常，母线上恰巧无负荷，不易检测时，也有可能造成误投，至于如何判断电源是否失电，也要看所选微机综合保护装置所要求的必须输入的信号要求。

两段母线备用电源互投，也有这种情况，即主进线电源正常，两段母线电压互感器输出电压正常，母联开关处于合位，而备用电源进线开关处于分位，只要主进线电源失电，且自动跳闸，备用电源开关经过延时后自动投入。

另外要注意的是，若电源进线所在母线段失压，是因为母线发生短路，造成进线开关跳闸所致，若此时投入备用电源，又投入故障点上，造成投入开关因母线短路跳闸，备投开关因切除短路受损或缩短其使用寿命。为防止上述情况的发生，可用进线电源开关的短路跳闸输出信号来闭锁自投开关的微机综合保护装置，也可采用母线电压互感器与电源进线电压互感器的状态来判断，即母线电压互感器失电，而电源进线电压互感器带电，此种情况，也不要投入备用电源开关，这也说明母线与进线均装电压互感器的好处。

第六节　操作控制电源

1. 交流操作电源

操作及控制电源可用交流，也可用直流，交流可采用大容量电压互感器，它的极限容量单只1000W以上，这能满足弹簧储能电机及跳合闸电磁铁所需电力，此种电流互感器接于电源进线断路器的电源侧。如果采用站用变压器，对于12kV移开式开关柜当容量在30kW以下时，变压器可安装与开关柜的电缆室，当容量更大时，变压器应单独安装。站用变压器应接在进线断路器的电源侧，不过此种方式接线复杂，用较多开关柜，计量麻烦。如果站用变压器开关柜接于母线上，接线简单，用开关柜少，这与采用配电变压器电源无异，对于无配电变压器的纯开关站也是可行的。有的把站用变压器安装与电源进线断路器后，它与普通的配电变压器已无本质的区别，这是不可取的。

2. 直流操作电源

由于目前所用的断路器操动机构为弹簧储能或永磁，所需电流及能量很小，多采用免维护铅酸电池的直流成套装置，直流柜采用高频整流模块作充电及浮充电装置，配有交流模块、调压模块及直流配出开关。如果采用胶质电池，如德国阳光牌的直流电池，价格高，但寿命长。

直流电压可用110V或220V，不过其他的电器元件额定电压要与此电压一致。当开关柜在十台以下时，可用65Ah的，蓄电池及其他设备可安装与一台柜内，柜2200mm（高）×800mm（宽）×600mm（深），大小相当一台低压柜。如果容量不大于65Ah，整个直流装置可挂墙安装。对于直流电源的参数要求，如电压的稳定度、波纹系数、功率因数、防护等级等，不必要求过高，能满足操作能量及微机综合保护装置的要求即可。为了不占用直流装置的容量，与控制及保护无关的设备不要进入直流电源系统，如柜内照明，不要采用直流供电，如果在停电时检修需要，在直流容量许可的情况下，也可采用直流电源，但要专门回路，不得影响控制保护的安全供电，对于柜内的加热去湿装置的用电，绝不能采用直流供电。一般来说，10kV中压开关站直流电源容量不大于100Ah，不过目前中压变电站常选择220V、100Ah的直流电源柜。

目前尚有一种直流模块的装置，称为分布式操作电源，额定功率240W的此种装置，最大功率可达500W，瞬时功率达1100W，满足控制及弹簧或永磁操动机构的操作要求，分别安装与每台开关柜的仪表室面板上内，电源模块额定容量70W（瞬时400W）与断路器柜一对一安装，额定容量240W（瞬时1100W）一台可满足三台开关柜的要求，安装在附近柜体内，容量小的分布式操作电源的电池为内置。不过此种方式直流电源模块维护不够方便，占据仪表室面板较大空间，又不能互为备用，目前且还不够成熟，尚无竞争能力，而且价格较贵，如一个600W、220V的直流供电模块（有人称为直流分布式电源），价格人民币接近万元，它只能共供一台开关柜中的断路器弹簧储能电机储能，如果开关站有多台开关柜，采用直流模块总价要远超过专用直流屏了。

若有微机综合保护装置，应配有直流操作电源。断路器若为弹簧储能操作，由于储能电机不过400W左右。当电压为220V时，电流不超过2A。这样即使操作与微机综合保护装置合用一段直流母线，微机综合保护也不受影响。在此种情况，直流电池可采用免维护铅酸电池。这样柜顶直流小母线一套即可。

如果采用CD系列电磁操动机构，合闸冲击电流很大，直流电压为220V时，冲击电流达100A左右，为满足大冲击电流要求，宜采用高放电倍率的镉镍碱性电池，且合闸母线应与控制母线分开。不过，目前电池操动机构已成为历史。最常用的是弹簧储能操作，有时也采用永磁操动机构，这样，在中压配电中，镉镍直流屏渐渐退出历史舞台。

第七节　其他要注意的问题

1. 简化二次接线

大多数设计人员设计二次线路图时，经常把微机综合保护装置及断路器内部接线也画出来，实际上是费力不讨好，实无此必要。断路器二次接线是通过航空插头插座与柜内其他元件相连。设计二次线时，只要与航空插头对接即可，其他无关二次接线不必照搬。微机综合保护装置装置也是一样，内部接线不必照搬，只要对应接线端子即可。之所以不必把产品内部接线克隆下来，一是不必，二是不能完全克隆，它们的内部接线复杂。可能有人担心，将来用户维护怎么办。实际上靠电气设计二次图来维修元器件是不现实的。如数显表，能把内部接线画出来吗？维修时靠设计院的二次图是不能解决问题的，要靠元件厂家产品说明书。事情往往从一个极端走向另一个极端，设计人员只给一次接线系统图，而不再画二次图，二次原理图也省略了，把二次图留给生产厂家来完成，长此以往，设计人员对二次图有可能不会设计了。

2. 元件安装注意问题

35kV 系统过电压保护器有的自带连线太长，影响开关柜电缆出线，在过电压保护器订货时，要向生产厂家提出连线长度要求。带电显示器尽可能安装于仪表室的面板上，这样可在不停电的情况下对其更换或检修，如果安装与柜后或其他部位，只能在停电的情况下才能进行更换或维修，影响供电的可靠性。

3. 带电显示器选择不当

带电显示器虽然是个微不足道的元件，但选择不当，也会造成不小的麻烦，由于生产厂家的不同，它的起辉电压相差很大，据实际测量，有的 4V 左右就可起辉，有的要 30V 左右。带电显示器的容量也有差别，有的一套传感器可以带两只带电显示器，有的只能带一只。设计人员在电气设计时，有的根本不考虑上述注意事项，一旦安装就位，出现带电显示器无电显示的情况，只得另行采购带电显示器，给电气成套厂带来不小的麻烦。

第八节　常见故障及应对

本文所介绍的中压开关柜常见故障，只是笔者所经历或参与处理的常见故障，由于积累的经验不够丰富，可能介绍得不够全面。

1. 电压互感器故障

电流互感器是可靠元件，很少发生故障，但电压互感器故障率很高，尤其是铁磁式电压互感器，铁磁谐振发生后被击穿是常见现象，开关柜投入运行后，笔者最担心是电压互感器，有点诚惶诚恐之感。防止铁磁谐振的方法有一次消谐及二次消谐，一次消谐是在电压互感器原边中性点与地之间接入一次消谐电阻或消谐器，二次消谐是在电压互感器二次侧开口三角形接入二次消谐电阻，可以由计算机判别谐振性质，由计算机在开口三角形处接入某适当电阻，有的为省略繁琐的计算，干脆在开口三角形接入一只 220V，40～100W 的白炽灯泡。最好按国家电网公司要求，10kV 及以下系统电压互感器一次侧中性点不接地。

目前常用的且实惠是一次消谐，计算机二次消谐，必须计算机可靠判断才可，否则，可能弄巧成拙，造成事故。电压互感器铁磁谐振的机理及应对措施，可参考本书"中压电磁式电压互感器的选用及铁磁谐振的应对"一章。

2. 断路器的常见故障及对策

中压系统中，90% 以上的断路器采用真空断路器，现只对真空断路器常见故障及对应措施作以介绍。真空断路器有固定安装式及手车插接式，手车插接式主要是要配一只底盘车，以便断路器在断路器室拉进与拉出。真空断路器由两大部分组成，一是真空灭弧室，俗称真空泡，它是真空断路器的核心部件，另一部分为操动机构。

目前国产真空灭弧室可靠性很高，基本不会出现爆裂或漏气现象，手车式真空断路器真空灭弧室要么置于绝缘筒内，要么由环氧树脂固封，这样避免了机械外力的损伤。

断路器的操作机构故障率较高，主要故障有以下方面：

（1）辅助触头故障。手车式断路器主回路及二次回路均为插接式，而二次回路插接头特别多，手车若经常推进推出，二次插头就经常插接，插头逐步松动，造成接触不良，或者插头与插座不对中，也会造成接触不良或不接触。一台断路器，二次插接触头二十对之多，插接头有对接式，也有唇形插接式，一般唇形的可靠性高，但触头的接触簧片很重要，簧片厚度、材质及弹性对质量尤其对机械寿命影响很大，有的断路器机械寿命号称有十余万次机械寿命，实际很难达到，往往是二次插头的机械寿命达不到要求。另外，断路器操作的振动也会造成二次端子松动，也会造成接触不良。二次线因电弧烧断，接头受潮腐蚀也能使二次回路不通，为此必须经常对二次回路维护与检查。

（2）跳合闸线圈烧坏。跳闸线圈及合闸线圈是跳合闸用，它通电后，吸引衔铁，由衔铁撞击脱扣器，实现断路器的跳合闸，它是按短时通电能力设计的，在整个跳合闸过程中，通过线圈的电流是不同的，在跳合闸开始瞬间，撞击脱扣器的衔铁远离脱扣器线圈，因此脱扣器线圈电抗最小，流过脱扣器线圈的电流最大，此最大电流只能允许短时通过，一旦衔铁被吸进脱扣器线圈，跳闸线圈或合闸线圈电抗最大，通过线圈的电流也最小了，此时也完成了断路器的跳合闸操作。万一衔铁被卡住，线圈最大电流一直流过，线圈很快烧坏。衔铁被卡住常在下述情况发生，即断路器的机械连锁与断路器的位置行程开关不配合造成的，如断路器尚未进入工作位置，断路器的连锁杆处于禁止合闸位置，死死地把合闸衔铁卡住，而此时手车位置行程开关，因位置调节不当，触头闭合，接通合闸回路，并发出允许合闸信号，此时按合闸按钮，衔铁不能移动，合闸线圈很快烧坏。

烧坏跳合闸线圈的情况是常见的，因此，用户在订货时，在备品备件中，常见有跳合闸线圈就不足为奇了。为避免上述情况的发生，断路器在出厂检验时，合闸位置行程开关的位置一定要调得准确，只有在实际合闸位置，禁止合闸连锁杆解除连锁，处于允许合闸的状态，位置行程开关触头才能闭合，接通合闸回路，且发出允许合闸信号。在断路器操作试验时，把跳合闸衔铁用手先拨动一下，看是否有机械卡涩现象。

在推进断路器手车时，推至何处才是合闸位置呢，有人建议，在推进过程中，只要听到"嗵"的一声响，断路器进入了合闸位置。另外，在试验位置也能进行跳合闸操作，因此，断路器的位置调试更要注意。

（3）断路器其他故障。对断路器操作机构中的绝缘拉杆要求较高，要求高绝缘、高机械强度，笔者曾遇到过12kV真空断路器绝缘拉杆断裂的事故；由于操动机构变形造成断路器操作机构卡涩；直流控制电源容量不足或控制电源电压过低。

断路器上述的各种故障都会造成断路器的拒动或误动，在拒动的故障中，在有关部门的事故统计中，拒分又比拒合故障多，如2000年，某部门对年事故统计，12kV真空断路器拒分12次，拒合5次，误合2次。断路器的拒合或拒分，统称为失灵，因此对重要供配电场所，断路器要有失灵保护，为此要定期对断路器操作机构的传动部分、接触部件、机械连锁部件进行清洁与润滑、定期进行操作试验。另外采用智能保护装置，当保护装置发出跳闸信号后，同时起动一时间段监视断路器的动作，在此时间段内若断路器尚未动作，智能保护可发出二次跳闸信号，此信号根据用户要求，可跳上级断路器，或对本断路器直接接通不经过辅助触头的跳闸回路。

当真空断路器在开断短路故障时，如果断路器的极限开断能力小于短路电流值时，真空灭弧可能爆炸，其原因是电网容量超过初装容量很多，断路器开断能力已不能满足现状要求。采取的办法是要对断路器的开断能力及时验证，不合要求的及时更换。

当断路器分合闸太慢，或三相分合不同步严重，或真空灭弧室触头闭合式弹跳严重，造成触头多次重燃，或者真空灭弧室漏气，造成电弧长时间不能熄灭，都会引起真空灭弧室的爆裂，不过此类事故很少出现，手车式断路器的真空灭弧室有的置于绝缘筒内，或由环氧输脂浇铸，且处于金属开关柜内不会对人造成危险。

3. 绝缘问题引起的故障

开关柜的绝缘是个系统工程，不论哪个环节绝缘不过关，都是整台柜子的问题，现就绝缘不过关的因素及对策介绍如下：

（1）绝缘间隙及爬电距离不够。开关柜的故障很大一部分是绝缘问题引起，为了加强绝缘，开关柜都采用复合绝缘方式，即固体绝缘加空气绝缘，例如三根相线不但保持一定的电气间隙，而且还套热缩或冷缩绝缘套管，相间加绝缘隔板，有的断路器采用全固封式。相间加绝缘隔板要注意，相线至绝缘隔板不应小于 30mm 电气间隙，绝缘隔板至另一相或壳体电气间隙也不应小于 30mm，否则，达不到满意的效果。12kV 开关柜内主回路中裸带电体相间或相地之间，电气间隙不少于 125mm，40.5kV 开关柜内则不少于 300mm（国家电网公司新规定）。

（2）减少带电体的电场强度且尽量使周围电场均匀。由于母线室内的母线电场强度大，对母线绝缘套管放电严重，笔者曾对一座 35kV 配电室内的 40.5kV 开关柜母线放电严重问题的处理，最后是更换母线绝缘套管才得以解决，原使用普通的套管，由于母线电场不匀，放电严重，更换带有屏蔽层的母线套管后问题得以解决。电工用的金属矩形排的四个角做成圆弧形，以便减少电场的不均匀度，但这还不够，如果采用管形母线，那就更好了。热缩绝缘套管在安装时要格外小心，不能有机械损伤，否则在运行中一旦导体放热，套管在损伤处会绽裂。尽量使电场均匀，对提高耐压非常有利，例如求耐冲击电压 100kV，绝缘配合的最少电气间隙为 170mm，在均匀电场中，45mm 可达此要求。

（3）爬电距离不够及对策。对于手车式断路器，动触臂、动触头、静触头盒及静触头盒的活动盖板，要完善地配合，如果动触臂端部的梅花触头外径与静触头盒的内径距离很小，接近接触状态，使爬电距离受到影响，如果静触头盒内壁因裙边少，造成爬电距离不够，严重时会造成静触头盒的活动安全挡板带电，或者使静触头盒的金属安装板带电。

采用瓷质绝缘件，爬电比距不得小于 18mm/kV，采用有机绝缘件，爬电比距不小于 20mm/kV，在开关柜中，目前已经不采用瓷质绝缘件了。

固定绝缘隔板要采用具有相应绝缘等级的绝缘螺栓；为了不影响绝缘件的爬电距离，金属接地件不要靠近绝缘件，如绝缘隔板距绝缘件或金属柜体要有 30mm 以上的电气间隙，距离。目前常见其他元件离绝缘太近，有的甚至接触，等于把爬电距离"短接"了。

（4）高海拔地区对绝缘的影响及对策。普通低压柜适用于海拔不超过 2000m，普通中压柜海拔不超过 1000m，中低压开关柜超过上述高度，必须采取相应措施。高海拔主要影响绝缘问题及散热问题，散热问题对开关柜影响不大，虽然高度越高，空气越稀薄，对流散热作用降低，但海拔越高，环境温度越低，其综合影响与低海拔相差不大。高海拔对空气绝缘及爬电距离影响很大，但对固体内绝缘没有影响，对真空灭弧室也没有影响，由此可见，高海拔地区，宜采用固体绝缘的真空断路器，外绝缘部分，即电气间隙及爬电距离要进行修正。

4. 温升过高及对策

（1）接触不良造成发热严重。温升过高会加速绝缘老化，严重时会把导体周围的绝缘烤焦，造成绝缘能力丧失，从而发生短路故障。产生上述故障的原因并不是主回路导体截面不够所致，而是接触不良造成的。此种事例较多，例如攀枝花钢厂 12kV 电源进线柜，由于梅花触头接触不良，造成接触部位温度过高，使之梅花触头箍紧弹簧松脱，这样插接头发热更加严重，使之定触头盒绝缘破坏，形成单相短路，进而发展成三相短路，造成整台开关柜严重破坏，无独有偶，在另一座钢厂也发生定触头盒因导体接触不好而发生事故，该回路电流 3200A，每相采用 120mm×10mm 三根，但与定触头连接时采用一根螺栓，国家建筑电气安装验收规范中明文指出，上述规格的导电排搭接时，必须采用四只直径 12mm 的螺栓，由此可见，也应采用带四只螺栓孔的定触头盒，这点设计院的电气设计人员是不清楚的，问题出在开关柜生产厂家的技术人员选择定触头盒的错误。在移开式开关柜中，接触不良处主要集中在主回路断路器的插接头，如果动触头与静触头不对中，相差在 5mm 之上，或者动触头，如梅花触头与定触头接触的长度少于 20mm，或者触头材质不过关，如导电性能不够，梅花触头的捆绑弹簧质量不合要求，这样在插接处发热严重，能把触头盒的绝缘烤焦，此现象一般不会出现在变压器的馈线回路，因为变压器馈线回路电流很小，例如一台 1000kvA 的 10kV 变压器，额定电流不到 58A，而断路器的动静插接头最小 630A，普通为 1250A，容量太富裕了，不会产出过热问题，但对于总进线柜或母联柜则当别论，配电室的全部电流要流经插接头，稍有不慎，就会发生触头发热严重引起绝缘丧失而发生短路故障，此种例子很多，在此不一一列举了。

为避免上述故障的产生，要用质量合格的动静触头，另外在安装调试时，静触头端部涂导电膏，对手车触头进行插拔试验，通过观察涂有导电膏的静触头的插痕，就可判断动静触头接触是否严密及插入的长度。

为了对接插头的温度检测与监控，采用微机温度在线测量与监控装置，它的温度传感器套在动触臂或静触头上，传感器所需电源为纽扣电池，更换一次可维持 7 年，它检测的温度信号以无线电形式向附近接收器发送，接收器再以有线传输方式上传至仪表室内的温度显示控制器，可以报警，也可控制通风装置起动。有的传感器的电源取自安装动触臂或定触头上的电流互感器，但安装时不要影响爬电距离及电气间隙。

（2）涡流效应造成发热严重。当母线或主回路电流过大，在金属安装板上会产生强大的涡流，引起发热严重现象，并引发绝缘故障，母线室穿墙套管的金属安装板或者主回路静触头盒的金属安装板常出现此种现象，为此，当回路电流达到 1600A 时，安装板不能采用普通金属板，而要采用不锈钢材质，或者采用高强度绝缘板。有的电气成套厂为了减少成本，不采用不锈钢板或高强度绝缘板，致使涡流温升达到不能允许的程度。绝缘套管安装孔之间要有缝隙，以免磁通在金属板上形成闭合回路。

柜子的底板要有电缆穿过，尤其对于单芯电缆，为防涡流效应产生过热，地板要用两块板对接，中间留有空隙，材质最好用铝质或不锈钢板。

（3）开关柜防护等级过高造成通风不良。移开式中压柜有四个功能室，每个功能室之间防护等级不低于 IP20，用户对外壳防护等级普遍要求偏高，如要求达到 IP40，这样整台柜子如同密封，对于馈线柜问题不大，因柜体大，电流不算大，没有因通风不良而温升过度，但当电流超过 2500A 时，柜子底板最好采用防护等级 IP20，以利进风，断路器室、电缆室及母线室泄压板上安装排气扇，以利通风散热。

断路器的静触头安装在触头盒内，散热效果更差，再加上动静触头接触不良或接触面积不够，触头温升很高，有可能破坏触头盒的绝缘，造成对开关柜体放电及接地故障，这种情况经常出现在额定电流大的开关柜中。

更是雪上加霜的是，开关柜安装加热去湿装置，本来开关柜一旦投入，本身的热量还要及时排出，现却反其道而行之，显然弊大于利。

5. 其他故障

除上述常见故障外，还有一些不够引起注意的故障，也应当引起注意。

（1）带电显示器问题。带电显示器起辉电压不能够太高，否则有可能不亮，如果要控制电磁锁，必须选择与其配套的带电显示器。有的带电显示器不带试验按钮，这不能够随时检查它是否处于正常状态。参与连锁功能的带电显示器，要对它进行监视，故障及缺陷及时消除，保证连锁的可靠性。

（2）母线穿墙套管的安装问题。40.5kV 开关柜母线室的穿墙套管是关键元件，以前经常发生放电现象，由于采用具有屏蔽功能的穿墙套管，不再发生放电现象，但安装时要注意的是，穿墙套管的屏蔽接头要与所穿过的母线有金属连接，否则无法发挥它的屏蔽作用，还是产生放电现象。

（3）柜内照明灯问题。柜内照明灯应安装与柜体外壳上，带有开关，人可以在柜外操作灯开关，不必停电就可以更换灯泡。有的照明灯不带开关，靠感应原理，当人靠近时，由于人体感应作用使灯开启，有的采用光电原理开启，只要光线黑暗，灯会自动开启，这看起来先进，但不实用，因为不论是人靠近或光线黑暗，不一定要对开关柜维修，如果要对开关柜维修，只要人工操作柜内照明灯的自带开关即可，这样简单可靠。

（4）接地开关桩头放电问题。如果开关柜处于正常运行状态，接地开关的静触头是带电的，如果此桩头末端不够平滑，电场强度极大，对 40.5kV 开关柜，出现放电现象，这不仅仅是耗电的问题，而会对周围的绝缘产生不利影响，这是接地开关的质量问题，接地开关的静触头的末端应做成平滑且带圆弧形状。

（5）回路电阻过大问题。回路电阻主要包括回路导体电阻及真空灭弧室触头接触电阻，如果真空灭弧室接头处接触不良，或者操作机构调节触头行程不合适，触头接触电阻大，造成整个回路电阻变大。断路器回路及真空断路器触头电阻不得超过规定值，否则容易造成隐患。

（6）电流互感器的专用电流接线端子装反问题。有一个开关站，中压电流互感器端子接反，而且接触不良，接头处电压高，运行后产生电火花，经端子供货厂家现场检查发现，原来是电流端子接反，把端子重新安装，上述故障消失。电压互感器副边不能短路，电流互感器副边不能开路，电流互感器副边如果开路，二次侧无去磁电流，一次侧励磁电流造成铁芯过饱和，铁芯发热严重，电流互感器有烧坏的危险，且二次绕组多，开口两端的电压自然很高，影响人身及设备的安全。当电流互感器有备用二次绕组，或二次绕组与远处的仪表连接时，往往出现二次绕组开路的事故。

（7）支柱绝缘子或传感器在导电排附近放电问题。支柱绝缘子或传感器与导电排接头处，往往有多个螺栓孔，由于导电排截面较小，可能只用其中的一个螺栓孔，通电后，出现向没有连接的螺栓孔放电现象，这是由于导电排周围电场强度大的缘故，解决的方法是选择支柱绝缘子或传感器与导电排的连接螺栓孔在同一金属底板上，也可以绝缘子或传感器在浇铸环氧树脂前，所有金属螺栓孔都用金属连成一体，这样所用的金属螺栓孔处于同一电位，不会产生放电现象。

（8）机械故障问题。主要表现在操动机构不够灵活及可靠性不够，严重的会把断路器绝缘杆拉断，另外，连锁机构及活门机构不够灵活与可靠问题也是常出现的。

对 12kV 开关柜，主要事故是插接头发热问题，对 40.5kV 开关柜，主要事故是绝缘问题，常发生放电现象，不论哪种中压柜，铁磁式电压互感器是常用故障元件。

第九节　几项新技术的应用问题

有几项新技术在中压系统中应用多年，实际上也算不上新技术了，实践证明，尚有完善的空间，有的用户可以接受，有的不用，见仁见智，现简单作以介绍。

1. 微机二次消谐及微机小接地电流选线装置

在电压互感器二次侧开口三角形获取电压信号，在该回路零序电流互感器获取电流信号，输入微机小接地电流选线装置，根据它们之间大小及相位，与设定的接地故障判据比较，选择出接地故障线路。此种装置能够分析谐振频率，然后在开口处接入对应电阻，对谐振阻尼，达到消谐的目的，如果微机判断失误，有可能帮倒忙。比较可靠且简单易行、造价低廉的还是一次消谐占优。

利用微机对单相接地电容电流进行检测，从而确定发生单相接地故障回路，它只对所在系统为中性点不接地系统，能判别母线或馈线接地，还具有二次消谐功能，它需要母线电压互感器二次侧开口三角形的电压信号及零序电流互感器的电流信号输入，然后输出跳闸信号、或发报警信号。对于大型变电站来说，有此必要安装此种装置，因为馈线回路多，而且涵盖了该系统所有回路，系统网络参数也在掌握之中，对接地回路可直接进行处理。有人认为，末端变电站采用电压互感器二次侧开口三角形进行单相接地报警，采用三只单相电压表确定接地相，然后采用逐步断开各回路的方法来确定接地回路的办法来处理接地故障，不必安装微机小接地电流选线装置，这种想法并不合适，因为发生单相接地故障有可能是同系统内的其他用户变电站发生接地故障，顺序断开本用户各回路的方法于事无补，只有用微机作准确判断接地故障回路，才能够采取正确的处理方法。不过由于此种装置对接地故障的判断准确度不够，维护管理复杂，而且价格又贵，回路及相应的开关柜数量又少，因此，中压末端用户安装此种装置的不够普遍，有的地方供电局拒绝此种装置的使用。

对于中性点经消弧线圈的接地系统，检测接地电流的难度大，因为消弧线圈补偿接地电容电流，使故障回路接地电流很小，有时近乎为零，当过补偿时，故障回路零序电流与非故障回路零序电流方向相反同，这样靠零序电流的幅值及方向来判别接地故障回路就行不通了。若靠谐波电流的方向及大小判别接地故障回路，由于谐波电流更小，且零序电流互感器精度不够，干扰因素较多，谐波信号有被淹没的危险。微机小接地电流选线装置检测的可靠性也是主要问题之一，此装置也应有改进提高的空间。

2. 消弧消谐柜

顾名思义，消弧消谐柜是指能够消除单相不完全接地形成的间歇电弧，能够消除系统谐振。此种柜内主要有这几部分元件：主回路是隔离开关、熔断器与单极真空接触器；电压互感器与过电压保护器；微机消弧控制器，一次消谐元件，及微机小电流接地选线及二次消谐装置。它包含电压互感器柜功能，不必安装母线电压保护器与避雷器柜了。它又有消谐作用，一旦检测到某相接地，连接此相与地之间的接触器闭合，使此相实现完全接地，这使接地故障相对地电压为零，不可能有接地电弧产生，延时适当时间再自动打开接触器，如果是暂态接地故障，接触器不必再闭合，故障自动消除，如果是永久接地故障，接触器再次闭合，不再打开，只等故障排除后，人工复位，从而实现消弧的目的。一次消谐是电压互感器一次侧中性点接入消谐器，二次侧开口三角形由微机控制，自动接入某合适消谐电阻。如上所述，接地故障不一定发生在本变电站，有可能替别人做嫁衣裳。另外，曾发生在接触器投入及切除过程中发生接触器无法开断的事故，因此，有的供电部门对消弧消谐柜不感兴趣，或阻止使用，为此，改进办法是接触器回路串入电抗器，效果如何，还要运行实践证实，有的设计单位，对该装置避而远之，有的还在采用，总之，该装置有待完善及提高，末端变电站必要性不大。

3. 数字式、智能式仪表及后台计算机的采用

微机综保装置已广泛采用，有的设计单位已不会电磁式继电保护设计了，这是电力系统的发展方向，它是实现智能电网的基本元件。如果采用了带有通信接口的微机综保，对数字式检测仪表则不要具有通信功能。对于末端变电站，回路不多，容量不大，且受投资限制，计算机控制必要性，从目前看，必要性不大。如果只观察电压电流数值，采用机械式仪表较好，数显表远看不清晰，而且价格较贵。

4. 智能型断路器触头无线测温系统

（1）智能型断路器触头无线测温系统原理。手车式断路器有六对插接头，如何实时测量接头处的温度呢？这要采用专用传感器，传感器可以安装在静触头上，也可以安装在动触臂上，像人戴手表一样带在断路器的触臂上。笔者建议安装在动触头上比较合适，这样不论是维修还是更换自备电池，只要把手车抽出即可，非常方便。传感器的自备电源采用纽扣电池，可以用7年不必更换新电池，实际远达不到上述年限，而且更换电池不便。有的不采用纽扣电池，而是在触臂上安装线圈，由线圈感应电势作为传感器的电源。传感器把温度信号转换成数字信号，发往接收器，接收器一般安装在离触头附近的断路器室内，接收器把接受到的温度信号采用有线传输方式传到仪表板或操控器的面板上的显示器，显示器就可以实时显示断路器触头的温度，并可以报警，通过通信接口，可以上传到后台计算机，实现遥测。

需要指出的，不但可以实时监测断路器的插接头温度，也可以监测电缆头的实时温度，不过传感器要安装在电缆头上，接收器安装在开关柜电缆室内。电缆头与断路器插接头合用一套显示器。

（2）安装智能型断路器无线测温系统必要性分析。笔者在前文中多次提及，中压开关柜的主要故障是绝缘与发热问题，发热问题主要集中在接头上，尤其是在手车式断路器的移动插接头上，如果插接不对中，或插接不到位，或插接头的材质不过关，都会造成插接头过热，过热就会引发绝缘问题，如何检测插接头的发热情况，就成为防止故障发生的关键，微机在线温度检测装置的机理及安装，前文提及，是否安装具体情况具体分析，中压断路器的主回路插接头一般最小电流为1250A，变压器的馈线回路一般电流很小，例如10/0.4kV、1000kVA的配电变压器，10kV侧额定电流为57.7A，它与插接头额定电流1250A相差太悬殊，更加悬殊的要所对应互感器柜了，它的额定电流为0.5A，即使动静插接头不对中，即使插接头金属材质不好，即使插入深度不够，接触处的发热问题不大，微机温度在线检测装置应用的必要性不大，但对于总进线柜及母线联络柜，由于电流大，且重要性大，因此应该装设此套装置。由此可见，对于回路电流小的断路器，例如电流不足100A时，为了节省投资及维护费用，可以不必安装触头无线测温系统，而对于总开关或母线联络开关，安装此种装置是需要的。

5. 电流互感器二次侧开路保护器

上述已经谈到电流互感器二次侧开路的危险性，这里不再重复，另外，当一次侧流过冲击电流时，如雷电过电流、谐振过电流、电容器充放电电流等，也会使电流互感器二次侧过电压，这不仅对系统绝缘产生破坏，而且对人产生危险，因此电流互感器副边开路保护器也应运而生。有的保护机理是二次侧并联压敏电阻，此电阻泄漏电流要小，放电电压选的要恰当。但压敏元件若用氧化锌制作，它只能通过瞬态放电电流，否则就有烧坏危险。当保护器动作后，面板上有故障显示，并有无源接点信号输出，并能够闭锁差动保护，以免差动误动，故障排除后，手动按钮复位，当电路恢复到正常状态后，保护装置又投入正常运行。保护器的动作电源，可根据需要自行设置，一般导通电压为450V。不过可以采用一只保护器解决，有的保护器可接入18只绕组。不过由于二次回路繁杂，反而降低了可靠性，只要接线可靠，且采用电流端子，电流互感器二次侧开路危险很低，因此，目前很多用户对它并不感兴趣。

6. 开关柜电弧光保护系统

开关柜如果发生弧光短路，大量的热效应是开关柜遭受严重损害，还因柜内热空气剧烈膨胀，使之开关柜元件崩裂，造成人员的机械损伤。为防止上述危害的发生，开关柜采用电弧光保护系统，此系统有三部分元件构成，一是弧光传感器及弧光单元，二是电流检测单元（含电流互感器），三是控制单元。弧光传感器与弧光单元是把电弧的光信号转化为数字信号输入到控制单元，电流单元是把检测到的电流信号转化成数字信号输送到控制单元。电流信号能够反映出是短路发生，光信号反映电弧发生，两者都具备时，说明光信号是短路电流形成的电弧产生，而非其他强光产生，这时控制器能够在1ms内输出信号，跳开开关柜内的断路器，从而不使事故扩大。笔者对此装置有些疑虑：①判定短路电弧由电流信号与光信号皆成立时才能够发出跳闸信号，但当短路发生时，由于有电弧发生，而电弧的阻抗压降很大，造成弧光短路电流并不大，这样控制器就不会输出跳闸信号。②短路的热及动效应可能瞬时达到极值，不等跳闸，破坏作用已经呈现，即使跳闸，只是不使事故蔓延而已，但本台开关柜已经破坏。如果短路在开关柜母线侧短路，跳本柜断路器也于事无补。③中压开关柜已经经过燃弧试验，达到IAC级，它的结构强度可以经受短路电弧的考验，开关柜的母线室、电缆室及断路器室都有泄压通道，燃弧造成的高压气流可经过泄压通道排出，不存在柜体破坏伤人事件发生。

参考文献

［1］汤继东. 低压配电常见问题分析. 北京：中国电力出版社，2006.

［2］汤继东. 中低压电气设计与电气设备成套技术. 北京：中国电力出版社，2010.

［3］王长贵，王斯成. 太阳能光伏发电实用技术. 2 版. 北京：化学工业出版社，2009.